U0350445

含铌管线钢的焊接性和耐酸性

中信微合金化技术中心　编译

北　京
冶　金　工　业　出　版　社
2013

内 容 简 介

本书收录了全球一流钢铁企业、下游用户和研究单位关于高等级管线钢焊接性和酸性环境用管线钢的最新研究应用成果，共计34篇文章。本书分为两部分：第一部分为含铌管线钢的焊接性，主要介绍高钢级、大厚壁管线钢的开发和应用，共22篇文章；第二部分为含铌管线钢的耐酸性，主要介绍抗酸管线钢的开发和应用研究，共12篇文章。

本书可供管线钢、埋弧焊和野外环焊等领域的科研工作者使用，同时也可作为其他领域低合金高强度钢的研发工作者的参考书。

图书在版编目(CIP)数据

含铌管线钢的焊接性和耐酸性/中信微合金化技术中心编译．—北京：冶金工业出版社，2013.10

ISBN 978-7-5024-6390-8

Ⅰ.①含… Ⅱ.①中… Ⅲ.①含铌—钢管—可焊性—研究 ②含铌—钢管—耐酸性—研究 Ⅳ.①TG142.1

中国版本图书馆CIP数据核字(2013)第245493号

出 版 人 谭学余
地　　址 北京北河沿大街嵩祝院北巷39号，邮编100009
电　　话 (010)64027926 电子信箱 yjcbs@cnmip.com.cn
责任编辑 李 梅 于昕蕾 美术编辑 彭子赫 版式设计 孙跃红
责任校对 石 静 责任印制 张祺鑫
ISBN 978-7-5024-6390-8
冶金工业出版社出版发行；各地新华书店经销；三河市双峰印刷装订有限公司印刷
2013年10月第1版，2013年10月第1次印刷
787mm×1092mm 1/16；21.75印张；564千字；336页
89.00元

冶金工业出版社投稿电话：(010)64027932 投稿信箱：tougao@cnmip.com.cn
冶金工业出版社发行部 电话：(010)64044283 传真：(010)64027893
冶金书店 地址：北京东四西大街46号(100010) 电话：(010)65289081(兼传真)
(本书如有印装质量问题，本社发行部负责退换)

编译委员会

编译者的话

长距离、大口径和高压输送管道作为油气输送最经济、最安全和不间断的运输方式，近四十年来在全球范围管带技术获得了快速发展。与世界相比，中国管道技术发展始于改革开放初期，但近二十年来随着西气东输等一系列世界级的管线工程的建设，我国无论管线钢制造技术，还是管线设计、制造施工技术均实现了跨越式发展，标志着我国管道技术已处于世界先进行列。

伴随着管线工程技术的跨越式发展，我国高强、高韧性，以及焊接性优良和满足酸性服役环境等特殊用途管线钢获得长足的进步，以铌微合金化和 HTP 技术为基础，针状铁素体和低碳贝氏体组织为代表的厚壁高钢级管线钢的成功开发，推动了我国长输管线的高速发展。正如国际管道技术权威专家 Kozasu 在总结管线钢技术发展史时指出的，“铌是管线钢成分结构和冶金学的基石”。

多年来，中信金属、中信微合金化技术中心致力于含铌高性能钢材的开发和应用研究，并借助于巴西矿冶公司（CBMM）铌微合金化技术大家庭这一国际平台，把铌微合金化及 HTP 技术引入中国，把国际最新的微合金化研究成果介绍给我国钢铁企业及管道行业，多次组织国际会议，邀请国际、国内专家进行技术访问及交流，设立研究项目推动我国管线钢的开发及管道技术的进步。例如，在西二线工程初期，中信金属、中信微合金化技术中心曾先后于 2003 年 7 月、2006 年 7 月组织邀请国内专家代表参加由巴西矿冶公司（CBMM）举办的“HTP 技术”和“石油天然气管道工程技术及微合金化钢”国际研讨会，并于 2006 年 1 月组织中石油专家考察团访问美国夏延管道项目，为我国西气东输二线管道项目成功开发和应用 X80 钢提供了重要的技术支撑和保障。依托西气东输二线管道项目和 X80 级别管线钢，我国长输管道和高钢级管线钢开发和应用实现了质的跨越，一举跻身全球高钢级管线钢开发和应用的大国之列。正如中国工程院院士李鹤林评价，“西二线用 X80 钢国产化让我国管道业实现从追赶到引领的跨越”。

科学永无止境，应用研究趋于善美。为了继续推动管线钢应用技术的发展，中信金属的合作伙伴巴西矿冶公司（CBMM）与矿物、金属和材料学会（TMS）于 2011 年 11 月在巴西 Araxa 举办了“高钢级管线钢焊接性”国际研讨会；巴西矿冶公司（CBMM）、圣保罗大学和美国微合金钢研究院于 2012 年 8 月在巴西 Araxa 举办“酸性环境用微合金管线钢”国际研讨会。应巴西矿冶公司（CBMM）邀请，中信金属、中信微合金化技术中心组织并邀请了国内钢铁企业、石油管道行业及科研院所专家代表 27 人参加了国际研讨会。

会议报告主要涉及世界范围内重要的油气输送管道用高钢级管线钢设计原则、规范和力学性能分析，以及管线钢的焊接性能评价和焊接工艺研究。如针对部分专家对新一代低碳高铌 X80 钢焊接性能的质疑，国内外专家系统研究、介绍了不同焊接材料、焊接工艺对热影响区组织和韧性的影响；针对永久冻土带和地震多发地区，完善了基于应变设计理念的管线钢力学性能要求和应变能力预测；针对酸性服役环境抗氢致裂纹（HIC、SSCC）要求，系统介绍了国际抗酸管线钢的检验方法和产品设计理念。此外，ArcelorMittal 和 Salzgitter Mannesmann 专家分别介绍了 21.6mm 和 23.7mm 厚热轧卷板和对应螺旋埋弧焊管的研究成果，为低碳高铌 X80 钢的应用提供了更广阔的前景；EUROPIPE，Salzgitter 和 JFE 分别介绍酸性环境用厚壁、高钢级管线钢的冶金设计理念和生产经验。管线钢由于其特殊的综合力学性能要求，能够代表一个钢厂、一个国家钢铁工业的材料设计、炼钢和轧钢控制水平，以及质量管理水平，如 HTP 工艺促进了铌微合金化技术的进步；酸性环境用管线钢的开发促进了洁净钢冶炼水平和一体化质量管理水平等的提高。

为尽快地把以上两次国际研讨会上有关世界管道建设和管线钢应用的最新技术发展情况介绍给中国从事相关行业的科研工作者，促进我国石油天然气管道和钢铁工业的协同发展，在巴西矿冶公司（CBMM）的支持下，CITIC-CBMM 中信微合金化技术中心组织编译，冶金工业出版社出版了这两次国际研讨会论文集的中文版本，以供中国钢铁、管道行业领域的专家、学者、工程师、冶金专业大专院校的教授与研究生借鉴和参考。

本论文集的编译工作得到了渤海装备研究院钢管研究所、北京科技大学、钢铁研究总院和燕山大学的领导和专家的鼎力相助，另外，首钢、宝钢、武钢、中石油管道科学院、中石油石油管工程技术研究院的领导和专家对编译文集进行了校对，在此表示衷心的感谢。

CITIC-CBMM 中信微合金化技术中心
中信金属有限公司
2013 年 8 月 9 日

目　录

含铌管线钢的焊接性

含铌管线钢的耐酸性

含铌管线钢的焊接性

铌及其在焊接热影响区的神奇效果

Phil Kirkwood 博士，比西矿冶公司顾问

The Old School House Cresswell，Northumberland，England，NE61 5JT

摘　要：以前的研究者认为，为了避免不可接受的低热影响区韧性，结构钢和管线钢的应用规范中应限制铌元素的含量，本研究认为以上观点是错误的，应予以彻底推翻。此外，证明了控制碳含量和合理的使用主要合金元素总是能够允许钢厂筛选出更有吸引力、更有效的合金设计方案，从而应用铌的独特性能获得钢板和热影响区力学性能的最佳结合。后一个目标之所以成为可能，在于目前更加重视采用铌微合金化作为控制低合金高强度钢热影响区韧性的重要手段，这就能保证提供给特定工程项目的钢在冶金学方面是量身定做的，能够适应特定用途的焊接工艺。

关键词：铌，热影响区，转变温度

1　引言

铌，一直是一个笼罩在神秘之中的元素。铌最初是由英国皇家学会的查尔斯·哈契特院士于1801年发现的，并命名为钶[1]。在很长的一段时间里，钶与钽一直难以分辨，直到1844年一位德国化学家海因里希·罗斯[2]才通过化学价态证明了这两种元素之间的细微差别。罗斯很恰当地将哈契特发现的这个元素更名为铌，这是取自广为熟知的希腊神话中西皮罗斯国坦塔罗斯国王的一个女儿尼俄柏（Niobe）的名字。坦塔罗斯在人类中独受神的青睐，被邀请分享至高无上的统治者宙斯的神食。

由于这一有趣的背景与其杰出的身世，人们对铌成为独特的微合金化元素也许就不会感到惊讶。铌在现代钢材中应用时常产生神奇的效果，有些甚至令人难以置信。19世纪30年代末，铌率先被确认有助于提高热轧碳锰钢的强度[3]。当时还不完全精确了解其强化机理，认为是由碳氮化铌析出颗粒导致的细晶强化作用的结果。其后过了相当长的时间，铌才被广泛应用于生产各种钢材产品，如格雷教授（Gray）[4]最近提醒，铌在1959年首次应用于管线钢管。格雷教授和西西里阿诺教授（Siciliano）在关于铌应用的全面的历史回顾中[5]还指出，铌的引入和应用并非没有受到挑战。起初有人指出，在某种情况下，添加铌会降低板材的夏比缺口韧性，这种情况首先被归咎于魏氏体铁素体或渗碳体网状物在铁素体晶界的存在[6,7]，其后也归咎于铌碳氮化物的沉淀硬化[8]。幸运的是，研究者很快就意识到，可以通过简单地增加锰含量[9]，以及改进轧制制度，获得精细的铁素体晶粒尺寸来解决这个问题。

对我们所有人而言，当我们将注意力转到热影响区时，有一个有益的教训值得铭记。

事实上，铌已经使它的批评者蒙羞。现在，铌单独或与其他微合金元素匹配使用已成为一个几乎不可替代的成分设计，广泛应用于现代高强钢的各个领域，包括全谱系的汽车、棒线材，以及建筑、海洋结构、桥梁、起重机、船板、液化石油气容器等结构用钢，尤其重要的是应用需求日益增加的管线钢。

在19世纪70年代，当充分了解铌微合金化技术对母材主要性能的影响机理后，研究者不可避免地将注意力放在铌对热影响区的作用。在某种程度上，这得益于海洋工程和管线

用钢焊接技术条件和规范的广泛应用和报道，以及文献报道关于铌微合金化强化效果自相矛盾的观察结果，促使研究工作者研究将铌作为一种微合金元素重点研究的价值。有时提出的规范限制过于武断，没有经过技术上的证实，显然，仔细的审查是必要的。

19 世纪 80 年代进行的一个关于微合金元素在控制 HAZ 韧性作用方面的综合性评估[10]得出铌的一些特定行为的细节，以及如何充分发挥铌这种重要元素的使用效果。这个评述指出，HAZ 韧性首先受到显微结构的控制，其中最重要的因素是相变温度。很明显，后者受到成分和奥氏体转变成低温产物相关的临界温度范围之间的冷却速率的控制。评述进一步证明，就此而论，铌等元素具有与碳或其他主要合金元素如锰、硅、钼或镍相同的重要性。通过对铌在不同的碳含量以及大范围冷却速率内作用的比较，说明了使用这一关键元素的最优方式是必须全面协调地结合最终用途和焊接工艺的实施，精心考虑铌微合金钢的合金设计。

当然，后来的回顾几乎全部集中在粗晶热影响区（CGHAZ）韧性方面，因为在那个碳含量相对较高的时代，该区不可避免地呈现出最低的韧性，更为重要的是焊接影响区存在着最常见的焊接缺陷，如氢致冷裂纹。现在，尽管几十年来含铌微合金钢取得了巨大的发展，基于如下理由，有必要在三十多年后来回顾这一课题。错误的推论固然难以完全消除，并且在最近几年，在某种程度上潜在的有价值的文献在不经意中重新引起对铌在高强度低合金钢的 CGHAZ 以及多道焊的临界热影响区（ICHAZ）中特殊作用的关注。在下文的适当章节中对后者将给出更加明确的定义。

2 热影响区

在钢材焊接过程汇总中，如果焊接工艺存在问题，就会不可避免地在与母材相邻的一个区域内，因焊接热循环的影响而使其微观结构和力学性能发生显著改变。许多作者已经对这一重要区域或热影响区（HAZ）的特征和范围作了非常充分的描述。尽管对此已有最广泛的论述，但是对于目前的讨论，选择采用下面图 1 进行描述，这最初是由巴特（Batte）等人发布的[11]。在这个非常有用的图中，指出

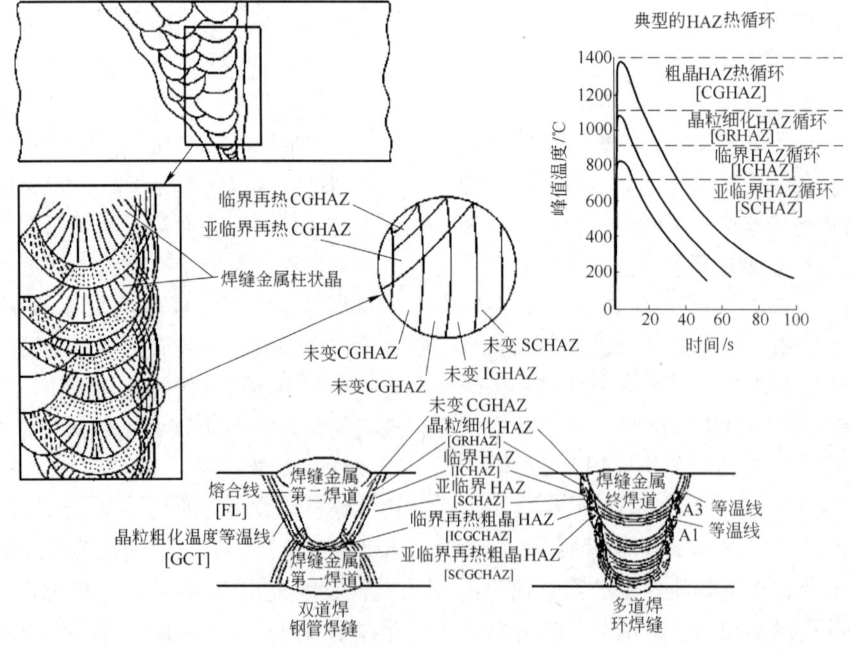

图 1 热影响区显微组织的演变

（依据巴特等人的论文[11]）

了双道焊和多道焊热影响区内最重要的各个亚区的位置和起源，在文章随后的章节中，将使用图 1 的术语来描述这些令人产生兴趣的区域。

下面，将重点分析高强度低合金钢焊接件中被广泛认为具有最重要意义的两个区域。粗晶热影响区（CGHAZ）是最接近焊缝自身的区域，在这个区域中，钢在冷却过程中转变为各种低温组织之前实际上已被重新奥氏体化，转变为何种低温转换产物则取决于成分、加热温度和冷却速率。临界再热粗晶区（ICHAZ）原是粗晶热影响区的一部分，由于后续焊道的热循环作用，部分转变为奥氏体组织。如巴特等人所述[10]，显然这种特殊的影响只发生在典型焊接热影响区中局部区域内，导致富碳奥氏体组织分数和尺寸的增加，其转变行为将在下文中进行更充分的讨论。显然，从这种部分再奥氏体化组织的后续转变可以预料会产生相当复杂的混合微观组织，但具体的影响都要受制于成分和焊接热循环。显然，加热速率、峰值温度和在奥氏体区的停留时间是引人入胜的关键参数，并且当从一个焊接工艺变换到另一个焊接工艺时，这些参数会发生显著的变化。对于含有铌、钒或钛等微合金元素的钢来说，这些变量尤其重要，将在下文重点论述。无论如何，与任何特殊热循环相关的冷却速率是最值得关注的，因为它是控制转变组织进而影响韧性的主要因素。

在关于热影响区的研究中，给出通过临界温度范围（800～500℃）的冷却速率，或者更确切地说是这两个温度之间冷却所用的时间已经成为惯例。在大多数论文中，后一个参数被规定为 $\Delta t_{800\sim500℃}$。在生产实际过程中，该参数是一个与板厚、任何焊前预热相关的，当然，也与所采用的焊接工艺的热输入有关。在多道焊的工况下，还必须考虑前一个焊道遗留的热量。

这一复杂关系最精确的表达式是由罗森塔尔推导出的热传导方程[12]，以及与图 2 类似的适用于薄板的图表，该图表已纳入相应的欧洲和英国标准[13]，用于提供 $\Delta t_{800\sim500℃}$ 数值的导则，使用时必须考虑整个典型热输入范围内施焊的工况。使用这样的图表必须经过认真咨询，重要的是认真研究源文件[13]，以确保热传导状态（二维或三维）已得到正确的评估。

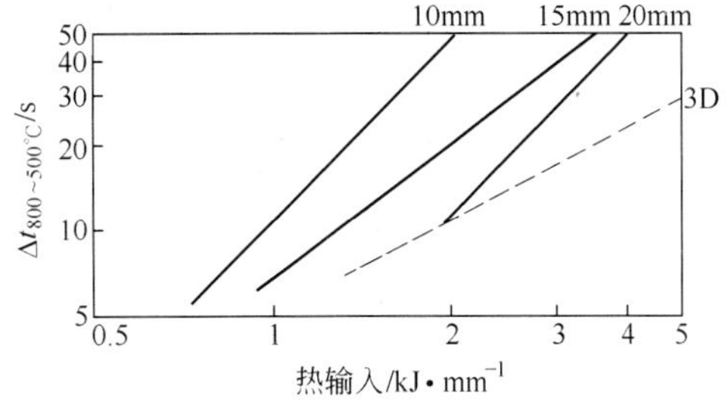

图 2　二维和三维热传导条件下不同厚度钢板的冷却时间与热输入（无预热）的函数关系（引自 BS EN 1011-2[13]）

本文的目的是给出在结构钢和管线钢焊接区间 $\Delta t_{800\sim500℃}$ 的范围。对应于非常低的热输入——0.5～1.5kJ/mm 的工况，采用金属极手工电弧焊或典型的单弧环焊工艺，即使是焊接薄板，其 $\Delta t_{800\sim500℃}$ 冷却时间也只是少于 15s。对于25～50mm 的厚板，冷却时间将处于此范围的低端，为 3～7s，因为此时发生的是三维热传导。对于厚度达到 20mm 管线钢采用埋弧焊接，双丝热输入范围为 3.5～6kJ/mm 的工况，冷却时间 $\Delta t_{800\sim500℃}$ 可能在 35～80s 之间。而对于厚度 25mm 以上钢板采用电渣焊，热输入大于 25kJ/mm 时，可能导致冷却速率非常缓慢，冷却时间 $\Delta t_{800\sim500℃}$ 可能大于 200s。当我们将一种工况的数据和其他工况做比较时，这些图表是非常有用的，它们可以给我们一个感性的认识，并且保证所得出的结论符合特定用途的实际情况。

前已提及，对于多道焊，或者例如双焊炬环焊，必须考虑在钢板或钢管中前期焊道遗留的热量。图 3 是由普尔（Poole）等人给出的[14]，通过比较 16mm 厚 X80 钢管环焊的单焊炬和双焊炬焊接数据，清晰地表明了后者显著地改变了有效热循环，说明了这个因素的重要影响。显然，这对于研究热影响区的组织转变和力学性能具有重要意义。这个因素的重要性已由陈等人在关于熔化极双焊炬脉冲气体保护环焊的论述[15]，以及 Moeinifar 等人在关于四丝埋弧焊的论述[16]中进一步强调指出，并进行了讨论，他们发现，对于壁厚 17.5mm 的管线钢管，有效热输入达到 8kJ/mm（导致冷却速度比可能预料到的低得多）。

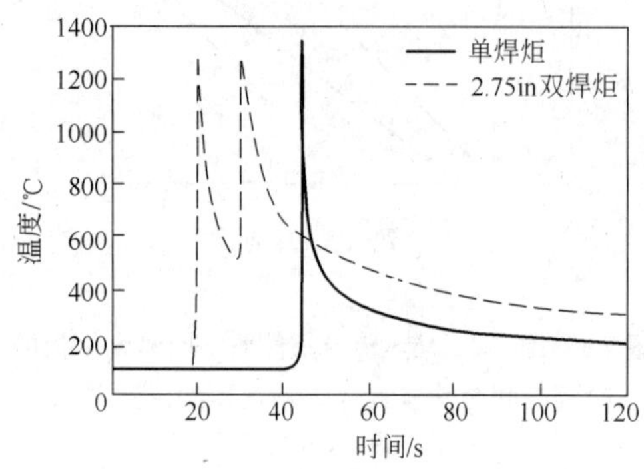

图 3　在 16mm X80 管线钢管环焊接期间单焊炬和双焊炬焊接中等壁厚钢管的热过程对比
（引自 Poole 等人的著作[14]）

热影响区通常只有几毫米宽，Easterling[17]已经注意到在焊接转变钢中可观察到的边界（通过酸蚀），其焊缝一侧对应于包晶温度，而在未受影响的母材一侧与 A_{e_1} 温度（在加热条件的下临界温度）相对应。Poorhaydari 等人[18]已经说明了热影响区宽度的变化，在热输入为 0.5kJ/mm 时，热影响区宽度可能为 0.5mm，而在热输入达到 2.5kJ/mm 时，热影响区宽度可达 7.4mm。显然，高热输入的焊接工艺，如多弧焊或电渣焊会导致热影响区宽度的显著增加。

热影响区限定范围将会给选择适当的韧性评估试验程序带来很多问题。有关韧性的评估将在本文下面的章节讨论。因此，对单一或多元素组合作用的系统研究多采用焊接热模拟工艺，如 Gleeble 热模拟试验机或者高速热膨胀方法，它可以提供转变温度开始和结束的相关信息。此外，在实际焊接过程中，通常很难确定是钢的制造工艺还是化学成分变化对其转变行为和微观组织产生影响，焊接模拟器能够提供一种廉价、简单而快速的方法，以获得可用于显微组织检验和力学性能测试的大量规律性试样。对这种技术也有其反面意见，认为它的试样是来自模拟处理的材料，而不能准确重现/复制实际焊接接头微小区间的冶金行为或几何约束。的确如此，但它提供了一个有用的对比研究工具，帮助我们了解在离散的焊接区域成分及冷却速率变化的冶金作用。

就个人意见而言，应用热模拟技术，对于一些影响热影响区微观组织和韧性成功进行了大量的、全面的深入研究，在本文下面章节中，作者将根据这些数据，进一步发展其理论和观点。

3　粗晶热影响区

在我们将注意力转向铌的作用以前，有必要了解早期确认的主要冶金元素可能存在的影响。许多出版的论文研究这个问题，但是我仅仅选择了很少的几篇，在我们希望了解更复杂的问题之前，这些论文是最能说明关键性问题的。

在 19 世纪 70 年代，意大利 CSM 研究院的布法利尼（Bufalini）等人[19]完成了一项有关碳、锰、镍和钼对于粗晶热影响区韧性影响的综合研究。他们的工作采用了 Gleeble 模拟试验技术，作为一项规模宏大的试验研究工作的一部分，其目的是确认一条制造 X70 和 X80 管线钢的最佳路线。因此，强度、韧性和常规的可焊性都是同等重要的。在这项研究中，采用了两种碳含量（0.06% 和 0.12%）和三种锰含量（1%、1.5% 和 2.0%）。镍含量为 0.75% 和 1.5%，以及钼含量为 0.35% 和 0.7%。采用这些成分组合进行了系统研究，共包括 54 个试验炉批。图 4 展示了他们研究工作中的几个令人感兴趣的发现，希望有助于对这一焊接技术领域的传统智慧发起挑战。

我并不认为许多读者都能意识到，锰和镍可能对 HAZ 韧性明显有害，而碳可能至少在某些情况下会表现出对韧性有益！你何时在技术论文中见到这样的陈述或结论，提出“锰有损于 HAZ 韧性”或者“镍使 HAZ 韧性的问题进一步恶化”？或者是否你获得结论：“碳对

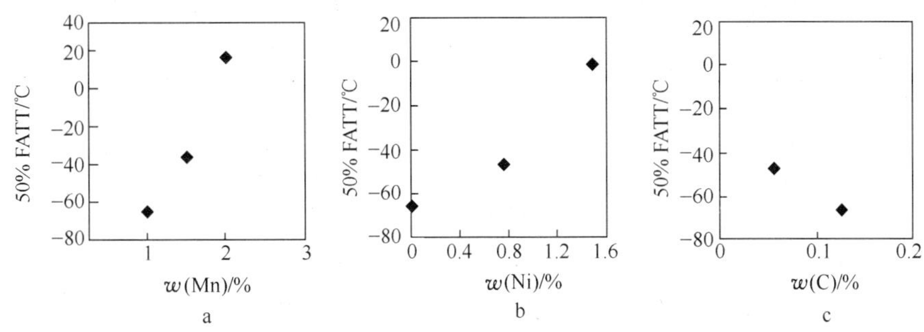

图4 锰（w(C) = 0.12%）、镍（w(C) = 0.12%，w(Mn) = 1.5%）以及碳（w(Mn) = 1.0%）对粗晶热影响区韧性的影响

（所有结果都是在 $\Delta t_{800\sim500℃}$ = 3s 情况下获得的。采自布法利尼等人的论文[19]）

焊接性能有利”？

当然，我们都知道锰在炼钢中是一个必要的“关键”元素，因其与硫的结合能力和强大的还原能力。锰也是一个相对廉价的奥氏体稳定元素，在降低 γ/α 相变温度方面起着举足轻重的作用。同样，众所周知，镍单独或者与铌联合使用，有益于管线钢管的 CGHAZ 韧性[20]。既然这样，布法利尼等人的结论是否正确？为什么还要给你们展示这些？所有这些意味着什么？以及在任何情况下，与铌结合在一起会发生什么情况？

我可以保证除了有意选择的显而易见的事实以外，图4中描绘的结果都是真实的。在下文可以马上看到，在适当的背景条件下对此所作的技术解释。不过，我现在可以承认，如果从布法利尼的海量数据中，选择较慢的冷却速度或较低碳含量的话，就可以证实锰、镍是非常有利于 CGHAZ 的韧性。同样，他们的数据也可以很容易地用来表明，碳通常是非常有害的。

然后再回头看图4的结果，布法利尼等人非常清醒地认识到显微组织的作用，并且幸运的是他们同时也记录了在整个研究 HAZ 冷却速率范围内所有试验成分的相变温度。图5应同时结合图4一道考虑。

现在就清楚了，锰和镍的有害影响是发生在碳含量为 0.12%，以及非常快的冷却速率 $\Delta t_{800\sim500℃}$ = 3s 的情况下，主要与平均相变温度的显著下降相关，在这个案例中还和不良的马氏体微结构有关。同样地，在我精心挑选的案例中，图4c所示的碳的有益的作用可以解释为，图5c中平均相变温度降低而进入更加有利于贝氏体形成的范围。如前文所述，可以发现通常锰和镍一样是有益的，而碳，正如我们所看到的，在多数情况下更可能是有害的。

布法利尼等人试图通过海量数据的统计分

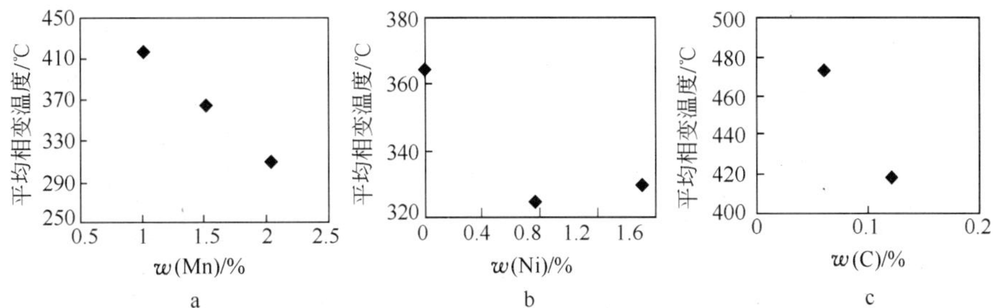

图5 锰（w(C) = 0.12%）、镍（w(C) = 0.12%，w(Mn) = 1.5%）以及碳（w(Mn) = 1.0%）对于平均相变温度的影响

（所有结果都是在 $\Delta t_{800\sim500℃}$ = 3s 情况下获得的。采自布法利尼等人的论文[19]）

析，探讨不同合金元素的影响和相变温度的变化，但他们很快认识到，成分/微观组织/韧性的关系太过复杂，从而转向简单的回归分析。然而，他们总结了大部分宝贵的信息，以图表形式展现，如图6所示。他们的全部结果，包含钼元素的影响，甚至在今天仍然值得进行深入的分析。

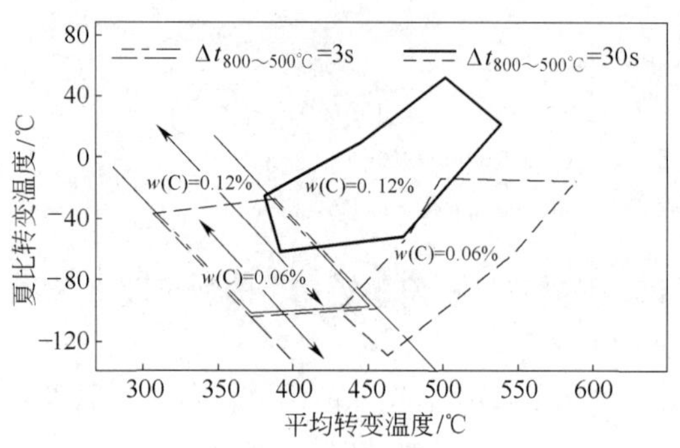

图6　从热模拟试验获得的粗晶热影响区相变温度与平均相变温度的关系
（依据布法利尼等人的论文[19]）

你将会明白，在每种碳含量和冷却速率下，开始出现多种模式。

Hulka[21]在一个非常特殊的合金体系中也获得了相关数据，揭示了一种与锰的影响有关的令人感兴趣的模式。图7将他的观察结果与微观组织的变化联系起来。这里强调了一个要点，即对于单个元素的作用的广义的叙述要慎重。

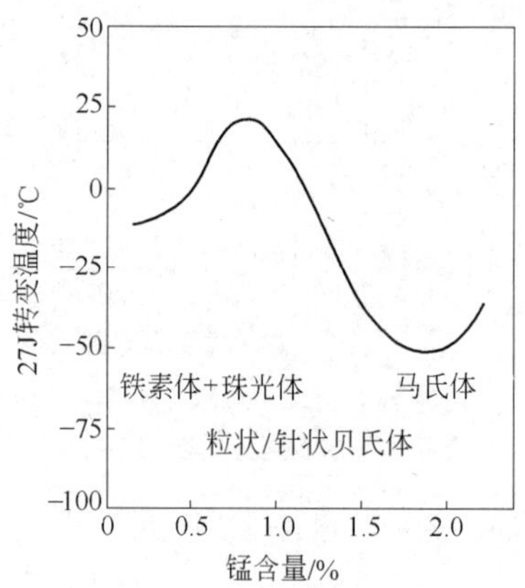

图7　锰对粗晶热影响区韧性的影响
（Hulka[21]的论文）

这项主要由布法利尼进行的研究工作，以及由罗斯韦尔（Rothwell）和Bonomo在同一时代进行的其他综合研究工作[22]，经过我的个人的研究得到了充实，使我在几年后绘出了图8。这些概念图表由Batte和Kirkwood[23]于1988年首次出版，在其后的参考文献中进行了充分的推导和陈述。

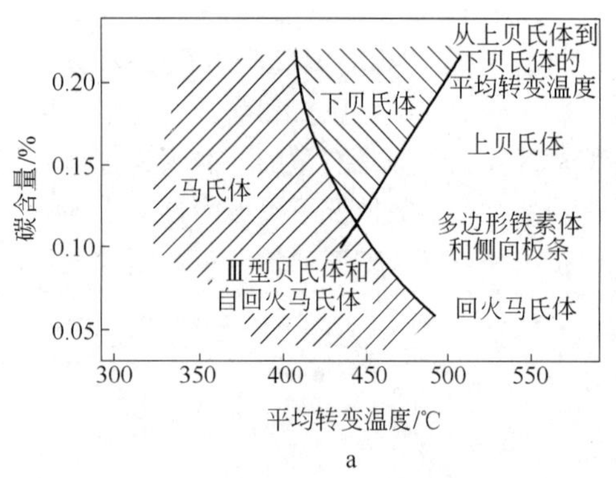

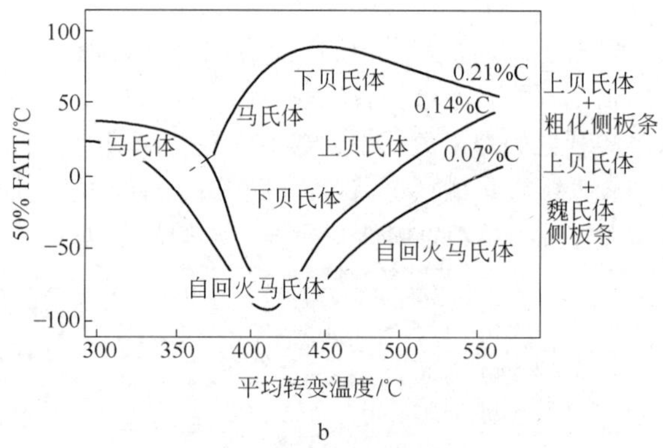

图8　碳含量和平均转变温度对显微组织和粗晶热影响区韧性的影响
（引自Batte和Kirkwood的论文[23]）

图8已被许多研究者相互引用，用于许多特殊模式结果[24,25]的解释。事实上，Heisterkamp等人[26]将钢的成分范围的数据叠加到图9中，以验证所提出模型的普遍有效性。

然而，在此值得强调的是，图8b所示只是概念上的关系，它所假定的关系永远无法完全复制各种组分的行为，严重偏离原来参考的钢的成分来源图9显而易见，事实上即便更加重大的偏离也是可以预料的，特别是在研究更加新颖的微合金钢类型时。

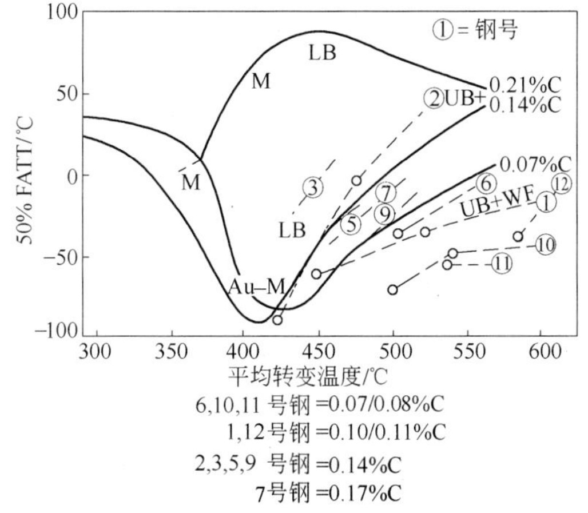

图9 与图8b模型系列结果的兼容性

（引自 Heisterkamp 等人的论文[26]）

当然，首先可以看到碳含量的绝对重要性，也可能是为什么没有可能采用简单的回归方法来解释文献中繁杂结果的原因。现在就清楚了，主要合金元素的作用是影响转变温度，反过来又影响组织和韧性。在精确地取决于碳含量和冷却速率的情况下，添加任何特定的合金元素可以观察到有利或不利的结果，这取决于转变温度的改变。

显然，首选的粗晶热影响区组织是以下贝氏体或自回火马氏体为主的组织，例如 Bramfitt 和 Speers[27]在图10中提出的B1类组织。

同样重要的是，要了解在粗晶热影响区很少发生 Bramfitt 和 Speer 分类中的B2和B3类贝氏体转变，因此，很自然地会导致一小部分的富碳奥氏体在较低的温度下转变为板条或孪晶马氏体（偶尔剩余完全奥氏体）。这些区域简称马奥岛组元，在 CGHAZ 通常占不到最终微观结构的8%。马奥岛形成的机理和范围另

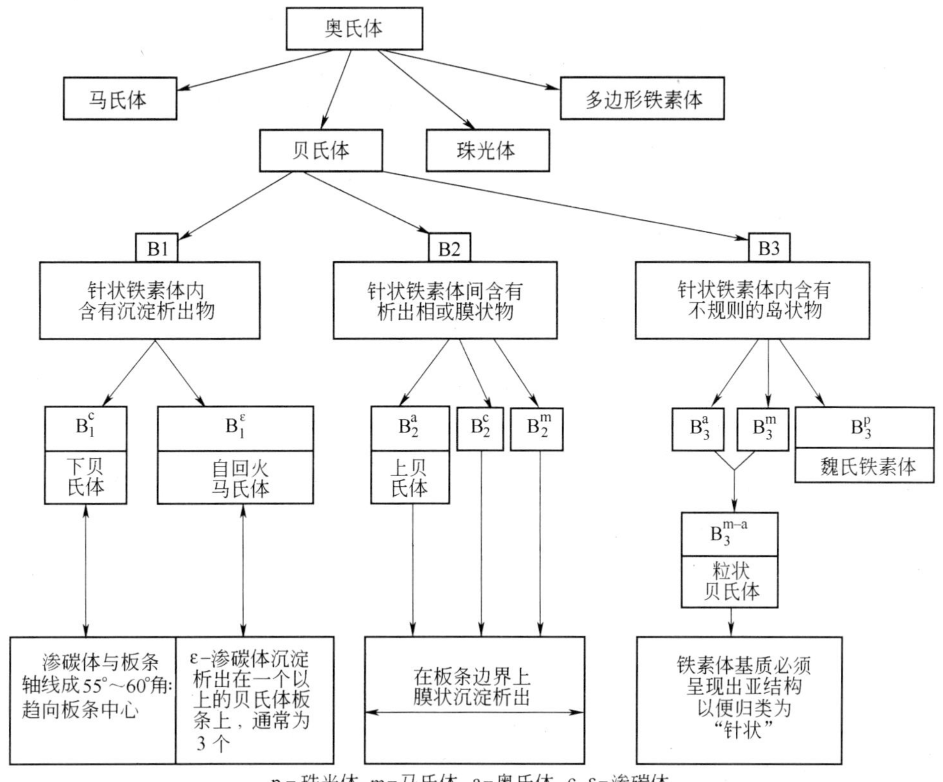

图10 显微组织转变的分类

（引自 Bramfitt 和 Speer 的论文[27]）

有其他更充分的解释[28,29]，对我现在的要求而言，承认它的存在和可能的重要性就足够了。

Ikawa 等人[28]已经证明，马奥岛组元的产生很明显地与冷却速率有关，如图 11 所示。对于希望详细研究伊川等人的著作的人，需要注意的是他对各种贝氏体组织分类所用的术语更加接近于大森（Ohmori）[30]的术语，并且正好与 Bramfitt 和 Speers [27] 意见相左。

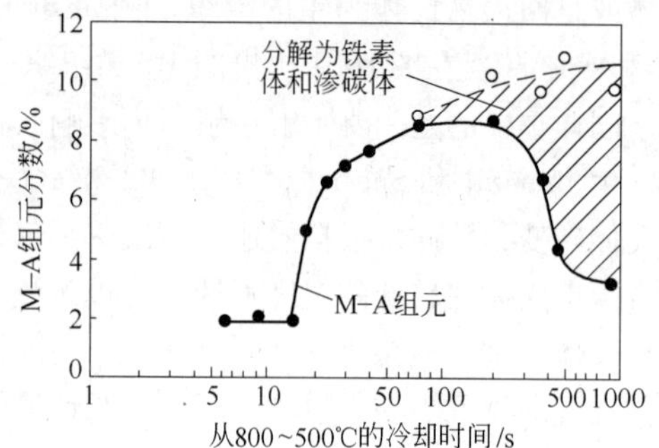

图 11 冷却时间与 CGHAZ 马奥岛组元分数的关系

（依据伊川等人的论文[28]）

伊川等人的 B1 和 B3 组织实际上就是本文图 10 中的“B1”和“ B3”。这说明两组研究人员的观测结果是出奇的一致和极有价值的。

值得注意的是，当 $\Delta t_{800\sim500℃}$ 超过 20s 时，马奥岛组元非常迅速地增加，伊川等人[28]认为，这可能与他们的 B2 和 B1 之间相变产物的一种转变相关。在 $\Delta t_{800\sim500℃}$ 大于 90s 时，马奥岛组元被逐步分解为作为更高温度转变产物的铁素体/渗碳体的聚集体开始出现，其中包括多边形铁素体。毫无疑问，增加碳含量对于马奥岛组元的分数有显著的影响，Komizo 和 Fukado[31] 对此在图 12 中做了很好的证明，并且得到了薛等人[32]的支持。硅也受到类似的影响[33,34]，并且 Bonnevie 等人[29]认为这是由于该元素难溶于渗碳体，因此富集在渗碳体和未转变奥氏体的界面上，因此有利于奥氏体稳定，从而形成马奥岛组元。

一些研究者认为，事实上马奥岛组元是影

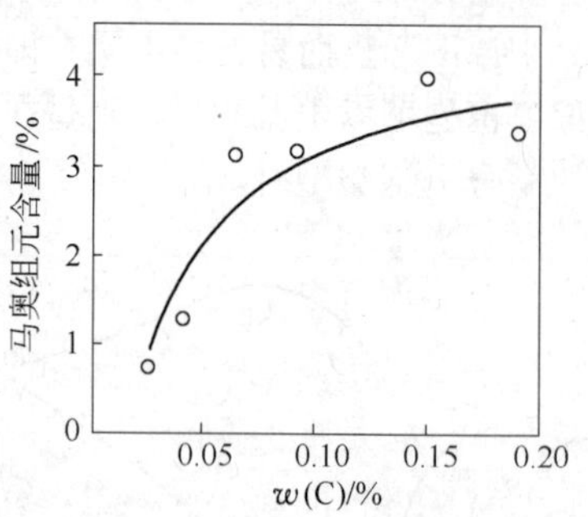

图 12 碳含量对 CGHAZ 马奥岛组元含量的影响

（引自 Komizo 和 Fukado 的论文[31]）

响 CGHAZ 韧性的主导控制因素[32]，Komizo 和 Fukado[31]在图 13 中将碳的不利影响归咎于马奥岛组元的增加。我无法完全赞同那个解释，因为将图 12 和图 13 结合自己的经验一起考虑，提示我这里有其他的因素在发挥着作用。事实上，随着马奥岛组元最初的增加，冷却速度在降低，如同我们在 Bramfitt 和 Speers 连续微观结构图 10 中从左向右移动，总的组织也在很大程度上发生改变。我认为这是控制 CGHAZ 韧性的主要因素。我觉得显示马奥岛组元是主要影响因素的证据是不能让人信服的[34]。当然，它的存在显然是不可能有利于 CGHAZ 韧性的。当我们将注意力转到 ICHAZ 时，关于马奥岛组元有更多需要讨论的话题。

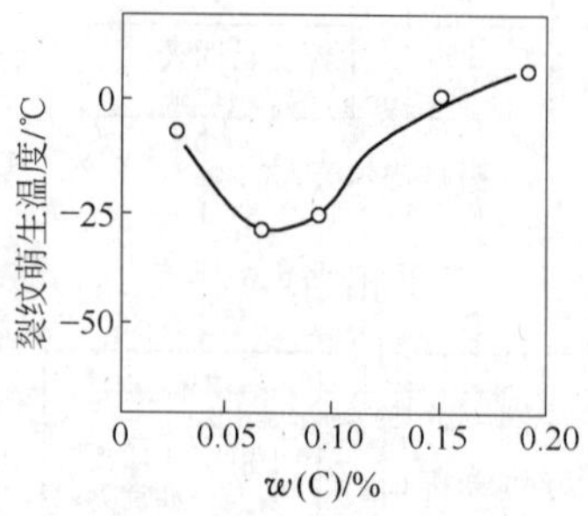

图 13 碳含量对 CGHAZ 裂纹萌生温度的影响

（COD 水平为 0.25mm，引自 Komizo 和 Fukado 的论文[31]）

4 铌和粗晶热影响区

铌是元素周期表第V族的一个过渡金属元素，位于钒之下，钽和钍之上。与铁元素相比，铌的原子半径相当大，这是决定其在碳锰钢中的扩散和析出过程的一个本质因素。笼罩着铌的神秘感是由于其电子壳层结构的电子排布是不规则的，它是唯一的只有一个外层电子的第V族元素。这可能是造就其微妙的行为和与碳氮原子有高亲和力的原因。根据梅耶尔（Meyer）的论述[35]，铌独特的原子结构和在钢中的特殊作用表明，其微合金化作用是多方面的，强大到即使在10000个钢原子中仅有一个铌原子的极低浓度下，也能够达到所期望的性能。

关于固溶铌在粗晶热影响区的作用已经确立并有广泛报告。例如普尔（Poole）等人[14]已经证明其在一种C-Mn-Mo-Ti-Nb（0.034%）X80管线钢中的作用，如图14所示。

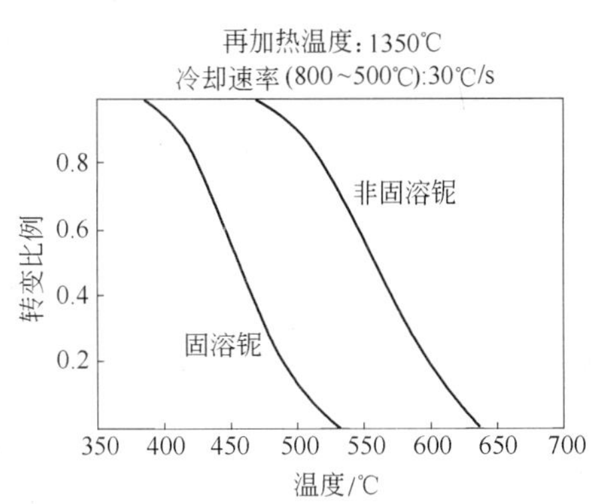

图14　铌对奥氏体分解动力学和转变温度的影响
（引自普尔等人的著作[14]）

尽管已经有了相当可观的认同，但目前还没有完全了解铌何以具有如此强大影响的精确的机制[36, 37]，即当有足够的铌固溶于γ基体时，使冷却过程中的A_{r_3}温度下降，大约每0.01%的固溶铌可降低10℃[38, 39]。我肯定不想深陷于争辩之中，而且基于我的观察结果和对于相关文献的理解，使我对“溶质拖曳”模型[36]持有疑问，并且赞同Fossaert等人作出的初步解释[37]。后来作者的观察结果支持早些时候托马斯和米甲（Thomas & Michal）的研究结果[40]，在固溶体中的铌原子可能具有很好地分离于奥氏体晶界的倾向，从而影响奥氏体转变产物的形核。这是完全可能的，因为铌原子对于铁的基体有一个很大的错位，而奥氏体晶界可能成为它们扩散的有利地点[41]。关于转变动力学随后影响的精确机制还有待澄清，但是Fossaert[37]等人提出，这种影响似乎与硼在钢中的影响类似，并且发现在很大程度上与奥氏体晶粒尺寸无关。这个想法得到了古原（Furuhara）等人的支持[42]，根据他们对低碳含铌钢中“不完全”贝氏体转变的研究结果，得出了铌影响铁素体的形核，但并不抑制铁素体的长大的结论。

图15和图16复制了Fossaert等人对于0.15%碳、1.5%锰和0.035%铌钢研究报告的关键图表，这两个图表支持了他们的假说。

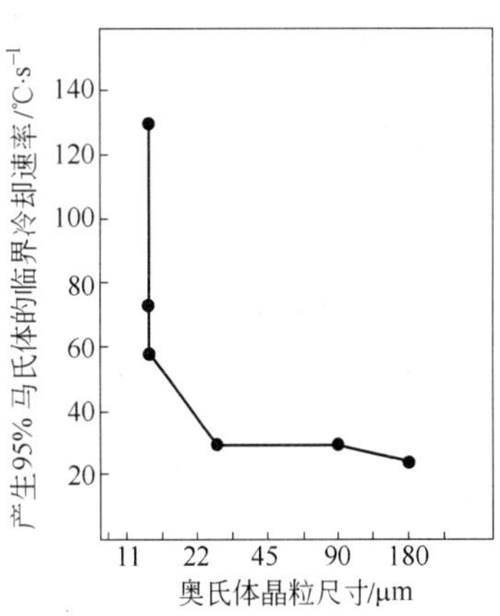

图15　奥氏体晶粒尺寸对产生95%马氏体临界冷却速率的影响
（引自Fossaert等人的著作[37]）

显然，产生95%马氏体所需的临界冷却速率随着奥氏体晶粒尺寸的增大而显著降低，同时更多的铌存在于奥氏体中。然而，一旦铌的固溶度足够大以后，晶粒尺寸的进一步增大对于临界冷却速率的影响将十分有限。

沿着这一假说进一步推断，快速的热影响区热循环不能使大量的铌在奥氏体中重新固溶，这将导致已有的碳氮化铌析出，引起显著

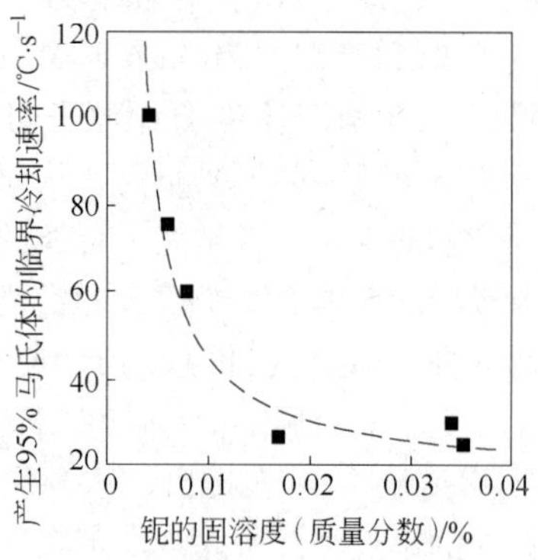

图 16　铌的固溶度对产生 95%
马氏体临界冷却速率的影响
（引自 Fossaert 等人的著作 [37]）

的晶粒细化效果，如图 17 所示，这可能具有降低淬透性的效果。而较慢的循环则会促进析出物的溶解，能够最大限度地发挥我们所期望的铌对淬透性的作用。对于后一种情况，碳含量的作用十分明显，从图 18 可以清楚地看到这一点。这是一个很简单的分析，因为在某些情况下，碳氮化铌析出颗粒也能够阻止转变过程中的铁素体晶粒长大。

在非常慢的热循环下，由于在奥氏体化区

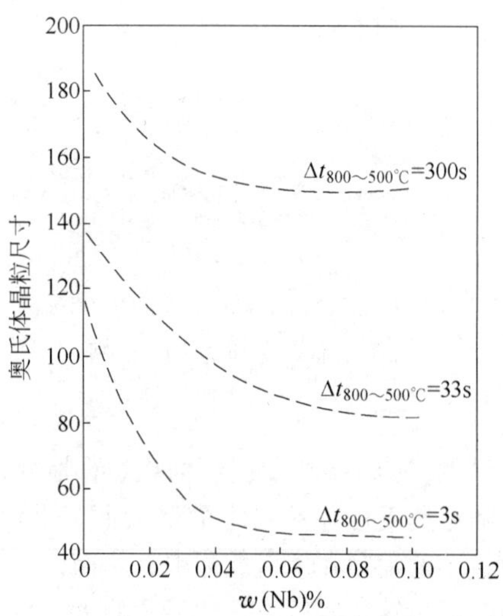

图 17　铌和热循环对粗晶热影响区
奥氏体晶粒尺寸的影响
（依据 Hannerz [43] 的论文，
采用其他来源数据作了改进）

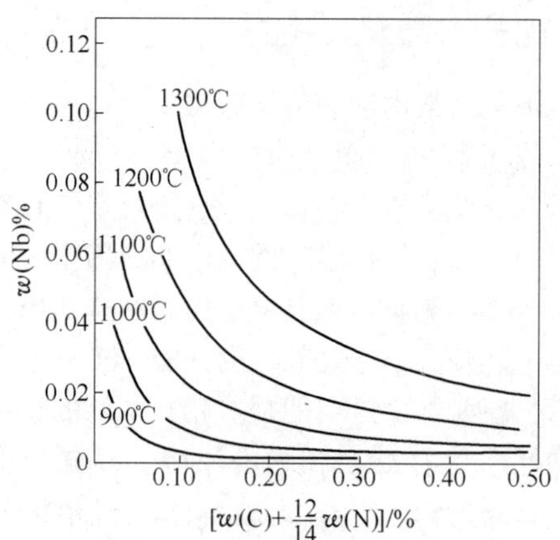

图 18　碳、氮和奥氏体温度对固溶铌的影响
（引自 Klinkenberg 的论文 [44]）

间的停留时间较长，冷却速率较慢，例如 $\Delta t_{800\sim500℃} > 200s$，必须考虑碳氮化铌在冷却期间重新析出的可能性。

如何在实践中使用这一理论？尽管有关文献繁多，但是对于本文的目的，以及关于我致力于开发的原理，我只想依据相当少量的有代表性的相关著作。我首先将再次要求你们考虑从 19 世纪 70 年代以来有关论文的重要数据，这些论文在当时被认为是非常重要的，然后将这些数据与选定的某些最近出版论文的结果和结论进行比较和对照。

在 19 世纪 70 年代后期，罗斯韦尔（Rothwell）等人[45]进行了一项有趣的相当全面的研究，旨在分析铌在适用于各种等级管线钢成分中的作用。我特别关注的是名义碳含量和锰含量分别为 0.09% 和 1.3%、厚度为 12 mm 钢板的试验结果。在研究中采用的铌含量分为 4 个添加量，分别为 0%、0.034%、0.09% 和 0.14%。埋弧焊焊缝的热输入范围为 1.4 ~ 7.5kJ/mm，相应的 $\Delta t_{800\sim500℃}$ 大约为 16 ~ 160s。在完成的焊缝的粗晶热影响区开缺口，进行系列温度夏比冲击试验，以确定屈服载荷下的断裂转变温度。同时，采用高速膨胀仪测定钢试样的连续冷却转变（CCT）曲线。从这个年代起，还有很多关于铌对粗晶热影响区韧性影响的其他的研究，得出了类似的趋势，但是罗斯韦尔等人的研究结果具有特别的价值，因为它使得到的韧性结果结合 CCT 曲线图及其获得的微观组织结构统一考虑。

图 19 给出了他们获得的韧性数据，可以明显地看出，只有在较高的热输入匹配 $\Delta t_{800\sim500℃}$ >80s 的冷却时间以及较高的微合金含量下，铌才会表现出不利影响。虽然很难精确测定，但是当热输入大约为 3kJ/mm 以下（$\Delta t_{800\sim500℃}$ 在 70s 以下）时，看来在罗斯韦尔研究[45]的各种碳锰体系中，所有含量的铌对于粗晶热影响区韧性都是有益的，或者没有不利影响。要记住 3kJ/mm 的热输入在 12mm 钢板中产生的冷却速率是相当低的，$\Delta t_{800\sim500℃}$ = 70s，这个冷却速率大约相当于 4.5kJ/mm 的热输入在 20mm 钢板中产生的冷却速率，或者在三维热传导条件下，在钢板（任何超过 25mm）中 7.5kJ/mm 的热输入。这个结论意味着铌可以适用于极为广泛的实际焊接过程。

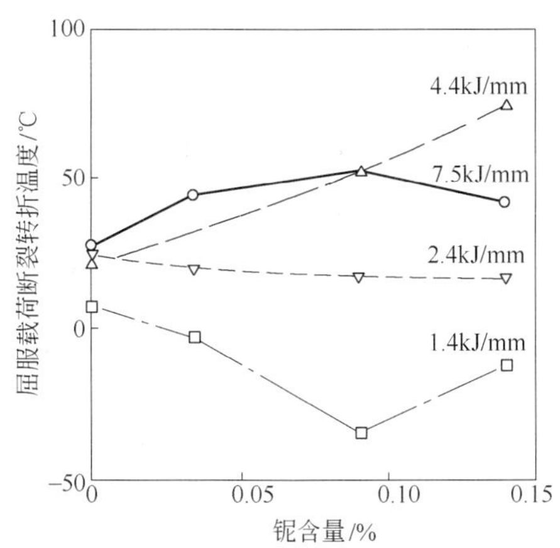

图 19　铌和热输入对粗晶热影响区屈服载荷断裂转折温度的影响
（根据罗斯韦尔等人的著作[45]）

采用 CCT 曲线图和微观组织观测结果相结合的方法对于说明铌的效果具有积极价值，图 20 采用了罗斯韦尔等人集中于铌和冷却时间对铁素体转变起始温度影响的研究结果[45]，可以发现图 20 中的冷却时间与图 19 的热输入并不是直接相关的。从图 20 中可以看出，对于最快的热循环，铌含量对“起始温度”没有影响。即使在 $\Delta t_{800\sim500℃}$ = 12s 的冷却速率下，铌的最低添加量也似乎对起始温度没有影响。然而，当铌含量达到 0.09% 及以上时，其后的冷却速率会使起始温度降低 25℃ 以上。根据 CCT 曲线，相当于 $\Delta t_{800\sim500℃}$ = 30s 的冷速仅比 2.4kJ/mm 焊接时快一点点，然而在铌的加入量为 0.035% ~ 0.09% 之间时，铁素体起始转变温度至少下降 50℃。在这个中等程度的冷速下，最高的铌含量似乎会产生一种异常的结果——起始温度没有降低。看来这时表现的是一种逆转的行为，并且 CCT 数据中最慢的冷速清楚地表明，最高的铌含量再次导致起始温度的显著降低。

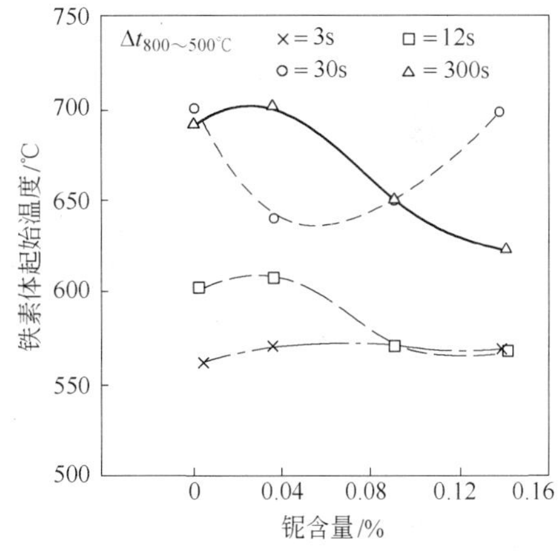

图 20　铌和冷却速率对粗晶热影响区连续冷却转变铁素体起始温度的影响
（根据罗斯韦尔等人的著作[45]）

这些研究结果与前面在一定基础上提出的模型是广泛一致的，即只有在最高的铌含量和 $\Delta t_{800\sim500℃}$ >12s 时，最快的热循环才能使铌充分地固溶于奥氏体中。罗斯韦尔等人的金属组织学指出，在存在铌的条件下，低热输入可以适度改善热影响区韧性是与奥氏体晶粒细化相关的，但是这一结论缺乏测量依据，有些主观。虽然在缓慢的加热和冷却速率下有异常表现，但有明确证据显示预测起始转变温度的显著降低，肯定是奥氏体中存在显著含量的可溶性铌导致的结果。

罗斯韦尔等人推测，一些异常的观察结果

可以用这样的事实解释：在最慢的循环时间下，停留在 1000℃ 以上的时间大约为 390s，这样长的时间足以保证大多数的铌固溶，并且将会使奥氏体晶粒显著长大（这两个因素使淬透性增加，并且阻止在如此低的冷速下可能会导致的过多的多边形铁素体的形成）。在最快的冷却速率下，不论铌添加量高低，热影响区转变组织都是由马氏体和贝氏体的混合组织构成的，伴有平行的铁素体板条和少量的马奥岛组元。随着冷却速率的降低，在不含铌时，可以观察到晶界铁素体逐渐增加，并且出现随机取向铁素体板条的较粗大的贝氏体，取代了上述的贝氏体。最终，在一定的热输入量之上的情况下，马奥岛组元也减少，与伊川等人的观测结果[28]相符。在最低的铌含量下，较慢的冷速会使显微组织发生少许改变，但是在较高的铌含量下，晶界铁素体逐渐被低温转变产物取代，使韧性得到改善。从图 20 可以想象，在某些冷速下的异常结果是由于固溶铌、晶粒长大以及冷却速度作用相互竞争的结果。

19 世纪 70 年代另一个重要的贡献，是 Dolby 教授报告的对于厚度 25mm 船板的研究结果[46]，船板的碳含量和锰含量分别是 0.16% 和 1.25%。可惜的是有些成分的变化使得我们在得出结论时需要认真考虑，轧制碳锰钢板时所用的母材的硫含量很高（0.046%）和硅含量很低（0.03%），而作为对比的常规钢板为碳-锰钢（铝 + 硅镇静钢）、碳-锰钢（0.019% Nb，铝 + 硅镇静钢）以及碳-锰钢（0.056% Nb，硅镇静钢，铝的含量很低，仅为 0.011%）。

然而，Dolby 教授的埋弧焊（双丝）和电渣焊（ES）的焊接结果对我们是重要的，提高了我们对铌在热影响区作用的认识。

Dolby 教授焊接主要采用在粗晶热影响区开槽的 COD 试样评估试验结果，但对电渣焊试验还额外记录了夏比冲击试验的结果。埋弧焊的焊接热输入为 5 ~ 7kJ/mm，产生的热循环范围为 $\Delta t_{800\sim500℃}$ 在 60 ~ 111s，电渣焊的热输入为 25kJ/mm，测得的 $\Delta t_{800\sim500℃}$ 为 200s。图 21 显示的是在 -40℃ 热影响区的 COD 结果。

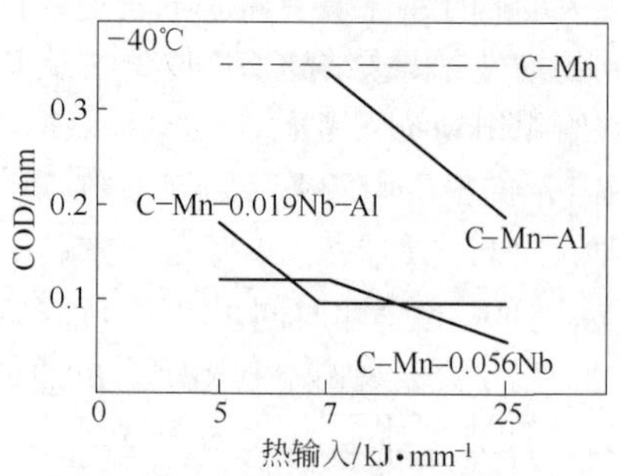

图 21 热输入对于 25mm 船板粗晶热影响区临界 COD 值的影响
（引自杜比（Dolby）[46]）

应该指出的是，更低屈服强度的碳锰钢母材热影响区 COD 值始终大于 0.5mm。基于前文已经指出的原因，在从 Dolby 教授的研究结果推导出权威结论时必须慎重从事，但是这一点似乎是安全的：对于当时常见的碳含量较高的含铌钢，并不适用于在较高热输入条件下提高热影响区的韧性（至少是在通过测量 COD 值测定韧性时）。

幸运的是，Dolby 教授在他的论文中做了很多有趣的微观结构观测[46]。除了注意到随着热输入的增加，γ 晶粒尺寸（相变之前）逐渐长大（C-Mn 钢表现出最高值）之外，还发现碳-锰钢、碳-锰-铝钢的埋弧焊以及电渣焊采用先共析铁素体划定的热影响区奥氏体晶界之外的显微结构表现出包含有不同形态的贝氏体。除了电渣焊缝之外，含铌钢的热影响区没有先共析铁素体，主要的显微组织是上贝氏体与平行的铁素体和渗碳体板条的集合，使我们想起罗斯韦尔的中间冷却速率下的产物[45]。在埋弧焊缝中（除碳-锰钢外）有含量达到 3% 的马奥岛组元，被 Dolby 教授认为主要是残留的奥氏体，尤其值得注意的是在电渣焊的焊缝中不含马奥岛组元。有趣的是，即使在冷却最慢的电渣焊中，Dolby 教授也没有发现任何表明有 Nb(CN) 析出的直接证据。

Dolby 教授从他的工作得出的结论是，铌显著降低了转变温度，但铌元素的整体作用（在这个碳含量和锰含量下），将取决于几个相互对立作用的综合结果。杜比试图用一个向量图（图 22）来总结这些结论，这是沿用 Garland 和 Kirkwood[47] 几年前在针状铁素体焊缝金属的研究报告中所采用的格式。

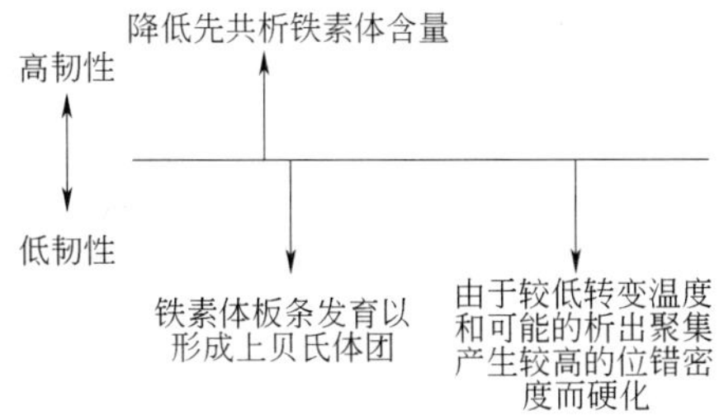

图 22　铌对高热输入焊缝粗晶热影响区韧性产生的各种可能影响的示意图
（引自 Dolby 教授的著作[46]）

Dolby 教授的结果与先前介绍的模型完全一致，并且强调了 1980 年评估[10] 的结论之一，即当采用高热输入焊接工艺时，碳对含铌钢热影响区的韧性是特别有害的。现在转到由张先生等人发布的更新的信息[48]，它使我们能够了解铌在更加复杂的微合金钢中的作用。张先生等人研究采用从 21mm 淬火-回火储罐钢板加工的夏比试样，模拟焊接热循环的热输入范围为 3 ~ 12kJ/mm，冷却时间 $\Delta t_{800\sim500℃}$ 为 11 ~ 125s，以观测模拟的粗晶热影响区的显微结构。张先生等人探讨了铌在 0.07% 碳、1.36%锰钢中的作用，此钢含有 0.37%的镍 + 铬 + 钼，重要的是还含有 0.04% 钒和 0.01% 钛。他们的结果显示在图 23 和图 24 中，确认

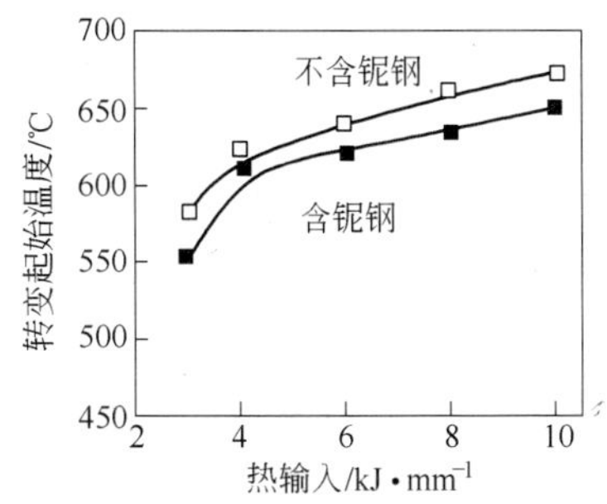

图 23　铌（0.026%）和热输入对转变起始温度的影响
（引自张先生等人[48] 的论文）

了获得广泛注意的铌在大范围冷却速率下降低起始转变温度的作用，并且提出，较低的温度、较硬的显微结构组分与低温转变产物相关，从而导致 -15℃ 下的夏比韧性降低。

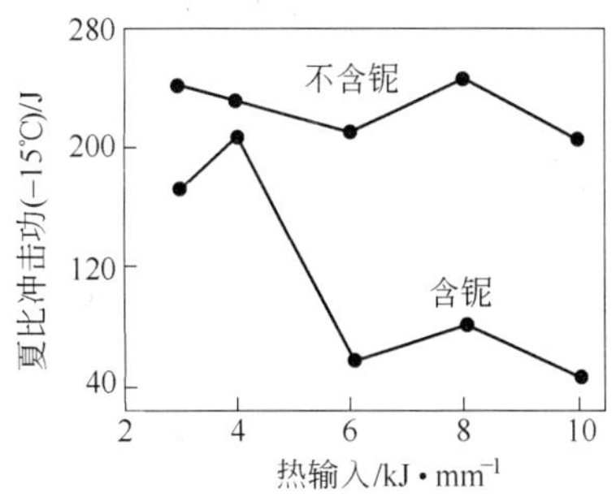

图 24　铌（0.026%）和热输入对粗晶热影响区韧性的影响
（引自张先生等人[48] 的论文）

Signes 和 Baker[49] 以及罗斯韦尔（Rothwell）[45] 此前都证实，在有钒存在的情况下，铌的作用是极其复杂的，关于这种相互作用的探讨已经超出本文论述的范围。然而，在较高的热输入下，这两种元素的共同存在可以在更大冷速范围内加强降低转变温度的效果，张先生等人对显微组织的观测结果与早期文献是相符的。在低热输入的快速热循环中，碳氮化铌沉淀不能完全溶解，虽然细晶自回火马氏体比不含铌的等效转变产物硬度要高一些，但韧性仍然是很高的。随着热输入的增加，以及固溶铌的影响全面发挥，在这个特殊合金系中，铌的存在的综合作用显然是负面的，粗大的颗粒状贝氏体逐步取代了更有利的组织。对于那些有兴趣深入调查此事的研究者，张先生等人的论文包含有大量关于转变温度的有价值的信息，说明了与前期已发表的论文兼容性的检索情况。

最后，提请你们注意一篇我认为特别有意义的论文。在 1998 年，哈丁和皮尔纳（Hattingh & Pienaar）[25] 研究了厚度大于 50mm 的液化石油气储罐用正火钢板的适用成分范围。他们的工作旨在研究某些钢结构公司规范关于钢中铌含量限制的合理性，而钢铁公司希望有更

高的灵活性，以打破这种武断的限制，更加容易地达到所要求的钢板强韧性指标。他们的研究采用名义锰含量为 1.2% 的铝镇静钢锻坯，轧制到 11mm，采用一个程序以模拟成品厚度为 50mm 钢板的轧制过程。哈丁和皮尔纳[25]采用一个相当强有力的实验设计，使用热模拟系统研究了碳和铌对 50mm 钢板焊接粗晶热影响区韧性的影响，设计的焊接热循环代表的热输入分别为 1.5kJ/mm、3kJ/mm 和 6kJ/mm，每次的峰值温度为 1350℃。参见图 25，图中的 3D 直线提供了估计的 $\Delta t_{800\sim500℃}$ 分别为 7s、18s 和 34s 时相应的三种热输入。从他们与实际焊接的对比来看，作者提出所采用的热循环代表距离熔合线 0.4mm 的粗晶热影响区。以下选择的三个图表直接采用他们的报告转载为图 25。应该指出，作者强调的是绝对韧性水平的描绘比较，不一定是必要的，可以体会在真正的焊接接头中是处在非常狭窄的区域之中的。

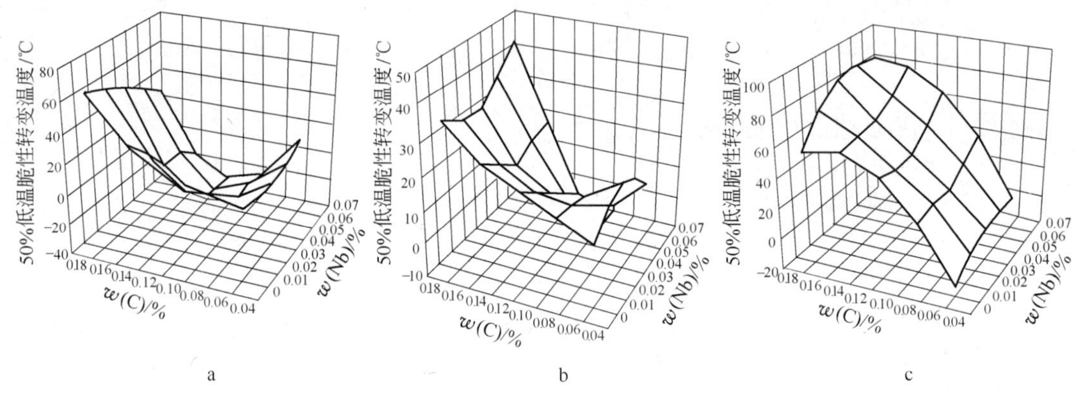

图 25　碳含量、铌含量和热输入对粗晶热影响区韧性的影响（50% FATT）
（引自 Hattingh 和 Pienaar 的论文[25]）
a—1.5kJ/mm，$\Delta t_{800\sim500℃}=7s$；b—3kJ/mm，$\Delta t_{800\sim500℃}=18s$；c—6kJ/mm，$\Delta t_{800\sim500℃}=34s$

这些三维演示是特别有用的，并且能够确认清晰的行为模式。也许最重要的观测结果不足为奇，对于碳是“坏消息”，即不论铌含量为多少，添加大于 0.14% 以上的碳含量是尤其不受欢迎的。正如我们在本文中已经看到的那样，在高的热输入条件下，高碳与高铌的共同作用显然是有害的。有趣的是，最好的结果发生在热输入达到 3kJ/mm 时，这似乎支持图 8b 的一般趋势，并且发生在碳含量大约为 0.12%，铌含量达到 0.065% 时。这也支持 1980 年评估原来的调查结果[10]。在热输入为 6kJ/mm 时，最佳结果的记录是在碳含量低于 0.08%，并且对铌含量上升相对不敏感，甚至铌含量达到 0.065%。

哈丁和皮尔纳[25]的“基本”化学成分是锰、硅和铝，与罗斯韦尔[45]的基本成分没有大的差异，但不幸的是，前者没有记录规定的转变温度的数据。尽管如此，哈丁和皮尔纳记录的最佳结果是在略高于罗斯韦尔研究的碳含量之上，但在微观组织观察方面还是相当一致的。

我不会停留在哈丁和皮尔纳[25]对于他们结果的详细解释之上，能够观察到这些结果就足够了，即在最快的冷速下，较高的碳含量导致硬的未回火下贝氏体和马氏体产生，随着冷速下降，产生粗大的板条结构贝氏体。作者提出，在存在铌和高碳的情况下，碳氮化铌的析出使得已经很差的显微组织进一步脆化，特别是在最高的热输入下，可以观察到晶粒的过度长大以及粗大的显微组织。在所有情况下，最佳韧性总是与自回火马氏体和细化贝氏体相关。这再次表明了转变温度所起到的关键作用。

我们可以容易地继续看到许多其他的重要

文献，但我相信，这些经过考虑的数据已给了我们一个足够清楚的概念。像许多主要合金元素如锰、钼、铬和镍一样，铌起到降低奥氏体转变温度，获得低温产物的作用。然而，基于相似的目的，由于添加如此少量的铌可以起到极为显著的作用，这样就避免了过度合金化和过度固溶硬化的危险。此外，还增加了细化粗晶热影响区奥氏体晶粒尺寸作用的灵活性，特别是在低热输入的情况下，为钢铁和焊接冶金学家提供了进一步的机会，使他们能够为配合特殊的终端产品以及制造路线选择更合适的化学成分。

要完全了解铌及其各种析出物的复杂作用还需要一些时间，但是我们已经学到了足够的知识，能够预知如何明智地运用这种元素，以发挥其最大优势。无论是否有铌的存在，在大多数焊接情况下，碳尤其不受欢迎，如果要求达到尽可能最佳的粗晶热影响区性能，显然要尽可能地限制碳含量。不过，正是因为碳和铌相互之间高的亲和力，才可能产生各种交互作用。证据表明，在严格控制碳含量的情况下，即使在实际焊接热输入很宽的范围内，使用铌都是特别有效的。

如果要在很高的热输入工艺，如电渣焊下有效地应用含铌钢，那么就必须将碳含量很好地控制在0.1%以下，并且需要添加另外的主要合金元素，以保证钢的强度水平。采用精细控制铝/氮比[50]以及钛处理[51]可以使奥氏体晶粒重新细化。任何细化晶粒尺寸的成功有赖于主要合金的选择和添加量的确定。大量证据表明，对于最高热输入的焊接工艺，在钢中采用铌和钒的组合是无益的。

在介绍近年来最重大的发现之前，关于临界粗晶热影响区（ICHAZ）我需要先说几句。

5 临界再热粗晶热影响区（ICHAZ）以及主要合金元素和微合金元素的作用

你们将会高兴地得知，尽管临界再热粗晶热影响区（ICHAZ）比它们邻近的粗晶热影响区（CGHAZ）延伸得更宽，而我的这段叙述却会明显缩短。这通常是由二次热循环以及随后的热循环产生较慢的冷却速度导致的自然的结果。我已对讨论这个区域所需的所有基本冶金学概念进行了论述。

前面已谈及，在粗晶热影响区存在马奥岛组元，由形成和分区的机制所致，其碳含量通常很高。在这个很小的原始粗晶热影响区的马奥岛区域中，碳的浓度甚至高达1%[52]，因此，在临界再热粗晶热影响区，这些富碳区域首先被重新奥氏体化。这些马奥岛局部区域此后在长度方向长大并且从周围的组织中获得更多的碳。当整个区域再次冷却后，在中等热输入范围的焊接接头中，马奥岛组元的含量很容易超过转变组织的10%。局部马奥岛区域呈现出碳的梯度分布，在其边缘处的碳含量最高；这意味着有可能找到以马氏体为核心，而外部是奥氏体的微观组织。Bonnevie 等人[29]对含有0.08%碳、1.55%锰和0.3%镍的钛处理钢进行了粗晶热影响区和临界粗晶热影响区的模拟分析，结果表明，从峰值温度1350℃以 $\Delta t_{800\sim500℃}=30s$ 的速率冷却，再经过810℃的二次加热过程，马奥岛组元的平均尺寸从1.4μm显著增长到2.0μm。其结果是马奥岛组元尺寸大于2μm时，其体积分数增加20%~36%，而马奥岛组元尺寸大于3μm时，其体积分数增加5%~15%。很显然，低的二次热输入和快速的热循环能够最大限度地减少马奥岛组元的长大。

如同以前的观测结果，当我们讨论粗晶热影响区时，不完全的贝氏体化不可避免地形成马奥岛组元，而其在粗晶热影响区呈现的数量显然是控制临界粗晶热影响区马奥岛组元数量的主要因素。然而，松田（Matsuda）等人[34]认为，某些元素例如碳和硅具有特别的影响。他还提出，在二次热循环中，碳化物形成元素例如铬、钼、铌和钒[34]能够增加再奥氏体化局部的淬透性，也会助长马奥岛组元的分数。然而，任何元素，无论是主要合金元素还是微合金元素，其作用取决于添加特定合金产生的转变体系。

尽管如此，看来硅在临界粗晶热影响区的

作用特别强大。Bonnevie 等人[29]已证明，这个元素是如何增加马奥岛颗粒密度的，他们认为，这对临界粗晶热影响区韧性最不利。图 26 显示了硅的影响，以及二次峰值温度对于马奥岛密度影响的重要程度。

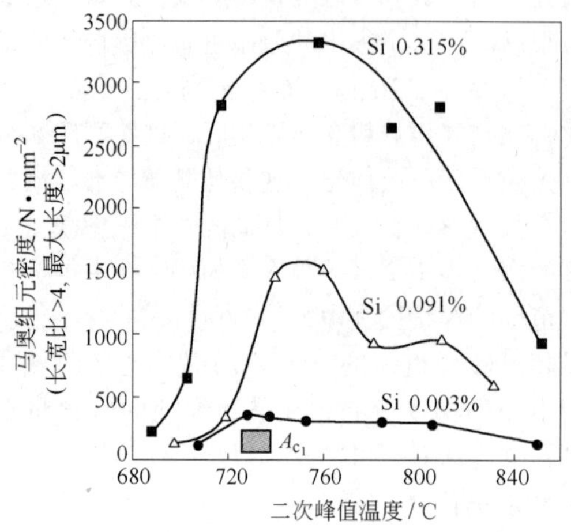

图 26　硅和二次峰值温度对马奥岛组元产生的影响（大颗粒数/mm^2）
（引自 Bonnevie 等人的论文[29]）

一些研究者认为，含铌钢增加了临界粗晶热影响区马奥岛组元的含量[39, 42]，但是通过仔细研究他们的实际观测结果使我相信，这是由于转变温度和转变产物种类在很大程度上决定了马奥岛组元存在的数量。很明显，如果在碳-锰钢和含铌钢母材之间作一个比较，前者在给定冷速下产生的主要是多边形铁素体，而在后者的热影响区中将观测到更多的马奥岛组元。然而，这不是因为铌促进马奥岛组元的生成，而是如前所述的那样，由于少量低温贝氏体化的中间组织自然呈现出马奥岛组元的增加。然而，铌作为一个与碳元素（在马奥岛组元中富集）有强大亲和力的碳化物形成元素，有可能对产物的种类产生影响[39]。不过，当然很明显的是影响临界粗晶热影响区马奥岛数量的主要因素是在粗晶热影响区已含有的马奥岛组元数量，这又取决于先前解释过的总的微观组织。

一个更加有趣的可能性是形成于含铌钢中的马奥岛组元可以有倾向性地吸附比预期数量多得多的铌元素。这不仅是由于碳和铌互相之间强大的亲和力或者通常的相变分割，还由于在马奥岛组元中的碳含量（大约 1%）下，奥氏体具有保留更多的固溶铌的增强能力，这一点已由 Palmiere 等人[53]予以证明。对于这一似乎不符合图 18 所表现的趋势的现象，其解释已经大大超出本论文的范围。然而，这一概念也许可以说明虽然马奥岛组元的数量可能不是直接由于铌的作用，但其淬透性是能够被铌影响的。由总体合金含量和冷却速度可知，碳和铌富集的马奥岛组元能够在低得多的温度下相变，在某些情况下甚至能够完全以奥氏体的形式保留下来。这种作用的综合结果，要求不损害韧性，但这里另有原因。

虽然很难量化，但是看来很有可能的是，在临界粗晶热影响区较大马奥岛组元的增量可能是影响韧性的重要因素，并且可能在某些情况下，比在粗晶热影响区显得更为重要[54]。因此，既然除了在最低热输入的焊接之外不能完全避免马奥岛组元的存在，看来就应该采取审慎的有效措施来减少问题的发生。我在本文中评估过的证据强烈地表明，在符合可接受的合金设计的情况下，应当尽可能降低碳和硅的含量。

6　未来的发展方向

如果你到目前为止一直遵循我的思路，那么当你看到我提出的是没有单一的发展方向时，你就不会太惊讶。当你寻求优化含铌结构钢或管线钢的成分，以满足任何特定的母材钢板的强度/韧性，或者规定的热影响区韧性的组合时，面临的是多种选择。然而，在近年来 X80 及以上更高强度管线钢方面有了重大的创新性的突破，这也丰富了我们的知识，使我们认识到铌提供了由于其独特的特点而产生非凡的发展潜力。

几十年前，在英国由 Dewsnap 和 Frost[55]，在美国由格雷教授等人[56]首先进行了深入的研究，开发了基于高固溶铌含量的高淬透性超低碳钢，但是，当时获得的大部分知识被搁置，在一定程度上被遗忘了，直到这个概念逐渐被具有超前意识的冶金学家、更加进步的钢铁制造商以及坚定的钢管制造商注入了新的活力，才提供了采用这种先进工艺的可能性。

多年以后，这种想法导致了各种等级管线钢的进步，特别是在采用 0.03% 左右的超低碳钢方面发挥了铌的应用的最佳效果。这种钢的典型成分是含有 0.1% 铌和 1.7% 锰，进一步添加铜、铬、镍和钼，能够在比通常高的轧制温度下进行热机械工艺轧制。这种钢还应用钛与氮按化学计量比结合的能力以获得阻碍晶粒在加热期间长大的额外能力。这些钢被称为“高温轧制”钢（HTP 钢），在其他公司采用过剩合金路线生产 X80 钢级管线钢管的实践中，这种工艺的灵活性已经得到证明[4, 57, 58]。

数量巨大的这种钢已经成功应用在建成的大直径高强度低合金钢管线项目，钢级达到 X80，最大壁厚达 30mm。迄今为止最引人注目的是中国的西气东输二线项目。该项目采用壁厚 18.4mm 的 X80 钢管，用钢量达到 275 万吨，这种相当新的技术取得了卓越的成就和巨大的信任。从焊接的观点来看，最令人振奋的是这些钢的焊接性能，能够在极其广泛的热输入条件下进行焊接，获得均匀一致的细晶贝氏体组织，具有杰出的粗晶热影响区韧性。由于碳含量极低，在焊接期间更多的铌固溶于奥氏体中（图 18），这使得在广泛的热输入和冷却速率范围内都能获得延迟铁素体转变的最佳效果。下面给出的是一个典型的连续冷却转变曲线（图 27），表明了铁素体“鼻尖”被向右移动到容易生成贝氏体化转变产物的位置，如前所述。

这种“鼻尖”的位移精确地反映了硼对低碳含量产生的影响，并且在我的脑海里，对于解释铌对“淬透性”作用的机制具有很大的分数，这是引自 Fossaert 等人[37] 的论文，在本文前面已经讨论论过。

采用这样一种低碳含量的钢，在整个从 3℃/s 到 100℃/s 的冷速范围内，其生成的贝氏体都具有优良的韧性，这个冷速范围包括了大多数常规焊接工艺的范围。另外，在粗晶热影响区马奥岛组元非常稀少。这一因素结合低

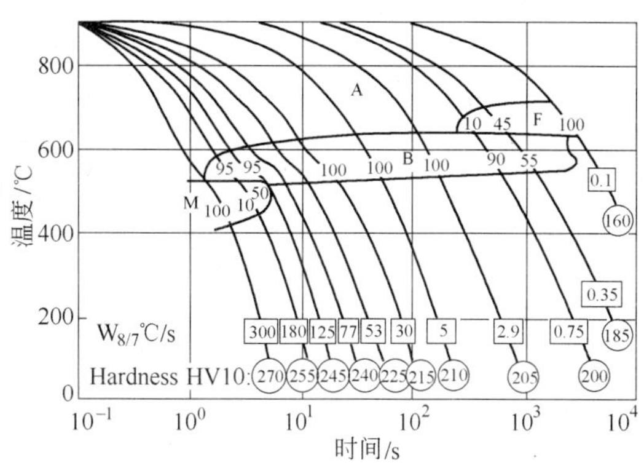

图 27 0.03%碳、1.75%锰和 0.1%铌的 HTP 钢，峰值温度 1350℃的粗晶热影响区的 CCT 图
（引自 Hulka 的论文[21]）

硅含量（通常是小于 0.2%），确保马奥岛组元不会成为值得关注的因素，即使在临界粗晶热影响区也是如此。图 28 比较了 X80 钢级 HTP 钢和更常见的碳含量较高的 X70 钢级铌-钒钢的韧性。

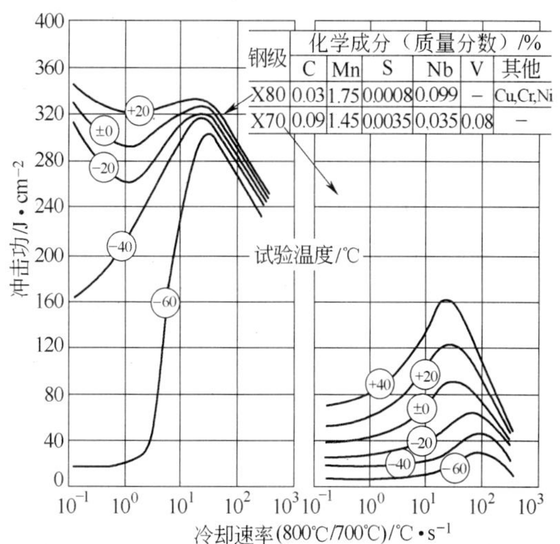

图 28 HTP 钢与常规 X70 级钢的模拟粗晶热影响区韧性对比
（引自 Hulka 的论文[21]）

斯捷潘诺夫等人[59] 也报告了对这一类钢成分的类似的研究结果，并且已经证实，他们的特种 HTP 钢适用于所有焊接过程，例如钢管制造和装配（包括现场焊接），冷却速度的

范围从 5℃/s 直到 120℃/s。即使在最慢的冷却速率下，也能获得 -40℃下的夏比冲击功大于 100J/cm² 的结果。

显然，有一个问题值得研究，即这种低碳高铌的成分设计理念对于其他的潜在领域，例如用于钢结构和海洋油气田的大壁厚钢板的适用性，尽管此时 HTP 高温轧制的概念已不适用，而正火处理很可能是更好的供货方案。即使 Manohar 等人[60]已经强调指出采用的热机械变形工艺及其对含铌钢的连续冷却转变行为的影响，我们也没有理由认为导致的热影响区行为会不遵循类似的模式。当然，也要考虑后面讨论的需要应力消除的作用。

正确认识热影响区韧性。在大多数关于成分对热影响区韧性影响的系统研究中，通常选择一种基础的碳锰钢成分作为基础，以评估添加一种或多种主要合金元素（或微合金元素）的冶金效果。必须牢记，这种“基础”是不大可能具有向研究者提供感兴趣的强度和韧性组合能力的，它是实际提供可接受性能的各种成分的选择，对于实际性能应该专注的不是常规的性能，而是所研究的添加元素导致的性能变化，不考虑任何屈服强度的差异。

什么样的韧性是足够的？毫无疑问，在钢板厚度超过 30mm 左右时，脆性断裂的风险仍然是一个需要认真考虑的问题，并且 COD 和宽板试验的相关性在定义焊接接头所有区域可接受标准时通常都是颇有价值的。Heisterkamp 等人[26]已经描述了一个关于碳含量和铌含量的大致的包络线，在其所收集数据的基础上，可以轻而易举地使厚钢板在 -10℃下达到“良好”的 COD 性能。当然，这里的“良好”是指足以满足特定用途的工程临界评估（ECA）结果而言。然而，我在图 29 中复制了他们的结果，图中没有单独的数据点，并且进行了修改，使其能够达到超低碳和 0.1% 铌的 HTP 钢的成分。

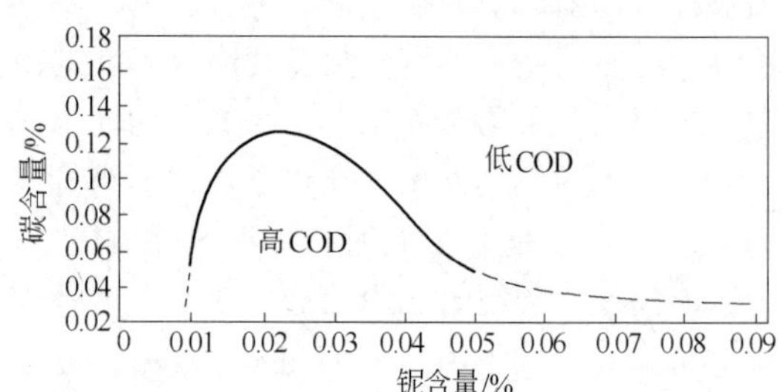

图 29　达到 -10℃下“良好”COD 水平的碳含量和铌含量的关系

（引自 Heisterkamp 等人的论文[26]，但是按上文所述进行了修改）

此图不是用来推断出只有在图 29 的包络线之内才能达到足够的韧性水平的结论的，严格来说，只是与推出此曲线的钢相关。然而，它的重要性在于再次强调了碳-铌的交互作用，并且提供了一定程度的结构钢成分设计导则。

在此体系下，单独的公司规范将继续占主导地位，并且适用的目的评估将决定可接受的断裂韧性水平。

对于薄钢板，特别是在管线管的应用方面，已经有很多令人关注的评审/评估，以确定如何最好地测量钢管主焊缝和环焊缝的热影响区韧性[61,62]。这里有很多选择，涉及 CV 和 COD 的关系、试样取向、缺口类型及其尖锐度等，这些问题几乎是不可避免的，如果你对任何焊接接头进行测试的话，经常会在足够多的方法中最终确定一个很小的、往往是微观状态下的低韧性区。你将最终发现一个范围非常微小的低韧性区域。我想每个焊接接头都有其阿喀琉斯之踵❶，但它真的是那么重要吗？

对于 20 世纪 70 年代以前采用落后技术焊接的管道，的确仍然有许多潜在的问题等待着浮出水面[63]，并且确实有 20 世纪 40 年代的老的环焊缝，因为存在的缺陷在最近几年中受

❶在古希腊神话中，阿喀琉斯是凡人泊琉斯和美貌仙女忒提斯的宝贝儿子。忒提斯为了让儿子炼成“金钟罩”，在他刚出生时就将其倒提着浸进冥河，遗憾的是，他被母亲捏住的脚后跟却不慎露在水外，全身留下了唯一一处“死穴”。后来，阿喀琉斯被赫克托尔的弟弟帕里斯一箭射中了脚踝而死去。后人常以“阿喀琉斯之踵”譬喻这样一个道理：即使是再强大的英雄，他也有致命的死穴或软肋。——译者注

到过度的外应力而导致严重失效[64]。然而，从大约1990年起[65,66]的当代管道的更多失效统计表明，由于材料的改进、现代管道制造和安装技术的应用，以及极大改善的检验技术的结合，实际上几乎消除了对高强度低合金钢管道焊接接头的严重担心。外部损伤以及腐蚀防护不良更有可能是现代管道发生的极为罕见的失效的原因。

一般认为，目前至少壁厚在25mm及以下的管材和焊接接头中，其韧性通常可以避免脆性断裂的风险[67]，并且只要其组织足够强，能够避免延性断裂的扩展[68]，那么对于焊接接头所要求的韧性可以在塑性破坏准则的基础上确定。回到我的神话主题和阿喀琉斯之踵的比喻上来，假如阿喀琉斯穿着更适合的靴子，而不是像通常描绘的那样穿着皮凉鞋的话，也许阿喀琉斯就不会被射死了。无论如何，现代的焊接接头都采用被称为“过强匹配”的保护手段，而且已经证明，采用这种保护手段，再结合上文已讨论的因素，就可以在认为潜在的失效模式是塑性破坏时，将含缺陷的环焊缝区域的韧性降低到相当适度的水平。

欧洲钢管研究组织（EPRG）采用深度3mm表面根部缺陷的弧形宽板试验和夏比试验的相关性研究，确定了管线在最低工作温度下的焊接接头韧性要求是：对于壁厚至25.4mm，钢级至X70，采用过强匹配的管线，所要求的焊接接头夏比V型缺口能量平均值为40J（单个最小值为30J）；对于壁厚小于12.7mm的管线，这个要求可以降低到平均值为30J，单个最小值为20J[69]。

这些数值对于最现代化的高强度低合金钢的制钢和制管方法来说，都是很容易达到的要求，但是我们对于现代管线焊接接头任意区域达到的韧性不应该自满，我们应该同样接受对于供应商和焊接工程师来说是不合理限制的对焊缝金属和热影响区不必要的过分要求。

在本文中，我是有意将注意力放在焊接状态上，因为对焊后热处理影响的全面考虑将超出我认为的合理范围。并且对于现代的低碳钢板，即使厚度超过100 mm以上，也很少要求进行焊后热处理。然而，对于适用于这个接头的制造只有很有限的一般观测结果。

当对含铌钢和焊接件进行应力消除时，应当考虑为数众多的影响。在许多情况下，回火和从微观组织中去除马奥岛组元可以补偿析出硬化的任何不利的影响，但这不会永远都是如此的。幸运的是，通常进行焊后热处理的意图是降低残余应力，而不是任何特定的冶金变化的影响，在此背景下，就一定要记住，成功地消除残余应力显著提高了含缺陷焊接接头的缺陷容限，即使在此工艺下会使断裂韧性适度降低。

7 结束语

我希望已经能够说明，为什么那么容易得出关于一个元素在热影响区韧性方面作用的错误结论，如同对铌元素不时发生的明显错误的见解一样。这通常是由无效的实验设计或者对于可获得信息的狭隘观点导致的结果。并且我强烈建议当代的研究者避免陷入这些陷阱，并且以开放的思想从事他们的研究，不要受他们期望建立的传统观念的束缚！在我阅读有关资料，准备这篇论文时，发现了几篇对本文有意义的论文，这些论文作者得出的结论并不完全准确地反映他们提交的资料数据。在少数情况下，所提出的关于一个特定元素作用不能得到证实，因为严密的审查发现实验设计从根本上有瑕疵，没有重视所审查钢的潜在的重大成分变化，或者主要热过程历史的改变。对于不同钢的行为对比必须在相同标准的基础上进行。

准确解释的基础在于实验设计并且实行得当，使研究避免瑕疵，这样，得出被误导的结论的可能性就可以小得多。

在16世纪的英国，当“智慧”已是智力的泛称时，有一个著名的作家兼律师约翰·戴维斯爵士（Sir John Davies），他用韵文表达如下相当精确的哲学观察，可以富有诗意地表达我的思考：

“但是如果狂热控制了大脑，
就会使事物变得如此糟糕，
随着幻觉证明全是虚妄，

并没有给智慧带来准确的关联。

此时要整理智慧，为真实承认一切，

在停顿的基础上建立美好的结论;”

实施你的实验设计，然后仔细思考你将得到什么样的结果。

请记住，除非能够向人们解释并得到理解，以其力量影响人们的政策导向，推动材料和焊接规范的进步，否则你的精心研究是毫无用处的。

不要害怕接受迅速发展的技术的挑战，特别是在高强度低合金钢领域更是如此。你已经见到如何能够轻而易举地克服出现的障碍，并且不再敬畏早期文学的神话。确实如此，通过近期的发展，钢铁工作者和焊接冶金学家已经能够看到铌的更高水平的全部潜力的美好前景，并且看到这种元素在可以预见的未来在现代高强度低合金钢设计方面不可避免地发挥重要作用。

最后，我给下定决心要取得成功的人提供两条古老的谚语。这两个谚语虽然来源不同，寓意却是一致的。一条是来自中国的：“不怕慢，只怕站”，另一条来自巴西：“不向前看的人将止步不前”。

8　补遗

在经典神话中，坦塔罗斯和尼俄柏作为凡人，最终触怒了诸神，受到了严厉的惩处，流下了“女神的眼泪”。然而在几千年之后，现在，在技术发展的独特贡献光辉之下，也许是将尼俄柏及其同名的“铌”元素放在一个更值得纪念的地方来描绘今天新一篇的神话的时候了。在认识到这一对高强度低合金钢极具影响力的进展，我建议，我们应该给尼俄柏授予“阿拉莎❶（Araxa）女神”的称号。

参 考 文 献

[1] W. P. Griffith, P. J. T. Morris. “Charles Hatchett FRS (1765-1847), chemist and discoverer of Niobium” Notes. Rec. R. Soc. Lond. 57 (3), (2003), 299-316.

[2] H. Rose. Uber die Zusammensetzung der Tantalite und ein in Tantalite von Baiernenthaltenesneues-Metall. Poggendorff's Annln. Phys. 63, (1844) 317-341.

[3] F. M. Becket, R Franks. Steel US Patent No. 2, 158, 651, (May1939).

[4] J. M. Gray. Evolution of Microalloyed Linepipe steels with particular emphasis on the “near stoichiometry” Low Carbon, 0. 1percent Niobium “HTP” Concept. The 6th International Conference on High Strength Low Alloy Steels (HSLA Steels' 2011), Beijing, China (May/June 2011).

[5] J. M. Gray, F. Siciliano. High Strength Microalloyed Linepipe: Half a Century of Evolution. Pipeline Technology Conference, Oostende (October 2009).

[6] F. De-Kazinczy, A. Axnas, P. Pachleitner. Some Properties of Niobium Treated Mild Steel. Jernkontorets, Anglaar V, 147, (1963), 408.

[7] C. A. Beiser. The Effect of Small Columbium Additions to semi-killed Medium Carbon Steels. ASM Preprint No. 138, Regional Technical Meeting, Buffalo, NY, (1959).

[8] W. B. Morrison. The Influence of Small Niobium Additions on the Properties of Carbon-Manganese Steels. JISI, Vol. 201, (1963), 317.

[9] J. D. Baird, R. R. Preston. Relationships between Processing Structure and Properties in Low Carbon Steels. Processing and Properties of Low Carbon Steel. The Metallurgical Society of AIME, (1973).

[10] CBMM Consultant's Report. Heat Affected Zone Toughness-A viewpoint on the Role of Microalloying Elements. Companhia Brasileira de Metalurgia e Mineracao, European Office, Dusseldorf, (1980).

[11] A. D. Batte, P. J. Boothby, A. B. Rothwell. Understanding the Weldability of Niobium-Bearing HSLA Steels. Proceedings of the International Symposium Niobium 2001, Orlando, Florida,

❶阿拉莎（Araxa）是巴西矿冶公司所在地，是世界上最大的铌产地，被称为世界铌都。

(December 2001), 931-958.

[12] D. Rosenthal. Mathematical Theory of Heat Distribution During Welding and Cutting. Welding Journal, Research Supplement, 205(5), (1941), 220-234.

[13] British Standard BS EN 1011-2: Welding Recommendations for Welding of Metallic Materials-Part 2: Arc Welding of Ferritic Steels, (2001) 43-48.

[14] W. J. Poole, et al. Microstructure Evolution in the HAZ of Girth Welds in Linepipe Steels for the Arctic. Proceedings of the 8th International Pipeline Conference, Calgary Alberta, (2010).

[15] Y. Chen, Y. Y. Wang, J. Gianetto. Numerical Simulation of Weld Thermal History for Pulsed GMAW Process. Proceedings of 7th International Pipeline Conference, Calgary, Alberta (2008).

[16] S. Moeinifar, A. H. Kokabi, H. R. MadaahHosseini. Role of Tandem Submerged Arc Welding Thermal Cycles on Properties of the HAZ in X80 Microalloyed Linepipe Steel. Journal of Materials Processing Technology, 211(2011), 368-375.

[17] K. E. Easterling. Introduction to the Physical Metallurgy of Welding. 2nd Edition Oxford UK: Butterworth-Heinemann Ltd. (1992).

[18] K. Poorhaydari, B. M. Patchett, D. G. Ivey. Estimation of Cooling Rate in the Welding of Plates With Intermediate Thickness. Welding Journal Research Supplement (Oct. 1995), 149-155.

[19] P. Bufalini, F. Bonomo, C. Parrini. Effects of Composition and Microstructure on HAZ Toughness and Cold Cracking. ASM-AIM International Conference on the Welding of HSLA Microalloyed Structural Steels, Rome(November 1976).

[20] J. Gordine. Weldability of a Nickel-Copper-Niobium Line Pipe Steel. Welding Journal Research Supplement, (June 1977), 179.

[21] K. Hulka. The role of Niobium in Low Carbon Bainitic HSLA Steel. Proceedings of the 1st International Conference on Super-High Strength Steels, Rome, Italy, (November 2005).

[22] A. B. Rothwell, F. Bonomo. Weldability of HSLA Steels in Relation to Pipeline Field Welding. AWS, 57th Annual Meeting in St Louis Missouri, (May 1976).

[23] A. D. Batte, P. R. Kirkwood. Developments in the Weldability and Toughness of Steels for Offshore Structures. Proceedings of Microalloying' 88 held in conjunction with the 1988 World Materials Congress, Chicago, Illinois, USA, (September 1988).

[24] J. M. Gray, J. D. Smith. Critical plate Steels for Offshore Structures Metallurgical Approach and Prequalification. Presented at the International Conference on Advances in Welding Technology of High Performance Materials, Columbus, Ohio, (Nov 1996).

[25] R. J. Hattingh, G. Pienaar. Weld HAZ embrittlement of Niobium containing C-Mn Steels. International Journal of Pressure Vessels and Piping 75(1998), 661-677.

[26] F. Heisterkamp, K. Hulka, A. D. Batte. Heat Affected Zone Properties of Thick Section Microalloyed Steels-A Perspective. The Metallurgy and Qualification of Microalloyed Steel Weldments, AWS Florida, (1990)659-681.

[27] B. L. Bramfitt, J. G. Speers. A Perspective on the Morphology of Bainite. Metallurgical and Material Transactions A, Volume 21(3), (1988)817-829.

[28] H. Ikawa, H. Oshige, T. Tanoue. Effect of Martensite-Austenite Constituent on HAZ Toughness of a High Strength Steel. Transactions of The Japan Welding Society, Volume 11, (2)(October 1980)87-96.

[29] E. Bonnevie, et al. Morphological aspects of Martensite-Austenite Constituents in Intercritical and Coarse Grained Heat Affected Zones of Structural Steels. Materials Science and Engineering A, 385, (2004)352-358.

[30] Y. Ohmori, H. Ohtani, T. Kunitake. The Bainite in Low Carbon Low Alloy High Strength Steels. Transactions of the Iron and Steel Institute of Japan, 11, (1971), 250-259.

[31] Y. I. Komizo, Y Fukado. CTOD Properties and MA Constituent in HAZ of C-Mn Microalloyed Steel. The 5th International Symposium of the Japan Welding Society, Tokyo (April 1990).

[32] X. Xue, et al. Effects of Carbon on the CGHAZ Toughness and Transformation of X80 Pipeline Steel. Journal of Materials Science and Technology. 19(6)(2003)580-582.

[33] N. Itakura, et al. X80 UOE Line Pipe with Excellent Heat Affected Zone Toughness of Longitudinal seam Welds. Proceedings of OMAEE 99, 18th International Conference on Offshore Mechanics and Arctic Engineering, (July 1999), St John's Newfoundland, Canada.

[34] F. Matsuda, et al. Review of Mechanical and Metallurgical Investigations of Martensite-Austenite Constituent in Welded Joints in Japan. Welding in the World, 373(3)(1966)134-154.

[35] L. Meyer. History of Niobium as a Microalloying Element. Proceedings of the International Symposium Niobium 2001, Orlando, Florida, (December 2001) 359-377.

[36] K. J. Lee, et al. Proceedings of the International Conference on Mathematical Modelling of Hot Rollling of Steel, Edited By S. Yue, Hamilton, Canada(1990)435.

[37] C. Fossaert, et al. The Effect of Niobium on the Hardenability of Microalloyed Austenite. Metallurgical and Materials Transactions A, Volume 26A(Jan 1995), 21-30.

[38] S. V. Subramanian, et al. Proceedings of the International Symposium on Low Carbon Steels for the 90's, TMS, Pittsburgh, (1993)313.

[39] Y. Li, et al. The Efect of Vanadium and Niobium on the Properties and Microstructure of the Intercritically Reheated Coarse Grained Heat Affected Zone in Low Carbon Microalloyed Steels ISIJ International, 41(1), (2001), 46-55.

[40] M. H. Thomas, G. M. Michal. Solid-Solid Phase Transformations. TMS-AIME, Warrendale. PA, (1981), 469-473.

[41] E. A. Simielli, S. Yue, J. J. Jonas. Metallurgical Transactions, 23A, (1992), 597-608.

[42] T. Furuhara, et al. Incomplete Transformation of Upper Bainite in Nb Bearing Low Carbon Steels. Materials Science and Technology, 26 (4), (2010).

[43] N. E. Hannerz. Effects of Niobium on HAZ Ductility in Constructional HT Steels. Welding Journal Research Supplement, (May 1975), 162s.

[44] C. Klinkenberg. Niobium in Microalloyed Structural and Engineering Steel. Materials Science Forum Vols 539-543, (2007), 4261-4266.

[45] A. B. Rothwell. Heat Affected Zone Toughness of Welded Joints in Micro-Alloy Steels Part 1, Results of Instrumented Impact Tests, IIW 1X-1147-80 and subsequent CCT and Microstructural Studies (Private Communication).

[46] R. E. Dolby. The Effect of Niobium on the HAZ Toughness of High Heat Input Welds in C-Mn Steels. ASM-AIM International Conference on the Welding of HSLA Microalloyed Structural Steels, Rome, (November 1976).

[47] J. G. Garland, P. R. Kirkwood. Towards Improved Submerged Arc Weld Metal Toughness. Metal Construction, May/June 1975.

[48] Y. Q. Zhang, et al. Effect of Heat Input on Microstructure and Toughness of Coarse Grain Heat Affected Zone in Nb Microalloyed HSLA Steels. Journal of Iron and Steel Research International, 16(5), (2009), 73-80.

[49] E. G. Signes, J. C. Baker. Effects of Niobium and Vanadium on the Weldability of HSLA Steels. AWS 60th Annual Meeting Detroit, Michigan, (April 1979).

[50] H. Onoe, J. Tanaka, I. Wanatabe. New Welding Process and Improved Aluminium Killed Steels Applied to the Latest LPG tanker. Welding Institute Second International Conference on Pipe Welding, London, (1979).

[51] T. Horigome, et al. ASM-AIM International Conference on the Welding of HSLA Microalloyed Structural Steels, Rome, (November, 1976).

[52] H. Ikawa, et al. IIW Doc 1X-1156-80(1980).

[53] E. J. Palmiere, C. M. Sellars, S. V. Subramanian. Modelling of Thermomechanical Rolling. Proceedings of the International Symposium Niobium 2001, Orlando, Florida, USA, (December 2001), 501-526.

[54] S. Aihara, K. Okamoto. Influence of Local Brittle Zones on HAZ Toughness of TMCP steels. Proceedings of AWS International Conference on

Metallurgy, Welding and Qualification of Microalloyed (HSLA) Steel Weldments, Houston, (Nov. 1990), 402-426.

[55] R. Dewsnap. Unpublished British Steel Report "The controlled Processing of a Low Carbon Niobium Steel Suggested for Low Temperature Linepipe Applications" (1972), Private Communication.

[56] J. M. Gray, W. W. Wilkening, L. G. Russell. Transformation Characteristics of Very-Low Carbon Steels, Unpublished US Steel report (1969), Private Communication J. M. Gray.

[57] A. J. Afaganis, et al. Development and Production of Large Diameter, High Toughness Gr. 550 (X80) Line Pipe at Stelco, ISS 39th Mechanical Working and Steel Processing Conference, Indianapolis, IN. (October 1997).

[58] L. Weiwel, et al. Study on Toughness of X80 Pipeline Steel Welding HAZ. Proceedings of X80 & HGLPS 2008 International Seminar on X80 and Higher Grade Line Pipe Steel, Xi'an, China (June 2008).

[59] P. P. Stepanov, et al. The Improvement of Weldability of Steel for Large Diameter Thick-Walled Gas Supply Pipes Through Optimized Chemical Composition. Metallurgy(2010)62-67.

[60] P. A. Manohar, T. Chandra, C. R. Killmore. Continuous Cooling Transformation Behaviour of Microalloyed Steels Containing Ti, Nb, Mn and Mo. ISIJ International, 36(12), (1996), 1486-1493.

[61] M. E. Peppler, et al. Suitable HAZ testing to Predict Linepipe Safety. Pipeline Technology Conference, Oostend, (October 2009).

[62] A. Liessem, M. E. Peppler. A critical View on the Significance of HAZ Toughness Testing. Proceedings of IPC2004 International Conference, Calgary, Alberta, Canada (October 2004).

[63] E. Nalder. Welds put most of Pacific Gas and Electric Company natural Gas Network at risk of Failure. (Weld before 1970 "out of date"), (October 2010), San Francisco Chronicle, SFGate. com.

[64] R. Scrivner, B. Exley, C. Alexander. Girth Weld Failure in a Large Diameter Gas Transmission Pipeline. Proceedings of 8th International Pipeline Conference, Calgary, Alberta, Canada, Volume 1(October 2010)791-809.

[65] C. Vianello, G. Maschio. Risk Analysis of Natural Gas Pipeline: Case Study of a Generic Pipeline. Report on European Gas Pipeline for the EPRG(2008).

[66] US Department of Transportation Pipelines and Hazardous Materials Safety Administration, Incident Statistics, 可从 www. phmsa. dot. gov/pipeline 下载.

[67] R. M. Denys, et al. EPRG Tier 2 Guidelines for the Assessment of Defects in Transmission Pipeline Girth Welds. Proceedings of the 8th International pipeline Conference, Calgary, Alberta, Canada, (Sep/Oct 2010) and updated extension on Tier 2 Guidelines on Allowable Flaw Sizes.

[68] I. U. Pyshmintsev, et al. Microstructure and Texture in X80 Linepipes Designed for 11. 8MPa Operation Pressure. Pipeline Technology Conference, Oostende (October 2009).

[69] P. Hopkins, R. M. Denys. The Background to the EPRG's Girth Weld Limits for Transmission Pipelines EPRG/NG-18. 9th Biennial Joint Technical meeting on line Pipe Research, Houston, Texas, Paper 33, (May 1993).

（渤海装备研究院钢管研究所　王晓香　译，
中信微合金化技术中心　张永青　校）

高强度钢管线的设计和施工

Alan Glover Ph. D. , P. Eng
Alan Glover 冶金学咨询公司

227 Parkland Rise SE, Calgary, Alberta, T2J 4K7, Canada

摘　要： 天然气作为全球最好的主要能源，其需求持续增长，对新能源燃料的勘察扩展到更加远离市场的广泛的地理区域。这种对更大天然气输送量要求的实现在很大程度上是通过应用更高强度的管线钢技术和创新的设计方法，对提高设计压力和工作压力提供支持。本文回顾了这些技术在天然气输送方面应用的最新成果，重点是最小屈服强度 555MPa（X80）级和最小屈服强度 690MPa（X100）级管线钢技术的应用、基于应力和基于应变设计的应用，及其在管道施工焊接技术方法方面的应用。同时也对一些旨在达到未来更高的可靠性和成本效益水平的技术进行了探索。

关键词： 高强度管线钢，设计，焊接

1　引言

提高输气管道系统压力（以及相应地提高材料性能）的主要推动力是其经济性的要求。在一个大口径管道工程项目中，25% ~ 40% 的项目成本与材料有关（视其地理位置而变化），因此，降低材料成本可以对项目成本产生重大影响。许多研究表明[1~4]采用高强度材料的好处，并且这是提高到更高强度的驱动力。尽管有些研究是关于屈服强度 X120MPa 级的可行性的[5,6]，但大多研究还是集中在 X80 和 X100 强度级别。这些管线钢的演变示于图 1 和图 2 中，这两个图是基于 Gray 博士[5]和 Takeuchi 博士[6]的研究，Takeuchi 博士的研究还证明了钢管均匀应变随着屈服强度的增加而减少。高强度管线钢的制造方法通常应用复杂的微合金化和热机械处理路线，往往基于 C-Mn-Nb 的化学成分。然而，这些高强度管线钢的应用也依赖于提高压力，并且其趋势是采用更高的工作压力[1]。更高强度管线钢的应用也使设计理念从基于应力的设计方法转变为基于应变的设计方法。在这种情况下，材料性能要求的规定必须考虑应变需求和应变容量之间的关系。此外，还必须考虑应力-应变行为的关系、径厚比的实用性、局部屈曲行为和拉伸应变行为的影响以及断裂控制。本文将集中在 X80 和 X100 级严格要求的开发、基于应力和基于应变设计的应用及其对材料规范和焊接方法的影响，以及某些高强度管线项目的具体应用。

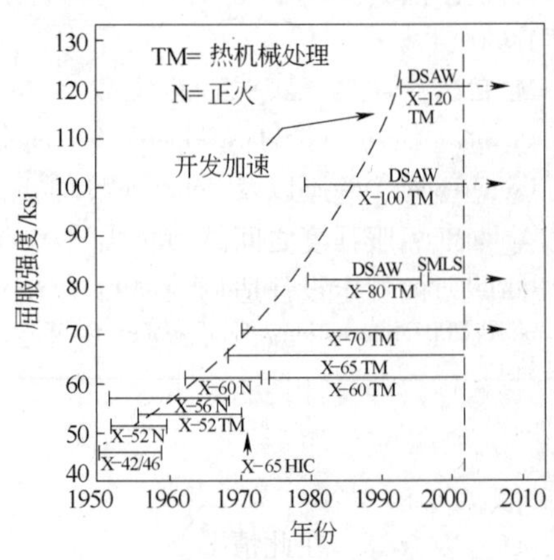

图 1　管线钢级的开发和应用
（引自 J. M. Gray[5] 的论文）

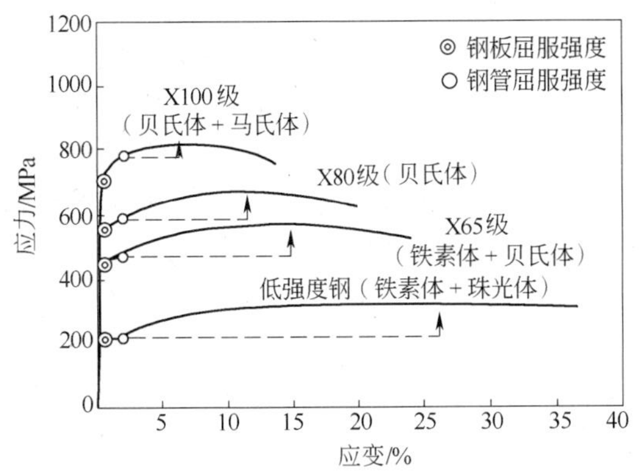

图2 钢管均匀应变随着钢级提高而降低
（引自 Takeuchi[6] 的论文）

2 材料设计

2.1 许用应力设计

传统的设计采用许用应力设计（ASD）方法，具体如下：

（1）采用单一的总体安全系数，并且将设计限制在屈服强度的某个系数上（根据位置）。

（2）通过使用总体安全系数处理不确定性，该系数是基于经验和对失效（主要是压力）风险的定性评估。

（3）名义强度不小于名义载荷影响之和。

（4）安全系数。

（5）安全并且保守，但是只将压力考虑为失效机理。

通常的设计是在要求的流量和输送要求的基础上进行优化，并且采用简化的 Barlow 公式，建立压力、壁厚以及与相应地区系数相关的规定最低屈服强度之间的关系[7]。然后，根据相应规范的规定设计适用的屈服强度和抗拉强度的最低要求。然而，这些都是最低的要求，具体项目的设计往往要求对规范要求加以补充，例如规定屈服和抗拉强度的范围，规定屈强比 Y/T 的要求，规定化学成分的要求，规定韧性要求等。在此情况下，补充要求是经过确认的，并且是对钢管技术条件和采购文件最低规范要求的补充。

钢管壁厚的选择应提供足够的强度，应考虑力学性能、壁厚允许偏差、椭圆度、弯曲应力和外部的作用，以防止过多的变形和破坏。一般来说，标准中的应力设计要求被认为在通常遇到的条件下以及在传统管道系统的通常设计中是足够的。在考虑位移载荷等条件时，可能需要增加附加要求。

对于直管段，给定壁厚或设计壁厚下的设计压力由以下的设计公式决定：

$$P = \frac{2St}{D} \times AF \times J \times T$$

式中 P——设计压力，MPa；

S——规定最小屈服强度，MPa，由适用的钢管标准或规范规定；

t——设计壁厚，mm；

D——钢管外径，mm；

AF——在美国：$AF = F$（设计系数）；在加拿大：$AF = F \times LF$ 为设计系数（通常为0.8），并且 L 为地区系数（根据地区等级）；

J——接头系数（埋弧焊管通常为1）；

T——温度系数（在120℃及以下通常为1）。

2.2 许用应变设计

新的和在具有挑战性地区开发的管道越来越多地必须将轴向位移控制载荷考虑为管道响应的一个因素[8]。从以下几个方面介绍这种方法：

（1）用于在挑战性条件下的设计，例如活动地震区、地面不稳定区、滑坡区和冻土区等。

（2）必须进行与许用应力设计相同的环向性能设计校验，以确保符合适用的规范要求。

（3）当前重点是在运行中的失效模式，特别是拉伸与压缩应变容量，例如：

应变容量 > 应变要求

（4）管线钢管材料当前的重点是钢管的纵向性能以及整体的应力-应变行为。

目前对管线钢管的性能进行两个方面的设计校核。首先是前面介绍过的与传统设计完全相同的校核，并且所有横向性能和断裂控制采用相同的限制。第二个方面的设计校核目前是要解决应变容量是否超过计算应变要求的问题。这方面的重点集中在拉伸和压缩应变容量上，并且主要涉及钢管的纵向性能（通常这不是管线钢管标准所涉及的问题）。纵向性能不必与横向性能相同，使其低于横向性能是有好处的。

拉伸应变容量主要是由现场环焊性能控制的，特别是要在纵向屈服和抗拉强度值两方面达到过强匹配。过强匹配的实现有赖于降低钢管最低屈服和抗拉强度以及对强度范围的限制。因此该方法是规定横向性能达到基于规范的最低要求以及项目的特定要求，并且规定纵向性能满足过强匹配要求，这是通过使纵向性能稍低于横向性能实现的。

此外，因为这种方法涉及的失效机制很重要的是要了解在工作状态下的性能，因此也必须评估涂敷热时效的影响。压缩应变容量是峰值力矩作用的函数，因此是局部屈服行为的函数，因此导致了对钢管接收和热时效两种状态下应力-应变曲线形状的评估。均匀伸长率也是极限状态评估要重视的一个方面，并且成为纵向性能另外的评估指标。纵向性能通常不是规范要求，因此对纵向性能的规定成为钢管的补充要求。

在整体行为的理解方面，不仅钢管的拉伸性能是重要的，而且环焊热影响区的性能也是重要的。因此，钢管的化学成分的规定是试图并尽量减少热影响区的显著软化，这种软化是焊接热输入的一个函数。这也控制环焊热影响区的韧性。韧性的要求是规定为最低夏比韧性，也许是 CTOD（裂纹尖端张开位移）或 SENT（单边缺口试验）值。

关于压缩容量，因其受峰值屈服力矩控制，需要考虑应力-应变曲线的形状。圆屋顶的行为是可取的（而且有助于拉伸应变容量），并且需要对屈服点及其附近的实际形状的一些限制进行评估。这可以通过规定在几个固定应变水平上的应力比来实现。这些规定值取决于设计要求和应变容量要求以及钢管在工作状态下的性能（即了解涂覆对热时效行为的影响以及冷弯对应力-应变性能的影响）。

材料设计也必须考虑满足断裂控制和抗机械损伤的最低性能要求。

在拉伸应变容量方面，关键的输入是相对于钢管纵向性能和局部焊件性能的环焊缝过匹配[8]。起初，在屈服点的过匹配被认为是重要的[9]；然而目前的方法是考虑在整个应力-应变曲线范围内的过匹配，并且首要的是在拉伸极限点的过匹配。因此，重要的是了解纵向屈服强度和抗拉强度的范围，这样就可以规定相应的环焊缝性能范围，以达到要求的拉伸应变容量。这些纵向性能不必与横向性能相同，并且实际上使钢管的纵向性能低于横向性能以及限制性能的范围是有好处的。除了满足拉伸应变容量要求之外，对纵向均匀伸长率的评估也是重要的，并且此值随着钢管屈服强度的增加而降低（图 2）。

在压缩应变容量方面，关键的输入是峰值力矩点的纵向应力-应变行为、应力-应变曲线的形状以及钢管的几何特征（包括钢管的径厚比 D/t 和形状）。也可以通过建立压缩应变容量的模型来了解压缩屈服应力行为；然而，可以通过对横向和纵向拉伸应力-应变行为的认识了解对其进行评估。从设计角度看，D/t 本质上是由横向压力设计控制的，因此重点一般是在应力-应变曲线的形状和几何形状控制两方面。

在确定纵向力学性能要求时，这些都是源自于横向性能的函数。横向性能是由承压密封要求控制的，然而纵向性能是由失效准则（容量）要求控制的。使纵向拉伸性能低于横向有助于达到环焊缝的过强匹配[8]，但是这种降低必须与双轴加载行为相平衡。钢管设计、应变需求和工作状态将会影响达到这种平衡的拉伸应力范围的降低要求。

3　材料

管道设计越来越多地对第二载荷采用基于

应变的设计方法，并且正在开发正式的基于可靠性的方法。这些方法在处理强度要求时采用规定的极限状态（拉伸或压缩），并且采用合理的方法达到对基于超越极限的后果的可靠性目标。历史上的基于应力的设计方法的重点主要是集中在环向应力及其与规定最小屈服强度的关系上。没有特别地注意过屈服的应力-应变行为。这些替代设计方法的应用与高强度管线钢的使用相结合，已经改变了这些重点，屈服和前期塑性行为已成为一个关键的因素。

对屈服强度的测量以及小试样与结构行为关系的关注并不是一种新现象。早在35年之前，更加复杂的结构钢和管线钢的冶金设计方法能够获得巨大的效益，经济地达到包括强度、断裂韧性和可焊性的整体性能[10]。然而，这些开发（特别是强调低碳含量、细晶粒度和沉淀强化）获得的屈服强度的增加远大于抗拉强度的增加。那时，尽管基于屈服强度的设计已经在管道设计中应用，但在结构工程中还不常见。然而，在所有情况下，对于降低从开始屈服到结构失效之间的余量的看法将提高的重点放在精确和现实地确定屈服强度方面[10]。此外，还提出了应变强化行为的重要性的问题[11]。

尽管早期有这些关注，但那时使用的管线钢材料强度相当低，具有充足的塑性储备。在传统的、参考应力的设计方法中不需要特别注意材料的应力-应变性能。恰恰相反，这种方法是通过一系列的系数刻意限制环向应力的，以充分确保管道工作在规定的最低屈服强度之下。有些人认为在静水压试验期间钢管有屈服的可能，但这只是在以体积应变的仲裁条款之下才有可能。对于低强度钢，这种方法是保守的，但应用得很好。钢管可以采用压平条状试样的拉伸试验，屈强比往往很低，并且纵向拉伸性能不同的可能性通常被忽视，但没有产生不良后果。

基于应变的设计需要面对载荷控制和位移控制两种情况，并且需要考虑圆周和纵向两个方向的应力-应变性能。此外，由于采用屈服强度显著提高的材料，了解如何适当地测量应力-应变特性变得越来越重要。这可以参见图2来理解，图2表明，在其他因素不变的情况下，钢管的有用塑性随着屈服强度的上升而逐渐降低。由于现在的设计计算是基于钢管的应变容量而不是依赖于虽大但不确定的塑性储备，这种趋势是相当重要的。要考虑的另外的因素是在双轴加载条件下屈强比（Y/T）对均匀伸长率的影响，以及与涂敷操作相关的热循环的潜在影响。关于第一点，德国和日本的研究工作都表明，当屈强比超过0.93时，双轴加载容器试验的均匀应变率较其理论值大幅下降[12]。澳大利亚的研究工作表明，涂敷热循环能够促使容器试验均匀应变降低[13]；即使典型的设计应变范围是1%～3%，但基于应变设计的真正忧虑在于未涂敷钢管单向加载的数值只有“个位”数。然而，钢铁制造商与钢管制造商近期的研究工作已经考虑了这些因素并且在高强度管材的性能改进方面取得了重大的进展[14]。

4 屈服强度的测量

通常规定管材采用取自周向的压平条状拉伸试样检验和验收。对于低强度材料，这种方法被证实能够充分反映材料的屈服强度，并且表明了低屈强比。在20世纪70～80年代，由于控制轧制的采用，随着屈服强度和厚度进一步增加以满足直径和压力日益增长的要求，对压平条状试样的适用性提出了质疑。在20世纪90年代，开始提出基于应变设计问题，环向和纵向两个方向的实际性能与“储备容量”之间的关系变得重要起来。

前期工作是从了解管材的基本行为以及如何测量开始的，不仅要测量屈服强度，而且要测定实际的应力-应变行为。在提高强度水平上，这一趋势很快地变得明显起来，即压平条状试样低估了实际屈服强度（由于应变强化、包辛格效应以及残余应力的综合作用），如图3所示，这是引自欧洲钢管组织EPRG的研究结果[15]。

这项研究工作表明，压平条状试样大约从X80级开始显著低估了钢管的屈服强度。大多

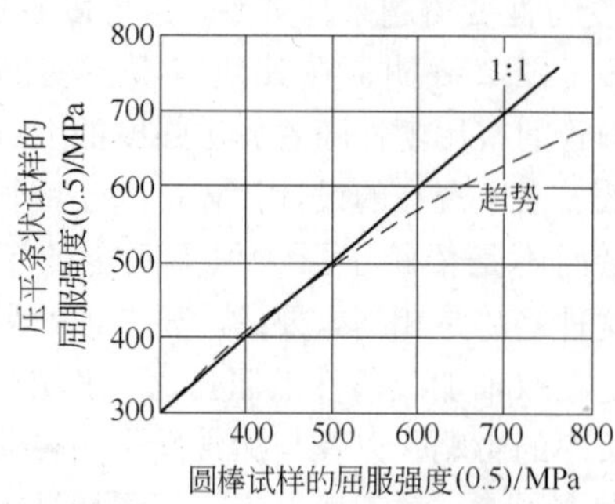

图 3　压平条状试样与圆棒试样屈服强度的比较

数管线钢管标准允许选用压平条状试样或者圆棒试样对高强度钢管进行验收。采用圆棒试样的好处是可以获得比较接近实际的屈服强度，使得制造商不必采用添加昂贵化学成分或者改变轧制工艺路线的方式以获得名义上的屈服强度（提高成本或损失整体性能）。某些选项的缺点是测得的屈强比较高，但是这可能更加真实地表明钢管的行为。表 1 给出了 TransCanada 公司一个 X100 级项目的一些最近的结果，数字表示的是 27 个炉批的平均值，并且显示了与 EPRG 研究相似的模式。

表 1　X100 级别压平条状试样与圆棒试样的比较

环向（横向）	屈服强度/MPa	抗拉强度/MPa	伸长率/%	屈强比 Y/T
圆棒试样	763	836	21	0.91
压平条状试样	684	846	27	0.81

作为一项联合工业项目的一部分，为了验证这种方法进行了一系列环胀试验。研究证实了圆棒屈服强度精确表现了管材的行为。从不同管材供应商得到的 X100 级系列样品的试验结果见表 2。

表 2　圆棒与环胀试验的对比

环向（横向）	屈服强度第 1 组/MPa	屈服强度第 2 组/MPa
圆棒平均值	769.7	784.2
环胀平均值	771.2	782.0

当前基于应变设计方法的趋势是将材料在横向和纵向两个取向的性能规定分别作为两种不同的要求提出。不要求两个方向的性能必须相同，并且事实上两种性能不同，纵向低于横向可能更加有利。这样更容易达到拉伸和压缩应变容量极限要求，并且有利于环焊缝的过强匹配。当考虑承压管道的双轴载荷时，这两个方向性能的平衡也很重要。从最近的高强度管道项目得到的实际性能实例见表 3。

表 3　X100 级横向与纵向性能比较

项　目	屈服强度/MPa	抗拉强度/MPa	伸长率/%	屈强比 Y/T
横向圆棒	763	838	21	0.91
纵向条状	623	801	22.3	0.78

典型的高强度钢经过复杂的控轧控冷工艺过程以达到所需的强度、韧性和延性的结合。终轧温度通常在 A_{r_3} 点附近，然后进行某种形式的在线加速冷却。对于最高强度的材料，加速冷却的终止温度一般是相当低的（在 300℃ 左右）。总的来说，尽管在这些钢中普遍存在强碳化物和氮化物形成元素，这样的热循环还是可能保留少量数量可观的间质溶质。在钢管成型和扩径之后 150℃ 之上的相当短的热循环就可能导致显著的热时效响应，对力学性能造成影响。典型的熔结环氧和三层涂敷的涂敷时间模式表明，短时循环温度可能在 210 ~ 240℃ 之间。现在，钢铁制造商考虑把这种方法用于他们的微合金钢开发和各自的热机械处理之中[14]，这样消除了以前屈服强度显著增加的挑战（只保留包辛格效应），同时也消除了热时效后产生吕德斯屈服的倾向。在这种情况下，碳和微合金元素复杂的相互作用和热处理变得非常重要。

5　施工

标准的施工技术已被成功应用于所有高强度管线工程。在第一个项目鲁尔燃气（Ruhrgas[16]）的施工中，采用低氢型焊材和标准的 X80 级金属极气体保护电弧焊工艺。这个特定的项目并没有涉及高生产率要求，并且主要关注的是 X80 级钢管的开发和应用。随着 X80 级被确立为管道建设的材料，焊接迅速转变为采用自动焊接工艺。从 20 世纪 90 年代中期开始，最初应用标准的熔化极气体保护自动焊工艺[17]，最终采用熔化极气体保护脉冲焊工艺以优化焊接性能[18]。

TransCanada 公司在 1995 年开始采用 X80 级（当时加拿大标准 CSA 的名称是 550MPa 级别），标志着这项技术在北美的首次应用，此后，在全世界的大直径管道项目中广泛应用。这个应用也导致了引进创新的金属极气体保护自动电弧焊接工艺，以及对基于应变设计钢管/焊缝强度匹配的理解。在 1999 年，经过 TransCanada 和许多钢管厂的广泛的研发工作，X100 级得到了首次应用。已经实施了几个试验项目，以获得这种高强度钢的制造和安装经验，尽管通常采用的是 550MPa 级的设计方法。这些试验使得高强度单焊炬串列和双焊炬串列焊接工艺，以及既可用于 X80 级也可用于 X100 级管件的开发得以进行。

这种渐进的高强度管线钢的开发和应用，建立并且完全了解了关于热机械处理管线钢管的化学成分、显微组织和力学性能之间关系的详细要求。此外，它预示着一个管厂、大学和研究机构协作研究时代的到来，以便更好地了解基于应变设计钢管的行为，理解焊接机制和匹配的影响。这些研究也有助于建立将小尺寸试样与全尺寸钢管的行为相关联的能力。此外，还解决了各向异性对基于应力和基于应变设计的影响问题。这项工作也使得对于这些高强度钢的全尺寸断裂行为的理解和断裂控制计划的开发得以进行[19]。1999 年，当重新关注阿拉斯加和麦肯齐三角洲项目时，这个计划得以加速推进。作为一系列内部项目以及与管厂和其他管道公司的协作项目的结果，2002 年秋季在西部通道（Westpath）项目中成功实施了 X100 级试验段。这些初步的计划也允许开发创新焊接技术。第一个项目的重点是开发主干线的自动化环焊工艺以及连头的手工焊工艺，并且还重点开发符合基于应变设计的冻胀和冬季服役要求的焊接技术。已经开发出采用标准焊丝和各种混合气体的熔化极气体保护自动化脉冲焊接工艺，包括开发效率更高的应用技术（双丝、双焊炬）。还开发了用于连头焊接的一种低氢垂直下向手工电弧焊或垂直向上药芯焊丝焊接工艺。初期项目的应用导致了更高生产率的方法/工艺以及连头焊接的工艺的持续开发。此外，这项工作还开发了基于应变设计的现行的弧形宽板试验协议的基础。

X100 级的首次安装在阿尔伯塔省的萨拉托加环路上进行，该环路由壁厚 12mm，NPS（公称直径）48in（1in = 25.4mm）的 X80 级钢管组成，其中的 1km 更换为 X100 级钢管。为了满足项目的目标和高压设计发展的长期要求，决定采用壁厚 14.3mm 的 X100 级钢管。采用这个壁厚是基于初次试验，说明这是当时可以得到的最小壁厚（注意长期的计划是采用厚壁钢管），也表明了关于项目壁厚的一种折中方案。管材由 JFE 提供，按照 CSA Z245—02 规范要求并附加 TransCanada 的 P-04 内部规范[1]。主要目的是获得 X100 级制造和建设的经验，以便能够应用到未来的高压项目。项目的设计完全是基于应力的设计，并且在夏季施工。

钢管的处理采用标准的做法，没有遇到任何问题。为了评价 X100 级钢管的冷弯，与壁厚 12mm 的 X80 级 NPS48 管线钢管进行了一系列的对比试验。采用标准的 CRC 弯管机和 48in 冷弯芯轴，弯曲角度从 1°到 8°。所有现场冷弯都没有问题，没有观察到起皱和涂层发生破坏。两种材质钢管的现场冷弯结果都没有检测出壁厚或涂层厚度的变化。主要的区别是对于 X100 级需要稍微增加牵引力以达到同样的成品弯曲角度。这是可以预料的，因为 X100 级的回弹比 X80 级稍大，因此采用的牵引长度稍短。然而，每个弯管的总体弯曲时间是差不多的，考虑到从初始设定到最终移除弯曲心轴，两种材质钢管的弯曲时间是一样的。总的来说，可以得出结论，即 X100 级可以成功地进行现场冷弯，不会有任何问题。

X100 级管道施工和安装的一个关键要求是各种焊接工艺的评定。对于主干线，包括金属极气体保护自动电弧焊和连头的手工电弧焊工艺。这些工艺摘要如下。

所有主干线焊接采用金属极气体保护电弧自动焊（GMAW）与垂直下向焊接，如下所示：

（1）内部根焊焊道采用短路金属过渡，75% Ar-25% CO_2混合气体保护以及直径0.9mm的蒂森K-Nova焊丝。

（2）外部填充焊道采用金属极气体保护脉冲电弧焊，85% Ar-15% CO_2混合气体保护以及直径1.0mm的Oerlikon Carbofil NiMo-1焊丝。

（3）外部盖帽焊道采用短路金属过渡电弧焊，75% Ar-25% CO_2混合气体保护以及直径1.0mm的Oerlikon Carbofil NiMo-1焊丝。

（4）始终保持不低于100℃的预热温度。

连头焊缝金属极气体保护电弧焊（SMAW）工艺，垂直下向焊接，如下所示：

（1）根焊焊道采用E5510-G（E8010-G）焊条，始终保持不低于100℃的预热温度。

（2）热焊焊道采用3.2mm Bohler BVD 100（E10018G）焊条。

（3）填充和盖帽焊道采用4.0mm Bohler BVD 110（E11018G）焊条。

（4）承包商保证在热焊焊道完成前不移动钢管，所有金属极气体保护电弧焊的焊缝延迟24h进行检验。

所有的焊接工艺均经过承包商和TransCanada两方的评定，符合相关的CSA规范要求，并以CSA Z662—99附录K作为工艺和替代的接受标准。图4和图5给出了内焊和外焊的总体视图。X100级焊缝采用自动超声波检验，工作表现极其出色。

图4　西部通道项目，X100级内焊，采用4焊头，短路过渡GMAW焊接

图5　西部通道项目，X100级外焊，采用单头GMAW脉冲电弧焊工艺

这些高强度钢一个主要应用是在新兴的将要进行广泛建设的北极地区。第二个项目获准在2004年1月期间进行，以进行在宽范围内进行冬季施工方面的评估，包括建设一条3.6km长NPS36的X100级环路，称为戈丁湖环路（Godin Lake loop）。该NPS36、壁厚13.2mm的X100级钢管按照西部通道项目标准订货，但做了一些修改，管子由JFE再次提供。包括附加的测试要求，开始向基于应变的设计发展。钢管的订货原则有意使纵向屈服强度稍稍低于横向，以便尽可能使用基于应变的设计方法。这个项目也是时效对高强度钢的影响的了解的开始，最终导致了改变化学成分和轧制工艺以降低这种影响。另外的工作是关于材料的拉伸和压缩应变行为研究，这是属于一个独立的研究开发计划，其结果发表在Sadasue等人的论文中[20]。关于屈服和拉伸性能的结果也证实了先前采用圆棒试样验证结果的分析，与图3中曲线下降的趋势相吻合。这种方法采用数量有限的环胀试验进行了验证，表明圆棒试样结果和环胀试验结果获得了良好的一致性。

在戈丁湖项目之前进行了广泛的焊接开发，主要目的有两个。首先是对西部通道项目所采用的单丝脉冲焊接工艺稍作修改，以消除在热焊和第一道填充焊道区的小缺陷。这个目的达到了，并且完全通过了应用于戈丁湖项目的评定。第二个主要目的是实现效率更高的串列脉冲焊，这是本项目的一个重要目标。TransCanada 和 BP 公司以及和克兰菲尔德大学一起，多年来一直致力于高效率的串列焊接研究工作[18,21]。这包括单头串列和双头串列焊接。串列过程本质上依赖于使两根焊丝通过一个焊头施焊，单头串列仅由一个焊头组成，而双头串列则由两个焊头组成。虽然最终两种焊接工艺都通过了项目的评定，但是只有单头串列焊接已经准备好能够满足合同定好的日程表。在这个 2km X100 级试验段上实施了单头串列金属极气体保护脉冲焊（PGMAW，图6）。

图 6　单头串列焊接在戈丁湖 X100 级项目上的应用

该焊接工艺是一种综合工艺，在热焊和第一道填充焊道采用单焊炬 PGMAW 焊接（也是首次在现场采用 CRC-Evans 的 P260 自动焊牵引机），并且第 2 道和第 3 道填充以及盖帽焊道采用串列式 PGMAW 焊接。最终通过评定并在本项目应用的是一种被称为“hybrid”的混合工艺，结合了单丝脉冲焊和单头串列脉冲焊两种工艺，如下所述。

主干线：

（1）内根焊焊道采用短路金属过渡，75% Ar-25% CO_2混合气体保护以及直径 0.9mm 的蒂森 K-Nova 焊丝。

（2）外部热焊和第一道填充焊道采用金属极气体保护电弧脉冲焊，85% Ar-15% CO_2 混合保护气体和 1.0mm 的 Oerlikon Carbofil Ni-Mo-1 焊丝。

（3）外部第 2 道和第 3 道填充以及盖帽焊道采用金属极气体保护电弧串列脉冲焊（双丝），85% Ar-5% CO_2 混合气体保护和 1.0mm Oerlikon Carbofil NiMo-1 焊丝，克兰菲尔德的管道自动焊接系统，串列焊接匹配 Fronius 数字电源。

（4）始终保持不低于 100℃ 的预热温度。

连头焊工艺。按照西部通道项目，采用低氢焊丝、垂直下向金属极气体保护电弧焊进行连头和补焊。注意在这个项目之后开发了药芯焊丝自动连头焊工艺并通过验证，用于下一个项目。

这个项目是在极端严寒的冬季条件下进行焊接的，气温低到 -45℃，X100 级钢管的冷弯和施工性能都经受了考验，没有发生问题（图 7）。

图 7　戈丁湖 X100 级项目的冬季施工

所有焊缝均采用 100% 的自动超声波检验，并以 CSA Z662—03 规范的附录 K 作为工程验收条件。X100 级的焊接采用的混合工艺效果极佳，达到了很低的返修率。单焊炬 PG-MAW 焊道没有发生补焊，串列 PGMAW 焊缝共有 7 处因侧壁熔合不足而补焊，最终的返修率为5%。虽然本项目没有要求，评定的焊接工艺符合基于应变设计暂定的目标，全焊缝金属拉伸试验的屈服强度为810MPa，-10℃的CTOD值为0.1mm。从焊接机组获得的是正面的反馈意见，采用高效率的焊接工艺没有出现问题。下一步将实现全单头串列焊接，最终实现双头串列焊接。

高强度管线项目下一步的开发是高强度管件。戈丁湖项目的复杂性是同时应用X100级和X120级，由于通道非常狭窄，提供了采用Y80管件的机会。安装了5个3倍半径，角度为26°~28°的管件，管件的化学成分与钢管相似，但微合金含量较高，并且经过淬火和回火处理。这是全球首次安装的高强度管件。高强度管道元件的开发工作正在持续进行，可以预料，其能够应用于未来的项目。管道的常规安装在2004年3月进行，在X100级管道的铺设中没有遇到困难。

继西部通道和戈丁湖项目之后，与各主要制管厂在钢管制造、热时效的影响、拉伸和应变容量、断裂行为、焊接和施工等主要方面继续合作。这种努力导致了一系列X100级项目的实施，最终目的是提升对X100级制造和施工的信心。

作为斯提兹维尔X80级项目的一部分，于2006年夏天铺设了5km长的X100级壁厚14.3mm的NPS42管道（钢管由JFE提供）。在先前研究的基础上开发了完全基于应变设计的材料规范并且完全实现了这些要求。管材要求的确定采用与戈丁湖项目类似的方法，但是增加了对纵向应力-应变曲线形状的要求，并且先前的时效影响信息也作为要求实施。这种方法与以前的项目类似，对其性能的总结见参考文献［1］。该项目还包括由伊普斯科公司（IPSCO）提出开发的X100级螺旋焊管试验段，但是壁厚有限，只有12.7mm，无论如何，对于这种特殊的管材还需要进行相当多的进一步的开发工作。此外，在项目开始前还进行了进一步的焊接试验，并且采用了以下的焊接方法。这是第一次将PGMAW串列焊接作为整个项目（包括其余的X80级钢管）主干线的焊接工艺。本项目还第一次应用CRC-Evans的全自动P-450焊接牵引装置。在沿线存在大量穿越和壁厚变化的情况下，承包商设置了只有5个焊接小棚屋的主干线焊接机组，并且设备能够反向移动完成某些区间的作业，以此来适应间距狭窄和现有管道的环境条件。18天的平均焊接作业率是每天焊接43道焊缝，而且在X100级和X80级的焊接之间看不出差异。NPS42、壁厚14.3mm的X100级的返修率是6.5%，NPS42、壁厚12.7mm的X100级返修率是1.2%。连头焊接联合采用GMAW手工焊和药芯焊丝自动焊，并且证明连头时间比手工电弧焊缩短50%，不论是X80级还是X100级都是如此。补焊采用低氢垂直下向金属极气体保护电弧焊。

作为北中通道的北方之星项目（North Central Corridor North Star Project）的一部分，在2009年冬季铺设了5km NPS42壁厚14.1mm的X100级（钢管由新日铁提供）管道（与71km 550级NPS42管道一起铺设）。项目的目的是由其他的主要钢管厂一起继续扩大X100级钢管的制造和开发，并且继续进行基于应变的设计和冬季施工的探索工作。该项目在北中通道、北方之星的东段和西段采用双焊炬PGMAW（图8）进行环焊。这是首次在X100级管道上采用提高日焊出量的高效焊接机组编组，并且是首个将焊接金属强度过强匹配作为主干线高应变设计目标的项目。

所有的焊接机组组成包括根焊焊道用的

图8　双焊炬脉冲GMAW
在北中通道的应用

CRC-Evans 内焊机、热焊焊道用的 P260 单焊炬 GMAW 系统、第 1 和第 2 填充焊道用的 CRC-Evans' P600 双焊炬 PGMAW 系统、第 3 道填充焊道用的 P260 单焊炬 PGMAW 系统以及盖帽焊道用的 P600 双焊炬 PGMAW 系统。X80 级和 X100 级采用同样的焊接工艺，并且焊接工艺评定结果符合高应变设计对焊缝金属过强匹配和 CTOD 韧性的要求。主干线焊接机组的平均焊出量是 97 道/d，效率差的是 34 道/d，X80 级和 X100 级每天的焊口数量没有差别。X100 级的返修率是 4.4%。连头和补焊采用低氢垂直下向金属极气体保护电弧焊。

2010 年冬季，作为北中通道红壤项目（North Central Corridor Red Earth Project）的一部分，铺设了 2.5km、壁厚 14.3mm 的 X100 级 NPS42 管道（钢管由欧洲钢管公司 Europipe 提供），采用与先前相同的冬季施工工艺。项目的目的是由其他的主要钢管厂一起继续扩大 X100 级钢管的制造和开发，并且继续进行基于应变的设计和冬季施工的探索工作。最近的 X80 级和 X100 级项目在主干线上成功应用了双焊炬工艺，这些项目在实施中都没有遇到问题。

6 结论

已经进行了 X80 级和 X100 级的广泛研发工作，20 世纪 90 年代中期获准在一系列管道项目中应用这种管材。当前，X80 级已在全世界获得广泛的应用。钢管制造采用热机械轧制和基于 C-Mn-Nb 的微合金化的技术路线，已经获得了良好的力学性能和韧性。X100 级采用类似的方法，但化学成分较富，且热机械处理方法有所不同。这种开发已经应用于基于应力和基于应变两种设计方法和项目上，并且巧妙地将规范要求的横向性能要求与基于应变设计的纵向性能要求结合起来。从 2002 年开始，钢管制造商和 TransCanada 以及其他管道公司双方合作，结合现场试验项目进行了大量的 X100 级技术开发工作，包括对应变容量（拉伸和压缩）、应变要求、断裂控制（包括全尺寸断裂试验）以及完整性控制的试验循环等方面的研究[22, 23]。这些程序已经与现场试验项目相结合，推进 X100 级的全面实施并且证明能够满足未来项目的所有要求。

结合这些程序，已运用从单丝 PGMAW 到串列焊接，再到双串列焊接工艺进行了 X80 级和 X100 级的全尺寸现场施工。这些程序也已证明，X100 级所要求的技术已经达到这样的水平，即只要按既定方法实施，可以做到与目前选择的低钢级钢管焊接没有明显差别。其焊接过程本质上是相同的，只是焊材的化学成分可能有所不同。关于极地环境基于应变的设计，最初的挑战是达到焊缝屈服强度和抗拉强度的过强匹配，现在已能做到，并且还满足 -10℃ 下 CTOD 为 0.1mm 的要求。已开发了连头和补焊工艺，还要开发高效率的双管二接一工艺。

研究工作表明，X100 级可以考虑作为高压管道项目的一种选择。其优点包括总体材料费用的降低，不仅降低了管材重量，而且降低了搬运成本，改善现场的物流操作以及降低焊接成本。管材的成本可能稍高于 X80 级，但是总成本将会有可观的减少。可见的缺点可能是这种管材的应用量十分有限。然而，主要的制管厂具有生产所需 X100 级管材的能力，并且所有的管材规范都已将 X100 级纳入其中。

参考文献

[1] Glover A. "Application of Grade 550 and X100 in Arctic Climates", Proc. of Application & Evaluation of High Grade Linepipe in Hostile Environments Conf., Nov 2002, Yokohama.

[2] Barsanti L., Bruschi R., Donati E. "From X80 to X100: Know-how reached by ENI Group on High Strength Steel" Proc. of Application & Evaluation of High Grade Linepipe in Hostile Environments Conf., Nov 2002, Yokohama.

[3] Fairchild, et al. "High strength steels-beyond X80" Proc. of Application & Evaluation of High Grade Linepipe in Hostile Environments Conf., Nov 2002, Yokohama.

[4] Petersen C. W, Corbett K. T., Fairchild D. P., Papka S. D., Macia M. L. "Improving Long Dis-

tance Gas Transmission Economics-X120 Development Overview," Proc 4th Int'l Pipeline Technology Conf, Ostend, Belgium, May 9-13, 2004.

[5] Gray J M. "Review of Development of Pipeline Grades" Private Communication.

[6] Takeuchi I, Fujino J, Yamamoto A, Okaguchi S. "The Prospects of Highgrade Pipe for Gas Pipelines" Proc. of Application & Evaluation of High Grade Linepipe in Hostile Environments Conference, Yokohama Japan Nov 2002.

[7] CSA Z662—11 "Oil and Gas Pipeline Systems" Canadian Standards Association, 2011.

[8] Arslan H, et al "Strain Demand Estimation for Pipelines in Challenging Arctic and Seismically Active Regions" Paper No IPC10-31505, Proc of 8th IPC Calgary 2010.

[9] Denys R., Levere A. A. "Material Requirements for Strain Based Pipeline Design" International Symposium on Microalloyed Steels for the Oil and gas Industry, Araxa, Nov 2006.

[10] Johnson R. F. "The Measurement of Yield Strength", in ISI Special Publication 104, Iron and Steel Institute, London (1967).

[11] Boniszewski T. Written discussion to Johnson 1967.

[12] Gaessler H., Vogt G. "Influence of Yield to Tensile Ratio on the Safety of Pipelines". 3R International 1989.

[13] Fletcher L. Personal Communication, 2003.

[14] Ishikawa N, et al. "Development of High Deformability Linepipe with Resistance to Strain-aged Hardening by Heat Treatment On-line process" Proc of 17th International offshore and Polar Engineering Conference, Lisbon, July 2007.

[15] Knauf G., Spiekout J. "Effect of Specimen Type on Tensile Behaviour" 3R International Special Edition 13/2002.

[16] Graef M. K., Hillenbrand H. G. "High Quality Pipe-a Prerequisite for Project Cost Reduction" 11th PRCI-EPRG Joint technical meeting, Arlington 1997.

[17] Fazackerly W. J., Manuel P., Christensen L. "First X80 HSLA Pipeline in the USA" International Symposium on Microalloyed Steels for the Oil and Gas Industry, Araxa, Nov 2006.

[18] Hudson M. G., Blackman S. A., Hammond R. D., Dorling D. V. "Girth Welding of X100 Pipeline Steels" 4th International Pipeline Conf. IPC 2002 Calgary, 2002.

[19] Demofonti, et al. Fracture Arrest Evaluation of X100 Steel Pipe for High Pressure Gas Transportation Systems International Symposium on Microalloyed Steels for the Oil and gas Industry, Araxa, Nov 2006.

[20] Sadasue T., Igi S., Kubo T., Ishikawa N., Endo S., "Ductile Cracking Evaluation of X80/X100 High Strength Linepipes" Proc of 5th IPC 2004, Calgary, Oct 2004.

[21] Blackman S. A., Dorling D. V., Howard R. D. "High Speed Tandem for Pipeline Welding" 4th International Pipeline Conf. IPC 2002 Calgary, 2002.

[22] Many subsequent papers worldwide in various conferences including IPC 2004, 2006 and 2008, PRCi/EPRG conferences, ISOPE 2007, OMAE2005, 2007.

[23] Ishikawa N., Okatsu M., Endo S., Kondo J., Zhou J, Taylor D. "Mass Production and Installation of X100 Linepipe for Strain-Based Design Applications" IPC 2008 Paper 64506, Calgary September 2008.

（渤海装备研究院钢管研究所　王晓香　译，
中信微合金化技术中心　张永青　校）

含铌管线钢管焊缝用焊接金属的合金体系

John R. Procario，Teresa Melfi

美国林肯电气公司 大卫C林肯技术中心埋弧焊材研发中心

摘　要：截至目前，铌含量达到0.11%的管线钢业已成功开发和应用。在钢中添加铌的优点是在热机械控轧（TMCP）过程期间通过形成铌的碳氮化物而获得。围绕含铌管线钢的应用，长期以来存在疑虑，具体包括不能在高的热输入条件下采用同样的TMCP工艺，以及管线钢焊接制造采用的双面埋弧焊的高稀释率。在焊接过程中，焊缝不能形成TMCP工艺条件下母材所具有的细小的贝氏体和铁素体晶粒组织。因此，焊缝的强度和韧性主要取决于凝固时的合金含量的影响。焊接钢管采用的双面埋弧焊要求高的热输入量，并且常常导致60%的管体母材融入到焊缝金属。从母材带入的微合金元素类型和含量对焊缝金属的强度、韧性和硬度有显著影响。为了获得焊缝所期望的力学性能平衡，需要严格控制从焊接材料中添加的合金含量。

关键词：铌，强度，韧性，硬度，锰，硅，钼，钛，硼

1　引言

含铌管线钢常见的合金设计体系包括铌-钒、铌-钼和铌-铬几种，均为低碳含铌钢，铌添加量最大可以达到0.11%。低碳含量的焊缝金属对于成就铌添加量的好处是必要的。铌微合金化设计能够使管线钢供应商在较高的轧制温度和添加较低的常规合金元素情况下获得预期的强度水平，加入少量的铌微合金有助于控制奥氏体再结晶的晶粒尺寸。通过轧制过程中形成的铌的碳氮化物可以促进细晶微观组织的生成，获得沉淀强化效果以及所要求的强度。通过匹配热机械控轧和轧后的快速冷却，含铌钢可以同时提高钢的强度和韧性[1]。

先前对焊缝金属合金体系进行的筛选表明，Mn、Si、Mo、Ti和B等元素影响含铌钢管焊缝的性能。采用一种低碳的X70钢管对这些元素的影响进行了进一步的研究，该X70钢成分中含有0.09% Nb和0.24% Cr[1]。这种筛选还表明，在含铌钢体系中，氮和氧含量对韧性有影响，其影响方式与已报道的对其他管体成分焊缝的影响是相近的。这些因素的影响将会在随后的文章中阐述。

2　实验程序

2.1　母材

本研究采用的母材为铌-铬API X70管线钢，其化学成分见表1。

表1　母材化学成分

钢级，API5L	厚度/mm	成分(质量分数)/%													
		C	Mn	Si	S	P	Ni	Cr	Mo	Nb	Ti	Al	Cu	B	V
X70	17.8	0.066	1.52	0.15	0.004	0.01	0.14	0.24	0.01	0.09	0.014	0.046	0.28	<0.0002	0.005

2.2　焊接材料

为了检验不同焊接材料的合金体系，选取了12种不同的工业应用的焊接材料单独或组合用于控制焊缝的化学成分。

2.3　焊接接头外形及焊接工艺

本研究项目采用的焊接接头形状和焊丝布置如图1所示，焊接参数见表2。

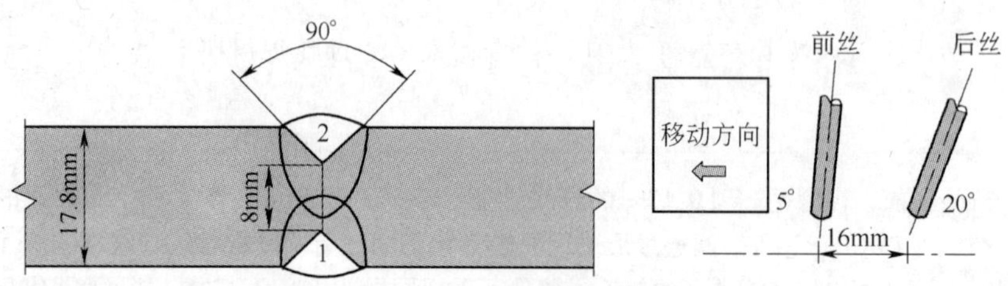

图1　焊接接头形状和焊丝布置

表2　焊接参数

道次/电弧/极性	电流/A	电压/V	送丝轮直径/mm	移动速度/$cm \cdot min^{-1}$
1/前丝/直流+	925	29	32	114
1/后丝/交流	650	34	32	
2/前丝/直流+	975	31	32	114
2/后丝/交流	680	36	32	

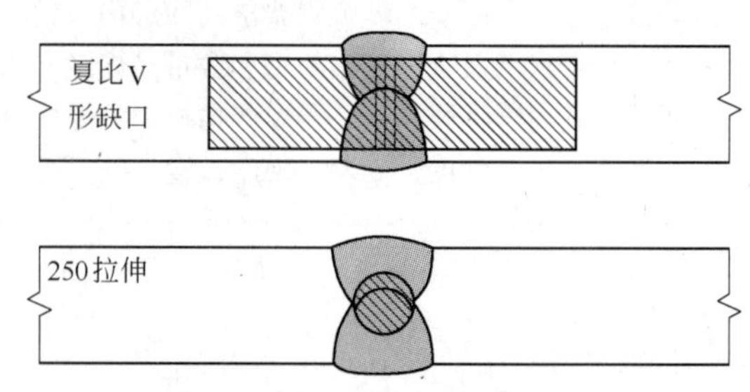

图2　冲击和拉伸试样取样位置

2.4　理化试验

所有焊缝金属的拉伸和夏比V形冲击试样均位于钢板壁厚中心线和焊缝中心线，如图2所示，该报告的冲击数值是3个或以上冲击试样的平均值。每个焊缝的显微维氏硬度含有大约2000个压痕点，采用的压力为0.5kg。首道焊接和二道焊道的化学成分分别采用光学发射光谱法（OES）、燃烧红外吸收光谱法（对碳和硫）以及惰性气体融合法（氧和氮）测得。

3　合金体系

3.1　锰和硅

按照焊缝金属处的Mn和Si的含量变化，制定了5个焊缝试样，并以这些焊缝试样作为基准，测定焊缝金属中添加的其他合金元素。每个焊缝的化学分析结果见表3，力学性能如图3～图7所示。

表3　基于Mn-Si合金体系焊缝试样的化学成分

焊缝	化学分析(质量分数)/%							
	分析位置	C	Mn	Nb	Si	Cu	N	O
1	焊缝中心线	0.055	1.36	0.052	0.24	0.21	0.008	0.056
2	焊缝中心线	0.057	1.52	0.053	0.29	0.21	0.008	0.048
3	焊缝中心线	0.056	1.62	0.054	0.38	0.23	0.009	0.043
4	焊缝中心线	0.061	1.69	0.055	0.33	0.23	0.008	0.042
5	焊缝中心线	0.054	1.77	0.054	0.52	0.21	0.008	0.036

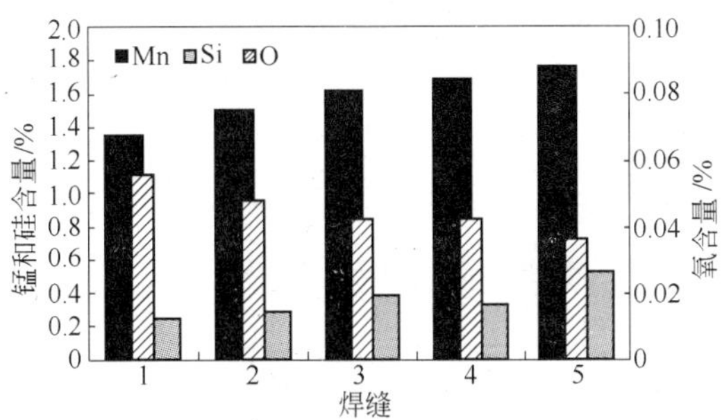

图3 不同 Mn-Si 合金体系试样的氧含量

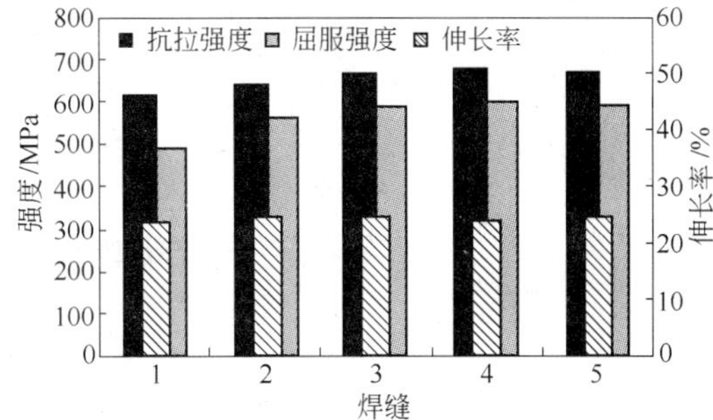

图4 Mn-Si 合金体系焊缝金属的拉伸性能

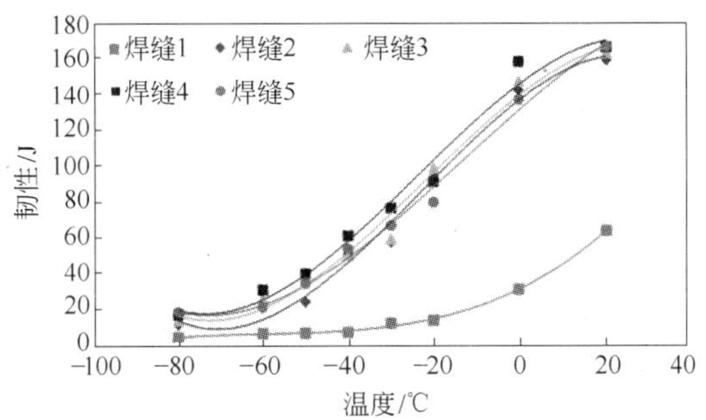

图5 Mn-Si 合金体系焊缝金属的冲击性能

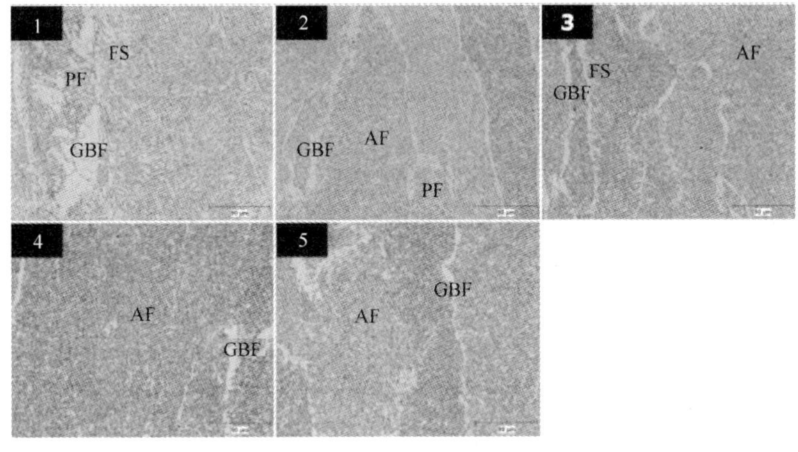

图6 Mn-Si 合金体系焊缝金属的显微组织

3.2 钼的影响效果

添加钼元素的主要作用是促进焊缝凝固过程中针状铁素体的形成，随着针状铁素体组织体积分数的增加，冲击韧性提高。然而在再加热时，含有 Mo 的焊缝金属通常表现出韧性降低，这是因为再热区不再保持其原有的细晶针状铁素体组织形态，而是大部分转变为晶粒相对粗大的铁素体和粗大分布的第二相。基于这个原因，Mo 合金焊丝通常不用于多道焊接，而是通常采用不含 Mo 的焊丝作为双道焊的第一道焊接，以避免由于任何再加热导致的负面影响。然而，对于壁厚相对较厚母材的第一道焊接，钼通常是必需的，并且是有益的，因为

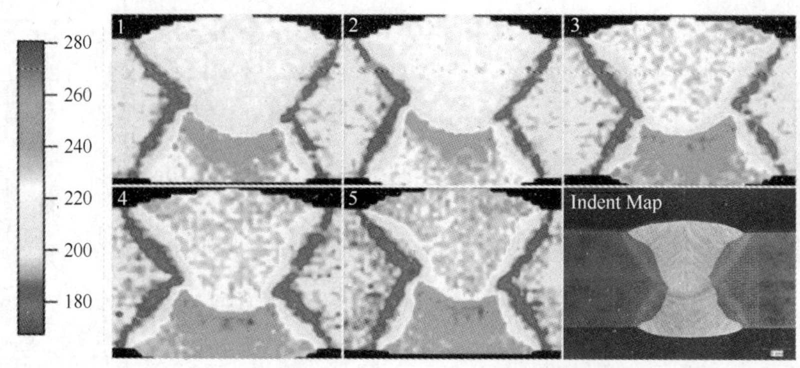

图 7　Mn-Si 合金体系焊缝金属的硬度分布图

焊缝的大部分仍然保持在焊缝状态。

为了确定钼的强化效果，分别在试样 2 和试样 4 焊缝低碳钢合金体系基础上添加了 0.2% 的钼，得到试样 6 和试样 8 化学成分，用于比较中等 Mn-Si 和高 Mn-Si 合金体系中含有钼的作用。试样 6 和试样 8 的第一次焊道和第二次焊道的化学成分相同。

为了研究钼合金对再加热过程的影响，试样 7 和试样 9 焊缝的第一次焊道的化学成分与试样 2 和试样 4 焊缝的化学成分相似，而其二次焊道的化学成分则与试样 6 和试样 8 焊缝成分相似，化学成分见表 4。实验结果按焊丝中锰和硅的含量不同分为两组，拉伸、冲击和硬度性能检验结果如图 8 ~ 图 10 所示。

表 4　Mo 系焊缝金属的化学成分

焊 缝	化学分析(质量分数)/%								
	分析位置	C	Mn	Mo	Nb	Si	Cu	N	O
2 号	焊缝中心线	0.057	1.52	0.01	0.053	0.29	0.21	0.008	0.048
6 号	焊缝中心线	0.049	1.50	0.18	0.059	0.29	0.24	0.008	0.058
7 号	第 2 焊道	0.052	1.45	0.16	0.053	0.26	0.22	0.010	0.054
	第 1 焊道	与 2 号焊缝相似							
4 号	焊缝中心线	0.061	1.69	0.00	0.055	0.33	0.23	0.008	0.042
8 号	焊缝中心线	0.044	1.73	0.16	0.053	0.42	0.24	0.009	0.049
9 号	第 2 焊道	0.051	1.76	0.11	0.062	0.42	0.25	0.009	0.048
	第 1 焊道	与 4 号焊缝相似							

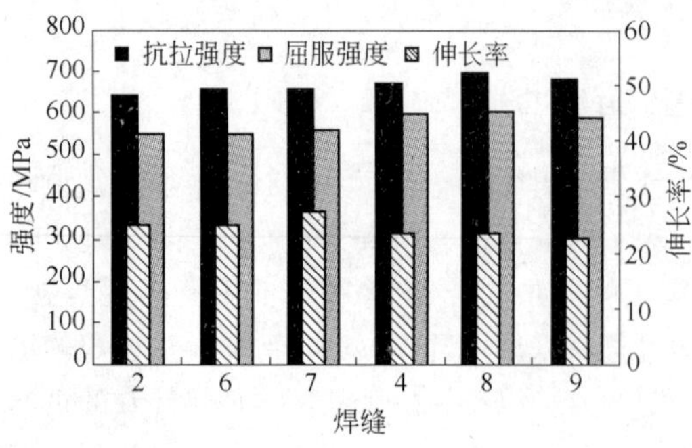

图 8　钼合金体系焊缝金属的拉伸性能

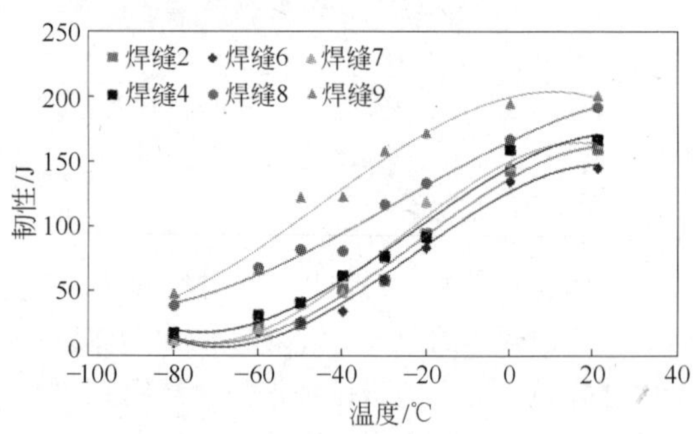

图 9　钼合金体系焊缝金属的冲击性能

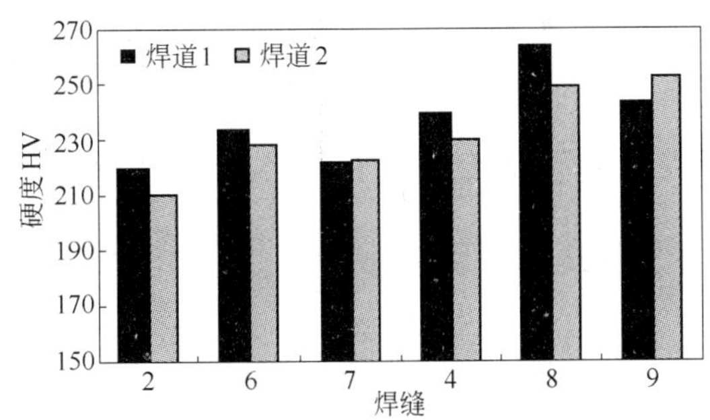

图 10 钼合金体系焊缝金属的硬度性能

3.3 钛和硼的作用

通常在焊缝金属体系中添加钛和硼以提高低温韧性。少量钛形成的夹杂物成为针状铁素体的形核位置。硼元素用于促进针状铁素体组织的形成，并防止形成粗大的先共析铁素体、多边形铁素体和魏氏体铁素体组织。

为了评价钛和硼元素的作用，制备了 3 个焊缝（试样 10、试样 11 和试样 12），其化学成分见表 5。试样 10 只单独考虑了钛在焊缝金属的影响；试样 11 则考虑了钛和硼在焊缝金属体系的影响；试样 12 出示了钛和硼，以及钼合金在焊缝金属中的综合效果。为了对比三种焊缝合金体系的优点，还对比了低碳钢体系的焊缝（试样 3、试样 4 和试样 6）。拉伸、冲击和硬度性能试验结果如图 11 ~ 图 13 所示。

表 5 钛-硼系焊缝金属的化学成分

焊 缝	化学分析（质量分数）/%									
	分析位置	C	Mn	Mo	Nb	Si	Ti	B	N	O
3 号	焊缝中心线	0.056	1.62	0.00	0.054	0.38	0.006	未检出	0.009	0.043
10 号	焊缝中心线	0.058	1.57	0.00	0.055	0.39	0.022	未检出	0.008	0.038
4 号	焊缝中心线	0.061	1.69	0.00	0.055	0.33	0.006	未检出	0.008	0.042
11 号	焊缝中心线	0.050	1.69	0.00	0.056	0.34	0.028	0.003	0.008	0.041
6 号	焊缝中心线	0.049	1.50	0.18	0.059	0.29	0.000	未检出	0.008	0.058
12 号	焊缝中心线	0.048	1.54	0.18	0.054	0.33	0.020	0.003	0.008	0.044

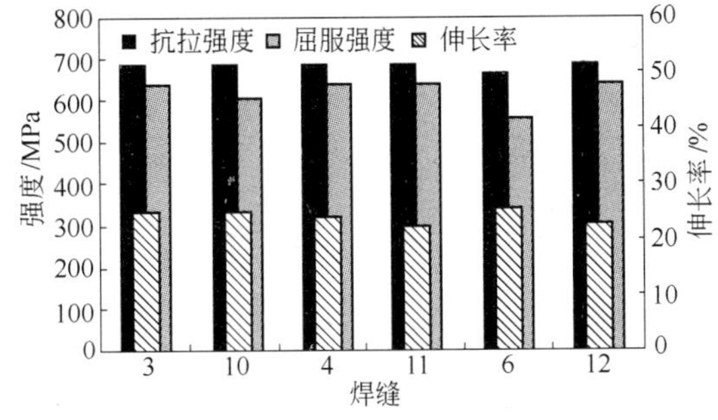

图 11 钛-硼系焊缝金属的拉伸性能

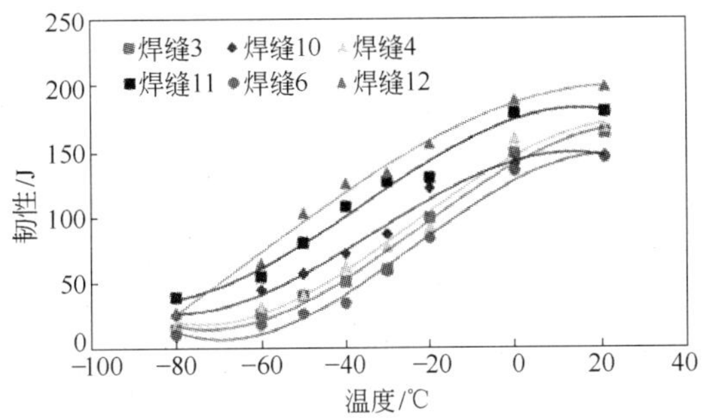

图 12 钛-硼系焊缝金属的冲击性能

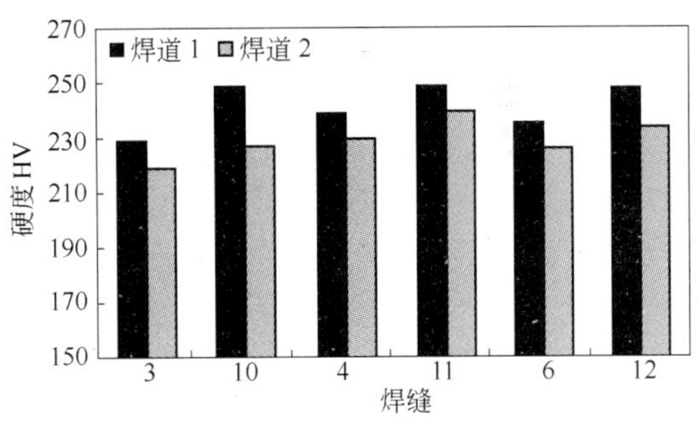

图 13 钛-硼系焊缝金属的硬度性能

4 讨论

4.1 锰和硅

锰和硅的含量在 Mn-Si 系焊缝金属中是重要的影响因素。由图 3 可见，增加锰和硅的含量降低了氧在焊缝金属中的含量。但在双道焊中，为了在焊缝金属中形成针状铁素体的形核位置，一定数量的氧是必要的，一般来说，氧的含量应在 $300\times10^{-4}\%$ 以上。即使在锰和硅含量最高的焊缝金属中，氧的浓度也应保持在这一含量之上。

图 5 可以发现锰和硅对韧性的影响。焊缝金属试样 1 表现出低的冲击韧性，而焊缝金属试样 2 的则表现出较高的韧性。成分对比表明，试样 1 焊缝金属中锰含量低于预期的高韧性要求值，同时硅含量则过高。

增加锰含量对改善韧性的效果明显高于增加 Si 含量的效果，试样 4 焊缝金属的锰含量高时效果最佳，其锰含量为 1.69%，硅含量为 0.33%。焊缝 5 的结果表明，进一步增加锰和硅的含量对韧性不仅没有好处，可能还会有负面影响，如导致韧性的降低可能是由硬度增加以及针状铁素体体积分数的减少所致。

焊缝金属的韧性与针状铁素体相对于晶界铁素体（GBF）、多边形铁素体（PF）以及魏氏体铁素体（FS）的体积分数及组织粗大程度直接相关。图 6 显微组织分析表明，提高锰和硅的含量减少了先共析晶界铁素体、多边形铁素体以及魏氏体铁素体的数量，并且促进细晶针状铁素体的形成。

焊缝金属中锰和硅含量的增加对提高拉伸性能有利，如图 4 所示。抗拉强度和屈服强度随着这些合金元素的增加而上升，锰提高到 1.7% 以上和硅提高到 0.345% 以上无助于焊缝金属拉伸性能的提高，或许对伸长率有一定的影响。

关于锰和硅对硬度的影响可以参见图 7。锰和硅含量增加使一次焊道焊缝金属的细晶区及二次焊道的焊缝金属硬度均有所提高。

4.2　钼元素

对于中 Mn-Si 合金系，试样 6 和试样 2 焊缝金属的对比表明，焊缝金属的拉伸性能略有增加，韧性没有提高，而硬度则显著增加，从一次焊道中去除钼（试样 7），减少了含钼焊缝金属再加热的负面影响；试样 7 和试样 2 的对比结果表明，当仅在二次焊道添加 Mo 时，提高了韧性，并且一次焊道的硬度增加不明显。

对于高 Mn-Si 合金系，试样 8 和试样 4 焊缝金属的对比表明，焊缝金属的拉伸性能略有增加，韧性和硬度显著增加。试样 9 焊缝金属为一次焊道去除钼的高 Mn-Si 合金系焊缝，得到了与中等 Mn-Si 合金系进行类似改变取得的相似结果。一次焊道的硬度升高再次得到最大限度的减轻，拉伸性能实质上没有改变。在这种情况下，韧性的提高是非常显著的。

4.3　钛和硼元素

对高锰-中硅合金系（试样 10 和试样 3 焊缝金属）添加钛表现低温韧性略有提高，单独添加钼不影响拉伸性能，但提高硬度。

对高锰-中硅合金系（试样 11 和试样 4 焊缝金属）添加钛和硼的韧性增加比单独添加硼明显高得多。类似地，添加钛和硼不影响焊缝金属的拉伸性能，但提高硬度。

对高锰-中硅、含钼的合金系（试样 12 和试样 6 焊缝金属）添加钛和硼获得了最佳的冲击性能，伴随着屈服强度的轻微上升以及硬度的增加。

5　结论

本项目是关于 0.09% 铌微合金化 X70 管线钢不同合金体系焊缝金属性能的研究。基于所获得的数据获得如下结论：

（1）对于铌含量为 0.055% 的焊缝金属合金体系，通过合理的匹配锰、硅、钼、钛和硼的情况下能够得到高强度和高韧性。

（2）对于仅含锰和硅的焊缝金属合金体系，当锰含量约为 1.5%、硅含量为 0.3% 时的焊缝金属的韧性最高。

（3）在低碳钢焊缝金属中，高硅含量对焊缝金属的力学性能和显微组织有负面影响。

（4）在焊接焊缝金属中添加大约 0.2% 的钼对提高韧性有效。

（5）钼在较高的锰和硅含量时（锰含量达到约 1.7%，硅含量达到约 0.45%），效果最佳。

（6）与含有相同锰和硅含量的低碳钢焊

缝金属相比，钛和钛-硼焊缝合金体系的韧性有所提高。

（7）钛-硼-钼匹配使用可以获得最佳冲击性能。

（8）在再加热和焊缝态焊缝金属体系中，提高锰、硅、钼、钛和钛-硼含量将增加硬度。

（9）添加约 0.4% 的镍会使冲击韧性降低。

（10）添加钼、钛、硼和镍对于焊缝金属拉伸性能略有影响。

（11）对于酸性服役用途，应精心选择焊缝金属的合金体系，以实现韧性和硬度的平衡。

参 考 文 献

[1] Procario J. R. , Melfi T. "Submerged Arc Welding Solutions for Niobium Micro-alloyed Pipe Steel-Weld Metal Alloy Systems," Instituto Brasileiro de Petroleo e Gas, 2011 Rio Pipeline Conference, IBP1486, 2011.

[2] Abson D. J. , Hart P. H. M. "An Investigation into the Influence of Nb and V on the Microstructure and Mechanical Properties of Submerged-Arc Welds in C-Mn Steels-Phase 2," The Welding Institute, Oct. 1981.

[3] Dolby R. E. "Review of work on the influence of Nb on the microstructure and toughness of ferritic weld metal," IIW Doc Ⅸ-1175-80, 1980.

[4] Garland J. G. , Kirkwood P. R. " The Notch Toughness of Submerged Arc Weld Metal in Micro-alloyed Structural Steels," IIW Doc Ⅸ-892-74, 1974.

[5] Gray J. M. , Stuart H. "Development of Superior Notch Toughness in High-Dilution Weldments of Microalloyed Steel." Welding Research Council, April 1980.

[6] Heckmann C. J. , Ormston D. , Grimpe F. , Hillenbrand H. G. , Jansen J. P. " Development of low carbon NbTiB micro-alloyed steels for high-strength large-diameter linepipe." 2nd International Conference on Thermomechanical Processing of Steels, June 2004.

[7] Melfi T. , Katiyar R. , James M. "The Effect of Weld Metal Alloy and Flux Basicity on the Properties of Limited Pass SAW Welds (for Pipe Mills, Wind Towers and Similar Industries.)." IIW Doc ICRA-2006-TH-273, 2006.

[8] Signes E. G. , Baker J. C. "Effect of Columbium and Vanadium on the Weldability of HSLA Steels," Welding Journal, June 1979, Research Supplement, pp 179-s to 187-s.

[9] Yoshino Y. , Stout R. D. "Effect of Microalloys on the Notch Toughness of Line Pipe Seam Welds." Welding Journal, March 1979, Research Supplement, pp. 59-s to 68-s.

（渤海装备研究院钢管研究所　王晓香　译，
中信微合金化技术中心　郭爱民　校）

关于马奥岛组元特征的计算

H. K. D. H. Bhadeshia

Pembroke Street, Cambridge CB2 3QZ, U. K.

摘　要： 由于受到焊接热影响，管线钢的焊接固态区往往出现未回火的马氏体-奥氏体岛状组织。这就是所谓的马氏体-奥氏体组元（M-A 组元），也通常被视为局部脆性区。本文的目的是通过使用相变理论预测这些区域是如何发展形成的，并证实它们是否能够代表局部脆性区。

关键词： 热影响区，焊接，局部脆性区，M-A 组元

1　引言

"局部脆性区"是相对硬的混合相小区域，这些混合物形成了多道焊缝热影响区。这个词是在一个北海海上平台建设的 Exxon 项目中由 Fairchild 提出来的，直到 1987 年才被出版，此后，这些组织被广泛研究。局部脆性区常包含未回火的马氏体和残留奥氏体，因此形成术语马氏体-奥氏体组元（M-A）。毫无疑问，如果这种混合相在宏观上被单独拿出来研究，那么它将表现出脆性行为，但是，稍后我们就会看到，当 M-A 组元以微观形式分布时并非这种情形。然而，在实验中，热影响区的韧性值由于这些微小的脆性区的存在而使得试验数据离散化，因为如果被测样品是脆性区的，那么测试的韧性值是很小的，在力学性能上离散化的数据不仅令人感到困惑，而且由于一些试验值低于所要求范围，会降低在设计上的信心。

总结实验数据得出的结论是：当局部脆性区内马氏体体积分数增加时，下限的韧性值会降低，同时，同样的数据可以分析得出：对于一个表征马氏体含量增加的函数，会有一个最小韧性值，相关的马氏体量有一个期望值。马氏体局部脆性区如果含有大量碳元素，那么对韧性是不利的。马氏体相变之前，随着其他形态的铁素体生长，奥氏体会富碳。因此，在马氏体相变之前，产生大量铁素体对局部脆性区的产生是一个必要条件，否则，碳的富集程度将不足以使马氏体呈现脆性。Davis 的实验工作已证明了这个观点，因此，当所关心的钢有很高的淬透性时（并且马氏体相变前仅有少量的相变），那么局部的马氏体区不会对热影响区整体韧性产生影响。

局部脆性区可能在没有考虑它们微观组织条件下被热处理。然而，从力学的角度来看，值得指出已经有少量的工作用定量的方式来解决下列问题：

（1）局部脆性区多大的硬度才能影响韧性值离散化，或者局部脆性区的硬度与周围影响脆性区性能的材料有关吗？

（2）相对于塑性区，局部脆性区需要多大才能决定试验测试中的韧性值。

（3）与局部脆性区的形状有关吗？

（4）需要多少次试验才能确定一个基于设计的失败的概率。

由于这些不足，对 Liessem 和 Erdelen-Peppler 的评论除了在技术参数上提出一点改变之外，没能解决列表中第四个问题并不感到奇怪。这个改变实质上是对废弃钢管进行重复性测试，直到技术参数满足要求，正如作者所承认的，这似乎是一个不可用的方法。本文所讲述的工作不是证明局部脆性区可以被忽视，而

是讨论这个古怪的验收标准，因为钢管的整个生产过程中在纵向焊缝中含有局部脆性区，只有当你幸运的时候，小尺寸试样的检验才有可能碰到一个局部脆性区。

实际方案应该包括一个可接受风险水平的技术参数以及可能的试验，来检验材料和工艺的结合是否能处理那个风险。可行性数据的产生必然是昂贵的，但是在考察脆性区的微观组织之后，前三个问题就会得到解决。

2 马氏体-奥氏体组元

马-奥组元是一个相当粗糙的名词，实质上是嵌含着富碳残留奥氏体的未回火马氏体的混合物。如果在马氏体相变 M_s 温度之上发生了如魏氏铁素体或是贝氏体等转变，那么残余奥氏体就会富碳，随之而来马氏体相变起始温度会提高到 M_{rs}。在现代的低碳钢中，这种残余奥氏体的体积分数趋于减少，如果 M_{rs} 高于室温，那么一些残余奥氏体将分解为马氏体。就是这少量的马氏体和富碳奥氏体形成了 M-A 组元。

形成 M-A 组元的这种简单机制有助于确立合金元素、冷却速率和奥氏体晶粒尺寸的作用。基于缜密的相变理论，多年以前就已经能够计算出以贝氏体为主体的组织结构中 M-A 的体积分数和化学成分[8, 9]；文献［10］给出了一个简单的数学的实例。它依赖于一个事实，即当奥氏体碳浓度达到由 T_0 曲线所给定的值时，贝氏体反应停止；如果微观组织中含有其他铁素体相，那么可以推出类似的限制条件。

有关 M-A 组成的一个完整表述应该包括：

（1）该组成中马氏体和奥氏体成分的比例。

（2）马氏体和奥氏体的化学成分。这对于估计硬度值是有必要的（参见文献［9］中的例子）。随着相变的进行，在铁素体、魏氏组织铁素体和贝氏体等相变之后，残留的奥氏体形成了 M-A。所有残余奥氏体中碳的平均含量比在铁素体中的固溶度要大。如果 M-A 的体积分数变大，那么它的碳浓度就会降低；假定脆性行为与高碳有关，那么体积分数足够大的 M-A 相具有较小的危害。

（3）M-A 的形状。当 M-A 存在于铁素体条和残留的奥氏体之间时，它比以块状形式存在于不同取向的板条之间时更稳定[8, 9]。通常不认为残留奥氏体膜对韧性有危害。

（4）M-A 区的力学性能与它周围环境有关。

上面所列的一些内容可以通过计算估计，如它后面所列举的计算，正如 Furugara 和同事[11]所做的尝试。除了 A_{cm} 曲线外，他们尝试的计算基本上是这里所描述的工作以及文献［8，9，12］的部分复制，因 Krisement 和 Wever 的原因遵循了同一个步骤。A_{cm} 曲线的目的是：通过渗碳体的析出，确定奥氏体是否可以分解；如果奥氏体碳浓度超过了 A_{cm} 曲线所给出的浓度，那么在热动力学上它是可以形成渗碳体的。它是否真正的形成则是一个动力学的问题了，例如冷却速度。

3 X80 钢的一个简单计算

这里所给的例子阐释了 M-A 组元（所有的马氏体和残余奥氏体）体积分数以及化学成分的计算，以及其他所有相的成分。计算所使用的钢不是管线钢，但是问题和管线钢是一样的。文献［5］给出了管线钢的一个类似计算。因为钢是贝氏体组织，它适合使用 T_0 曲线[12]，但它可以修改为 A_{e_3} 或者是在 M-A 之前产生的其他相的其他受约束的平衡曲线。

有趣的是发现 M-A 的碳浓度几乎独立于钢中的平均浓度[14]。这与已完全确立的事实一致：部分分解形成 M-A 组元的奥氏体具有自身化学成分，并限于 T_0 曲线。就是这条 T_0 曲线，是下面将要介绍的计算举例的基础。

下面是一个典型 X80 钢的化学成分[15]：

Fe-0.073% C-0.23% Si-1.76% Mn-0.56%(Ni + Mo)-0.05%(Nb + Ti)-0.033% Al(质量分数)

经过热机械轧制后，X80 钢会产生贝氏体组织（我们假设“针状铁素体”是贝氏体，标记为 α_b），同时，依具体的工艺可能伴有 M-A 组元的残余相。由于非常低的碳浓度以及钢含有铌，渗碳体析出不会伴随贝氏体的形成[11]，以至于残余奥氏体先于其部分的马氏体转变就开始富碳。

计算所得的完全奥氏体钢的马氏体起始温度是444℃[16,17]，因此贝氏体仅仅由贝氏体铁素体和富碳残余奥氏体的一种混合物构成。图1给出了计算的 T_0 曲线。如果假设在444℃以上一点可以得到贝氏体最大量，那么相变在残余奥氏体碳浓度 x_γ 达到 T_0 曲线的 $x_\gamma=0.66\%$（质量分数）时就必须停止。从物质平衡有：

$$V_{\alpha_b}x_{\alpha_b}+V_\gamma x_\gamma=\bar{x}$$

式中，V_{α_b} 是贝氏体铁素体的体积分数；V_γ 是残余奥氏体在相变点的体积分数，有：$V_\gamma=1-V_{\alpha_b}$；$\bar{x}$ 是合金中的平均碳浓度。例如 $x_{\alpha_b}=0.02\%$（粗略认为是碳在铁素体中的溶解度），并在440℃时认为 $x_\gamma=x_{T_0}$，从 T_0 曲线的杠杆定律可以得出：

$$V_{\alpha_b}=\frac{x_{T_0}-\bar{x}}{x_{T_0}-x_{\alpha_b}}=\frac{0.66-0.073}{0.66-0.02}=0.92$$

及

$$V_\gamma=0.08$$

假设 $x_\gamma=0.66\%$，它的 M_s^γ 是166℃，那么使用Koistinen和Marburger方程，冷却到室温时最终微观组织的残留奥氏体量是：

$$\begin{aligned}V_{\gamma_r}&=V_\gamma\times\exp[-0.011\times(M_s^\gamma-25)]\\&=0.08\times\exp[-0.011\times(166-25)]\\&=0.02\end{aligned}\tag{1}$$

所以马氏体的量是 $V_{\alpha'}=0.08-0.02=0.06$。表1中列出了最终的微观组织。马氏体的硬度期望值是HV700[10]。这里做一个近似：贝氏体的形成在马氏体相变点 M_s 停止，即444℃；若继续进行到更低的温度将会减少 $\alpha'+\gamma_r$ 的含量，并且增加残留奥氏体量。

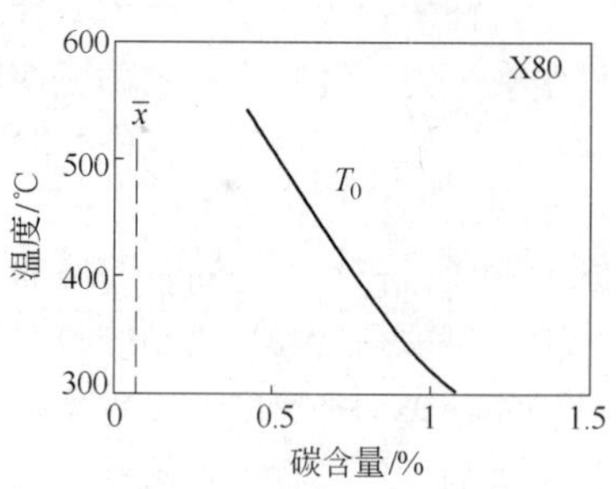

图1　X80钢的计算的 T_0 曲线

（$\bar{x}$ 代表0.073%C的平均浓度）

表1　微观组织总结

相	体积分数/%	碳含量/%
贝氏体铁素体 α_b	92	约0.02
马氏体 α'	6	0.66
残余奥氏体 γ_r	2	0.66

它也强调，这些计算表明特定钢倾向于形成马氏体-奥氏体组元（M-A）；在实际情况下，微观组织当然又敏感于冷却速度和钢的淬透性。这种关联性也可以被计算出来，如图2所示的两种不同淬透性的钢；计算结果与期望

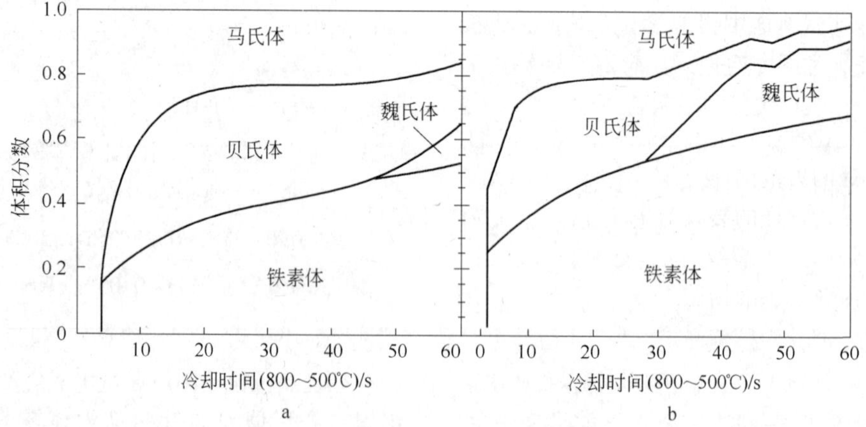

图2　少量马氏体使得局部更脆

（图a的Fe-0.1%C-1%Mn合金比图b更低淬透性的Fe-0.1%C-1%Si合金更难形成局部脆性区）

的热影响区微观组织的组成一致。

4 进一步讨论

上面关于例如 X80 钢当大部分奥氏体转变为贝氏体时能够形成的马氏体的分析是非常小的一部分工作。这是因为该计算仅考虑了马氏体的体积分数，而没有考虑其尺寸和形状。因此，我们要返回到引言中提到的一些问题。

局部脆性区具有多大的硬度才能影响试验中韧性值的离散化？基于 $\alpha'+\gamma_r$ 这两相混合物的组合理论，马氏体中的塑性流动以应力 σ 来估测：

$$\sigma \approx \sigma_{\alpha_b} + \frac{V_{\alpha'}}{1 - V_{\alpha'}}\sigma_{\alpha'}$$

式中，$\sigma_{\alpha'}$是混合相中马氏体的屈服强度；σ_{α_b}是马氏体屈服点大多数软相的应力。在马氏体含量比较少的情况下，如果管线钢与富碳马氏体硬度相比不是特别强，那么软相的应力很可能从未达到马氏体屈服点的应力值，这意味着 M-A 组元本质上是一种硬质夹杂物，在这种情况下，有一种已经建立的非常好的理论阐述韧性的离散，作为例子，文献［20，21］中有非常有价值的数据。另外，与大多数软相的流动性能相比，马氏体有浮动性能，并且有一个大的分数，那么它对离散性的影响将会极大地降低。

在韧性测试中，局部脆性区尺寸多大才会和塑性区有关？这取决于韧性试验的方法。马氏体或是在测试过程中由应力引起的相变组织，在冲击测试中由于高的应变速率将表现出脆性行为。在一个以裂纹产生的钝口试验中，偶尔不好的夏比冲击韧性试验结果是难免的，并且在缺口处的大范围内分布着应力，马氏体岛在此处提供了这样的裂纹起始位置。相比之下，当涉及到以人工裂纹开始的韧性试验时，少量的马氏体对测试的韧性未必有影响，因为试验中碰到这种马氏体的概率降低了。

脆性区的形状重要吗？众所周知，硬相的长膜在厚度方向上趋向于开裂，然而，当谈及等轴（块状）粒子时，裂纹尺寸与平均线性截距有关。因此，微观相的薄膜相对于块状[8，9]来说是理想的，而块状相对于薄膜的比例根据 X80 管线钢的简单结果可以通过下式给出：

$$\frac{V_{\text{film}}}{V_{\text{blocky}}} \approx \frac{0.15V_{\alpha_b}}{V_{\text{film}} + V_{\text{blocky}} - 0.15V_{\alpha_b}}$$

即为了避免微观块状组织出现，贝氏体含量应该尽可能地增大。需要注意的是：能获取的最大含量的贝氏体当然是取决于 T_0 曲线，而该曲线可以容易地计算得出。

5 结论

有大量文献表明焊缝热影响区未回火马氏体和残留奥氏体小区域的存在可能导致韧性的恶化。然而，词条“M-A 组元”的广泛使用隐藏了许多有关形状、尺寸和成分的复杂性。认为这些区域总是有害的观点是不可取的。有许多使用中的钢，认为这种奥氏体和马氏体的混合物对性能是有好处的，如文献［22，24～26］所查到的。

这篇文章试图表明通过计算可能会表征微观相的特征，以及鉴定它们的形状、尺寸和成分是如何影响不同种类的断裂韧性测试以及如何使这些试验数据离散化。希望在未来几年内，一些推测可以转变为可靠的、有效的理论。

致谢

非常感谢巴西 CBMM 在安排这次会议中给予的慷慨和礼遇。

参考文献

［1］ D . P. Fairchild. Local brittle zones in structural welds. Private Communication to H. K. D. H. Bhadeshia, 1995.

［2］ D. P. Fairchild. Local brittle zones in structural welds. In J. Y. Koo, editor, *Welding Metallurgy of Structural Steels*, pages 303-318, Warrendale, Pennsylvania, USA, 1987. TMS-AIME.

［3］ K. H. Schwalbe, M. Ko, cak. Fracture mechanics of weldments, problems and progress for weldments. In S. A. David and J. Vitek, editors, *International Trends in Welding Science and Technology*, pages 479-494, Ohio, USA, 1992. ASM International.

［4］ S. Aihara, K. Okamoto. Influence of LBZon HAZ toughness of TMCP steel. In D. G. Howden J. T.

Hickey and M. D. Randall, editors, *Metallurgy, Welding and Qualification of Microalloyed Steel Weldments*, pages 402-427, Florida, USA, 1990. American Welding Society.

[5] S. Suzuki, G. Rees, H. K. D. H. Bhadeshia. Modelling of brittle zones in the HAZ of steel welds. In T. Zacharia, editor, *Modelling and Control of Joining Processes*, pages 186-193, Florida, USA, 1993. American Welding Society.

[6] C. L. Davis. *Cleavage initiation in the intercritically reheated coarse grained heat affected zone of steels.* PhD thesis, University of Cambridge, Cambridge, U. K., 1994.

[7] A. Liessem, M. Erdelen-Peppler. A critical view on the significance of HAZ toughness testing. In *Proceedings of International Pipeline Conference*, pages 1-8, New York, USA, 2004. ASME.

[8] H. K. D. H. Bhadeshia, D. V. Edmonds. Bainite in silicon steels: a new composition property approach i. *Metal Science*, 17: 411-419, 1983.

[9] H. K. D. H. Bhadeshia, D. V. Edmonds. Bainite in silicon steels: a new composition property approach ii. *Metal Science*, 17: 420-425, 1983.

[10] R. W. K. Honeycombe, H. K. D. H. Bhadeshia. *Steels: Microstructure and Properties*, 2nd *edition.* Butterworths-Hienemann, London, 1995.

[11] T. Furuhara. Incomplete transformation of upper bainite in Nb-bearing low carbon steels. *Materials Science and Technology*, 26: in press, 2010.

[12] H. K. D. H. Bhadeshia, D. V. Edmonds. The mechanism of bainite formation in steels. *Acta Metallurgica*, 28: 1265-1273, 1980.

[13] O. Kriesment, F. Wever. The bainite reaction in high carbon steels. In *The Mechanism of Phase Transformations in Metals*, *Special Report* 18, pages 253-263, London, U. K., 1955. Institute of Metals.

[14] F. Matsuda, Y. Fukada, H. Okada, C. Shiga, K. Ikeuchi, Y. Horii, T. Shiwaku, S. Suzuki. Review of mechanical and metallurgical investigations of martensite-austenite constituent in welded joints in Japan. *Welding in the World*, 37: 134-154, 1996.

[15] S. Y. Shin, B. Hwang, S. Lee, N. J. Kim, S. S. Ahn. Correlation of microstructure and charpy impact properties in APIX70 and X80 line-pipe steels. *Materials Science & Engineering A*, 458: 281-289, 2007.

[16] H. K. D. H. Bhadeshia. The driving force for martensitic transformation in steels. *Metal Science*, 15: 175-177, 1981.

[17] H. K. D. H. Bhadeshia. Thermodynamic extrapolation and the martensite-start temperature of substitutionally alloyed steels. *Metal Science*, 15: 178-150, 1981.

[18] Y. Tomota, K. Kuroki, T. Mori, I. Tamura. Tensile deformation of two ductile phase alloys: flow curves of _/Fe-Cr-Ni alloys. *Materials Science and Engineering*, 24: 85-94, 1976.

[19] H. K. D. H. Bhadeshia, D. V. Edmonds. Analysis of the mechanical properties and microstructure of a high-silicon dual phase steel. *Metal Science*, 14: 41-49, 1980.

[20] H. V. Atkinson, G. Shi. Characterization of inclusions in clean steels: a review including the statistics of extremes methods. *Progress in Materials Science*, 48: 457-520, 2003.

[21] H. K. D. H. Bhadeshia. Steels for bearings. *Progress in Materials Science*, 57: 268-435, 2012.

[22] H. K. D. H. Bhadeshia. Nanostructured bainite. *Proceedings of the Royal Society of London A*, 466: 3-18, 2010.

[23] D. A. Curry, J. F. Knott. Effects of microstructure on cleavage fracture stress in steel. *Metal Science*, 12: 511-514, 1978.

[24] B. C. DeCooman. Structure-properties relationship in TRIP steels containing carbidefree bainite. *Current Opinion in Solid State and Materials Science*, 8: 285-303, 2004.

[25] P. J. Jacques. Transformation-induced plasticity for high strength formable steels. *Current Opinion in Solid State and Materials Science*, 8: 259-265, 2004.

[26] H. K. D. H. Bhadeshia, M. Lord, L. E. Svensson. Silicon-rich bainitic steel welds. *Transactions of JWRI*, 32: 91-96, 2003.

（北京科技大学　袁胜福　译，
中信微合金化技术中心　王厚昕　校）

铌微合金化管线钢单道次及多道次焊接热影响区的 EBSD 表征

Sundaresa Subramanian(1)，由 洋(2)，聂文金(2,3)，缪成亮(2)，
尚成嘉(2)，张晓兵(3)，Laurie Collins(4)

（1）Department of Mat. Sci. and Eng.，McMaster University，Hamilton，Canada；
（2）北京科技大学材料科学与工程学院；
（3）沙钢集团；
（4）Evraz Inc. NA，Regina，SK，Canada

摘 要：通过针对单道次焊接热影响区的 EBSD 表征，发现高热输入量时（>35J/mm）大角晶界密度会显著下降。当冷速较慢（$t_{8/5}$较高）、相变过程主要由扩散机制控制时，显微组织中能够阻碍裂纹扩展的大角晶界严重缺失，导致由硬质/脆性马奥岛诱发的微裂纹形核，并可以无阻碍地长大到脆断临界尺寸（根据 Cottrell-Petch 模型）。本工作揭示出在高 Nb 高钢级管线钢中，单道次焊接中低相变温度窗口可以有效优化热影响区显微组织的大角晶界密度及分布，并使热影响区的低温韧性达到最佳。

本工作中，研究了在微合金化高 Nb 高钢级管线钢（X80 及 X100）中，焊接热输入量对热影响区显微组织及原奥晶粒内大角晶界变化的影响。基于 EBSD 获取的晶体学数据，利用极图法分析了协变相变中产物与母相奥氏体的晶体学关系。结果显示在协变相变中，大角晶界来源于同一原奥晶粒内分属不同贝恩组的晶体学单元的相遇。通过控制最佳冷速及相变温度窗口，可以有效提高由不同贝恩组相遇产生的大角晶界的密度及促进其均匀分布。

由于固溶 Nb 抑制原奥晶界铁素体形核，NbC 析出物则能延迟铁素体晶粒的长大，Nb 添加可以有效降低相变温度，从而有效提升单道次焊接热影响区中，发生协变相变的原奥晶粒内由不同贝恩组相遇形成的大角晶界的密度。

在多道次焊接中，例如管道的环缝焊接，利用热模拟研究了经两道次热循环后，Ni 元素添加对焊接热影响区（HAZ）组织及韧性的影响。发现在 Nb 微合金化钢中，高 Ni 含量对于粗晶热影响区（CGHAZ）及临界再热粗晶区（IRCGHAZ）的韧性均有提高作用。这是由于 Ni 添加抑制了粗晶热影响区中 M-A 的形成以及临界再热粗晶区中原奥晶界上项链状 M-A 的出现。

1 引言

过去十年中，人们一直致力于开发适用于极地环境的新一代管线钢管。例如在北美，利用管道将天然气输送从加拿大麦肯齐三角洲（Mackenzie delta）或阿拉斯加北坡连接到阿尔伯塔地区已有的管线网络这一需求受到了广泛关注。长距离输送时，出于经济性的考虑必然要求提高管道输送压力，也就对管线钢提出了高强度（屈服强度 80 ~ 100ksi 或 560 ~ 700MPa）及大厚度（>25.4mm）的性能要求。考虑到管线将穿越连续或不连续的永久冻土带以及随之而来的冻胀效应，为确保使用安全，管线应采用基于应变设计——允许纵向上

存在较大拉伸应变。在钢管母材具有较好的塑性及韧性的同时，材料的环向焊接性以及焊接热影响区是否能够适应上述应变需求，并同时具有较好的断裂韧性成为人们一直关注的问题。

除了基于应变设计给环向焊接在性能上提出的严格要求，工业界也一直在尝试采用新的更有效经济的焊接方法，诸如双焊炬、串列焊接以及双焊炬串列焊接等新技术已经被开发及应用。虽然新方法可以有效地提高焊接速度，但却会使焊接热影响区内的显微组织与经传统的单焊炬金属极气体保护焊（GMAW）的组织具有明显不同。正是由于基于应变设计带来的新的性能要求以及新焊接技术带来的热循环的不同，我们亟需了解在这种新情况下焊接热影响区内显微组织的变化以及此种情况下的组织——性能联系。

多年来已有一系列工作致力于研究焊接热循环、显微组织演化以及最终力学性能之间的关系，最终目标是希望开发出可以在更多种焊接条件下仍能保持较好强韧性配比的钢的化学成分。在最初的工作中，Volkers、Collins 及 Hamad[1]等人在双焊炬焊接中发现了焊接热影响区的韧性下降与原奥氏体晶粒的粗化有关。在哥伦比亚大学进行的进一步工作则表征了双焊炬焊接的热循环过程并发现了相似的奥氏体粗化的作用，同时研究了在不同热循环下 Nb 微合金钢中 Nb 元素的溶解及再析出。除了原奥氏体晶粒尺寸，经历热循环后（加热及随后冷却）相变产生的显微组织也会对断裂韧性产生重要影响。Penniston 等人发现，通过控制 Ti、N 含量消除粗化的 TiN 析出颗粒后，可得到较好的韧性；他们在研究不同 Nb 含量钢的工作中也发现，显微组织具有细化的板条结构可以更有效地阻碍裂纹扩展。本文通过利用 EBSD 技术，对显微组织进行唯像学研究，主要包括：（1）M-A 组元的表征；（2）原奥晶粒中相变产物晶体学结构的层级转变；（3）HAZ中板条状组织的大角晶界密度及分布特征。本文的主要目标是寻找到最优化的显微组织，可以通过最大化减少 M-A 组元及保留足够的大角晶界密度来抑制微裂纹扩展，来改善 Nb 微合金钢单道次及多道次焊接热影响区的断裂韧性。

2　实验方法

实验用钢为经高温轧制工艺（HTP）工业化生产的 X80 级高 Nb 管线钢，以及 X100 级高 Nb 双相管线钢。利用 Gleeble 热模拟研究了上述两种实验钢在不同热输入量下焊接热影响区的组织性能变化。同样利用 Gleeble 热模拟研究了在低热输入量下 Ni 添加对于含 Nb 钢粗晶热影响区及临界再热粗晶区组织及性能的影响。光学显微镜（OM），扫描电镜（SEM）及 EBSD 技术被用于显微组织的表征。

利用 EBSD 数据，显微组织的晶体学结构以及大角晶界的密度及分布被叠加于形貌像之上以方便进一步分析。用极图分析确定同一个原奥内相变产物之间的晶体学关系，以及解释大角晶界提供者——不同贝恩组相遇方式的变化。与 M-A 组元相关联的残奥的分布被一同表征。经热模拟后不同热输入量下 HAZ 的试样的冲击韧性由 -20℃夏比冲击实验测定。之后将样品断口特征与大角晶界密度以及 M-A 组元分布情况进行关联。

3　实验结果

3.1　X80 级高 Nb HTP 管线钢单道次 HAZ 的组织性能研究

实验钢化学成分见表 1，表 2 中列出了不同热输入量对应的 $t_{8/5}$ 时间及对应的冷却速度（峰值温度为 1300℃，板材厚度为 25.2mm）。热模拟后不同热输入量下的 -20℃夏比冲击功如图 1 所示。

表 1　钢的基本化学成分

成 分	C	Mn	Si	Nb	Al + Ti + Cu + Cr
质量分数/%	0.04	1.75	0.22	0.10	0.53

表2　热输入与对应的 $t_{8/5}$ 和冷却速率

热输入/kJ · cm^{-1}	$t_{8/5}$/s	800～500℃之间的冷却速率/℃ · s^{-1}
16	5.7	52.6
20	9.5	31.6
30	21.6	13.9
40	39.3	7.6
50	58.7	5.1
58	80.9	3.7

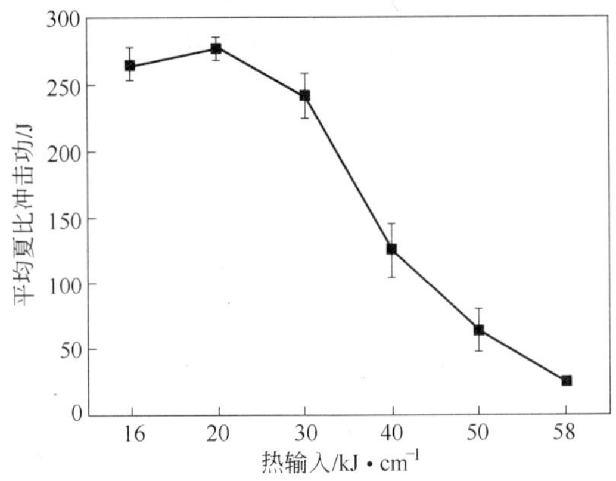

图1　不同热输入下的 -20℃夏比冲击功

由图1可见，当热输入量为20kJ/cm时（对应冷速为30℃/s），冲击功达到最佳。不同热输入量下奥氏体晶粒尺寸分布如图2所示，可见高热输入量下（60kJ/cm）奥氏体粗化严重。由表2可见在3～30℃/s之间变化冷速对平均原奥尺寸影响甚小，但伴随冷速下降却可见到明显的冲击功下降。这意味着脆断的发生应与最大奥氏体晶粒尺寸有关，而非平均原奥尺寸。不同热输入量下（20kJ/cm、30kJ/cm、50kJ/cm、58kJ/cm）的组织形貌示于图3，可见低热输入量时（对应 $t_{8/5}$ 时间为10～20s），细小弥散的M-A组员分布于板条状基

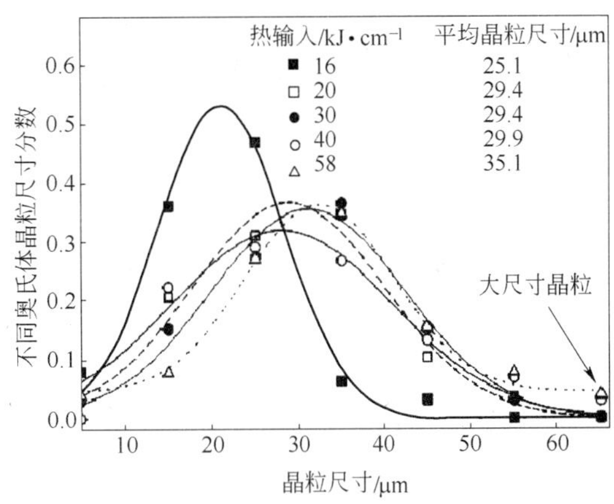

图2　不同热输入的原始奥氏体晶粒尺寸分布

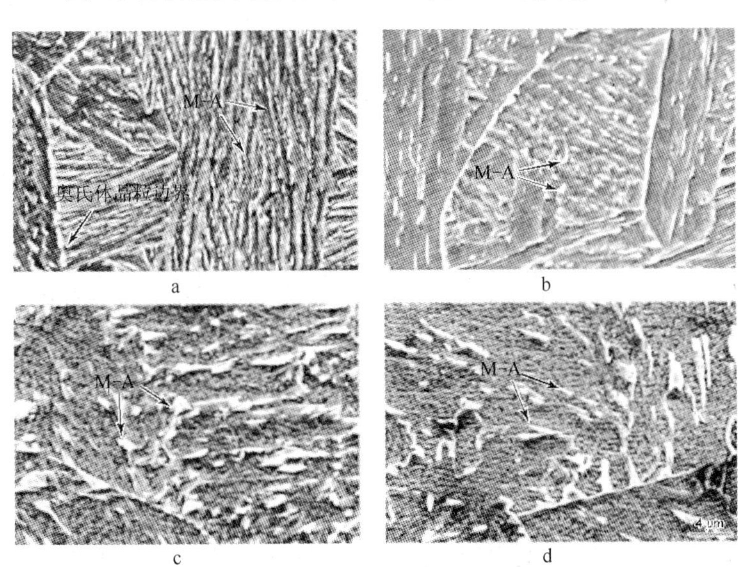

图3　不同热输入试样的扫描电镜图像，显示低热输入下细微的M-A组元分布在板条组织中，而在高热输入下粒状贝氏体中的M-A颗粒粗化

a—20kJ/cm；b—30kJ/cm；c—50kJ/cm；d—58kJ/cm

体之中；高热输入量时（对应 $t_{8/5}$ 时间为 60 ~ 90s），组织为粒状贝氏体，其间分布着粗大的 M-A 组元。

图 4 显示了不同热输入量样品显微组织中的大角晶界分布（>45°）。热输入量 20kJ/cm 时的大角晶界密度较大，分布也更加均匀。而热输入量 50kJ/cm 时，大角晶界密度及分布均匀性显著下降。由于取向差大于 45°的大角晶界可以有效地偏析裂纹[6]，因此当大角晶界密度降低时，微裂纹可以长大并达到 Griffith 临界裂纹尺寸，进而引发脆性断裂。

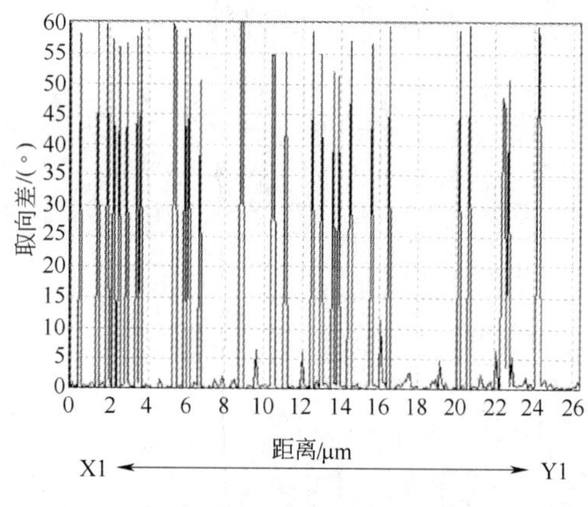

a

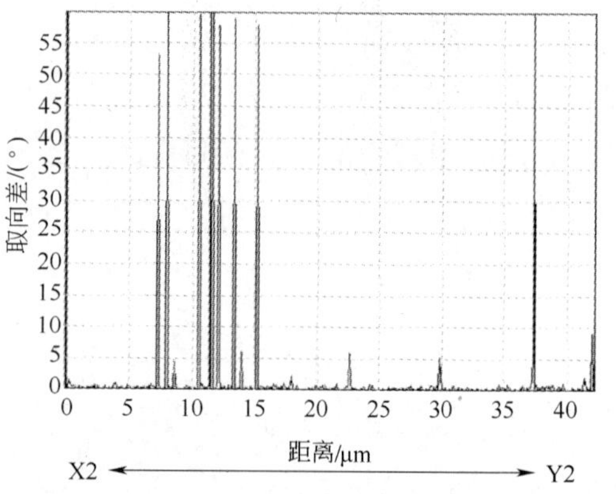

b

图 4　不同热输入试样大角晶界分布的质量图

（灰色区域：铁素体（bcc）；黄线：大于 45°晶界；蓝色区域：残余奥氏体（fcc）。虚线圈内显示两种试样的原奥氏体晶粒。晶粒取向（大角晶界）以热模拟试样扫描线上的距离表示，图 a 为 20kJ/cm（低热输入）试样，以 X1-Y1 线上的距离表示图 b 为 50kJ/cm（高热输入）试样，以 X2-Y2 线上的距离表示。从 50kJ/cm 高热输入试样上可以清晰见到大角晶界之间的大间隔）

a—20kJ/cm；b—50kJ/cm

当热输入量从 20kJ/cm 升高到 50kJ/cm 时，主要有以下 4 种变化：（1）虽然平均奥氏体晶粒尺寸未有明显变化，但出现了少量极度粗化的原奥晶粒。（2）显微组织从分布着细小弥散 M-A 组元的板条贝氏体变成分布着粗大 M-A 组元的粒状贝氏体。（3）大角晶界密度及分布均匀性显著下降。（4）夏比冲击功显著下降。高热输入量时，粗大的 M-A 组元可成为裂纹形核的潜在形核点，当缺乏足够的大角晶界时，长大的微裂纹会达到 Griffith 裂纹临界尺寸并失稳从而诱发脆断。通过本工作发现，为使 HAZ 的韧性得到最优化，对应特定板厚存在一个最佳热输入量，可以使得：（1）M-A 组元分数减少，且体积细小并分布弥散；（2）大角晶界密度高且分布均匀；（3）母材转变组织为低转变温度下获得的细小板条状组织。

3.2 X100高铌多相管线钢单道次焊接 HAZ 组织性能关系的研究

实验所用的高铌多相 X100 管线钢化学成分列于表 3。图 5 是实验钢板轧态光学显微组织，可看到明显的多相结构，其中铁素体晶粒位于原奥晶粒边界，而贝氏体组织则位于原奥晶粒内部。表 4 为 X100 钢板的力学性能。表 5 为不同温度下钢板的冲击功及 DWTT 结果。表 6 中列出了不同热输入量下的 $t_{8/5}$时间以及对应的冷速（板厚 14.7mm）。图 6a 显示了夏比冲击功随热输入量的变化，图 6b 中是对应热输入量下奥氏体晶粒尺寸的分布情况，可见热输入量 20kJ/cm 下冲击功最佳。图 7 中为不同热输入量下（8kJ/cm、20kJ/cm、25kJ/cm 及 50kJ/cm）利用 LePera 法侵蚀的 M-A 组元分布，可见最高热输入量下（50kJ/cm）M-A 组元粗化最严重。

表 3 X100 多相组织钢的化学成分

成 分	C	Si	Mn	Nb	Ti	Cr	Ni	Mo	Al	N
质量分数/%	0.07	0.25	1.94	0.081	0.014	0.28	0.18	0.26	0.035	0.004

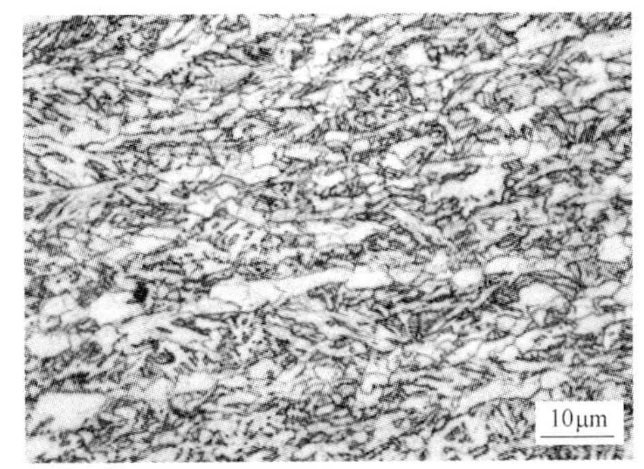

图 5 X100 多相组织钢的光学显微组织

表 4 X100 多相组织钢的力学性能

屈服强度 $R_{t0.5}$/MPa	抗拉强度/MPa	均匀伸长率/%	总伸长率/%	屈强比
708	909	8.0	30	0.78

表 5 母材的夏比冲击功和 DWTT 性能

试验温度/℃	夏比冲击功/J	DWTT 剪切面积/%
0	255	100
-20	238	100
-40	258	100
-60	224	71
-80	225	56

表 6 热输入与对应的 $t_{8/5}$和冷却速率

热输入/kJ · cm⁻¹	$t_{8/5}$/s	800～500℃之间的冷却速率/℃ · s⁻¹
8	4.8	62.4
16	12.56	23.9
20	19.6	15.3
25	30.6	9.8
30	44.1	6.8
50	122.6	2.4

注：钢板厚度为 147mm。

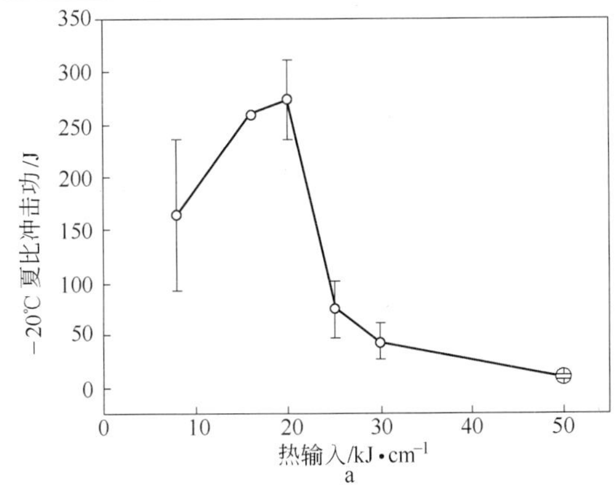

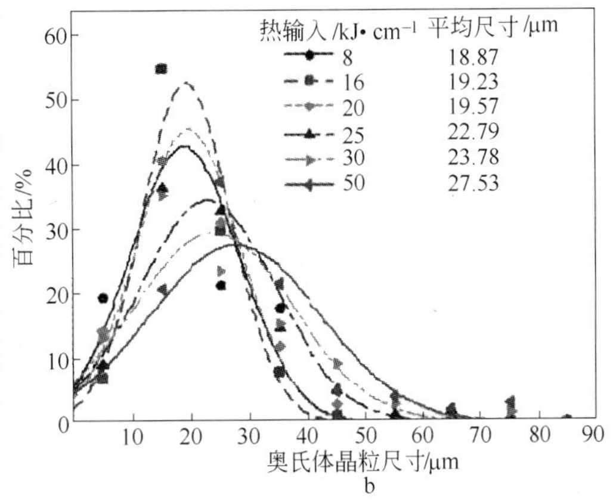

图 6 不同热输入下 X100 管线钢的 -20℃ 夏比冲击功（a）和奥氏体晶粒尺寸分布（b）

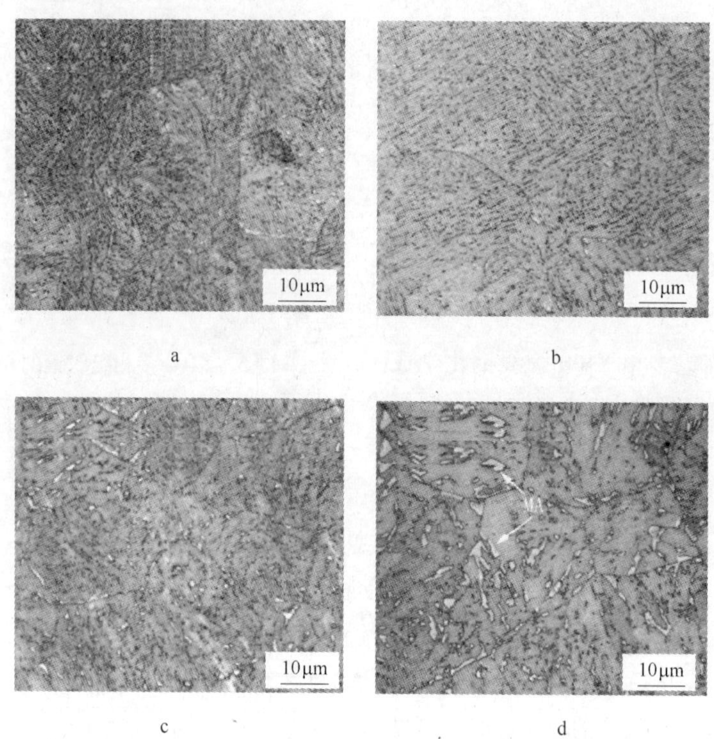

图 7　多相组织 X100 管线钢在不同热输入下 M-A 产物的特殊酸蚀光学图像
随着热输入增加可以看到粗大的 M-A 产物
a—8kJ/cm；b—20kJ/cm；c—25kJ/cm；d—50kJ/cm

图 8 中显示各试样的大角晶界分布，可见热输入量为 20kJ/cm 时的大角晶界密度及分布最佳，与高热输入量的试样（50kJ/cm）具有明显差异。图 9 给出了 4 个热输入量试样的极图分析，在每个热输入量下的原奥晶粒内均可找到数个板条束（packet）[7,8]。可见随着热输入量的增加，原奥晶粒内板条束的数量并没有明显变化。图 10 给出了不同热输入量下板条束内贝恩组的分布情况，属于不同贝恩组的组织用不同颜色表示，当不同贝恩组的组织相遇时产生大角晶界，即图中不同颜色的组织相遇时，可见 20kJ/cm 热输入量下的大角晶界分布最为均匀。因此低热输入量下，高密度大角晶界来自于不同贝恩组之间的取向差。结合热模拟过程可知高密度大角晶界与高冷速产生的低温转变组织的形貌是息息相关的。

采用极图分析可以识别不同的贝恩组。不同贝恩组采用不同的颜色区分。如图 10 所示，当结晶单元与不同贝恩组相遇时形成大角晶界。发现最好的大角晶界分布是在 20kJ/cm 的低热输入下，与之对应的是 -20℃ 的最佳韧性。

3.3　添加镍对于含铌微合金钢多道次焊接 HAZ 组织性能的影响

我们利用 Gleeble 热模拟机研究了薄板焊接中（12mm）、低热输入量下（6kJ/cm）Ni 添加对于单道次焊接粗晶热影响区（CGHAZ）以及多道次焊接临界再热粗晶区（IRCGHAZ）的组织性能关系。实验所用钢材的化学成分见表 7。母材、单道次及二道次不同峰值温度模拟样品的冲击功列于表 8，并图示于图 11 中。

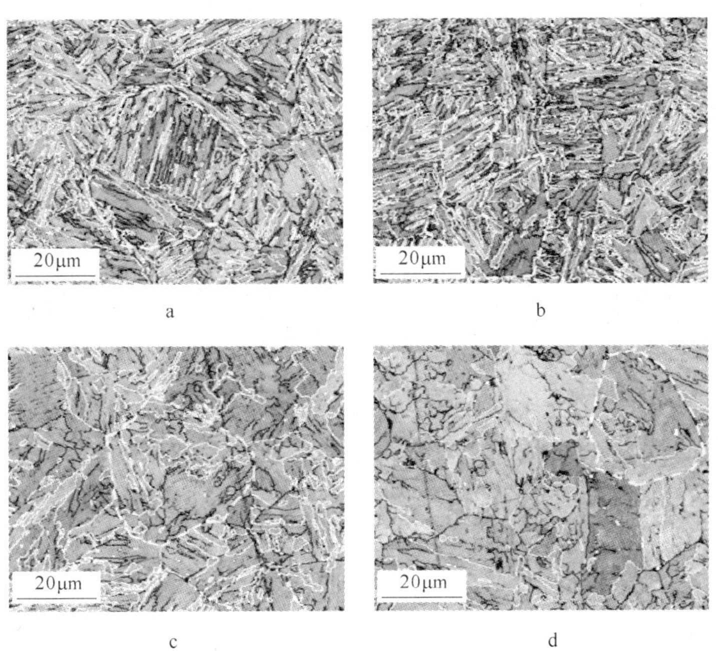

图 8　不同热输入试样的大角晶界分布
（黄线为大于 45°的晶界）
a—8kJ/cm；b—20kJ/cm；c—25kJ/cm；d—50kJ/cm

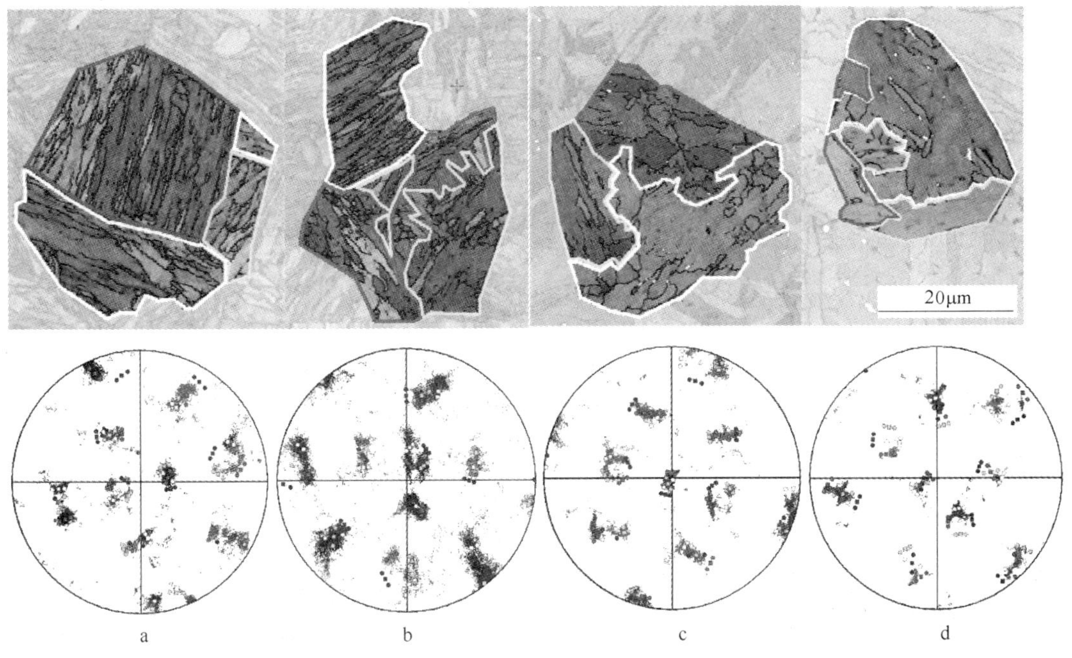

图 9　不同热输入试样的极图分析——分别显示所检验奥氏体晶粒中的板条束数目
a—8kJ/cm；b—20kJ/cm；c—25kJ/cm；d—50kJ/cm

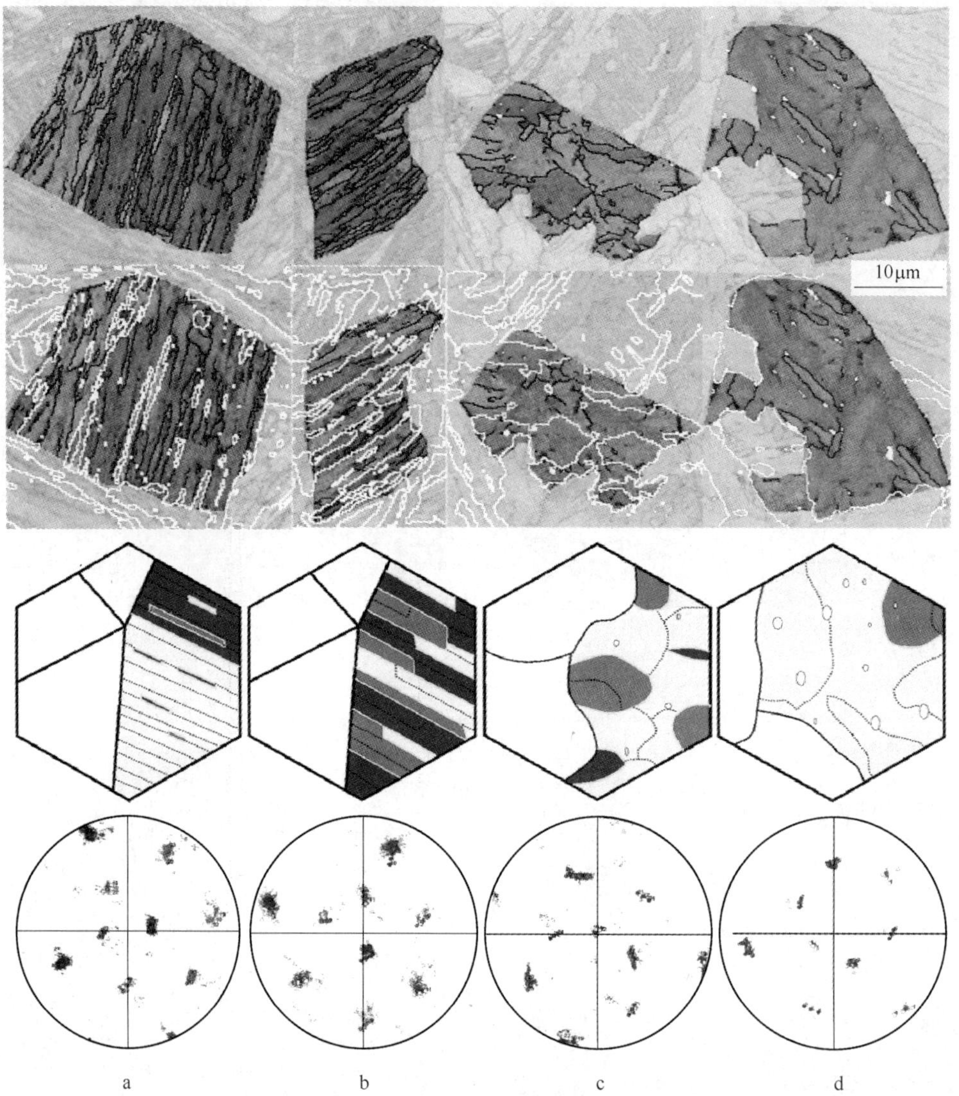

图 10　不同热输入区域的 EBSD 图

a—8kJ/cm；b—20kJ/cm；c—25kJ/cm；d—50kJ/cm

表 7　低镍钢和高镍钢的化学成分（质量分数）　（%）

试　样	C	Si	Mn	Nb	Ti	Cr	Mo	Cu	Ni
低镍钢	0.050	0.26	1.43	0.054	0.022	0.26	0.32	0.72	0.81
高镍钢	0.049	0.26	1.44	0.052	0.013	0.27	0.33	0.78	3.74

表 8　母材、第一焊道热影响区和第二焊道亚区的夏比冲击功

项　目	试样	母材	第一焊道热影响区	在不同模拟温度下的第二焊道亚区/℃					
				1000	900	850	800	750	700
-20℃夏比冲击功/J	低镍钢	51.8	61	54	49	47	36	54	61
	高镍钢	120.5	92	106	91	84	78	66	84

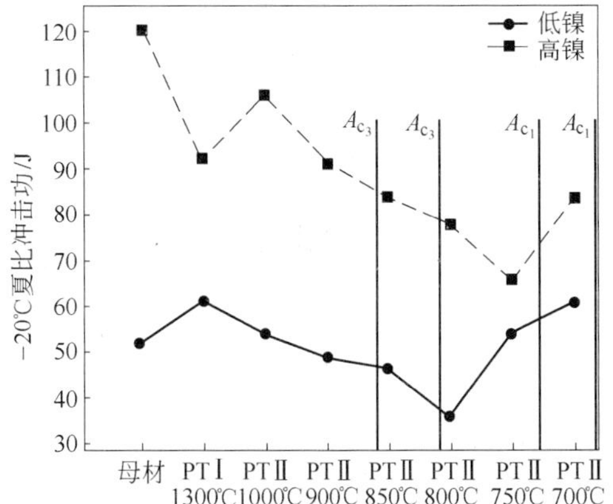

图11 母材、第一焊道热影响区和第二焊道亚区的夏比冲击功

（低镍：A_{c_1} = 726℃，A_{c_3} = 863℃；高镍：A_{c_1} = 678℃，A_{c_3} = 813℃）

低热输入（热输入量6kJ/cm）的单道次焊接：图12中的SEM图像显示，虽然高镍钢明显具有更高的韧性，但两种不同镍含量钢的M-A的尺寸及分布类似。图13中显示了两种钢单道次CGHAZ中通过极图分析确定的原奥晶粒，以及其中协变相变产物与母相奥氏体的晶体学关系。利用极图分析我们在两种实验钢中辨识出了实际残余奥氏体与误标残余奥氏体，并发现，低镍钢中的实际奥氏体分数远高于高镍钢。图14中可见，低镍钢中的实际残余奥氏体紧邻bcc结构，这是M-A组元的明显特征，也意味着此处的bcc结构为脆性马氏体。由于脆性M-A组元会诱发裂纹，因此由M-A组元提供的大角晶界并不理想，即不能产生理想的增韧效果。

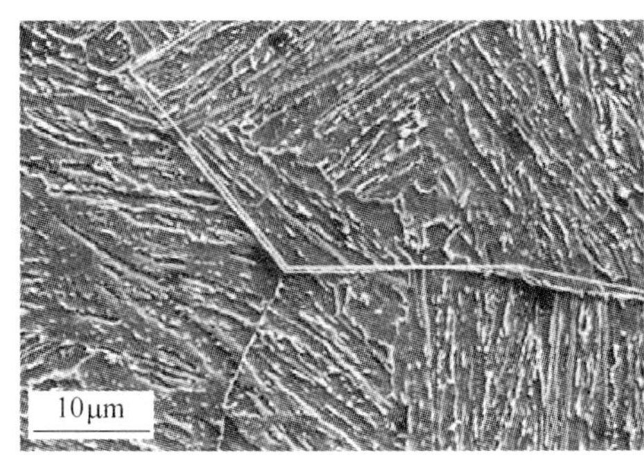

a

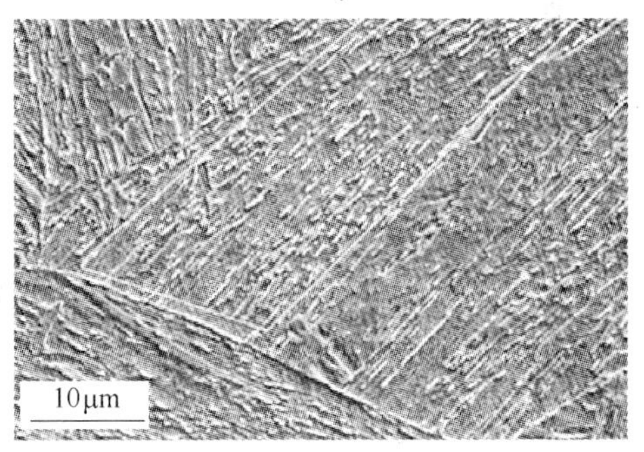

b

图12 低镍（a）和高镍（b）低热输入单道次焊接的扫描电镜图像

（显示类似的M-A产物分布）

a

b

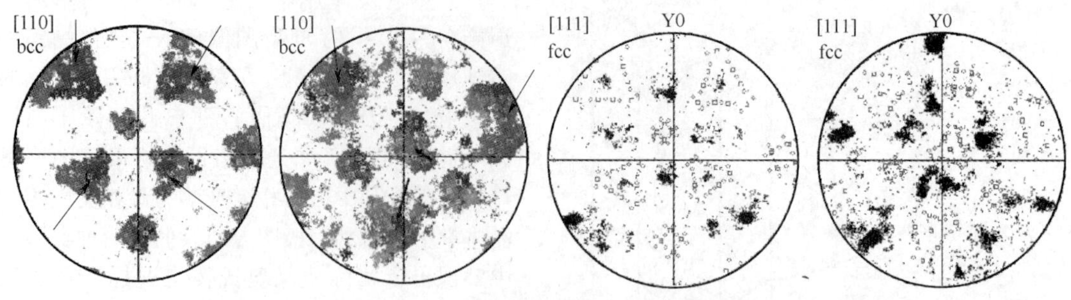

图 13　从低镍（a）和高镍（b）单道焊粗晶热影响区选定的奥氏体晶粒极图分析
（低镍试样显示出比高镍试样数量显著多的残奥组织）

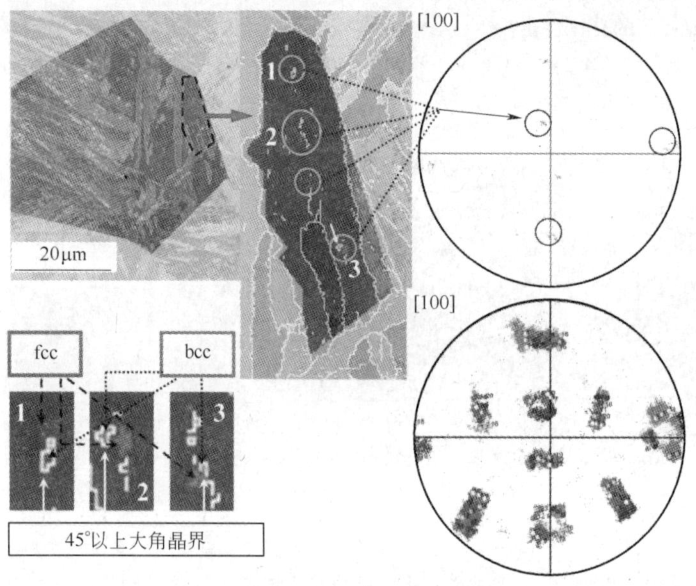

图 14　在低镍合金中采用极图分析清晰识别出的残余奥氏体岛状组织
（该区域可能与高碳 M-A 相关，与这种 M-A 产物相关的大角晶界
不是所期望的，因其将引起脆性启裂）

低镍和高镍试样的多道次焊接模拟：图 15 中显示了焊接热模拟后，高镍钢及低镍钢的性能最差的 IRCGHAZ 区（峰值温度：低镍：800℃，高镍：750℃）的光学显微组织。图中可见两种钢在条状 M-A 上并没有明显区别，黑色箭头所指为低镍钢中原奥晶界上的项链状 M-A（massive M-A），而高镍钢中并未明显出现项链状 M-A，说明添加 Ni 抑制了项链状 M-A 的形成。

黑色箭头所指为低镍钢试样中原奥晶界上的粗大 M-A 形成的项链状 M-A。提高钢中的镍含量，项链状 M-A 被抑制。在低镍和高镍试样的每个晶粒中，M-A 是条状排列的，如图 15c、图 15d 中白色箭头所示。

图 16 利用欧拉图显示了低镍钢中原奥晶界附近的项链状 M-A，与 Li 及 Baker 等人之前的工作结果相符[9]，在图中示出。

图 16 中显示在奥氏体晶界的项链状 M-A 以及在奥氏体晶粒内部条状排列的 M-A。图中显示与 Li 和 Baker[9] 的透射电镜图像的结果十

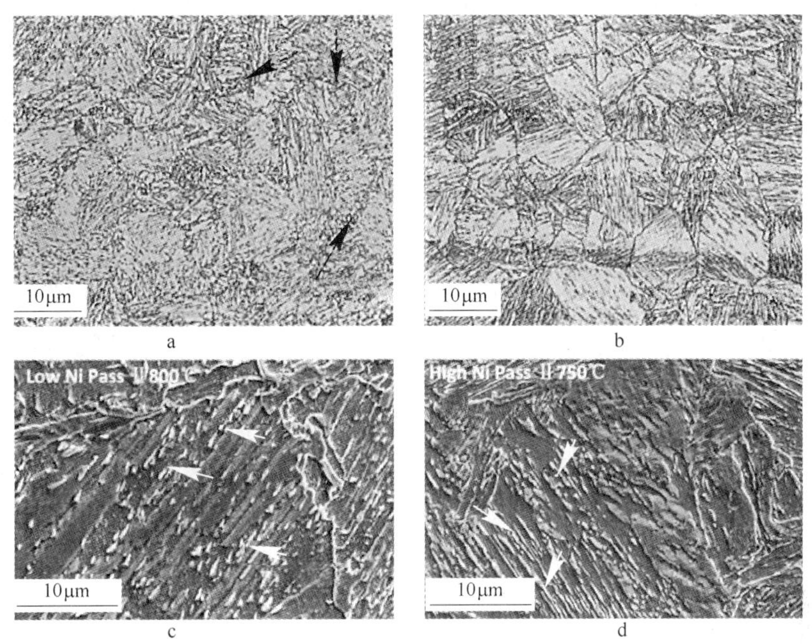

图 15　焊接热模拟后，高镍钢及低镍钢的性能最差的 IRCGHAZ 区的光学显微照片和透射电镜图

（峰值温度：低镍：800℃，高镍：750℃）

a，c—高镍，800℃；b，d—低镍，750℃

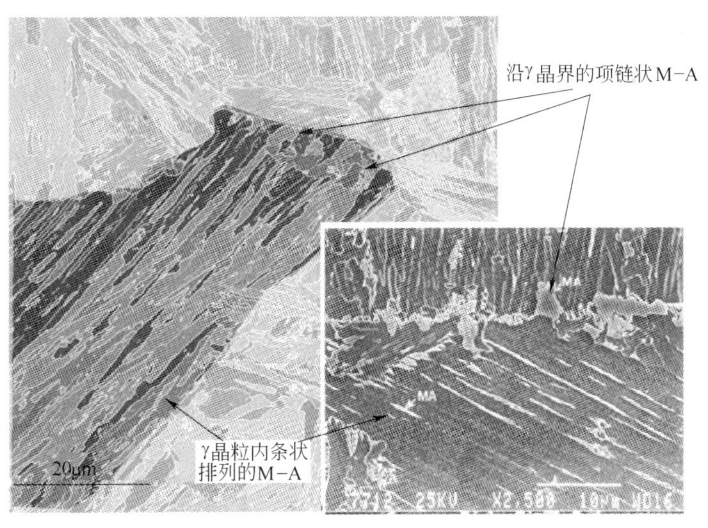

图 16　低镍试样的欧拉图

分相似。

图 17a 和 b 分别给出了低镍钢及高镍钢的质量图（BC 图）。图 18 的极图分析在低镍钢链状 M-A 中发现的黑色区域，其取向分布显示 Kudjomov-Sachs（K-S）变体，符合马氏体的特征。

白色箭头所指是低镍钢试样中链状 M-A 的黑色区域，极图分析确认遵循 K-S 关系的变

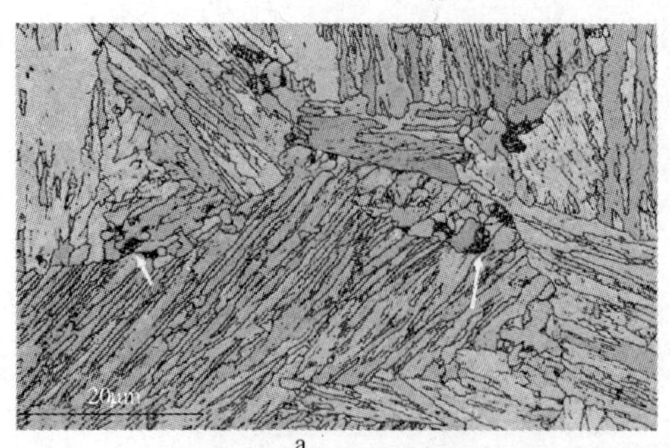

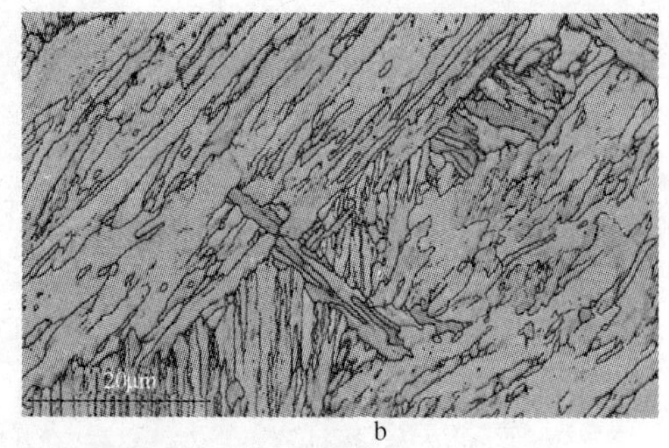

图 17　低镍（a）和高镍（b）试样的质量图

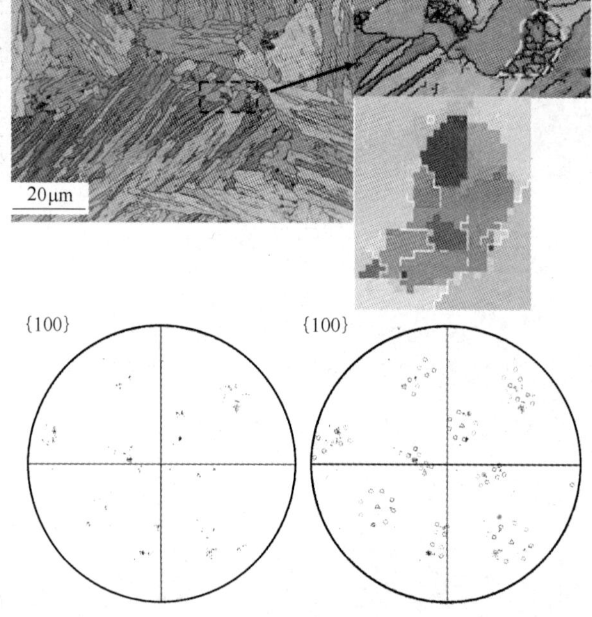

图 18　图 17 中黑色区域的极图分析结果
（发现其遵循 K-S 关系的变体，符合马氏体特征）

体，符合马氏体特征。

由于原奥晶界上的项链状 M-A 彼此紧邻，因此很容易成为裂纹扩展的快速途径。从以上结果可知添加 Ni 能够抑制原奥晶界上项链状 M-A 的形成。同时在基体内也保持足够的大角晶界密度。这就为改善临界再热粗晶区（IRCGHAZ）的断裂韧性提供了一个新思路。母材中的条状 M-A 有时也可提供大角晶界，但由于脆性 M-A 对韧性有害，因此此种大角晶界应该被避免。

通过 Gleeble 热模拟试验确认，多道次焊接临界再热粗晶区的韧性降低可以通过添加 Ni 元素得到缓解。

4　讨论

4.1　HAZ 研究中 EBSD 在表征组织性能联系上的重要性

借助于 EBSD，我们可以得出：

（1）在形貌像上表征大角晶界。由于大角晶界可以阻碍微裂纹扩展，因此根据 Cottrell-Petch 模型[10]，它可以阻碍脆性裂纹形核及生长达到Griffith临界尺寸及失稳。

(2) 利用EBSD数据，通过极图分析可以表征原奥晶粒内有协变相变生成的产物与母相的取向关系。

(3) 通过极图分析可确定与M-A组元相关的残余奥氏体。包含残余奥氏体的M-A组元也会提供大角晶界，但这种大角晶界由于是由脆性M-A提供的，对韧性有害，因此应该与由不同贝恩组提供的“有益”大角晶界加以区分。

(4) 质量图（BC图）以及欧拉图可被综合利用来表征原奥晶粒形貌以及协变相变产物的显微组织。

本工作中，为了保证HAZ的韧性，主要关注两条显微组织特征：

(1) 最大程度提高大角晶界密度以抑制微裂纹。

(2) 抑制脆性M-A组元的产生。

4.2 Nb元素对相变温度以及大角晶界的影响

Sarin等人对含Nb、B低碳钢（0.1% C，1.2% Mn）等温及连续冷却过程中的相变进行了系统研究，并发现在C-Mn钢中，Nb可以极大降低铁素体的晶界形核率（从20到1，降低程度大于1个数量级），可与B添加的作用相媲美[11]。进一步工作中他们还发现相变过程中析出的NbC可使铁素体的长大速率降低3/4[12]。由于添加Nb可以有效延迟铁素体的形核以及长大，因此可以显著降低C-Mn钢的相变温度，更多关于固溶Nb对铁素体相变的抑制作用请参见文献［13～15］。

4.3 相变温度对显微组织形貌及晶体学大角晶界变化的影响

X-100及HTP钢高热输入量下（>20kJ/cm）单道次焊接热影响区的EBSD分析具体如下：

图10中可见，热输入量为20kJ/cm的试样具有最佳性能，同时在大角晶界分布上与其他热输入量下的试样有明显区别。图20中可见，20kJ/cm热输入量下冲击样的断口表面具有典型的韧断特征，而其他热输入量下（8kJ/cm、25kJ/cm、50kJ/cm）的断口均为脆断。通过对原奥晶粒尺寸（图6b）、M-A组元分布（图7）及大角晶界密度及分布（图8）的综合分析，可见大角晶界的密度及是否均匀分布是20kJ/cm试样能够较好抑制脆性裂纹扩展的关键因素。性能最佳试样中，原奥内的板条束分布均匀，每个板条束的不同贝恩组也分布均匀（如图10所示），正是这些产生了均匀分布的高密度大角晶界。

在图19中，我们将不同热输入量下样品原奥晶粒内的晶体学单元（板条束、贝恩组）分布与夏比冲击性能相对应。由前文可知，具有最佳性能的晶体学组织产生于冷速大约为15℃/s的冷却过程。当冷速降低时（对应高热输入量50kJ/cm），相变温度升高，相变机制倾向于扩散控制，使得大角晶界密度降低且分布不均匀。当冷速升高时（对应于低热输入量8kJ/cm），相变倾向于切变机制控制，虽然HAZ中原奥晶粒内呈细小的板条结构，但晶体学板条束却被单一贝恩组主导，细小的板条属于同一贝恩组，并不能提供大角晶界。通过对比可见，25kJ/cm热输入量时的原奥晶粒板条束也倾向于单一贝恩组主导，且韧性低于低热输入量试样（8kJ/cm）。至此可见不同热

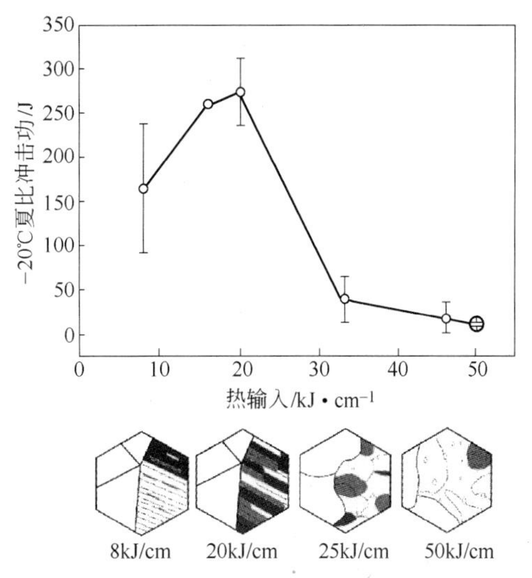

图19 单道焊晶体学结构与韧性和热输入的关系

输入量（不同冷速）会产生具有明显差别的晶体学组织，从而导致韧性的差异。

图 20 给出了 4 个不同热输入量下样品冲击断口的 SEM 形貌。可见韧性最佳的 20kJ/cm 热输入量样品韧窝特征明显，而其余热输入量下的试样均为明显的解理特征。

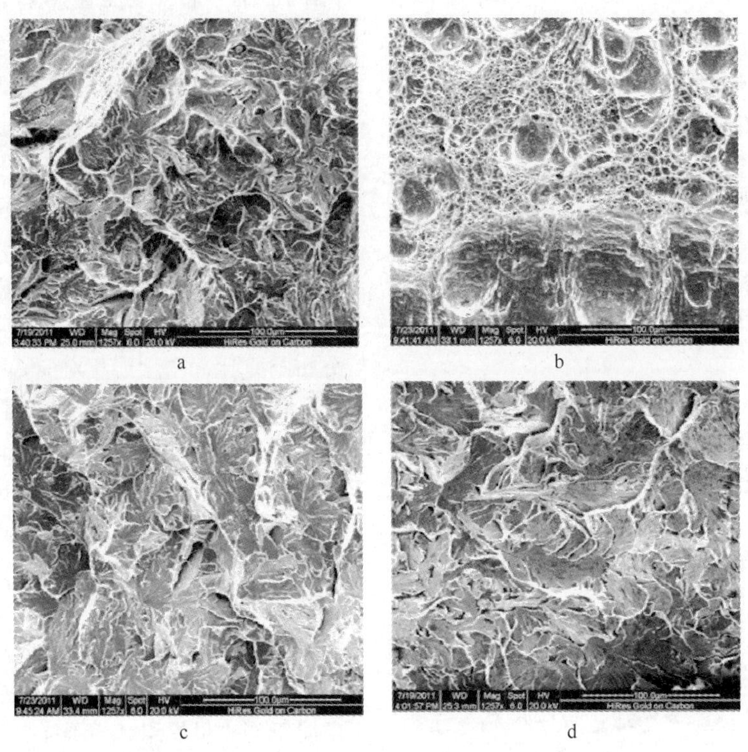

图 20　不同热输入夏比冲击试样断口表面 SEM 图像

（对应于最佳的 20kJ /cm 热输入获得了最高的延性断裂韧性）

a—8kJ/cm；b—20kJ/cm；c—25kJ/cm；d—50kJ/cm

图 21 结合 Klaus Hulka 等人绘制的 HTP 钢 CCT 图，给出了单道次焊接时 HTP 钢 HAZ 晶体学结构随着不同相变过程的变化。可见添加高镍可以提供更宽的冷速窗口，使得板条束内的贝恩组分布均匀并进而产生理想的大角晶界分布，其结果是在热输入量 20kJ/cm 时分布达到最佳并带来最佳性能。

图 22 中在 50% FATT-相变温度图[13]上示意性给出了贝恩组分布随相变温度的变化。可见 50% 最低时对应最佳的相变温度窗口，同时对应最佳的大角晶界分布状态。

由以上结果可见，Nb 元素可通过提高淬透性降低相变温度，并优化协变相变产物的贝恩组分布从而带来理想的大角晶界状态。

HTP X80：不同热输入量下的热影响区（HAZ）韧性差异明显，同时在晶体学结构上也发现了明显的不同。

HTP 钢中，高热输入量下韧性严重下降，奥氏体晶粒粗化严重，基体组织为典型的粒状贝氏体，内含粗大的 M-A 组元，且大角晶界密度极低。

低镍含铌钢单道次焊接：低热输入量下在板条束内发现了一定的 M-A 组元，可以带来大角晶界。但应注意由于 M-A 是脆性裂纹形核源，这些由 M-A 提供的大角晶界应该被考虑为“有害”的。因此只有当基体中属于不同贝恩组的组织相遇产生的大角晶界才可被考虑为“有益”。

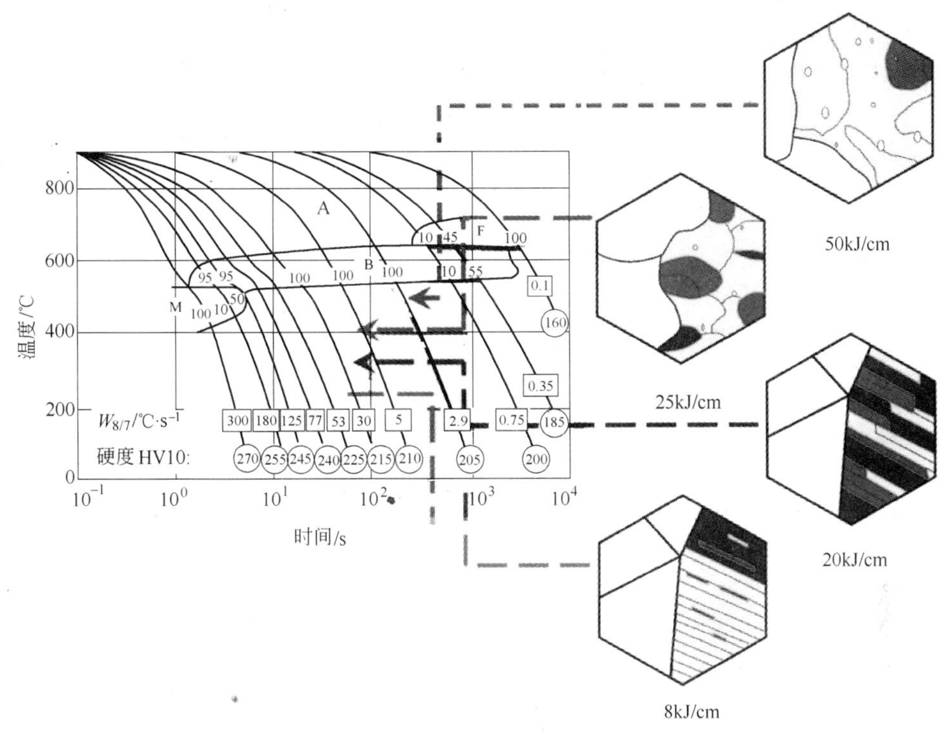

图 21 与 HTP 钢单道焊热影响区微观组织形态相关的大角晶界评级
（引用 Klaus 关于 HTP 的 CCT 曲线图）

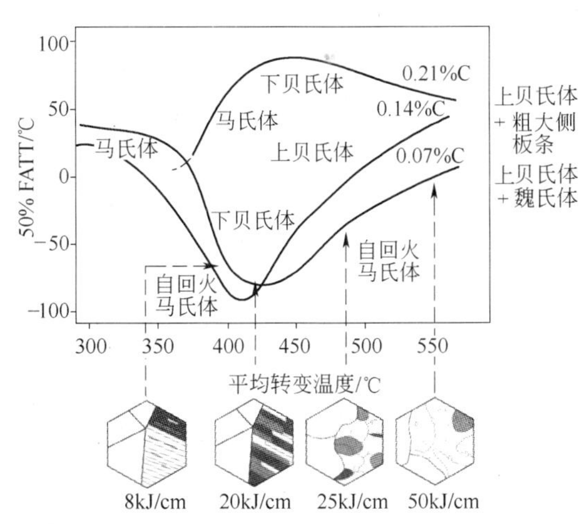

图 22 转变温度、50% FATT 和组织形态的相互关系以及大角晶界的结晶组织评级
（引自 Batte 和 Kirkwood 的著作）

低镍含铌钢多道次焊接（低热输入量）：原奥晶粒内的条状 M-A 及原奥晶界上的链状 M-A 均可形成大角晶界，但均对韧性有害。Ni 添加可以有效抑制原奥晶界上链状 M-A 的形成。临界再热粗晶区中，残余奥氏体内会配分高于名义成分的合金元素，使随后的相变过程更易产生脆性马氏体。对此方面我们已展开初步工作，借助于 K-S 关系下马氏体变体的取向关系，已经初步确认出链状 M-A 内马氏体的存在。目前需要进一步揭示低热输入量下 Ni 元素抑制高 C 链状 M-A 形成的机制。在了解相变温度与晶体学大角晶界演变的关系方面有更多工作需要进行。特别是需要建立包括化学成分、工艺参数在内的外部参量与晶体学结构演化的定量关系。

对 Gleeble 热模拟试样的 EBSD 研究说明，Nb 元素在降低低碳钢相变温度方面具有独特的优势，可被用来提高协变相变产物大角晶界的密度及均匀分布，从而有效抑制裂纹扩展。

需要注意的问题：在实际管线钢的焊接中，众多因素会影响 HAZ 内组织的形成，包括单、多道次焊接的热输入量、板厚等。与 Gleeble 模拟不同，实际的 HAZ 是一个在很小尺寸内具有明显显微组织变化的区域（即具有显微组织梯度）。因此当利用 Gleeble 模拟技术来研究 HAZ 的组织性能关系时，必须注意到它与实际组织仍有一定细微的区别。需要对实际 HAZ 包括大角晶界等众多因素在内的显微组织特征进行深入研究。

5　结论

结论具体如下：

（1）通过对高铌含量的 X-80HTP 管线钢以及多相 X-100 管线钢焊接热影响区（HAZ）的 EBSD 研究，我们发现在特定板厚下，存在最佳焊接热输入量可以使得 HAZ 的韧性最大化。这主要是因为在此热输入量下大角晶界的密度及均匀性最佳，可以有效抑制裂纹扩展；同时可诱发裂纹形核的高碳 M-A 组元很少。

（2）对韧性最佳的显微组织的特征是，在原奥晶粒内具有均匀分布的数个晶体学板条束，更重要的是每个板条束内属于不同贝恩组的晶体学单元均匀分布。

（3）当采用最佳热输入量时，在最佳的冷却速度下可以使得晶体学板条束内属于不同贝恩组的晶体学单元数量增加并间隔分布，从而带来最佳的大角晶界分布及密度。

（4）Nb 添加可以通过抑制铁素体形核（固溶 Nb）、延迟铁素体晶粒长大（NbC）来抑制高温相变，由于高密度大角晶界与低温相变产物有关，因此在高强度级别微合金管线钢中 Nb 添加可以促进具有高密度理想分布的大角晶界的形成。

（5）在多道次焊接的临界再热粗晶区中（IRCGHAZ），大量的原奥晶粒内部的条状 M-A 以及原奥晶界上的链状 M-A 导致了韧性的下降。而 Ni 添加可以有效抑制原奥晶界上链状 M-A 的生成，从而有效改善性能。

（6）综合利用极图分析与显微组织分析，可以区别出由 M-A 组元产生的“有害”大角晶界以及由晶体学单元产生的“有益”大角晶界，从而有利于显微组织调控。

致谢

感谢巴西 CBMM 公司、中国留学基金委、Evraz Inc NA、Regina、中国江苏沙钢集团、加拿大 NSERC 公司对本工作的资助及大力支持。特别感谢加拿大麦克马斯特大学国家电子显微中心（CCEM）的 Chris Butcher 先生、Glynis de Silveira 教授及 G. Botton 教授在显微组织表征方面的指导和帮助。

参 考 文 献

[1] Fathi Hamad, Laurie Collins, Riny Volkers. “EFFECTS OF GMAW PROCEDURE ON THE HEAT-AFFECTED ZONE（HAZ）” International Pipeline Conference. Calgary：ASME, 2008. 1-17.

[2] F. Fazeli, et al. “Modeling the effect of Nb on austenite decomposition in advanced steels” Proc. of 2011 AIST Int. symp. on the recent developments in plate steels, WinterPark, Colo. USA 19-22, June 2011, 343-350.

[3] Christopher Penniston, Laurie Collins, Fathi Hamad. “EFFECTS OF Ti, C AND N ON WELD HAZ TOUGHNESS OF HIGH STRENGTH LINE.” International Pipeline Conference. Calgary：ASME, 2008. 1-9.

[4] Christopher Penniston, Laurie E. Collins. “FIELD GIRTH WELD HAZ TOUGHNESS IMPROVEMENT-X80/GRADE 550.” International Pipeline Conference. Calgary：ASME, 2010. 1-9.

[5] Z. Guo, C. S. Lee, J. W. Morris Jr., “On coherent transformations in steel”, Acta Materialia 52 (2004) 5511-5518.

[6] A. F. Gourgues, H. M. Flower, T. C. Lindley. “EBSD study of acicular ferrite, bainite and martensitic steel” Mat. Sci. and Tech, Jan., V. 16, (2000), 26-40.

[7] Hiromoto Kitahara, Rintaro Ueji, Nobuhiro Tsuji, Yoritoshi Minamino. “Crystallographic features of lath martensite in low-carbon steel”, Acta Materialia 54 (2006) 1279-1288.

[8] V. Pancholi, Madangopal Krishnan, I. S. Samajdar, V. Yadav, N. B. Ballal. “Self-accommodation in the bainitic microstruture of ultra-high-

strength steel", Acta Materialia 56 (2008) 2037-2050.

[9] Y. Li, et al. "The Effect of Vanadium and Niobium on the Properties and Microstructure of the Intercritically Reheated Coarse Grained Heat Affected Zone in Low Carbon Microalloyed Steels" ISIJ International, 41(1), (2001), 46-55.

[10] Alan Cottrell. "Brittle fracture from pile-ups in polycrystalline iron", Chapter-7 in Book on "Yield, Flow and fracture of polycrystals, Ed. T. N. Baker, Applied Science publishers. 1983, 123-129.

[11] B. Sarin, Y. Desalos. Ph. Maitrepierre and J. Rofes-Vernis, Memoires Scientifiques de l Revue de Metallurgie, June, 5, (1978), 355-369.

[12] R. W. K. Honeycombe, Metall. Trans., 7A, (1976)915.

[13] A. D Batte, P. R. Kirkwood. " Developments in the Weldability and Toughness of Steels for Offshore Structures", Proceedings of Microalloying' 88 held in conjunction with the 1988 World Materials Congress, Chicago, Illinois, USA, (September 1988).

[14] W. J. Poole, et al. "Microstructure Evolution in the HAZ of Girth Welds in Linepipe Steels for the Arctic", Proceedings of the 8th International Pipeline Conference, Calgary Alberta, (2010).

[15] Y. Q. Zhang, et al. "Effect of Heat Input on Microstructure and Toughness of Coarse Grain Heat Affected Zone in Nb Microalloyed HSLA Steels", Journal of Iron and Steel Research International, 16(5), (2009), 73-80.

[16] K. Hulka. "The role of Niobium in Low Carbon Bainitic HSLA Steel", Proceedings of the 1st International Conference on Super-High Strength Steels, Rome, Italy, (November 2005).

（北京科技大学　由　洋　译，
中信微合金化技术中心　王厚昕　校）

钛和氮含量对微合金高强度管线钢焊缝显微组织和性能的影响

Leigh Fletcher(1), Zhixiong Zhu(2), Muruganant Marimuthu(2), Lei Zheng(3), Mingzhuo Bai(3), Huijun Li(2), Frank Barbaro(4)

(1) Welding and Pipeline Integrity; PO Box 413, Bright, Victoria, Australia;
(2) Faculty of Engineering, University of Wollongong;
Northfields Avenue, Wollongong, NSW, 2500, Australia;
(3) 宝山钢铁股份有限公司，中国上海宝山区富锦路899号，201900;
(4) Barbaro & Associates Pty Ltd, NSW, Australia

摘　要：从同一个项目的管线钢中选取了9个含有不同钛和氮含量的炉批，用于评价钛/氮比（Ti/N）对焊缝区的显微组织、硬度和粗晶热影响区（CGHAZ）原始奥氏体晶粒尺寸（PAGS）的影响。结果表明，母材（BM）的微观组织主要由细晶多边形铁素体和细小的珠光体岛组成。焊缝金属（WM）的微观组织主要是针状铁素体，以及少量的先共析铁素体。粗晶热影响区由贝氏体铁素体和马奥岛组成。内焊道区的焊缝和管体由于受到外焊道的时效影响，硬度稍高。当钛/氮比从2到4.2的范围之内变化时，在焊缝焊接状态下，原始奥氏体晶粒尺寸均保持不变。

关键词：高强度管线，Ti/N比，硬度和显微组织，微合金钢，钢管，钢

1　引言

过去几十年来，管线钢的规范已经从API X52发展到X70和X80。这种强度和韧性的提高需要相应地改善焊缝金属和热影响区（HAZ）的性能。粗晶热影响区是一个特殊的关注重点。焊接件经历的剧烈热循环涉及高温和高的冷却速率[1]，显微组织发生了变化，例如析出颗粒的粗化和溶解，以及熔化焊道周围热影响区晶粒的长大[2]。

晶粒细化是能够同时改善强度和韧性的唯一有效方法。钢的生产过程中，通过合金设计和热机械控制轧制控制晶粒的大小和微观组织，从而进一步优化力学性能和后续的焊接工艺。细小且均匀分布的析出颗粒将有助于奥氏体低温转变时的晶粒细化。在受到高温和冷却速率影响的焊缝中，析出和晶粒生长动力学与铸造或锻造组织相比将会发生显著变化。在焊接热循环过程，未溶解或粗化的颗粒可以有效地阻碍热影响区晶粒的粗化程度。钢中存在的氮化钛析出颗粒，通过钉扎原始奥氏体晶界从而抑制了焊接热影响区的晶粒长大。在提高晶粒细化的有效性时，适当的钛和氮浓度，以其比值而言被确认为是一个好的指标[3,4]。需要足够数量的氮化钛颗粒以抑制晶粒长大[4]。高钛含量可能形成粗大的氮化钛颗粒，从而降低钉扎的效果，粗大的氮化钛颗粒同时也可能成为解理断裂的发源地[5]。贝多科蒂（Beidokhti）等人报告说，由于钛含量高于0.05%时形成马奥（M-A）组元，导致准解理断裂[5]。尽管在高强度管线钢中就钛的最佳添加量没有达成共识，但众所周知添加量超过0.06%对于热影响区断裂韧性是极为不利的。人们认为这是由于在钛氮比超过理论配比值，以及高钛含量下形成TiC的缘故[7]。

钛和氮的最佳浓度仍是微合金钢争论的焦点。Bang 等人[8]通过多重回归分析表明，自由氮的负面作用要大大超过氮化钛对热影响区韧性的积极作用。Doi 等人[9]说明，钛的增加导致氮化钛析出颗粒尺寸的增加，造成热影响区韧性的损害。也有报道说钛氮比应保持在低于化学计量比，即 3.42 这一数值，以确保氮化钛夹杂物的低粗化率[10]。但是 Wang 的研究[11]观察到，在化学计量比即 3.42 这一数值下，氮化钛析出颗粒的钉扎效果最好。此外，Chapa 等人[12]通过内插法得出结论，控制奥氏体晶粒尺寸的最佳钛氮比应该接近 2.5。Medina[13]和 Rak[14]也报告说，在钛氮比接近 2 时，晶粒尺寸控制效果最佳。

澳大利亚能源管道协作研究中心(EPCRC)进行的研究旨在提供一个对于钛和氮含量对热影响区显微组织和性能影响的基本认识。在本论文中对一系列相同的 X70 级 API 5L UOE 钢管试样进行了评价，其钛氮比的范围是 2.0 ~ 4.2。研究结果是初步的，并且着重于焊缝区显微组织和硬度的评价。

2 试验过程

研究采用了 9 种具有不同钛氮比的 API 5L X70 UOE 钢管。所有的试样均来自具有优良的力学性能的实物钢管，包括优良的焊缝金属和热影响区的夏比试验性能。大约 218000t 钢管在 -10℃ 下热影响区夏比冲击值超过规定最小值，其范围为 52 ~ 450J。没有发现钛氮比与热影响区夏比冲击性能有明显关系。试样的化学成分见表 1。所有的试样均采用双面焊接，管内管外各一道埋弧焊（SAW）。焊接工艺和参数见表 2。热输入（HI）采用下式计算：

$$HI = \mu \frac{60VI}{1000S}$$

式中，HI 为热输入，kJ/mm；μ 为焊接过程效率，$\mu = 0.95$[15~17]；V 为电弧电压，V；I 为焊接电流，A；S 是焊接速度，mm/min。

典型的焊接金属成分示于表 3 中。除表 1 中给出的化学成分外，钢中其他的合金元素和含量为：Fe-0.25% Si-0.21% Ni-0.15% Mo-0.15% Cu-0.027% V-0.05% Nb-0.007% P-0.001% S，以及 B 小于 $3\times10^{-4}\%$，Ca 为 $20\times10^{-4}\%$。

表 1 具有 9 种不同钛、氮含量和钛氮比的管线钢试样成分（质量分数）（%）

试样编号	C	Mn	Al	Ti	N	Ti/N 比
1	0.049	1.52	0.039	0.0093	0.0046	2.02
2	0.051	1.55	0.036	0.0081	0.0040	2.03
3	0.051	1.53	0.032	0.0084	0.0034	2.47
4	0.052	1.62	0.042	0.0100	0.0037	2.70
5	0.054	1.55	0.034	0.0084	0.0029	2.90
6	0.071	1.57	0.038	0.0110	0.0037	2.97
7	0.054	1.62	0.045	0.0110	0.0031	3.55
8	0.049	1.57	0.039	0.0088	0.0024	3.67
9	0.050	1.52	0.042	0.0093	0.0022	4.23
$CE_{IIW} = 0.36 \sim 0.40$，$P_{cm} = 0.16 \sim 0.18$						

表 2 钢管焊缝的埋弧焊接参数

焊道	电流/A			电压/V			焊速 /mm · min^{-1}	热输入 /kJ · mm^{-1}
	1(DC+)	2(AC)	3(AC)	1	2	3		
内焊	800	650	500	32	34	36	1600	2.34
外焊	900	600	500	34	38	40	1700	2.46

注：焊丝等级为 BHM-9，干伸长度为(30 ± 2)mm。

表 3 表 1 中 2 号试样的内外焊道焊缝熔敷金属的平均化学成分（质量分数）（%）

项目	外焊	内焊	项目	外焊	内焊
C	0.055	0.055	Ti	0.0175	0.0165
Mn	1.57	1.575	V	0.0165	0.017
Mo	0.22	0.215	B	0.0011	0.0010
Nb	0.0295	0.031			

注：其他化学元素合金含量为：Fe-0.01% P-0.35% Si-0.0015% S-0.14% Ni-0.03% Cr-0.22% Mo-0.11% Cu-0.015% Al -Ca < 0.0005%。

从外径 1067mm、壁厚 14.1mm 的 UOE 钢管切取试样并进行金相处理，以便进行焊缝（WM）、热影响区（HAZ）和母材（BM）的显微组织检验。

所有试样在 68℃ 温度下用苦味酸进行腐蚀，以便测量粗晶热影响区奥氏体晶粒尺寸。晶粒尺寸的测量采用线性截距法。

3 金相

图 1 显示了典型的双面埋弧焊缝（DSAW）热影响区的临界区域。图 2 所示是 9 个焊缝的宏观金相照片。内焊道（下）受到外焊道（上）的再加热。焊缝成型和定位优良，焊趾部位的接触角非常好。

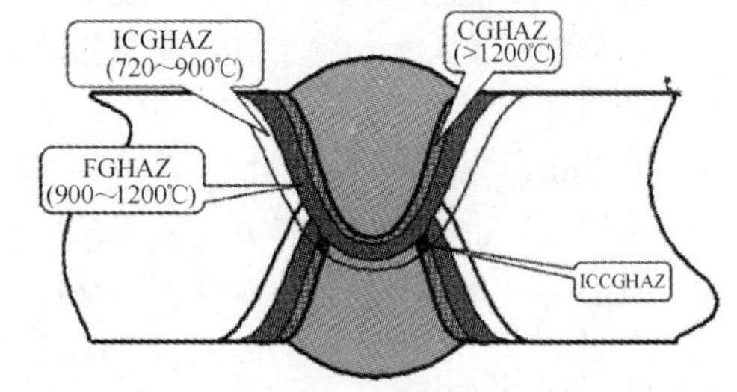

图 1 双面埋弧焊缝显示
（粗晶热影响区（CGHAZ）、细晶热影响区（FGHAZ）、临界加热热影响区（ICGHAZ）和临界再加热热影响区（ICCGHAZ））

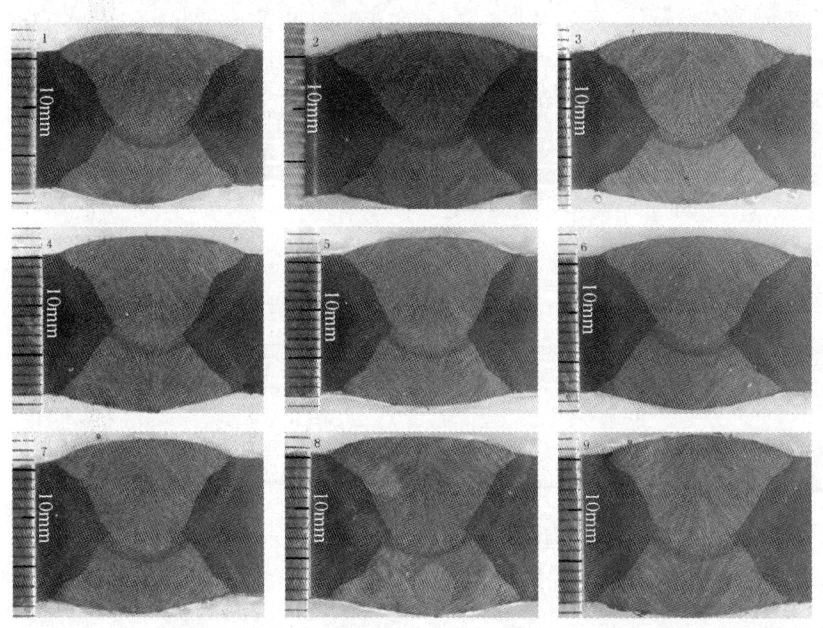

图 2 显示内焊道（下）和外焊道（上）的焊缝宏观金相照片

奥氏体晶粒尺寸围绕着每个焊缝的熔合线边界发生变化，并且与焊缝的形状及其经历的局部热循环相关。观察到的最大的晶粒粗化发生在肩部/焊帽部位。图 3 显示，粗晶热影响区的显微组织主要是贝氏体铁素体，以及认为是马奥岛（M-A）的齐列的第二相。在冷却过程中，碳原子从铁素体板条扩散到未转变的奥氏体中。当碳浓度达到一临界值，并且富碳奥氏体冷却到低于马氏体（MS）起始温度时，残余奥氏体部分转变为马氏体。这种已转变马氏体及未转变奥氏体的混合物称为马奥组元，通常在热影响区可观察到，并随焊接条件而异。马奥组元的大小、分布和长宽比对断裂韧性有一定的影响[18~20]。

母材和焊缝的显微组织示于图 4 和图 5。从图 4 可以看出，母材金属的主体微观结构是极细微的多边形铁素体，尽管也观察到混合粒径的孤立斑块。在焊缝的微观结构中还观察到细小的岛状珠光体。在板厚中间部位还发现母材存在偏析的证据。

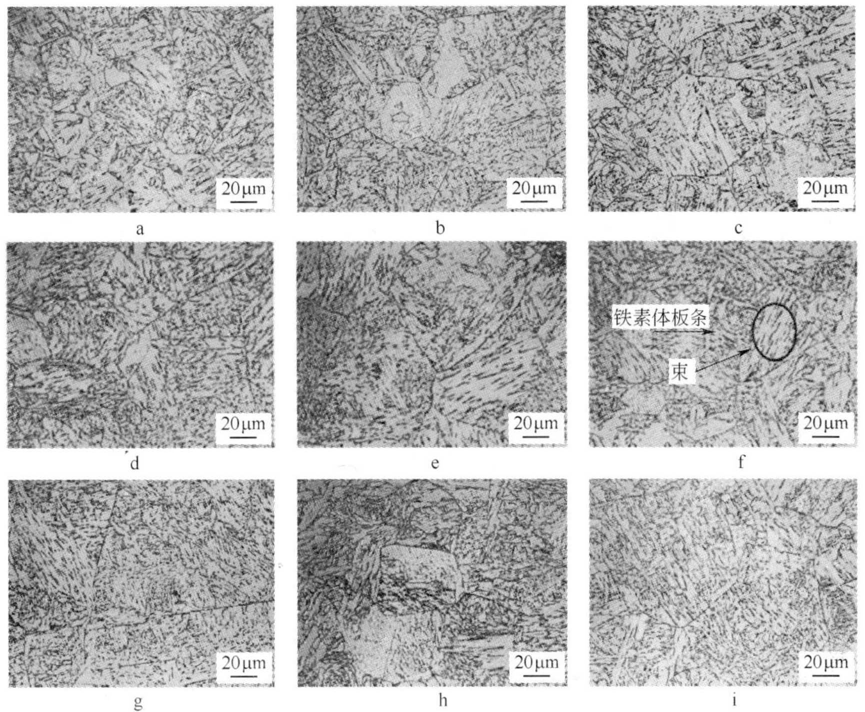

图3 采用2%硝酸侵蚀的焊缝弯曲部位粗晶热影响区宏观光学酸蚀照片

a—Ti/N=2.02；b—Ti/N=2.03；c—Ti/N=2.47；d—Ti/N=2.70；e—Ti/N=2.90；f—Ti/N=2.97；g—Ti/N=3.55；h—Ti/N=3.67；i—Ti/N=4.23

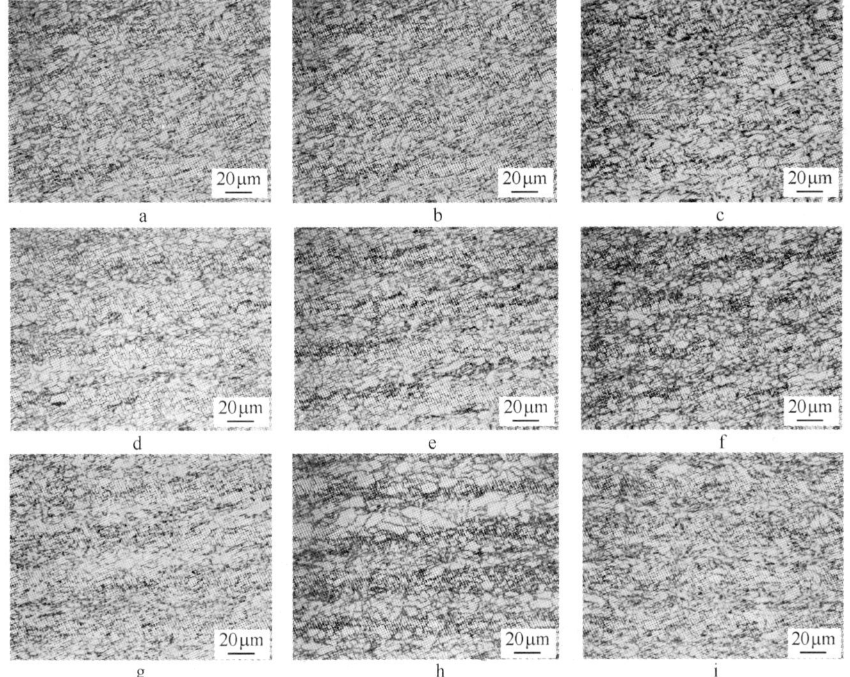

图4 采用2%硝酸侵蚀的母材上部1/4壁厚处宏观光学酸蚀照片

a—Ti/N=2.02；b—Ti/N=2.03；c—Ti/N=2.47；d—Ti/N=2.70；e—Ti/N=2.90；f—Ti/N=2.97；g—Ti/N=3.55；h—Ti/N=3.67；i—Ti/N=4.23

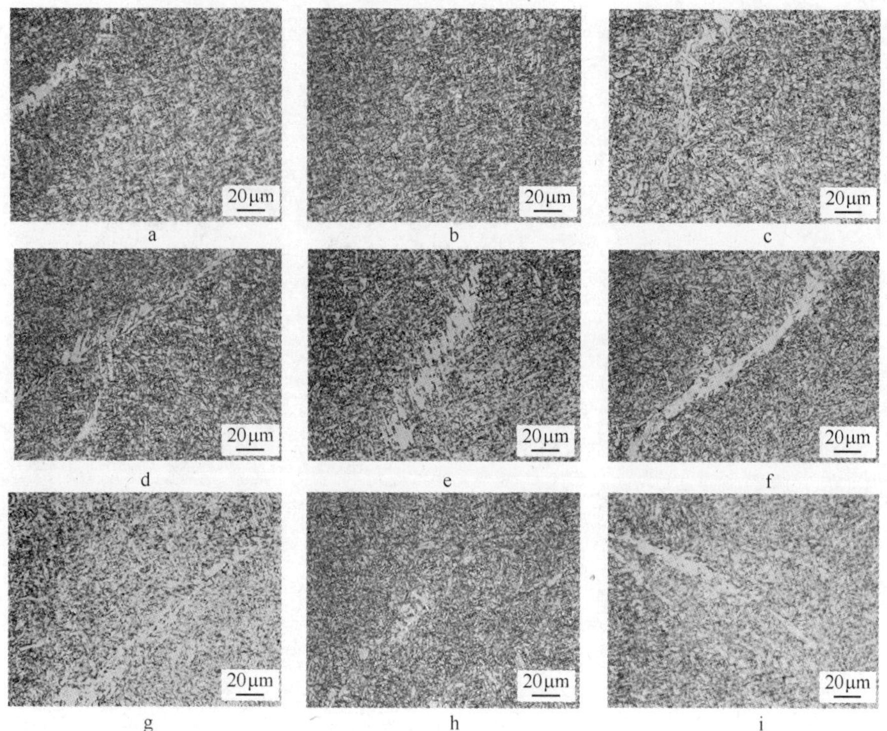

图 5　采用 2% 硝酸侵蚀的外焊道中心宏观光学酸蚀照片

a—Ti/N = 2. 02；b—Ti/N = 2. 03；c—Ti/N = 2. 47；d—Ti/N = 2. 70；e—Ti/N = 2. 90；f—Ti/N = 2. 97；g—Ti/N = 3. 55；h—Ti/N = 3. 67；i—Ti/N = 4. 23

在焊缝金属的宏观照片中观察到典型的低合金钢焊缝中存在的先共析铁素体和针状铁素体。众所周知，焊缝中的针状铁素体是在非金属夹杂物上形核并长大的，并且针状铁素体提供了一种最佳的强度和韧性的组合[21]。

4　晶粒尺寸

原始奥氏体晶粒尺寸的测定在接近熔合线的边界上进行，以便获得晶粒尺寸沿着粗晶热影响区的变化情况。在试样所关注的钛、氮成分范围内，热影响区奥氏体晶粒尺寸控制良好，看不出与钛氮比有任何的关系（图 6）。

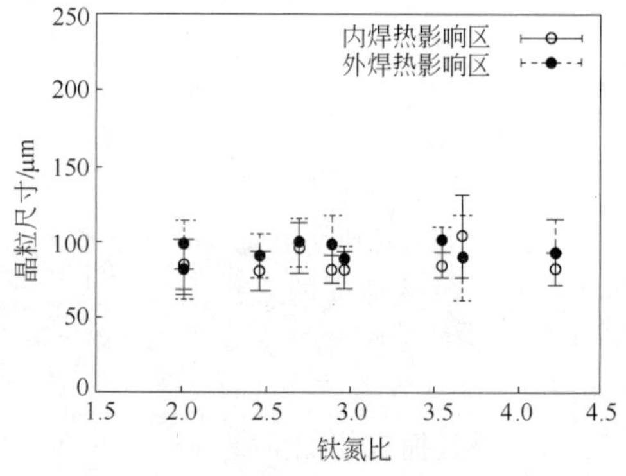

图 6　在粗晶热影响区沿熔合线测得的奥氏体晶粒尺寸

5　硬度

硬度是一个反映抗冷裂性、强度、延性、韧性以及抗腐蚀性能的重要指标[22]。维氏硬度的测量在图 7 所示的双面埋弧焊缝区域中进行。

在 A 区、B 区和 C 区从左到右各有 15 个压痕点，覆盖了焊缝两侧的母材、热影响区以及焊缝金属。显微硬度压痕可以对金相组织定位，并且由于压痕尺寸效应[23]（ISE）可能导致结果的变化。因此采用 HV10 确定微观结构的平均硬度。

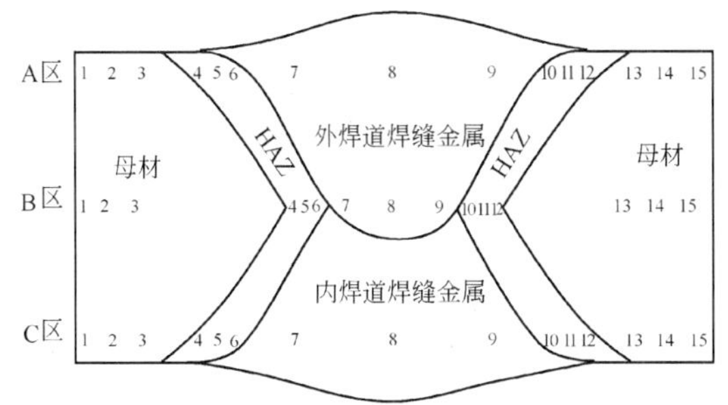

图7 HV10维氏硬度测量位置示意图

A区、B区和C区硬度测量结果示于图8。焊缝的硬度高于热影响区和母材的硬度。

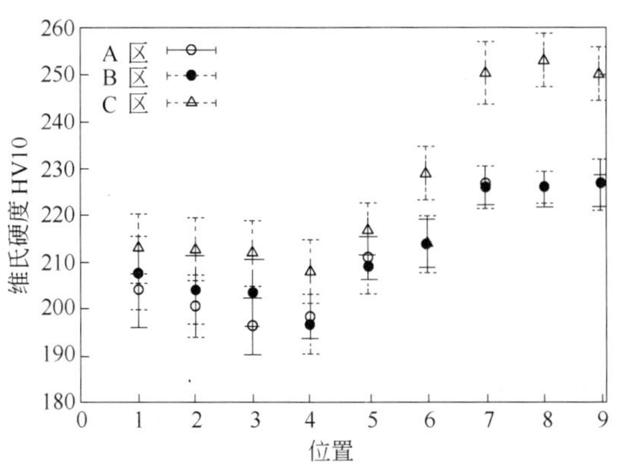

图8 图7中左侧母材、热影响区和熔合区的维氏硬度

（线段表示9个焊缝硬度观测值的离散分布情况）

从图8所示的硬度值没有发现钛氮比的影响。对三个区域硬度的对比表明，总体上C区的硬度高于A区和B区。事实上，两道焊缝熔敷金属是在几乎相同的条件下产生的（表2），并且拥有相似的成分（表3），这表明可能是焊接顺序影响了焊缝内侧区域最终的硬度，并且硬度的增加是由沉淀硬化所致的。如图9所示，内焊热影响区也同样表现出较高的硬度。

（1）双面埋弧焊焊缝中心线上的硬度变化。沿焊缝中心线的硬度测量表明，外焊道（上部）和内焊道（下部）的硬度值有明显差异（图10）。内焊道焊缝金属硬度的上升证实了沉淀硬化效应。

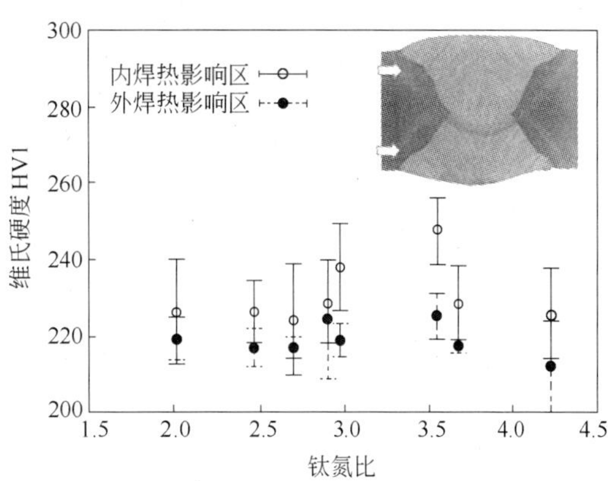

图9 内焊（下）和外焊（上）热影响区的硬度

（线段的高低点分别表示各热影响区观测硬度的最低值和最高值）

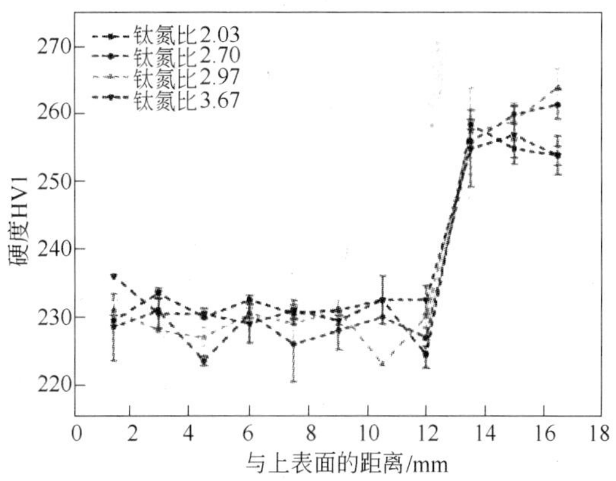

图10 1kg载荷下焊缝金属中心线硬度

（2）时效热处理。对母材的一个热处理实验揭示了时效的影响。试样在200℃、400℃和600℃加热2min后其硬度如图11所示，结果显示硬度在400℃时上升，随后在600℃时降低。这种上升只能归结为与钛、钒和铌相关的时效硬化现象。在更高的温度下进行进一步的热处理，只会发生过时效和使析出颗粒粗化，从而导致室温下硬度的降低[24]。

值得注意的是，钛/氮比为3.55试样的硬度总体高于其他试样（图11）。这可能是由不同的微合金元素与碳和氮之间复杂的相互作用所致的，这将作为能源管道协作研究中心下一步研究工作的一部分。

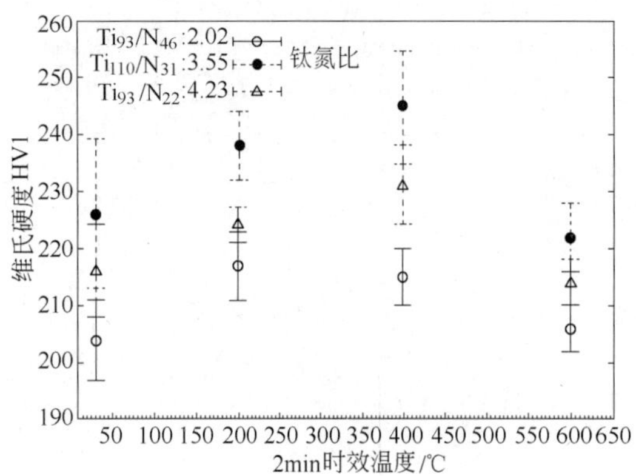

图 11　硬度与温度和钛氮比的关系

（图中钛和氮元素下标单位为 ppm）

6　结论

对从同一个项目大约 218000t X70 钢级 UOE 钢管生产中提取的 9 个不同钛氮比的焊缝金属试样进行了研究，其钛氮比变化的范围是 2.0 ~ 4.2，初步的调查结果如下：

（1）钛氮比对于焊缝的显微组织或粗晶热影响区的晶粒尺寸没有明显的影响。对于寻求将钛氮比限制在化学计算当量比的趋势来说，这是一个重要的发现。

（2）支持上述结论的事实是热影响区夏比韧性与钛氮比没有关系。

（3）内焊缝金属、热影响区和母材的硬度略有上升，这是由第二焊道的沉淀硬化效应所致的。这个观察结果对钢管性能没有显著影响。

7　下一步工作

除了焊缝临界热影响区热模拟试验之外，还进行裂纹张开位移（CTOD）试验和环焊缝试验。对于微观结构和析出现象的详细表征也正在进行中，并成为进一步调查的一部分。

致谢

这项工作是由能源管道协作研究中心资助，通过澳大利亚政府合作研究中心的项目支持。对 APIA RSC 的经费和实物支持深表感谢。感谢中国宝钢提供研究所用的试样。

参 考 文 献

[1] J. Moon, C. Lee. "Behavior of(Ti, Nb)(C, N) complex particle during thermomechanical cycling in the weld CGHAZ of a microalloyed steel," Acta Materiallia, 57(7)(2009), 2311-2320.

[2] M. F. Ashby, K. E. Easerling. "A first report on diagrams for grain growth in welds," Acta Metallurgical, 30(1982), 1969-1978.

[3] Y. T. Pan, J. L. Lee. "Development of TiO_x-bearing steels with superior heat-affected zone toughness," Materials & Design, 15(6)(1994), 331-338.

[4] I. Anderson, Ø. Grong. "Analytical modelling of grain growth in metals and alloys in the presence of growing and dissolving precipitates—I. Normal grain growth," Acta Metallurgical et Materialia, 43(7)(1995), 2673-2688.

[5] L. P. Zhang, C. L. Davis, M. Strangwood. "Effect of TiN particles and microstructure on fracture toughness in simulated Heat-Affected Zones of a structural steel," Metallurgical and Materials Transaction A, 30(8)(1999), 2089-2096.

[6] B. Beidokhti, A. H. Koukabi, A. Dolati. "Effect of titanium addition on the microstructure and inclusion formation in submerged arc welded HSLA pipeline steel," Journal of Materials Processing Technology, 209(8)(2009), 4027-4035.

[7] F. J. Barbaro, Private communication, NSW Australia.

[8] K. S. Bang, H. S. Jeong. "Effect of nitrogen content on simulated heat affected zone toughness of titanium containing thermomechanically controlled rolled steel," Materials Science and Technology, 18(6)(2002), 649-654.

[9] M. Doi, S. Endo, K. Osawa. "Effect of Ti content on TiN morphology, microstructure and toughness in coarse-grained heat affected zone of Ti-containing steels," Welding International, 14(4)(2000), 281-287.

[10] W. Yan, Y. Y. Shan, K. Yang. "Effect of TiN inclusions on the impact toughness of low-carbon

Microalloyed Steels," Metallurgical and Materials Transaction A, 37A, 2006-2147.

[11] S. C. Wang. "The effect of titanium and nitrogen contents on the microstructure and mechanical properties of plain carbon steels," Materials Science and Engineering A, 145(1991), 87-94.

[12] M. Chapa, et al. "Influence of Al and Nb on Optimum Ti-N Ratio in Controlling Austenite Grain Growth at Reheating Temperatures," ISIJ International, 42(11)(2002), 1288-1296.

[13] S. F. Medina, et al. "Influence of Ti and N contents on austenite grain control and precipitate size in structural steels," ISIJ International, 39(9)(1999), 930-936.

[14] I. Rak, V. Gliha, M. Kocak. "Weldability and toughness assessment of Ti-microalloyed offshore steel," Metallurgical and Materials Transaction A, 26A(1997), 199-206.

[15] Ø. Grong. Metallurgical modelling of welding (London, England: Institute of Materials, 1994).

[16] M. Shome. "Effect of heat-input on austenite grain size in the heat-affected zone of HSLA-100 steel," Materials Science and Engineering A, 445-446(2007), 454-460.

[17] K. Easterling. Introduction to the physical metallurgy of welding (Butterworth-Heinemann, Oxford: 1992), 138-172.

[18] C. Li, et al. "Microstructure and toughness of coarse grain heat-affected zone of domestic X70 pipeline steel during in-service welding," Journal of Materials Science, 46(3)(2010), 727-733.

[19] R. Laitinen. Improvement of weld HAZ toughness at low heat input by controlling the distribution of M-A constituents (Oulu, Finland: Oulu University Press, 2006), 48-138.

[20] S. Moeinifar, et al. "Effect of tandem submerged arc welding process and parameters of Gleeble simulator thermal cycles on properties of the intercritically reheated heat affected zone," Materials & design, 32(2)(2011), 869-876.

[21] S. S. Babu. "The mechanism of acicular ferrite in weld deposits," Current Opinion in Solid State & Materials Science, 8(2004), 267-278.

[22] Y. Peng, W. Chen, Z. Xu. "Study of high toughness ferrite wire for submerged arc welding of pipeline steel," Materials characterization, 47(2001), 67-73.

[23] M. Kuroda, et al. "Nanoindentation studies of zircolium hydride," Journal of alloy and compounds, 368(2004), 211-214.

[24] J. G. Garland, et al. "Towards improved submerged arc weld metal", Metal construction, (1975)275-283.

（渤海装备研究院钢管研究所　王晓香　译，
中信微合金化技术中心　张永青　校）

管线钢热影响区的显微组织和性能

R. C. Cochrane

利兹大学访问研究教授

原利兹大学钢铁冶金系英国钢铁教授

摘　要：钢的焊接热影响区（HAZ）组织和性能与母材有相当程度的不同，这是由在钢管制造或者传输管道铺设中的热循环所致。前者通常采用双面焊接工艺制造管道构架所需的单根钢管，其中第一个焊道填充内面接头，接下来的最终焊道封闭钢管的外表面。这些焊道附近的热循环取决于所采用的焊接热输入，并且随板厚的不同而发生变化。本文广泛回顾了各类典型制管用钢板化学成分的显微组织实例，并就其对钢管焊缝力学性能的影响进行了评估。热影响区中有多个区域的性能均可能有显著不同。在这些区域中，首先是粗晶热影响区（CGHAZ），这是本文讨论的重点；其次是热影响区的临界再热（IC）区或晶粒细化（GR）区；第三种是第一焊道的粗晶热影响区组织由于后续的外焊道而发生了变化。第三种情况使原来的粗晶热影响区组织受到回火，可能由于沉淀或其他显微组织变化而经常导致额外的脆化。导致粗晶热影响区显微组织在焊后冷却期间演变的因素主要是焊接热循环和钢的成分引起的奥氏体晶粒变化。主要的微观组织变化是形成马氏体或马氏体/贝氏体混合物，这些取决于钢的转变行为。在过去的30年中，随着碳含量的减少，“无碳”贝氏体组织已越来越成为粗晶热影响区的组织特征，并对开发针状铁素体型热影响区组织作了一些展望。临界再热（IC）区或晶粒细化（GR）热影响区性能的劣化，可能是在最近的管线钢成分中，为了降低转变温度而使用了过多合金成分的缘故。微合金化在控制晶粒粗化方面的作用在于微合金在母材钢板中的析出颗粒尺寸和分布情况。这些考虑因素产生的结论很大一部分是显微组织的变化，包括对热循环的析出响应，在热影响区的各个区域中与母材的轧制过程间接相关。本文介绍了一些简单的钢的实例。

关键词：热影响区，显微组织，微合金化

1　引言

管线钢的应用范围广泛，从简单的基于碳-锰成分的低压输水管道，到复杂的、经过精细的成分设计和加工的在海底或恶劣环境中使用的管道，例如北极的油气传输管道。后者的特征是经过精细的化学成分设计，通常采用铌、钒和钛的复合微合金化，结合精确的轧制控制。最理想的钢的性能是其力学性能在整个焊接区域尽可能保持一致，以最经济的成本与母材性能相匹配，这令“冶金学家感到欣慰”。换句话说，容易实现的可焊性是最为重要的。

在管道建设中，要考虑两个方面的可焊性问题，首先是制管过程中焊接工艺对管道的影响，其次是将单根钢管连接成管道的焊接工艺对管道的影响。在后一种情况下，还可能要考虑将止裂器元件作为管道设计的一部分。制管期间的焊接过程引起的冶金学的变化，主要是受从焊接溶池到钢板的热循环过程的影响。在管线钢管焊缝焊接情况下，热影响区的范围以及相应的力学性能变化，取决于板厚和焊接热输入，通常板厚的变化范围是8～45mm，相应于板厚范围两端的热输入分别为小于3kJ/mm到大于10kJ/mm，比较典型的是螺旋焊

管，其板厚通常小于25mm。

管道铺设中的钢管对接焊，通常设计为尽可能与钢管原有的性能相匹配。为了达到这个目的，焊接设计采用多道次焊接以获得狭小的热影响区。在通常情况下，力学性能的变化范围是适度的，很少发生需要通过技术条件限制焊区硬度至某个特定值的重要问题，除非源于焊接过程的氢可能会导致热影响区或焊缝金属产生氢致冷开裂（HICC）的发生。

本文着重于管线钢管显微组织的变化以及伴随焊缝双面焊接热循环引起的力学性能变化。首先对焊接热循环的影响做一个简单的回顾，介绍热影响区内各个特定区域显微组织变化的检验情况，以及这些变化如何与钢的成分相关。重点是制管用钢板生产的冶金学过程对性能的影响，以及微合金析出颗粒的分布。

2 焊接过程的冶金学影响

2.1 热传导

为了便于理解，将发生冶金变化时的焊接热循环看作一个具有三个变量的简单函数，这三个变量分别是焊接材料的厚度、材料的初始温度以及焊接输入能量。其中后者被称为热输入量，表示为单位长度的焊接能量。罗森塔尔[1]首先提出了一个关于焊缝热传导的接近精确的表达式，该表达式成为了随后大多数热影响区热模型建模的基础。图1所示是由新日铁公司提出的关于焊接过程热传导的一个典型的解析公式[2]。这样的数学模型几乎完整地描述了焊缝周围的时间温度分布。在大多数情况下，这些数值均为近似值并且假设焊缝是一个点状的热源。然而由于这种假设导致了一些错误，目前的建模已经包括了焊接熔池长度不可忽略的情况，例如钢管焊缝的多丝焊接工况[3]。对于制管用钢的化学成分，其热影响区的奥氏体转变温度大多发生在800～500℃的温度范围，在这两个温度之间的冷却时间$\Delta t_{800/500}$与焊接热输入以及上面提到的其他变量相关。有各种列线图可以用于预测适当的冷却时间值，图2所示就是一个例子，但是在使用它们时应该谨慎从事。

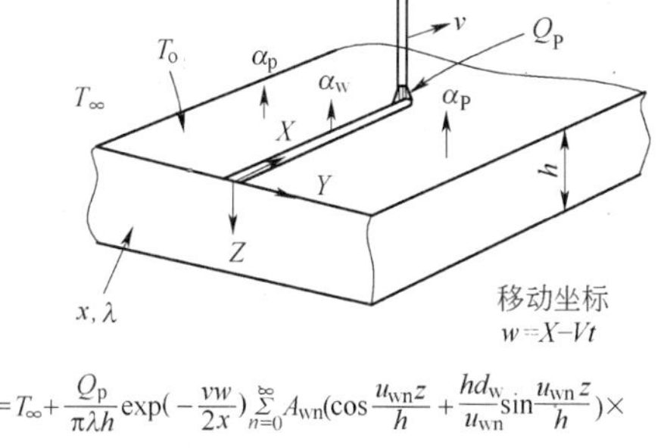

$$T=T_\infty+\frac{Q_p}{\pi\lambda h}\exp\left(-\frac{vw}{2x}\right)\sum_{n=0}^{\infty}A_{wn}\left(\cos\frac{u_{wn}z}{h}+\frac{hd_w}{u_{wn}}\sin\frac{u_{wn}z}{h}\right)\times K_0\left[\frac{r}{h}\sqrt{u_{wn}^2+\left(\frac{vh}{2x}\right)^2}\right]+2(T_0-T_\infty)\sum_{n=0}^{\infty}A_{Pn}\left(\cos\frac{u_{Pn}z}{h}+\frac{hd}{u_{Pn}}\sin\frac{u_{Pn}z}{h}\right)\times\left[\frac{\sin u_{Pn}}{u_{Pn}}-\frac{hd_P(\cos u_{Pn}-1)}{u_{Pn}^2}\right]\exp\left(-\frac{u_{Pn}^2}{h^2}t\right)$$

图1 焊接热传导公式的一般形式[2]

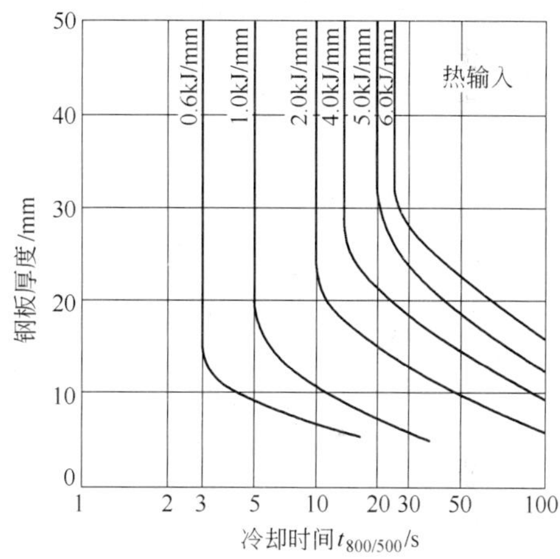

图2 焊接热影响区熔合线处冷却时间计算图

现在可以对距熔合线不同距离的焊接热循环建立相当精确的模型，从冶金的角度来看，大致可以分为以下区域，其宽度在某种程度上取决于钢的转变特性，但是总是随着焊接热输入的增大而增加，换言之，是随着典型的焊接热影响区冷却时间$\Delta t_{800/500}$而变化的，具体如下：

（1）SCHAZ，亚临界再热热影响区。在这个区域中，钢被加热到低于下临界温度点或A_{r_1}点的某个温度，钢的显微组织没有变化或变化极少，但是应该记住，微合金钢是依赖于析出的，并且在这个区域中可能会发生某些析出或过时效效应，特别是在使用高于3～5kJ/

mm 的高热输入的情况下。在温度低于 450 ~ 500℃时，通常可以忽略任何冶金学的影响。

（2）ICHAZ 临界再热热影响区。在这个区域中，钢被加热到 A_{r_1} 和 A_{r_3} 之间的某个温度，在焊接循环的峰值温度点，铁素体的微观组织会发生奥氏体化。因此，在这个区域断面上的显微组织取决于达到的峰值温度和随后的冷却时间，从而形成广泛的微观组织。如果冷却时间快，并且峰值温度接近 A_{r_1}，将形成硬脆的富碳马氏体。反之，如果峰值温度接近 A_{r_3}，则马氏体的体积分量增加，而碳含量下降。请注意产生高碳马氏体的温度低于 300℃。

（3）GRHAZ 细晶热影响区。在这一区域中，钢被加热到进入奥氏体相，但很少或没有晶粒长大发生，残余奥氏体晶粒尺寸细小，并且在峰值温度下冷却而重新形成铁素体。对于微合金钢而言，这个区域的峰值温度位于 A_{c_3} 和析出相的固溶相线之间。根据冷却速率的不同，也可能与 ICHAZ 一样有马氏体存在。

（4）CG 或 GCHAZ 粗晶热影响区。由于达到了峰值温度，这个热影响区的奥氏体晶粒显著长大。对于添加常规微合金的微合金钢，在高于这个典型温度时，这个区域通常处于固溶相线之上。这一区域的宽度是影响焊缝冲击性能的主导因素。对力学性能的影响主要有两个方面：一是改变显微组织，二是微合金沉淀颗粒的溶解。在钢管焊缝典型的双面焊接中，还有热影响区的其他区域经历的热循环，如内焊形成的热影响区被外焊道再次加热。力学性能变化或者满足钢管技术要求能力改变最显著的两个区域是临界再热粗晶热影响区（ICCGHAZ）和亚临界再热粗晶热影响区（SCCGHAZ）。

（5）ICCGHAZ 临界再热粗晶热影响区。在这个区域中，粗大的奥氏体组织首先转变为粗大的贝氏体或马氏体组织，随后因再热而进入奥氏体/铁素体相场，形成嵌有富碳奥氏体的粗大贝氏体组织，在从层间峰值温度冷却期间转变为一系列显微组织。这些通常被称为残余的奥氏体和马氏体组元，本文以下将采用马奥组元这个名称。

（6）SCCGHAZ 亚临界再热粗晶热影响区。该区域在碳-锰钢通常并不重要，尽管会产生回火脆性，但这往往对韧性有好处。然而在微合金钢中，粗晶热影响区的再热可能发生额外的析出，从而产生额外的脆化。该区域与焊缝的相对位置示于图 3a 中，相应的热循环示于图 3b 中。然而请注意，虽然热循环是可以建模的，但是由于难以测量，通常假定钢的奥氏体化响应是相对不变的。

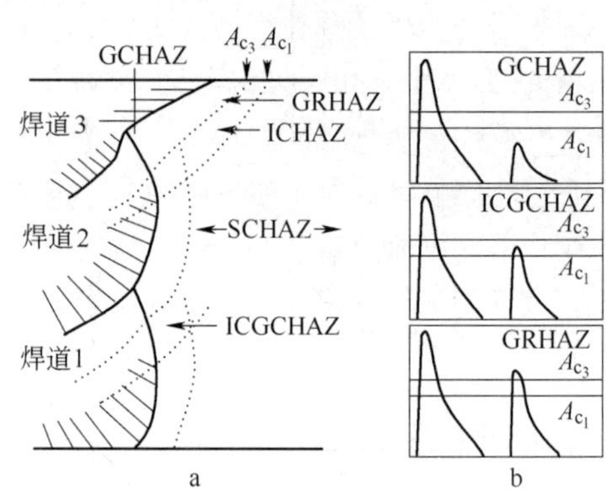

图 3　围绕焊缝各区显微组织变化的示意图
（尽管显示了三个焊道，但其热循环保持不变）

2.2　热影响区力学性能的取样问题

一般来说，很难确切地识别化学成分对热影响区韧性系统性的影响，特别是对于微合金化钢，因为取自相同名义位置上的夏比冲击值有很大的变化。这种分散性可以理解部分是由于热影响区夏比缺口位置的影响，图 4 是在大多数钢管焊缝显微组织的取样范围。要记住焊道的宽度和深度是可以沿着焊接长度而改变的，对于一个名义上的熔合线 FL，其位置可能发生最少 ±0.5mm 的变化。由于远离熔合区的严重的微观结构的改变，导致了“自然的”离散性。为了减轻“取样”问题的影响，热影响区试验通常规定距离名义熔合线（FL）的各个位置，加上某种距离标志，例如 FL、FL + 1mm、FL + 3mm 等，如图 4 所示。然后，必须通过比较一系列不同用途钢管的数据，对热影响区性能的劣化做出判断。为了分析这些影响，应该记住，夏比缺口在熔合线位置时，典型的钢管焊缝的粗晶热影响区可能只占缺口的10% ~20%（1 ~ 2mm），由于位置公差导致的广泛的离散性是不可避免的。此外，实测夏比能量值在很大程度上受到焊缝金属韧性的影响。对于某些管道焊缝高度和焊道几何形状，由于外焊道对内焊道粗晶热影响区的再加热，其缺口位置可能包括由此而形成的临界再热粗晶热影响区 ICCGHAZ 或亚临界再热粗晶热影响区 SCCGHAZ。这个区域的性能值得怀疑，但是在没有进行进一步的试验，例如 CTOD 的情况下，由于这个区域的尺寸有限，几乎是无法判定热影响区的这一区域是否是导致韧性差的原因之一。因此，在某些情况下，一些钢管技术条件还附加了额外的判据，例如焊缝区硬度的限制。同时，也普遍采用 CTOD（裂纹尖端张开位移）试验，有时还规定对脆化区域，即所谓局部脆性区取样，因为缺口的尖端更加尖锐，更容易定位于这个特定的区域，如图 4 所示。这种试验被认为会受到焊缝区域局部残余应力的影响，对于钢管的焊缝，这种影响是钢管扩径应变所致的。

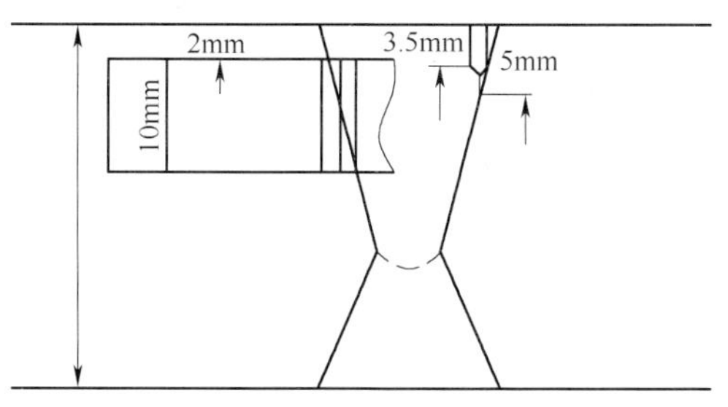

图 4 粗晶热影响区夏比试样和 CTOD 韧性试验的缺口位置

通过形成如图 5 所示的两边接近平行或垂直的焊缝，比较容易观察到热影响区断面上的夏比冲击或 CTOD 变化的一般形式。该技术的优点是尽管会有类似的离散性，但仍然比较容易进行钢管热影响区和焊缝宽度以及微观结构梯度相对于缺口位置的比较。采用的另一种变型是带有直边的焊缝，缺口沿着直边布置。在这两种情况下，都可以从微观结构和力学性能的变化研究钢的成分的影响。通过改变热输入或预热温度可以方便地研究 $\Delta t_{800/500}$ 对显微组织的影响。

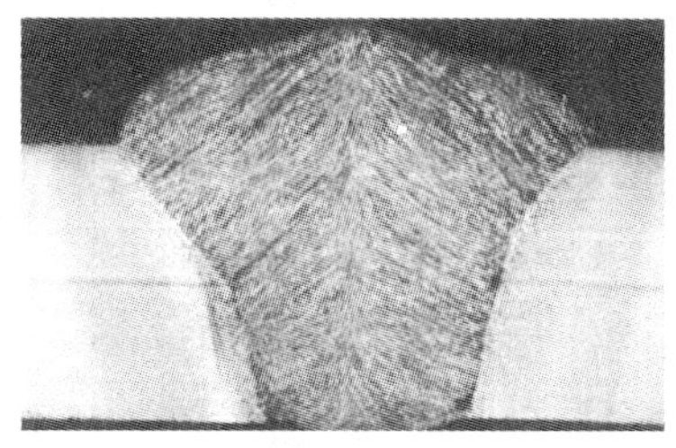

图 5 用于热影响区韧性评价的典型的高热输入焊道形貌

（本案例为 7.5kJ/mm）

热影响区的模拟技术是一种更有用的技术。该技术实际上是比较热影响区拉伸性能的特殊增量的唯一技术。钢在此受到源于各种焊接数学模型的热循环，虽然很难达到与实际焊接可比的升温速率。最大的好处是可以获得大尺寸的模拟焊接热影响区的显微组织以供研究，并且可以对增加的焊接道次导致的热循环进行详细检查（采用复制相关热循环的方法），而不像从“实际”焊接中只能获得小尺寸的试样。然而，温度梯度隐含着“不应低估真实的焊缝”的含义。在热影响区模拟期间，奥氏体晶粒的长大本质上是没有限制的。不像在焊缝中那样，奥氏体晶粒由于在较低的温度下形成，尺寸较小。奥氏体晶粒尺寸的长大对粗晶热影响区有显著的影响，因为在这个区域最多仅有很少的晶粒取决于晶粒长大行为以及与焊缝焊接相关的热输入。在另一种极端情况下，热模拟期间毗邻熔池的液相线缺失也会改变晶粒长大的特性。然而，模拟的结果能够提供显微组织的信息，从而对钢的成分进行优化。

3 钢的成分和制造工艺对热影响区性能的一般影响

“碳当量”（CEV）有许多种，可以对任何钢的化学成分进行计算，并且判断其潜在的可焊性：最常用的是劳氏或 P_{cm} 公式，如格拉维尔（Gravville）在文献［4］中（图 6）使用的

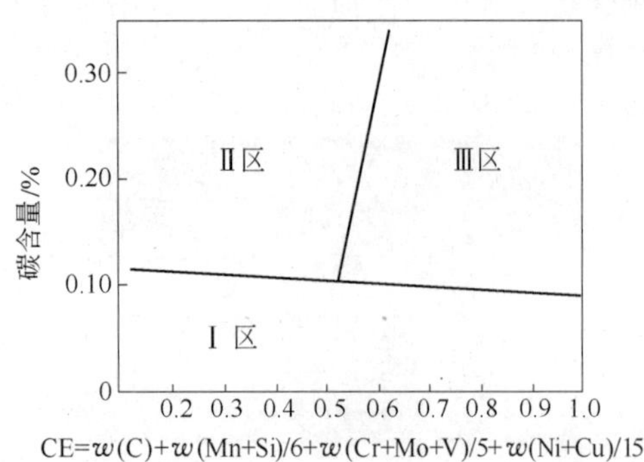

图6　格拉维尔[4]图

（旨在表明：Ⅰ区为易焊区，基本无需关注，Ⅱ区需要某些关注，Ⅲ区需要特别小心谨慎）

公式。这些公式很多是对成分、韧性和/或硬度之间关系的经验修正。许多关于热影响区性能的著作中介绍了这样的经验关系，通常是硬度或冲击韧性与化学成分的关系（早期的例子如图7[5]所示）。虽然许多这样的相互关系式已经被发布，例如IIW的CEV公式或各种替代公式，但大多是假设某些典型的奥氏体晶粒尺寸被认为是对合金成分或钢的化学成分以及热循环敏感[6~10]。关于工艺路线的影响很少为人所知，也没有很好的文献记载。在此背景下，现代低粗糙度或低残留物的钢与早期的钢的晶粒长大行为的不同，导致从早期钢种导出的经验公式不再适用。这里值得指出的是，从经验关系出发经常对钢管规范中钢的成分提

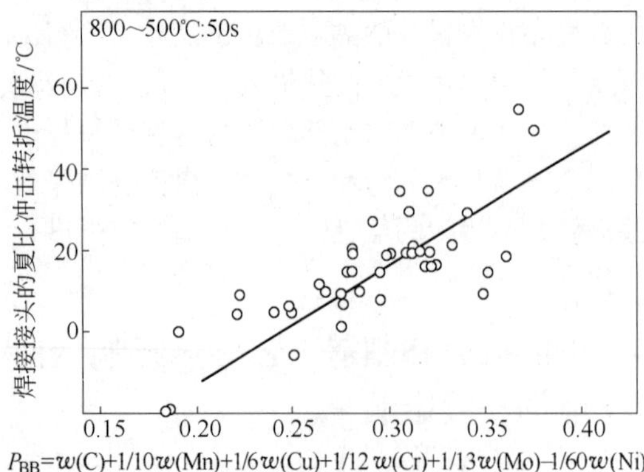

图7　钢的成分与粗晶热影响区夏比转折温度关系的修正案例[5]

（P_{BB}为焊接接头脆性的度量值，%）

出一些限制，是基于40年前的研发结果。结合炼钢和轧制技术的持续改进，对某些经验关系式进行修改可能是有用的。这将继续提升炼钢技术或引起轧制技术的改变。

通过研究服役性能或焊缝熔合线处（FL，FL+1等）的力学性能试验的关联性，可以得到一个CEV或其他的公式（例如P_{cm}[10]或P_{BB}[5]），如图7所示。这些一般是从服役性能准则导出的限制值可以纳入钢的成分要求中。因此，例如一个硬度限制值，比如350VPN可以意味着最大碳当量CEV为0.38，但是这种限制很少或没有考虑控制转变行为的其他固有因素，例如热影响区冷却速率或奥氏体晶粒尺寸的影响。某些碳当量公式中特别包含有计算微合金化作用的因子[6,7]和$\Delta t_{800/500}$[6~10]。很少有衡量奥氏体晶粒尺寸影响的参数，而就传统的热处理而言，奥氏体晶粒尺寸被普遍认为是建立微观组织的范围或淬透性的一个关键参数。例如，对一个典型的X65成分（0.09%-C-1.45%Mn-0.03%Nb-0.3%（Cu+Ni）），形成90%的马氏体/贝氏体组织的冷却时间可能在8.5(35℃/s)~12(25℃/s)之间变化。假如奥氏体晶粒尺寸是在100~150μm的话，与此相关的是硬度的显著变化[11]。冷却时间的变化相当于一个并非不可思议的热输入偏差，对于厚度为20mm的钢板的焊缝焊接来说，需要将焊接热输入非常精确地控制在1.6~2.0kJ/mm。此外，在焊接热循环过程中，一些特殊的微观组织，例如贝氏体、针状铁素体或马氏体，或它们的混合物的出现与特定范围的韧性相关，因此，组织转变的行为总是决定着所观察到的韧性水平。热影响区热循环过程中钢的奥氏体晶粒的转变特性决定热影响区的显微组织，这一点是不言而喻的。因此，奥氏体晶粒尺寸在热循环期间的长大，特别是在存在微合金元素的情况下，与焊后的性能恶化密切相关，即使是在成分保持不变情况下，这些将在下面的章节中讨论。

4　焊接热影响区韧性和硬度的一般变化

在焊接工程师和冶金学者之中，焊接热影

响区的性能恶化似乎总是一种司空见惯的传说。这种看法可能是由型焊接技术发展之初有限的钢的种类所导致的。鉴于那时的钢比目前采用的钢碳含量高，并且一般使用较低的焊接热输入，焊后的高硬度是不可避免的。这些钢大多不是微合金化的，其奥氏体晶粒长大行为与当前使用的依赖铝和/或硅脱氧的钢是不同的。举一个75年前的不太典型的例子，一种0.2% C的正火钢板，其热影响区的马氏体硬度能够超过VPN350，其冲击韧性会明显不如母材钢板较软的铁素体/珠光体组织。由于微合金钢的开发，改变了碳含量和力学性能的关系，因为依靠弥散的氮化铝和/或碳化铌或氮化钒控制奥氏体晶粒尺寸能够实现必要的铁素体晶粒尺寸细化。因此，不仅可以降低碳含量，而且通过奥氏体调节允许独立控制铁素体晶粒尺寸和添加微合金元素的沉淀强化，从而提高母材性能。很有启发意义的是简单微合金钢热影响区性能的相对变化，在钢板母材强度相似的情况下，冲击性能却有显著不同。通过采用不同的轧制计划，在一台往复板材轧机上可以对简单的碳-锰-铌钢（0.14% C-1.35% Mn-0.036% Nb）进行不同的控制轧制。一种是使钢板轧机的产出量最大化，称为轧制态，简称AR；另一种是通过控制轧制工况使板材的性能最佳化，现在更为人熟知的是热机械轧制，简称TMCR。如果这种钢焊接成如图5所示形状的焊道，就可以对热影响区截面上的韧性变化进行检验。尽管轧制制度被设计为达到相似的最低屈服强度，例如350～420MPa，但是ITT温度的绝对值是不同的，对于AR轧制态钢，其范围为－10～20℃，而对于热机械轧制的TMCR钢，其范围是－20～50℃。热影响区韧性相对变化的模式（注意，不是绝对的值）显示在图8中。注意AR钢粗晶热影响区CGHAZ焊后的性能略有提高，而相比之下TMCR态的钢焊后性能则是急剧下降。出现这种情况是由于不同轧制条件下的性能与结构关系不同。在AR轧制状态下，母材钢的冲击韧性是由于铁素体晶粒尺寸细化的改善作用$-10℃/d^{-1/2}$（$mm^{-1/2}$）与析出硬化的恶化作用σ_p，$+0.5℃/MPa$的综合影响。而对于类似于AR钢屈服强度范围的TMCR钢，几乎完全依靠铁素体晶粒细化达到这个强度范围，并且显著改善母材的冲击韧性。简而言之，由于在这两种情况下，粗晶热影响区的显微组织都是主要受到焊接热循环的影响，同样成分的钢经过不同的处理，其可焊性就发生了变化。对于AR钢，其可焊性几乎没有恶化，对于冶金学家是好事，而TMCR性能的显著下降对于焊接工程师则是噩梦。然而，如果粗晶热影响区硬度是可焊性的唯一评判条件，两者就没有显著的差别，因为粗晶热影响区硬度在很大程度上是由钢的成分决定的。

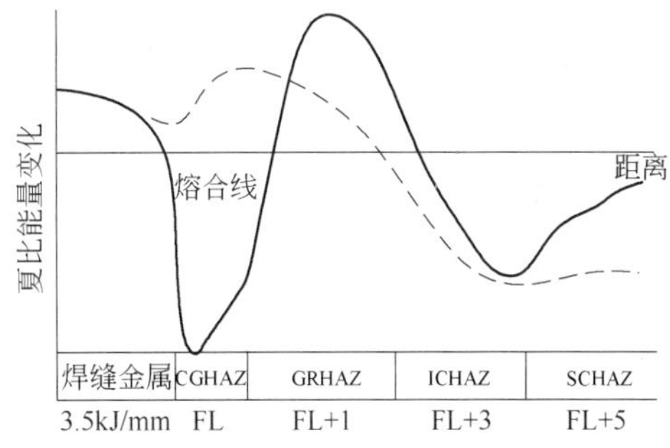

图8 相对夏比能量与距熔合线距离的变化趋势
（虚线代表AR钢，实线代表TMCR钢，横线代表母材各自的（不是绝对值）基准韧性）

对于AR钢其最低的韧性并不反映在粗晶热影响区，但是对于TMCR钢通常最低韧性是在临界粗晶热影响区ICHAZ。与这种情况对应的是形成晶粒相当精细的铁素体，其中含有富碳的脆性马氏体。虽然AR钢很少用作管线钢板，但是这些差异从一个侧面或其他方面说明了母材显微组织对整个热影响区韧性的影响。当然，由于前面讨论过的“取样”问题，这种差别是否需要在常规的规范中测试值得商榷。然而这些影响说明了在给定的热循环条件下，用于实现母材力学性能的铁素体晶粒细化和沉淀硬化对热影响区性能的总体变化趋势。

4.1 临界粗晶热影响区ICHAZ和细晶热影响区GRHAZ的微观组织

一般来说，临界或细晶热影响区的铁素体

晶粒尺寸是由再奥氏体化动力学决定的。再奥氏体化是由珠光体聚集处开始的，但是在快速加热的情况下，例如在焊接热影响区中，也会从铁素体/铁素体边界开始发生（见文献［12］的例子）。因此，正如已经指出的那样，最终达到的奥氏体晶粒尺寸在很大程度上是由原始的或母材的铁素体晶粒尺寸决定的，并且各种类型钢材的铁素体晶粒尺寸和奥氏体晶粒尺寸都有直接的关系[13,14]。在临界粗晶热影响区中，奥氏体化过程在冷却前只是部分完成，因此显微组织在很大程度上反映了母材的铁素体晶粒尺寸和所达到的峰值温度。对于一个给定的临界粗晶热影响区焊接热循环，其性能的改变与母材的性能密切相关。

因此，比如一种 AR 轧制态的碳-锰钢的韧性较差是由于形成了粗大铁素体晶粒的微观组织。假设晶粒尺寸为 10 ~ 15μm，在没有添加微合金元素的情况下，其对应的细晶热影响区 GRHAZ 的晶粒尺寸可能稍小一些，约为 7 ~ 9μm。同样地，在碳-锰-铌 AR 钢中，沉淀强化对强度的贡献应该是高的，并且在热循环期间细晶热影响区发生的粗化甚微，此时析出颗粒对奥氏体晶粒的钉扎依然无效。其结果是细晶热影响区的铁素体将会保持与母材显微组织相似的范围。其微合金颗粒与 TMCR 轧制后一样相当粗大，大约为几十纳米。尽管由于焊接热循环导致某些晶粒粗化，但是在阻止奥氏体晶粒长大方面仍然有效。在此种情况下，细晶热影响区铁素体晶粒尺寸可能与母材接近，对于 X60 ~ X70 级的 TMCR 钢，其典型晶粒尺寸大约为 4 ~ 8μm。

这些显微组织的变化可能意味着当细晶热影响区的冷速足够低，铁素体转变终了时，在残留的富碳奥氏体中能够重新形成珠光体，从而获得相当好的韧性。然而，这可能仅仅发生在冷速低于 1 ~ 5℃/s 的情况下，与对应的 $\Delta t_{800\sim500℃}$ 值相关的是相当大的焊接热输入，或者高预热温度和/或层间温度，这取决于板材厚度。因此，对于大多数焊接钢管，其奥氏体将转变为接近共析成分的贝氏体或马氏体显微组织。除非有残余奥氏体存在，这取决于其他合金元素的存在，这些关键元素按有效性排列依次是镍、硅、锰和钼，这样就会出现硬脆的组分，使铁素体晶粒尺寸对韧性的有益作用部分丧失。

添加钒或铌/钒对细晶或临界粗晶热影响区显微组织的作用可能因焊后冷速的影响而复杂化。钒的固溶温度低于铌，并且由于含钒钢的最佳沉淀强化作用是在 1 ~ 10℃/s 的冷速范围，在焊后冷却期间可能会发生因沉淀析出导致的显著脆化。虽然钒能够产生更有利的显微组织，提高粗晶热影响区的断裂吸收能，这在下文会介绍，但是在某些板厚和热输入的组合条件下，细晶热影响区韧性会显著降低。

4.2　粗晶热影响区韧性、显微组织与钢的成分的关系

从两侧接近平行的高热输入单道焊道获得的结果如图 9 所示，这种情况下的热输入约为 10kJ/mm，说明了降低 TMCR 钢的碳当量 CEV 值对粗晶热影响区韧性产生有益作用。

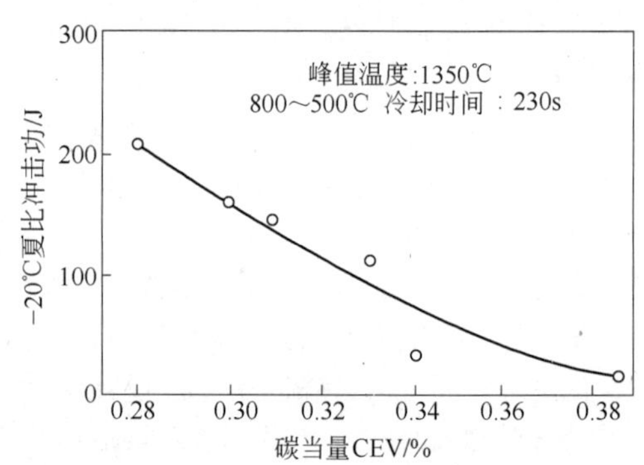

图 9　碳当量 CEV（劳氏公式）对 C-Mn-Nb 钢 -20℃ 吸收能的影响

相比之下，图 10 显示了碳当量对类似钢[15]粗晶热影响区 CTOD 转变温度的影响，虽然是在较低的热输入（约 5kJ/mm）下焊接，可以看出转变温度的最低值位于 CEV 值 0.28 ~ 0.30 左右，对于最近的管线钢成分来说，这表明进一步降低 CEV 可能并非总是有益的。

对于一个固定的冷却时间，这一夏比韧性的趋势可以从钢的淬透性来理解。Maynier 提

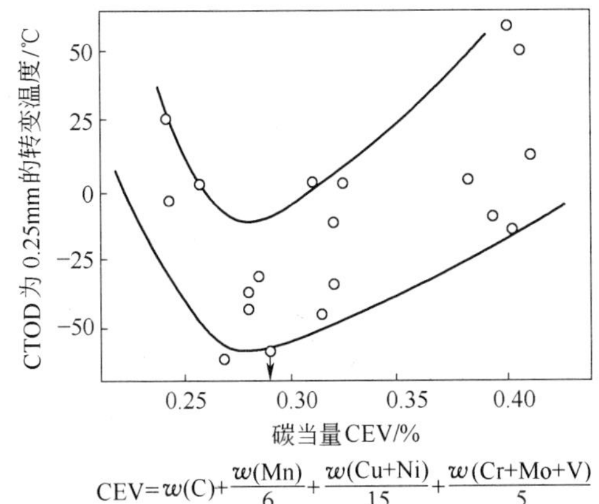

$$CEV=w(C)+\frac{w(Mn)}{6}+\frac{w(Cu+Ni)}{15}+\frac{w(Cr+Mo+V)}{5}$$

图 10　碳当量 CEV 对 TMCR 钢在 5kJ/mm 焊接粗晶热影响区 CTOD 转变温度的影响

（引自 Nakanishi 等人的论文[15]）

出了一个相当简单的预测淬透性的方法[16]，他给出的公式使得能够从钢的成分和一个参数预测硬度，这个参数是奥氏体晶粒尺寸的度量，如前所述，是非常重要的。进一步的一组公式可以用于预测完全形成马氏体、贝氏体或珠光体显微组织的冷却速率（或 $\Delta t_{800\sim500℃}$）。虽然严格来说这些公式适用于热处理钢，但是可以谨慎地用于热影响区的“热处理”。另一种替代的方法可以基于所讨论钢的相关连续冷却转变曲线 CCT 图的研究，对奥氏体晶粒尺寸范围内转变行为的改变进行评估。然而，这样的方法是不完全适合微合金化钢的，因为单独依靠峰值温度改变奥氏体晶粒尺寸会使微合金的固溶度发生变化。究竟应该使用何种方法，显而易见的是，对于给定的奥氏体晶粒尺寸，降低碳含量使完全形成马氏体显微组织所需的冷却时间减少（提高冷却速度），这意味着现代的低碳钢通常具有马氏体/贝氏体混合的粗晶热影响区显微组织，其硬度较低。反之，添加替代的合金元素能够增加完全形成马氏体微观组织的冷却时间。目前有好几个基于这种研究方法的模型，有些是包括了奥氏体晶粒长大的模型，用于预测粗晶热影响区的显微组织[17~19]，但是很少有考虑到快速加热导致不均匀固溶（主要是添加的元素，但也包括碳）分布的影响。从大量热影响区韧性的研究，包括“真实的”焊缝研究以及建模和模拟研究，可以对焊接热影响区热循环所形成的各种显微组织进行排序，并且得到一些普遍的结论。这些结论归纳在根据 Kirkwood 和其他人对成分类似于管线钢板的 TMCP 钢的研究著作[20~22]中得出的图 11 中。

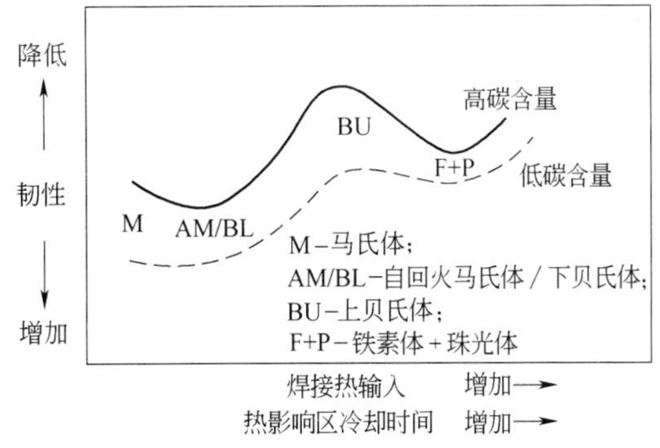

图 11　显微组织、碳含量和热输入对韧性的影响

（引自 Kirkwood 的论文[20]）

大体上说，这表明低碳钢将表现得比高碳钢好，并且全马氏体组织比被早期发表的通常的观测结果称为贝氏体的组织更有益。图 12

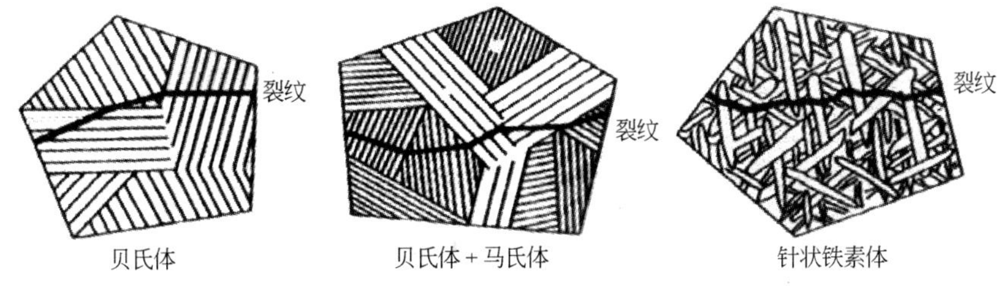

图 12　裂纹在不同显微组织扩展的示意图

（马氏体与贝氏体在板条尺寸和碳化物分布方面存在不同）

不是一个完整的图，该图简要说明了裂纹穿越不同的显微组织所通过的路径。

贝氏体和马氏体在微观组织上的特征是由原始奥氏体转变而成的，在单个奥氏体中具有不同的奥氏体/贝氏体-马氏体晶粒取向关系的板条组，每组形成一个“族”。族的尺寸控制裂纹的路径，因为裂纹在板条族的边界上发生偏斜，因此断裂能量被吸收，提高了韧性。无论如何，板条内边界上具有较厚的长条形碳化物特征的上（或Ⅰ型）贝氏体，与具有精细自回火碳化物特征的完全马氏体组织，或者在下贝氏体（Ⅱ型或Ⅲ型）板条边界的精细碳化物相比是更脆的。因此，在上贝氏体组织为主的区域其转变行为具有决定性的影响。在特定的马氏体和贝氏体混合组织的情况下，这种影响是可以弥补的，此时板条族的尺寸比单独的相组织板条尺寸要小，使韧性显著改善。因此，必将存在一个奥氏体晶粒尺寸通过板条族尺寸对韧性的主要影响因素，并且一系列研究表明了板条族尺寸与韧性试验所测得的断裂面尺寸之间的相互关系。某些研究已经确认了一种 Hall-Petch 型的关系，其断裂面尺寸的影响与铁素体-珠光体钢中铁素体晶粒尺寸的影响类似，在文献中其取值范围为 $-10\sim25℃/mm^{-1/2}$[23,24]。假设板条族尺寸与奥氏体晶粒尺寸成比例，那么晶粒较细的粗晶热影响区韧性可望得到改善。然而，其他人则声称板条尺寸和/或板条的取向错位都是同等重要的[25,26]，因为穿越板条内部的边界时能量要被吸收。由于板条尺寸是碳含量的函数，因此，在低碳钢中粗大的板条尺寸可能意味着某些韧性损失，但是由于转变温度的上升，降低了位错密度并且增大了板条尺寸[27]，从而补偿了韧性的损失。这些显微组织的通常趋势与图 10 结果的模式是一致的。

对于当前使用的碳含量低得多的管线钢来说，完全转变为马氏体组织是不太可能的，除非使用的热输入非常低或者添加了很高的合金含量。此时粗晶热影响区的显微组织更有可能是由各种铁素体结构组成，即所谓“无碳化物”贝氏体、准多边形铁素体、针状铁素体或“巨型”铁素体[28]，对照图 13 和图 14。这些组织由于其转变温度较高，允许铁素体内的位错亚结构恢复，从而具有固有的改善韧性的能力。如果硅含量高于 0.3% ~0.5%，可能出现残余奥氏体小岛，对韧性有好处。镍也表现出这个方式，但其添加量要高于 1%。这里存在一个两难的选择，主要是由于对 TMCR 钢板的其他研究工作表明，在马奥小岛组织中的残留相也影响韧性，并且如果部分转变为马氏体或贝氏体，就会发生韧性的恶化。这最有可能发生在高热输入的情况下，因为高热输入有助于转变温度超过“贝氏体型”热影响区显微组织的形成温度。

通过对各种不同显微组织裂纹路径的观察，在焊缝金属中一种常见的“针状”铁素

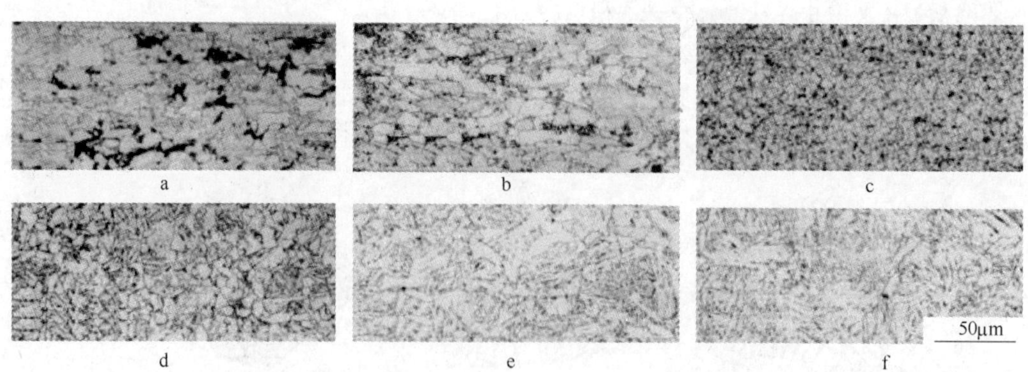

图 13　一种 0.08% C-0.31% Si-1.45% Mn-0.036% Nb-0.057% V 钢的热影响区模拟组织照片[72]

a—母材；b—800℃；c—950℃；d—1120℃；e—1250℃；f—1350℃

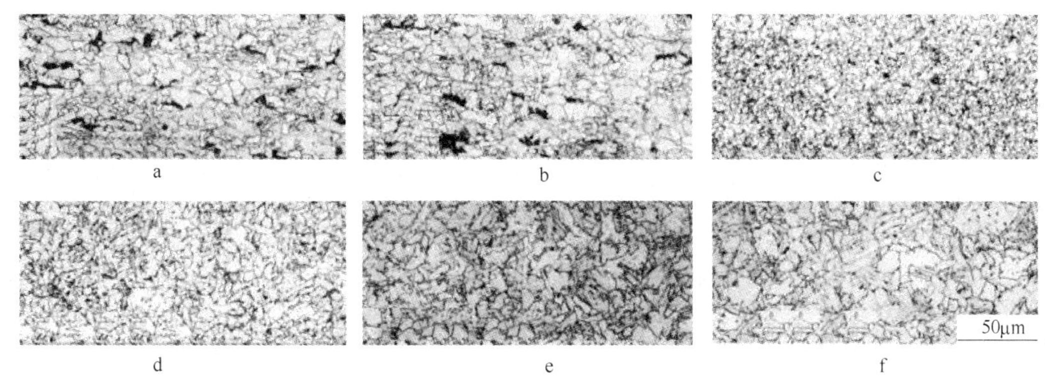

图 14 一种 0.048% C-0.32% Si-1.48% Mn-0.058% Nb-0.012% Ti 钢的热影响区模拟组织照片[72]

a—母材；b—800℃；c—950℃；d—1120℃；e—1250℃；f—1350℃

体组织为解决这个两难的问题提供了一种可能的解决方案。这种组织由相互交错的铁素体板条阵列组成，其变异符合奥氏体和铁素体的 Kurdjumov-Sachs 关系。在这种组织中裂纹在板条内边界的偏转比在马氏体和贝氏体中大得多，因为其含有更多的不同取向。因此，由板条尺寸决定的有效的板条族尺寸（或断裂面的尺寸）导致了非常优良的韧性。这个观察结果也被用来解释对极地服役条件的 X80 ~ X100 高强度钢管母材钢板韧性所做出的改进[29,30]。这种概念将会在改善热影响区韧性方面获得更多的应用，因为可以通过合金化促进热影响区针状铁素体组织的形成。从添加稳定的氧化物或硫化物颗粒方面进行了许多尝试，有一种尝试是复制从焊缝金属发现的影响，在焊缝金属中，针状铁素体是以焊缝金属中的夹杂物形核的，依靠合金化降低转变温度，促进针状铁素体的形成[32~39]。添加稳定的氧化物的方法难以实施，主要是因为如果采用铝脱氧的话，氧的溶解度非常低。即便是可以避免采用铝脱氧，例如改用硅或钛[36,37,39]，可以获得的氧化物体积分量也比焊缝金属中低 1 个数量级，这样，其分布的有效性仅仅取决于凝固过程所能达到的颗粒尺寸大小[37,38]。这些颗粒的凝固速率又比焊缝中的小 1 ~ 2 个数量级，这种减缓不利于获得合适的尺寸范围，该范围在理想状态下应该是几微米[36,38]。另外，添加稀土的硫化物对某些型号的钢似乎是成功的，但是这个技术是否可以应用到管线钢的成分是不确定的[40]。

迄今为止，只有钒已被证明对针状铁素体的形成具有直接的影响，Edmonds 的工作表明了这一点[41]，但是已经注意到具有这种特点的组织与更为常见的同时含有铌和钒的钢有关[42,43]。其机制尚不清楚，但是已有人提出可能与铁素体在已有的析出物的形核有关，这些析出颗粒可能在轧制过程出现，并在热影响区热循环过程中粗化。一个相当有趣的研究观察结果来自钢板的激光焊接，其成分与管线钢相似。这些研究表明，可以在低铝钢（典型的铝含量小于 0.01%）自重熔（钢板重熔）焊缝中借助于添加钛诱导生成针状铁素体[44]，虽然其机制尚不清楚，但是可能与在含钛（如同某些焊缝金属中）的复杂氧化物上形核有关，然而“氧化钛”钢的其他特征似乎表明固溶的钛对铁素体转变的延迟作用可能也很重要[45]。其他的研究工作已经表明在超低碳钢中，铌和钛结合碳、钼或添加硼可以促进这些针状铁素体组织的形成[46]。

现在看特定元素的影响，一般来说，置换型元素会降低转变温度，提高硬度和降低韧性，其例外是稳定奥氏体或在高应变率表现出固溶软化效应的元素，如硅和镍[47]。目前，镍的添加是控制在任何固溶软化效应仅可能对热影响区韧性的改善影响甚微的水平上。另外，如果硅能够抑制渗碳体形成的话，对于韧性的影响是很复杂的。因此，在贝氏体转变期间，添加硅可以防止板条内碳化物的形成，使这些富碳区域在较低的转变温度下转变成广泛的各种显微组织。根据不同的冷却速率，这些区域能够以奥氏体形式残留，极大地改善韧性，相反地，如果它们转变为马氏体，则会显著降低韧性。关于这些潜在影响的某些指示来自于对这些富碳区域或马奥组元对临界粗晶热影响区 ICCGHAZ 韧性影响的研究，主要是对热机械轧制钢进行的[48,49]。例如，少量的马奥组元通常会与 CTOD 转变温度低于 -30℃，以及在典型热输入 5kJ/mm 焊接的冷却速率下大量残留的奥氏体相关。相反地，大体积分量的马奥组织则通常与高碳的脆性马氏体相关，其转变温度高于 25℃。

使用低磷、硫和氮含量是许多现代管线钢的一个特征。降低这些元素含量的好处是被公认的，但是已达到目前炼钢技术的极限。磷引起的脆化被认为很可能是由板条边界的偏析、超常的亚临界热处理所致[50,51]。有人提出，添加钼或硼能够清除磷，降低因偏析引起脆化的可能性。在此背景下，值得注意的是这些元素在最近的高强度管线钢开发中的应用[52,53]。减少氮含量的原理源于对固溶体中氮的作用的理解，“自由”氮对韧性有害，对于冷却时间在 10～300s 范围的焊接，自由氮导致的 ITT（冲击试验转折温度）的变化为 25℃/0.001%。图 15 表明高铝/氮比所保持的优点，尽管添加钛能够在相当大程度上减少自由氮的数量。根据溶解（在这种情况下是氮化铝）动力学，粗晶热影响区的晶粒尺寸会有一些变化。关于在铌钢中添加钛的问题将在下面讨论。

5 微合金化的影响

5.1 对显微组织和韧性的影响

铌对粗晶热影响区韧性的影响如图 16 所示，韧性的改善很明显是由于降低碳含量，不幸的是与较高铌含量对应的韧性最低的宽广部分是在厚壁钢管焊缝的冷却范围之内。

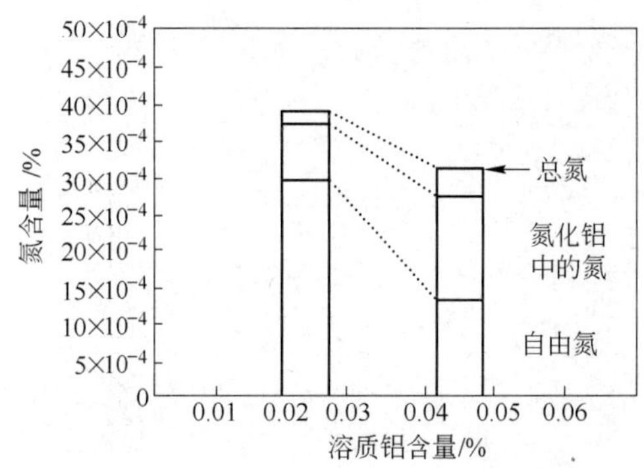

图 15 铝含量对溶解氮或自由氮的影响

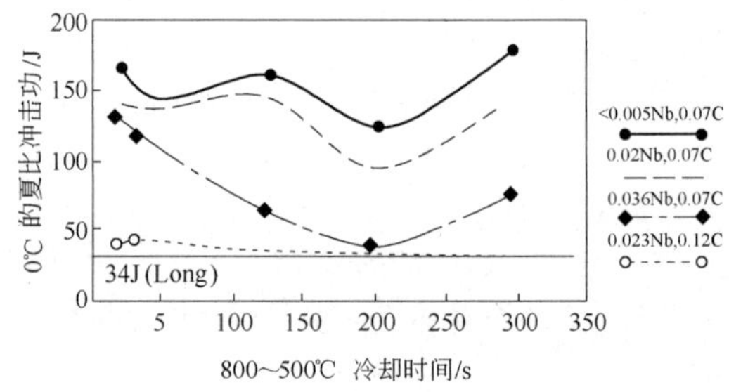

图 16 碳和铌对模拟热影响区夏比能量的影响

按图 15、图 16 所示，进一步降低碳含量和/或降低铌含量，这两种改变都会使韧性得到改善。这种效应是由于微合金化对热影响区显微组织发育的两种相互对立影响的平衡。一是由于微合金化对管线钢板材轧制后伴随各种组分固溶出现的晶粒长大的影响；二是由于热影响区热循环期间微合金元素再溶解而发生的淬透性的上升。图 17 给出了这种对 A_{r_3} 温度的相对影响，这是引自于 DeArdo 对 TMCP 钢的研究[54]，图中数据对于热影响区的条件是 10℃/s。主要添加的微合金元素铌、钒和钛都是铁素体稳定剂，预测的奥氏体向铁素体转变的平衡温度 A_{e_3}（Uhrenius）[55]可能显著上升，但难以确定（Kirkaldy 和 Baganis）[56]，除非能够达到接近相同的奥氏体晶粒尺寸。在冷却过程中奥氏体发生贝氏体转变的温度也受到抑制，在典型的管线钢热影响区冷却速率下，约在 8 ~ 15℃/0.01% Nb 之间。

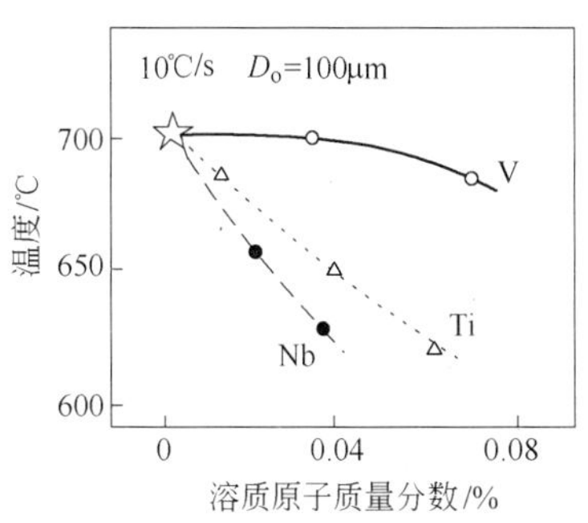

图 17 添加微合金元素对奥氏体向铁素体转变温度的影响

一系列的研究已经证实，铌钢具有形成贝氏体的更大倾向，这是由 CCT 连续冷却转变曲线图改变为更长的时间表明的，尽管由于各种钢的成分和奥氏体晶粒尺寸不同，难以做出直接的对比。例如，将再加热温度从 1150℃提高到 1250℃，其影响是形成铁素体所需的冷却速率降低约 2 倍，从约 11℃/s 降低到 7℃/s[57]。与其形成鲜明对照的是一种碳含量相似而锰含量较低的钢，表现出在这个冷却速率范围内没有铁素体形成，即使其奥氏体化温度较低，晶粒尺寸较小（65μm）[52]。这些差异并不容易解释，但是对于复杂微合金钢的析出顺序[58~60]将在下面的章节中做出解释。

5.2 颗粒的溶解、组成和颗粒粗化的反应

颗粒溶解及其对热影响区晶粒尺寸的影响是更加复杂的问题，但已对此进行了广泛的建模，易于在许多文献中见到。虽然有一些这类模型[61,62]已在商品钢上得到验证，但是在使用这些模型时还有一些假设应该进行进一步的测试研究。第一个假设是颗粒的大小是单峰均匀分布的，并且其固溶决定最终的热影响区晶粒尺寸。从给出的晶粒长大敏感度公式，例如 Gladman [63]，或 Hellman 和 Hillert [64] 的关于颗粒尺寸和体积分量的公式看来，最终的热影响区晶粒尺寸好像相当依赖于颗粒尺寸的具体分布情况以及涉及的热循环过程。其含义是，在较大尺寸级别颗粒中存在的有效颗粒，其再溶解将会最晚发生，这将影响最终的热影响区奥氏体晶粒尺寸。其中一个清晰的推论是证实了采用较高含量的铌将会产生较多并且较大的颗粒，这是贯穿整个轧制过程的溶解度变化的结果；这些颗粒将以与低铌含量钢完全不同的速率再溶解，延迟热影响区的晶粒粗化。需要进一步指出的是，在 TMCP 钢中的颗粒尺寸和分布与其轧制历史密切相关，例如板坯再加热温度、精轧阶段每道次的轧制速度或压下量与铁素体晶粒尺寸控制所要求的奥氏体调节有很大关系。如果发现不同的工厂生产的成分几乎相同的钢的热影响区响应有明显差别，这是不足为奇的。此外，对许多 TMCP 轧制制度下采用二维或三维模型预测热影响区晶粒的长大，以便对模型进行改进和对现行模型的预测进行对比是一件很有兴趣的事情。

从均衡模型预测颗粒的热动力稳定性[65,66]对于控制晶粒长大也是很重要的，如果颗粒保持未溶解状态，可以抑制晶粒的长大，例如在铌/钛钢或钛处理钢中，在峰值温度下，在与熔合线相邻的热影响区中的颗粒仍然主要保持未溶解状态。图 18 所示是一些典型的晶粒长大数据，表明即使是残留的钛，取决于炼钢所用的铁矿，在钢中的含量约为 0.007%，仍然有作用。这些结果可能有助于解释，为什么看来相似的钢在同样的焊接热循环下其奥氏体晶粒尺寸相当可观的

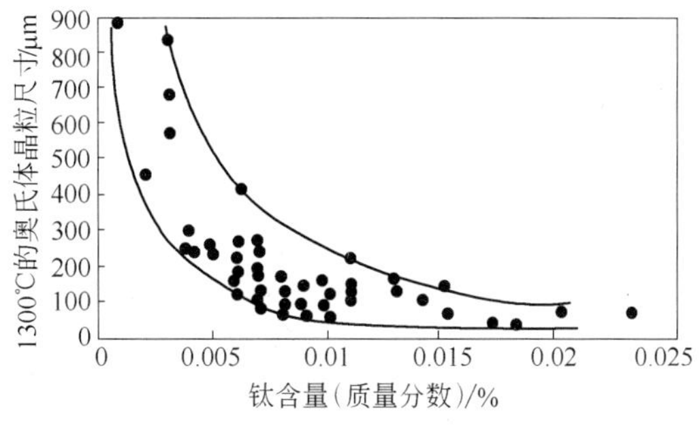

图 18 钛对钢的热影响区晶粒粗化影响的实验结果
（钛含量低于约 0.01% 代表残余量，在此值之上的钛代表有意添加）

离散性。

目前，从大量的研究工作中得到的相当多的证据表明，微合金颗粒的尺寸和组成是复杂的，特别是在多种微合金元素存在的情况下更是如此。一种典型的情况是铌-钛微合金钢，在这里添加钛的目的是抑制晶粒的长大，因为氮化钛在奥氏体中几乎是不溶解的，因此如果氮化钛颗粒的尺寸适当，热影响区的晶粒就几乎不会长大。然而，早期的过分单纯的想法认为氮化钛和碳氮化铌析出颗粒是彼此独立的种类，这种想法被证明是不正确的。此外，假设颗粒是均质的和单相的。由于所有微合金元素的碳化物或氮化物彼此的互溶性，原始钢板显微组织中颗粒的组成目前已知相差很大，尽管对其与加工历史的联系尚不清楚。虽然析出的顺序是能够预测的，根据平衡热力学和许多可以利用的专用软件包（Thermocalc、Chemsage和MTdata）可以评价一个给定钢种颗粒的相对体积分量和组成，但还不清楚的是，这些模型在多大程度上能准确地反映一个特定的工艺路线和钢的成分所得到的实际颗粒组成。然而，众所周知，由于钢铸坯的显微偏析[67]导致再加热前复杂的析出形态[68,69]，造成与平衡状态相当大的偏离。在铸坯再加热期间，这些析出形态被破坏，但是还有足够多的显微偏析会保留下来，这样就导致了生产全过程中奥氏体晶粒长大的差异性[67]。此外，给出了置换型合金元素的有限扩散系数，不合理的假设这种显微偏析不会反映在变化相当大的晶粒长大响应中。取铌、钛或钒的扩散系数不大于铁自身的扩散系数（1350℃温度时，钒的扩散系数是 7.85×10^{-14}，铌的扩散系数是 4.3×10^{-13}[70,71]），那么在热影响区状态下，这个扩散距离只有几百纳米的数量级，相比之下，粗晶热影响区晶粒尺寸的数量级是100μm。这个观测结果使得最近的关于围绕热影响区中氮化钛颗粒的“戴帽”[59,72]显得有道理。图19[73]所示是一个案例。对此的解释是，在热影响区中，某些铌重新溶解，并且在冷却期间由于异质形核效应重新沉淀在不溶解的 Ti_xNb_yN 上。其最终的结果是有效地将铌从固溶体中移出，降低了热影响区奥氏体的淬硬性和冷却期间可能的沉淀硬化。就轧制历史对热影响区显微组织和力学性能而言，这种推断可能是合理的。

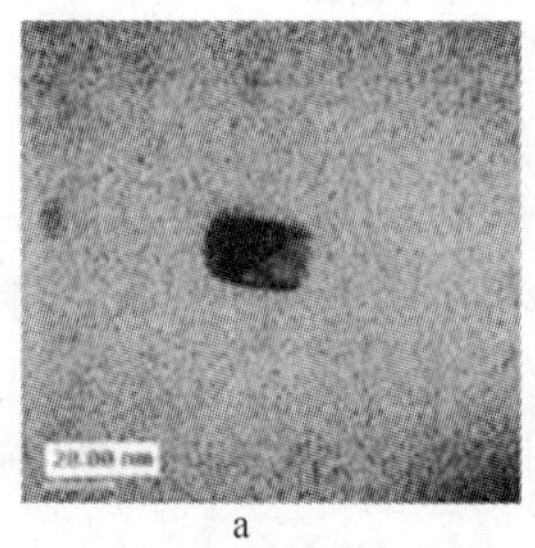
a

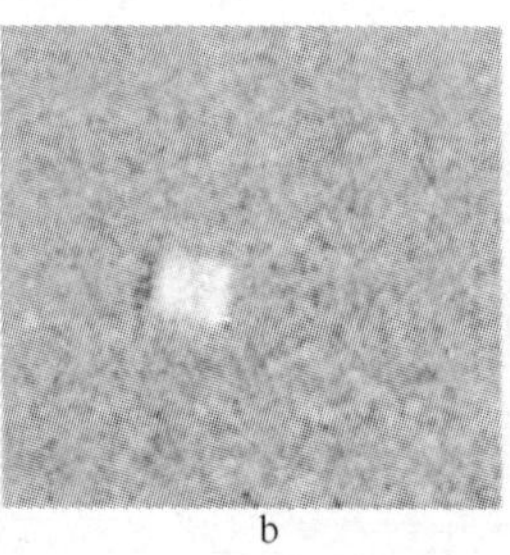
b

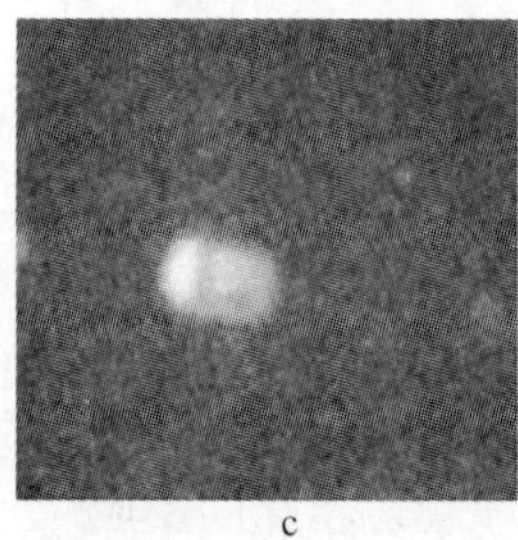
c

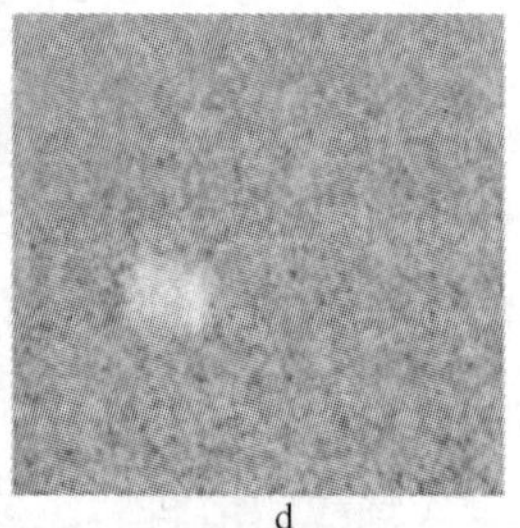
d

图19　0.04%C-1.4%Mn-0.036%Nb 钢热影响区中“戴帽”氮化钛铌（TiNbN）的电子能量损失图（EELS）
（图c显示的是铌“帽”[72]）
a—EELS亮场图像；b—钛的EELS图像；c—铌的EELS图像；d—氮的EELS图像

6　关于轧制工艺变化对热影响区力学性能和微观组织影响的一个案例

轧制历史对热影响区性能的影响在很大程度上被钢的成分差别或者钢管试验对缺口位置或试验制度的敏感性所掩盖。例如，8～10mm薄壁钢管可以采用卷板的工艺路线生产，或者采用往复轧制钢板的工艺路线生产。然而，为了达到同样的性能，需要采用不同的钢的成分，掩盖了由于不同析出颗粒尺寸导致的热影响区韧性的差别。即使采用一个单一的工艺路线，例如采用往复轧机轧制钢板，其工艺参数的范围，例如精轧温度或终轧保持温度的范围一般都不大，对于传统的常规试验制度来说，好像是极不可能检测到热影响区行为的显著变化。然而，从常规生产公差的极限值选择的钢板进行的热影响区模拟实验被证明是有益的，特别是关于其对组织/性能关系的单独贡献方面。从订单中选择一种 X65 管线钢板，其产品的化学成分是 0.08% C-0.3% Si-1.45% Mn-0.042% Nb-0.06% V，然后采用 Gleeble 热影响区模拟机研究精轧温度和终轧保持温度的极限值[72]。沉淀和位错对屈服强度的贡献 σ_{p+d} 被发现是追随生产中发现的 EHT 的范围。发现的极限值范围是 130 ~ 193MPa 以及 760 ~ 816℃，分别对应于不同的冲击行为，在规定的 -40℃ 试验温度下的夏比韧性分别是 182J 和 93J。析出颗粒尺寸的分布与预计的 σ_{p+d} 强度贡献相符。经过热模拟试验后发现了热影响区韧性虽小但是差别显著，对于强化贡献较高的钢，在 -20℃ 试验温度下的夏比韧性是 20 ~ 41J，而相比强化贡献较小的钢则为 114 ~ 148J。相反地，对于采用卷板机组轧制的 0.045% C-0.3% Si-1.55% Mn-0.06% Nb-0.012% Ti 的钢则没有这样的差别，尽管在 σ_{p+d} 强化贡献方面是 128 ~ 200MPa，在这种情况下，始终与降低碳含量和依靠氮化钛控制热影响区晶粒尺寸的作用相一致，如图 14 所示。虽然没有迹象表明轧制工艺的差异与技术规范要求的有限的常规热影响区韧性测试（每个铸次取一根钢管）有关联，由于上面说明的原因，已经开始进行后续的研究工作。这是采用实验室铸坯进行各种制度的轧制，旨在研究轧制工艺的各个方面，特别是碳氮化铌在奥氏体中析出期间的轧制道次序列[72,74]。采用一种简单的装置模拟热轧卷板的生产，这是通过将热装钢板在 600℃ 的加热炉中保持 24h 实现的。铌的析出颗粒尺寸分布情况如图 20 所示，不同轧制工艺的区别显而易见。AR、CR2 和 CC 三种轧制工艺（0.04% C-0.31% Si-1.4% Mn-0.036% Nb-0.04% Al-0.006% N）对 σ_{p+d} 强化的贡献分别是 79MPa、136MPa 和 0MPa，如图 21 所示，对应的粗晶热影响区冲击试验转折温度（CGHAZ ITT）分别是 -40℃、-27℃ 和

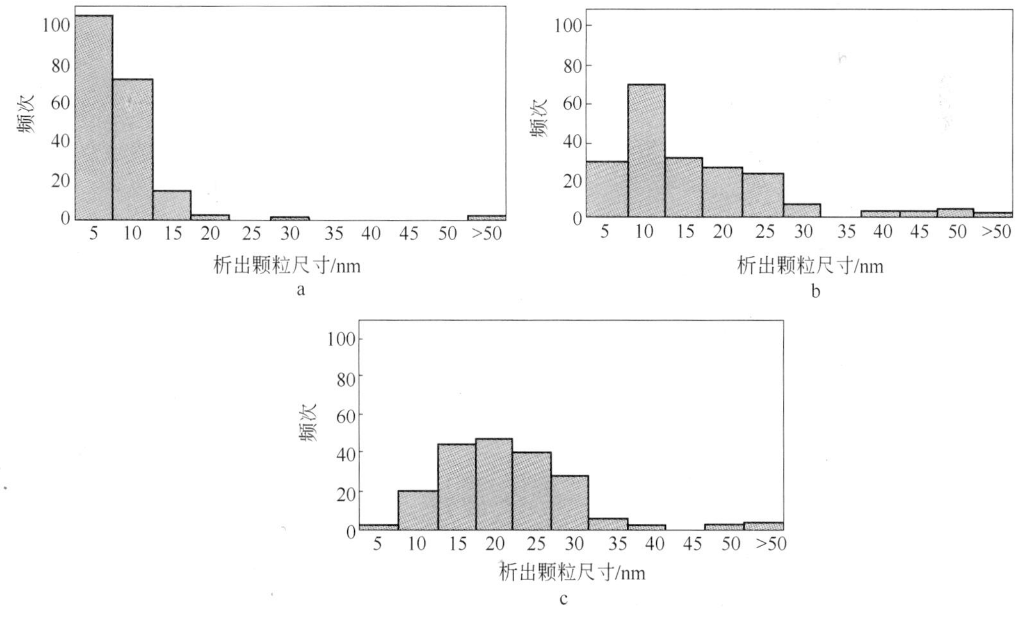

图 20 三种不同轧制工艺路线的析出颗粒尺寸分布

a—析出颗粒尺寸分布，仅含铌 AR；b—析出颗粒尺寸分布，仅含铌 CR2；c—析出颗粒尺寸分布，仅含铌 CC

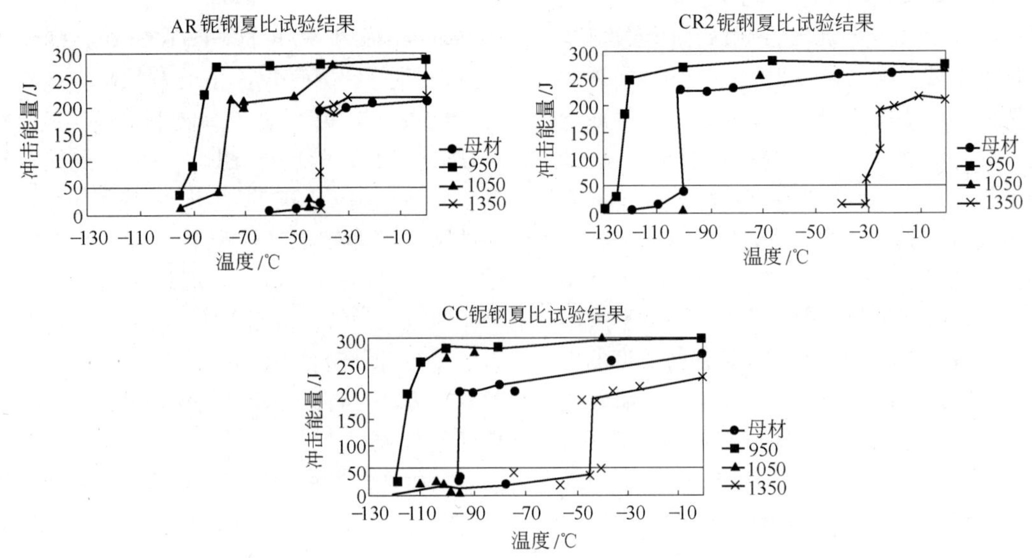

图 21　AR、CR2 和 CC 轧制条件下铌钢的热影响区夏比冲击能量

-44℃，但更重要的是 AR 钢的粗晶热影响区冲击性能在热模拟试验后并未改变。相比之下，采用相同制度轧制钛处理钢（同上成分当无铌，钛为 0.019%，氮为 0.006%）热影响区行为变化则小得多，比 AR 轧制钢的 CGHAZ ITT 略有改善，从 -60℃ 变化到 -65℃，如图 22 所示。这些结果在多大程度上能够反映按这种方式轧制钢的“真实的”热影响区难以判定，但是如果临界热影响区（ICHAZ，950℃和 1050℃模拟数据）和粗晶热影响区（CGHAZ）的模拟是“平均”的，那么 CR2 状态的表现接近母材的行为，反之，AR 状态的“平均”值则比母材大大改善。这些差别或多或少符合实际经验。然而，当显示热影响区行为略有变化时，这些结果证明轧制工艺能够影响焊接热循环期间的显微组织发展，并且指出粗晶热影响区在形成“局部脆化区”的关键性能。对此已经争论不休。

AR 为约 1100℃ 快速精轧，CR2 为在 1000～850℃保持一段时间然后在 800℃精轧，CC 与 CR2 相同，但是在 600℃装入加热炉中，24h 后冷却。

现代的钢材采用复杂的轧制工艺生产，通过轧制和后续冷却制度以及上述的合金化策略优化钢的母材和热影响区性能。考虑到上述轧制工艺的简单变化就能引起可观的性能改变，那么在现代管线钢中，更加复杂的析出颗粒尺寸、组成和成分分布受轧制工艺的影响可能更大。鉴于热影响区的某些区域对析出颗粒分布的敏感性，以及这些分布对轧制工艺的依赖

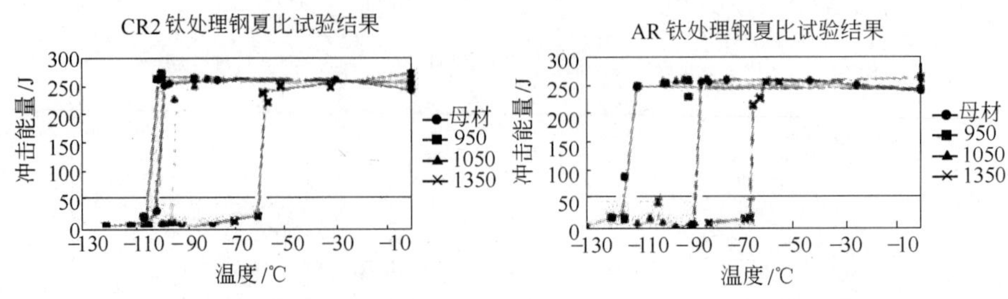

图 22　CR2 和 CC 轧制钛处理钢的热影响区夏比能量数据

性，特别是微观偏析区在析出颗粒尺寸和组成方面对热处理及后续影响的响应，作者的看法是，轧制工艺对管线钢热影响区的影响可能比我们已经认识到的程度要大得多。

7 结论

回顾管线钢成分对焊缝的焊接热影响区微观组织的影响，可以得出如下的结论：当前降低碳含量、提高微合金特别是铌的含量的趋势，已经显著改善了整个焊缝影响区的韧性，特别是粗晶区的韧性。然而，性能相当差的临界（IC）和细晶热影响区（GRHAZ），以及临界粗晶热影响区（ICCGHAZ），虽然在整个热影响区中只是一个非常狭小的区域，然而，由于当前高钢级管线钢管采用提高合金含量的做法，可能会加剧这个问题。但是，有一种引人关注的可能性是粗晶热影响区的组织可能做到，使钢在焊接后粗晶热影响区的性能不发生劣化。假如能够实现由针状铁素体形成的热影响区，其屈服强度超过600MPa，并且冲击韧性转折温度低于-120℃（如同某些与X80板材匹配的焊缝中一样!）的话，这种“冶金学者的惊喜”将会变成现实。可能发现某些采用铌和钒的联合微合金化钢热影响区中，在足够的时间内会保留碳氮化铌颗粒的存在，能够对热影响区的粗化产生影响。在这种情况下，已经表现出在冷却期间，依靠降低转变温度[75]和改变铁素体（或贝氏体）转变机制，其能够作为1~3μm超细铁素体晶粒的形核场所。钒或钛的作用也可能被证明是非常重要的，在唯一得到证明的情况下，这两种元素都被证明与足够数量的针状铁素体相关，足以改变粗晶热影响区的硬度/韧性平衡。已经实施了一个案例，证明轧制历史对特定类型TMCP管线钢的响应的影响。

致谢

非常感激受到邀请并有机会对这个话题做出总结。也感谢巴西矿冶公司CBMM的赞助。本文的主题对一个有幸从事焊接研究领域达40年之久的物理冶金学工作者是一个永恒的话题。对许多同事所做的贡献，尤其是K. Randerson和W. B. Morrison多年的贡献不胜感激。我特别感谢D. J. Egner和A. J. Couch允许我从他们的博士论文中得出（或转述）其结论。最后，对于关于热影响区显微组织和性能这个话题的许多有价值的出版物未能涉及表示诚挚的歉意。

参考文献

[1] D. Rosenthal. Trans ASME, 68, (1946), 819-866.

[2] N. Yurioka, M. Okamura, T. Kasuya, S. Ohshita. Welding Note, Nippon Steel Corporation, 1984.

[3] P. L. Mangonon, M. A. Mahimkar. Proc. 1st Intl. Conf. Trends in Welding Research, Gatlinburg, 1986, 35-46.

[4] B. A. Graville. Proc. Intl. Conf., Weldability of HSLA (Microalloyed) Steels, Nov., (1976), Rome, Italy, 85-101.

[5] S. Hasebe, Y. Kawaguchi, Y. Arimochi. The Sumitomo Search, 11(1), (1974), 1-24.

[6] K. Lorenz, C. Duren, C-Equivalent for Large Diameter Steel Pipe Steels, Proc. Conf., Steels for pipelines and pipe fittings, London, 1981, 37.

[7] T. Terasaki, T. Akiyama, M. Serino. Chemical Composition and Welding Procedure to avoid Hydrogen Cold Cracking Proc. Intl. Conf. Joining of Metals, Helsingfors, Denmark, 1984, 381-386.

[8] H. Suzuki. A New Formula for estimating HAZ hardness in Welded Steels, IIW Doc. Ⅸ-1315-85, 1985.

[9] N. Yurioka, M. Okamura, T. Kasuya, H. J. U. Cotton. Met. Constr. 19(4), (1987), 21723R.

[10] Y. Ito, K. Bessyo. Weldability formula of High Strength Steels related to HAZ Cracking, IIW Doc. Ⅸ-567-68, 1968.

[11] R. C. Cochrane. British Steel unpublished studies of grain growth in HSLA steels, 1981-1986.

[12] S. Sekino, N. Mori. Proc. ICSTIS. Trans. ISIJ (supplement)11(1971), 1181-1183.

[13] R. A. Grange. Met Trans. 2(1)(1971), 65-78.

[14] R. C. Cochrane & W. B. Morrison.

[15] M. Nakanishi, Y. Komizo, Y. Fukada. The Sumito-

mo Search, 33(2)(1986), 22-34.

[16] Ph. Maynier, J. Dollet, P. Bastien. Proc. Intl. Conf. Hardenability Concepts with Applications to Steel, (1978), AIME, Warrendale, PA, 163-178.

[17] L. Devilliers, D. Kaplan, P. Testard. Weld. Intl., 9(2), (1995), 128-138.

[18] S. Denis, D. Farias, A. Simon. ISIJ 32 (3) (1992), 316-325.

[19] G. K. Bhole, S. D. Adil. Acta Can. Met. Quart., 31(2)(1992) 159-165.

[20] P. R. Kirkwood. A Viewpoint on the Weldability of Modern Structural Steels, Proc. Intl. Symp., Welding Metallurgy of Structural Steels, (1987), Denver, CO, USA, 21-45.

[21] P. H. M. Hart. Proc. Intl. Conf. Metallurgical and Welding Advances in high strength low alloy steels, Copenhagen, September 1984.

[22] P. L. Harrison, P. H. M. Hart. Proc. Intl Conf. Microalloying Houston, TX, USA, (1990) 604-637.

[23] Y. Yurioka. Welding in the World, 35 (6), 375-390.

[24] Y. Tomita, K. Okabayashi. Met. Trans. 17A(7) (1986) 1203-1209.

[25] J. P. Naylor. Met. Trans. 10A(5) 861-873.

[26] P. Brozzo, C. Buzzichelli, A. Mascanzoni, M. Mirabile. Metal. Sci. 11(1977), 123-129.

[27] R. C. Cochrane. British Steel/Nippon Steel Technical Exchange Report 1984.

[28] S. W. Thompson, D. J. Colwyn, G. Krauss. Met Trans., 21A(6)(1990), 1493-1507.

[29] W. Wang, Y. Shan, K. Yang. Mat. Sci. Eng., A502(2008), 38-44.

[30] A. Guo, R. D. K. Mistra, J. Xu, B. Guo, S. G. Jansko, Mat. Sci. Tech. A527 (2010) 3886-3892.

[31] A. R. Mills, G. Thewlis, J. A. Whiteman. Mat. Sci. Tech. 3(1987) 1051-1061.

[32] M. N. Ilman Ph. D thesis University of Leeds 2001, M. N. Ilman & R. C. Cochrane to be published, IIW Conference May 2010.

[33] O. Grong, A. G. Kluken, H. K. Nylund, A. L. Don, J. Helen. Met. Mat. Trans. 26A(1995) 525-533.

[34] F. J. Barbaro, P. Kaukis, K. E. Easterling. Mat. Sci. Tech. 5 1989, 1057-1066.

[35] J-H. Shim, Y. W. Cho, S. H. Chung, J-D. Shim, D. N. Lee. Acta Mater. 47 (9) (1999) 2571-2760.

[36] Y. Tomita, N. Sato, T. Tsuzuki, Y. Tokunaga, K. Okamoto. ISIJ int. 34(10)(1994) 829-835.

[37] T-K. Lee, H. J. Kim, B. Y. Yang, S. K. Hwang. ISIJ 40(12) 1260-1268.

[38] Y-T. Pan, J-L. Lee. Materials & Design, 15(6) (1994), 331-338.

[39] S. Ohkita, H. Homma, S. Matsuda, M. Wakabayashi, K. Yamamoto, Nippon Steel Technical Report 37, April 1988, 10-16.

[40] G. Thewlis. Mat. Sci. Tech., 22 (2) (2006) 153-166.

[41] K. He, D. V. Edmonds. Mat. Sci Tech. 18 (2) (2002) 289-296.

[42] P. H. M. Hart, P. S. Mitchell. Weld. J. 74(1995) 239s.

[43] R. Otterberg, R. Sandstrom, A Sandberg. Met. Tech., (10)(1980) 397-408.

[44] R. C. Cochrane, D. J. Senogles. Proc. Conf. Titanium Technology in Microalloyed Steels, eds. T. N. Baker, Institute of Materials, Sheffield, 1995.

[45] H. I. Jun, J. S. Kang, D. H. Seo, K. B. Kang, C. G. Park. Mat. Sci. Eng. 427A (2006), 157-162.

[46] M. F. Eldridge. Ph. D. thesis. University of Leeds 2000.

[47] W. C. Leslie. Iron and its dilute subsistutional solid solutions, Met. Trans. 3(1)(1971), 5-26.

[48] J. H. Chen, Y. Kikata, T. Araki, M. Yoneda, Y. Matsuda. Acta. Met. 32 (10) (1984), 1779-1788.

[49] R. Taillard, P. Verrrier, T. Maurickz, J. Foct. Met. Mat. Trans., 26A(2)(1995), 447-457.

[50] R. G. Faulkner. Influence of phosphorus on weld heat affected zone toughness in niobium microalloyed steels, Mat. Sci. Tech., 5(11), (1989), 1095-1101.

[51] C. Thaulow, A. Paauw, K. Guttermsen. The Heat Affected Toughness of Low-Xcarbon Microalloyed

Steels, Weld. J. 66(9)(1987), 226s-279s.

[52] Y. B. Xu, Y. M. Yu, B. L. Xiao, Z. Y. Liu, G. D. W. J. Mater. Sci. 44(2009). 3928-3935.

[53] Y. M. Kim, H. Lee, N. J. Kim, Mat. Sci. Eng., 478A(2008) 361-370.

[54] A. J. DeArdo. Niobium in Modern Steels Int. Mater. Rev., 48(6)(2003) 371-408.

[55] B. Uhrenius. Hardenability Concepts with Applications to steels. 1978 Chicago, TMS-AIME. 28-81.

[56] J. S. Kirkaldy, E. A. Baganis. Met. Trans., 9A (1978) 495-501.

[57] K. Hulka, J. M. Gray, K. Heisterkamp. Niobium Technical Report NbTR-16/90 1990 CBMM Brazil.

[58] D. C. Houghton, G. C. Weatherly, J. D. Embury. Thermomechanical Processing of Austenite Pittsburgh USA 1981 AIME 1982, 267.

[59] D. C Houghton. Acta Met. 41(10) 1993, 2293-3006.

[60] J. T. Bowker, J. Ng-Yelim, T. F. Malis. Effect of weld thermal on behaviour of Ti-Nb carbonitrides in HSLA steel. Mat. Sci. Tech., 5(10)(1989), 1034-1036.

[61] M. Hillert, L. I. Staffanson. Acta Chem. Scand. 24(1970) 3618.

[62] H. Adrian. Mat. Sci. Tech 8 1992 406-419.

[63] T. Gladman. Proc. Roy. Soc. 294A(1966), 294-309.

[64] P. Hellman, M. Hillert. Scand. J. Met. 4 ( ) (1975), 211-217.

[65] I. Anderson, O. Grong, N. Fyum. Acta. Met. Mat., Parts Ⅰ & Ⅱ, 43(7)(1995), 2673-2700.

[66] J. C. Ion, M. F. Ashby, K. E. Easterling. Acta. Met. 32(1984), 1949-1958.

[67] A. J. Couch. Ph. D thesis, University of Leeds, 2001.

[68] J. M. Raison. M. Sc thesis, University of Birmingham, 1982.

[69] Z. Chen, M. J. Loretto, R. C. Cochrane. Mat. Sci. Tech. 3(1987) 836-844.

[70] A. W. Bowen, G. M. Leak. Met. Trans. 1(6)(1970), 1695-1700.

[71] Metals Reference Handbook, eds. E. A. Brandes, Butterworth, London 1983.

[72] D. J. Egner. Ph. D. thesis, University of Leeds, 1999.

[73] D. J. Egner, R. C. Cochrane. Proc. Intl. Conf., Microalloying 1998, San Sebastian, Spain.

[74] D. J. Egner, R. C. Cochrane, R. Brydson. Proc. Conf. Inst. Phys., (1999) EMAG (1999). see also[72]189-192.

[75] R. C. Cochrane, W. B. Morrison. Proc. Intl. Conf. Steels for Linepipe and Pipeline Fittings (1981) Metals Society, London, paper 7.

（渤海装备研究院钢管研究所　王晓香　译，
中信微合金化技术中心　郭爱民　校）

高强度管线钢管的基本焊接问题

Andreas Liessem[(1)], Ludwig Oesterlein[(1)], Hans-Georg Hillenbrand[(2)], Christoph Kalwa[(2)]

(1) EUROPIPE GmbH Pipe Mill Muelheim, Wiesenstrasse 36, 45473 Mülheim a. d. Ruhr, Germany;
(2) EUROPIPE GmbH Headquarter, Pilgerstrasse 2, 45473 Mülheim a. d. Ruhr, Germany

摘　要：偏远地区天然气田的开发使输送管线面临着严峻的挑战。管线材料必须满足在很多特殊情况下的不同要求，例如在深海使用中要求的大厚壁高强度以及酸性气体下的耐腐蚀性；在极地地区使用时要求的低温韧性；在止裂性能上要求的超高韧性。除以上几个方面外，经济规则也十分重要，使用者希望油气管线的建设和运行可实现成本效益和长期安全。

因此，从炼钢到管线钢成品生产都需要依靠技术的不断进步，通过非质量成本不断降低来提高产品的质量水平和生产效率。本文主要关注直缝焊的焊接过程及控制，因为它们对油气管线本身的安全性有重要影响。各种质量要求的设定根据使用者对焊缝力学性能、形状和允许的缺陷尺寸的需要。有时候一些要求是不能同时被满足的，某些为满足某个要求而施行的措施会阻碍另一个目标的实现。保证焊缝高质量的关键是严格控制焊接参数和优化选取焊接材料。本文的第一部分介绍了如何通过现代焊接技术和过程控制来提高焊缝质量。此外，还讨论了焊缝成型的某些要求会导致不必要的高热输入量。第二部分讨论了焊材的作用，列举了不同类型的焊剂和焊丝，并从性能角度进行了对比。

关键词：埋弧焊，焊缝质量，过程控制，焊接参数，焊材

1　引言

随着输送压力的稳步提高，油气管线在海洋极端环境下的建设和服役对管线钢的性能提出了更加严苛的要求。如今，不仅需要提高壁厚，还要提高强度，更要求良好的韧性、可焊性，以及钢管几何尺寸的精确度。除了这些要求以外，管线钢可能应用于酸性介质中，所以还要求具有耐腐蚀性。

虽然是大批量生产，但应用于高压油气输送的大直径管线钢管不同于一般的商品。综合性而又具有挑战性的要求决定了项目设计的规范。其中某些要求是相互对立的，一些措施在提高一种性能的同时又会损害另一种性能。这种情况在所有级别的管线钢管中都存在，但是在传统的 X80 级别以下的管线钢管中已经得到很好的控制。而在更高强度级别的管线钢管中，设计者需要根据更高的和新的要求来不断改进方案。

图 1 列举了高强度管线钢管的主要性能。为满足低预热温度下的可焊性和冷裂敏感性，要求低碳含量和限制合金成分。另外，高强度、高韧性又必须通过特定的合金化来获得。此外，钢管的形状应该是一个椭圆度很小的近似圆，这就需要在成型和扩径过程中有较大的形变。但是为了减轻在涂覆过程中的时效作用，以及增大对外部压力引起失稳的抵抗能力，又需要通过机械扩径的小变形来实现。

焊缝质量要求也可以用一个类似的图表示（图 2）。为了提高生产效率，要尽可能地提高热输入量和焊接速度。但是，过高的热输入量会损害焊接热影响区（HAZ）的韧性，因此必须控制热输入量。此外，过快的焊接速度会

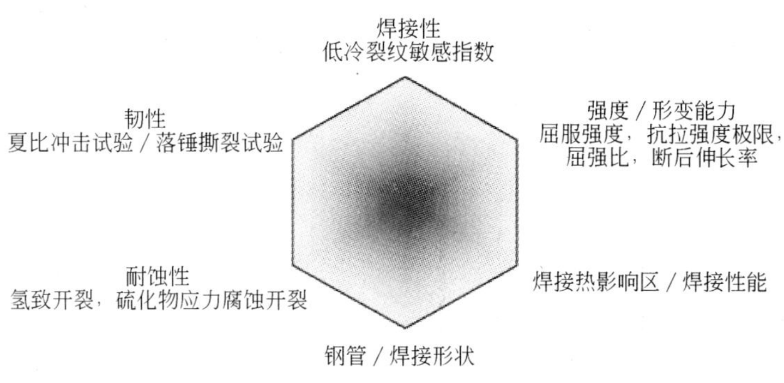

图 1　管线钢管的主要性能

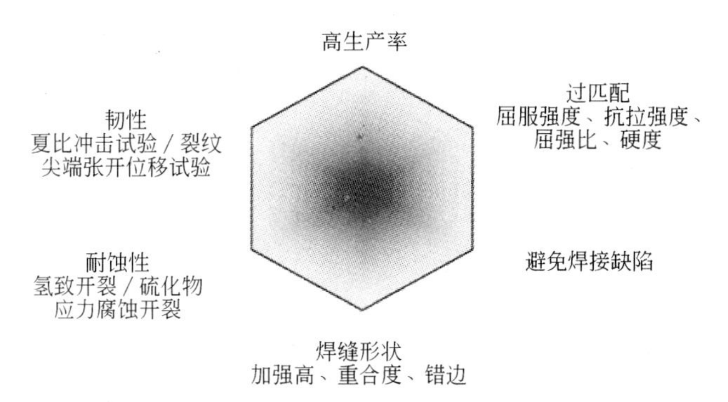

图 2　焊缝质量主要要求

使焊接缺陷增多，例如咬边和未焊透。为了提高韧性，需要对焊缝进行特殊的合金化。另外，这种为提高韧性而进行的合金化会导致硬度提高和过匹配。如上讨论，总之管线钢管不同质量需求中有些是不能同时实现的，需要合理设置各项参数。

2　焊接技术

在满足管线钢管高质量要求的前提下，最经济的生产方法是采用双面埋弧焊的 UOE 生产路线。其力学性能、耐蚀性主要受焊材选取的影响，而焊缝形状、焊接缺陷主要受焊接参数的影响。

各种质量要求既要确实满足，同时又要考虑经济因素。生产适用于高压输送的管线钢管，其焊接过程不是仅仅将两块钢板的边缘部分连接起来这么简单。表 1 概括了埋弧直缝焊焊缝的主要质量要求。

表 1　埋弧焊（SAW）焊缝的质量要求

埋弧焊质量要求		
力学性能/耐蚀性	焊缝形状	缺　陷
强　度	错　边	咬　边
匹配率	径向偏移	夹　渣
韧　性	焊缝高度	气　孔
硬　度	焊缝接触角	未熔透/未熔合
抗氢致开裂/抗硫化物应力腐蚀开裂	焊缝宽度	裂　纹
	焊　透	
	焊缝线性度	

续表 1

埋弧焊质量要求		
关键因素： 焊接参数 （焊材、母材）	关键因素： 焊接参数 （焊材）	关键因素： 焊接参数 （焊材）

位于米尔海姆鲁尔区的 EUROPIPE 钢管厂每天可以焊接 15km 以上的焊缝。稳定的焊接过程是保证最低的维修率和废品率的必要要求。为了进一步改进焊接过程，EUROPIPE 钢管厂引进了最先进的数字化焊接电源。最先进的焊接电源可连接 7 部内焊机和 7 部外焊机（图 3）。

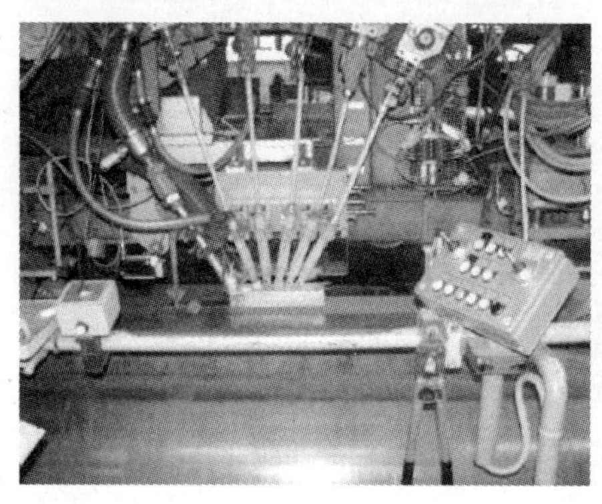
a

b

图 3　内焊机（a）和外焊机（b）的焊头

这种电源与传统的焊接设备相比功能更加强大，主要特点见表 2。

表 2　Power Wave 电源的特点

特　点	Power Wave（PW）
网络补偿 ±10%	√
电源预设装置	√
可调节斜坡功能	√
交流和直流模式	√
频率控制	√
恒流模式	√
恒压模式	√
相位角控制	√
波形设计	√

这些优点都是基于新型数字化设计的。Power Wave 电源使用了变频器技术。由于这些变频器可进行一级和二级转换，所以允许在较宽范围内进行参数设定。这种技术可用来生产管线钢管以满足其特殊性能要求。一旦发现完美的参数设定，预设装置就可以把它记录、储存下来。使用预设装置有助于快速设定电源参数，使之更好地适用于不同壁厚钢管的焊接。预设装置可以储存单个焊头工作的所有必要信息，例如焊丝直径、起弧-停弧参数等。这样可以使焊接参数偏差较小，从而获得稳定的焊接过程。优化焊接速度以提高生产效率和降低热输入量，同时不会有缺陷率增加的风险。图 4 显示了针对某一特定壁厚，最优热输入量随熔敷率增加的变化。通过数字化电源的优化选择，可以在提高 4% 熔敷率的同时还获得 11% 热输入量的降低。

管线钢管焊接通常采用两道次埋弧焊工序。虽然这种工艺可以在一个较宽范围内优化，仍然需要满足大厚壁和/或高韧性的极限要求。然而如果选择低热输入量的多道次焊接可以保证焊缝和热影响区的力学性能，但是显

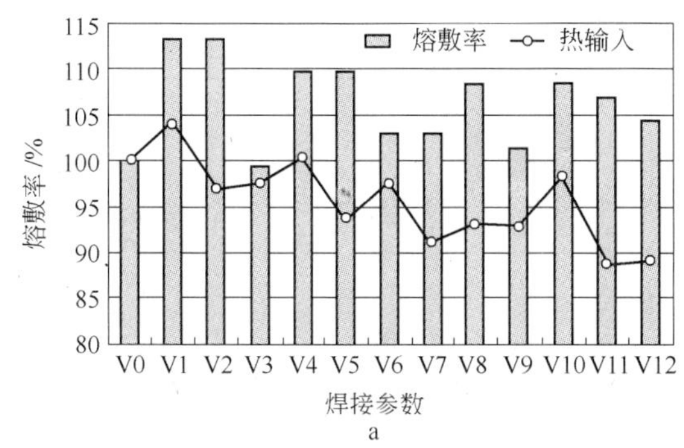

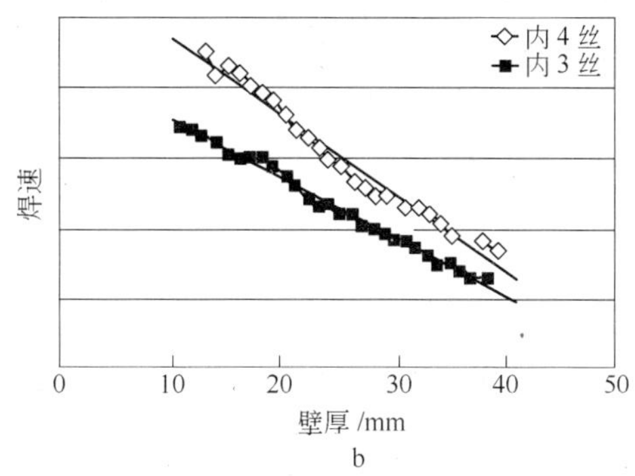

图 4 熔敷率、热输入（a）和焊接速度（b）的优化

著降低了管线钢管生产的成本效益。总生产成本与焊接层数成倍数关系。如图 5 所示的这些矛盾只能通过各方的协调来解决。

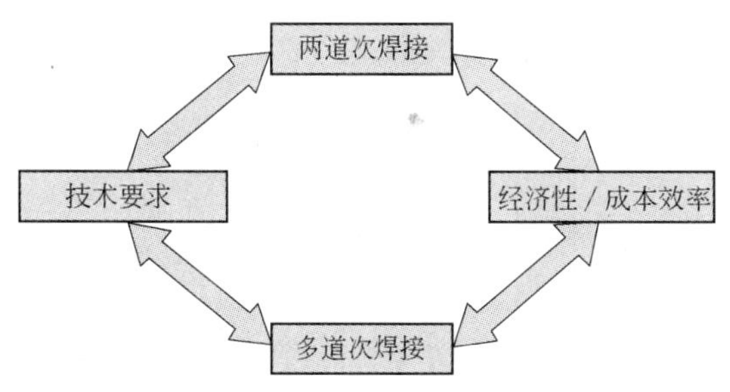

图 5 焊接工艺选择的矛盾与协调

通常定义的对内外焊道重合区宽度和深度的限制就是一个在需求方面有争议的典型案例。一方面，规范要求内外焊道要有足够的焊接重合区以避免未焊透情况的出现；另一方面，要达到这一目的必须增加第一焊头的热输入量，而高的热输入量又会对力学韧性造成负面影响。图 6 是一个 32mm 壁厚的焊缝宏观视图。外焊缝的熔深 E = 18.6mm（质量分数约为 60%），焊透重合区深度 I = 5.3mm（质量分数约为 15%），焊透重叠区宽度 F = 8.6mm（质量分数约为 25%）。宽度/深度比约为 1.7 以保证最有利的枝晶生长，避免热裂纹。即使错边为 4mm，这样的焊缝重合区也足以保证全焊透。以这个厚壁管为例，焊透重合区的最小值通常为名义壁厚的 1/4 和/或壁厚的 1/3，为了满足这个要求需要增加大约 10% 的过度热输入量。因此建议焊接质量要求以平衡的方式来确定，这种方式既要能保证完全焊透，又不会过度增加额外的热输入量。可以阶梯式地设定焊透重合区宽度，壁厚 16mm 以下时重合区宽度最小为 4mm，壁厚为 16 ~ 28mm 时重合区宽度为 1/4 的名义壁厚，壁厚为 28mm 以上时重合区宽度最小为 8mm。

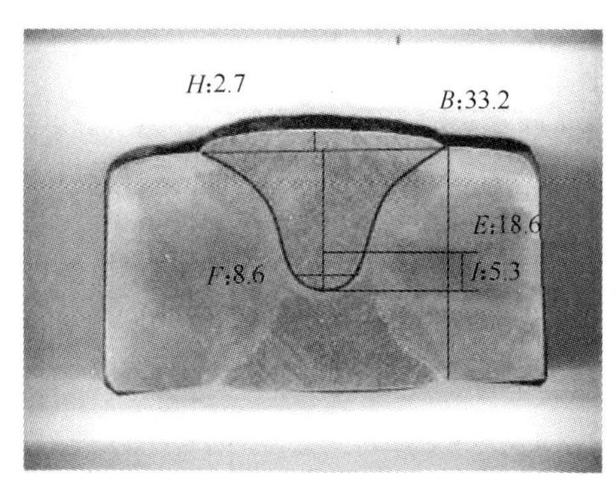

图 6 一种典型 32mm 壁厚的焊缝宏观视图

除了焊接性能，焊接技术人员还主要关注焊接过程的效果和经济性。对一个高效的生产线而言，高产量的制管厂要保持生产连续性，必须严格控制返工率。通过减少焊接缺陷率来不断提高焊接质量是一项持久的任务。稳定可靠的焊接工艺和设备是实现这一目标的必要条件。

连接到焊接设备上的分析软件为评估焊接工艺提供了可能性（图 7）。这可以对焊接过程进行系统性的改进，并且更深入地了解各项

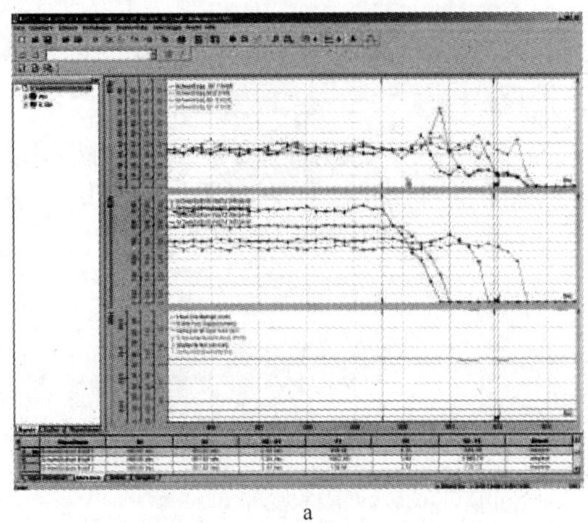
a

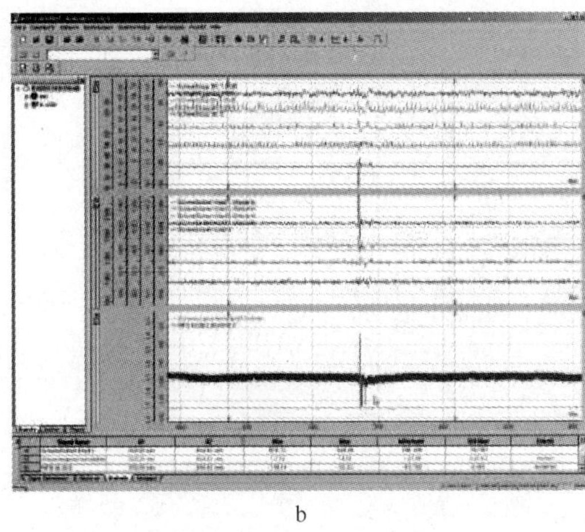
b

图 7　分析工具：对焊接停止在熄弧板端部（a）、焊接参数导致夹渣（b）的改进

措施，以避免缺陷的产生。

带有自动化超声波（AUT）和 X 射线的室内无损检测可以完成质量控制过程。后续过程控制中结合快速获取工厂中任意时间和位置的重要信息，可以稳定地减少因焊接缺陷而导致的返工和损失（图 8）。

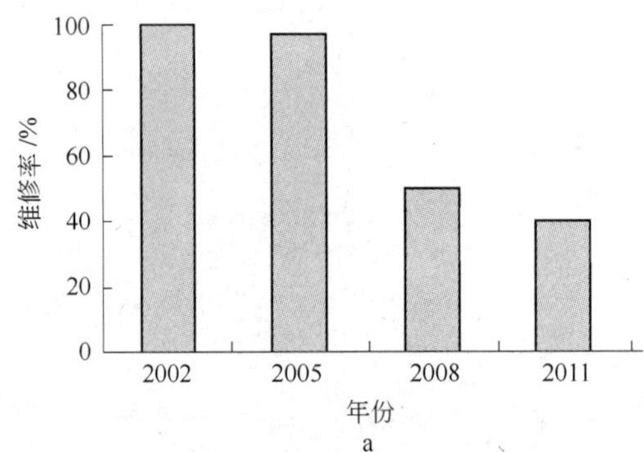

a

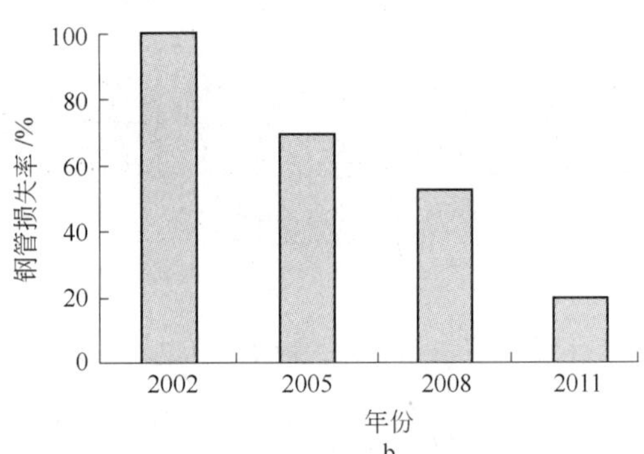

b

图 8　维修率（a）和钢管损失率（b）的改善

3　焊材和焊缝性能

为了满足不同的质量要求，同时保持较高的生产率和过程稳定性，必须特别注意选取和开发最合适的焊材作为焊剂和焊丝。关于焊材的重要内容将在本章节讨论。

埋弧焊中焊剂的作用不仅是通过制造的熔渣来保护凝固金属在焊接时不受周围气体的影响，而且还有其他的作用，如下：

（1）防止焊材过度冷却。

（2）影响焊缝的形状和表面质量。

（3）控制重要合金元素，如锰、硅。

（4）稳定电弧和控制熔滴过渡。

（5）控制氧含量以及夹杂物的体积分数和尺寸分布。

图 9 是单丝埋弧焊焊接工作区域的示意图。多丝埋弧焊的焊接工作区相应地扩大。焊剂需要具有特殊的性能，以满足快的焊接速度和高的生产率的要求。

焊剂是由矿物质组成的，如铝、锰、钙和其他元素的氧化物。此外，还含有萤石、铁合金、脱氧剂如硅铁。这些成分来源于自然界，并有严格的限定。在制造过程中主要有两种不同类型的焊剂。

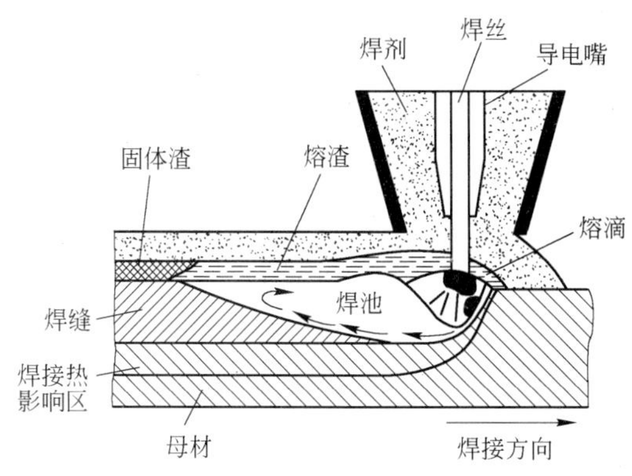

图9 单丝埋弧焊焊接工作区示意图

熔炼焊剂是将所有配料在电弧炉或冲天炉中同时融化，融化温度在1200～1400℃之间。将熔融金属浇注并凝固、粒化、烘干、筛选而制成焊剂。由于经过高温熔炼过程，焊剂颗粒的化学成分是均匀的，同时颗粒强度高于烧结焊剂。熔炼焊剂在气动传输和机械运输的长距离送料方面是有优势的。熔炼焊剂本身是非吸湿性的，因此在使用前不需要重新干燥。

尽管熔炼焊剂具有这些优点，而烧结焊剂却是管线钢管焊接的主要使用类型。烧结焊剂是将不同配料加入硅酸盐“烧结”而成的。首先将原材料粉碎成小颗粒，再将这些小颗粒烧结成含有相同配料比的大颗粒，烘干，在600～850℃温度之间烧结而制成焊剂。像所有的烧结产品一样，这些颗粒是化学成分不均匀的。在制造过程中这些焊剂成分是没有相互反应的，可以加入金属脱氧剂或者合金元素。这是与熔炼焊剂相比具有的主要优势之一，因为焊接金属更有效地脱氧，从而夹杂物的体积分数和尺寸分布都能得到很好的控制。所以在零度温度以下烧结焊剂获得的焊接金属比熔炼焊剂有更高的韧性值。在焊接过程中烧结焊剂消耗量较低，因为它的密度较低。由于烧结焊剂具有吸湿性，建议在使用前重新干燥焊剂，或者控制其湿度[1]。

EUROPIPE钢管厂只使用烧结焊剂。从焊剂的最初开发、最后获得、检验收入到投入生产的全过程实施不同的质量控制措施。这些措施包括主要焊剂成分的严格规范和下列因素的常规控制：

（1）颗粒大小和分布。

（2）耐磨性（颗粒强度）。

（3）含水量。

（4）碱性指数（BI）。

焊剂密度、晶粒尺寸和分布是控制焊缝形状和表面质量的重要因素。如果焊层太厚或密集，由于焊接产生的气体不能及时逸出，焊缝将会形成粗糙而不规则的表面。另外，如果焊层太薄，熔池不能受到足够的保护，弧光和飞溅会导致产生较差的焊缝外观。

通常使用碱性指数在1～1.5范围内的铝基焊剂，可以实现脱氧以提高韧性、提高生产率和改善焊缝表面粗糙度的最佳效果（图10）。使用碱性指数低的焊剂可以获得较快的焊接速度和良好的脱渣性，但是由于较高的氧含量，韧性降低。另外，碱性指数高的氟基焊剂应用于多道焊，其主要目的是在－60℃或更低温度下获得良好的低温韧性。

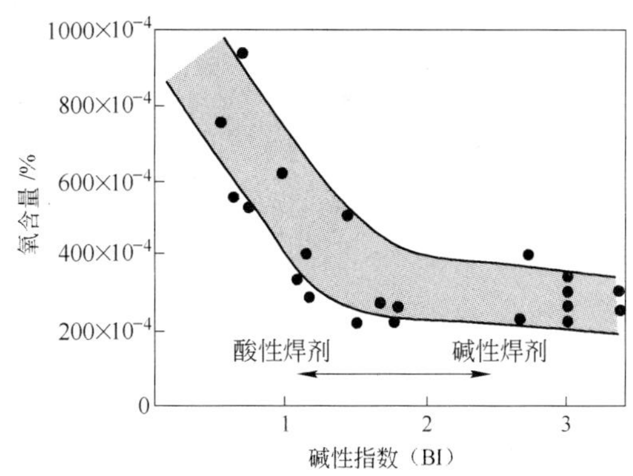

图10 焊缝氧含量与焊剂碱性指数的函数关系

双面焊缝的最佳氧含量是在(0.03±0.01)%范围内。氧化物通过影响奥氏体晶粒尺寸、奥氏体转变和针状铁素体的形成从而控制焊缝微观组织[2]。

前面已经提到烧结焊剂的主要缺点是吸湿性，需要根据个别工厂及其环境制定特殊的处理和储存过程。越来越多的埋弧焊管线钢管标准和规范限定焊缝金属中最大的扩散氢含量为

5mL/100g[3]。此外，这些规范也规定烧结焊剂的最大含水量为0.03%。从以烧结焊剂为主要供应类型的EUROPIPE钢管厂的经验来看，这个最大含水量值只有在重新干燥后才能达到，规定值的设置似乎颇为随意。作为另一种选择，可以通过提供扩散氢含量与含水量的比较数据，从而证明即使含水量较高，也能够保证扩散氢含量的最大值为5。

焊剂含水量的测定必须符合AWS（美国焊接学会）的A4.4M标准[4]。该标准定义了两种不同测量较低含水量的方法：卡尔-费舍尔（KF）法或红外检测（IR）法。这两种方法在测试仪器和测量过程中都有区别。按照标准，要求提取温度为980℃（±10℃），而且运载气体需要为氧气或瓶装干燥空气。这两种测定方法可以得到类似的结果，当所测的含水量较低时，卡尔-费舍尔（KF）法更为常用，但所测数据会相对离散，有较大的标准偏差。除了所采用的方法和确定的量值以外，最重要的是在冷裂纹敏感性方面焊材含水量与扩散氢含量是相关的。

为了确定含水量和扩散氢含量（HD）值的关系，将刚到货和在人工气候室储存一段时间后的铝基焊剂进行了一系列的检测实验，以此来研究焊剂中含水量对HD值的影响。将焊剂试样在温度为25℃、相对湿度为95%的人工气候室中储存不同时间。值得注意的是，相对湿度为95%反映了一种极端条件（即非常潮湿的气候环境），对西欧工厂而言这一设定可以认为是非常保守的。在放入人工气候室储存之前，焊剂试样根据制造商的规定在300～350℃进行了2h的重新干燥，以保证初始湿度值一致。人为湿化的焊剂试样是按照AWS标准的A4.4M规定的环境条件，利用红外检测（IR）来测定的。最终以此研究焊剂的不同含水量对HD的影响。HD值的测定是按照DIN EN ISO 3690标准采用运载气体热提取法（CGH）（提取温度为400℃，运载气体为氮气）来完成的。

图11给出了在不同条件下获得的一系列焊剂扩散氢含量（HD）的实验结果，图中给出的个别值是指两次测量的平均值。

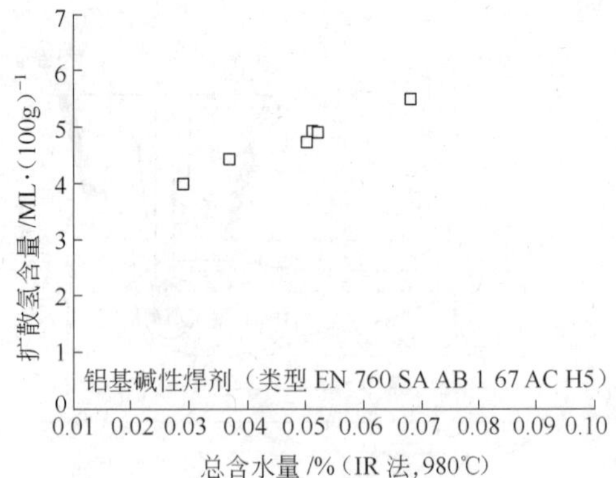

图11　在980℃，扩散氢（HD）与总含水量的函数关系

研究的铝基焊剂在交货状态和重新干燥后焊接金属扩散氢含量都少于5mL/100g，与制造商的数据手册给定值和"H5"（100g焊缝金属中最大氢含量为5mL）的规范是一致的。经人工湿化的焊剂，其氢值增加与总含水量增加是一致的，这取决于在人工气候室储存的时间。

在EUROPIPE钢管厂焊材的质量检测体系中，定期对到货以及个别焊头上的焊剂试样进行实际含水量检查，确保所使用的焊剂含水量低于0.06%的内部限制值。此外，在焊剂储存室和钢管厂还对内部空气湿度和温度进行了记录。

如图9所示，焊剂和熔化焊丝会在电弧下发生化学反应。除了焊接参数和焊剂以外，焊丝必须通过与其他两部分达到最佳匹配的方式来设计，以获得最佳焊缝。考虑到焊缝的力学性能，通常认为韧性需要达到一个足够高的水平，以满足服役条件和设计标准，同时焊缝金属强度应达到比母材金属强度超出25%的过匹配要求。

对双面缝埋弧焊大直径管线钢管而言，降低热输入量和减少冷却时间对焊缝金属性能的影响作用是有限的。控制焊缝金属的微观组织是获得所需韧性和强度的关键。针状铁素体的形成是实现这一目标的最佳解决方案，同时可以通过焊缝金属中合金元素来影响针状铁素体的形成。针状铁素体有非常细小的晶粒尺寸和高的位错密度。当焊缝的稀释率达到70%时，必须考虑被焊母材的化学成分。

图12给出了大部分合金元素对埋弧焊焊

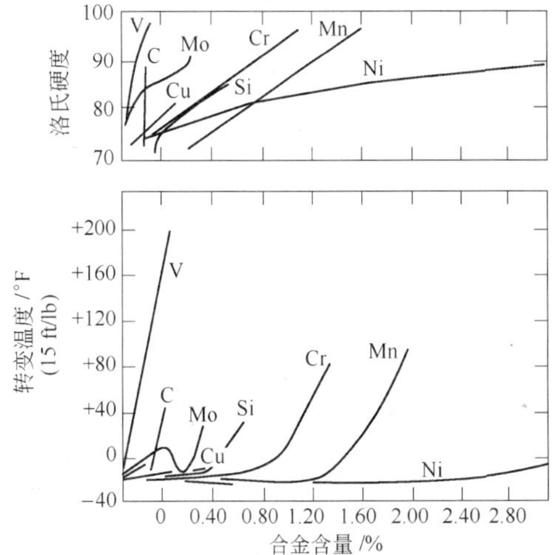

图 12　合金含量（质量分数）对埋弧焊焊缝金属缺口韧性和硬度的影响[5]

缝韧性和硬度的影响。除了氧含量及其对夹杂物的影响以外，合金含量也是非常重要的，因为合金含量可以显著地影响焊缝金属的微观组织，从而影响力学性能。合金元素如钼、硼推迟奥氏体晶界处的转变，而锰和钛促进针状铁素体的晶间转变。与针状铁素体相反，在固态相变和结晶过程中奥氏体相变的产物先共析铁素体的形成量却是最少的。先共析铁素体多为小角度晶界，易形成晶粒粗化和定向生长，这不利于获得良好冲击韧性。

图 13 是两种典型的微观组织。图 13a 是粗大针状铁素体组织，并且在原奥氏体晶界处有大量先共析铁素体，是不利于韧性的微观组织；图 13b 是细晶针状铁素体组织，具有高韧性和足够的过匹配。

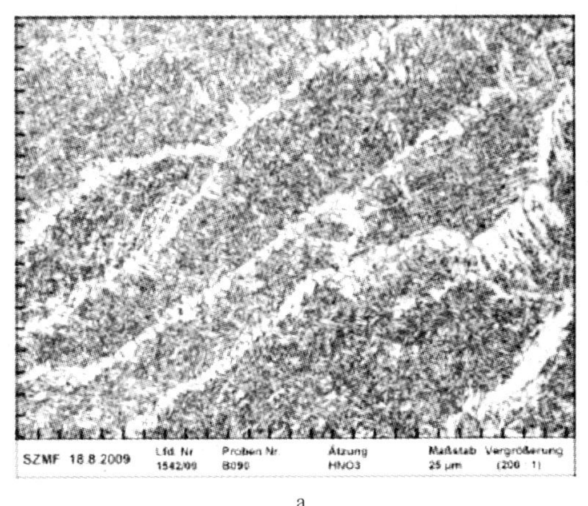

a

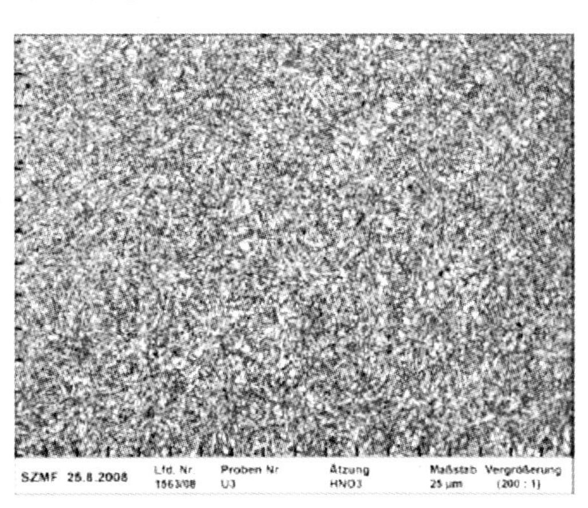

b

图 13　焊缝两种典型的微观组织照片

a—粗大针状铁素体与先共析铁素体；b—细晶针状铁素体

图 14 是三种基本焊丝合金成分的夏比冲击实验过渡曲线。MnMoTiB 合金系保证了较大体积分数的细晶针状铁素体和低的氮含量，所以其上平台韧性值比其他两种高，转变温度也更低。在 TiB 焊接金属中，硼原子沿奥氏体晶界分布，抑制了晶界铁素体的形成，促进了奥氏体晶内以均匀分布的钛氧化物为形核核心的针状铁素体的形成。在这种合金系中钛有保护硼不被氧化的作用，也可以阻止硼形成氮化物抑制晶粒细化。与此相比，锰-钼合金焊丝具有明显较低的韧性值，但仍足以适用于大多

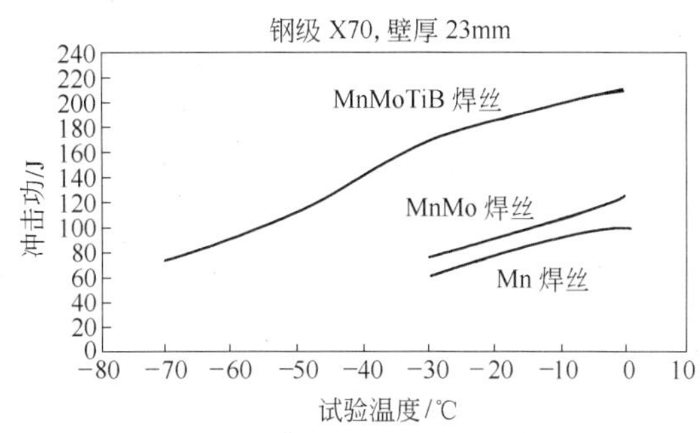

图 14　不同合金系焊丝的典型 CVN 过渡曲线

（缺口位置：焊缝金属外侧）

数陆上使用的 X70 以下管线钢以及测试温度最低为 -20℃ 的焊接。

图 15 是测试温度为 -40℃ 的 X70 和 X80（或相当于俄罗斯 K65）管线钢厚壁实际夏比冲击实验结果。在两组实验中都使用了 MnMoTiB 合金焊丝。结果表明，这种类型焊丝的优势在于即使在很低的温度下仍然保持高韧性。

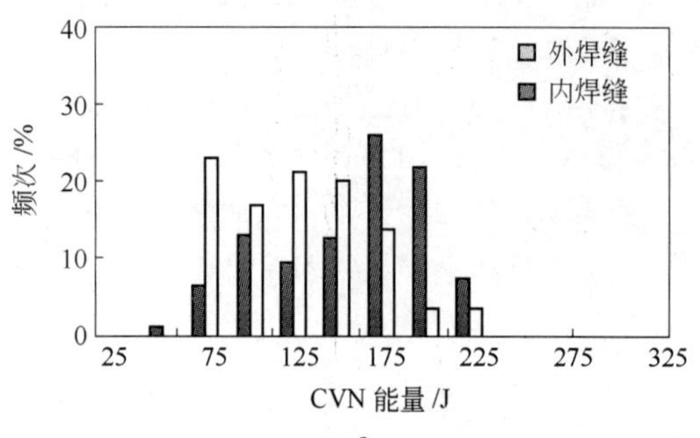

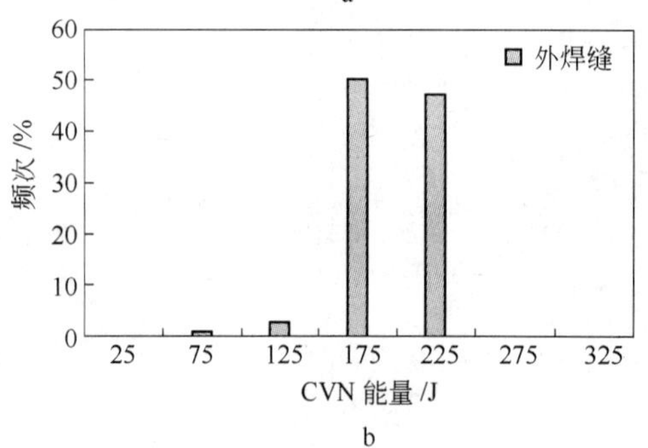

图 15　X70 和 K65 焊缝夏比冲击功检验结果（-40℃）

a—29.3mm 厚度 X70；b—27.7mm 的 K65

焊缝强度与母材应有合适的过匹配。如图 16 所示，焊缝金属的屈服强度和抗拉强度都随着碳当量的增加而增加。使用市场上不同的焊丝进行实验也可以得到同样的结果。焊缝金属的所有强度性能都能通过圆棒拉伸试样进行测定。增加合金含量（主要是钼、镍、铬），双面焊焊缝金属的屈服强度增加，上限值约是 700MPa，同时抗拉强度可以达到 1000MPa 以上。从这些结果可以得到，合金含量合适的 X80 管线钢可以满足所需的过匹配，也允许焊缝金属的碳当量保持在 0.47 以下。双面焊焊

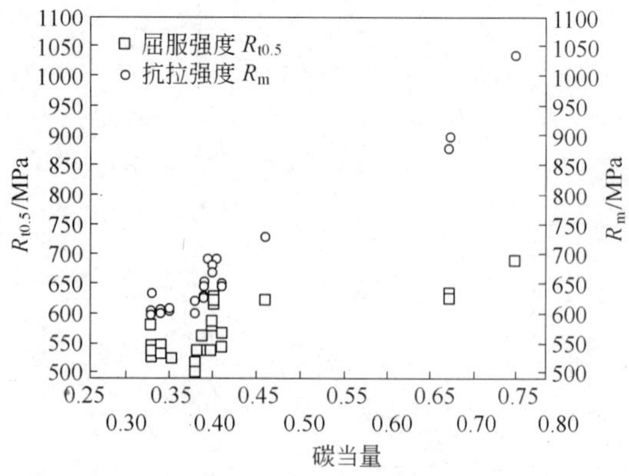

图 16　焊缝金属强度与碳当量的关系

缝金属的屈服强度要想进一步提高到 X100 等级，只有添加极高含量的合金元素才可能实现。

高合金含量会显著地提高硬度同时降低韧性。规范一方面要求达到足够的过匹配，另一方面又要控制合金含量的上限值，这样才是合理的。在定义上限值时，所需的焊缝金属韧性起着重要的作用。如上所述，最佳的低温韧性值可使用 MnMoTiB 焊丝来达到，因为这种焊丝可以确保获得细晶针状铁素体。增加焊缝金属合金可以满足高韧性的要求，然而相应地也增加了强度级别。可能会引发这样的问题，焊缝金属强度的上限值等于或略高于母材的上限值。因此，特别是对 X60 到 X70 范围的中等强度等级，需要严格定义焊缝金属过匹配的上限不受限制，同时不需要再限定和考虑额外增加焊缝合金以得到高韧性，这是很重要的。

4　结论

为了确保管线钢管焊缝质量可以满足越来越具有挑战性的使用条件，焊接工艺和焊材生产必须使用现代技术。严格控制埋弧焊过程是保证低缺陷率和高品质的先决条件。现代数字化焊接电源提供大范围的参数控制，可以同时提高生产率和产品质量。在管线钢管的性能中，焊缝的质量

要求需要以合适的方式来定义，因为有些性能需求与要求的措施是背道而驰的。例如，内部和外部焊缝的熔合必须得到可靠的保证，但对熔合的过大要求需要更大的热输入，而过大的热输入对热影响区的韧性是有害的。

影响焊缝质量的第二个主要因素是焊材的优化选取。烧结焊剂的研发、生产和储存的方式需要保证焊缝低的扩散氢含量，这是非常重要的。因此，控制含水量是烧结焊剂必要的质量控制措施，因为含水量与扩散氢含量是相关的。

为了获得所需的力学性能，需要选择中性或弱碱性范围内的焊剂碱度，以控制氧含量。此外，焊丝需要充分的合金化以达到强度和韧性要求，但应避免过高的硬度。一般地，焊缝强度与母材应达到过匹配，而对焊缝的限制需要达到相对较高的水平。

参考文献

[1] ESAB. Technical handbook " Submerged Arc Welding" .

[2] F. Weyland. Auswahl von Zusatzwerkstoffen für das Lichtbogenschweissen von unlegierten und niedriglegierten Baustählen, Oerlikon Schweiβtechnik.

[3] Offshore Standard DNV OS-F 101, Sect 7, B318 and B324, Rev. October 2010.

[4] AWS A4.4M, Standard procedure for determination of the moisture content and welding electrode coverings.

[5] British Steel plc, Review of the Influence of Microalloying Elements on Weld Properties, Moorgate, EPRG Project (1998).

（北京科技大学 张 娟 译，
中信微合金化技术中心 王厚昕 张永青 校）

壁厚 23.7mm 大口径 X80 螺旋焊钢管的加工及其性能

Sandrine Bremer(1), Volker Flaxa(1), Franz Martin Knoop(2), Wolfgang Scheller(1), Markus Liedtke(1)

(1) 萨尔茨基特曼内斯曼研究有限公司，德国；
(2) 萨尔茨基特曼内斯曼大型钢管有限公司，德国

摘　要：最近几年，大口径、厚壁螺旋焊管线管的开发以 API X80 钢级为首选，生产了热轧钢带、螺旋钢管和埋弧焊缝，而且确定了其微观组织、组织织构及力学性能，良好的现场焊接性也得到了证明。通过选择适当的低碳高铌的化学成分、结合热机械轧制工艺获得了理想的微观结构，添加铌的同时调整其他的合金元素可以改善板坯再加热条件，并提高再结晶终止温度（高温工艺：HTP）。在热轧机组的输出平台上加速冷却过程中整个钢带形成了均一的微观组织结构。全部结果符合 API 标准关于 X80 ϕ813mm × 23.7mm 和 ϕ1220mm × 23.7mm 钢管的要求。本文对钢管母材及焊缝区域的贝氏体组织和力学性能进行了分析讨论。

关键词：API X80，23.7mm，Nb，热轧钢带，HTP，SAWH 钢管，贝氏体，焊接性，HAZ

1　引言

近 10 年来，X80 钢管用于高压输气管线已经从试验阶段发展到长输管线的真正应用。虽然 20 世纪 90 年代初，第一条 X80 管线是专门利用钢板加工的埋弧直缝焊钢管铺设的，但 X80 螺旋焊钢管的使用却在世界范围内越来越为人们所接受。天然气管线施工的可观成本是天然气取代其他能源的竞争力的主要影响因素，降低这些成本的需要推动了高强大口径管线钢的开发[1]。

高强、大厚度热轧钢带及厚壁螺旋钢管的生产具有挑战性，相关设备必须要承受很大的力，例如终轧机组、开卷机、卷取机、矫平机和成型机。

2　钢及热轧钢带的加工

首先，通过实验室规模的试制生产了不同化学成分组成的 X80 钢，并在不同测试温度设置下进行热轧，确定热轧机组的最优条件，第二步和第三步是工业生产规模的轧钢和热轧钢卷。第一批钢卷的厚度为 14.1mm[2]，生产了不同规格的螺旋钢管，继而还轧制了厚度为 18.9mm[3~6] 和 23.7mm 的钢卷，厚度为 23.7mm 的 X80 钢卷的实际化学成分见表 1。

表 1　Salzgitter 公司 API 厚度 23.7 mm X80 钢的化学成分　（%）

X80 钢（壁厚 >20mm）	C	Si	Mn	Al	Ti	Nb	ΣCu、Cr、Ni、Mo
化学成分	0.05	0.30	1.9	0.05	0.01	0.09	< 0.40

Salzgitter 公司是一家综合钢铁公司，可以满足特殊钢级如 X80 的冶金工艺需求。钢水自高炉中流出并进行生铁脱硫后，在 LD 转炉中进行吹氧，然后通过二次精炼进行微合金化，在连铸过程中通过采用动态软压下对连铸坯中心偏析进行控制。

随后，板坯被送到钢带热轧机组的再加热炉，通过时间-温度控制的再加热过程，结合低碳成分导致碳的均匀溶解并使得晶粒增长失控。稍后，通过适当的保温以确保再加热期间Nb（C，N）的溶解。通过这种方式，达到了钢管材料高弹性极限及很好的韧性性能的要求。图1显示的是板坯再加热温度（SRT）与铌含量关系的数值计算结果。所有其他元素组分的含量参见表1。

增加Nb含量的同时减小碳含量会使得再结晶终止温度升高。而且，较高的轧制温度可以在非再结晶奥氏体区域采用较高的压下率。通过采用较高的压下率，材料中产生大量的成核点，γ-α转换产生细小晶粒的铁素体或均匀贝氏体微观组织结构。精轧之后，立即将钢板冷却到终冷温度，这在卷取之后钢卷缓慢冷却之前是非常重要的。时间-温度-转换曲线图和钢带/钢管中厚度的HSM冷却速率示意图如图2所示，采用的冷却速率产生了以贝氏体为主、带有小部分的铁素体的微观组织结构（图3）。

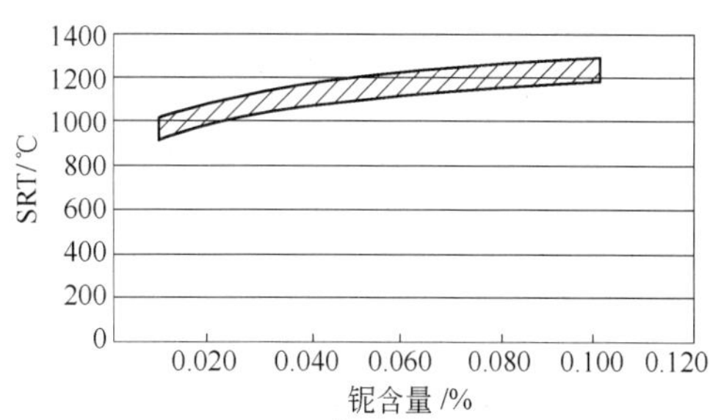

图1 按照表1中给出的化学成分计算的溶解Nb(C，N)所对应的板坯再加热温度范围与Nb含量的关系

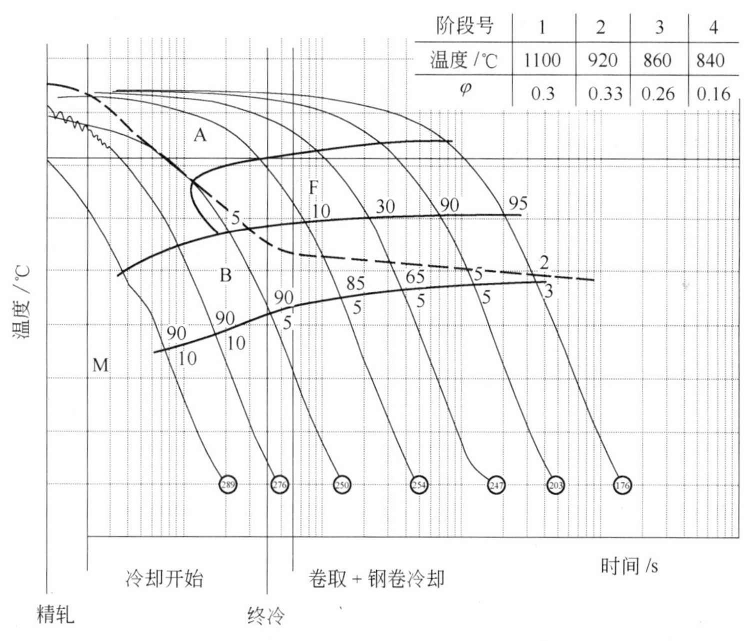

图2 变形模拟之后加速冷却期间的微观组织结构的转换：实验室试验（TTT-曲线图）及HSM冷却示意图（虚线）

3 钢卷的力学性能、微观组织结构及轧制织构之间的相互关系

由于X80热轧钢卷的贝氏体亚晶粒微观组织中的残余应力，存在大量的位错，这在拉伸试验过程中的圆屋顶应力应变曲线上得以体现。这些应力应变曲线（图4）的特点是：连续、稳定地由弹性变形转变为塑性变形，没有任何的吕德斯带。对于所研究的试样，与轧制方向的不同角度（0°、23°、67°、90°）对于其

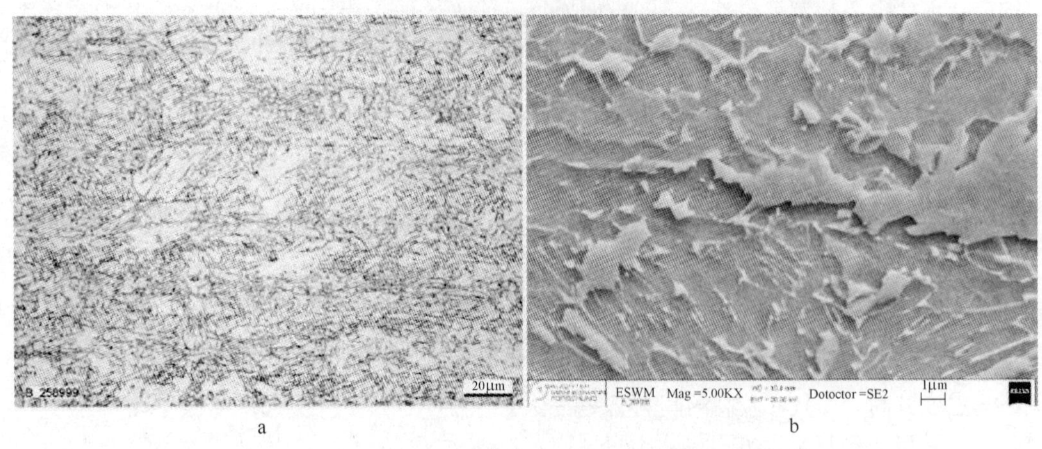

图 3　API X80、$t=23.7\mathrm{mm}$、中厚度（硝酸酒精浸蚀）
a—光学显微镜（LOM）；b—扫描电镜（SEM）

应力应变曲线的圆屋顶形状没有影响。本章节中提供的热轧钢卷数据对应的角度是 23° 和 67°（见表 2，外径 1220mm）。

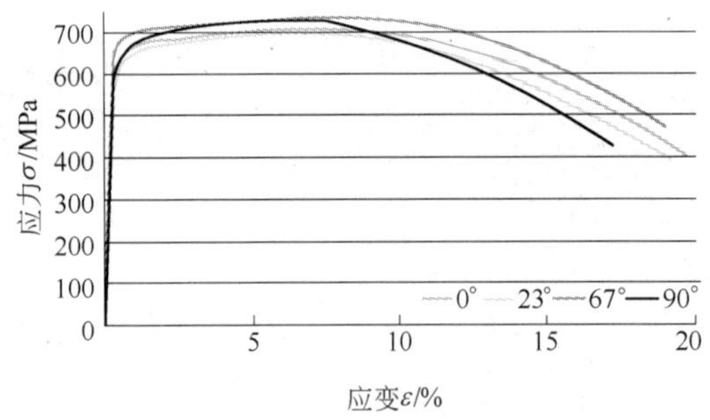

图 4　厚度 23.7mm 热轧钢带卷与轧制方向成不同角度的全厚度试样的应力应变曲线

对于厚度 23.7mm 的热轧钢带卷，通过拉伸试验对几个与轧制方向成典型角度的试样进行了力学性能评估（图 5）。

纵向（与轧制方向成 0°）及环向（与轧制方向成 23°）的屈服强度（$R_{t0.5}$）和抗拉强度（R_m）略低于钢管轴向（与轧制方向成 67°）及横向（与轧制方向成 90°）的。相反，断裂伸长率则随着强度的增加而减小 19.3%（与轧制方向成 0°）~17.1%（与轧制方向成 90°）。

为了确定拉伸试验的力学性能与材料微观组织结构之间的相互关系，利用电子背散射衍射（EBSD）的方法对轧制织构进行了评估（图 6）。利用 EBSD 获得的方向数据计算了方向分布函数（ODF）。

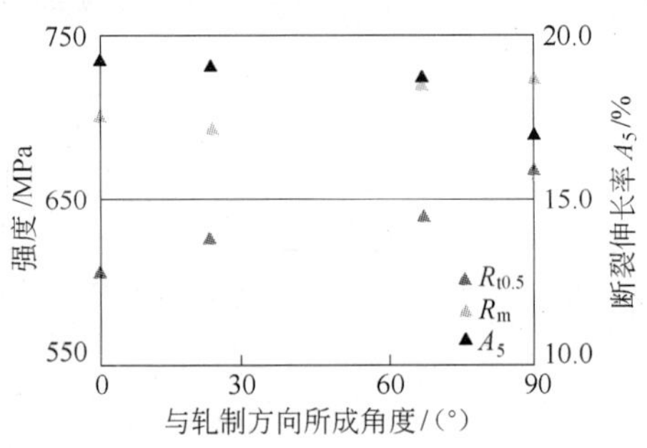

图 5　厚度 23.7mm 热轧钢带卷与轧制方向成不同角度的全厚度试样拉伸试验后的力学性能

ϕ-方向等于试样轧制方向，轧制方向（0°）表示｛112｝〈110〉的主要织构组分（｛…｝平面和〈…〉方向）。按照 15°的梯级，随着与轧制方向的角度转移到横向（90°），该主要成分逐渐减少，同时一种新的主要织构组分｛111｝〈110〉出现。根据文献［7］，｛111｝〈110〉组分是负责材料的高强度的，这可能就是与轧制方向成 67°（钢管轴向）的强度高于 90°（与轧制方向垂直）的原因（对比图 5）。

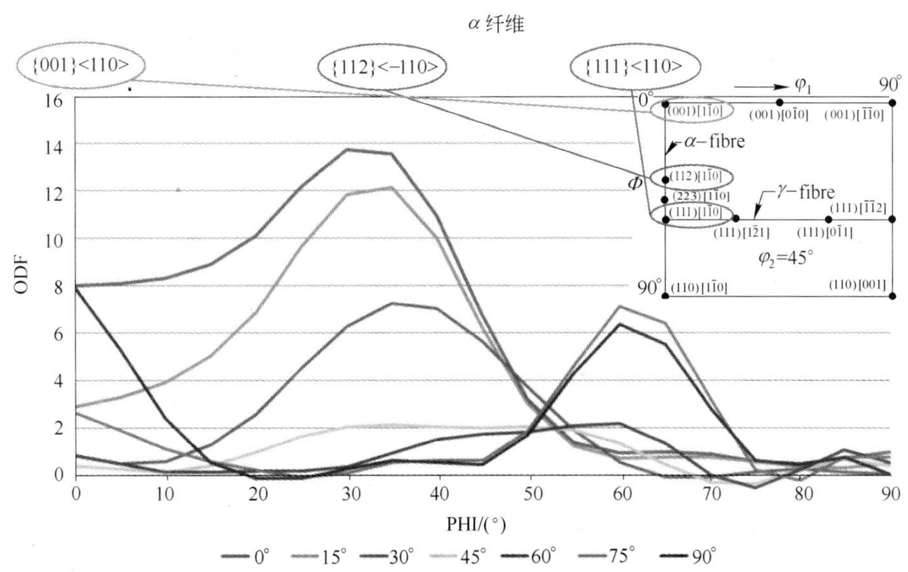

图 6　ODF$\phi=45°$截面：X80 热轧钢带卷与轧制方向成不同角度中厚度处的织构评价

（小图：bcc 材料的理想方向）

4　制管

萨尔茨基特曼内斯曼大型钢管有限公司采用螺旋预精焊工艺生产了壁厚 23.7mm、外径分别为 813mm 和 1220mm 的钢管[8]。该工艺包括钢管成型连同连续预精焊，然后是在单独的焊接站进行最终的内、外埋弧焊（图 7）。通过将成型与焊接过程分开，每一步都可以在质量和工艺效率方面加以优化，实际的钢管成型和预焊速度最高可达 15m/min。

成型工艺（第一步）包括 3 个部分：

（1）1500mm 宽热轧带钢开卷。

（2）多辊矫平装置矫平。

（3）使钢卷形成钢管，成型角为 α。

在成型机中热轧宽带钢形成钢管。该成型装置包括一个三辊弯曲系统，带有一个外部辊套。钢管的交汇带钢边通过连续气保焊的预焊接实现接合。随着连续预焊的钢管离开成型

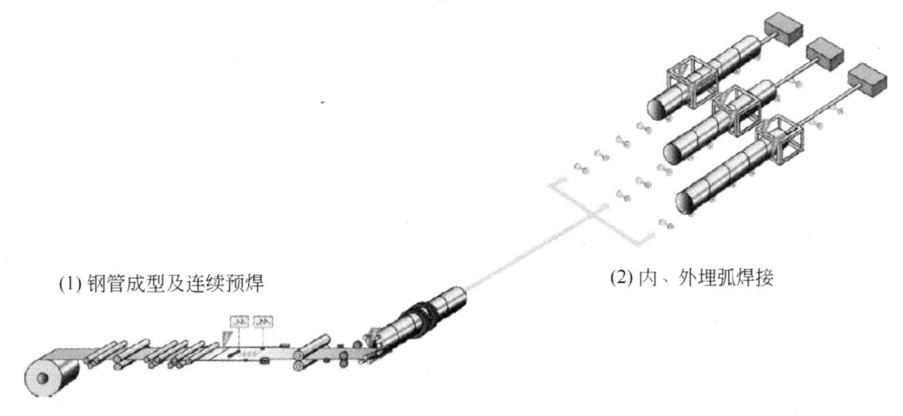

图 7　螺旋预精焊工艺图

机，一台与钢管随动的等离子切割机将其切割成客户要求的单根长度。预焊是利用一个激光导向焊头自动进行的。为优化钢管及焊缝间距尺寸，成型角也要实时控制并通过一个自动间距控制系统加以调整。轧制前后钢卷尺寸的差异导致的钢卷宽度的任何变化不会对最终的钢管尺寸造成影响。成型角可以根据下面的方程，利用钢管直径（D）和热轧钢卷的宽度（B）进行计算。利用有限元模型对矫平工艺及钢管成型的影响进行了优化，获得了成型钢管的最小回弹量[4]。同时，为了能在最小可能的直径及椭圆度公差下获得理想的钢管几何尺寸，采用了一种全新设计并申请专利的自动在线直径过程控制技术[9]：

$$\alpha = \arcsin\left(\frac{B}{\pi D}\right) \tag{1}$$

利用方程(1)可以计算钢管成型角 α，对于1220mm 钢管，$\alpha = 23°$，对于 813mm，钢管 $\alpha = 36°$。对于 1220mm 钢管，钢管的周向及纵向分别放置在与钢卷轧制方向成 23°（钢管周向）和 67°（钢管轴向），对于 813mm 钢管，钢管的周向及纵向分别放置在与轧制方向成36°(钢管周向)和 54°(钢管轴向)(表2,图8)。

表 2　与轧制方向所成角度和对应的钢管方向

与轧制方向所成角度/(°)	宽度 1500mm 带钢形成的螺旋钢管的位置
0	平行于埋弧焊缝
23	周向（OD 1220mm）
36	周向（OD 813mm）
(－)54	钢管轴向（OD 813mm）
(－)67	钢管轴向（OD 1220mm）
90	垂直于埋弧焊缝

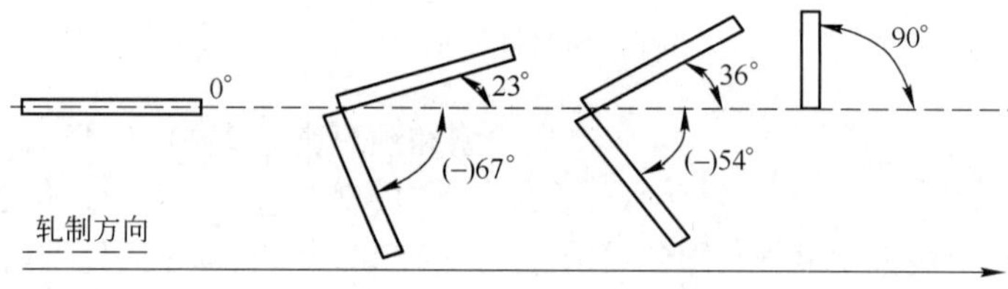

图 8　与轧制方向所成角度的示意说明

第二步中，经成型及连续预焊的钢管随后被送到三个计算机控制的内/外埋弧焊接站进行最终焊接。进行埋弧焊接的同时，每根钢管是在专门的辊道上进行精确的类似螺旋运动的旋转，首先是内焊，然后是外焊，采用的都是多丝焊技术，利用一个激光焊缝跟踪系统确保了焊缝的精确定位，从而保证焊缝的最佳重叠和熔深。钢管成型阶段形成的预焊缝在这里被再次完全熔化，充当焊缝的基底。

5　钢管母材的力学性能

当热卷曲带钢按照特定的角度 23° 或 36° 形成钢管时，位错密度增加，而且加工硬化效应尤其对钢管的周向产生影响。这种加工硬化效应取决于径厚比（D/t）。图 9 中对比了时效前后两种直径的压平全壁厚试样及圆棒试样的屈服强度和抗拉强度（YS/$R_{t0.5}$，UTS/R_m）。

对于813mm 钢管的周向，试样的几何尺寸似乎对钢管屈服强度有影响。全壁厚试样在

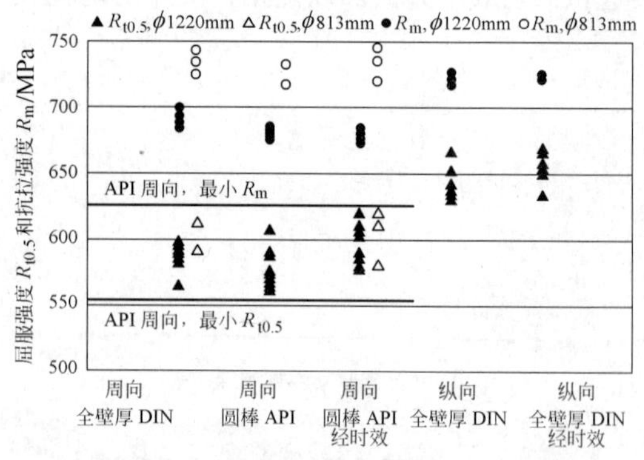

图 9　钢管成型和钢管防腐后（200℃时效），利用不同尺寸的周向及轴向试样确定的屈服强度和抗拉强度

试验之前进行了压平，这种额外的冷变形可以造成已经变形的母材的位错增加，进而提高屈服强度。对于大壁厚，圆棒试样不需要压平。时效之后，周向试样表现为屈服强度增加，这可能是自由氮（高温硬化效应）与大变形共同作用的结果。而相反，钢管轴向没有经历变形，所以时效前后没有差异。拉伸强度不受压平影响[10]。

对于1220mm钢管的周向，屈服强度、拉伸强度及断裂伸长都可以得到相同的结论。压平全壁厚试样与圆棒试样的差异没有813mm钢管的大。1220mm钢管的径厚比较大，所以在钢管成型期间母材经历的冷变形较小，试样压平时所需的变形也较小。

钢管周向及轴向的对比表明，屈服强度相差60MPa。纵向屈服强度较高再加上螺旋焊缝的硬化效应使得纵向塑性变形抗力大于周向。

图10中对两种直径钢管压平全壁厚试样和圆棒试样时效前后断裂伸长和屈强比（A_{DIN}，A_{API}，$R_{t0.5}/R_m$）进行了对比。两种直径钢管及全壁厚试样的屈强比都低于API极限值0.93。断裂伸长对试样尺寸有强烈的依赖性，特别是标距长度L_0，$L_{0,\ DIN}$ = 140mm，$L_{0,\ API}$ = 50.8mm。

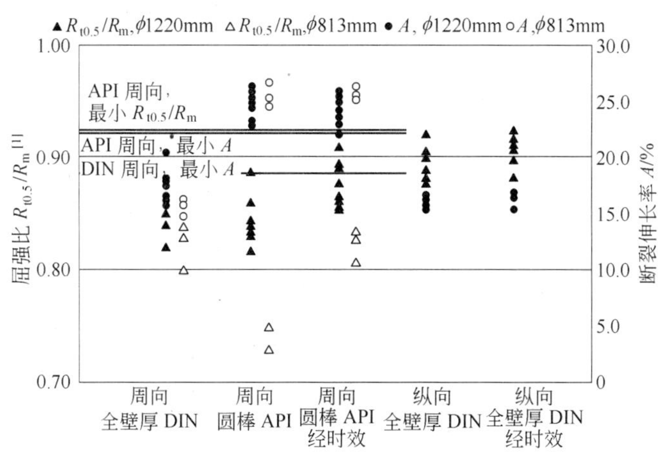

图10　钢管成型和钢管防腐后（200℃时效）不同尺寸试样周向和轴向的断裂伸长和屈强比

为全面了解力学性能，通过夏比V形缺口试验（图11）研究了钢管材料的低温冲击韧性。低碳高铌组分产生了较高的上平台韧性值，而且标准偏差较小。

同时，还利用1220mm钢管的几个试样测试了落锤撕裂试验后剪切断裂形貌。在测试温度为0℃时，试样剪切面积为85%～100%。

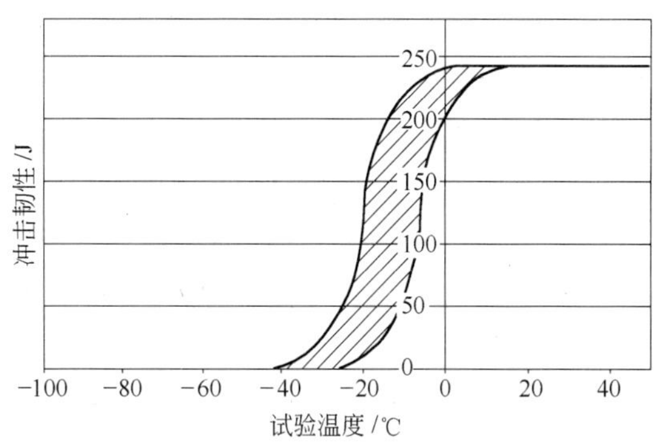

图11　813mm和1220mm钢管周向夏比V形缺口试样的转变区域

6　焊接性评定

一般来说，与较低钢级相比，X80管线管要达到要求，其焊接条件要更加严格和充满挑战性。为了获得理想性能（如理想的焊缝金属及热影响区韧性和适当的现场焊接性），从而避免诸如热影响区出现冷裂纹之类的问题，这些TMCP钢的合金设计和组分控制就变得更加关键。例如预热、焊道间温度及综合焊接参数等焊接工艺参数更加严格，并且必须密切控制和观察。不仅如此，用于焊接 X80 母材的耗材也必须满足材料强度要求，提供良好的韧性性能。关于基于应变设计要求，管道中的焊缝接头也要求过强度匹配，因为相比低强匹配焊缝接头，过强匹配焊缝接头需要更高的应变才会失效[11~13]。

另外，对于高强钢，由于合金设计产生高碳当量，焊缝热影响区的冷开裂敏感性也是一个主要关注的问题。冷裂纹的产生与三个因素有关：焊缝金属中的扩散氢含量、脆性微观组织结构及残余应力。扩散氢主要来自填充材料和大气条件。微观组织结构的脆性与焊缝金属和母材金属的化学组分及焊接过程中的热循环有关[12,13]。

7　热循环模拟

MGR 公司在生产 X80HTS 钢管之前，预先利用带钢母材进行了大量的系列试验，如热循环模拟和冷开裂试验，模拟不同焊接条件（生产及现场焊接）的影响作用，以便得到关于热影响区特征及性能的基础信息。

MGR 公司进行了热循环模拟，模拟气保焊（现场焊接）和埋弧焊（HTS 钢管生产）等焊接工艺在典型焊接冷却时间（$t_{8/5}$）产生的粗晶热影响区（CGHAZ）。热影响区任何区域中形成的微观组织结构成分的组合主要与钢的化学组成和焊缝冷却速率有关。这种热影响区通常具有低韧性，它的模拟可以利用单一热循环进行，通过加热到某一峰值温度（一般保温时间为 1s），然后，在必要的时间周期内冷却到环境温度。这种焊接过程中独特的温度-时间循环特征由冷却时间 $t_{8/5}$ 表示。焊接过程中，时间 $t_{8/5}$ 是用来刻划某一单独焊道的温度-时间循环特征的，是用来表示某一焊缝焊接及冷却期间其热影响区温度从 800℃ 降到 500℃ 所用的时间。这种温度-时间循环特征的定义如图 12 所示[14,15]。

该公司利用一台热循环模拟机进行了热影响区模拟试验（图 13），试样截面为10. 5mm × 10. 5mm，是从 X80 带钢上沿垂直于轧制方向截取的。加热达到峰值温度 1200 ~ 1300℃ 之后，保温 1s，然后进行 $t_{8/5}$ = 5s、10s、20s 和 40s 的控制冷却。通过轻型光学显微镜（LOM）、硬度及夏比冲击试验，采用这些典型的冷却时间对所评估的粗晶热影响区进行详细的研究。

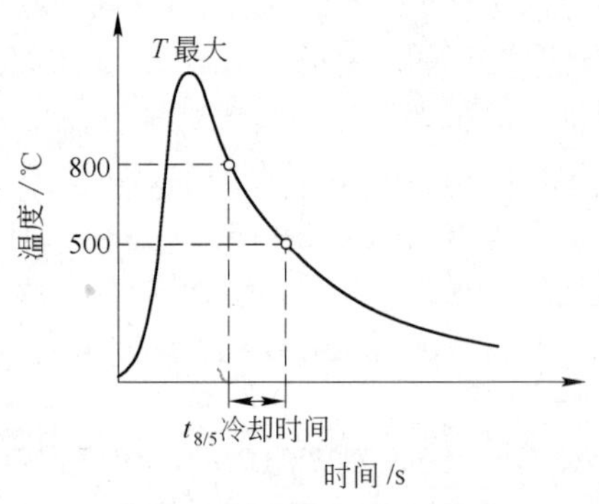

图 12　典型的温度-时间循环及冷却时间 $t_{8/5}$ 的定义[14]

图 13　正在进行热处理的装有试样的热循环模拟机

同时，利用轻型光学显微镜（LOM），对模拟的粗晶热影响区微观组织进行了定量分析，结果表明，在高速冷却区间 5 ~ 10s（环焊的典型冷却时间范围），微观组织为贝氏体带有一部分马氏体。随之冷却时间延长到20 ~ 40s（生产过程中的焊缝）范围，微观组织变成了主要是贝氏体。典型的模拟粗晶热影响区的微观组织如图 14 所示，其 $t_{8/5}$ 时间分别对应最长和最短。

a

b

图 14 HAZ 微观结构热模拟试样

a—$t_{8/5}$ =5s；b—40s（硝酸酒精侵蚀）

适当温度（0℃）下的夏比冲击试验的结果及模拟热区试样的硬度试验结果如图 15 所示。正如希望在模拟试样的金相评估中看到的，峰值硬度随冷却时间 $t_{8/5}$ 的延长而减小。而夏比冲击试样在长达 20s 的高速冷却时间内都表现出了稳定的行为。

除了这些先期的母材特性外，还利用 Tekken 试验研究了该 X80 热轧带钢的冷开裂敏感性。按照 EN ISO 17642-2 标准进行了广泛的 Tekken 试验，证明该带钢具有良好的材料性能，而且对冷开裂不敏感。甚至对于没有预热的焊接条件（环境温度：20℃），在热区的金相试验中也没有发现裂纹。

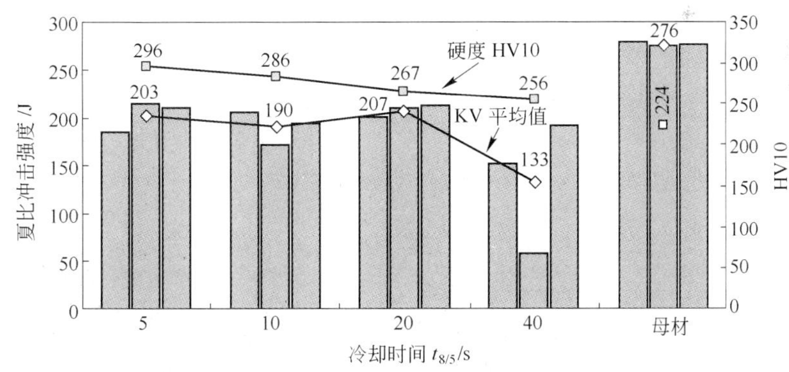

图 15 X80 热区模拟试样的冲击强度和硬度

8 钢管生产和焊接

由于在先期对母材的系列研究中获得了良好的结果，便采用螺旋预精焊工艺进行了 X80 钢管的试生产，目的是研究制管后相应的性能（钢管母材和焊缝区域）。

进行了多丝埋弧焊，内焊三丝，外焊也是三丝。选用的是 EN 756 S1S 和 SZ 焊丝，并配合 rudil 酸性和半碱性焊剂使用，以便使最终获得的焊缝硬度适当增加、焊道形貌圆滑、焊渣易于清理且无咬边或焊缝缺陷（图 16）。为了提高生产率和焊接速度，选用了大电流承载

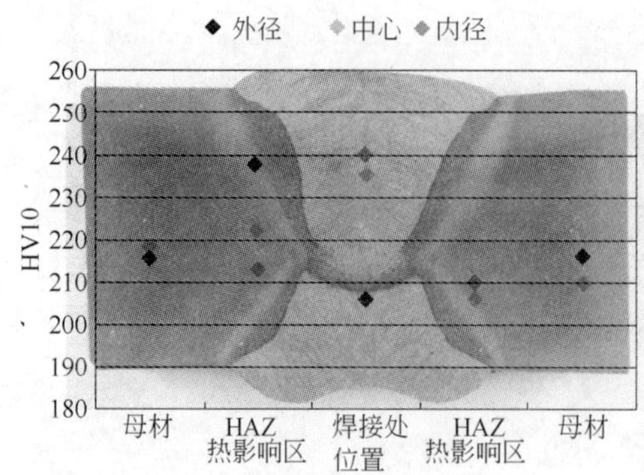

图 16　HV10 硬度压痕及焊缝显微图片
（轻度光学显微镜，硝酸酒精侵蚀，壁厚 23.7mm）

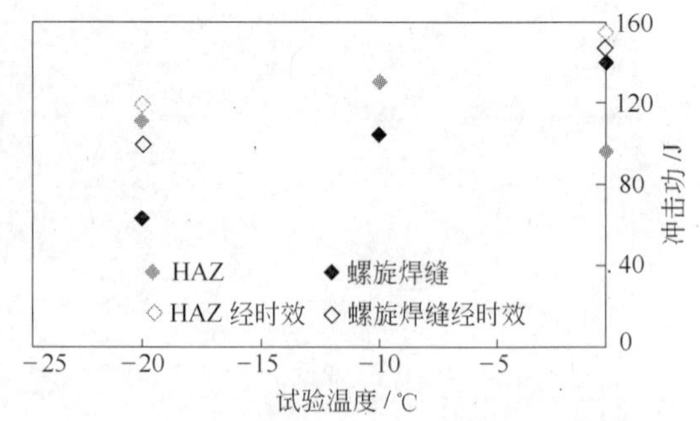

图 17　时效（200℃）前后螺旋焊缝及热区在不同测试温度的冲击韧性
（壁厚为 23.7 mm）

能力的焊剂（表 3）。

表 3　螺旋焊管焊接参数和其他详细信息

钢　级	X80
壁厚/mm	23.7
焊接工艺	GMAW 和 SAW
焊接设置	内焊和外焊均为 3 道
坡口制备	焊缝坡口钝边 10mm，坡口角度：2 × 40°，内 V 形：11mm，外 V 形：11mm
焊　丝	EN 756 S1 和 EN 756 SZ（3 ~ 4mm）
焊　剂	内焊：EN 760 SA CS 1 77 AC H5 外焊：EN 760 FB 1 67 AC H5
焊接速度	1.3m/min
焊接参数（V +/ −10%，A +/ −15%）	内焊电压：33 ~ 35V；外焊电压：31 ~ 32V 内焊电流：600 ~ 960A；外焊电流：650 ~ 1200A
能量输入 /J · mm^{-1}	110
预　热	无

进行了 180°弯曲试验，弯曲半径为 6 倍的壁厚，无开裂。埋弧焊缝的平均抗拉强度是 736 MPa，开裂位置为焊缝金属。采用夏比 V 形缺口试样对 200℃时效前后焊缝金属及热区的低温韧性进行了评估，见图 17。

焊缝金属和热区满足 API 对试验温度为 0℃的要求。时效似乎具有积极的影响，尤其是对热区的性能影响，热区的冲击功增加了 40J。时效期间（比如涂覆或埋弧焊期间），晶格畸变可能减少了，而且像马氏体之类的硬相可能得到退火而软化了。

9　现场焊接性

成功生产了壁厚 23.7mm 的 X80 螺旋管线管之后，在位于杜伊斯堡的 SMF 进行了现场焊接试验（图 18）。进行这些焊接试验的目的是为了研究焊缝金属及母材热区的力学-工艺性能。实验室的焊接采用的是 1G 位置的熔化极气体保护焊（GMAW）工艺和典型的窄间隙坡口。

图 18　X80 高强管段的焊接性评定
（GMAW-1G 位置）

图 19 给出了管段的坡口和某典型环焊缝的宏观图片。

根部焊道焊接使用的是 AWS 型 ER70S-G 实心焊丝，保护气体为 C1（100% CO_2）。其余的填充焊道及盖帽焊道则使用的是 AWS 型

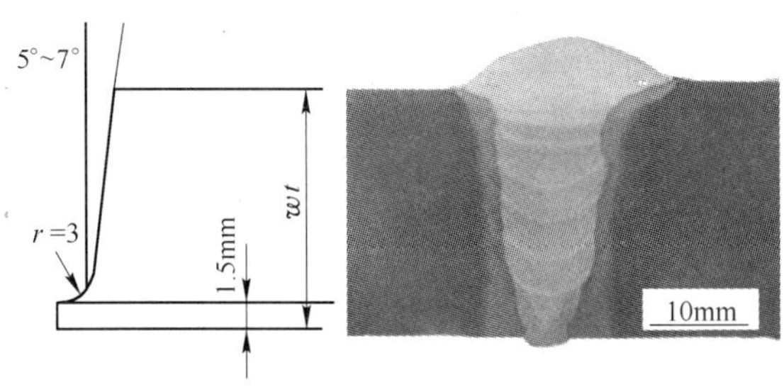

图 19 钢管坡口及相应的环焊缝宏观图片

ER90S-G 实心焊丝，保护气体为 M21（82% Ar 和 18% CO_2）。焊接之前，将管段预热到 100℃，并且在单独焊道的焊接过程中保持最大的层间温度为 140℃。每个单独的焊道的热输入都限制在 1.0kJ/mm 以下（冷却时间 $t_{8/5}$ 大约为 6s）。对测试管段的环焊缝进行了无损检测，并通过多种不同的破坏性测试方法进行了评定，例如，按照 API 1104 第 20 版标准的焊缝横向拉伸和弯曲试验，并对热区进行了硬度、夏比冲击试验及金相检测等进一步的测试。鉴于环焊缝金属需要一定的过强匹配，便额外又在焊缝的盖帽及根部焊道区域截取了全焊缝金属拉伸试样。拉伸试验的试验结果（包括焊缝横向和全焊缝）见表 4。

表 4 焊缝横向和全焊缝金属拉伸试验结果

焊缝横向拉伸试样①		全焊缝金属拉伸试样		
类 型	R_m/MPa	类 型	$R_{t0.5}$/MPa	R_m/MPa
有焊缝余高	784 ~ 790	盖帽焊道区	733 ~ 734	771 ~ 789
无焊缝余高	715 ~ 720	根部焊道区	719 ~ 734	771 ~ 792

①断裂位置一律都在钢管的母材处。

从表 4 中可以看出，环焊缝具有安全的过强匹配，其强度超过了 X80 母材规定的最小屈服强度（552MPa）和抗拉强度（621MPa）。除了焊缝金属强度性能以外，环焊缝必须同时具有良好的变形能力和抵抗弯曲变形下失效的能力。按照 API 1104 规范，从环焊缝制取了侧向弯曲试样并进行了测试。弯曲试样表面上没有发现裂纹。

图 20 展示了对应环焊缝的某宏观图片的硬度调查情况，包括母材、热区及焊缝金属的不同区域。据观察，最大硬度值出现在焊缝金属的盖帽区域，硬度为 264HV10。图 21 展示了 X80 环焊缝的夏比冲击试验结果。

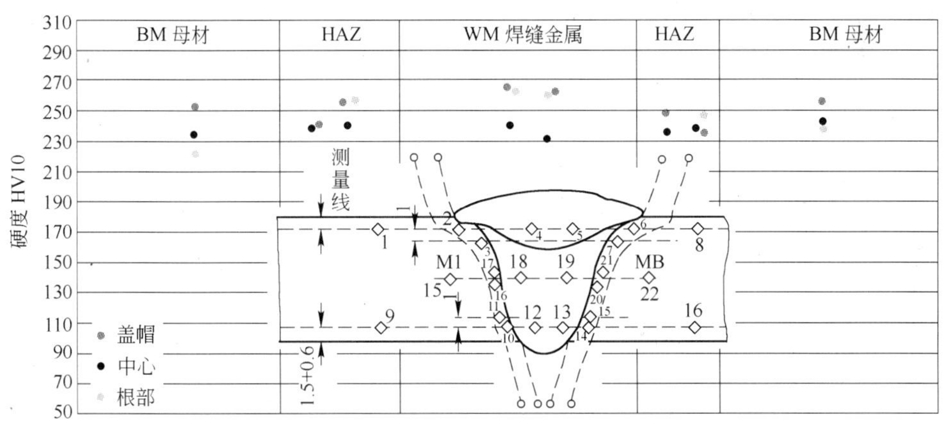

图 20 X80 环焊缝的硬度试验结果

总结所进行的焊接试验获得的试验结果，可以说，本次试验活动证实了 X80 高强钢管的熔化极气体保护焊接具有良好的总体焊接性。依照 API 1104 标准，全部试样都达到了要求。

10 结论

为满足市场对更高操作压力和低成本、低

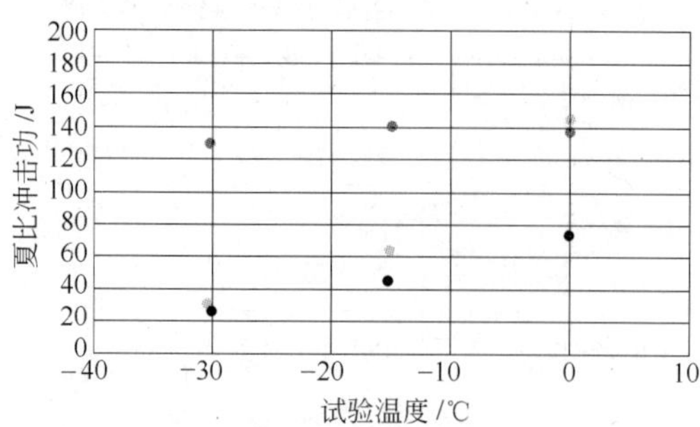

图 21　X80 环焊缝的夏比冲击试验结果

能耗的要求，研制了壁厚 23.3mm 的 APIX80 钢管，具有低碳高铌的成分。工厂设备承受高负载的问题得到了成功解决。生产了外径 1220 mm 和 813 mm 的螺旋焊管。其微观结构看上去主要是贝氏体。加工的钢管的力学性能完全满足 API 要求。

对 X80 钢及钢管进行的广泛的焊接研究证实了该钢材的熔化极气体保护焊接具有良好的总体焊接性。所用的焊接耗材及条件产生的焊缝具有相对规定最小屈服应力和规定最小抗拉强度的过强匹配，同时也具有充分的韧性值，-30℃ 测试温度下的平均冲击功在 130J 左右。按照 API1104 标准，全部的环焊缝试样都满足要求。

目前正在进行低温韧性方面的优化，并将进行壁厚达 25.4mm 的工业试生产。给定钢的化学成分是按照 API 5L/ISO 3183 确定的，但是 EN 10208-2 限制铌含量最大为 0.06%。

参 考 文 献

[1] BILSTON P., SARAPA M. International use of X80: the experience base, in Fletcher, L. (ed): X80 Pipeline Cost Workshop, Australian Pipeline Industry Association Research and Standards Committee, Hobart October 30 2002, 23-34.

[2] BREMER S., DREWETT L., WAELE W. de, ZEISLMAIR B., PORTER D., BRÓZDA, J., MOHRBACHER H., GUBELJAK N., LIEBEHERR M., MARTIN-MEISZOSO A. HIPERC-A novel, high performance, economic steel concept for line pipe and general structural use. Research Fund for Coal and Steel, Final Report(2009).

[3] FLAXA V., KNOOP F. M. Characterization of hot-rolled strips of up to 18.9mm in thickness and their processing to helically welded large diameter pipes of grade X80. Proceedings on Pipeline Technology Conference, Paper No. 16, Ostend, Belgium(2009).

[4] BREMER S., FLAXA V., KNOOP F. M. A Novel Alloying Concept For Thermo-Mechanical Hot-Rolled Strip For Large Diameter HTS (Helical Two Step) Line Pipe. Proceedings of 7th International Pipeline Conference, Calgary, Canada, IPC2008-64678(2008).

[5] ZIMMERMANN S, FLAXA V., GROSS-WEEGE J., KNOOP F. M. Mechanical properties and component behaviour of X80 helical seam welded large diameter pipes. Proceedings of 8th International Pipeline Conference, Calgary, Canada, IPC2010-31602(2010).

[6] BREMER S., MASIMOV M., OUAISSA B. Substructure and texture-related anisotropy of mechanical properties of high strength bainitic X80 steel for spiral-welded pipe. Proceedings of Super-High Strength Steels, 2nd International Conference, Peschiera del Garda, Italy, Paper No. 38 (2010).

[7] RAY R. K., JONAS J. J. Transformation textures in steels. International Materials Reviews, Volume 35, pp. 1-36(1990).

[8] KNOOP F. M., BOPPERT C., SCHMIDT W. Perfecting the Two-Step, World Pipelines, March 2008, 29-38.

[9] HOLSTE, C., KNOOP F. M. Patent DE 10 2009 051 695 B3.

[10] KNAUF G., HOHL G., KNOOP F. M. The Effect of Specimen Type on Tensile Test Result and its Implications for Line Pipe; 3R International (40), 10-11/2001, 655-661.

[11] MUTHMANN E., KALUZA W., SCHELLER W., LIEDTKE M. Large Diameter Induction Bends in Material Grade X80 fabricated from TMCP Material, Pipeline Technology, Oostende

Belgium(2009).

[12] MOTOHASHI H., HAGIWARA N., MASUDA T. Tensile properties and microstructure of weld metal of X80 line pipe steel, IIW Doc XI-822-04.

[13] CHOONG- MYEONG K., JONG-BONG L., JANG-YONG Y. A Study on the Metallurgical and Mechanical Characteristics of the Weld Joint of X80 Steel, Technical Research Laboratories, POSCO Pohang, Kyungbuk, KOREA.

[14] Standard EN 1011: Welding-Recommendations for welding of metallic materials-Part 2: Arc Welding of ferritic steels, German version.

[15] KRAMPEN J., SCHELLER W., LIEDTKE M. Welding recommendations for modern tubular steels, 12th International Symposium on Tubular Structures, Shanghai, China(2008).

（渤海装备研究院钢管研究所　闵祥珍　译，
中信微合金化技术中心　张永青　王文军　校）

英国 X80 管线焊接工艺的开发

Neil Millwood

英国拉夫堡 5G Orbital 有限公司
E-mail：neil. millwood@ 5G-Orbital. co. uk

摘　要：2000 年，英国在首次实际应用 X80 钢之前，进行了一系列广泛的研究开发工作。从此，英国施工铺设了超过 900 公里的 DN1200 X80 钢，并获得了丰富的经验。本文记录了相关的历史背景，并描述了 X80 管线钢环缝焊接的工艺要求。

关键词：X80 钢，自动气保焊，管线

声明：本文所表述的观点和意见为作者本人观点，不代表国家电力供应公司或其他任何组织。

1　大口径高强度管线的历史背景和驱动力

20 世纪 80 年代后期 ~ 20 世纪 90 年代对天然气的需求呈现逐年上升的趋势，这主要源自建设天然气发电站的热潮。其他因素同样增加了天然气输送需求，如英国取消能源市场管制和增设两条海底互联管线—— 一条从欧洲大陆到巴克顿[1]，另一条从苏格兰到北爱尔兰[2]。这一趋势促进了政府履行对于征收气候变化税的承诺。

在当时，普遍认为提高天然气的输送量可以通过现有运行管道采用较高的输气压力（通常叫压力升级）或者新建较大口径或较高强度的管线得以实现。当然，这些选择不是相互独立的。

在 20 世纪 90 年代中期，美国东海岸大口径高压管线最初考虑采用高强度钢。在英国，当时最高钢级为 X65（L450MB），除南威尔士一小段储存干线外，最大的钢管尺寸为 DN1050，欧洲和加拿大已经拥有一些 X80（L555MB）管线的铺设经验，一些钢管制造商也提供了生产规模的大口径 X80 钢级的钢管。该项目的设计原则是从比夏普奥克兰到威斯贝奇铺设一条管线，利用埃尔金-富兰克林油田开发出产的、在提赛德上岸的天然气。该管线建成长度 300km，经过四个郡，包括 300 个交叉口。计划到 1998 年铺设完成并运行。然而，1996 年底政府宣布选择采用海运方式将天然气从埃尔金-富兰克林输送至巴克顿[3]，该工程暂停，技术工作小组研究以下方面：

（1）材料选择。

（2）设计参数。

（3）法定要求。

（4）最优生命周期成本。

（5）施工问题。

关于某可能的 X80 管线的最初考虑问题如下：

（1）跟踪欧洲和其他地区的 X80 管线记录。

（2）管线管和管件的供应商。

（3）涉及的规则和标准。

（4）相关的安全问题。

基于压力安全，计算出 X65 和 X80 在 85bar 和 90bar（1bar = 0. 1MPa）压力下标准的和厚壁的钢管厚度。由于 X70 钢级太接近 X65，所以不予重视，技术-经济研究显示，

X80 钢级采用较高输气压力（90bar）有成本优势。一项由独立咨询机构的研究确定了 X80 钢级的主要问题，而且据估计，与 X65 相比，X80 成本节约将近 22.7%。

英国燃气技术公司（后更名为 Advantica）进行了一系列广泛的研发工作，确立了大口径 X80 钢级管线管适用性。大约在同一时期，也进行了 X100 钢级管线管的研发工作（规定最小屈服强度为 693MPa），然而 Transco 对 X100 钢级钢管并不感兴趣，因为理论研究显示仅是在英国不可行的压力下它才是经济的选择。

由于那时天然气在英国的供求情况急剧变化，因此对第五支线的需求消退。显著的变化是：（1）用于管道储气（储存）大口径管线使用的增加；（2）通过 Langeled 管线供应来自挪威的天然气；（3）在米尔福德港和格兰岛建设液化天然气接收终点站。

2 主要问题

当时，技术工作组和外部咨询机构确定的关于大口径高强度钢的主要问题如下：

（1）材料可用性，具体包括管线管、弯管、管件。

（2）材料性能，具体包括屈强比、损伤容限、夏比冲击韧性、延性断裂扩展、焊缝韧性。

（3）管件，包括变径。

（4）施工，具体如下：

1）焊接性，焊接工艺、预热要求等；

2）现场弯曲。

（5）运行。

1）延性断裂控制；

2）机械损伤容限；

3）风险揭示；

4）修复和热分接。

（6）规范。国家标准和规则如 IGE/TD/1[1] 和任何公司的规范都不涵盖 X80。

渴望使用 X80 钢的同时，强调采用 18m 代替相对传统的 12.2m 长的钢管。采用较长长度的优点主要是减少现场环焊缝，且在现场冷弯时有更长的有效钢管长度。然而，缺点是给运输和后勤带来挑战，并且几乎没有工厂具有制造这样长度钢管的能力。

3 实施前的研发

在 X80 钢应用前，进行了大量广泛的研发工作，总结如下：

（1）可行性研究。

（2）研究和技术评定：

1）母管和焊缝性能；

2）手工电弧焊焊接试验-纤维素型碱性低氢焊条；

3）熔化极电弧焊焊接试验-CRC-Evans 的自动熔化极气体保护焊；

4）环焊缝缺陷的验收标准和检验技术的考虑；

5）现场冷弯试验；

6）感应弯管评定；

7）损伤容限-环胀和全尺寸爆破试验；

8）氢脆-实验室规模检测；

9）风险评定-ALARP[5]；

10）热分接焊接试验—在 20in❶ 和 48in❶ 钢管上进行。

（3）补充规定：

1）焊接性试验；

2）工艺评定；

3）一致性试验。

本论文主要关注 X80 管线的焊接和规范要求。主要吸取了英国的经验，但是也认可世界范围内其他组织和项目的重大贡献。

4 焊接工艺

在一个长输管线项目中，通常进行一系列焊接工艺评定，工艺评定涵盖不同的焊道顺序、材料、壁厚、管件类型和地形地貌等方面，通常情况下，工艺可以分成以下几组：

（1）干线管对管焊接。

---

❶1in = 25.4mm。

（2）管与管件的焊接装配，以及管与管变径的焊缝。

（3）连头焊接（通常是管与管之间）。

在研究阶段，需要回答的主要问题是：是否可能采用传统的焊接工艺来进行 X80 环缝的焊接？焊接工艺研究工作采用手工电弧焊（纤维素和碱性低氢焊条）、药芯熔化极自保护自动焊和熔化极气体保护自动焊进行。表 1 所示为每种焊接工艺评定的应用范围。

表 1　长输管道铺设适用的焊接工艺矩阵

项目	工 艺 类 型	干线	装配	对接
1	熔化极气体保护自动焊	是	—	—
2a	Stovepiping：纤维素焊条打底 & 加热焊道碱性低氢焊条填充 & 盖帽	是	—	—
2b	Dollymix：纤维素焊条打底 & 加热焊道碱性低氢焊条填充 & 盖帽	—	是	是
3	低氢手工电弧焊焊所有道次	—	是	是
4	混合焊：手工电弧焊打底 & 加热焊道，立向上药芯熔化极自动焊填充 & 盖帽	是	是	是

4.1　熔化极气体保护自动焊

熔化极气体保护自动焊（GMAW）对于海底及大口径陆地管道铺设是较为适用的。研究工作是采用 CRC-Evans 单炬焊接设备进行的，随后在英国的大部分 X80 管道焊接采用了此方法。图 1 所示是一个典型的接头设计、焊缝宏观截面和参数。由 Serimax 提供的 Saturnax 双炬系统已用于英国某 X80 管道项目。混合药芯自动焊系统也在一个项目中采用。表 2 为某 CRC 熔化极气体保护自动焊环焊缝的典型焊缝参数。

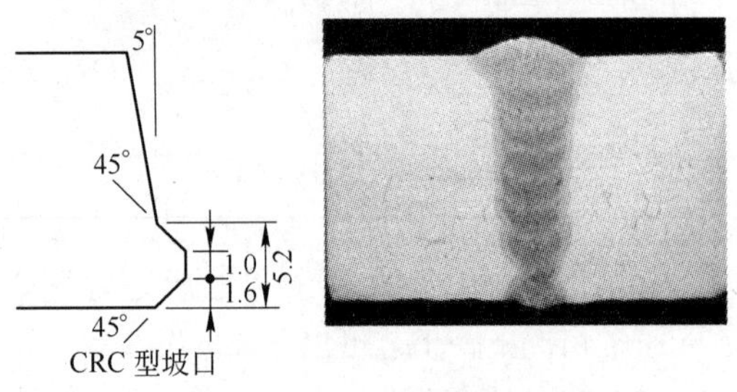

图 1　某 CRC 熔化极气体保护自动焊环焊缝的典型坡口和焊缝宏观截面

表 2　某 CRC 熔化极气体保护自动焊环焊缝的典型焊缝参数

焊道	方法及设备	焊丝及气体	线能量 /kJ · mm⁻¹
根焊	有内焊机的熔化极气体保护焊	Thyssen K-Nova (0.9mm) 80% Ar-20% CO_2	0.4
热焊	单炬熔化极气体保护焊	Thyssen K-Nova (0.9mm) 100% CO_2	0.3
填充	单炬熔化极气体保护焊	Thyssen K-Nova (0.9mm) 100% CO_2	0.7
盖帽	单炬熔化极气体保护焊	Thyssen K-Nova (0.9mm) 80% Ar-20% CO_2	0.9

在英国首次铺设 X80 管线的同一时期，对环焊缝自动超声检测也表现出极大兴趣。这种检测方法已在海底管线上得到良好应用，但在陆地管线中却未获得普遍认可。不采用自动超声检测的主要原因是手工焊接仍然是陆地管道建设的主流，而这一类型的焊缝不宜用自动超声检测。相反熔化极气体保护自动焊环缝则很适于用自动超声检测。这是因为熔化极气体保护自动焊采用精确的坡口，且还因为其最常见的缺陷类型是面缺陷（如单边的未熔合），所以更容易用自动超声检测检出。

熔化极气体保护自动焊适用于干线的管-管对接焊，即对可以在管内安装内对口器和可进行管端倒棱的情况适用，承包商选择何时采用熔化极气体保护自动焊取决于管线项目的长度、地形和所有的交叉口数量。总之，当管线长度大于 50km 时，熔化极气体保护自动焊是最经济的。在英国，管线项目趋于变短，而且交叉口的数量也很多。

4.2　手工电弧焊

采用纤维素焊条的手工“高架焊管法”垂直向下焊接已经在管道行业应用了很多年。

经验丰富的焊工能快速焊出可靠的打底焊缝。该方法很通用，非常适合于现场工作，并且其另外的一个优势是能用于工厂加工的 API 坡口焊接。早期的 X80 试制工作表明，一个全纤维素焊缝不能保证要求的过强匹配水平。除此之外，大口径钢管将增加氢致冷裂纹的风险，原因是：（1）根部焊道连接处物理载荷增加，（2）保持全周焊缝附近合理最小预热的难度增加，（3）开始根焊和开始热焊之间的时间不可避免地增加。

一种 dollymix 工艺，即采用立向上根焊和立向下热焊、填充和盖帽，通常被用于钢管-管件或变径接头的焊接，此时装配条件可能不理想或者不能使用内对口器。立向上根焊较慢，但是它对错边及根部间隙和钝边厚度的变化要求更宽松。在英国，对于钢管尺寸大于等于 DN900 的钢管和管件之间的焊接，国家电力供应公司管线焊接规范要求采用低氢焊材。

Hillenbrand 和 Perteneder 进行了小尺寸的 X80 材料的移植试验，发现为避免氢致冷裂纹，需要的最低预热温度为 100℃。补充的全尺寸试验显示最低预热温度 50 ~ 60℃ 已经足够。在英国对 X65 及其以上钢级，环焊缝的焊接要求应用最低预热温度为 100℃。

应用预热的方法很重要。传统加热采用星形装置（图 2）丙烷火焰加热，因为该方法简单并且相对便宜。近来，在装配和焊接前用感应加热线圈预热管端（图 3）得到广泛应用。线圈缠绕的结构能改变，这样加热带能附着在远离自由端的钢管上。

在英国，禁止在 X80 钢管上采用全纤维

图 2　采用星形火焰炬的装置预热管端

图 3　采用感应加热线圈预热管端

素焊缝。纤维素包覆的焊条仅可用于根焊和热焊。填充和盖帽普遍选用的是碱性低氢立向下焊材，如伯合乐蒂森 BVD-100。表 3 给出了典型的焊接参数。虽然规范允许使用较低的最小层间温度 80℃，这类焊缝在随后的填充焊缝中已经出现了焊缝金属裂纹。认为是由于氢的积聚（理论上从根焊和热焊）和高强度的焊缝金属造成的。

表 3　dollymix 纤维素和低氢手工电弧焊环焊典型焊材和焊道次序

焊　道	焊　材	规格/mm	方　向
根　焊	E6010	3.2	立向上
热　焊	E8010-P1	5.0	立向下
填　充	E10018-G	4.5	立向下
盖　帽	E10018-G	4.0	立向下

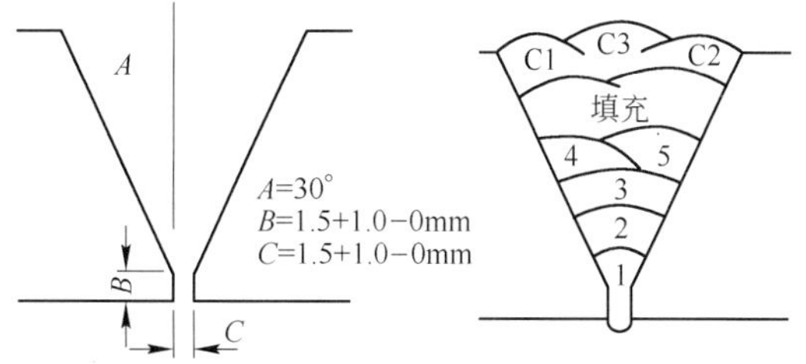

4.3　混合焊接

一种可以替代手工电弧焊进行填充和盖帽的是药芯电弧自动焊。由于其能够更好地控制热输入，这种自动化的焊接形式比半自动的形式更受欢迎。许多承包商投资于药芯电弧焊自动焊接机或机头，这种自动焊接机或机头比熔

化极气体保护自动焊更简单，但牢固而可靠。混合焊接工艺很通用，能处理不同焊接形式及变径接头。另外一个优点是可以用于标准的30°API 坡口，所以不需要在野外倒坡口。金红石药芯焊丝立向上焊接典型的参数见表4。

表4　某混合手工电弧焊——药芯电弧焊环焊典型焊材和焊道次序

焊　道	焊　材	规　格	方　向
根部焊接	SMAW，E6010	3.2mm/4.0mm	立向上/下
热　焊	SMAW，E8010-P1	5.0mm	立向下
第一道填充	SMAW，E10018-G	4.5mm	立向下
填充焊道	FCAW，A5.29E111T1&E81T1	1.2mm	立向上
盖　帽			

一些承包商采用药芯电弧焊接方法在纤维素型焊条的根焊和热焊焊道上焊接时，遇到了气孔问题。通过采用 BVD 焊材焊接热焊填充焊道这一问题可以得到缓解。一般在现场，承包商会让一部分人进行手工电弧焊焊接，另一部分人进行药芯电弧自动焊接。因为从第一组焊工完成他们的焊接工作到第二组焊工到来之前可能会有一个时间间隔，配合好合适的延迟时间和合理的最小层间厚度是重要的。管件的焊接情况稍有不同，因为焊缝需要在一个热循环内完成。

5　规范要求

在2000 年 X80 管道实施以前，国家电力供应公司规范不包括 X80 管线管。所以，研发评定项目的一个重要的成果是确定了合适的规范条件。

5.1　拉伸性能

欧洲管线管规范 EN 10208-2[3]，定义了横向强度（周向），利用压平的板状试样测得。X80/L555MB 钢级 0.5% 总伸长率下的最小屈服强度为 555MPa。它也给出了强度的上限是 675MPa，规定的最小抗拉强度为 625MPa。由于英国的 X80 管线全部都是采用基于应力设计的，所以没有要求进行材料纵向性能的检测。

广泛认同的一点是，环焊缝的过强匹配对于焊缝缺陷容限是合适的。较为困难的、可能有争议的是如何测量全焊缝的屈服强度及如何定义一个合适的过强匹配水平。

过强匹配的程度通常用超过规定最小屈服强度（SMYS）的百分数来定义，但是如下面的例子所示，过强可能有更广的含义：

（1）横向 SMYS + 5% = 583MPa。

（2）横向 SMYS + 10% = 610MPa。

（3）纵向 SMYS + 10% = 610MPa。

（4）实际屈服强度（全部钢管）= 675MPa。

钢管母材金属的屈服强度检测可能是有问题的，因为压平板状试验数据一般不足以代表真实屈服强度。为解决这一问题，制造商增加了真实强度以使检测值满足最小屈服强度的要求。这样的结果是实际的过强匹配水平降低。

即使在条件最好的时候，检测焊缝真实的屈服强度也是困难的，但是对于窄间隙的环焊缝甚至更是如此。主要是因为几何形状限制了试样的尺寸和焊缝取样厚度的百分比。检测试样可以平行于焊缝或沿焊缝横向截取。大部分的焊接标准倾向于平行焊缝方向，而标准 DNV OS-F101[4] 中介绍了一种只有焊缝金属的小标距长度的横向圆棒拉伸试样。延伸不用引伸器测量，而是用光学方法测量面积的减小，从而推断出伸长率。

从平行于焊缝方向截取的全焊缝拉伸试验试样的截面可以是圆棒或者是棱柱状（矩形）。如图4所示，钢管的厚度和曲率将决定从焊缝的哪一部分进行取样。窄间隙焊缝的宽度将限制试样的直径或横截面尺寸。硬度测试可用于帮助布置全焊缝拉伸试样的位置，尽管作者不确定这样是否有效。更常用的是在机加工前腐蚀坯料以确定焊缝位置。

在大部分情况下，沿圆周从3点和9点位置取得两个圆棒拉伸试样，要求具有最大的直径。测试按照 EN ISO 6892-1[5] 规定执行。测量并记录屈服强度（$R_{t0.5}$ $R_{tp0.2}$）、抗拉强度

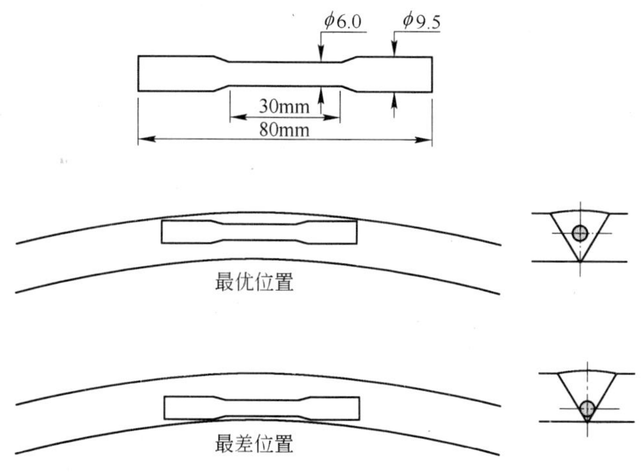

图 4 环焊缝全焊缝拉伸试验圆棒试样
（示例为 DN750mm × 20mm）

（R_m）及总伸长率在 0.2% ~ 0.35% 的强度。最好包括拉伸-载荷或应力-应变曲线。对于高强度的应用，一些用户规定一个在达到最大载荷之前的恒定低应变率（大约是 0.2mm/min）。

5.2 断裂韧性

对于大部分壁厚不小于 25mm 的 C-Mn 钢管线来说，最小的设计温度不小于 -10℃，且钢管的最小屈服强度不大于 555MPa，单个冲击功大于 30J，平均冲击功达到 40J 就足够。在英国对于 X80 钢级，规定单个冲击功的最小值为 45J，平均值最小为 60J。在 -15℃ 时，熔化极气体保护自动焊环焊缝获得的冲击功的典型值是 66 ~ 97J[6]。

作为焊缝焊接工艺评定的一部分，利用单边刻槽弯曲 CTOD[7] 试样进行了试验，试样尺寸为 $B \times 2B$。无规定最小值，结果仅作为参考。试验的目的是获得一些可能对将来特定目的计算有用的一些数据。

5.3 硬度

由于不良的显微组织、氢富集和应力集中，焊后可能形成氢致冷裂纹（HACC）。裂纹通常只是在焊缝温度冷却到接近环境温度时才出现，有些情况下可能会出现得很晚。裂纹可能出现在热影响区或在焊缝金属中，而且可能成多个方向。旧钢种中碳含量相对较高，当冷却速率足够大，氢致裂纹的敏感性增大。多年来，研究的重点放在降低冷却速率避免出现硬的和敏感的显微组织，并限制受到过高的应力，已经鼓励采取以下措施，主要是阻止 HACC，或者至少说明这不是一个难题。

（1）应用充分预热（由焊接性试验确定）。

（2）保证最小的层间温度。

（3）平衡焊接顺序（特别是在根焊）。

（4）控制降温的时机。

（5）根焊和热焊开始之间的时间间隔。

（6）在焊缝能冷却到环境温度前尽量减少焊道的数量。

（7）在工艺评定试验中采用全管长度。

（8）焊接完成和检查之间的时间间隔（通常仅适用于工艺评定试验）。

硬度是显微组织的一个指标。通常希望获得尽可能小的硬度，然而管线钢从奥氏体到铁素体的转变范围（$t_{8/5}$）[8] 中的冷却速率可能相当高，导致形成不希望得到的马氏体。焊接热影响区的硬度和裂纹敏感性之间无唯一的相关性，但普遍认为，较高的硬度通常预示铺设过程中容易出现 HACC 裂纹和其他问题，例如服役中应力腐蚀裂纹。

表5归纳了BS 4515[7]规定的X80钢级硬度极限值。这些极限值特别与涉及高水平氢变化（如纤维素型焊缝）的焊接过程有很大的相关性，但是对于低氢焊接方法和熔化极气体保护自动焊焊缝，这些极限值可能是宽松的。对于根焊，这些极限值是比较低的，因为降温时根部焊接和热焊经历较高的应力。

表5　X80钢级非酸性服役环焊缝允许的维氏硬度（HV10）变化要求

打点位置	手工电弧焊（纤维素型）	手动&半自动（低氢焊缝）	熔化极气体保护自动焊
焊缝，根部焊接	275	275	275
焊缝，盖帽	275	275→300X80	275→300X80
热影响区，根焊	275	325→350BS4515	350
热影响区，盖帽	325	325→350BS4515	350

Düren和Niederhoff[8]进行了一系列组分的平板堆焊试验，通过$t_{8/5}$的冷却速率范围生成一系列的回归方程来预测热影响区硬度最大值。下面所示的方程是对应中等$t_{8/5}$冷却速率，产生的是马氏体和贝氏体的混合显微组织。

$$HV_X = 2019 \times \left\{ w(C)[1-0.5\log(t_{8/5})] + 0.3 \times \left(\frac{w(Si)}{11} + \frac{w(Mn)}{8} + \frac{w(Cu)}{9} + \frac{w(Cr)}{5} + \frac{w(Ni)}{17} + \frac{w(Mo)}{6} + \frac{w(V)}{3} \right) \right\} + 66 \times [1-0.8\log(t_{8/5})] \tag{1}$$

图5所示为几种典型的当代X80钢级管线钢（表6）对应的$t_{8/5}$热影响区预测最大硬度。Hudson[9]和Militzer[10]研究显示熔化极气体保护自动焊焊缝$t_{8/5}$的时间在2～6s之间。

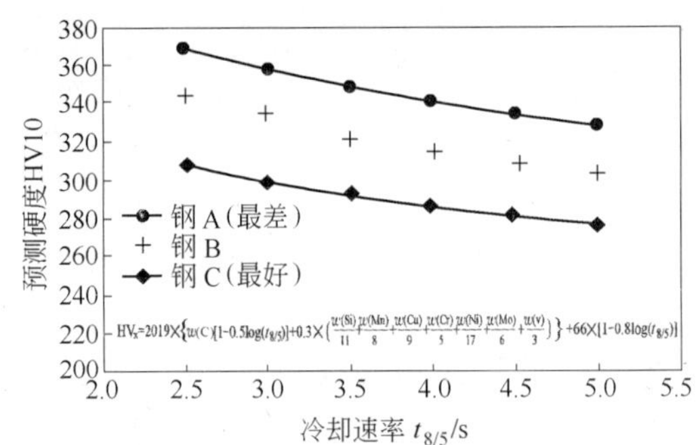

图5　采用Düren和Niederhoff研发的回归方程（对所选X80钢级钢管预测的热影响区最大硬度值）

表6　几种X80钢的化学成分（质量分数）　　（%）

钢	C	Si	Mn	Cu	Cr	Ni	Mo	V	Nb	Al	碳当量
A	0.08	0.33	1.92	0.03	0.07	0.03	0.22	—	0.05	0.04	0.46
B	0.06	0.35	1.93	0.02	0.04	0.04	0.17	0.002	0.05	0.04	0.43
C	0.05	0.20	1.97	0.01	0.01	0.26	0.18	—	0.04	—	0.42

注：此表用于热影响区最大硬度的预测。

采用单丝熔化极气体保护自动焊焊接的大壁厚X80钢级钢管，在焊帽的热影响区已经发现一些高硬度的情况。“分离焊帽”的双炬熔化极气体保护自动焊焊接能降低焊帽高硬度值，因为迂回宽度减小，单丝有效热输入（单丝）增加。

6　缺陷接受极限

大部分管线环焊缝焊接规范采用基于“工艺”的缺陷接受标准。这些规范没有与管线实际服役条件直接联系起来，而是依靠一个焊工的高超技术，同时在一定程度上依靠射线检查技术的能力。这些方法在传统材料上使用得很好，而且如果应用适当，会铺设出高质量的管线。然而把此标准用于如X80的高强度管线管，经验却是有限的。因没有工艺标准的理论基础，把它们用于X80会引起不确定的高应力状态。

相关的一个问题是大口径管线的铺设恰逢环焊缝的射线检测替代为自动超声检测的变动

时期。这是由于消除处理射线拍片过程中使用的化学制剂和电离辐射提高了生产效率及安全性。自动超声检查提供全厚度上的缺陷信息，使其成为更适合特定目的的方法。

适用性标准将缺陷接受极限与服役条件和材料性能联系起来。而验收准则可能与材料的钢级及焊缝的性能有关。1996 年，EPRG 制定了一套针对 X70 以下钢级的简单的缺陷验收标准[11]。参考文献里给出了详细的细节，但是重点是他们假设钢管可以发生轴向屈服，且要求焊缝金属的平均夏比冲击功为 40J。同时，他们也要求焊缝金属与母材金属过强匹配。如以上所述，结合自动超声研发应用，该规范要求扩展后涵盖 X80 钢级并用于指导 St Fergus 到 Aberdeen 管线施工[6]。EPRG 接下来的工作证实了该规范指南可以用于 X80[12]，尽管钢管母材的屈强比最大值限定为 0.90。这一限制规定对所有钢级适用。但是在较低的钢级 X65 中比在 X80 钢级中更容易实现。同样地，在 X65 钢级中比 X80 钢级更容易实现焊缝金属的过强匹配，但应注意，大部分的工艺缺陷验收标准也要求过强匹配。

总之，与 X80 相比较，X65 的使用更有利于适用性焊接缺陷接受标准的采用，因为 X65 钢级更易满足焊缝金属过强匹配的要求和达到母材金属屈强比的限定值。

7 实施

如之前提到的，直到 1996 年，国内输送系统中在用的管线最大管径为 DN1050，材料级别是 X65，顺应实际情况，采用 DN1200 X80 管线的阶段实施战略，如下：

（1）大口径 DN1200X65 钢级——Peters Green 至 South Mimms。

（2）大口径 DN1200 X80 钢级支线——Drointon 至 Sutton on the Hill。

（3）大口径 X80 高压输送管线，设计压力为 9.4MPa——St Fergus 至 Aberdeen。

从那以后，在英国采用大口径 X80 钢级钢管已经铺设了一些管道项目，累计公里数达到约 900km（表 7）。在此期间研发工作继续进行。例如，在 St Fergus 到 Aberdeen 管线项目中，结合超声波自动检测[6]，开发了基于 EPRG 焊接缺陷规范指南的适用性环焊缝验收准则。

表 7 英国 X80 钢级管道汇总

时间	项 目	壁厚 /mm	长度 /km
2000	Drointon to Sutton on the Hill	15.9/19.1	25
2001	St Fergus to Aberdeen	15.1/21.8	72
2001	Hatton to Silk Willoughby	15.1/21.8	45
2002	Cambridge to Matching Green	14.3/20.6	46
2003	Bacton to Kings Lynn	14.3/20.6	68
2004	Aberdeen to Loch Side	15.9/22.9	50
2006	Ganstead to Asselby	14.3/20.6	53
2006.07	Pannal to Nether Kellet	14.3/20.6	90
2006.07	Milford Haven to Aberdulais	15.9/22.9	128
2007	Felindre to Brecon	15.9/22.9	86
2007	Brecon to Tirley	15.9/22.9	107
2008	Easington to Ganstead	14.3/20.6	30
2008	Asselby to Aberford	14.3/20.6	33
2008	Aberford to Pannal	14.3/20.6	30
2010	Easington to Paull	14.3/20.6	26

参 考 文 献

[1] IGE/TD/1："Recommendations on Transmission and Distribution Practice：Steel Pipelines for High Pressure Gas Transmission". （London：Institution of Gas Engineers and Managers. Edition 3 1993，Edition 4 2001，Edition 5 2008）.

[2] H G Hillenbrand，K. A. Niederhoff，G. Hauck，E. Perteneder. "Procedures，considerations for welding X-80 linepipe established" *Oil & Gas Journal*，（September 15，1997）.

[3] EN 10208-2："Steel pipes for pipelines for combustible fluids-Technical delivery conditions. Part 2：Pipes of requirement class B". （London：British Standards Institution，2009）.

[4] DNV OS-F101："Submarine pipeline systems"，（Oslo：Det Norske Veritas，2010）.

[5] EN ISO 6892-1："Metallic materials. Tensile tes-

ting. Method of test at ambient temperature" . (London: British Standards Institution, 2009).

[6] R. M. Andrews, L. L. Morgan. "Integration of automated ultrasonic testing and engineering critical assessment for pipeline girth weld defect acceptance" . In: *Fourth International Conference on Pipeline Technology*, Ostende, May 9-13 2004. (Beaconsfield, UK: Scientific Surveys, 2004), Vol. 2, pp. 655-667.

[7] BS 4515-1: "Specification for welding of steel pipelines on land and offshore. Part 1: Carbon and carbon manganese steel pipelines" . (London: British Standards Institution, 2009).

[8] C. F. Düren, K. A. Niederhoff. "Hardness in the heat affected zone of pipeline girth welds" . In: *3rd International conference on welding and performance of pipelines*. London, 18-21 November 1986.

[9] M. G. Hudson. "Welding of X100 linepipe" . (PhD thesis, Cranfield University, UK, 2004).

[10] W. J. Poole, M. Militzer, F Fazeli. "Microstructure evolution in the HAZ of girth welds in linepipe steels for the Arctic" . In: *Proceedings of the 8th International Pipeline Conference*. Calgary, Alberta, Canada. September 27-October 1, 2010. (New York: ASME, 2010).

[11] G. Knauf, P Hopkins. "The EPRG guidelines on the assessment of defects in transmission pipeline girth welds" . In: *3R International-Rohre, Rohrleitungsbau, Rohrleitungstransport* 1996; 35 (10/11): 620-624.

[12] R. Denys, R. M. Andrews, M. Zarea, G Knauf. "EPRG Tier 2 guidelines for the assessment of defects in transmission pipeline girth welds". IPC2010-31640. In: *Proceedings of the 8th International Pipeline Conference*. Calgary, Alberta, Canada. September 27-October 1, 2010. (New York: ASME, 2010).

（渤海装备研究院钢管研究所　张　红　译，
中信微合金化技术中心　张永青　王文军　校）

高强度管线钢可焊性的提高与可靠性判据

D-r Frantov Igor[1], Permyakov Igor[2], D-r Bortsov Alexander[1]

(1) Senior Researcher "Bardin Central Research Institute for Ferrous Metallurgy", 105005, 2-nd Baumanskaya, 9/23, Moscow, Russia, E-mail: ifrantov@ mail. ru;
(2) Chief Technology Officer "Volzhky pipe plant" 404119, Avtodoroga st. 7-6, Volzhsky, Volgograd region, Russia, E-mail PermiakovIL@ vtz. ru

摘 要：本文基于焊接热循环的模拟技术和热影响区奥氏体多晶型转变动力学的分析，建立了一种可焊性评价的方法。采用该方法，评估了厚壁管线钢焊接近缝区在增大热输入时的冷脆性，以及在降低热输入时的冷裂纹敏感性。研究了铌微合金化钢中 Ni、Cr、V、Mo 等合金元素对近缝区韧脆转变温度的影响。结果表明，铌钢中添加 V、Mo 导致了近缝区的脆化。确定了含 Ni 或含 Cr 铌钢最佳的焊后冷却速度，此时近缝区的抗冷脆温度范围可低达 -30℃。

关键词：焊接，大口径钢管，合金化，热影响区，冷却速度，热输入，焊接标准

1 引言

在生产电焊管和安装厚度为 23 ~ 34mm 的管道时，都需要考虑厚壁高强度管线钢焊接的相关问题。为了掌握这类钢管的焊接生产工艺，开发钢管可焊性评价的规范是必要的。基于焊接热循环模拟和实际焊接接头检测，已分别建立了相应的评价规范。其中，焊接热模拟评价法是在一批样品上分别模拟不同近缝区金属所经历的焊接热循环，即模拟各热影响区的热场，使其温度涵盖 1300 ~ 650℃的范围。

借助于钢管焊接热影响区热过程的模拟进行可焊性评价的技术，是由铁基合金研究总院开发的，CBMM 的合作科研项目积极应用了该技术。其中 J. M. Gray、F. Heisterkamp 和 K. Hulka 做出了杰出的贡献。

将模拟技术应用于多因素试验，代表性的工作是开展 X70 钢的相关研究所取得的结果（抗拉强度为 580MPa，屈服强度为 490MPa），试验钢的成分见表 1。

表 1 研究用钢的主要化学成分

编 号	化学成分/%							
	C	Mn	Si	Nb	V	Mo	Cr	Ni
1	0. 06	1. 65	0. 32	0. 03	0. 04	0. 15	—	0. 15
2	0. 05	1. 75	0. 31	0. 06	—	—	0. 17	—
3	0. 10	1. 62	0. 43	0. 05	—	—	0. 1	—

所有供应商的轧制产品都满足挪威船级社（DET NORSKE VERITAS）（DNV-OS-101）的基本要求。3 种试验钢化学成分的不同之处在于 C、V、Mo、Cr 和 Ni 的加入量。

2 热输入-焊接参数优化的工艺规范

如今，实际焊管生产中基本都采用 4 丝或 5 丝纵向埋弧焊（SAW）进行焊接，一般没有选择余地，且一般采用双道次（内焊和外焊）焊接方法。现有焊接技术水平能够确保焊缝金属的性能，但却很难确保近缝区与母材有相似的性能。因此需要从改善钢的化学成分和优化焊管的工艺参数两个方面寻求可能性。其中热

输入被视为是一项影响可焊性的基本工艺参数。通过调整该参数，以形成可靠的熔合，并使焊缝金属形成所要求的几何形状。从现有预测水平可知，焊接过程中热输入产生的影响与金属焊前的温度有关。考虑这层关系，对于准确描述某种钢管焊接循环的特征是至关重要的。比如说处于连续生产流程中的壁厚 25.4mm 的钢管，外焊在之前的内焊道上进行，金属已处于预热状态，在这种情况下，800～700℃区间的冷速 $W_{800/700}$ 可能在 5～7℃/s 的范围内变化。然而，如果金属是在冷态下焊接，如图 1 所示，该冷速则提高到 10～12℃/s。

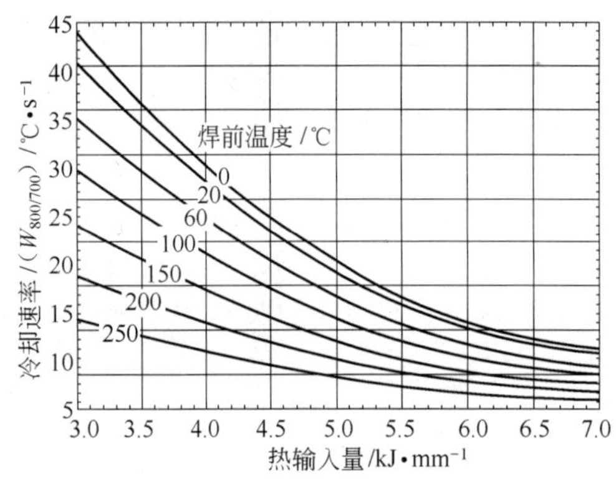

图 1　热输入和焊前温度（$W_{800/700}$ = 1.92$W_{800/500}$）对（厚度 25.4mm 钢管）焊后冷却速度的影响

3　奥氏体多晶转变动力学分析——热影响区组织的评价规范

奥氏体多晶转变动力学分析，是一种通过建立热影响区（HAZ）的奥氏体连续冷却转变曲线来评价可焊性的方法。这种分析属于可焊性评估的物理冶金方法。

近缝区被加热到某一温度之上奥氏体化时晶粒开始严重长大，该过程可以通过将安装有膨胀仪的样品快速加热到 1300～1320℃ 来模拟。

所有给定成分试验钢的奥氏体转变具有如下动力学特征：在较宽的冷却速度范围内形成贝氏体组织，如图 2 和图 3 所示。只有管道对接焊缝（注：环焊）实际施焊后在较高冷速条件下冷却，才可以观察到马氏体转变。

厚壁管线钢进行埋弧自动焊时，受扩散动力学控制的铁素体相变，由于 V、Mo、Ni 的综合作用而向低冷速方向移动。铁素体转变区的冷速范围被限制在 2～3℃/s 之间。铁素体形成的温度范围为 720～620℃。由于碳氮化物的形成，渗碳体的形成变得非常困难。发生马氏体转变的温度范围为 490～320℃，局部淬火的临界冷速为 40～120℃/s。

相比之下，不含 Mo、V 的 C-Mn-Nb-Cr 试验钢，其奥氏体转变的动力学具有显著差别。与在铁素体区和在珠光体、贝氏体转变过程中

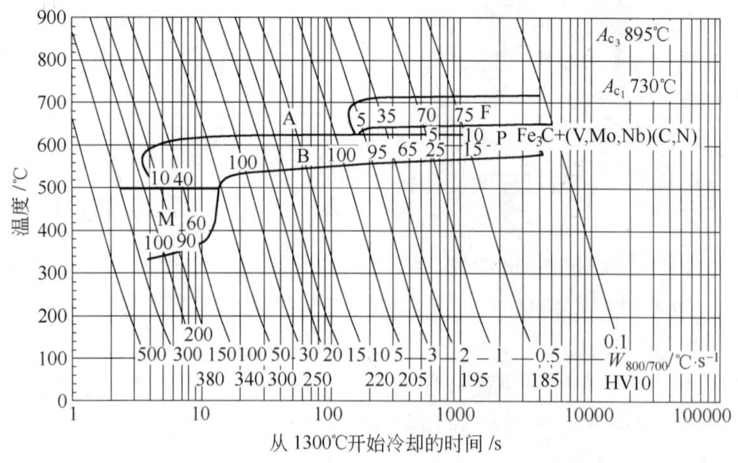

图 2　1 号试验钢热影响区的奥氏体转变图

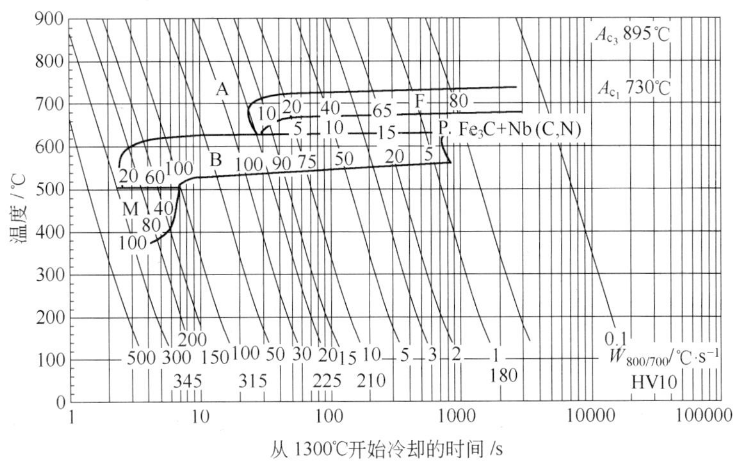

图3　2号试验钢热影响区的奥氏体转变图

形成渗碳体而不是析出碳氮化物有关，这类钢铁素体形成的温度区间上移至740～630℃，临界冷速提高至20℃/s；马氏体转变的温度范围上移至500～360℃，局部淬火的临界冷却速度提高至90～280℃/s。

C含量提高到0.10%时，奥氏体的稳定性增加，尤其是在对接焊缝现场施焊常见的冷却速度下，会引起马氏体转变。

当贝氏体相变发生在大致相似的温度范围内时，微合金元素的含量影响微观组织的形态，如尺寸、形状、出现在原奥氏体晶粒内部的贝氏体的形态是粒状还是板条状。

4　焊接所引起软化倾向的评价规范

在峰值温度达到两相区时，在较高温度下发生的扩散相变，促进了某些特殊的碳化物的形成，由此会引起热影响区的软化。

为了研究不同加热温度对热影响区软化的影响，进行了相关试验。不同试验时，将冷却速率维持在12℃/s，也就是钢管埋弧焊时的冷速，如图4所示。

在模拟1号试验钢（添加V、Mo、Ni）焊接时，近缝区金属被加热到1300～1150℃时仍具有高的奥氏体稳定性，大致在610～530℃区间发生贝氏体转变。

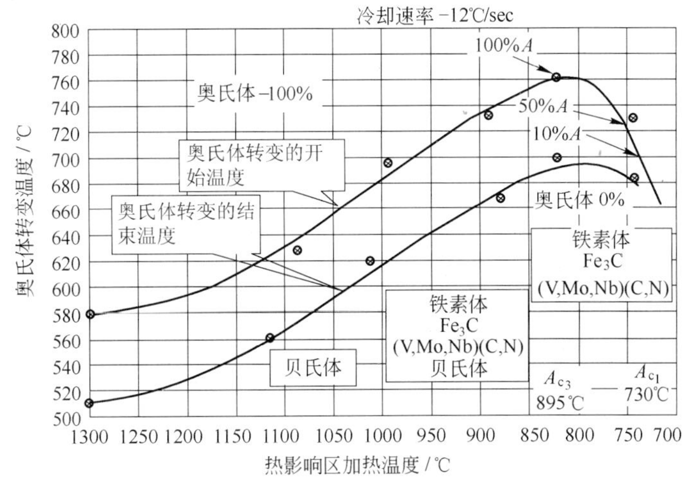

图4　热影响区（加热温度为1300～730℃）内奥氏体转变温度的变化趋势

当热影响区的最高温度从 1050℃ 降低到 950℃时，奥氏体转变的开始温度由约 660℃提高到约 720℃；此时的热影响区除了形成贝氏体以外，还有铁素体、渗碳体和碳氮化物的出现。当最高加热温度从 950℃ 降低到 890℃（A_{c_3}）时，奥氏体转变温度提高到 760℃；此时的热影响区仅出现铁素体，其中含有渗碳体或碳氮化物。

热影响区的两相区温度区间为 730 ~ 870℃。不同形态的铁素体基本都在这个区间形成：包括冷却过程中由奥氏体转变来的铁素体和加热过程中因部分再结晶而保留的铁素体。

V、Mo 存在的情况下，热影响区的软化倾向稍微减弱。在一定程度上分布的(V，Mo)(C，N)导致了多边形铁素体硬度的增加。在不含 V、Mo 的钢中，奥氏体转变发生的温度较高，并且主要靠扩散动力学进行。在热影响区的两相区进行的加热，使扩散性转变的温度提高，导致较高的软化倾向。

当热影响区金属被加热到两相区（A_{c_1} ~ A_{c_3}）时，硬度下降幅度达到 15% 或以上。

由于软化区受到较高强度焊缝金属和母材的拘束硬化作用，该作用就提供了焊接接头所需要的整体强度。为了获得所要求的整体强度，软化层宽度的容限由下式给出：

$$\sigma_B = \beta\sigma_B^{HAZ}\{d + (1 - d)[a + (m/\chi + c)]\} \tag{1}$$

式中　σ_B——焊接接头的整体强度；

σ_B^{HAZ}——软化层强度；

d——$\sigma_B^{HAZ}/\sigma_B^{bm}$；

σ_B^{bm}——母材强度；

χ——软化层宽度；

β，a，m，c——常数，与软化层的截面尺寸有关。

在设定测试温度下的软化层强度，是通过最小硬度值与屈服强度的换算来确定的。

5　近缝区的抗冷脆性——近缝区抗脆性断裂的可焊性判据

与其他力学性能相比，金属的冲击韧度对组织的变化敏感。通过模拟焊接近缝区在不同冷却速度下所经历的焊接热循环过程，再对 V 形缺口（KCV）的系列模拟样品进行冲击试验，评价了近缝区焊后的脆化效应。

针对每一个冷速（即不同的焊接工艺），进行 20 ~ －60℃ 的系列温度 KCV 冲击试验，并采用上平台能量（USE）和平均能量（50% USE）来定义延性-脆性断裂机制。上平台能量对应于由延性断裂向脆性断裂转变的初始阶段。从冲击韧度最大值到最小值之间的平均能量（50% USE）对应于延性-脆性断裂转变区。实际上，对于这一类成分的试验钢来说，平均能量的水平为 100J/cm²。能量低于该水平时属于脆性断裂，这是由焊接热影响区中不良的微观组织所造成的，如图 5 ~ 图 7 所示。

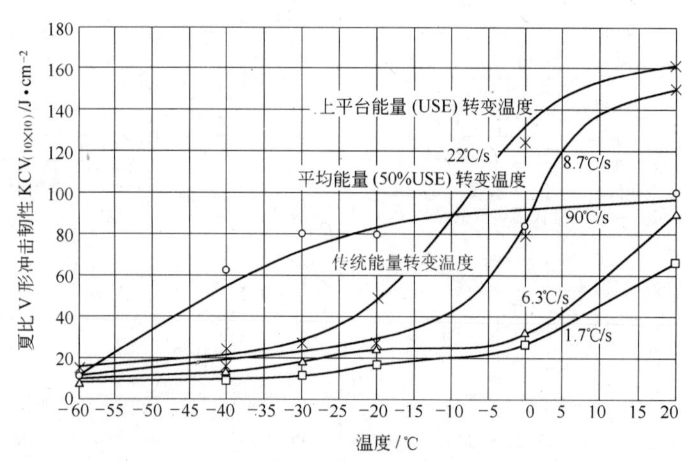

图 5　1 号试验钢不同冷速下的耐低温性能评估
（热影响区能量转变温度参数）

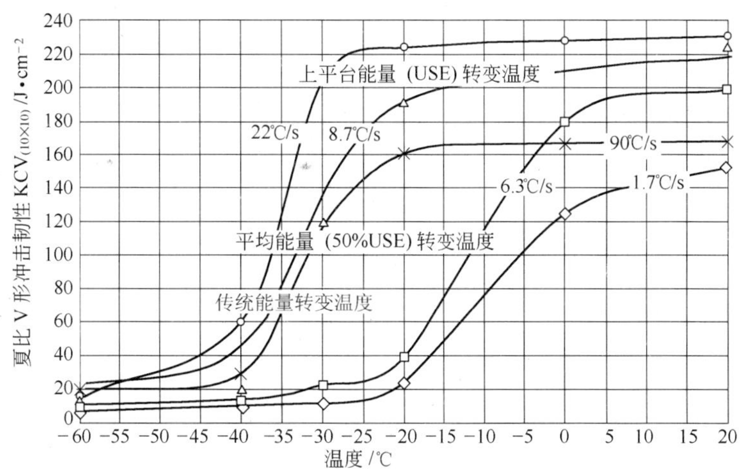

图 6 2 号试验钢不同冷速下的耐低温性能评估
（热影响区能量转变温度参数）

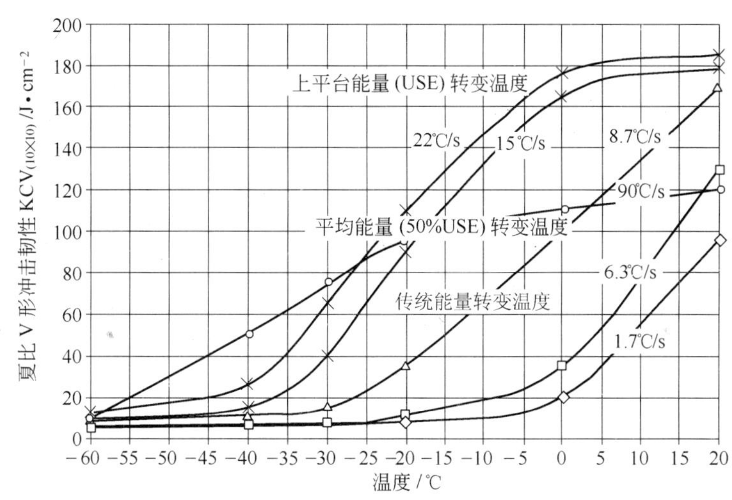

图 7 3 号试验钢不同冷速下的耐低温性能评估
（热影响区能量转变温度参数）

在模拟不同微合金钢以多种热输入焊接、接头以特定冷速冷却后，对热影响区抗冷脆的相应特征进行了评价。在我们的研究中，大口径焊管生产时，如外焊是在热的内焊道上进行，冷却速度为 6 ~ 7℃/s，如外焊是在内焊全部完成以后进行，则冷却速度为 10 ~ 12℃/s。

根据抗冷脆性判定标准（50% USE-KCV 100J/cm^2）进行了可焊性评估，结果表明，当接头冷速为 6 ~ 7℃/s 时，在所研究的三种成分的钢中，有两种试验钢不能确保焊接接头在负温环境下服役所要求的长期负载能力。1 号和 3 号试验钢焊接热影响区的脆性转变温度均在 20℃ 及以上。

焊接热影响区抗冷脆性降低，是焊接过程中的热效应和较低冷速两个相关因素共同引起该区域的脆化而造成的。脆化首先与奥氏体转变过程中在晶界处形成的魏氏体-铁素体组织有关，其次与 V、Mo 的碳氮化物形成相关。图 5 反映了复合添加（微）合金元素 V、Mo、Nb 和 Ni 的脆化效应及焊接热影响区抗脆断性能的下降。

V、Mo 的添加，促进碳氮化物在较低的冷却速度下形成。这种现象不仅出现在铁素体-珠光体的转变过程，也出现在贝氏体中。因此，贝氏体的形态由粒状变为板条状。而且，板条贝氏体随着冷速的增加而形成。

根据 50% USE 这一准则进行可焊性的评估，如图 8 所示，当冷速为 10～12℃/s 时，即在内焊道完全冷却后再进行外焊，焊接热影响区可以达到按冲击韧度 KCV 100J/cm² 确定的韧脆转变温度的要求。其中，2 号、3 号和 1 号试验钢的韧脆转变温度分别为 −35℃、−10℃和 0℃。

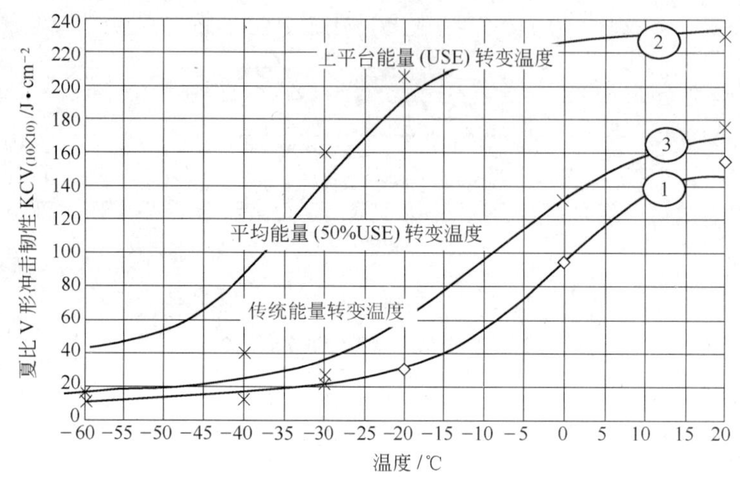

图 8　冷速 12℃/s 时，1 号、2 号、3 号试验钢热影响区能量转变温度参数的对比分析

6　允许的焊后冷速范围——由焊接热影响区冲击韧性水平确定的可焊性标准

应该注意的是，尽管低温脆性的临界值在有关技术规范中已加以限定，但是，在可焊性研究中，为了得到绝对可靠的结果，按冲击韧度 100 J/cm² 确定韧脆转变温度是有其合理性的。这是一个更为苛刻的条件，需要通过适当设计大口径钢管的合金成分和焊接工艺两个途径来达到。

图 9 为焊接后不同冷速下的冲击韧性值，

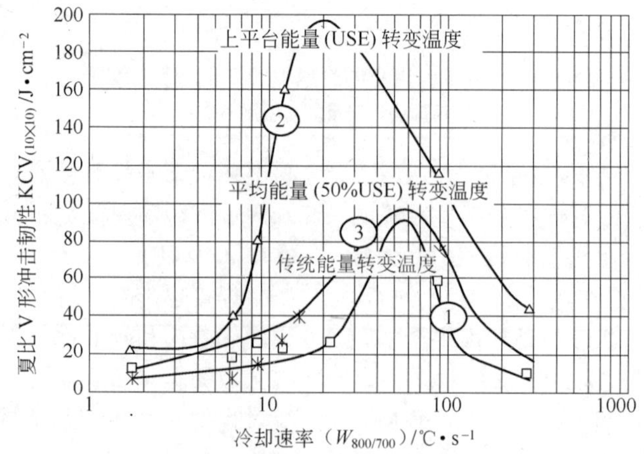

图 9　1 号、2 号、3 号试验钢热影响区冲击韧度 KCV（−30℃）维持在相应水平所允许的冷速范围

据此可以确定合理的焊接冷速和热输入范围。

2 号试验钢在现场对接焊缝和纵向直缝埋弧焊接过程中具有最宽的冷速允许范围。

7 裂纹强度评估——基于焊接热影响区抵抗韧性断裂的可焊性标准

目前，根据断裂力学进行一些实用参数的评估，包括制造工程的计算、焊缝金属和焊接热影响区缺陷容限的确定，在工程上已采用。

将韧性较低的焊接热影响区作为焊接接头的一部分进行分析，在实际工程中应该受到重视。原因是当焊接结构受降低温度、振动载荷和其他因素的影响而发生工况变化时，为保证工作能力，需要明确规定对接头韧性富余量的特殊要求。

为了准确测定临界裂纹张开位移（CTOD，按英国标准），裂纹强度分析方法应包括对母材和对全尺寸焊接接头同时进行的测试。

在对实际焊接接头的热影响区金属进行测试时，大量样品因预制的疲劳裂纹超出过热区的范围而不能使用。裂纹前端和融合线的弯曲导致裂纹的生长难于控制。因此，要测定实际焊接接头的临界 CTOD 值，通常是难于实现的。

如采用模拟焊接近缝区或其他热影响区组织的样品来测试 δ_c（CTOD）值，就可以解决上述困难。样品经按规定预热处理的焊接热循环模拟后，沿全截面的待测金属（疲劳裂纹预制区）的组织与经受实际焊接热循环后的组织是相对应的。

根据英国标准 BS7448-1 断裂力学韧性测试的第一部分：金属材料 KIC、临界 CTOD 和临界 J 值的测定方法，可以测定试样中指定区域的临界 δ_c（CTOD）。

CTOD 试验结果、冲击试验结果与组织的变化密切相关，而组织是由焊后冷却速率、钢的化学成分和冶金质量决定的，如图 10 所示。

与冲击韧性仅作为参考性条件相比，δ_c 是一个可用于“工程”计算的特征参量。

母材和热影响区在最低设计温度 -10℃下

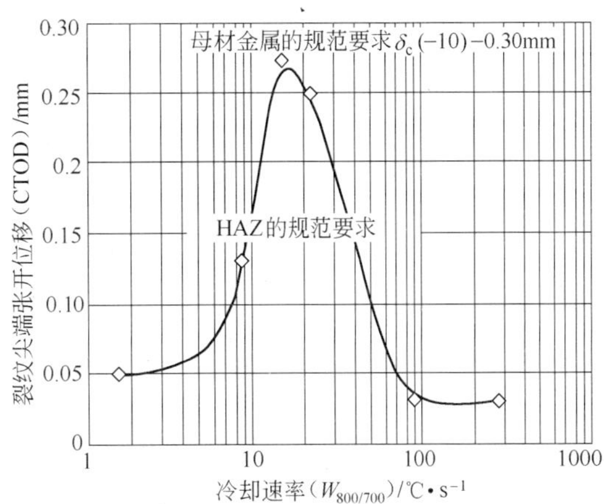

图 10 3 号试验钢冷却速率对 CTOD 值的影响

的 CTOD 值应分别为 0.30mm 和 0.15mm。

8 冷裂纹倾向——关于低热输入、碳当量的可焊性标准

冷裂纹危险或延迟断裂发生的条件取决于：

（1）组织类型和奥氏体转变温度（低于 500℃）。

（2）扩散氢的存在。

（3）焊接接头处局部应变增加的水平和速率。

在接头焊接和随后的冷却过程中，所有这些因素都是相互关联的。通过各焊接工艺样品，研究其中每一个因素在断裂过程中的作用，这是相当复杂的。同时，对试验结果进行的回归分析有时会引起歧义。

为了研究和定量评估每一个影响因素，开发了一种特殊技术，以检测含有焊接近缝区组织的各模拟试样（夏比型）的冷裂纹倾向。不同加载速度（1.6×10^{-4}，…，1.6×10^{-8}m/s）下的四点弯曲图已经得到了认可。据测定，焊接热循环模拟样品中扩散氢含量的平均值为 $1cm^2/100g$，但这些氢集中在拉应力区。采用动力学方法分析了该影响，结果表明，试样缺口尖端处的氢含量高于后续部分，也高于试样的未加载部分。加载速率越高，氢脆的影响越小，原因是没有充足的时间让氢在裂纹尖端处

聚集。

焊接近缝区金属延迟断裂的倾向是根据断裂应力强度因子（$N/mm^{3/2}$）来确定的。试样在低的加载速率（0.009mm/min）下进行试验，例如在延迟断裂条件下，受拘束的初步电解析氢法被用于检测高浓度氢的影响。当模拟焊接温度达到1320℃时，扩散氢的含量可能达到$3\sim4cm^3/100g$。

这类方法测试的结果可进行回归分析。因此可以明确规定焊接热影响区预防冷裂纹产生的临界（允许的）硬度。

这些测试情况与采用C_{eq}和P_{cm}公式进行超低碳管线钢的可焊性评价，以及目前厚壁钢管现场根焊的实际情况，是相关的。

$$C_{eq}=w(C)+w(Mn)/6+\cdots$$

$$P_{cm}=w(C)+w(Mn)/20+\cdots$$

I. P. Bardin TsNIIChermet 的研究指出，恰当的做法是将 Mn 的影响因素修正后插入到公式中。随着碳含量的降低，Mn 的影响成比例地减弱：

（1）当碳含量为0.05%～0.07%时，修正为$w(Mn)/25$。

（2）当碳含量低于0.05%时，修正为$w(Mn)/30$。

这些初步结论要求设计一些特殊的试验和研究，这些试验和研究将对管线钢的化学成分进行重要的修正，进而对相关的法规要求进行修订。

9　结论

本文基于热影响区模拟提出的可焊性模拟评价方法，与钢的评价方法是一致的。这一方法能够确定不同钢种的可焊性参数，而不受某些工艺因素的影响，这些因素却影响实际焊接样品。

模拟方法仅使用少量的金属，从而允许以足够多的试样数量和多个试验类型去开展试验。长期的经验表明，经焊接热模拟得到的这些明确的相互关系，充分反映了金属在实际焊接过程中的特征。

能够用这些方法取得的试验结果建立回归模型（公式），从而反映焊后冷却速度和钢的化学成分对可焊性判据中某个具体参数或者复合参数的影响。当使用模拟方法时，与焊接热输入量密切相关的冷速可作为可焊性评估的基本参量。

（钢铁研究总院　段琳娜　译，
燕山大学　王青峰　校）

含铌钢多道焊接热循环下的模拟热影响区微观组织的对比研究

T. Lolla[1], S. S. Babu[1], S. Lalam[2], M. Manohar[2]

（1）俄亥俄州哥伦布市，俄亥俄州立大学材料科学与工程学院，43221；
（2）印第安纳州东芝加哥市，安赛乐米塔尔全球研发机构，46312

摘　要：在给定的焊接工艺条件下，为了使可焊性材料得到期望的力学性能，其系统设计包括母材、热影响区和焊接金属显微组织的优化。传统的研究集中在单道焊接热循环下不同的峰值温度对热影响区的影响，并常常忽略了原始显微组织的影响。在本研究中，可焊材料的系统设计方法被应用于厚达25mm的铌微合金化钢板。首要研究目标是，不考虑焊接道数的影响，通过优化热影响区显微组织演变从而最小化原始的热机械处理造成的性能减弱。

本文研究了两种原始组织不同的含铌钢。采用热模拟试验机对试样进行管线钢生产中典型的多道热循环模拟试验，同步的热膨胀测量可以用来研究相变动力学。本研究完成了两组试验，并且对样品分别进行光学显微镜、扫描电子显微镜、背散射衍射电子和显微硬度的分析。

在第一组试验中，采用原始显微组织不同（铁素体 + 珠光体和贝氏体 + 马氏体）但化学成分相同的试样进行两道次热循环试验。两个样品的最终显微组织都由铁素体和 M-A 组元组成，但 M-A 组元的含量不同。

第二组试验中，化学成分和原始显微结构均不同的钢经历了多道次热循环模拟，峰值温度在 A_{c_1} 和 A_{c_3} 之间。这种热循环过程与厚板的多层焊接是相似的。有趣的是：所有试样最终显微组织基本相同（多边形铁素体），仅在硬度有微小差别。这样的试验结果表明热机械轧制获得的原始组织对多焊道临界再热热影响区的影响是非常小的。

关键词：临界再热热影响区，多道焊接，组织表征，热膨胀分析，M-A 组元，硬度

1　引言

在钢的生产过程中，通过优化合金元素（Mo、Nb、V、Si、Cr、Ni、Cu 和 Mn）的添加以及热机械轧制过程，以获得合适的显微组织，使性能达到强度和韧性的最优组合。添加的微量合金元素包括 Mo、Nb 和 V，它们控制着奥氏体的回复、再结晶和晶粒长大。Si、Mn、Ni 和 Cr 的添加会调整奥氏体/铁素体相变的动力学。在特定钢种中，Cu 的添加可以达到固溶强化和沉淀强化的作用。为了使这些钢可以正常地服役使用，焊接是必不可少的最终制造步骤。但是，焊接热循环将会逐渐改变钢的最初显微组织，对热影响区的强度和韧性产生不利影响。对单道焊来说，韧性最薄弱区是临近熔合线的粗晶热影响区（CGHAZ）。在此区域，加热温度将大于1300℃（远高于 A_{c_3}），因此将导致析出物溶解（例如 Nb(C,N)），进而促进奥氏体晶粒的长大。从此温度冷却后，易形成脆性显微组织（快速冷却下的马氏体和缓慢冷速下的上贝氏体）。过去已经对 CGHAZ 的脆性组织进行过广泛的研究。然而结构钢的焊接常需要多道焊接热循环，多次热循环下热影响区的组织性能与单道焊是不一样的，因此研究多道热循环是非常必要的。

多道热循环可能导致一次热循环形成的热

影响区（主要是 CGHAZ）再次受热。根据后续焊接热循环的峰值温度所处的温度区间（在 A_{c_3} 温度以上，A_{c_1} 到 A_{c_3} 温度之间，或者 A_{c_1} 温度以下或者这几种温度的组合），将新的热影响区重新分为过临界再热热影响区（SCRHAZ）、临界再热热影响区（ICRHAZ）和亚临界再热热影响区（SRHAZ）。在这些区域中，临界再热热影响区（ICPHAZ）由于低韧性而备受关注。有趣的是，单次热循环产生的 CGHAZ 组织韧性比 ICRHAZ 的韧性高，例如低碳钢（0.13%）CGHAZ 在 -10℃ 的夏比冲击功为 360J，而 ICRHAZ 在 -10℃ 的夏比冲击功仅为 25J。ICRHAZ 区域的低韧性是由 M-A 组元导致的。在经历临界焊接热循环时，奥氏体在原奥氏体晶界处和贝氏体板条边界形核，这种富碳的奥氏体在室温下较稳定，在低温下将形成脆性的 M-A 组元。因此，研究多次热循环过程中 M-A 组元的形成及它对材料性能的影响是非常重要的。

过去，普遍认为 M-A 组元是造成 ICRHAZ 区域低韧性的原因。比如，Kim 等人分析得到冲击试验的韧脆转变温度是 M-A 组元体积分数的函数。在这项研究中，随着 M-A 组元体积分数的增加，冲击韧性下降。Davis 等人研究了 ICRHAZ 冷却速度的重要性及对其钢材韧性的影响。研究显示，当以较短的时间（5s）从临界温度冷却时，临界区域的韧性相比于慢速冷却（200s，300J）显著降低（100J）。此外，还研究了块状 M-A 组元对材料解理裂纹萌生的影响。研究发现，晶界周围存在块状 M-A 组元会降低韧性。一些学者还研究了不同合金元素对 M-A 组元形成的影响。例如，钒和铌对 ICRHAZ 性能的损害作用来源于其对马奥组元形成的促进，硅对 ICRGAZ 区域马奥组元的形成也有影响等。除此之外，还有一些研究着重于 M-A 组元的形态对 ICRHAZ 的性能及脆性断裂机理的影响。然而，没有关于含铌钢多道焊情况下初始组织对 M-A 组元形成的影响的研究。

本文研究多道焊接热循环情况下初始组织对 M-A 组元形成的作用。在这项研究中，为了模拟 ICRHAZ 显微组织，对化学成分相同、初始组织不同的钢，进行两道焊接热处理。通过图像分析，量化钢中形成的 M-A 组元，并给出了量化结果。此外，对化学成分和初始组织均不同的两种钢进行多道焊接，并且采用显微硬度测试对比了两者显微组织的差异。

2 原料及显微组织

本研究使用了两种钢，钢的成分见表 1（分别标为钢 A、钢 B），钢材仅在 C、Mn 和 Si 的添加量上不同，微合金元素（Ti、V 和 Nb）含量相同。两种钢最终热控轧厚度为 1in（1in = 25.4mm），且钢材取样方向平行于轧制方向，试样取自横截面的中间部位。试样经镶嵌后采用标准抛光技术进行抛光处理，（抛光精度 < 1μm），然后使用 5% 硝酸酒精溶液进行侵蚀。使用光学显微镜和硬度测定进行试样的显微组织表征，表征结果如图 1 所示。

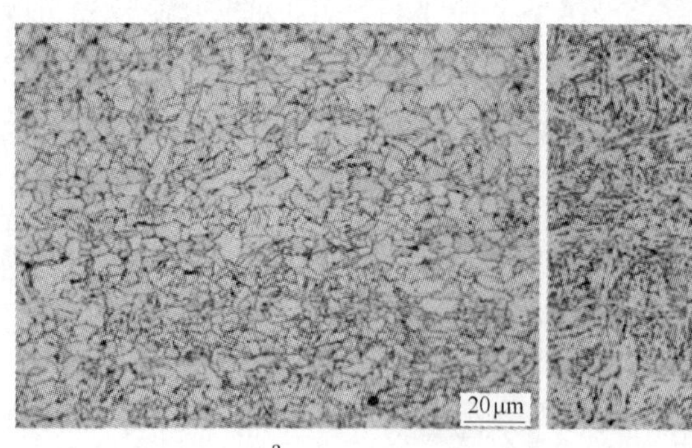

a

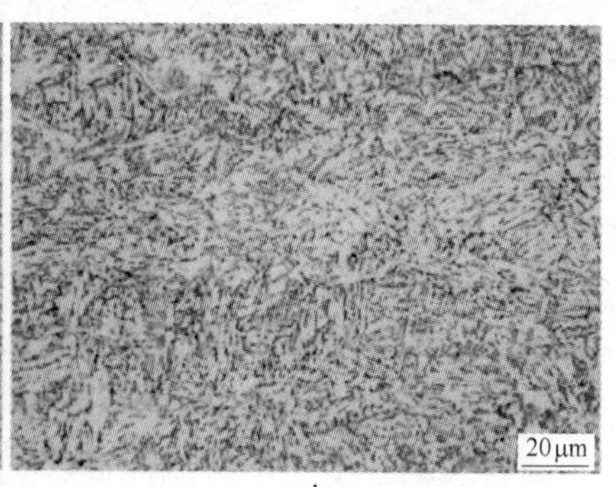

b

图 1　钢 A 的轧态显微组织：多边形铁素体（a）和钢 B 的轧态显微组织：针状铁素体/魏氏体铁素体（b）

表1 铌微合金化的钢A和钢B组分情况

组分	C	Mn	Si	Cr	Mo	Nb	Ti	V
钢A	0.04	1.49	0.203	0.02	0.146	0.082	0.019	0.003
钢B	0.08	1.8	0.45	0.02	0.146	0.082	0.019	0.003

两种钢初始组织如图1a和图1b所示，钢A光镜下的显微组织主要是细小的多边形铁素体，晶粒尺寸6～9μm（图1a）。此外，局部位置也可以观察到针状铁素体/魏氏体铁素体，而且显微组织沿着试样厚度方向没有明显的变化。相比之下，钢B显微组织（图1b）主要是由呈细板条形态的细晶粒的针状铁素体/魏氏体铁素体组成。在试样的横截面上进行显微硬度实验，使用载荷为300g。钢A显微硬度平均值为HV212±7，而钢B的显微硬度平均值为HV240±17。为了研究原始组织对ICP-HAZ中形成的M-A组元的影响，仅研究了钢A。为此，对从钢A中获取的试样进行热处理以便得到如下所释的不同原始组织。下面介绍生成不同原始组织的热处理工艺。

为了研究初始组织的影响，必须保证钢的化学成分是恒定的。为此，对从钢A中获取的一些试样进行热处理以得到另外的原始组织。这样钢A就有两组试样，每组试样都有各自的原始组织。热处理在Gleeble®热力模拟试验机上进行。将取自钢A的试样机加工成ϕ6.35的圆棒试样。热循环工艺和钢的显微组织在下文进行了说明。

图2显示的是钢A中形成不同初始显微组织所采用的热循环曲线。试样被快速加热至峰值温度1300℃，峰值温度保持5s，最后在水冷铜夹具间冷却。铜夹具间的自由跨距为10mm，$t_{8/5}$区间的冷却速度为80℃/s。整个热处理过程在氩气保护中进行。热处理后，在圆柱样的热处理区域进行取样，并将样品表面抛光至1μm。JMatPro®计算得到的钢A的CCT图（图3中叠加了冷却曲线）显示，在以上冷却速率下，其显微组织将由贝氏体、马氏体以及小部分铁素体组成。热处理后形成的显微组织如图4所示。光镜的显微组织包含贝氏体和马氏体，这与CCT曲线的预测结果一样。从这里开始，原始显微结构是马氏体+贝氏体的钢A定义为钢A1（表2）。钢A和钢A1都将经历双道焊接热处理，其分析讨论请见下一部分。

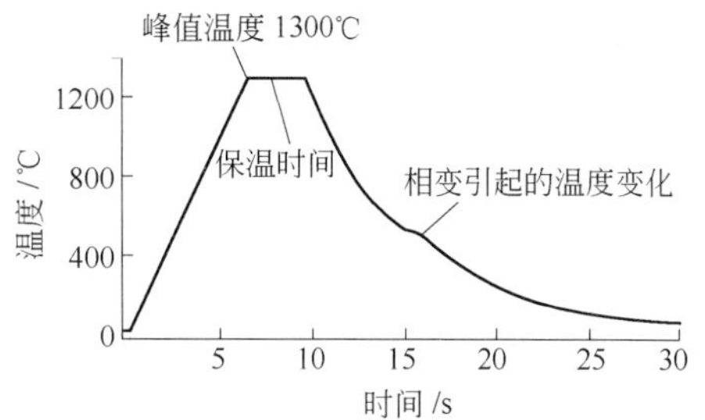

图2 钢A中获得贝氏体/马氏体显微组织的热循环曲线

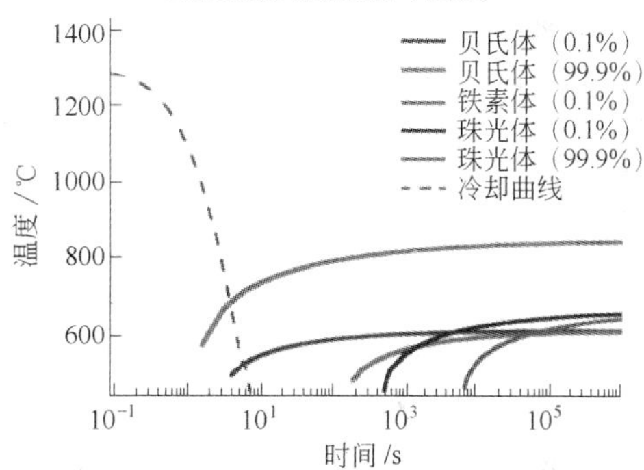

图3 JMatPro®软件得到的钢A的CCT图
（该图预测图2所示的焊接热循环将形成贝氏体+马氏体+少量铁素体的混合组织）

图4 热处理（工艺如图2所示）后钢A的显微组织
（具有这种显微组织的钢A现在被称为钢A1）

表 2　本研究中三种钢材的成分与显微组织

名　称	成分（表 1）	显微组织
钢 A	钢 A	多边形铁素体
钢 B	钢 B	魏氏体/针状铁素体
钢 A1	钢 A	贝氏体＋马氏体

3　实验

3.1　ICRHAZ 显微组织的 Gleeble 模拟

为了生成 ICRHAZ 显微组织，对钢 A 和钢 A1 进行双道焊接 HAZ 热循环。模拟实验使用的是 Gleeble 热力模拟试验机，实验在氩气保护中进行。在 Gleeble 试样中间焊上"C"型热电偶，以用来监测热处理过程中的温度变化。试样上附着的膨胀计用来监测热循环时的相变。表 3 显示的是 HAZ 热循环的焊接参数。图 5 是产生 ICRHAZ 的 HAZ 热模拟的热循环曲线。有关热循环的详细信息将在下面给出。

表 3　焊接参数和焊接道数

电流 /A	电压 /V	移动速度 $/cm \cdot s^{-1}$ (ipm)	热输入 $/kJ \cdot cm^{-1}$ $(kJ \cdot in^{-1})$	焊道数
400	35.0	0.76(18.0)	18(46.7)	2

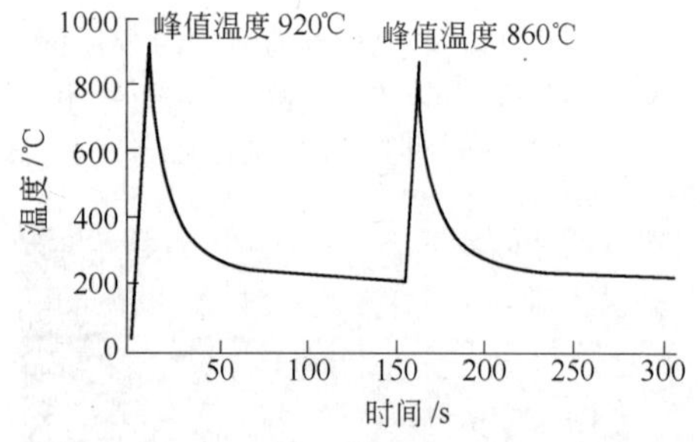

图 5　钢 A 和钢 A1 生成 ICRHAZ 显微组织的焊接热循环曲线

如图 5 所示，选定第一道焊峰值温度为 920℃。可从下述的膨胀结果中看出，在此温度下，钢材完全奥氏体化。到达第一个峰值温度的加热速率为 169℃/s，$t_{8/5}$ 区间冷却时间为 44s。对于热影响区的第二道焊，峰值温度为 860℃，这个温度位于钢 A 的 A_{c_1} 和 A_{c_3} 温度之间（根据下一部分膨胀测定的结果判定）。二次循环的加热速率为 150℃/s，$t_{8/5}$ 冷却时间为 42s。两道次循环的冷却循环均由 Rosenthal 型的冷却曲线控制。对钢 A 和钢 A1 中制备的 Gleeble 试样进行上述热循环模拟，并采用光学显微镜和扫描电镜对热处理试样横截面的显微组织进行表征，同时使用影像分析技术对 M-A 组元量化分析。

3.2　多道焊（＞2）热影响区热循环的模拟

为了对比评价焊接对钢 A 和钢 B 热影响区显微组织的影响，进行了多道焊接热处理模拟实验。为了理解并对比多道焊对两种铌微合金钢热影响区的影响，对钢 A 和钢 B 试样进行了 16 焊道热影响区模拟。为了确定临近熔合线区域（CGHAZ）每道焊的峰值温度，采用了有限元热传导模拟。模拟实验的接头几何形状、焊接参数和 Gleeble 测试的试验设置情况如下：

（1）有限元模型：多道埋弧焊的热传递模拟使用叫做 EWI—WeldPredictor® 的二维有限元分析仿真程序。模拟考虑采用单边坡口的接头形状，其根部间隙为 1.27cm（0.5in），坡口角度为 15°，钝边为 0.317cm（0.125in）。模拟的焊接参数与表 3 中的相同。模拟得到的每道焊接的峰值温度取自位于钢板壁厚的一半位置处的 HAZ 的某点上。峰值温度用于热模拟试验。对于多道次焊接模拟之间的冷却循环，其 Rosenthal 类型的冷却曲线与双道焊 HAZ 热循环冷却类型相似。图 6 是 FEA 模拟得到的热循环曲线。从热循环曲线可以看出，有三道焊接将 HAZ 加热到 A_{c_3} 温度以上（两道超过 1250℃，一道超过 1000℃）。在此热循环曲线的基础上进行热模拟实验。

（2）热模拟试验：钢 A 和钢 B 经历了如上所示的热循环（图 6）。使用膨胀测量法记录热处理中发生的相变，同时采用了和上一部分相同的方法对试样组织进行表征。为了对比研究钢 A 和钢 B HAZ 区域力学性能的不均匀性，在试样截面上进行显微硬度实验。钢 A

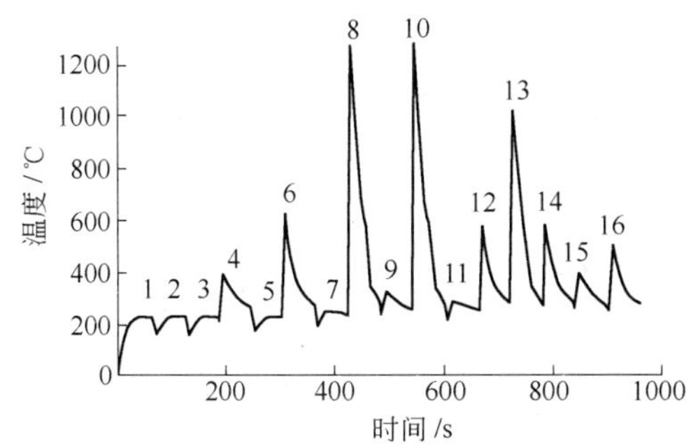

图6 采用FEA模型得到的多道焊HAZ热循环的峰值温度和冷却曲线

和钢A1的双道焊以及钢A和钢B的多道焊的ICRHAZ模拟结果将在下一部分进行讨论。

4 结果和讨论

4.1 ICRHAZ显微组织分析

4.1.1 膨胀测量分析

本部分是钢A和钢A1的双道焊HAZ模拟试验中发生的相变的膨胀分析。图7a和图7b是两种钢双道焊HAZ热模拟试验的完整热处理曲线图，图中显示的是钢A和钢A1的在不同温度下的相对膨胀变化。可以从图上看出，当峰值温度为920℃时（一次热循环期间），钢完全由铁素体转变为奥氏体（即峰值温度高于A_{c_3}）。此区域将表现为细晶粒热影响区(FGHAZ)。在FGHAZ区，钢的温度仅上升到A_{c_3}以上，但是未经历在CGHAZ区常见的严重的晶粒粗化。通过分析钢A和钢A1热处理期间的膨胀曲线，得到了每个模拟循环的相变开始和终止温度。

通过对钢A第一次焊接热循环的膨胀分析可知，钢A的A_{c_1}温度为(764.3 ± 4)℃，A_{c_3}值为(905.6 ±6)℃。相比之下，钢A1的A_{c_1}和A_{c_3}温度分别为(797.4 ± 4)℃和(901.54 ±5)℃。对钢A和钢A1热循环曲线的冷却部分做了类似的分析，结果见表4。

表4 钢A和钢A1在第一道和第二道热影响区循环下，加热（A_{c1}和A_{c3}）和冷却（A_{r_1}和A_{r_3}）转变温度的对比

项 目	加 热	冷 却	
	第一道/℃	第一道/℃	第二道/℃
钢A	A_{c_1} =764.3 A_{c_3} =905.6	A_{r_1} =556.6 A_{r_3} =690.8	A_{r_1} =571.9 A_{r_3} =725.1
钢A1	A_{c_1} =797.4 A_{c_3} =901.5	A_{r_1} =539.0 A_{r_3} =679.4	A_{r_1} =573.0 A_{r_3} =751.1

从表4可以看出，钢A和钢A1第一次热循环的完全奥氏体化温度明显不同（约33℃）。众所周知对于铁素体和铁素体+珠光体钢，奥氏体形成温度取决于加热速率、珠光体的数量和形态。而且，奥氏体形成温度随着

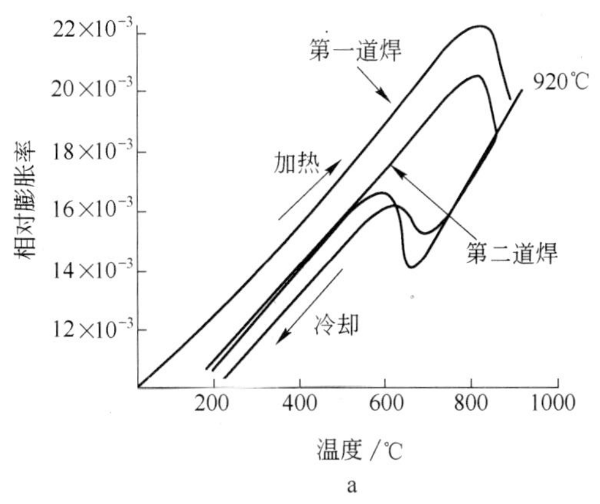

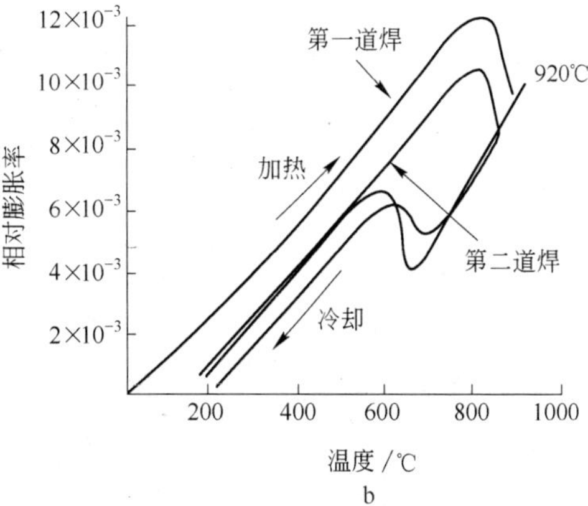

图7 钢A双道焊HAZ的膨胀-温度曲线（a）和钢A1双道焊HAZ的膨胀-温度曲线（b）
（第一道焊后表现出完全奥氏体化（$>A_{c3}$），在第二道焊接时表现出不完全奥氏体化（$A_{c1}<860℃<A_{c3}$））

加热速率提高而上升。然而，没有文献对比研究过铁素体和贝氏体/马氏体显微组织的奥氏体形成动力学。而且，在第二道焊接冷却过程中，两种钢的 A_{r_3} 温度不同（约 26℃）。这表明钢 A 和钢 A1 在 860℃的峰值温度下成分有差异（显微组织和合金元素分布均不同）。这些差异对相转变温度的影响可能会潜在地改变钢材最终组织中的 M-A 组元的数量。为了验证假说，对钢 A 和钢 A1 的 ICRHAZ 区域显微组织进行了表征。

4.1.2　光学显微镜组织分析

钢 A 和钢 A1 的显微组织分析的重点是 M-A组元量化。用 Le Para's 试剂对试样进行侵蚀，这种侵蚀液可以使 M-A 组元在光学显微镜下呈现出明亮的区域。图 8a 是钢 A 经 Le Para's 试剂侵蚀后的典型图像。暗黑区域是铁素体组元，斑点的明亮区域是 M-A 组元。运用图像分析技术估测出了钢 A 和钢 A1 显微组织中 M-A 组元的含量（图 8b）。通过显微结构的 SEM 分析可知，M-A 组元晶粒度范围是1 ~ 4μm（图 9），主要分布在铁素体晶界上，少数在近晶界位置呈三联点状。马奥组元的形态主要是多边形或者块状。然而，组织中普遍存在细长的 M-A 组元（横纵比 1∶3 到 1∶5）。

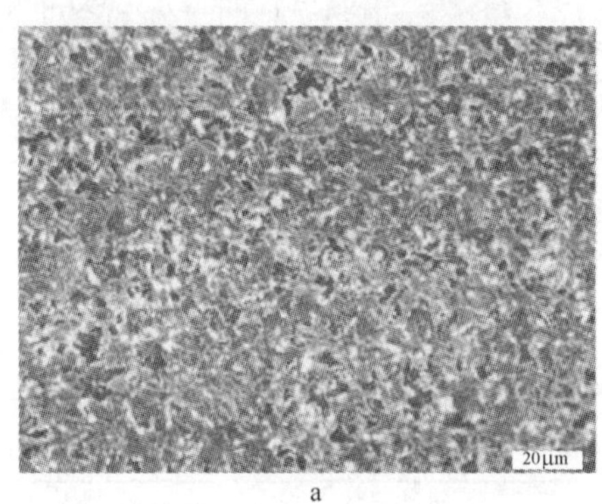

a

b

图 8　钢 A ICRHAZ 区热循环后的微观组织结构
a—Le Para's 蚀刻后的亮色 M-A 组元和暗色铁素体；
b—微观组织分析，分隔的暗色区域为 M-A 组元

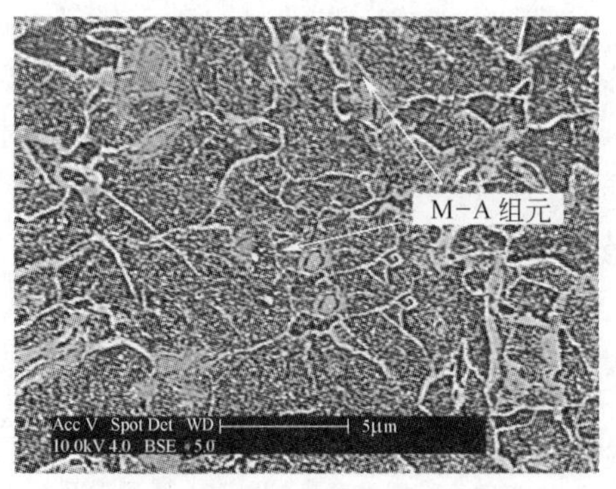

图 9　钢 A ICRHAZ 微观结构的 SEM 图像
显示 M-A 组元位于铁素体晶界

表 5 中是钢 A 和钢 A1 经光学显微照片图像分析计算的 M-A 组元含量。分析发现初始显微组织为贝氏体和马氏体钢 A1 的 M-A 组元的含量要比钢 A 少。

表 5　经光学图像分析，钢 A 和钢 A1 的 ICRHAZ 区 M-A 组元量的对比

钢　种	马奥组元的量/%
钢 A	2.94 ±0.81
钢 A1	1.41 ±0.76

采用韧度试验（动态应变速率下的行为）和拉伸试验（恒定应变速率下的行为）来评价这两种钢 M-A 组元的显著差别。两种初始显微组织不同、化学成分相同的钢中 M-A 组元的差别，揭示了在焊接钢的 HAZ 最终性能控制上，初始显微组织起到了至关重要的作用。

4.2 大量多焊道焊 HAZ 的分析

4.2.1 膨胀测量分析

本部分描述了钢 A 和钢 B 的 16 焊道热模拟 HAZ 区的膨胀分析结果和显微组织特征。图 6 是 16 道焊接热模拟的热循环曲线。从图中可以明显看出仅有三道（第 8、第 10 和第 13 道）HAZ 的峰值温度在 700℃以上。在多道焊 HAZ 热循环中最高的峰值温度是 1281℃。Gleeble 热模拟试验的加热速率大约是 200℃/s，$t_{8/5}$温度区间冷却速率约为 18℃/s。表 6 中是钢 A 和钢 B 加热和冷却过程中相变开始和结束的温度，这些转变温度是从三个主要峰值温度（第 8、第 10 和第 13 道）的膨胀分析得到的。从表 6 中可以看出，钢 B 的 A_{c_1} 和 A_{c_3} 温度比钢 A 稍低。然而，测得的两种钢的 A_{r_1} 和 A_{r_3} 温度没有明显的不同。为了观察 HAZ 热循环之后钢 A 和钢 B 显微组织，进行了下面的显微组织表征。

表 6 钢 A 和钢 B 多焊道热影响区模拟过程的加热和冷却转变

钢 种	加热阶段	冷却阶段
钢 A	A_{c1} = (836 ± 7)℃ A_{c3} = (910 ± 13)℃	A_{r1} = (655 ± 27)℃ A_{r3} = (495 ± 15)℃
钢 B	A_{c1} = (824 ± 11)℃ A_{c3} = (898 ± 16)℃	A_{r1} = (643 ± 16)℃ A_{r3} = (491 ± 18)℃

4.2.2 显微组织分析

图 10a 和图 10b 分别为钢 A 和钢 B 的 16 道焊接模拟 Gleeble 试样 HAZ 的光学显微组织，两张图均显示为晶粒尺寸在 6 ~ 10μm 之间的多边形铁素体组织。相比较于钢 A 的轧制显微组织，热模拟 HAZ 的平均晶粒尺寸增大了约 3 ~ 5μm。对于钢 B，显微组织从轧态的针状/魏氏体铁素体组织转变为多边形铁素体为主的组织。产生这种效果的原因是焊接过程中不存在轧制变形对相变的影响。

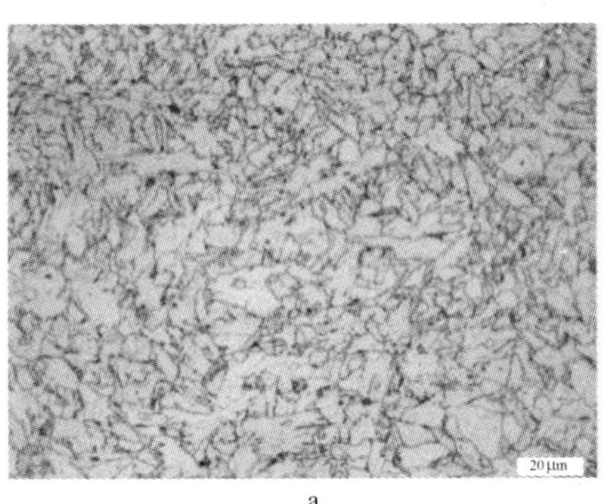

a

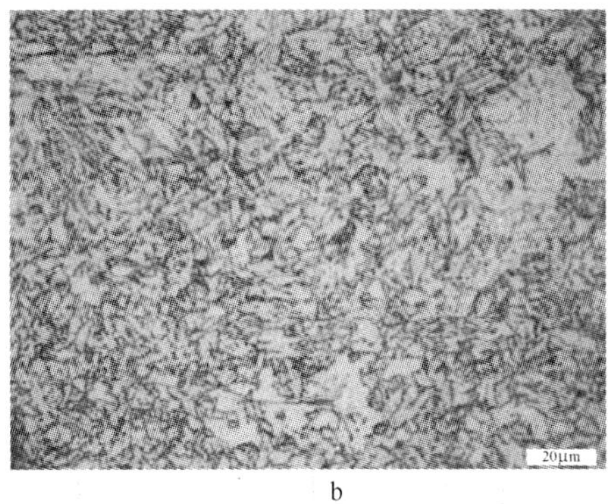

b

图 10 多焊道焊接热影响区热循环后，钢 A（a）和钢 B（b）的 HAZ 光学显微图（主要为多边形铁素体晶粒）

图 11a 和图 11b 分别是钢 A 和钢 B 的 HAZ 组织的 SEM 二次电子图。从 SEM 图像清晰可见钢 A 和钢 B 的 HAZ 的模拟显微组织是非常相似的，即晶粒尺寸约为 6 ~ 10 μm 多边铁素体晶粒以及伴生于铁素体晶界的第二相。为了确定热处理试件的力学不均匀性 ，在样品剖面做了显微硬度测试。以 200μm 为间隔，使用 300g 载荷做了上千次测试。基于得到的硬度数据，生成了硬度分布彩图。图 12a 和图 12b 分别是钢 A 和钢 B 的 HAZ 模拟试样的硬度分布图。从硬度分布图可以看出，HAZ Gleeble 试样横截面显微硬度范围是从 HV209 ±4.8 到 HV229 ±6.8。

虽然在多焊道焊接热影响区热循环后，两种钢的平均硬度值有差异（约为 HV20），但是两种钢的显微组织非常相似。此外，HAZ 模拟试样的力学性能测试正在进行中，以评价组织对于韧性和拉伸性能的影响。然

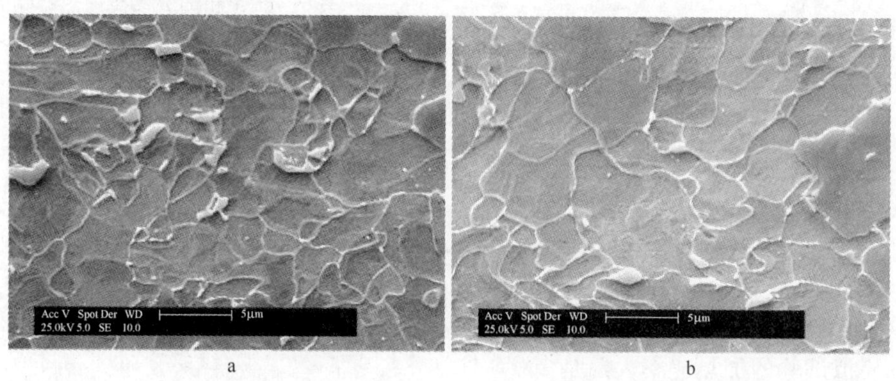

图 11　多焊道热影响区热循环后，钢 A（a）和钢 B（b）显微结构的 SEM 图像
（图中所示为晶粒尺寸为 6 ~ 10μm 的多边铁素体晶粒）

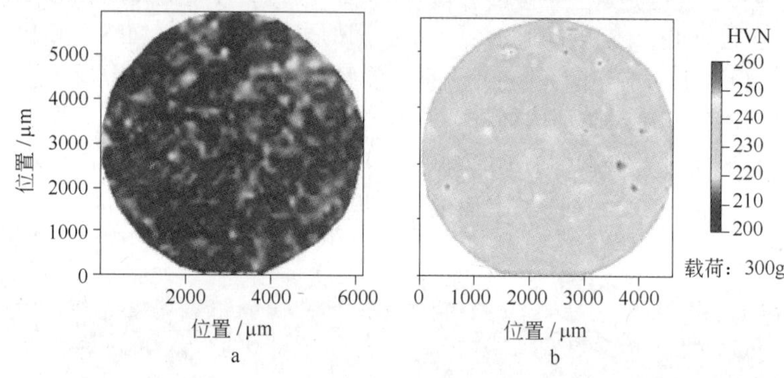

图 12　钢 A（a）和钢 B（b）的模拟多焊道焊接热影响区
Gleeble 试样横截面硬度分布图

而，HAZ 模拟后钢的显微组织的初步分析表明，如果母材受到多焊道焊接热处理（每道焊接对应着各自的峰值温度），初始显微组织对 HAZ 显微组织以及其最终性能的影响可能不显著。

5　结论

结论如下：

（1）本研究中，初始成分相同、显微组织不同的两种钢，受到 ICFGHAZ 热循环后，最终显微组织中的 M-A 组元存在差异。这种不同意味着初始显微组织在焊后 HAZ（尤其是 ICRHAZ 区域）的最终组织演变过程中起着重要的作用，从而控制着热影响区的性能。

（2）M-A 组元数量的不同与不同初始显微组织的再奥氏体化动力学不同有关，但需要进行深入研究来证实这种假设。为了评价 M-A 组元的显著差异性，需要进行大量的力学试验。

（3）化学成分及初始显微组织均不同的两种钢受到多焊道焊接热循环后，其 HAZ 显微组织相似。由此表明，如果钢经历高的奥氏体化温度的热循环，初始显微组织对 HAZ 的影响作用可能并不显著。

参 考 文 献

[1] M. G. Akben, B. Bacroix, J. J. Jonas. “*Effect of vanadium and molybdenum addition on high temperature recovery, recrystallization and precipitation behavior of niobium-based microalloyed steels*”, Acta Metallurgical, Vol 31, Issue 1, 1983, pp. 161-174.

[2] Porter, Easterling. “*Phase Transformations in Metals and Alloys*”.

[3] S. Lee, B. C. Kim, D. Kwon. "*Correlation of microstructure and fracture properties in weld heat affected zones of thermomechanically controlled processed steels*", Metallurgical Transactions A, Vol. 23A, 1992, pp. 2803-2816.

[4] B. C. Kim, S. Lee, N. J. Kim, D. Y. Lee. "*Microstructure and local brittle zone phenomena in high-strength low alloy steel welds*", Vol. 22A, 1991, pp. 139-149.

[5] D. Fairchild, PhD. Thesis. The Ohio State University, 1987.

[6] C. L. Davis, J. E. King. "*Cleavage initiation in the intercritially reheated coarse-grained heat-affected zone: Part I. Fractographic evidence*", Vol. 25A, 1994, pp. 563-573.

[7] K. Ohya, J. Kim, K. Yokoyama, M. nagumo. "*Microstructures relevant to brittle fracture initiation at the heat-affected zone of weldment of a low carbon steel*", Metallurgical Transactions A, Vol. 27A, 1996, pp. 2574-2582.

[8] J. H. Chen, Y. Kikuta, T. Arai, M. Yoneda, Y. Matsuda. "*Micro-fracture behaviour induced by M-A constituent (Island Martensite) in simulated welding heat affected zone of HT80 high strength low alloyed steel*", Acta Metallurgical, 1984, Vol. 32, pp. 1779-1788.

[9] C. L. Davis, J. E. King. "*Effect of cooling rate on intercritically reheated microstructure and toughness in high strength low alloy steel*", Materials Science and Technology, 1993, Vol. 9, pp. 8-15.

[10] Z. L. Zhou, S. H. Liu. "*Influence of local brittle zones on the fracture toughness of high-strength low alloyed multipass weld metals*", Acta Metallurgical Sinica, Vol. 11, No. 2, 1998, pp. 87-92.

[11] Y. Li, N. Crowther, M. J. W. Green, P. S. Mitchell, T. N. Baker. "*The effect of Vanadium and Niobium on the properties and microstructure of the Intercritically reheated heat affected zone in low carbon microalloyed steels*", ISIJ International, Vol. 41, 2001, No. 1, pp. 46-55.

[12] E. Bonnevie, G. Ferriere, A. Ikhlef, D. Kaplan, J. M. Orain. "*Morphological aspects of martensite-austenite constituents in intercritical and coarse grain heat affected zones of structural steels*", Materials Science and Engineering A 385, 2004, pp. 352-358.

[13] C. L. Davis, J. E. King. "*Cleavage initiation in the intercritially reheated coarse-grained heat-affected zone: Part II. Failure criteria and statistical effects*", Vol. 27A, 1996, pp. 3019-3029.

[14] H. Qiu, H. Mori, M. Enoki, T. Kishi. "*Fracture Mechanism and Toughness of the welding heat-affected zone in structural steel under static and dynamic loading*", Metallurgical and Materials Transactions A, Vol. 31A, 2000, pp. 2000-2785.

[15] Eweld predictor: https://eweldpredictor.ewi.org/portal/home.

[16] F. G. Caballero, C. Garcia-Mateo, C. G. de Andres. "*Modelling of kinetics of austenite formation in steels with different initial microstructures*", ISIJ International, Vol. 41, Issue 10, 2001, pp. 1093-1102.

[17] F. G. Caballero, C. Garcia-Mateo, C. G. de Andres. "*Influence of pearlite morphology and heating rate on the kinetics of continuously heated austenite formation in a eutectoid steel*" Metallurgical and Materials Transactions A, Vol. 32, 2001, pp. 1283-1291.

[18] F. G. Caballero, C. Garcia-Mateo, C. G. de Andres. "Influence of scale parameters of pearlite on the kinetics of anisothermal pearlite-to-austenite transformation in a eutectoid steel", Scripta Materialia, Vol. 42, 2000, pp. 1159-1164.

（中国石油天然气管道科学院　范玉然　译，
燕山大学　王青峰　校）

管道自动焊在短工期条件下的运用

Dr. V. R. Krishnan

Metallurgy and Welding Consultant, India

摘　要： 管道正在变得越来越适合长距离输送碳氢化合物和其他流体材料。随着这些运输需求的不断增加，正在设计输量更大，使用高强度材料能在更高压力下服役的管道，以优化资本性支出。此外，项目进度正在收缩，以满足现金流量的计算以及应付紧急需求。当项目在寻求更短的时间投入时，传统的管道焊接工艺和铺设工艺需要在不影响质量和安全水平的情况下提高生产效率。为了满足项目进度，需要精通现代高强钢焊接的相关知识，以及高效率焊接的能力和限制及相关的质量保证。本文旨在指出印度的项目最近采用的这种高生产效率工艺的突出特点。

1　引言

原油和天然气等全球能源需求不断增长，因而需要建设长距离、大输量的管线。许多新开发和主要的石油天然气产地位于偏远地区，需要用管线将产品输送到有处理设备的其他地方。此外，最终的成品将通过长距离输送，分配到不同的家庭、工厂和军事地点。管道一直被认为是大量流体介质如石油、天然气和相关产品最经济的运输方式。管道输送除了可使损耗减至最小以外，如今还提供一定数额的保险以应对恐怖事件，因此在世界上许多国家，它被认为是一种有吸引力的、可靠的社会经济和政治上正确的选择。

在大多数情况下，管线的建设成本控制石油和天然气采收的经济性。陆地管线的建设成本已经超过100~150万美元/英里（1英里=1609.344m），海洋管线已经超过300~500万美元/英里。印度的陆地管线成本估计为70~100万卢比/千米，海洋管线成本估计为陆地管线的3~5倍。除了这个巨大的资本成本外，也有相关的成本需要满足苛刻的操作要求，扩展管道设计方法以确保达到向业主承诺的必要的安全水平。

由于经济方面的原因，有必要在最短的时间内进行安装管道。因此，在建设和运营阶段的任何时间应该确保材料和产品的尺寸规格不会出现任何问题。在投资上为实现令人满意的经济回报，运营商把重点放在增加材料强度（管材等级）上，允许更高的运行压力和更小的管道厚度，从而降低总用钢量和运输成本，以及减少管道安装所需的焊缝金属量。同时人们认识到，在管道项目中要得到最大收益，那么就必须了解各种问题，如路径选择、材料选择、设计、制造、现场焊接、检测、管线敷设工序、安全程序、运行操作等。此外，还需要重视使管道铺设工时最小化的方法，其中单个管道和管段的接头焊接是一个主要的耗时段。

以上论述的目的是尝试将印度管道建造中取得的一些经验进行分享。

2　影响施工效率的因素

通过不断地提高管道强度、焊接性能、耐酸性气体腐蚀和断裂韧性，许多标准都进行了修改。主要的目的是提高建设的经济性，改善质量和可靠性，以减少返工对施工效率的影响。

普遍认为钢中碳含量的减少将大大有助于

增加管线钢的焊接性和韧性，同时这也有助于减少在运行阶段和建设期间的返修。而其他一些提高钢强度级别的机制都需要降低碳含量。这些都是因为采用了控轧工艺，以及随后的微合金化结合控轧工艺的广泛使用。当然，淬火和回火也能取得同样的效果。为了达到与上述相同的目的，将会继续扩展管线钢的成分种类和钢材加工工艺。

在恶劣的现场焊接条件下，为了满足管线更高强度、更大壁厚、更优良的焊接性和韧性要求，进一步扩大了有效的钢种范围，如超低碳钢、控制轧制钢、在线加速冷却工艺生产的贝氏体钢，涵盖非常广泛。今天我们有大量碳含量低于 0.01%，并满足 API X70 和 X80 标准的钢材，这些钢材是通过添加 Mn、Ni、B、Ti、V、Nb 等合金元素来进行强化的。

在20 世纪70 年代~80 年代，钢铁冶炼和钢管生产逐步发展到 API 5L X65 到 X70 以及 X80 级别。在印度，尽管在几个无酸环境中服役的项目正在使用 X80，但由于使用范围和现场铺设专业知识的限制，对管线钢产品的使用一般仅限于 X70。而在世界上的其他国家和地区，即北美、欧洲和中国，X80 级管线钢已经被广泛使用。未来的经济效益增长点在于下一步发展 X100 甚至 X120 级别的管线钢。一些大型运营商近期宣布合资建立一个主要使用 X100 级管线钢的项目。

管线钢在酸性环境中服役时，必须具备足够的抗硫化氢性能。海上油田的油井在开采后期出现的恶化得到越来越多的关注，由于硫酸盐还原菌的作用，大多数排空管道（排气管）必须符合酸性环境下的服役要求。

在酸性环境服役的管线钢必须具有良好的抗氢致开裂（HIC）和硫化物应力腐蚀开裂（SSCC）的性能。在很大程度上，这些都可以通过控制材料的硬度和改变夹杂物的含量和形态来满足要求。控制硬度是在不影响强度的前提下进行的，同时添加能提高淬透性的微合金元素，如 Nb、Ti、B、N 等。

提高 HIC 敏感性的夹杂物主要是硫化锰，因此在钢中将锰和硫的最大含量分别限制为 1.4% 和 0.003%。通过控制钢的强度和硬度来确保抗 SSCC 性能。普遍接受的标准是无焊后热处理（PWHT）钢的强度为 60000psi（145psi = 1MPa），经过焊后热处理的为 70000psi。所有情况下，钢的成分和焊接工艺都需要密切配合，以满足设计要求。

任何时候我们的目的都是提高施工效率，因此一般认为应该采用大线能量焊接工艺联合焊后热处理（再次消耗了时间，从而降低了施工效率），或者采用高速焊接（焊缝金属最少并伴随更高冷速）。在管道焊接中，应该避免焊后热处理，因为几乎在任何管道铺设作业中进行焊后热处理都不切实际。因此，管道焊接的选择自动落在了窄间隙高速焊接工艺上，它可以减少焊缝金属的消耗，减少起弧时间，降低热输入，提高冷却速率。为了适应更快的冷却速率，管线钢热影响区的硬度应该维持在较低的水平，因此前面讨论的添加微合金元素的低碳钢自然会成为首选。

3 制管和管线的焊接

在管道项目工期不断压缩的背景下，管材生产厂家采用高效率的车间生产规程和焊接/质量保证措施是非常重要的。大多数管线材生产中分别采用熔化极气体保护焊（GMAW）和埋弧焊（SAW）进行根焊和填充焊，以满足高效率供管进度。SAW 和 GMAW 适用于大部分工厂内的焊接，涉及大热输入与硬度的控制等（通常与更高强度级别钢联系起来就不是一个问题）。但是当控轧控制工艺（TMCP）生产的板材使用这种方式焊接时，需要通过工艺控制来确保热影响区（HAZ）保留板材原有的特性。

然而，与工厂焊接同样的工艺组合不能用于管道铺设过程中。在早期，大部分现场焊接使用手工电弧焊，并采用灵活的方式来增加现场焊接效率。这种焊接方法中最重要的是对根焊、热焊和填充焊采用分组配合的理念，即每种焊道各使用有具体相应技能的焊工。在此方法中，根焊完成的速度将决定管道铺设的速度。为了实现在适当的根部熔深和熔合下高的根焊速度，通常在向下立焊的线状焊道技术中使用纤维素焊条。当他们移动到下一个管道接口处，焊道填充在较短的时间内完成以获得无裂纹焊接金属，而后通过焊机完成填充和盖面，以避免氢致开裂。在金属焊缝处存在大量来源于纤维素焊条的氢，必须生产碳当量非常低的钢以防止氢在焊缝和热影响区的扩散。只有在无缺陷的根焊和填充焊过程可以实现高效率，因此整个重点在于培训焊工在根焊过程中的专项素质水平。为了使根部焊道在线状焊道技术小的熔滴过渡和拘束应力下具有高塑性和抗裂纹能力，建议根焊采用低匹配的焊缝金属，因此大多数管道根部焊道通常可采用E6010 等级的纤维素焊条。

这种技术很容易运用于 API X65 及以下级别的管线钢。但使用纤维素焊条的根焊方式往往在 X70 及更高级别的管线钢中会出现问题，由于存在大量的氢，因而须进行较高温度的预热，大约为 150 ~ 175℃，在现场条件下焊工所面对的困难不断增大，因而难以实现，尤其在炎热的环境条件下。在这样的条件下，有必要使用低氢焊条，这种焊条通常只适用于施工效率较低的立向上焊。尽管一些厂家制造了低氢立向下焊手工焊条，但由于种种原因，它们并没有在管道行业中被广泛接受。

手工电弧焊工艺能在世界各地的管道焊接应用普及，是由于其操作简单和熟练焊工容易培训等。促使手工电弧焊普及的各种因素包括：

（1）单焊接控制的恒定电流焊接设备操作简单，价格便宜，经久耐用，修理简单。

（2）手工电弧焊焊条提供了一种快速冷却的焊渣，可以帮助控制焊缝。

（3）手工电焊焊条提供低电流密度，导致焊缝快速冷却凝固，这在全位置焊接中有重要的意义。

（4）对比其他的焊接工艺，手工电弧焊要求的“焊接工艺的专业知识”最少。

（5）焊条制造商可以开发手工电弧焊的焊条焊剂，以满足特定的化学和力学性能要求。

（6）使用低焊接熔敷速率的电弧焊确实有利于“人工”焊管，低焊接熔敷速度要求焊工在焊接的时候使用较慢的焊接速度。焊工焊接的速度越慢，花费的时间越多则熔池的有效利用率越高，适当控制快速凝固和浅渗透到管道坡口的焊缝金属。

如果对有效焊接工艺技术进行客观的评价，并忽略偶尔出现的销售商偏见，我们可以对管线焊接应用领域得出以下的结论。

许多变量会影响现场施工时管道根焊成型。如果拥有熟练的技术工人，迄今为止不论是在施工现场还是在短管制造厂中通过垂直向下焊方式的手工电弧焊（SMAW）依然被认为是现实的选择。如果管道根焊时根部间隙和管道尺寸是变化的，则电弧焊（SMAW）依旧是最佳的选择。对于薄壁管、短管或者直径小于15cm 的小管，在有操作熟练的焊工时采用手工电弧焊是合理的，或者干脆使用钨极气体保护电弧焊（GTAW）工艺，而不是采用脉冲气体保护钨极电弧（GTAW）或 STT 工艺对较低强度级别钢管进行焊接。

由于采用纤维素焊条的根焊层通常不厚，它也可以被用来支持更大热输入和更高效的药芯焊丝焊接工艺，使底部不被烧穿；同样的道理，手工电弧焊也可以用于厚壁板埋弧焊前的1 道次或 2 道次根焊。

但是，对于较高强度级别的钢种而言，它经常被用作最大限度地减少或消除焊缝区域内存在的氢。由于低氢焊条效率较低，焊层间的夹渣不易清除，以及立向上焊的必要性，所以并未用于高效率管道敷设。幸运的是，如今焊管的决策者可以从众多高效的焊接工艺、设备和焊材中选择管道所需的焊接方式。

在过去的 50 年中，自动化管道焊接技术取得了发展和进步，管道设备供应商在高质量、高效和系统方面为管道焊接提供了有效保障。本文将尽量总结自动焊领域的发展过程。

在 20 世纪 60 年代，CRC Crose 公司（现在被称作 CRC Evans）开发了熔化极气体保护焊（GMAW），首先需要小于 40°的焊缝坡口以及线状焊道，在工件表面有一个浅窄的焊缝坡口用以应对电火花所导致的工件层的侧壁渗透，两个焊枪在管道表面由 12 点方向到 6 点方向从上而下分别从两个方向进行焊。在过去的 50 年中，自动化管道焊接技术不断发展和进步，管道设备供应商在高质量、高效率和系统方面为其提供有效保障。

4 自动化根焊的发展

20 世纪 70 年代，同时成功开发了具有 3 个、4 个、5 个焊接炬的内焊机（IWM）的机型。

20 世纪 80 年代，采用内部铜衬垫的外部根焊方法开始被引入。

20 世纪 90 年代，根焊不再使用衬垫，采用 GMAW 短路过渡焊接控制方式。

当进行小口径管道与大口径管道接头焊接时，想使用内部焊接方式是不可能的，故只能使用外部焊接的方式。引入现代电源控制液态金属的流动使得没有铜衬垫的外部焊接方式成为可能，如林肯汽车的表面张力焊接技术（STT）使得根部间隙实现高质量焊接，表面张力焊接工艺通过对短路和液态金属桥的早期破裂短路的探测，同时通过调整焊接电流使其稳定以保证焊接过程的低热量输入和少溅射甚至是无溅射。其他几种已被证明有能力实现单边根部焊接的控制沉积工艺，包括 Fronius 公司的冷金属传输（CMT）和芬兰肯比公司（Kemppi）快速根部焊接设备系列。

4.1 自动化填充焊的发展

20 世纪 60 年代，开发出窄间隙焊和单焊炬。

20 世纪 60 年代，开发出双焊炬焊机，即在同一台焊机上有两个单独的焊枪。

2000 年，开发出串列多弧焊-两根焊丝在同一个焊枪上。

2004 年，开发出双焊炬串列多弧焊（CAPS 系统）。

2007 年，开发出通过采集数据自动控制焊枪位置的设备。

这些技术被应用于实芯焊丝的熔化极气体保护焊（GMAW），通常采用的保护气体为 CO_2 或者是 Argon（氩气）/CO_2 的混合气体。药芯焊丝自动化焊接方法已被应用，采用立向上焊方式，同时采用 API 标准的 60°坡口焊，而不是窄坡口。填充和盖面焊工艺的效率取决于填充位置要求的数量。随着管壁厚和直径的增加，其重要意义更加明显。

起初 CRC-Crose 自动化熔化极气体保护焊机采用的是单焊炬及送丝系统。Serimer Dasa（现在的 Serimax）开发了一种新的焊接系统，其特点是在一台焊接机上有两个焊枪（双焊炬系统），此系列的焊机已被广泛地应用于陆地和海洋管道建设中。克兰菲德尔技术研发机构开发的串列多弧焊（GMAW）工艺使大幅度提高管线焊接效率成为可能，该焊接方式是将一个焊枪中的两根焊丝送入到同一个熔池中，高速焊接达到 1m(40in)/min。为了减少焊接时间也可以在同一个焊接机上串列两个焊枪。

上述所描述工艺进展的一个显著特点是它们都是在现今技术的基础上发展而来的。现有的四个不同工艺的焊接系统（单焊丝、双焊炬、串列和双焊炬串列）都拥有相似的宏观构造。同时，传统的射线检测和自动超声检测技术可用于焊接缺陷的检测。

当前可供选择的高效焊接系统包括：

（1）用短路原理的传统惰性气体保护焊（MIG）焊接设备、球状和小电流熔滴喷射过渡方式用于立向下焊。

（2）来自于 M/S 林肯电器（类似于一种低脉冲装置），表面张力传递过程的电源，与短路相比，在使流动金属到达焊缝以有效改善根部焊接取得了非常优异的效果。

（3）传统短路脉冲或者是使用金属粉芯焊丝的 STT 脉冲来控制金属液的流动。

（4）利用惰性气体保护焊（MIG）固态焊丝的脉冲惰性气体保护焊（MIG）焊接时的立向上焊同立向下焊的效果一样好。

（5）使用交流/直流的脉冲，使用惰性气体保护焊（MIG）或者金属粉芯焊丝。

（6）采用传统 MIG 喷射过渡方式的实芯

焊丝或金属粉芯焊丝惰性气体保护焊用于管子转动焊接方式的填充焊道。

(7) 用于填充的全位置药芯焊丝气体保护焊，最典型是顶部和立向上位置。

(8) 为立向下焊接而设计的全位置药芯焊丝气体保护焊。

(9) 安装在轨道上的焊接单元为钨极气体保护焊 (GTAW) 或等离子弧焊 (PAW) 系统。

(10) 使用金属粉芯焊丝的双焊炬惰性气体保护焊 (MIG) 焊机。

(11) 在给定送丝速度下采用小电流短路模式的米勒 (Miller) RMD 焊接方式。

(12) 弗朗尼斯线程 (Fronius CMT) 工艺，另一种改进的短路模式熔化极气体保护焊装置。

适当进行焊接工艺专业知识的运用，上面所有提到的焊接工艺和耗材都可以被用作增加管道焊接效率。因为这是相对简单的工艺操作，所以只需要非常短的培训时间。焊接工艺决策者面临的有关焊接工艺和产品选择方面的主要挑战却是来自于销售方散播的错误信息，而这些错误信息将会对决策产生不利影响。

4.2　熔化极气体保护自动焊

不再需要焊工的全自动焊接一直是管道焊接行业的梦想，这一梦想是在20世纪80年代实现的。已经有几个系统达到成熟，通过引入先进的控制运行方式、焊缝跟踪、送丝速度控制、脉冲电源、电气控制和协作的过程控制等，并更好地发挥各种惰性及活性气体混合物的作用，获得所需的力学性能、韧性和金属流动特性。

几乎所有上述的工艺都有对窄间隙坡口的设计，主要作用在于焊接开始之前对坡口进行处理，提供清晰、准确和无损伤的焊接坡口。所有系统都是用较高的电流来保证高熔敷率 (>2.5kg/h)，这要求以较快的速度进行焊接，同时确保金属熔敷所需要的足够热输入量。

自动窄间隙熔化极气体保护焊通常是用来执行立向下焊，同时熔敷过程是由填充和盖面焊道的横向摆动，或者采用特殊的多丝或双丝以形成旋转电弧，或者通过振荡机制来辅助控制的。以下的设备制造商在印度提供了几种成功应用的焊接系统：

(1) CRC 自动化焊接公司提供的 CRC (CRC-CROSS) 自动化系统 (美国)。

(2) HC PRICE 公司提供的 HC PRICE 自动化系统 (美国)。

(3) CRC 提供的 CRC 自动焊接系统 (美国)。

(4) SERIMER DASA ETPM 提供的 SATURN 系统 (法国)。

(5) SAIPEM (塞班) 公司的 SAIPEM-ARCOS-PASSO 系统。

(6) PWT 公司的 PWT 电脑焊接控制系统 (意大利)。

(7) 麦克德莫特 (MCDERMOTT) 公司的海底管线自动焊接系统。

引入对实际现场条件下具体焊接系统的性能审核评价是一个很好的做法，而不是仅仅依赖于制造商提供的技术说明书和记录数据，以避免在实际运行中出现纰漏的尴尬。通常情况下，几乎所有的高效率的系统都将会在焊接条件稳定的情况下做长时间的测试，一旦产品稳定，这些工艺将能产生较高的施工效率，即在低维修率的情况下实现高效能。

值得一提的是，虽然所有这些系统都属于自动焊工艺或半自动焊工艺，但它们在焊接过程中都需要进行一定程度的人为干预来执行焊接参数微调或焊枪位置的校正。

实现更高的施工效率是所有半自动、机械化和全自动焊接系统的目标，上述清单中提到的最后两个工艺可以通过在窄间隙复合坡口来增加额外的产能。这项举措可以产生三个潜在的好处。首先相对狭窄的坡口需要更少的熔敷金属来填充，在规定的熔敷速率下可以节约时间和成本。其次是在不失控的情况下，可采用大电流实现焊接熔池的良好控制。再次，由于高效的散热机制使熔池快速冷却，在焊缝金属中合金元素很少的情况下达到较高的强度。

最近开发的金属粉芯焊丝使得高强度管线管焊接高效率的实现成为可能。由于金属粉芯焊丝一般含有很少的非金属电弧稳定剂和其他材料，从而有助于增强熔化焊缝金属的浸润作用，能够获得低的飞溅和缺陷级别。这也使得与同等环境情况下的熔化机气体保护焊（GMAW）实芯焊丝相比具有更高的施工效率。

4.3 惰性气体保护焊（MIG）和药芯焊丝自动焊的展望

对于管道自动化焊接，常常出现一些与手工电焊车间一样的问题。焊接决策者面对的最大挑战之一就是确保焊接机器人或自动化焊接设备不延续手工电焊车间里坏的焊接习惯。

造成自动焊质量差和效率低的主要原因是"缺乏焊接的专业知识"。为全面获得来自于全自动焊、半自动 MIG 焊或药芯焊丝等工艺的经验优势，焊接工程师需要具备以下条件：

（1）很好地了解焊接工艺的基本原理。

（2）全面了解焊丝电弧焊工艺参数范围，以及各参数和焊接设备控制之间的关系。

（3）了解每个焊接工艺和焊材的基本特点、优势以及缺点。

（4）要充分了解焊接成本控制的主要方法，就要理解焊丝和焊接熔敷率之间的关系。

（5）准确地掌握焊接电流、焊丝直径以及被焊接零件厚度之间的关系。

通常认为：大部分钢管焊接的缺陷需要焊接返工和额外昂贵的 X 射线检测，这通常发生在根部、热焊和填充的第一道，或者发生在焊接起弧-收弧的连接处。大多数半自动 MIG 和 FCA 焊接缺陷受焊工操作影响较大，这些焊工采用了不合适的设备，缺乏焊接经验，以及在焊接中采用了不合理的焊丝伸出长度。

自动焊可允许调整焊接速度和焊枪摆动，以及精密焊接电源和自动控制设备的使用，可针对钢管接头不同环向位置实现焊接参数的调整。这些是使钢管焊接质量获得均匀一致的关键因素。使用自动焊可以显著地提高质量稳定性，减少缺陷率，有助于提高工效。

随着运营商开始使用高强度材料，使用先进的高效率自动焊工艺变得更有必要，它能保证基材性能变化很小，同时获得满足应变设计要求的环焊缝高匹配。在自动焊过程中，采用窄间隙坡口成为一种优势，因为它有助于减少焊接材料，并获得高效率和高强度，同时对焊接热影响区的影响最小。要使焊缝强度高于母材，即采用应变设计时，通过自动焊工艺实现高施工效率成为自然的选择。

有许多新的材料连接技术被研究用于降低管线建设成本。管道激光焊接用于高强度管线钢和先进的自动化监测。试验表明，激光电弧复合焊（HLAW）工艺结合了激光焊（LBW）和熔化极气体保护焊（GMAW）工艺，在施工效率方面具有较大优势，能获得性能优良的焊缝和增加不同坡口组对的公差范围。针对现有的激光功率水平，一个使用激光焊接钢管的可行方案是根焊采用 HLAW 焊接，之后采用传统的脉冲 GMAW 焊进行填充和盖面。

高效率的焊接程序采用的无损检测工艺一定要与高速焊接相匹配。传统上，射线检测是首选的方法。但是，必须记住的是任何无损检测方法应能够在特定焊接过程中有效地发现缺陷类型，并与焊接过程可联合配置使用。因此，需要进行一个全面的审核来选择适当的无损检测方法，它对于各种类型缺陷具有最高的检测概率，这些缺陷可能发生现场焊接接头，它要能准确地检测出缺陷的大小、位置和方向。由于现代高强度钢采用最小的安全厚度，并且以工程极限评估方法（ECA）为基础制定验收标准已被广泛接受，因此这个需求变得相当迫切。

焊缝的无损检测可以通过 X 射线或者一个适用的自动化超声检测来完成。因为自动焊通常采用窄间隙中小的坡口角度，现场焊接接头最有可能出现的缺陷是侧壁未熔合，这种两维平面缺陷具有良好的超声反射率。另外，当采用 GMAW 工艺时，夹渣和气孔等体积型缺陷将有可能漏检。采用自动超声检测（AUT）面缺陷的结果非常稳定，这些 AUT 检测数据可焊接过程中进行在线分析，以便采取补救措施及时对缺陷进行处理。判定是否对焊接接头进行修补要比采用自动焊完成焊接的时间要短。因此，有必要认为：用在铺设管线工程中高效焊接工艺应该包括高效的超声检测技术。然而，必要的是：给质量监督人员进行的 AUT 集中培训需要认真选择 AUI 系统，并且 AUT 操作者必须通过认证，及时进行培训以顺利完成整个操作过程。

在现场，一个大口径钢管环焊缝通常可在 2min 内检完。因为可以及时反馈，焊接机组人员能现场调整焊接参数，可为随后的修补做必要的准备。由于没有辐射危险，所有其他施工环节可以同时进行，这也将有助于获得更高的工效。无损检测结果可以数据或打印的形式得以利用，为将来的后续工艺提供参考，并易于促进无损检测的应用。

作为被普遍接受的射线检测方法的一个有效替代品，自动超声检测系统在应用前应认真进行选择和评估。为确保系统的可靠性，AUT 设备应该安装一个轨道，这个轨道固定于管道圆周位置。它应包含脉冲回波、超声波衍射时差法（TOFD）或相控阵技术，它们的探头应该按一定方式安装在完全自动化的焊接车上，焊接车能够同时获得在整个钢管环焊接头的缺陷信号，并且在独立的在线屏幕上显示每个被检测焊缝处的结果。

采用的系统也应该拥有先进的能力，为后续处理进行准确的缺陷评估，并且拥有足够多的数据储存容量，以及远程的无线数据传输装置。通过 P/E、TOFD 方法的自动超声，以及具有带状辨别的无焦点和有焦点探头的 PA 超声波技术检测出的环焊缝缺陷尺寸数据可用于管道可靠性评估。有这些先进的无损检测技术和自动焊技术结合在一起，极大地提高了管道铺设效率，在以下的附录信息中，列举了一个在印度通过决策程序实现了更高工效的生动案例。自动焊典型的坡口形式如图 1 所示，串列多丝焊枪如图 2 所示，单枪双丝串列焊炬如图 3 所示，典型的现场自动化焊接机组如图 4 所示。

5　总结

管道项目越来越成为一个经济的、长距离、流体输送方式。在短时间内完成管道工程的必要性高效的管道敷设流程、自动焊接工艺，以及自动超声波检测相结合，对短期内完成管道施工是十分必要的。一些先进的焊接系统已经开发出来，并被管道施工人员所利用，但对技术人员的培训是必要的，包括基本原理、不同焊接参数和焊缝质量/效率的关系，以充分利用自动焊工艺的优势。当高强度管材和应变设计成为未来发展趋势时，这种模式将体现出更为显著的优势。管线行业应尽早开展工程师和技术人员的培训，从而获得高的施工效率和质量以满足管道运营商的期望。

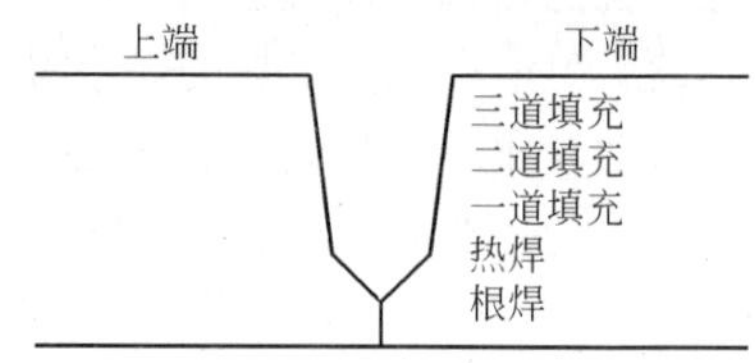

图 1　自动焊典型的坡口形式

图 2　串列多丝焊枪

图 3　单枪双丝串列焊炬

图 4　典型的现场自动化焊接机组

附录 A

满足紧张施工进度要求的高效生产的印度案例。

管道铺设进度安排：

（1）管道建设时间：15 个月。

（2）筹备动员：3.5 个月。

（3）季风影响施工：3 个月。

（4）水压试验、排水和分区安装阀门：2 个月。

（5）外部影响，不能焊接的天数：7 个月（200 天）。

评估不同焊接工艺的生产效率（每分钟焊接长度：in[1]/min）：

SMAW（纤维素型焊条 V/D）：12

SMAW（低氢型焊条 V/D）：7

脉冲 GMAW（STT）：15

带铜衬底的 GMAW 自动焊外部焊接：40

GMAW 自动焊（内部焊接）：50

评估生产效率的替代焊接工艺有如下 5 种：

（1）替代焊接工艺Ⅰ。

接头坡口制备：API 坡口；

根焊：SMAW（纤维素型焊条 VD）；

填充和盖面：FCAW 半自动焊（自保护）；

无损检测：X 射线 + UT 检测。

（2）替代焊接工艺Ⅱ。

接头坡口制备：API 坡口；

根焊：SMAW（低氢型焊条 VD）；

填充和盖面：FCAW 半自动焊（自保护）；

无损检测：X 射线 + UT 检测。

（3）替代焊接工艺Ⅲ。

接头坡口制备：API 坡口；

根焊：脉冲 GMAW（STT 焊接）；

填充和盖面：FCAW 半自动焊（自保护）；

无损检测：X 射线 + UT 检测。

（4）替代焊接工艺Ⅳ。

接头坡口制备：5°复合坡口；

根焊：带铜衬底的 GMAW 自动焊；

填充和盖面：GMAW 自动焊；

无损检测：X 射线 + UT 检测。

（5）替代焊接工艺Ⅴ。

接头坡口制备：5°复合坡口；

根焊：GMAW 自动焊（内焊接）；

填充和盖面：GMAW 自动焊；

无损检测：X 射线 + UT 检测。

得到的生产效率如下：

（1）替代工艺Ⅰ。

根部焊道：SMAW（纤维素型焊条 VD）；

填充和盖面焊道：FCAW 半自动焊（自保护）；

平均每天焊接效率：54 道口；

每天焊接管线长度：0.65km；

200 天焊接管线长度：130km。

（2）替代工艺Ⅱ。

根部焊道：SMAW（低氢型焊条 VD）；

填充和盖面焊道：FCAW 半自动焊（自保护）；

[1] 1in = 25.4mm。

平均每天焊接效率：39 道口；

每天焊接管线长度：0.47km；

200 天焊接管线长度：93km。

（3）替代工艺Ⅲ和Ⅳ。

根部焊道：脉冲 GMAW（STT 焊接）；

填充和盖面焊道：FCAW 半自动焊（自保护）；

平均每天焊接效率：61 道口；

每天焊接管线长度：0.73km；

200 天焊接管线长度：146km。

（4）替代工艺Ⅴ。内部和外部为自动焊。

平均每天焊接效率：93 道口；

每天焊接管线长度：1.11km；

200 天焊接管线长度：223km。

（钢铁研究总院　谭松亮　译，
中国石油天然气管道科学院　范玉然　靳海成
中信微合金化技术中心　张永青　校）

基于应变设计管线的应变能力预测

Rudi M. Denys，Stijn Hertelé，Matthias Verstraete，Wim De Waele

Laboratorium Soete-Universiteit Gent
Technologiepark 903，B9052 Zwijnaarde-Gent，Belgium

摘　要：本文研究比较了两种最近开发的拉伸应变能力预测方程，并指出了其在应用过程中存在的问题。因为这些方程并没有包含所有影响应变能力的因素，所以当前有必要对大量的测试结果进行总结，焊接宽板弯曲（CWP）测试是评估含裂纹管线环焊缝应变能力的一种有效方法。

关键词：基于应变设计，方程，预测，焊缝强度不匹配，CWP 测试

1　引言

当环焊缝在强度上属于匹配或者过匹配时，很容易保证管线受轴向拉力加载时屈服后的应变能力[1]。如果环焊缝出现裂纹，应变能力受更多的材料和几何形状因素影响。大量的研究和全尺寸压力拉伸测试（FST）结果表明，一旦达到延性失效的韧性极限值，应变能力受以下变量的影响[2]：

（1）撕裂抗力（R-曲线）（tearing resistance（R-curve））。

（2）焊缝强度不匹配（weld strength mismatch）。

（3）管道金属的均匀应变能力（uEL）（uniform strain（uEL）capacity of the pipe metal）。

（4）管道和焊缝金属的屈强比（pipe and weld metal Y/T ratio）。

（5）裂纹的位置和尺寸（长度和高度）（flaw location and dimensions（length and height））。

（6）裂纹深度与管道壁厚的比值（flaw height to wall thickness ratio）。

（7）焊缝的高低偏差和内部应力（high-low weld misalignment and Internal pressure）。

以上分析表明，应变能力预测之所以是一项具有挑战性的工作，不仅仅是因为其受多种因素影响，而且这些因素之间的交互作用也很复杂。除此之外，大规模测试结果表明实际材料的性能决定其应变能力，因为含缺陷焊件❶的屈服后应力-应变行为取决于[3]另外的一个潜在的问题，就是应力-应变曲线形状对驱动力和撕裂抗力的影响[4,5]。

需要指出的是，材料的关键因素（撕裂抗力、焊接强度匹配和均匀伸长率）和几何因素（偏差和壁厚）还会受到固有离散度的影响。更需要注意的是，当微裂纹和高低偏差同时发生时，裂纹检测和裂纹尺寸主要受操作人员技术水平的限制[6~8]。

这篇文章的目的主要是比较发展的两种拉伸应变能力预测方程，并指出其应用过程中存在的一些问题。

2　应变能力预测方法

现阶段已提出了一些应变能力预测方法，还有一些正在研究发展[9~32]。本篇文章集中

❶这里的焊件包含环焊缝和邻近的管道。

提到的两种方法都是基于实验验证而得出的，其分别由 ExxonMobil（EM）[32] 和 Gent Universiteit（UGent）[11,33]开发。

2.1 EM 方法应变能力方程

根据大量的工作和 FST 测试结果，EM 领先开发了一种基于有限元（FEA）分析的应变能力预测方法（EM 称为 L3），该方法将管道金属的屈强比、均匀应变能力、焊接极限抗拉强度过匹配、撕裂抗力（由标准 SENT 试验测定）[34,35]、裂纹深度、管壁厚度和内应力等因素都作为拉伸应变能力评估的变量参数。L3 方法等同于韧性撕裂抗力和失效驱动力。利用标准韧性测试和 SENT 测试提供夏比冲击和 CTOD 韧性（或脆性断裂抗力）与撕裂抗力。通过 3D 有限元分析可得失效驱动力。为方便有限元分析，通常做一些简化的假设。例如假设环焊缝两侧管道的拉伸性能相同（这种焊件进一步定义为“实验室”焊件）。除此之外，管道金属屈服后的应力-应变行为由人工调整的 Ramberg-Osgood（R-O）应力-应变曲线拟合进行建模，而强度和均匀延伸的变化则通过对“基本或母体”的 R-O 应力-应变曲线沿应力轴方向的提升和沿应变轴方向的伸长或缩短进行模型化。然而，L3 分析中假设和简化的准确性通过有限元预测和大约 50 次 FST 实验结果的比较后得到证实和提高，该比较涵盖了不同钢级管道（X60 ~ X80）、壁厚（12.7 ~ 25.2mm）、管径（8 ~ 42in（1in = 25.4mm））、焊缝过高强匹配等级（0 ~ 60%）和焊缝高低偏差（最大到 3mm）[2,32]。

因为 L3 方法需通过复杂的、计算密集的 3D 有限元分析。EM 通过对假设和关键的输入参数的边界值进行简化发展了分析方程（EM 称为 L1 和 L2）。选取的主要输入参数的边界值列于表 1 中❶[32]。方程 1 为 L1 和 L2 方程的通用表达式：

$$\varepsilon = \beta_1 \ln\left[\frac{ac}{(t-a)^2}\right] + \beta_2 \quad (1)$$

式中，ε 指平均远场应用应变；a 指裂纹深度；$2c$ 指裂纹长度；t 为管道壁厚；X60 ~ X70 和 X80 钢级的 β_1 和 β_2 系数值可以从文献［32］附录中查到。

表 1　EM 类 L1 和 L2 及 UGent 的边界要求和限定

项　目	EM-L1	EM-L2	UGent
基本参数	有限元（L3）和 FST 试验结果		CWP 试验结果
韧性 —夏比冲击性能 —裂尖张开位移	待　定		30(60)J(min)/40(80)J(平均) 不需要
止裂性能 —CTOD-R 曲线	默认范围 $\delta = 0.9, \eta = 0.5$	$\delta = 0.9$, $\eta = 0.5$ + 更高范围[32]	不需要
输入 —钢管级别	最高级别：X80		
—钢管屈强比	0.90(默认)		0.90(最大 0.93)
—钢管均匀伸长率	6%(默认)	6% ~12%(X60 ~ X70) 4.4% ~8%(X80)	不需要
—焊缝错配	3mm	0 ~ 3mm	未包括
—内压	80% SMYS		借助 Pc 因子

❶L2 和 L3 估算所选定的假设和边界条件现阶段会被视作候补选项[27]。

续表 1

项　目	EM-L1	EM-L2	UGent
应用边界条件			
—缺陷高度，a(EM)或 h(UGent)	2 ~ 5mm		30% t
—缺陷长度，$2c$(EM)或 l(UGent)	20 ~ 50mm		将被计算(没有限制)
—壁厚 t	14.3 ~ 26mm		30mm
—抗拉强度过配(流应力)	5% ~ 50%(X60 ~ X70)，5% ~ 20%(X80)		没有最小要求
安全系数	待　定		
—错配			C_d(1 ~ 1 + OM)
—均匀伸长率	6%(默认)	自由输入	C_m(0.8 ~ 1)

（1）EM 韧性要求。EM 并没有提出特定标准的韧性要求。然而 EM 方法默认管线和焊件（管体、焊缝金属和焊接热影响区）都是抗脆性断裂材料，并且可以通过标准夏比 V 形缺口和 CTOD 韧性测试证明其韧性行为。然而，由于 EM 采用改进的单边缺口拉伸（SENT）测试测定韧性撕裂抗力（R-曲线），因此可以预计 $\delta = 0.9 - \eta = 0.5$ 的最小（默认）R-曲线要求即可以确保材料的韧性行为。

（2）UGent 夏比冲击韧性要求。弱匹配焊缝金属推荐的韧性冲击值是 60/80J。

（3）管体材料的屈强比。UGent 建议限制预测方程中的屈强比到 0.90 以下，然而通过大规模实验证明预测时，UGent 模型也可以用于较高屈强比的情况。

（4）P_c 值。P_c 值可以从 0.5 到 0.8。这是因为 P_c 值取决于焊缝的强度不匹配水平、环向和轴向拉伸性能的不同、实际环向应力和 SMYS 的比值、实际环向应力和环向压应力的比值[36]。可以预计正在进行的研究将会提供更详细的信息。

（5）裂纹深度。EGent 将预测方程中的 h/t 比限定在小于 0.3。该限制反映了 80% 的 CWP 结果均在 h/t 值在 0.15 ~ 0.3 范围内试验条件下获得。提出的限定值 0.3 并不排除 h/t 值大于 0.3 的情况。然而这种情况必须通过实验进行验证。EM 允许的最大裂纹深度为 5mm。该限定可使薄壁钢管的 h/t 比值达到 0.349（= 5/14.3）。

（6）强度不匹配因素。M_{FS} 间接包含了管体和焊缝金属屈服后应变行为的不同对环焊缝和距焊缝较远的管体之间的应变分隔的影响。此外，EM 要求拉伸（M_{TS}）过匹配最小为 5% 的 M_{TS}。UGent 模型可应用于流变应力下的匹配焊接。然而，最近的 CWP 测试结果表明，如果裂纹尺寸限定到 3mm × 50mm 时，10% 的 M_{TS} 高强匹配会引起钢管颈缩导致失效[38]。

L1 和 L2 方法的主要区别在于处理偏差、钢管的均匀延伸和撕裂抗力（R-曲线）。对于 L1 方法，偏差和均匀延伸为固定值，而在 L2 方法中偏差和均匀延伸是变量（表 1）。另外，在 R 曲线输入条件下 L2 方法的适应性更强[32]。另外还要注意，与 L3 方法相比，当实际材料的性能优于设定的边界条件时，L1 和 L2 方法预测的结果要保守一些。

对于 X80 级别的管线钢，最近的 L1 和 L2 应变能力预测方程分别为方程（2）和方程（3）：

$$\varepsilon = (-0.01061M_{TS} - 0.027598) \times \ln\left[\frac{aC}{(t-a)^2}\right] + (0.019576M_{TS} + 0.170802) \tag{2}$$

$$\varepsilon = [0.0011uEL \times M_{TS} \times e(-0.0059M_{TS} \times e - 0.0017uEL \times e) + 0.171 \times e - 0.0017uEL \times M_{TS} - 0.0034 \times M_{TS} - 0.018 \times uEL - 0.6507] \times \ln\left[\frac{aC}{(t-a)^2}\right] + [0.0009uEL \times M_{TS} \times e - 0.0127M_{TS} \times e - 0.0349uEL \times e - 0.257 - 0.0001uEL \times M_{TS} + 0.0417M_{TS} + 0.1612uEL - 0.0916] \quad (3)$$

方程中，在极限抗拉强度条件下（UTS）$_{TS}$（或 λ[32]）为焊接强度过匹配，e 为焊缝高低偏差，其他变量定义如上。几何变量输入的单位为毫米（mm），过匹配输入的单位为%，而不是数值相当的小数，如 10% 输入的值为 10。

2.2 UGent 方法

UGent 估计法是唯一以分析焊接宽板弯曲试验（CWP）结果为基础的应变能力预测，在 2004 年首次出版，最近一次修订考虑了内部应力的影响[11,33]。由 UGent 开发的应变能力分析模型表明 480CWP 测试的平均远场应变能力下限和缺陷面积比 $d = 1h/Wt$（t 为管壁厚度）的经验关系，该关系的一般形式如方程 4 所示：

$$\varepsilon = P_c\left[\frac{R+1}{1-R}\frac{(0.5 - C_m \times uEL \times M_{FS})}{C_d}\frac{lh}{Wl} + C_m \times uEL \times M_{FS}\right] \quad (4)$$

式中，P_c 为内应力效应的校正因子；C_d 为考虑随裂纹尺寸增大而降低的不匹配效应的校正因子；C_m 为焊接强度不匹配变化的校正因子；R 为管道金属的屈强比（Y/T）；uEL 是均匀延伸；$l(=2c)$ 为裂纹长度；$h(=a)$ 为裂纹深度；W 为管径大于 30in（1in = 25.4mm）时的默认 300mm 弧长；M_{FS} 为基于流变应力的焊接强度不匹配因子（$M_{FS} = FSweld/FSpipe$）[39]。

如果焊缝金属和热影响区（HAZ）的夏比冲击韧性满足最低设计温度条件下 40J（平均）/30J（最小）的夏比冲击要求，可以采用方程 4。然而，该要求可能并不满足屈强比 $Y/T > 0.90$。另外，为了避免在低水平焊缝金属强度不匹配条件下，稳定增长的裂纹诱发非稳定的韧性或解理断裂，UGent 建议采用 60J/80J 的要求。最后，还可以注意到 UGent 方法在形式上对 CTOD 试验并没有如其假设所要求。考虑到基于应变设计的许用裂纹尺寸，夏比冲击会确保 CTOD 为 0.10mm[40~43]。

与 EM-L1 和 L2 方程进行比较，UGent 的经验方程并没有明确体现高-低偏差因素。然而，直接考虑了如焊接坡口面角度、焊帽高度和撕裂行为这些因素的影响。另外一点值得强调的是实验室 CWP 测试结果和“区域”焊件（钢管环焊缝两侧的焊件区域力学性能不同）一样。进一步而言，CWP 数据采集于钢管基体和焊缝金属混合一较宽范围内。另外，对于大多数 CWP 试验，管体和焊缝金属性能测定的 CWP 试样的最优估计来自取自 CWP 试样伏击的拉伸试样。这些都意味着管道金属早期屈服后应力-应变响应❶的形状具有重要影响，方程 4 隐含了焊缝伏击管体性能不同和这些变量之间的相互作用。因此，有人提出将导致失效的平均应变应用于 CWP 分析，因为在焊件区域中的最薄弱管体的临界值总是大于平均应变，所以 UGent 应变能力预测方程会比较保守。

3 对比

尽管 EM 和 UGent 方程构建的原理不一样，但是可以发现方程 2 ~ 方程 4 的结构相同。它们均由无量纲的裂纹尺寸参数和两个焊

❶现代管线钢的早期屈服后应力-应变响应并不需要符合理想的 Ramberg-Osgood 应力-应变曲线[4]。

接强度不匹配影响系数（方程2、方程3、方程4）、均匀延伸能力（方程3、方程4）、偏差（方程3）和屈强比（方程4）构成。

EM方程并不是用来处理因管道缩颈而导致的失效。相反地，由于UGent方程取决于 P_c 值和焊接强度不匹配水平，因此可以对管道缩颈导致失效的裂纹尺度进行估计。

下面介绍其应用。

为进一步帮助理解EM-L1、EM-L2和UGent方程之间的差别，图1和图2对2个（图1）和3个（图2）焊接强度不匹配水平条件下的预测应变能力、预测裂纹深度对裂纹长度的关系进行了比较。图中所示点为表2所列参数输入而成。

实线连接空心圆的曲线表示为UGent的预测，直线连接棱形和方块分别表示EM-L1和EM-L2的预测。图1中的水平线分别为1%和2%应变要求的水平。裂纹长度为25mm的垂直虚线表示基于应力设计的工艺极限。

图2中“WMS”矩形表示裂纹长度为25mm的工艺极限（假定裂纹高度为3mm）。图1和图2说明了以下关键点：

（1）对于裂纹长度为20～50mm，EM-L2（高低偏差为0mm）和UGent的预测非常合理。这是一个令人惊讶的结果，因为方程2～方程4的构建方法很不一样。

（2）图2没有出现在焊接不匹配水平为5%（图2a和图2b）和应变要求大于1%（图

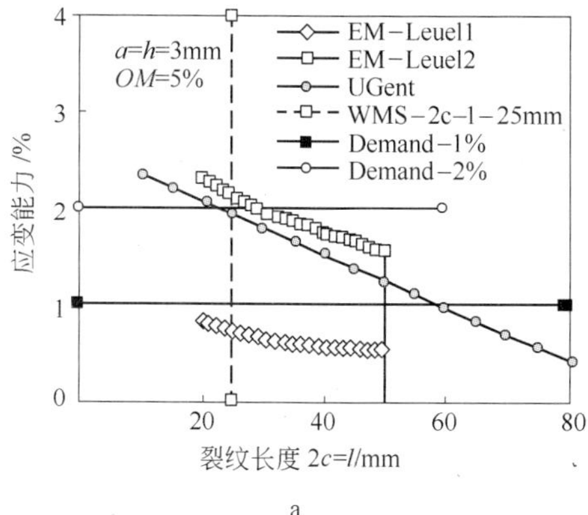

a

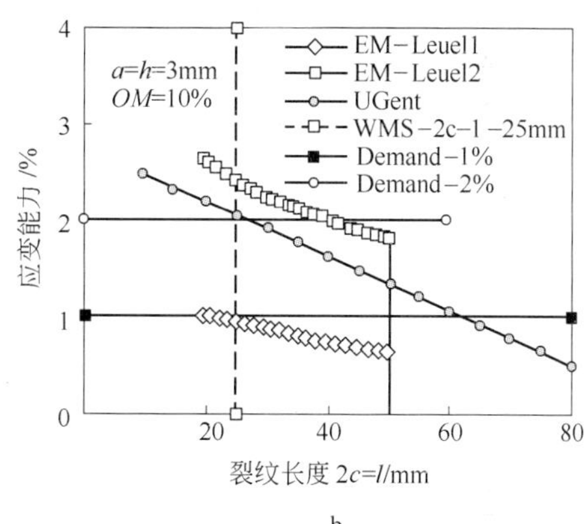

b

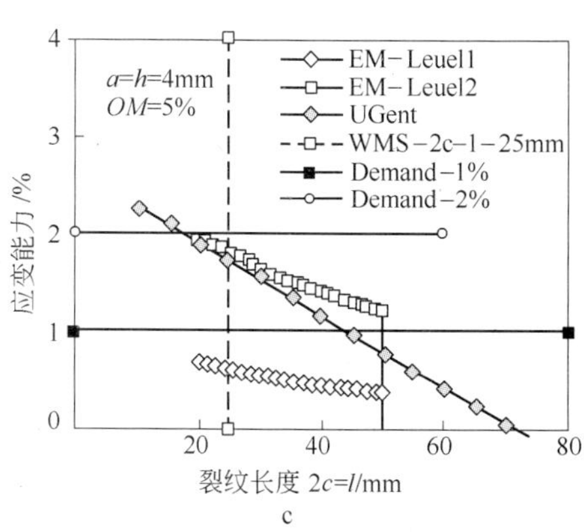

c

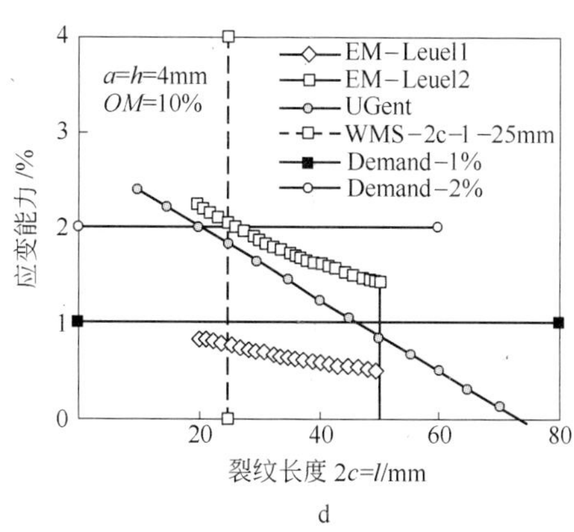

d

uEL(EM−L1)=6%(default)−uEL(EM−L2)=5%
Misalign.L1=3mm(default)−Misalign.L2=0mm
OM=OMTS(=λ[32])=OMFS

图1　应变能力随裂纹长度变化的比较
（管壁厚＝16mm，管道级别X80）

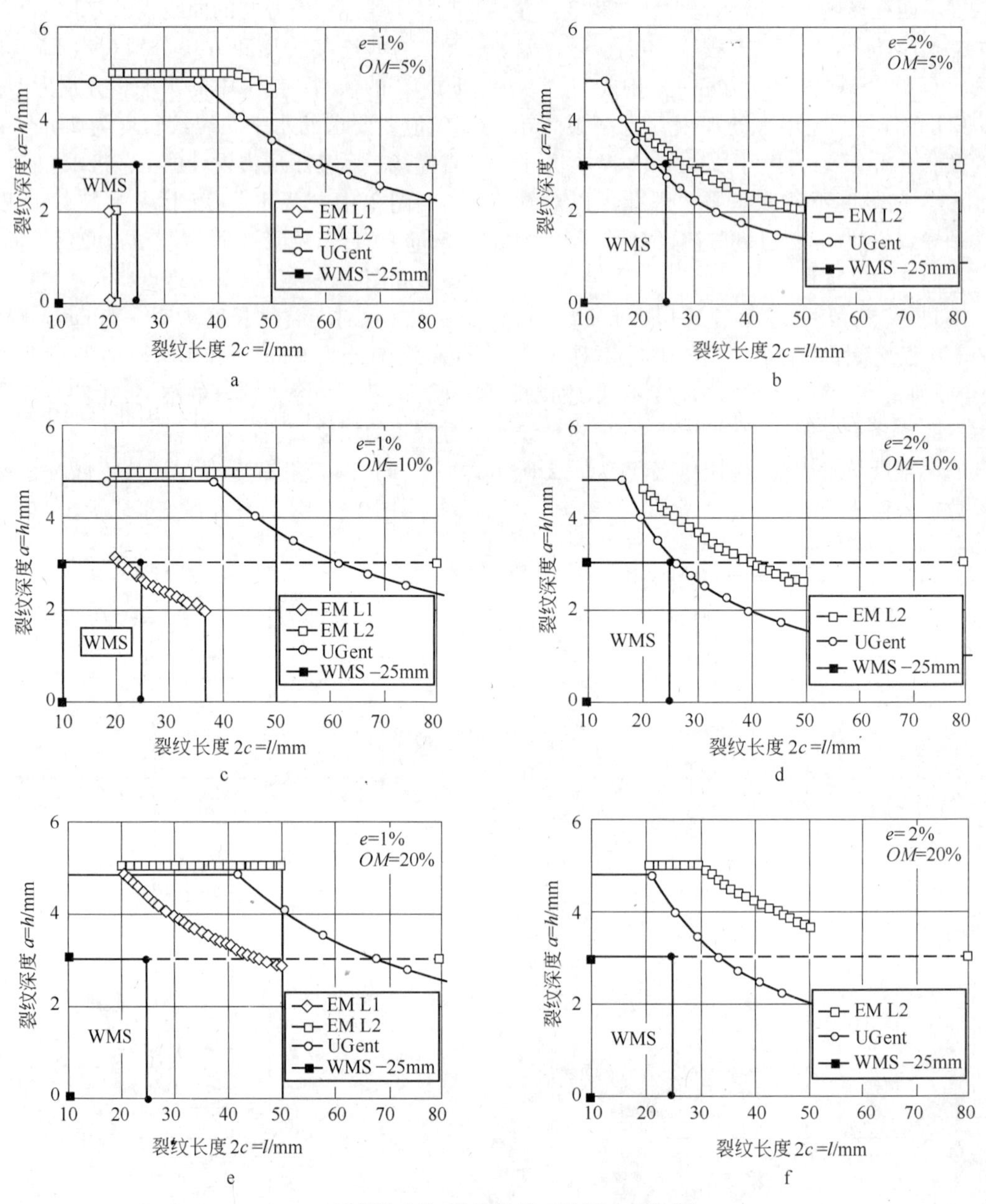

uEL(EM−L1)=6%(default)−uEL(EM−L2)=5%
Misalign.L1=3mm(default)−Misalign.L2=0mm
OM=OMTS(=λ[32])=OMFS

图2　裂纹深度随裂纹长度变化的对比
（管壁厚 = 16mm，管道级别 X80）

2b、图2d和图2f）条件下的EM-L1预测。这表明如果应变要求为1%或超过1%条件下出现3mm的高-低偏差时必然出现应变能力低。

（3）当高强匹配小于10%时，图1表明EM-L1变得非常严格。例如，对于存在3mm × 25mm裂纹的工艺预测的应变则要小于1%。

（4）UGent方程可以用来确定浅层裂纹（$h<2$mm）的长度。UGent法不能指导缺陷深

度大于 0.30t 的情况，原因是没有实验数据来验证 UGent 方程在该极限之上的应用。这些发现也适用于表 1 所示的 EM 裂纹极限。

（5）预料之中，图 2c 和图 2e 表明高-低偏差对应变能力的不利影响随焊接强度不匹配的增大而减小。这一结果表明应变为 1% 时，高-低偏差带来的不利影响可通过高强匹配而降低。足够的焊缝强化会产生相类似的效果。

（6）图 2b、图 2d 和图 2f 均表明目标应变为 2% 时，预测的裂纹尺寸随缺陷深度的增大而迅速减小。

（7）应变为 2% 时，EM-L2 和 UGent 对焊接强度不匹配具有相似的灵敏度。

简而言之，上述内容表明了高强匹配允许大裂纹或给定裂纹条件下应变能力更大，所以必须充分地探索这一特征。然而，现行的焊接工艺可能是获得充分焊缝高强匹配的限制性因素。此外，正如之后所讨论的，经验表明，材料量化标准规范并没有提供必要的指导去记录和量化现场焊件管体和焊缝金属拉伸性能的变化。

4 焊件区域的评估

如讨论而言，UGent 方程与大范围 CWP 实验数据仅有较低程度的匹配，因此方程 4 不一定能预测出裂纹的临界尺寸。相反，当选用特定的边界值（表 1）时，EM-L1 和 L2 方程能够预测裂纹的临界尺寸。因此，如果材料的实际性能符合由 EM 假定的边界条件并且环焊缝两侧管道具有相同或相当的性能，对于焊件区域方程 2 ~ 方程 4 能获得保守的预测值。

表 2 用于预测应变能力的输入变量（见图 1 和图 2）

钢级，壁厚和屈强比	X80/16mm/0.90		
平均应变要求 ε/%	1 ~ 2		
焊接强度不匹配，$M = M_{TS}$ 或 M_{FS}/%	5，10，20		
	EM-L1	EM-L2	UGent
均匀伸长率 uEL/%	6（默认）	5	
高/低错配，Hi/Lo/mm	3（默认）	0	
CTOD/R-曲线和夏比冲击功/J	$\delta = 0.9$ 和 $\eta = 0.5$		30/40
内部压力	0.80MYS（默认）		$Pc = 0.5$
UGent 修正因子	—		$C_d = 1 + 0.5OM$ $C_m = 1$

然而，实际过程中环焊缝两侧的管道基本不可能具有相同的拉伸性能，因为在一整条管线中管道是以随机顺序一处处焊接的。该事实对邻近管道的应变分解或局部应变能力和平均应变能力均有影响。例如，图 3 表明焊缝金属屈服强度和/或应力-应变响应的很小差别对局部和平均应变能力具有重大影响。图 3 的曲线也说明了平均应变为 1.6% 时，焊件最软的一处（管道 A）具有 2.4% 的局部应变。

另外，通常由规格所带来的管壁厚的差异达 1.5mm 时会具有相似的影响，所以应用方程 2 ~ 方程 4 时需要工程验证。

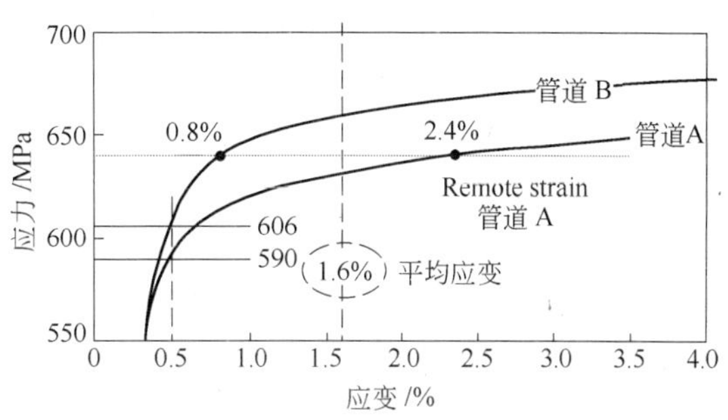

图 3 平均和局部应变的比较

5　焊缝金属强度不匹配

因为失效驱动力对强度不匹配程度高度敏感，焊接强度不匹配对应变能力具有很大的影响。测定一个可信的、典型的焊接强度不匹配程度是一个非常复杂的问题。考虑到环焊缝可能会出现多种微观组织，主要问题是确定代表焊件区域中环焊缝的全焊缝金属拉伸性能。

现有标准并没有解决全焊缝金属拉伸强度固有离散的问题。众所周知，管道金属拉伸性能在径向和轴向会发生变化。然而，全焊缝金属拉伸性能的离散问题更加复杂。

除厚度（焊帽和焊根）和环焊缝金属拉伸性能的变化外，试样的几何形状（圆棒和矩形试样）和试样尺寸也影响全焊缝金属拉伸性能的测量[45]。另外，在一整条管线中，单个环焊测试无法对环焊焊缝金属拉伸性能的可能分布进行典型的评估。同样应注意到焊件区域环焊缝的力学性能不同于通过合格性试验测定的结果。焊接切割件的测试表明焊件区域的离散型数据要高于合格性焊件所测数据[51]。

焊接工艺是另一个需要考虑的因素。对于SMAW，焊接根部的拉伸性能比填充道次的低。窄间隙 GMAW 焊根区域通常要强于填充道次和盖面道次。同时，焊缝金属/热影响区性能在厚度方向的变化对抗撕裂性能的影响是一个未研究过的领域。

以上所提到的并不是一个直接讨论低钢级钢管的课题，因为很容易保证保守的强度下限的高强匹配水平。这一点表明在低强度（X60 ~ X70）焊件比在高强度（X80）焊件更容易获得足够的高强匹配。高强匹配焊件能够有效地避免偏差和高屈强比（Y/T）对应变能力的不利影响。

6　实用方法

即使认为方程 2 ~ 方程 4 很完善，但以上考虑表明预测的准确性主要取决于材料的有效数据，这一缺点会导致预测非常保守。同样也无法排除在材料合格测试当中，无法确定输入参数的边界极限。只有在以上条件下，方程2 ~ 方程 4 才能够得出非保守性预测。此外，当预测中的安全因素和检测误差都添加到所讨论的预测方程中时，可以确定目前需要大量试验构建特定的裂纹许用尺寸的预测模型[52 ~ 54]。对现场条件制备的焊件的焊缝/热影响区中进行含缺口的 FST/CWP 试验可以获取相关信息。

7　FST 或 CWP 试验？

因为内应力对驱动力的影响，一般认可加压全尺寸拉伸测试提供的最准确的结果。然而，由于控制 FST 焊件中驱动力的实际材料性能取自虚拟的焊件，因此很难解释 FST 试验的测试结果。即使虚拟焊件为取自相同管体和相同的焊接工艺条件下的短管试样，固有的焊接到焊接之间的变化也导致难于获得充分的准确性通过模拟焊件。相比之下，CWP 试验很大程度上解决了这一问题。

CWP 试验能更加灵活地研究材料变化对应变能力的影响。图 1 和图 2 表明在应用校正因子的情况下，CWP 试验是预测应变能力的有效方法。CWP 试验不仅在实用和经济方面具有明显的优点，还具有以下具体特征：

（1）通过邻近 CWP 试样的拉伸试样可以获得影响 CWP 应变能力的管道和环焊缝金属性能。CWP 试验已经表明这些影响对正确理解大量试验结果是必不可少的。

（2）由于焊接根部区域更易接近，有可能将裂纹/缺口尖端置于目标 WM/HAZ 显微组织中去研究焊接根部裂纹对应变能力的影响。

最后，必须承认 CWP（还有 FST）测试都有自己的问题。例如，如何选择管体和焊接材料以满足应变能力下限依然很大程度未得到解决。然而，由 ExxonMobil 开发的焊接工艺筛选方法已能提供可能的方案和一系列有用的指导[55]。

8　结论

ExxonMobil 和 UGent 都已开发了预测含缺陷的环焊缝轴向拉伸应变能力的解析方程。由于其在应用方面的不足，ExxonMobil 和 UGent 方程在 X80 管道焊件中得到的结果非常相似。

与 FST/CWP 试验相比，解析方程并没有明显的优势获得具体的应变能力预测值。虽然

FST 试验直接提供了应变能力估计值，但 CWP 试验则更多地考虑了针对材料性能变化的实际制备、操作及解释和其对应变能力的影响。

目前可以总结出焊接宽板试验（CWP）能够用于估计管线屈服后轴向应变焊件区域的应变能力。但这一结论无法排除因需要而补充 FST 试验去验证 CWP 压力校正因子。

参 考 文 献

[1] Denys R. , De Waele W. , Lefevre A. "Effect of Pipe and Weld Metal Post-Yield Characteristics on Plastic Straining Capacity of Axially Loaded Pipelines", Proc. of IPC 2004, Paper IPC04-0768, Calgary, Alberta, Canada.

[2] Kibey S, Wang, X, Minnaar K, Macia M. L, Kan W. C, Ford S. J. , Newbury B. "Tensile Strain Capacity Equations for Strain based Design of Welded Pipelines", Proc. of IPC 2010, Paper IPC10-31661, Calgary, Canada.

[3] Denys R. , Hertelé S. , Verstraete M. "Strain Capacity of Weak and Strong Girth Welds in Axially Loaded Pipelines", Proc. of IPTC2010, International Pipeline Conference, 2010 Beijing, China.

[4] Hertelé S. , Denys R. , De Waele W. "Full Range Stress-Strain Relation Modeling of Pipeline Steels", Proc. Pipeline Technology Conference 2009, Ostend, Belgium, Ed. R. Denys.

[5] Hertelé S. , De Waele W. , Denys R. , Verstraete, M. "Sensivity of Plastic Response of Defective Pipeline Girth welds to the Stress-strain Behaviour of Base and Weld Metal", Proc. of the 30th OMAE Conference, Paper OMAE2011-49239, Rotterdam, June 2011.

[6] Heckhäuser H. "Trusts and Beliefs in UT of Girth Welds", ECNDT 2006-We. 4. 7. 1, pp24.

[7] Andrews R. M. , Morgan L. L. "Integration of Automated Ultrasonic Testing and Engineering Critical Assessment for Pipeline Girth Weld Defect Acceptance", Proc. 14th Joint Technical Meeting on Linepipe Research, Paper 36, Berlin, May 2003.

[8] Bouma T. , Denys R. "Automated Ultrasonic Inspection of high-performance pipelines: Bridging the gap between science and practice", Proc. of the Fourth International Pipeline Technology Conference Volume I, Oostende, Belgium, May 2004.

[9] Graville B. , Dinovitzer A. "Strain-Based Failure Criteria for Part-Wall Defects in Pipes", ASME PVP Conference, Montreal, July 1996.

[10] Nogueira A. C. , Lanan G. A. , Even T. M. , Hormberg, B. A. "Experimental Validation of Limit Strain Criteria for the BPXA Northstar Project", Proc. of Pipeline Welding and Technology, David Yapp, Galveston, Texas, 1999.

[11] Denys R. M. , De Waele W. , Lefevre A. , De Baets P. "An Engineering Approach to the Prediction of the Tolerable Defect Size for Strain Based Design", Proc. of the Fourth Int. Conference on Pipeline Technology, Volume 1, pp. 163-182, 2004, Oostende, Belgium.

[12] Stevick G. D. , Hart J. D. , Lee C. H. , Dauby F. "Fracture Analysis For Pipeline Girth Welds in High Strain Applications", Proc. of IPC 2004, Paper IPC04-0146, Calgary, Alberta, Canada.

[13] Ishikawa N. , Endo S. , Igi S. , Glover A. , Horsley D. , Ohata M. , Toyoda M. "Ductile Fracture Behavior of Girth Welded Joints and Strain Based Design For High Strength Linepipes," Proc. of the Fourth Int. Pipeline Technology Conference, Volume I, Oostende, Belgium, 2004.

[14] Wang Y. Y. , Liu M. , Horsley D. , Zhou J. "A Quantitative Approach to Tensile Strain Capacity of Pipelines", Proc. of IPC 2006, Calgary, Canada.

[15] Bruchi R. , Torselletti E. , Marchesani F. , Bartolini L. , Vitali L. "The Criticality of ECA Girt Welds of Offshore Pipelines", Proc. of Int. Conf. on Fitness for Purpose Fitnet 2006, Paper FITNET-06-036, Amsterdam, The Netherlands.

[16] NN. "Validation and Documentation of Tensile Strain Limit Design Models for Pipelines," DOT Agreement #DTPH56-06-000014.

[17] Budden P. J. "Failure Assessment Diagram Methods for Strain-Based Fracture", Engineering

Fracture Mechanics, Vol. 73, 2006, p. 573-552.

[18] Østby E, Levold E., Torseletti E. "A Strain-based Approach to Fracture Assessment of Pipelines", Proc. Fitnet 2006, Int. Conference on Fitness-for-Purpose, Paper FITNET-06-035, May 2006, Amsterdam.

[19] Wang Y. Y., W. Cheng W., Horsley D., Glover D., Zoe J., McLamb M. "Tensile Strain Limits of Girth Welds With Surface-Breaking Defects-Part I An Analytical Framework and Part II Experimental Correlation and Validation", Proc. of the Fourth Int. Pipeline Technology Conference Volume I, 2008, Oostende, Belgium.

[20] Wang Y Y, Liu M, Rudland D, Horsley D. "Strain Based Design of High Strength Pipelines", Proc. of ISOPE2007, Lisbon, Portugal.

[21] Igi S., Suzuki N. "Tensile Strain Limits of X80 High-strain Pipelines", Proc. of ISOPE 2007, Lisbon, Portugal.

[22] Pisarski H. G., Cheaitani M. J. "Development of Girth Weld Flaw Assessment Procedures for Pipelines Subjected to Plastic Straining", Proc. of ISOPE2007, Lisbon, Portugal.

[23] Lillig D. B. "The First (2007) ISOPE Strain-based Design Symposium-A Review," Proc. of IPC 2008, Vancouver, Canada.

[24] Gioielli P. C., Minnaar K., Macia M. L., Kan W. C. "Large-Scale Testing Methodology to Measure the Influence of Pressure on Tensile Strain Capacity of a Pipeline", Proc. of ISOPE2007, Vol. 4, pp. 3023-3027, Lisbon, Portugal.

[25] Minnaar K., Gioielli P. C., Macia M. L., Bardi F., Kan W. C. "Predictive FEA Modeling of Pressurized Full-Scale Tests", Proc. of ISOPE2007, pp. 3114-3120, Lisbon, Portugal.

[26] Tyson W. R., Shen G., Roy G. "Effect of Biaxial Stress on ECA of Pipelines Under Strain-based Design", Proc. of ISOPE2007, pp. 3107-3113, Lisbon, Portugal.

[27] Østby E., Hellesvik A. O. "Fracture Control-Offshore Pipelines JIP Results from Large Scale Testing of the Effect of Biaxial Loading on the Strain Capacity of Pipelines with Defects", Proc. of ISOPE2007, Lisbon, Portugal.

[28] Østby E., Thaulow C. 2007, "A New Approach to Ductile Tearing Assessment of Pipelines under Large-scale Yielding", Int. J. Press. Vessels and Piping, 84, pp 337-348.

[29] Liu. B., Liu X. J. Zhang H. "Tensile Strain Capacity of Pipelines for Strain-Based Design", Proc. of IPC2008, Paper IPC2008-64031, 2008, Calgary, Alberta, Canada.

[30] Kibey S., Issa J., Wang X., Minnaar K. "A Simplified, Parametric Equation for Prediction of Tensile Strain Capacity of Welded Pipelines", Proc. of 5th Pipeline Technology Conference, 2009, Ostend, Belgium.

[31] Stephens M., Petersen R., Wang Y Y., Gordon R., Horsley D. "Large Scale Experimental Data for Improved Strain-Based Design Models", Proc. of IPC2010, Calgary, Canada.

[32] Fairchild D. P., Macia M. L., Kibey S., Wang X., Krishnan V. R., Bardi F., Tang H., Cheng W. "A Multi-Tiered Procedure for Engineering Critical Assessment of Strain-Based Pipelines", Proc. of ISOPE2011, Maui, Hawaii, USA.

[33] Denys R. "Re-Assessment of the 2004 Experimentally Based Defect Acceptance Criterion for Pipeline Girth Welds Subjected to Longitudinal Plastic Strains", To be published.

[34] Cheng W., Gioielli P. C., Tang H., Minnaar K., Macia M. L. "Test Methods for Characterization of Strain Capacity-Comparison of R curves from SENT/CWP/FS Tests", Proc. 5th Pipeline Technology Conf., Ostend, 2009, Belgium.

[35] Tang H., Minnaar K., Kibey S., Macia M. L., Gioielli P. C., Fairchild D. P. "Development of SENT Test Procedure for Strain-Based Design of Welded Pipelines", Proc. of IPC2010, Calgary, Alberta, Canada.

[36] Gordon J. R., Zettlemoyer N., Mohr W. C. "Crack Driving Force in Pipelines Subjected to Large Strain and Biaxial Stress Conditions", Proc. of IPC2007, Vol. 4, pp. 3129-3140, Lisbon, Portugal.

[37] Verstraete M., Hertelé S., Denys R. "Pres-

sure Correction Factor for Strain Capacity in CWP" To be published.

[38] Denys R., Hertelé S., Verstraete M. "Longitudinal Strain Capacity of GMAW Welded High Niobium (HTP) Grade X80 Steel Pipes", Proc. of HSLP 2010, Xi'an, China.

[39] Denys R. "Weld Metal Strength Mismatch: Past, Present and Future", Proc. Int. Symp. to Celebrate Prof. Masao Toyoda's Retirement from Osaka University, p. 115-148, 2008, Osaka, Japan.

[40] Hopkins P., Denys R. M. "The Background to the European Pipeline Research Group's Girth Weld Limits for Transmission Pipelines", EPRG/NG-18, 9th Joint Technical Meeting on Line Pipe Research, Houston, Texas, 1993.

[41] Knauf G., Hopkins P. "The EPRG Guidelines on the Assessment of Defects in Transmission Pipeline Girth Welds", 3R Intern, 35 Jahrgang, Heft 10-11/1996, S. 620-624.

[42] Denys R. M., Andrews R. M., Zarea M., Knauf G. "EPRG Tier 2 Guidelines for the Assessment of Defects in Transmission Pipeline Girth Welds", Proc. of the IPC 2010, Calgary, Alberta, Canada.

[43] Denys R., De Waele W. "Comparison of API 1104-Appendix A Option 1 and EPRG-Tier 2 Defect Acceptance Limits", Proc. Pipeline Technology Conference 2009, Ostend, Belgium.

[44] Mohr W., Gordon R., Smith R. "Strain Based Design Guidelines For Pipeline Girth Welds", Proc. of the Fourth Int. Pipeline Technology Conference, Volume I, Oostende, Belgium, 2004.

[45] Gianetto J. A., Bowker J. T., Bouchard R., Dorling D. V., Horsley D. "Tensile and Toughness Properties of Pipeline Girth Welds", Proc. of IPC2006, Calgary, Alberta, Canada.

[46] Newbury B. D., Hukle M. W., Crawford M. D., Lillig D. B. "Welding Engineering for High Strain Pipelines", Proc. of ISOPE-2007, Lisbon, Portugal.

[47] Fairchild D. P., Crawford M. D., Cheng W., Macia M. L., Nissley N. E., Ford S. J., Lillig D. B., Sleigh J. "Girth Welds for Strain-Based Design Pipelines", Proc. of ISOPE2008, Vol. 4, pp. 48-56. Vancouver, Canada.

[48] Li X., Ji L., Zhao W., Li H. L. "Key Issues Should be Considered for Application of Strain-Based Designed Pipeline in China", Proc. of ISOPE2007, Lisbon, Portugal.

[49] Wang Y. Y., Ming Liu, M., Gianetto J., Tyson B. "Considerations of Linepipe and Girth Weld Tensile Properties for Strain-Based Design of Pipelines", Proc. of IPC2010, Calgary, Canada.

[50] Kan W. C., Weir M., Zhang M. M., Lillig D. B., Barbas S. T., Macia M. L., Biery N. E. "Strain-based Pipelines: Design Consideration Overview", Proc. of ISOPE2008, pp. 174-181, Vancouver, Canada.

[51] Denys R., Verstraete M., Hertelé S. "Effect of Specimen Dimensions and Sampling Position on All-weld MKetal Tensile Properties of Field Weldments" To be published.

[52] Fairchild D. P., Cheng W., Ford S. J., Minnaar K., Biery N. E., Kumar A., Nissley N. E. "Recent Advances in Curved Wide Plate Testing and Implications for Strain-Based Design", International Journal of Offshore and Polar Engineering (ISSN 1053-5381), Vol. 18, No. 3, September 2008, pp. 161-170.

[53] Denys R., Lefevre. "UGent Guidelines For Curved Wide Plate (CWP) Testing", Proc. Pipeline Technology Conference 2009, Ostend, Belgium.

[54] Kibey S., Lele S. P., Tang H., Macia M. L., Fairchild D. P., Cheng W., Kan W. C., Cook M. F., Noecker R., Newbury B. "Full scale Test Protocol for Measurement of Tensile Strain Capacity of Welded Pipelines", Proc. of ISOPE 2011, Maui, Hawaii, USA.

[55] Hukle M. V., Horn A. M, Hoyt D. S., LeBleu Jr., J. B. "Girth Weld Qualification for High Strain Pipeline Applications", Proc. of OMAE2005-67573, Halkidiki, Greece.

（钢铁研究总院 贾书君 译，
燕山大学 王青峰 校）

铌微合金化对 X80 大口径管线环焊后热影响区微观组织的影响

M. Guagnelli, A. Di Schino, M. C. Cesile, M. Pontremoli

Centro Sviluppo Materiali SpA, Via di Castel Romano 100, 00128 Roma (Italy)

摘　要：本文探讨了 0.07% ~0.10% 范围内铌含量对 X80 大口径钢管热影响区微观组织的影响。结果表明：尽管铌含量存在差异，但在原奥氏体晶粒尺寸和局部淬透性方面并没有区别。另外，铌会影响热影响区贝氏体晶胞的尺寸，例如微结构参数、冲击韧性和硬度。这种影响将会提高高铌含量钢的韧性和硬度。

关键词：铌，微观组织，力学性能

1　引言

过去的几十年间，在工业可接受的价格范围内提高强度、韧性和可焊接性的需求一直驱动着管线钢的发展。在海洋平台用钢和船板钢这类结构钢领域内，即使需求取决于具体的设计和运行，也同样存在着相似的情况。

由于铌可形成碳化物和氮化物的析出物这一特殊的热力学和动力学特性，使其在现代 HSLA 高强度低合金钢控制加工发展中起着关键的作用。这些钢使设计和施工更高效、更经济，并在各个领域中应用。例如，在输送管线领域，过去的 40 年中，管线钢的强度标准已经发生变化（从 X52 到 X100），强度标准的提高已经产生了价值近 10 亿美元的累积效益，这主要是由于在工程应用中结构设计受材料性能的限制减少。

铌对环焊热影响区的微观组织和性能的影响是一个非常复杂的问题，因为各类不同的相互关联的机制还依赖于钢的化学组成和焊接参数。尤其是，众所周知：

（1）未溶析出物（主要是复杂的钛和铌的碳化物和氮化物）对奥氏体晶粒尺寸有着非常重要的影响[1~3]。另外，众所周知，奥氏体晶粒大小会影响钢的淬透性，并且经由终态的微观组织晶胞尺寸进而影响钢的韧性[4,5]。

（2）固溶体中的铌可以降低奥氏体的转变温度，直接影响淬透性[6]。

（3）铌的碳氮化物可能会在铁素体中析出，最终影响钢的强度和韧性。

尽管铌对高强度高韧性管线钢的发展具有重要意义，但是有文献称其可能会对焊缝热影响区性能产生不利的影响（特别是对于韧性）[7]。因此，在过去的几十年，铌含量通常被限制在 0.05% 以内。然而，近些年已成功研发了新一代高铌（多达 0.1%）管线钢并投产应用于高压长距离气体传输，这种管线钢的性能达标意味着高铌概念的适用性。

本文旨在探究含量多达 0.10% 的铌对 X80 大口径管线热影响区微观组织和力学性能的影响。

2　材料和实验详述

用于加工 X80 管的钢材成分见表 1。除了铌含量介于 0.07% ~0.10% 之外，两种钢有相似的化学成分。

表1 选用钢材的化学成分 （质量分数,%）

成 分	C	Mn	Si	Ni	Cr	Mo	Nb	Ti	Al
钢管A	0.04	1.83	0.18	0.25	0.26	0.10	0.07	0.013	0.032
钢管B	0.04	1.75	0.24	0.26	0.23	0.25	0.10	0.018	0.028

钢管A为直缝焊接（用钢板制成），而钢管B为螺旋焊接（用卷板制成）。

用光学显微镜观察经2%硝酸酒精侵蚀后的抛光表面的微观组织。

用取向成像显微系统（OIM）分析背散射电子衍射（EBSD）花样，从而确定晶胞尺寸。利用这一技术，可以扫描具有低位错密度的晶体材料表面，完全自动地确定出每个点上基础晶粒的取向。从这些测量中我们可以估测材料的某些微观组织特征，例如，邻近晶体学取向间的取向差等。这对评定晶体学晶粒尺寸具有重要意义，因为此参数会极大地影响铁素体钢的强度和抗解理断裂能力。EBSD是一种测量有效晶粒尺寸非常准确的方法，甚至是对于细小微观结构也很精确。

用带有JEOL能谱微分析系统的JEOL JEM 3200FS-HR扫描透射电镜来分析透射电镜萃取复型试样，从而观察到析出物的状态，电镜的工作电压为300kV。能谱微分析系统安装有一个对于锰的K_α射线（5.89keV）、半高宽为139eV的硅探头和能分析出晶粒特征尺寸的自动图像分析软件，从而能测量析出物的各种几何参数。具有较高空间分辨率的定量能谱分析是通过Cliff-Lorimer方法进行的。每一粒度分布均测量超过2000个粒子。考虑到析出物的粒径（d_p），大于100nm的颗粒在低倍（20000倍）下进行测量，而小于100nm的颗粒则要在高倍下（100000倍）测量。

为了比较析出物的形貌，测量了下列参数：

$$形状因子(圆) = \frac{4\pi A}{P^2} \tag{1}$$

式中，A代表颗粒的面积；P代表其周长。对于圆形颗粒形状因子等于1，对于细长颗粒则形状因子小于1。形状因子用来计算粒径小于300nm的析出物。用至少50个粒子来进行析出物化学分析，能谱分析时寻峰时间不得少于50s。

用全厚度的焊接试样进行拉伸测试。

用缺口位于熔合线上的横向试样进行夏比V形缺口冲击试验。夏比V形缺口冲击值转变曲线由断口形貌转变温度（50% *FATT*）确定。

3 结果

3.1 母材的微观组织和析出物

钢管A和钢管B母材的微观组织如图1所示。两种钢管均具有X80钢中典型的针状铁素体微观组织。钢管A的微观组织比较粗大（较大的胞状尺寸）并且具有轧板中典型的可见薄饼状特征。

两种材料的析出物主要是Nb/Ti的碳化物。用透射电镜观察碳复型试样，所得到的析出物状态表明在两种钢中存在颗粒尺寸大于100nm的粗颗粒。此外，在钢管中，也能观察到相当数目的细小粒子（图2）。用自动图像分析系统分析碳萃取复型试样，进而测定沉淀物的尺寸分布，如图3所示。估算析出物的平均尺寸，我们可以清楚地看到B钢中的粒子尺寸更小（表2）。这两种钢的析出物基本上都为球形，正如形状因子值高于0.80所证实的那样。

表2 钢管A和钢管B的母材中析出物平均尺寸和形状因子

项 目	d_p/nm	形状因子
钢管A	56.5	0.82
钢管B	16.0	0.85

一般说来，在钛和铌微合金钢中，根据析出顺序和温度的函数关系，预计铌的析出物颗粒会较小而钛的则较大。钢管A的析出物成分图中存在这一特征，如图4所示，但在钢管B中并不明显，钢管B中不论粒子大小普遍都为铌的析出物。

图 1　钢管 A(a)和钢管 B(b)微观组织的 EBSD 图

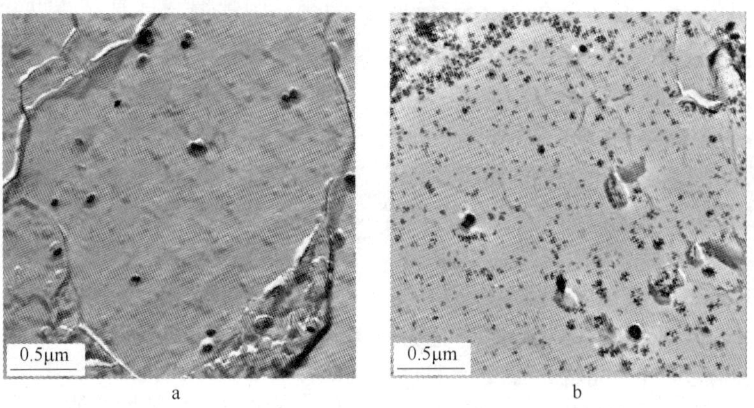

图 2　由透射电镜萃取复型试样得到的钢管 A(a)和钢管 B(b)母材中析出物状态图

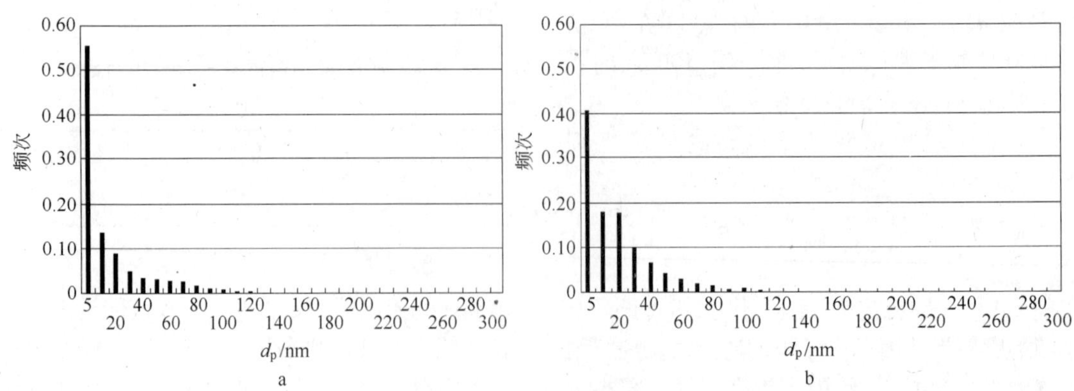

图 3　TEM 自动图像分析萃取复型试样得到的钢管 A(a)和钢管 B(b)母材中析出物的粒度分布图

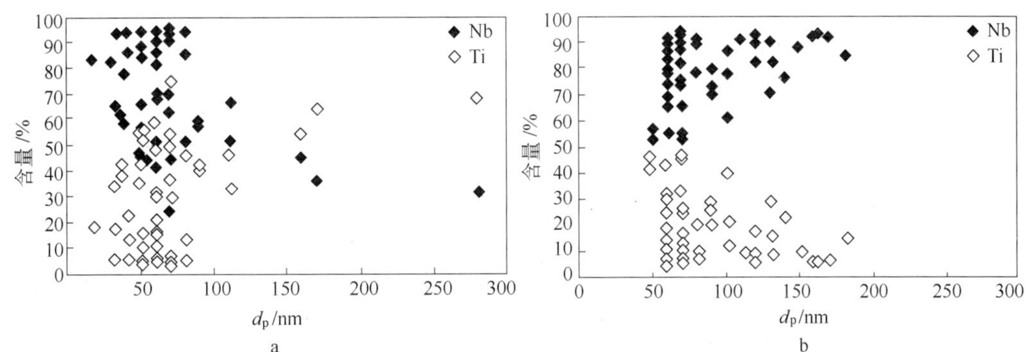

图 4　碳氮化物中 Nb 和 Ti 的含量（用金属晶格中的原子百分比表示）与析出物尺寸的函数关系

a—钢管 A；b—钢管 B

3.2　热影响区的微观组织

焊接接头处的微观组织的概况如图 5 所示。EBSD 图显示了钢管 A 和钢管 B 中从焊接金属到母材的微观组织变化。微观结构由针状铁素体构成。结果表明铌含量由 0.07% 提高到 0.10% 使粗晶热影响区宽度减少（从 275μm 减至 125μm）。并且，与钢管 A 的粗晶热影响区相比（图 6），钢管 B（高含铌量）中存在更细小的微观组织（更小的块状晶胞）。相反，两钢中原奥氏体晶粒尺寸都在25 ~ 30μm 范围内，并没有明显的差异（图 7）。

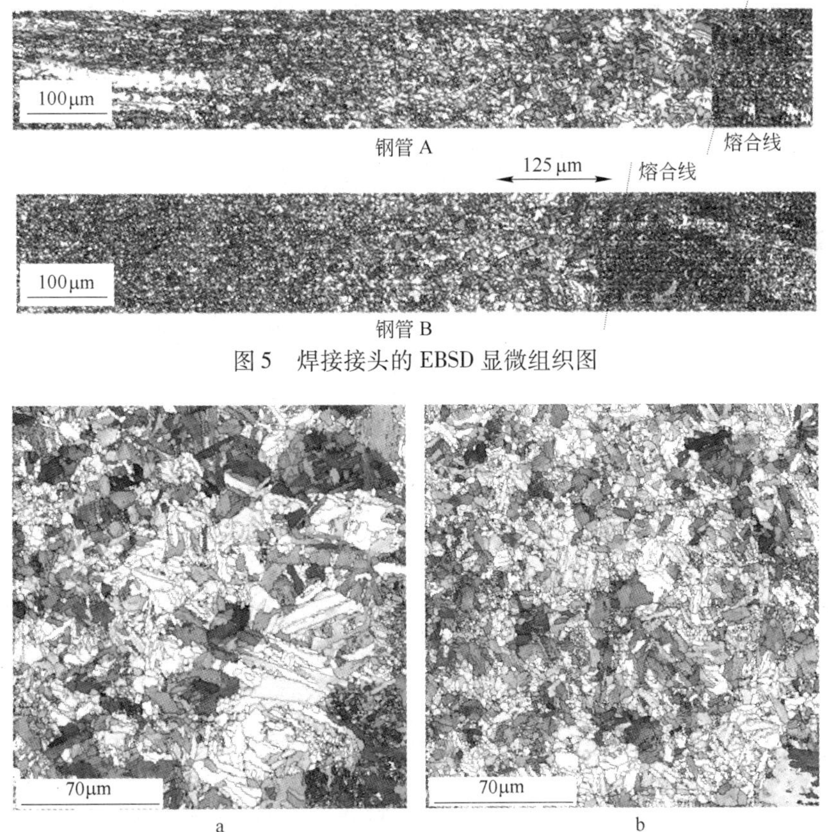

图 5　焊接接头的 EBSD 显微组织图

图 6　粗晶热影响区的 EBSD 显微组织

a—钢管 A；b—钢管 B

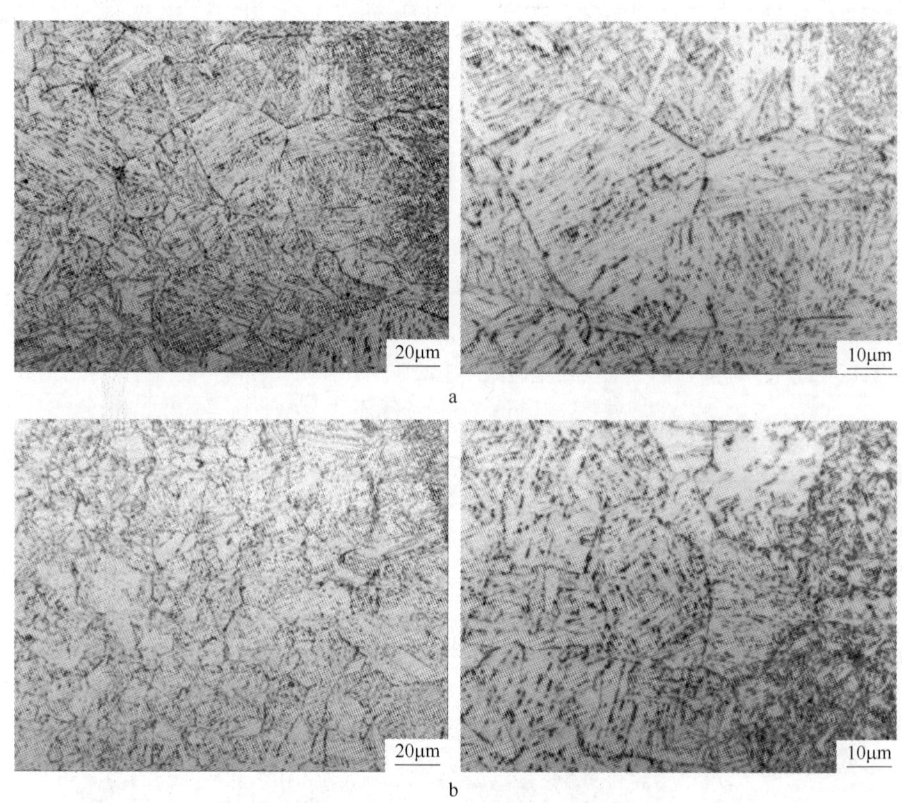

图7　侵蚀后（2%硝酸酒精）的粗晶热影响区显微组织

a—钢管 A；b—钢管 B

由 EBSD 所确定的取向差分布之间的近乎完美的叠加（图 8）说明，即使在亚晶尺度内，就微观组织这一整体而言，奥氏体分解机制间并不存在明显的差别。

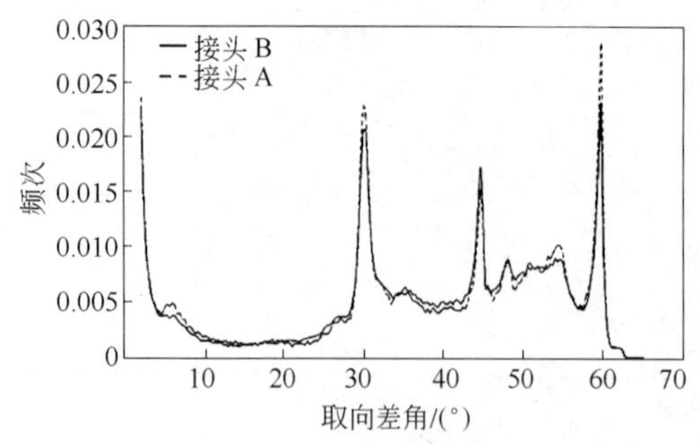

图 8　由 EBSD 获取的粗晶热影响区的取向差分布图

反而，在高铌钢中较小的微观组织可以用如下机制来解释。首先，热影响区的奥氏体晶粒并不受铌含量的影响，因为焊接再热期间两种钢中部分粗晶粒并没有完全溶解，他们通过晶界的有效钉扎限制了奥氏体晶粒长大。与此同时，一部分碳化物完全溶解，尤其是小尺寸的。当然，钢管 B 中溶解了较多的铌。这就意味着钢管 A 在较低温度和驱动力下仍能析出较多的析出物。

尽管没有直接观察到热影响区析出物，但是可以预测在焊接的冷却阶段，高含量的铌仍能够在热影响区里产生大量细小的含铌析出物，这与我们在母材中观察到的情况相似，尤其是与由奥氏体转变为贝氏体或者针状铁素体的相变相关联。铌钛碳化物的铁素体析出物和奥氏体分解之间的相互作用在钢管 B 的微观组织细化中起重要作用，这主要是通过钉扎贝氏体铁素体影响其滑动晶界而实现的。

3.3 力学性能

拉伸试验表明断裂位置远离焊接区域，因此抗拉强度值符合要求（表3）。

表3 接头A和接头B的拉伸试验结果

（两个试样的平均值）

项 目	抗拉强度/MPa	断口位置
钢管A	696	母 材
钢管B	715	母 材

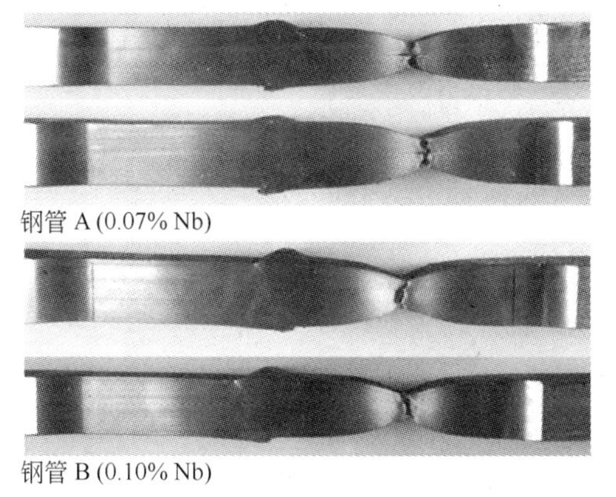

测量近外直径（距表面1.5mm）、中间厚度和近内直径（距表面1.5mm）硬度绘制热影响区的硬度分布图（HV10）。测得的硬度值与距熔合线距离的关系如图9所示，其中还注明了焊接金属和母材的硬度值范围。值得注意的是两接头焊接金属和热影响区的软化减弱间的超强匹配与拉伸试验结果相一致。由于接头A细化微观组织较少[5]，所以其热影响区的硬度比接头B的稍低（约10V）。

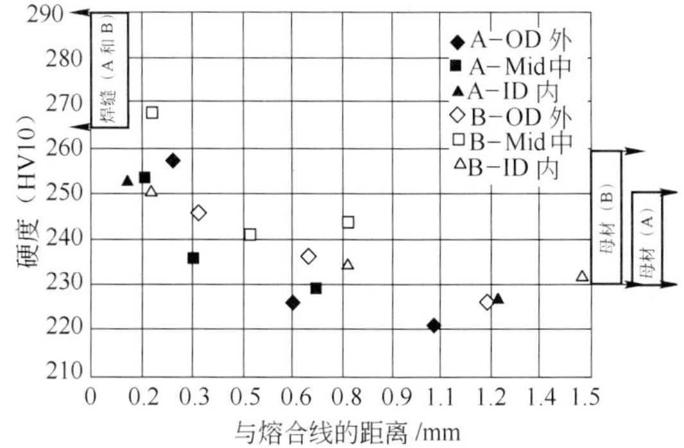

图9 热影响区的硬度图

夏比V形缺口冲击值转变曲线如图10所示。结果表明测试温度达到-20℃后接头B几乎完全表现韧性，并且具有很好的吸收能量值（>200J），然而接头A仅在20℃才表现为完全韧性。这种性能差异可以解释为接头B的粗晶热影响区比接头A的细化程度更好[8]。

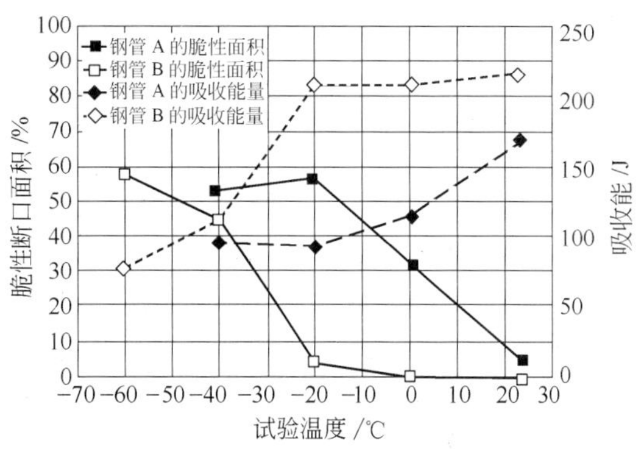

图10 夏比V形缺口冲击吸收能量转变曲线

（缺口在熔合线上）

4 结论

本文探究了0.07%～0.10%范围内铌含量对X80大口径管线管热影响区微观组织的影响。

对于母材而言，两种管线钢微观组织均为针状铁素体，铌含量为0.07%的管线钢的微观组织较粗大。在两种材料中的析出物主要是铌钛的碳化物。而且，高铌管线钢的析出物富集铌并且体积分数更高。

对焊接接头的研究结果表明，尽管铌含量存在很小的差别，但并不影响原奥氏体晶粒的尺寸和局部淬透性，而是影响了贝氏体晶胞和热影响区粒子的尺寸。由于这些微观组织参数会影响材料的韧性和硬度，所以对微观组织的影响就表现在力学性能上，表明较高的铌含量将会提高韧性和硬度。尤其，由于微观组织较粗大，低铌接头的热影响区的硬度比高铌的要低。此外，结果表明测试温度在-20℃以上高铌接头几乎表现为完全韧性，并具有良好的能量值（>200J），而低铌接头在20℃以下没有表现出完全韧性。

参考文献

[1] M. Hamada, Y. Fukada, Y. Komiz. Microstructure and Precipitation Behavior in Heat Affected Zone of C-Mn Microalloyed Steel Containing Nb, V and Ti. *ISIJ International*, 35 (10) (1995), 1196 ~ 1202.

[2] S. F. Medina, et al. Influence of Ti and N Contents on Austenite Grain Control and Precipitate Size in Structural Steels. *ISIJ International*, 39 (9)(1999), 930 ~ 936.

[3] M. Chapa, et al. Influence of Al and Nb on Optimum Ti/N Ratio in Controlling Austenite Grain Growth at Reheating Temperatures. *ISIJ International*, 42(11)(2002), 1288 ~ 1296.

[4] P. Brozzo, et al. Microstructure and cleavage resistance of low-carbon bainitic steels. *Metal Science*, 11(4)(1977), 123 ~ 130.

[5] A. Di Schino, L. Alleva, M. Guagnelli. Microstructure evolution during quenching and tempering of martensite in a medium C steel. (Paper presented at the 4th Joint International Conference on Recrystallization and Grain Growth, Sheffield, UK, 2010), in press.

[6] F. Fazeli, et al. Modeling the effect of Nb on austenite decomposition in advanced steels. (Paper presented at the International Symposium on the recent development in plate steels, Winter Park, Colorado, USA, 2011).

[7] C. Shiga. Effect of steelmaking, alloying and rolling variables on the HAZ structure and properties in microalloyed plate and linepipe. (Paper presented at the International Conference on the Metallurgy, Welding and Qualification of Microalloyed (HSLA) Steel Weldments, Houston, Texas, USA, 1990).

[8] A. Di Schino, M. Guagnelli. Metallurgical design of high strength/high toughness steels. (Paper presented at the Thermec 2011 International Conference, Quebec City, Canada, 2011), in press.

（北京科技大学　宁婷婷　译，
中信微合金化技术中心　路洪洲　张永青　校）

高强度管线钢环焊缝的缺陷和应变容量

J. R. Gordon, Gary Keith

Microalloying International, Inc.

9977 W Sam Houston Parkway N, Suite 140; Houston, TX 77064; USA

摘　要：最近十年间，围绕如何评价管线钢基于应变加载状态下的环焊缝的行为开展很多项目研究，并开发了基于应变加载的工程临界分析（ECA）方法。这些研究强调了压力诱导双轴加载对环焊缝的应变容量具有显著的影响，即双轴加载的主要影响在于增大了裂纹的驱动力。相比之下，不同加载条件下，即单轴加载和双轴加载，材料抵抗断裂的能力似乎是类似的。最近，北美埃克森美孚（ExxonMobil）和能源系统安全中心（CRES）完善了基于应变加载的应变 ECA。本文提供了基于应变的ECA 模型对比研究结果，并与 DNV RP 108 ECA 程序模型的预测结果进行了对比，该模型是为评估管线钢铺设而专门开发的。

关键词：管线，ECA，应变，基于应变设计，裂纹驱动力，压力，双轴加载

1　引言

现存的大多数管线钢设计准则都是基于应力的，这对管道施工和运行过程中可能经受大应变的管线钢的设计和评估缺乏指导。虽然陆上管线的敷设过程中一般不经受高应变，但盘卷安装的海洋管线在敷设过程中会经受周期性的塑性变形（盘卷和打开）。但是在实际的服役中，由于侧向和上浮屈曲、融沉、冻胀、地层移动以及地震的影响，管线仍然可能承受较大的应变。在这种情况下，管线的设计应该以应变能力为基准。然而，基于应变的设计面临着诸多挑战，特别是当涉及到环焊缝和材料基本行为时。此外，值得重视的是现有的基于应力加载的工程鉴定评估方法（ECA）已经扩展至基于应变加载，因此我们可以在高应变加载条件下对缺陷的影响进行评估，并建立一种适当的缺陷验收标准。

最近十年间，很多研究项目围绕评价管线钢环焊缝应变加载行为开展了很多工作，并发展出了基于应变加载的 ECA 方法。这些研究突显出压力诱导双轴加载对环焊缝的应变能力具有显著的影响。双轴加载的主要影响是增大了裂纹的驱动力。相比之下，在单轴加载和双轴加载这两种不同条件下材料抗裂能力似乎是类似的。

虽然 DNV RP F108[1] 为管线盘卷敷设提供了一种工业上可接受的基于应变的 ECA 程序，但是，目前为止还没有能够评估管线实际使用中承受的大变形的基于应变的 ECA 模型。在北美 ExxonMobil[2] 和能源系统可靠性中心 CRES[3] 最近完善了基于应变的 ECA 模型。本文列举、对比了这些基于应变的 ECA 模型，并与为评估通过盘卷安装管线的 DNV RP 108 ECA 程序做了对比。

2　基于应变的设计的 ECA 注意事项

2.1　总述

在材料断裂评估中，将实际的裂纹扩展驱动力（源自于断裂力学模型）比作材料的抗断裂能力（实验室测出的材料断裂韧性）。当裂纹驱动力或者有效截面应力超过了材料的抗断裂能力或者材料的流变强度时，材料会发生

断裂或者塑性失效。考虑到在实际运用中管线可能承受较大的应变，因此在制定基于应变加载的ECA模型时，重点在于评估压力诱导双轴载荷效应对裂纹驱动力和材料抗裂能力和抵抗塑性失效能力的影响。

2.2 双轴加载对裂纹扩展驱动力的影响

戈登等人利用有限元分析方法确定了双轴加载对管线钢环焊缝表面缺陷裂纹扩展驱动力的影响[4]。

一般管线及其缺陷有限元分析中的相关信息可以概括如下：

（1）管线钢等级：API 5L X80。

（2）管径：762mm。

（3）壁厚：15.6mm。

（4）缺陷尺寸：3mm × 50mm 内层表面裂纹。

（5）缺陷位置：母材、焊缝中心线、熔合线。

有限元分析模型包含如下变量：

（1）焊接工艺：SAW 和 GMAW-P。

（2）环向应力：0 ~ 80% 确定的最小屈服应力。

（3）轴向载荷：拉伸和整体弯曲。

（4）焊接热影响区（HAZ）软化：0 ~ 10% 的热影响区软化。

（5）焊缝错配：0、15% 和 30% 过匹配。

（6）管线钢拉伸性能：各向同性和各向异性。

（7）母材屈强比：中、高。

有限元分析中使用的应力应变曲线是以母材和焊缝的工艺评定试验获得的应力应变曲线为基础的。有限元模型中的详细说明和材料性能见文献［4］。

在内压力模型中加载序列是先加载内压力（端盖加载无限制）然后轴向加载。管线的应变可以直接通过远离环焊缝区域的有限元分析（FEA）模型得到。围绕钢管以缺陷的中心线为0°，在0°、90°、180°和270°这几个区域确定管线的应变。为了测量表观应变，假设模型足够长，这样在模型端部圆周不同位置的轴向应变误差不会超过1%。

在运用有限元分析法分析管线钢环焊缝之前，先在母材上进行一系列的基础分析，来确定在不考虑环焊缝复杂性、焊缝错配带来的困难以及HAZ软化等因素时，双轴加载对CTOD的影响。基础分析包括以下几个试验。

条件1：在轴向、环向和板厚方向具有相同的拉伸性能，也就是假设环向拉伸应力应变曲线适用于所有三个方向。

条件2：环向和轴向采用实际的拉伸性能，板厚方向拉伸性能假设与轴向相同。

基线分析结果如图1所示，以此可以确定内压力（环向应力 = 80% 最小屈服强度）对母材裂纹驱动力的影响，纵坐标为裂纹尖端张开位移（CTOD），横坐标为实际应变。从图1中可以看出，随着远端应变的增加，与没有内应力加载相比，内压力提高了施加的裂纹驱动力（CDF）的大小。

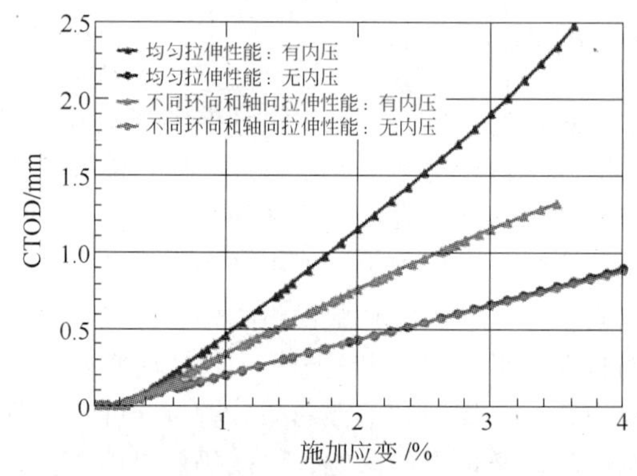

图1　内压对裂纹驱动力的影响[4]

可以通过双轴因子来确定内压力的影响，双轴因子即加载了内压力的实际CTOD和与其相对应的没有加载内压力的CTOD的比值：

$$\text{CDF 双轴因子} = \frac{\text{CTOD}_{(\text{有内压})}}{\text{CTOD}_{(\text{无内压})}} \tag{1}$$

按照CDF双轴因子的方法再次进行有限元分析，重新绘制图1中的点，如图2所示。结果显示，在应变小于材料屈服应变时（0.50%），实际应变不受双轴加载（也就是

CDF 双轴因子 =1）的影响，但是当应变大于材料的屈服应变时，CDF 双轴因子增长至一个稳定阶段，超出这一阶段 CDF 双轴因子仍保持稳定。分析两种情况下稳态的 CDF 双轴因子如下：

条件 1（各向同性的拉伸性能）：CDF 双轴因子 =2.8。

条件 2（不同的环向、轴向拉伸性能）：CDF 双轴因子 =1.8。

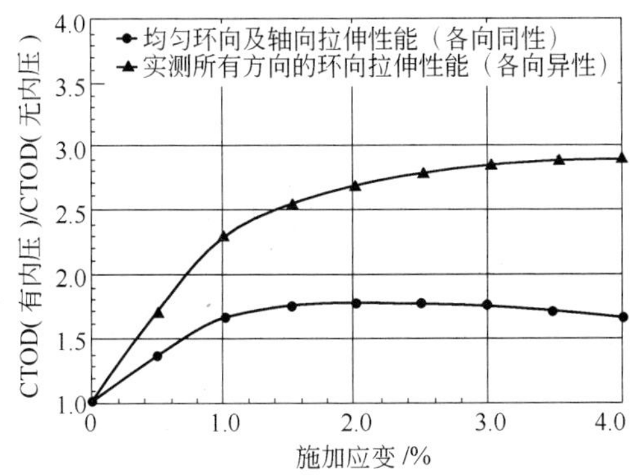

图 2　CDF 双轴因子随施加应变而变化

正如所期望的那样，CDF 双轴因子取决于一系列变量，包括材料的抗拉性能、加载应变、焊缝错配度、HAZ 软化、缺陷位置、高低错匹配等。然而，有限元分析结果显示，CDF 双轴因子的稳定值在 1.5 ~2.8 之间，根据变量组合的平均值，这一稳定值应该接近 2.0，也就是说，在通常情况下内压力的作用是增大应用裂纹驱动力至 2.0 倍的基础应变加载。

2.3　双轴加载对断裂阻力的影响

有限元分析的标准断裂韧性试样的几何尺寸与单边缺口弯曲试验的样品一致。这种几何形状的试样，采用三点弯曲加载，这种加载方式提高了约束强度从而得到约束条件下的韧性值。虽然单边缺口弯曲试样是常规有限元分析的试样，但是管线钢有限元分析法中越来越多地采用单边缺口拉伸试样，这是因为单边缺口拉伸试验中试样的约束条件更接近管线钢环焊缝的约束条件。我们应该注意即使管线钢经过一个整体的弯曲，在某一特定位置上（例如 12 点钟方向）整个壁厚上的应力主要呈薄膜状分布，即只在厚度方向上很薄的一层内应力值会有不同。

ExxonMobil 在数值分析的基础上分析了大量实验来描述管线母材和环焊缝在单轴载荷和双轴载荷下的断裂行为。该试样的试验矩阵包括双面埋弧焊和无缝钢管（API 5L X60-X80 钢级）的母材样品和环焊缝样品。该试验程序包括以下断裂试验：

（1）单边缺口弯曲试验（SENB）。

（2）单边缺口拉伸试验（SENT）。

（3）弧形宽板拉伸试验（CWP）。

（4）全尺寸管线加压测试（FSPP）。

分析断裂试验的数据得到 CTOD R-曲线，其中实测的 CTOD（由双排列引伸计测得）值对应缓慢稳定的裂纹增长。断裂试验结果如图 3 和图 4 所示。

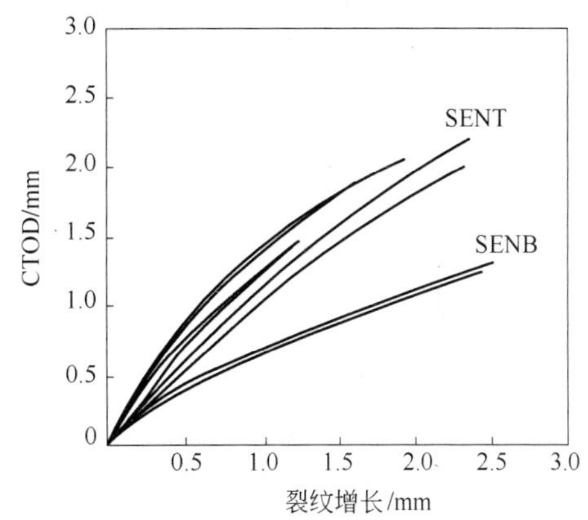

图 3　SENB 和 SENT 试验 CTOD R-曲线对比[5]

图 3 对比了高约束条件下的 SENB 试样获得的 CTOD R-曲线和低约束条件下的 SENT 试样获得的 CTOD R-曲线。从结构很容易看出，低约束条件下的 SENT 试验 R-曲线更陡峭，也就是说低约束的 SENT 试验测出的韧性撕裂抗性比高约束的 SENB 试验要高。图 4 对比了 SENT 和 FSPP 试验测得的 CTOD R-曲线。可以看出 SENT 和 FSPP 试验测得的 CTOD R-曲线基本一致，这说明在单轴加载和双轴加载情况下试样的抗裂性能相同，也就是说压力载荷并

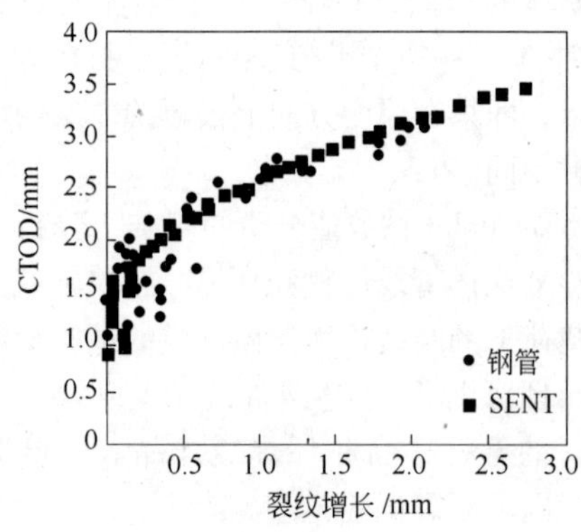

图 4　SENT 和钢管全尺寸加压试验 CTOD R-曲线对比[5]

不影响撕裂阻力。

2.4　单轴加载在塑性失效中的作用

虽然一般材料屈服应力都是通过单轴拉伸试验测量的，但是实际上屈服是一个三维现象。考虑三维应力状态的屈服标准有很多。Von Mises 标准也许是定义等效应力或者材料屈服应力状态中应用最广泛的方法。

Von Mises 等效应力定义如下：

$$\sigma_{VM} = \left\{ \frac{1}{2} [(\sigma_1 - \sigma_2)^2 + (\sigma_1 - \sigma_3)^2 + (\sigma_2 - \sigma_3)^2] \right\}^{0.5} \quad (2)$$

式中，σ_1，σ_2 和 σ_3 是三个方向上的主应力。

当等效应力等于材料的单轴屈服强度时，屈服就会发生。当管线在承受内压和轴向载荷的情况下（即薄壁管双轴加载时忽略壁厚方向的应力），可以通过方程式（2）预测当 σ_L 达到以下值时，屈服就会发生：

$$\sigma_L = \frac{\sigma_H}{2} + \left(\sigma_{YS}^2 - \frac{3}{4} \sigma_H^2 \right) \quad (3)$$

式中，σ_L 为单轴屈服应力；σ_2 为环向应力。

如果管线服役中的环向应力等于材料屈服应力的 72%，则方程式（3）预测，当轴向应力为单轴屈服应力的 1.14 倍时，屈服就会发生。

因此，钢管在有内压的条件下服役时，其屈服强度大于单轴屈服强度。图 5 所示的是 PRCI/DOT 资助的研究项目的如下试验的试验结果，横轴是位移，纵轴为加载应力。

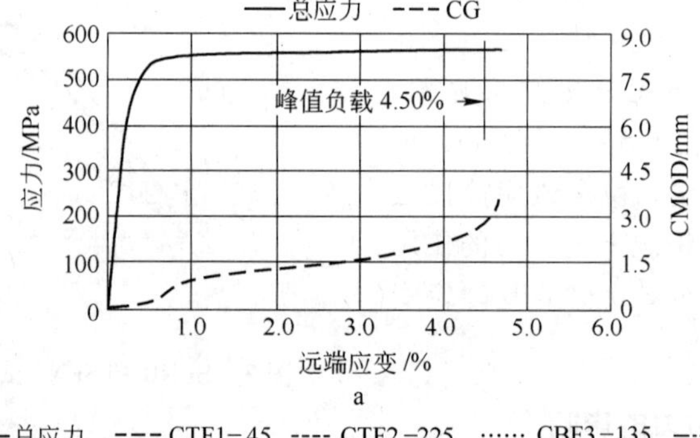

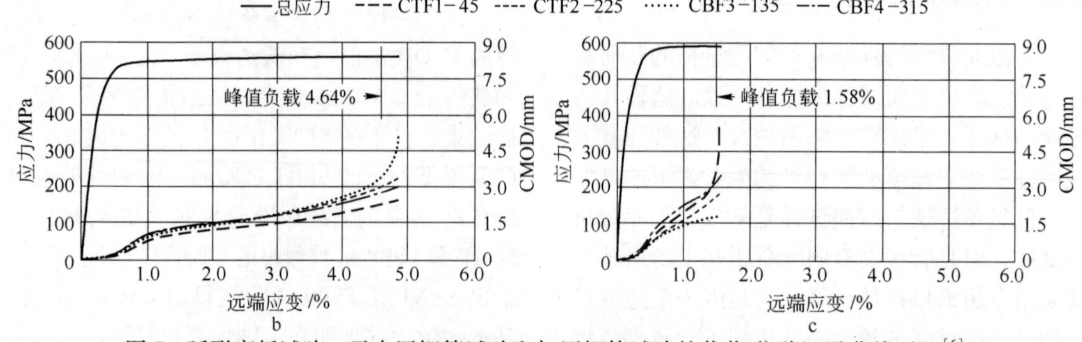

图 5　弧形宽板试验、无内压钢管试验和加压钢管试验的载荷-位移记录曲线对比[6]

a—弧形宽板试验（试样 3.1b）；b—无内压钢管试验（试样 1.6）；c—高内压钢管试验（试样 1.5）

(1) 弧形宽板拉伸试验。

(2) 钢管全尺寸试验：无内压力。

(3) 钢管全尺寸试验：有内压力。

这些试验的环焊缝样品的表面缺陷尺寸都是表观相同的。

从图5可以明显看出，有内压的钢管全尺寸测试得到的屈服强度比无内压的钢管全尺寸试验和宽板拉伸试验得到的屈服强度高15%左右。从图5还可以看出，超过屈服强度后，有内压和无内压样品的试验记录的加载位移曲线基本平行，也就是说不仅屈服强度提高了15%，拉伸强度也提高了。有内压力的管线的屈服强度和抗拉强度都提高的结果就是塑性失效应力也提高了。虽然我们可以提高钢管母材的屈服强度和抗拉强度来修正ECA计算双轴加载对塑性失效的影响，但是这个简单的修正并不能计算双轴加载应力在超过屈服应力时所提高的裂纹驱动力。

3 基于应变的ECA模型

3.1 概述

在过去的几年里，开发了几种基于应变的ECA模型：

(1) 用于管线盘卷敷设的DNV RP F108基于应变的ECA模型。

(2) ExxonMobil基于应变的ECA模型。

(3) 能源系统安全中心（CRES）基于应变的ECA模型。

这三种模型虽然相似却有本质的不同。

3.2 DNV RP F108

2006年DNV发布了针对管线盘卷敷设过程中所经历的周期性塑性应变的DNV RP F108程序。虽然DNV RP F108中的ECA能很好地估算超过屈服的卷绕应变（例如：卷绕过程中每个道次有2%的应变很普遍），DNV RP F108中的ECA是以BS 7910方法为基础的，而BS 7910是以应力为基础的ECA。这就需要将安装过程中的应变历史转变为等效的应力变化历程。

DNV RP F108中包含一个利用应力应变曲线将应变历史转化为等效的应力变化历程的程序。由于卷绕管线的环焊缝需要优于母材的拉伸性能，所以用母材的应力应变曲线来确定的等效应力应该对应母材从卷绕开始到结束过程中最大的应变值。在卷绕过程第一个循环中，处于开始加载阶段，直接采用母材的应力应变曲线。在第二个循环以及后续的循环过程中，处于已经加载阶段，母材的应力应变曲线用来计算上一个循环的包辛格效应。默认只有各应变循环的拉伸分量会导致裂纹产生。6点钟和12点钟位置的应变循环都要考虑，除非这两个位置的应变循环充分相似，才认为它们是等效的。假定卷制过程中每半个循环的最大和最小应变处于同一面上，即假定卷制过程中钢管没有发生扭转。

虽然DNV RP F108不需要考虑局部焊趾（M_k）对实际应变（>0.4%）的影响，但是要考虑错边的影响。DNV RP F108包含一个可以计算环焊缝错边的程序，这个程序使用的是Neuber方法，概述如下。

第一步：计算错边导致的应力集中系数。用下式计算轴向偏差导致的应变放大因子：

$$K_t = 1 + \frac{6\delta}{T_1}\left[\frac{1}{1+\left(\frac{T_2}{T_1}\right)^{\beta}}\right]e^{-\alpha} \tag{4}$$

$$\alpha = \frac{1.82L}{\sqrt{(DT_1)}}\frac{1}{1+\left(\frac{T_2}{T_1}\right)^{\beta}} \tag{5}$$

$$\beta = 1.5 - \frac{1.0}{\log\left(\frac{D}{t}\right)} + \frac{3.0}{\log\left(\frac{D}{t}\right)} \tag{6}$$

式中，δ为中心线偏心度δ = Hi-Lo + $0.5(T_1 - T_2)$；Hi-Lo为错边量；T_1为厚管板厚；T_2为薄管板厚；L为焊缝宽度。

第二步：绘制Neuber曲线。Neuber公式如下：

$$\sigma_{实际}\varepsilon_{实际} = \sigma_{表观}\varepsilon_{表观}K_t^2 \tag{7}$$

式中，$\sigma_{实际}$为实际应力（包括SCF）；$\varepsilon_{实际}$为实际应变（包括SCF）；$\sigma_{表观}$为表观应力（包括 SCF)；$\varepsilon_{表观}$为表观应变（包括 SCF)；K_t 为弹性应力集中系数（SCF)。

第三步：确定等效应力。等效应力就是 Nueber 曲线（横纵坐标为 $\sigma_{表观}$ 与 $\sigma_{表观}\varepsilon_{表观}K_t^2/\sigma_{实际}$）和近似的钢管母材的单轴应力应变曲线的交点。

第四步：将等效应力拆分为表面应力和弯曲应力两个部分。

第三步计算出的等效应力通过如下所述拆分为表面应力（P_m）和弯曲应力（P_b）：

（1）P_m 为对应母材应力应变曲线表观应变的表观应力。

（2）P_b 为由于错边产生的额外应力分量（即不同于第三步中得到的等效应力和 P_m）。

这是对于错边导致焊接接头处产生的二级弯曲的一种常规的调整方法。虽然错边应力被称为二级应力（即它是由于错边产生的，而不是加载应力产生的)，但是由于它会导致塑性失效，所以在 ECA 中应该将其当做初级弯曲应力来分析。

由于卷绕是应变控制的，所以 DNV RP F108 允许通过失效评定图（FAD）延伸 L_r 的界限。安装 ECA 中可以应用如下 L_r 最大界限：

$$L_{rmax} = \sigma_{TS}/\sigma_{YS} \tag{8}$$

式中，σ_{TS}为材料抗拉强度；σ_{YS}为材料屈服强度。

ECA 分析是基于 BS 7910 程序的 Level 3B FAD 程序的应用，通过循环执行来预测每一阶段的裂纹扩展。通过 SENT 试验得到的 J-R 曲线的最小值就是材料的韧性，SENT 试样包含环焊缝和 HAZ。ECA 中使用的应力应变曲线是钢管母材的单轴应力应变曲线（即没有考虑焊缝金属的过匹配）。DNV RP F108 建议卷绕过程中的裂纹扩展总长度应控制在 1.0mm 以内。

虽然 DNV RP F108 的目的是用来预估卷绕过程中的稳定裂纹扩展程度，但是该程序也可以用来预估管线受单项拉伸应变时的缺陷尺寸限制。值得注意的是 DNV RP F108 没有考虑双轴加载对塑性失效及裂纹驱动力的影响。另外，如上面所提到的，它没有考虑焊缝金属过匹配度的影响。

3.3 ExxonMobil 基于应变的 ECA 模型

ExxonMobil 开发了一种多级结构来预测管线环焊缝的拉伸应变性能，包括缺陷以及给定目标应变下的缺陷验收准则。利用 FEA 或简化方程式，通过输入参数，如钢管几何形态、内压力、材料性能、管焊缝缺陷尺寸、错边来预测其应变性能。

他们计划提出一个三级方法使环焊缝能在接近实际应用的复杂环境中进行评估。第 1、第 2 级可以利用参数方程直接计算拉伸应变性能。在第 1 级中，固定了几个输入参数来简化方程并引入一个安全系数。在第 2 级的参数方程给用户提供了更大范围的输入参数选择空间，以帮助优化拉伸应变性能，并扩展了更多的典型环焊缝缺陷验收准则。第 3 级程序是最复杂也是最准确的评估拉伸应变性能的方法，但是需要与有限元分析相结合的特殊工程测试。虽然第 3 级方法可以用于关键应用分析，例如，拉伸应变性能要求很高，但是第 1、第 2 级程序给用户提供了一个评估初步设计的工具、一个临时的缺陷验收准则。

ExxonMobil 模型基于裂纹驱动力/R-曲线方法（Crack Driving Force/R-curve)，它的限制条件是实际应变中的裂纹驱动力曲线与 R-曲线相切，如图 6 所示。图 6 表征了对应不同的裂纹驱动力曲线（对应不同的应变距离 ε_1、

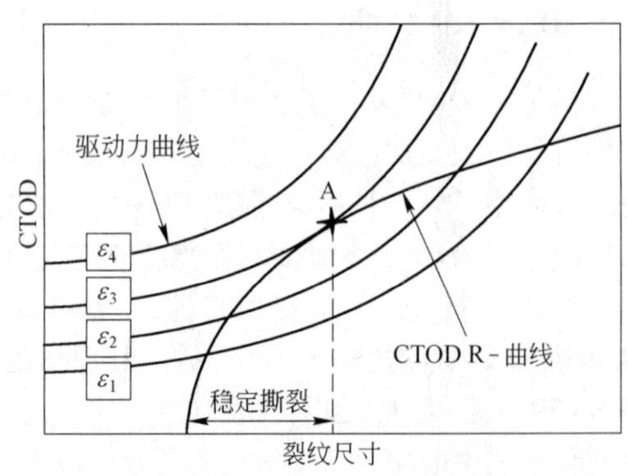

图 6 裂纹驱动力与 R-曲线图解

ε_2、ε_3 和 ε_4）评估材料的 R-曲线。定义裂纹驱动力曲线上的切点为 A，对应的实际应变等于 ε_3。

用图 6 中简述的裂纹驱动力/R-曲线方法评估韧性断裂已经有超过 25 年的历史，并且这一方法已经应用于核工业中的韧性断裂评估。ExxonMobil 模型的最新特点是用裂纹扩展驱动力曲线得到应变值而不是应力值。而且，当裂纹驱动力/R-曲线方法正常应用于加载应力小于屈服强度时（即全局结构变化是弹性的），ExxonMobil 可以评估其整体屈服状态。

ExxonMobil 模型中的 R-曲线是通过 SENT 实验得到的 CTOD R-曲线，SENT 试样的裂缝深度与宽度的比率（a/W）大于试验预计的最大裂纹尺寸或者裂纹许可准则，也就是说 SENT 试样的裂纹尺寸大于预计的裂纹许可准则。SENT R-曲线试验的缺口试样分别取自焊缝金属和 HAZ 区，较低的 R-曲线用于评估。对于一个第 3 级分析，测量得到的 CTOD R-曲线直接用于应变基础的 ECA 分析并与 FEA 预测的裂纹驱动力曲线进行对比。第 2 级方法中，测量得到的 SENT R-曲线对比由 ExxonMobil 定义的三个 CTOD R-曲线（下界、均值、上界）如图 7 所示。ECA 分析选择的参考 R-曲线接近但低于测量的 R-曲线，第二级参数方程中的常量取自于参考 R-曲线。而在第一级分析中，一个参数方程的下限 SENT CTOD R-曲线（图 7）是假设的。

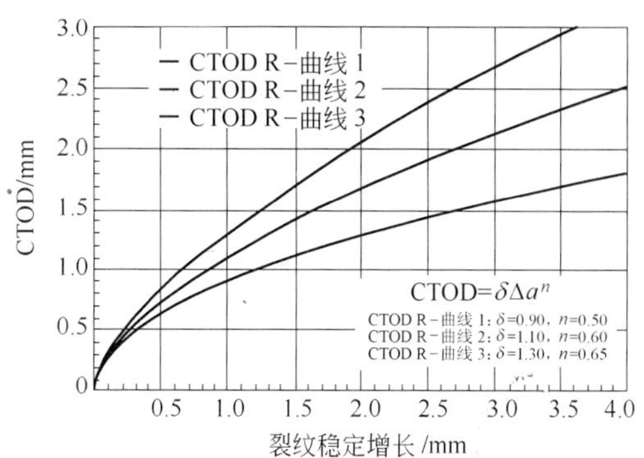

图 7 ExxonMobil 的 CTOD R-曲线

第 1、第 2 级参数方程如下。

（1）第 1 级（X60 和 X70）：

$$\varepsilon_{C\_X60\_X70} = (.9 + .09\lambda) \times \left[\begin{array}{l} \{\alpha_1[C \cdot \lambda] + \alpha_2[C] + \alpha_3[\lambda] + \alpha_4\} \times \ln\left[\dfrac{aC}{(t-a)^2}\right] + \\ \{\alpha_5[C \cdot \lambda] + \alpha_6[C] + \alpha_7[\lambda] + \alpha_8\} \end{array} \right] \tag{9}$$

（2）第 1 级（X80）：

$$\varepsilon_{C\_X80} = \{\beta_1[\lambda] + \beta_2\} \times \ln\left[\frac{aC}{(t-a)^2}\right] + \{\beta_3[\lambda] + \beta_4\} \tag{10}$$

（3）第 2 级（X60 和 X70）：

$$\varepsilon_{C\_X60\_X70} = (.9 + .09\lambda) \times$$
$$\left[\begin{array}{l} \left\{ \begin{array}{l} x_1[C \cdot UEL \cdot \lambda \cdot e] + x_2[C \cdot \lambda \cdot e] + x_3[C \cdot UEL \cdot e] + x_4[C \cdot e] + \\ x_5[C \cdot UEL \cdot \lambda] + x_6[C \cdot \lambda] + x_7[C \cdot UEL] + x_8[C] + \\ x_9[UEL \cdot \lambda \cdot e] + x_{10}[\lambda \cdot e] + x_{11}[UEL \cdot e] + x_{12}[e] + \\ x_{13}[UEL \cdot \lambda] + x_{14}[\lambda] + x_{15}[UEL] + x_{16} \end{array} \right\} \times \ln\left[\dfrac{aC}{(t-a)^2}\right] + \\ \left\{ \begin{array}{l} x_{17}[C \cdot UEL \cdot \lambda \cdot e] + x_{18}[C \cdot \lambda \cdot e] + x_{19}[C \cdot UEL \cdot e] + x_{20}[C \cdot e] + \\ x_{21}[C \cdot UEL \cdot \lambda] + x_{22}[C \cdot \lambda] + x_{23}[C \cdot UEL] + x_{24}[C] + \\ x_{25}[UEL \cdot \lambda \cdot e] + x_{26}[\lambda \cdot e] + x_{27}[UEL \cdot e] + x_{28}[e] + \\ x_{29}[UEL \cdot \lambda] + x_{30}[\lambda] + x_{31}[UEL] + x_{32} \end{array} \right\} \end{array} \right] \tag{11}$$

（4）第 2 级（X80）：

$$\varepsilon_{C\_X80}=\begin{Bmatrix} y_1[UEL\cdot\lambda\cdot e]+y_2[\lambda\cdot e]+y_3[UEL\cdot e]+y_4[e]+ \\ y_5[UEL\cdot\lambda]+y_6[\lambda]+y_7[UEL]+y_8 \end{Bmatrix}\times\ln\left[\frac{aC}{(t-a)^2}\right]+$$
$$\begin{Bmatrix} y_9[UEL\cdot\lambda\cdot e]+y_{10}[\lambda\cdot e]+y_{11}[UEL\cdot e]+y_{12}[e]+ \\ y_{13}[UEL\cdot\lambda]+y_{14}[\lambda]+y_{15}[UEL]+y_{16} \end{Bmatrix} \tag{12}$$

式中　ε_C——拉伸应变性能；

a——裂纹深度；

C——裂纹长度的一半；

λ——焊缝金属过匹配度（基于抗拉强度）；

UEL——拉伸试验最大载荷下的均匀应变；

α，β——第 1 级方程中的常数；

x，y——第 2 级方程中的常数。

第 1、第 2 级参数方程的常数可参照方程 2。

第 2 级方程更灵活，并允许用户定义错配度、UEL 以及材料韧性，第 1、第 2 级方程提供了一系列简单化假设，见表 1。

表 1　第 1、第 2 级参数方程的简化假设

参　数	第 1 级	第 2 级
错边量	3.0mm	可变
屈强比	0.90	0.90
UEL（均匀应变）	6%	可变
CTOD R-曲线	下界（1）	可变（1、2 或 3）
内压/%	80	80

第 1、第 2 级参数方程的有效性限制见表 2。

表 2　ExxonMobil 拉伸应变容量方程的有效性限制

参　数	1 级		2 级	
	X60 ~ X70	X80	X60 ~ X70	X80
错边量/mm	3.0		0.0 ~ 3.0	
UEL(均匀应变)/%	6		6 ~ 12	4.4 ~ 8
过匹配/%	5 ~ 50	5 ~ 20	5 ~ 50	5 ~ 20
缺陷高度/mm	2.0 ~ 5.0		2.0 ~ 5.0	
缺陷长度/mm	20 ~ 50		20 ~ 50	

3.4　CRES 应变基础 ECA 模型

美国运输部（US DOT）和国际管线钢研究协会（PRCI）委托 CRES、C-FER 和国际微合金化公司一个联合项目，开发和验证管线钢环焊缝基于应变的评估方法。这个项目包括微合金公司和 C-FER 进行的小尺寸和全尺寸试验，以及 CRES 通过有限元分析开发基于应变的 ECA 模型。

CRES 开发了一个评估拉伸应变容量的多级程序（4 级）：

第 1 级——初级筛选。第 1 级模型的目的是快速评估出材料合适的拉伸应变容量。拉伸应变容量与选取钢管的尺寸、材料性能以及裂纹尺寸有关。通过夏比冲击上平台能推测表观韧性。

第 2 级——常规评估（标准韧性数据）。第 2 级模型给出了一个参数方程的程序库。通过夏比冲击上平台能或者上平台 CTOD 韧性推测表观韧性。

第 3 级——进一步评估（低约束韧性）。第 3 级模型有两种选择。第 3a 级使用一个萌生控制极限状态。第 3b 级使用一个韧性不稳定极限状态。第 3a 级和第 2 级的参数方程数据库一样，拉伸应变容量是通过参数方程数据库得到的。表观韧性由几个低约束的试验得到，包括浅缺口的 SENB、SENT 和 CWP 试验。在第 3b 级中，与第 2 级使用同一个参数方程数据库，由数据库得到一组均匀应变曲线，并用它们来表示裂纹驱动力，$CDOT_F$。在这一程序中，不同深度的裂纹通过方程得出不同的应变。R-曲线一般有两个相互匹配的参数 $CTOD_F$ 和缺陷深度图谱。测试 R-曲线的试样特点是小尺寸、低约束条件（即浅缺口 SENB

或SENT试样）或者宽板拉伸测试。

第4级——直接有限元分析支持的成熟分析。像第3级一样，第4级模型也有两种选择。与第3级相对应，通过参数方程确定裂纹驱动力关系，通过有限元分析得到裂纹驱动力曲线。

CRES基于应变的ECA模型存在两种限制条件：（1）启裂控制；（2）延性不稳定性。本文只研究了启裂控制。启裂控制状态下的韧性是以表观CTOD韧性为基础的，表观CTOD韧性通过低约束断裂测试的稳定开裂初始阶段测得的CTOD曲线获得。表观CTOD可以通过以下过程得到：

（1）由上平台夏比冲击韧性得到的表观韧性。表观韧性（δ_A/mm）也可以由上平台夏比冲击韧性（CVN in ft. lb）通过以下方程算出：

X52 ~ X65：

$$CTOD_A = \left(0.0080 \times \frac{Y}{T} - 0.0014\right)CVN_{us} \tag{13}$$

X70和X80：

$$CTOD_A = \left(0.0086 \times \frac{Y}{T} - 0.0021\right)CVN_{us} \tag{14}$$

（2）由深缺口SENB试验得到的表观韧性。上平台CTOD韧性（δ_m）乘以一个放大系数——约为1.5 ~ 2.0，得到表观韧性。采用这个转换的原因是由于标准的CTOD试样是没有缺口的。推荐默认的转化因子是1.75。

（3）由SENT阻力曲线得到的表观韧性。表观韧性可以从SENT CTOD R-曲线对应的裂纹扩展至0.5 ~ 1.0mm的值得出。得出表观韧性的裂纹扩展的值，取决于钢管厚度和其他一些参数值。为了得出表观韧性，推荐的裂纹扩展值为0.5mm对应的壁厚为12.7mm（0.5in），1.0mm对应的壁厚为25.4mm（1in）。

（4）由浅缺口SENB阻力曲线得到的表观韧性。CANMET等人的研究发现对于同一种材料，浅缺口SENB试样与SENT试样非常相似。因此，SENT试样上应用的研究程序应该同样适用于浅缺口SENB试样。

对于由金属极气体保护弧焊（GMAW）或者金属极自保护弧焊（SMAW）或者金属极二氧化碳保护弧焊（FCAW）焊接的管线环焊缝，并存在内压力，对于这一情况CRES开发了不同的拉伸应变容量方程。对于不同的焊接方式开发不同方程的主要原因是GMAW和SMAW/FCAW的焊缝几何尺寸不同。机械化的GMAW焊缝更窄、坡口更陡峭，相反SMAW和FCAW的环焊缝更宽、坡口更平缓。

TSC的预测模型将以下对环焊缝应变容量有影响的参数考虑在内。

（1）几何参数：

t——管壁厚度，mm；

a——裂纹深度，mm；

$2c$——裂纹长度，mm；

h——环焊缝的错边，mm。

（2）材料参数：

σ_y——管线钢屈服强度，MPa；

σ_U——管线钢极限抗拉强度，MPa；

σ_{UW}——焊缝抗拉强度，MPa；

δ_A——环焊缝表观CTOD韧性，mm。

（3）加载参数：

P_f——压力因子，加载环向应力与管线钢屈服强度之比。

TSC方程包含了以下标准化几何参数和材料参数，表观CTOD韧性和压力因子：

$H = a/t$——归一化的裂纹深度；

$B = 2c/t$——归一化的裂纹长度；

$\Psi = h/t$——归一化的环焊缝错边量；

$E = \sigma_y/\sigma_U$——母材屈强比；

$\Phi = \sigma_{UW}/\sigma_U$——极限拉伸强度测量的焊缝金属强度匹配率；

δ_A——环焊缝表观CTOD韧性，mm；

P_f——压力因子，环向应力与钢管屈服强度之比。

GMAW和SMAW/FCAW的环焊缝TSC_P方程都有以下形式：

$$\mathrm{TSC}_P = A \times \frac{f(\delta_A)}{1 + f(\delta_A)} \tag{15}$$

其中

$$f(\delta_A) = (C\delta_A)^{B\delta_A^D} \tag{16}$$

式（15）、式（16）中的 A、B、C 和 D 代表对应的归一化几何参数和材料参数。利用式（15）、式（16）计算的拉伸应变容量默认的钢管壁厚为 15.9mm，内压产生的环向应力为最小屈服强度的 60% ~80%。通过参考文献［3］中提供的修正参数可以用 TSC 方程来测算不同壁厚和内压的钢管的拉伸应变容量。

参考文献［3］中列出了 CRES 拉伸应变模型和方程的所有信息。TSC 方程适用的参数输入范围如下：

$\eta = a/t$	0.05 ~0.50
$\beta = 2c/t$	1.0 ~20.0
$\psi = h/t$	0.0 ~0.20
$\varepsilon = \sigma_y/\sigma_U$	0.75 ~0.94
$\varphi = \sigma_{UW}/\sigma_U$	1.0 ~1.3
δ_A	0.0 ~2.5mm
P_f	0.0 ~0.80

4　对基于工程临界分析方法分析应变的 ExxonMobil 分析方法和 CRES 分析方法的比较

4.1　概述

应用 ExxonMobil 分析方法和 CRES 分析方法对以下钢管进行拉伸应变容量敏感性分析，进而比较两种方法的拉伸应变容量预测。

（1）钢管级别：API 5L X80。

（2）钢管直径：36ft。

（3）壁厚：18.4mm。

（4）缺陷类型：表面裂纹。

（5）目标缺陷尺寸：3mm ×50mm。

分析中假设的基本参数如下：

（1）材料韧性：

ExxonMobil：ExxonMobil SENT CTOD R-曲线 2。

CRES：δ_A 是 ExxonMobil SENT CTOD R-曲线 2 根据厚度调整的裂纹扩展量。

（2）钢管的拉伸性能：规定的最小值。

（3）均匀伸长率：8%。

（4）焊接过匹配：20%。

（5）错边量：3.0mm。

（6）环向应力：最小屈服强度的 80%。

基于以下一系列参数来完成敏感性分析：

（1）材料韧性。

（2）ExxonMobil：ExxonMobil SENT CTOD R-曲线 1、曲线 2、曲线 3。

（3）CRES：δ_A 是 ExxonMobil SENT CTOD R-曲线 2 根据厚度推荐的裂纹扩展量。

（4）均匀伸长率：4% ~10%。

（5）焊接过匹配：0 ~30%。

（6）错边量：0.0 ~3.0mm。

（7）环向应力：最小屈服强度的50% ~80%。

在敏感性分析中一次只改变一个参数，也就是说剩下的参数都是固定的基础值。所有敏感性分析曲线都画在同一垂直坐标（垂直坐标代表拉伸应变能）的图中来突出所输入参数对拉伸应变容量的影响。图中曲线的斜率代表拉伸应变容量对输入参数的敏感性，如果斜率越大，说明拉伸应变容量对输入的参数越敏感，越依赖于所输入的参数。

4.2　敏感性分析结果

4.2.1　材料的韧性

拉伸应变容量对材料的韧性很敏感，如图 8 所示，从图中可以看到 ExxonMobil 分析曲

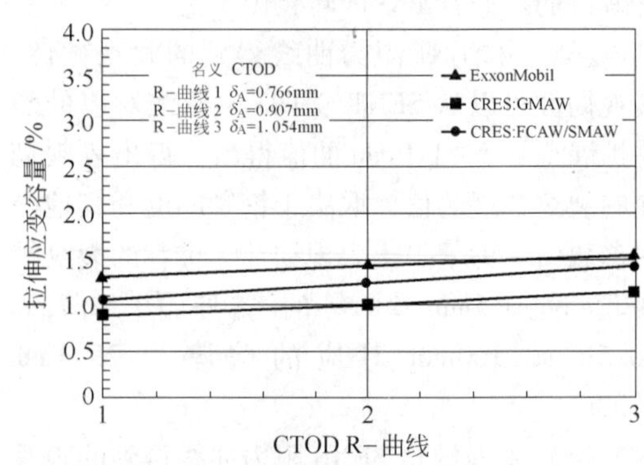

图 8　材料的 CTOD 韧性对拉伸应变容量的影响

线、气体保护金属焊和电弧焊/药芯焊丝电弧焊的 CRES 分析曲线，这 3 个分析曲线表现出同样的趋势，即拉伸应变容量随材料韧性的增加而增加。拉伸应变容量从 CTOD R-曲线的最小值到最大值增加了大约 0.2%。

在图 8 中，表观 CTOD 由 SENT CTOD R-曲线决定，也就是评估表观 CTOD 的方法是始终不变的，与焊接方式无关。但是 CRES 方法可以对具体的几种不同焊接方式来表征表观 CTOD。目前的焊接工艺评定项目中要测试管线钢的夏比冲击韧性、传统的 CTOD 和 SENT R-曲线来充分表征环焊缝的性能。对测试结果进行分析来确定表观 CTOD 对韧性评估方法的敏感性。表 3 总结了 3 种基本实例的表观 CTOD 计算值（用推荐规程计算）和相应的拉伸应变能。

表 3　从单一焊接工艺评定评估表观 CTOD

测试方法	表观 CTOD /mm	拉伸应变容量/%
夏　比	0.665	0.78
SENB CTOD	0.455	0.54
SENB CTOD-R 曲线	0.952	1.07

可以看出，对于同一个焊接工艺，评估表观 CTOD 的方法不同，计算出的表观韧性变化非常显著。用 SENT R-曲线来测得的表观 CTOD 值来计算得来的拉伸应变容量几乎是用标准的 SENB CTOD 测试的表观 CTOD 值来计算的拉伸应变容量的 2 倍。事实上，来自于评估表观 CTOD 的不同评估方法所造成的表观 CTOD 值的变化和一个焊接评测的测试结果的变化比 ExxonMobil 分析中的 SENT CTOD R-曲线中的最小值和最大值之间的变化大。这个结果表明：CRES 拉伸应变能分析方法对表观韧性估算方法的敏感性可能比用统一评估方法获得的韧性变化的敏感性更高。

虽然不同的评估方法会产生不同的表观 CTOD 韧性评估值，但是夏比韧性测试或者传统的 CTOD 测试得出的表观 CTOD 的不同的这种灵活性可以用于无法使用 SENT 测试结果的这些情况，如当一条管线已经安装好且焊接工艺评测项目中未包括 SENT 测试。用传统的夏比韧性和 SENB 测试得到的表观 CTOD 韧性值比 SENT 测试的结果更保守。如果用传统的测试数据可以充分预测应变容量，就不必做更进一步的测试了。这种评估方法符合多层评估规定，如 BS 7910。更高水平评估方法可能提供不保守的精确的测试结果，但是却需要更详尽的测试。

开始认为 GMAW 焊缝比 SMAW/FCAW 焊缝拥有更高的拉伸应变容量，而在图 8 中，GMAW 和 SMAW/FCAW 拉伸应变容量的相对差别却出乎意料，图中 SMAW/FCAW 焊缝具有更高的拉伸应变容量。图 8 中的曲线变化趋势，是假设 SMAW/FCAW 和 GMAW 焊缝具有相同的韧性和焊接强度过匹配。考虑到 SMAW/FCAW 有更大的坡口角和焊缝过匹配，在相同的焊接强度过匹配和裂纹尺寸水平下，SMAW/FCAW 焊缝具有较小的裂纹驱动力。实际上 SMAW/FCAW 焊缝比 GMAW 焊缝具有更低的韧性和更低的焊缝强度。这些差别将会导致 SMAW/FCAW 焊缝比 GMAW 焊缝具有更低的拉伸应变容量。

4.2.2　焊缝金属过匹配

图 9 表示焊缝金属过匹配对拉伸应变容量敏感性的影响。从图 9 中可以看出 ExxonMobil 分析曲线、CRES 的 GMAW 和 SMAW/FCAW 分析曲线，在这 3 条曲线中拉伸应变容量都随焊缝金属过匹配的增加而增加。随着过匹配由 10% 向 30% 增加，拉伸应变容量也随之增加了 0.5% ~ 0.7%，这充分说明焊缝金属过匹

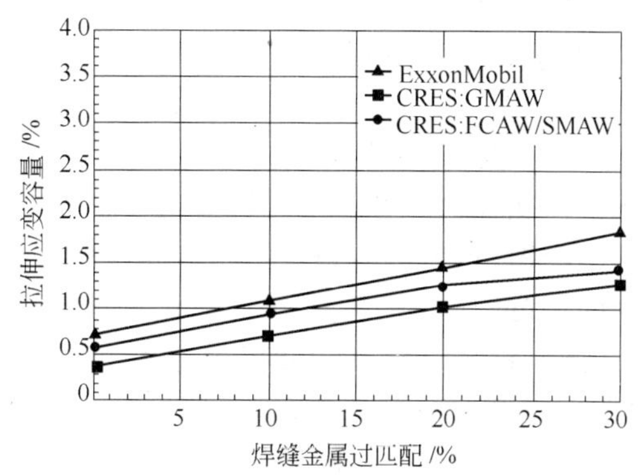

图 9　焊缝金属过匹配对拉伸应变容量的影响

配是十分有益的且可以明显影响拉伸应变容量。

4.2.3 均匀伸长率（UEL）

虽然 CRES 拉伸应变容量分析方法说明均匀伸长率是表征拉伸性能（Y/T 比）而不作为输入变量，但是 ExxonMobil 拉伸应变容量分析方法把均匀伸长率作为输入变量。在图 10 中，可以看到对于 ExxonMobil 拉伸应变容量分析方法中的均匀伸长率对拉伸应变容量的影响：拉伸应变容量随着均匀伸长率的增加而增加。考虑到许多高强管线材料基于应变设计会具有 6% ~10% 的均匀伸长率，图 10 中显示，随着均匀伸长率从 6% ~10% 增加，拉伸应变容量也会增大约 0.5%。

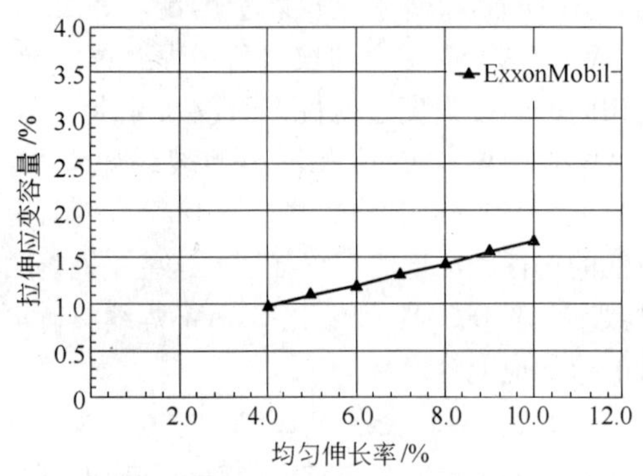

图 10 均匀伸长率对拉伸应变容量的影响

4.2.4 错边量

在环焊过程中错边产生的偏心距会导致壁厚方向的局部弯曲。错边量可以控制但是不能完全消除。典型的野外管道的错边量是 2.0 ~4.0mm，但有时也会出现更大程度上的错边。对于疲劳临界的海底管线其错边量可以通过管端矫正（锪孔）或者匹配旋转管道。错边量对拉伸应变容量的影响如图 11 所示。三种 TSC 方程的预测有着一样的趋势。很明显错边量对拉伸应变容量有很大影响。虽然在图 11 中的曲线的延伸到错边量为零，但是我们应该认识到，把实际的大直径的野外管线错边量控制到小于 1.5mm 是非常困难的。

4.2.5 设计系数/壁厚

管线的设计系数定义为由内压引起的环向应力值与管线材料最小屈服强度之比的百分数。大部分边远地区的陆上管线设计系数百分比为 72% 或者 80%。对于人口更稠密的地区，设计系数则减小到 50% ~60%。由于大多数的管线在恒压下工作，设计系数通常通过改变钢管的壁厚来控制。然而，在恒定工作压力下，设计系数改变会导致环向应力和壁厚的改变，这两者都可能影响拉伸应变容量。设计系数（假设一个恒定的工作压力和变化的壁厚）改变对拉伸应变容量的影响如图 12 所示。从

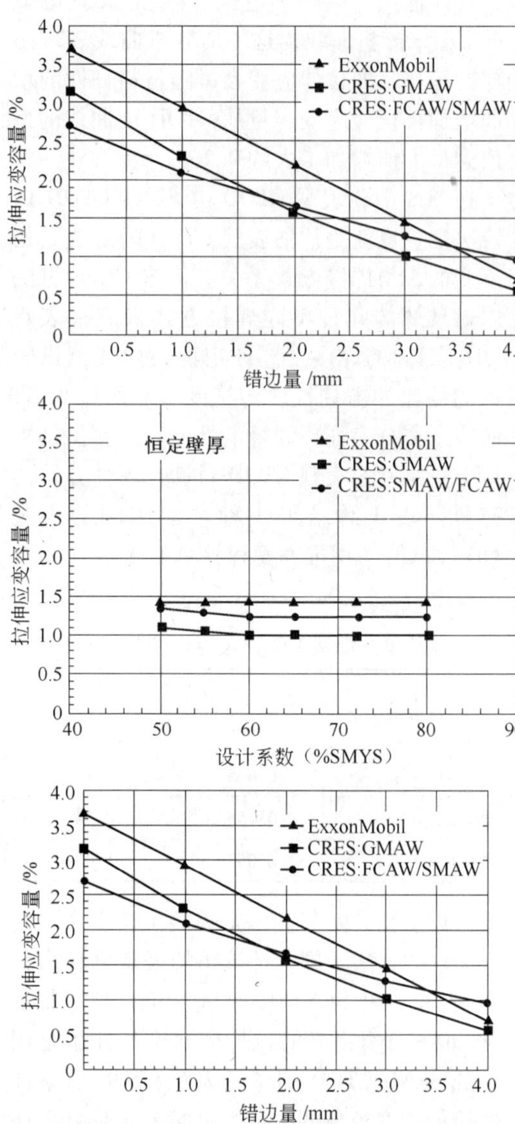

图 11 错边量对拉伸应变容量的影响

图 12 中可以看出 3 种预测方法所得的变化趋势一致，即是：拉伸应变容量随着设计系数增加（增加壁厚）而增加。而且增加壁厚对拉伸应变容量有着很大的有利影响。由于 ExxonMobil TSC 方法是基于固定的设计系数 80%——固定的壁厚，改变设计系数（也就是改变工作压力）不会对拉伸应变容量预测有影响。而 CRES TSC 方法不包括设计系数小于 60% 的情况，但是在环向应力为最小屈服强度的60% ~ 80% 时不用修正，这在图 13 中已明显表示出。

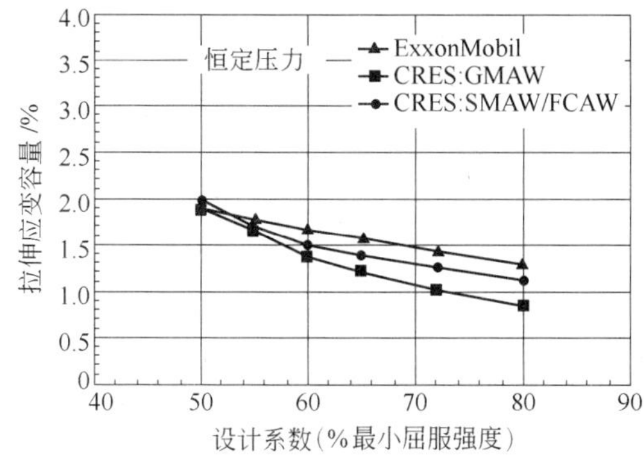

图 12　管线设计系数对拉伸应变容量的影响（恒定压力）

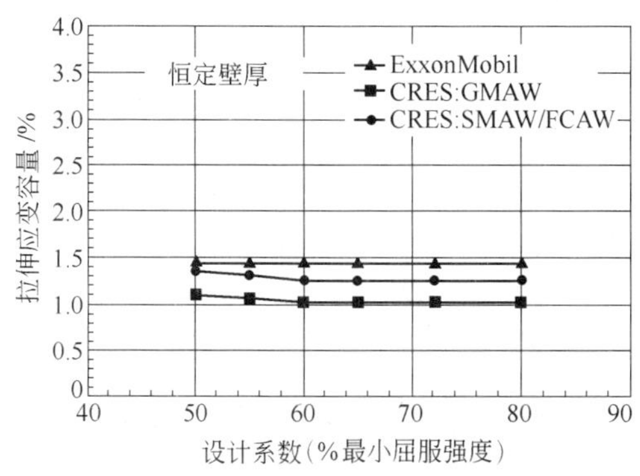

图 13　管线设计系数对拉伸应变容量的影响（恒定壁厚）

4.2.6　结果讨论

从拉伸应变容量敏感性分析的结果来看，很明显 ExxonMobil 和 CRES 方法所得结果是合理一致的。而且两者对不同输入参数的敏感性很相似，这一点可以肯定两种方法都能反映主要输入参数对拉伸应变容量的影响。这也使人们对这两种评估方法更加有信心。结果也表明：对于实例研究，ExxonMobil TSC 方法会测得稍高的拉伸应变容量，这很大程度上是因为 ExxonMobil TSC 评测方法是和 CRES 方法中的表观 CTOD 韧性值是密切相关的。目前，CRES 方法中有三种方法可以测得表观 CTOD 值，这些方法有的会测出偏高的表观 CTOD，测出的最大值可能是最小值的两倍。与不保守估测的屈服强度相反，应变容量评估会有一定的保守性，虽然基于拉伸应变容量的敏感性分析的结果主要会增加估测应变容量的保守性，但是估测表观 CTOD 以及它对预测拉伸应变容量的影响是主要要考虑的。从拉伸应变容量敏感性分析结果来看，CRES 方法中用 SENT R-曲线方法测量表观 CTOD 值来测得的拉伸应变容量结果与 ExxonMobil 方法的结果最一致。值得注意的是：在小的裂纹扩张 R-曲线上呈现相当高的离散分布，这可能与原始裂纹尺寸和计算裂纹扩展的开始点有关。

5　ExxonMobil，CRES 和 DNV RP F108 模型的对比

除了直接比较 ExxonMobil 和 CRES 模型外，还以外加应变为 0.5%、1.0% 和 1.5% 的实例对比了 ExxonMobil、CRES 和 DNV RP F108 模型。用 DNV RP F108 模型对单倍（DNV RP F108 标准）和双倍（简单的调整以解释双轴加载对预裂纹驱动力的影响）预裂纹驱动力进行了分析。分析结果如图 14 所示，给出了容许范围内的缺陷高度和长度曲线。应当注意的是，在对特定的焊缝金属的研究中，尽管双倍预裂纹驱动力的 DNV RP F108 模型只考虑了双轴加载 DNV RP F108 模型中的部分参数，没有考虑 ExxonMobil 和 CRES 模型中的一系列其他参数，其结果仍优于后者。图 14 中还给出了 ExxonMobil 和 CRES 两种模型中缺陷大小的可靠范围，可以看到当最大缺陷长度为 50mm 时 CRES 可靠性更好。

图 14 中的结果表明尽管事实表明 DNV RP F108 模型不涉及焊缝金属过匹配的问题，即使其应用双轴加载修正其预测的裂纹容差，

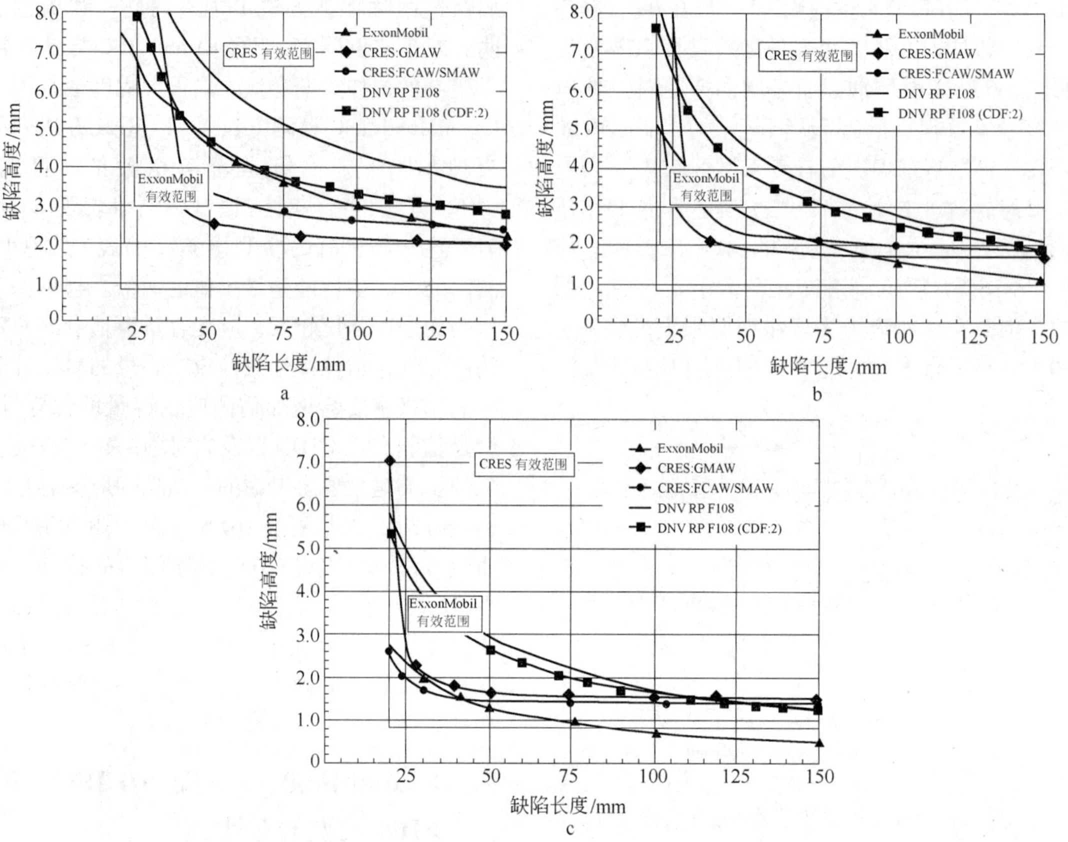

图 14　ExxonMobil、CRES 和 DNV RP F108 模型的对比

a—施加应变 = 0.50%；b—施加应变 = 1.0%；c—施加应变 = 1.5%

仍然大于 ExxonMobil 和 CRES 两种模型预测的结果。此外，DNV 预裂纹容限和 CRES 预裂纹容限的差异随着外应力的增大而增大。ExxonMobil 和 CRES 对 ExxonMobil 模型可靠性范围的敏感性分析的结果相当一致。在较长的缺陷长度时 ExxonMobil 预裂纹容限通常要比 CRES 预裂纹容限要大，但当缺陷长度降低时结果却相反。图 15 给出了对于缺陷高度分别为 3.0mm 和 5.0mm 的试样，缺陷长度对拉伸应变容量的影响。结果表明，随着缺陷长度的降低，CRES 模型中拉伸应变容量的预测结果要比 ExxonMobil 预测结果显著。

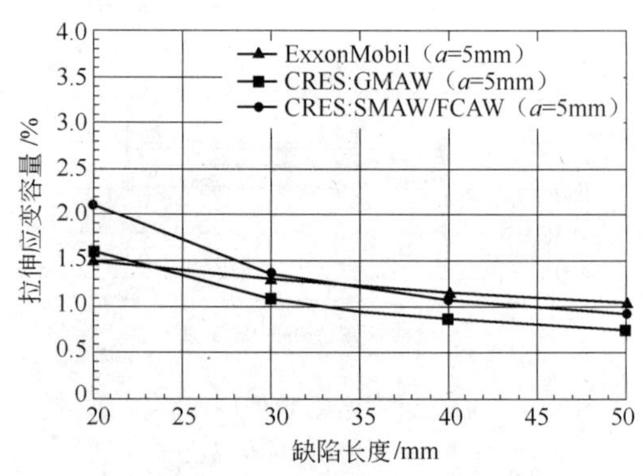

图 15　缺陷长度对拉伸应变容量的影响

CRES、ExxonMobil 和 DNV RP F108 模型预测结果的主要区别在于裂纹长度较长时 ExxonMobil 和 DNV RP F108 模型预测结果仍然是随着缺陷长度增加，缺陷高度降低，而 CRES 模型的缺陷高度到达稳定的水平。应当注意的是，虽然这与 DNV RP F108 模型的预测趋势一致，但由于 ExxonMobil 的最大缺陷长度限制为 50mm，在大于限制范围时只能是推测。因为在大多数情况下，管线高应变加载都会导致全局弯曲，与之相对的全局拉伸的趋

势与 CRES 预测的更加一致，也就是说，当裂纹长度增加时，它看起来像是一个长长的连续裂纹。在特殊情况下，当加载主要是全局拉伸时，失效就不一定是局部与全局塑形失效或者交叉截面塑形失效。

6 总结

本文对比了近期 ExxonMobil 和 CXRES 开发的基于应变的 ECA 模型，并将这些模型的预测结果与为评价盘卷安装管线性能开发的 DNV RP 108 ECA 程序进行了对比。我们在一种应试管线上进行了一系列敏感性测试来比较这几种模型，并确定关键输入变量影响拉伸应变容量的测量。这个研究的主要成果如下：

（1）一般来说，ExxonMobil 和 CRES 拉伸应变容量模型预测的拉伸应变容量是比较合理的。然而，这两个模型不同的输入参数的敏感性非常相似，说明这两个模型都将对拉伸应变容量有重要影响的输入参数纳入其中了。

（2）ExxonMobil 和 CRES 模型主要不同的地方在于裂纹长度的影响力。随着裂纹长度的减小，相比于 ExxonMobil 模型，CRES 模型预测拉伸应变容量更明显地增长。相反在裂纹长度较长的情况下（当裂纹长度超过 50mm——ExxonMobil 的有效限制），ExxonMobil 模型预测随着裂纹长度的增加裂纹高度降低，而 CRES 模型预测的则是裂纹高度存在一个平台。ExxonMobil 第二级拉伸应变容量方程的有效性限制不允许其裂纹长度的验收准则超过 50mm。对于较长的浅裂纹，就需要使用第三级方程及其裂纹验收准则。

（3）CRES 拉伸应变容量模型对于评估表观 CTOD 韧性非常灵敏。目前 CTOD 模型为评估表观 CTOD 曲线提供了三种模型，可以测出表观 CTOD 韧性值并且预测不同拉伸应变性能的系数达到 2。使用者要注意表观 CTOD 的测算以及它对预测拉伸应变容量的冲击。表观 CTOD 韧性来源于传统的夏比冲击韧性或者说相对于通过 SENT 试验得到的表观 CTOD 韧性值，CTOD 测试倾向于更保守的应变容量预测。基于本文提出的敏感性分析，从 SENT R-曲线获得表观 CTOD 值同 ExxonMobil 模型非常相似。

（4）ExxonMobil 和 CRES 模型都指出，焊缝金属过匹配、错边不重合度的增加决定了钢管截面在安装过程中一定会经历高应变。增加经受高应变的截面处一小段的壁厚对于管线非常有利。

（5）DNV RP F108 预测的裂纹容差，即使通过双轴加载为裂纹驱动力增加一个系数 2，仍然大于 ExxonMobil 和 CRES 模型预测的裂纹容差。随着加载应变的增加，DNV 预测的裂纹容差与 ExxonMobil 和 CRES 模型预测的差距增大。这一发现有点让人吃惊，因为 DNV RP F108 程序没有考虑基础方案样品存在 20% 的过匹配。

参 考 文 献

[1] DNV RP F108 “Fracture Control for Pipeline Installation Methods introducing Cyclic Plastic Strain”, 2006.

[2] Fairchild D. P., Macia M. L., Kibey S., Wang X., Krishnan V. R., Bardi F., Tang H., Cheng W. “A Multi-Tired procedure for Engineering Critical Assessment of Strain Based Pipelines”, Proceedings of the Twenty First International Offshore and Polar Engineering Conference, Hawaii, June 2011.

[3] Wang Y Y., Liu M., Song Y. “Second Generation Models for Strain Based Design” Contract PR-ABD-1-Project 2, Final Report, Pipeline Research Council International, August 2011.

[4] Gordon J. R., Zettlemoyer N, Mohr W. C. “Crack Driving Force in Pipelines to Large Strain and Biaxial Stress Conditions”, Proceedings of the International Offshore and Polar Engineering Conference, Lisbon, June 207.

[5] Cheng W., Tang H., Gioielli P. C., Minnaar K., Macia M. L. “Test Methods for Characterization of Strain Capacity: Comparison of R-curves from SENT/CWP/FS Tests”, Pipeline Technology Conference, Ostend 2009.

[6] Wang Y Y. , Liu M. , Long X. "Validation and Documentation of Tensile Strain Limit Design Models for Pipelines" Contract PR-ABD-1-Project 1, Final Report, Pipeline Research Council International, August 2011.
[7] BS 7910 "Guide to Methods for Assessing the Acceptability of Flaws in Metallic Structures", 2005.
[8] Park D. Y. , Tyson W. R. , Gianetto J. A. , Shen G. , Eagleson R. S. " Evaluation of Fracture Toughness of X100 Pipe using SE (B) and clamped SE (T) Single Specimens", Proceedings of the 8th International Pipeline Conference (IPC 2010), Calgary 2010.

（渤海装备研究院钢管研究所　刘仕龙　译，中信微合金化技术中心　路洪洲　张永青　校）

高强度焊接钢管中的裂纹形成及扩展

I. Yu. Pyshmintsev(1), A. O. Struin(1), V. N. Lozovoy(1), A. B. Arabey(2), T. S. Esiev(3)

(1) 俄罗斯，车里雅宾斯克，Novorossijskaya 街 30 号《Rosniti》(俄罗斯管道工业研究院)，454139；
(2) 俄罗斯，莫斯科，Nametkina 街 16 号，《GAZPROM》，117997；
(3) 俄罗斯，莫斯科地区，Razvilka 区，《GAZPROM VNIIGAS》，142717

摘　要：本文探讨了焊缝接头局部脆化对于高强度钢管结构强度的影响。介绍了某母材和焊缝表面上带有纵向缺口的 X70 钢级焊管的水压实验结果。通过该全管体水爆实验的例子揭示了螺旋焊管塑性破坏的传播特征。

关键词：X70、X80 钢级钢管焊缝接头，水压和气压实验，裂纹的形成与扩展，螺旋焊管

1　引言

出于经济原因，X70 微合金钢（依据美国石油协会的分级标准）或更高钢级的大口径钢管的制造生产呈现出上涨态势[1]。母材金属（BM）高塑性低温韧性的要求促进了现代冶金、轧钢和焊接技术的发展。母材金属性能的提高使得对焊缝特性的要求更为严格。很明显，焊缝接头本身具有低延展性，所以仍旧被认为是裂纹形成和传播的最关键部位。

开发包括理论推算和实验证实的焊缝接头韧性值的高强度钢管的相关要求是很重要的。近期的工作需要确定焊缝（WS）和热影响区（HAZ），包括带有 V 形缺口试样熔合线的冲击强度。近期的输气管道工程对于焊缝在 -20 ~ -40℃ 的韧性要求是非常高的，尽管比母材的韧性要求低。举个例子，表 1 和图 1 给出了依据 ISO 3183：2007 和 API 5L 标准的高强钢管（直径 1220 ~ 1420mm）的母材及焊缝接头的夏比冲击功值的要求[2]。也给出了最近的 Bovanenkovo-Ukhta（来自亚马尔半岛）天然气管线和 VSTO（位于东西伯利亚和太平洋之间）输油管线的最小值要求。

表 1　高强钢管母材和焊缝接头最小夏比冲击功的平均值

说　明	钢级	温度/℃	夏比冲击功/J · cm^{-2}	
			母材	焊缝
ISO 3183：2007	X70	0	68	50
VSTO 管线	X70	-10	79	39
Bovanenkovo-Ukhta 管线	X70	-40	170①	53
	X80	-40	250	70

①实验温度为 -20℃。

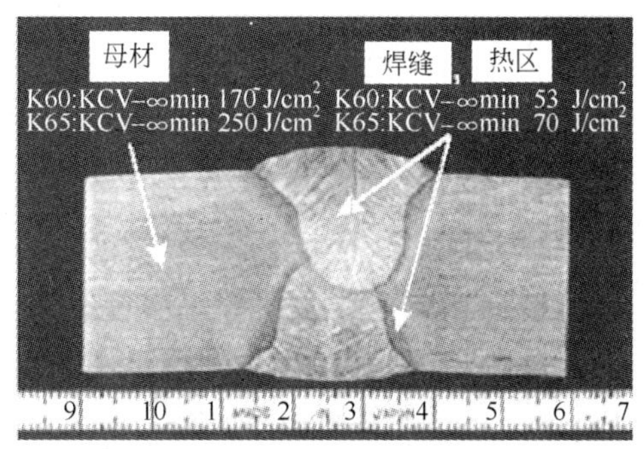

图 1　X70 钢管焊缝接头

热影响区局部脆化对于高强钢管的结构强度和爆破压力的影响仍存在争议[3,4]。焊缝韧性可能较低，这时缺陷中心很可能导致钢管的早期（脆性）失效。为了了解焊缝接头局部

脆化对于高强钢管结构强度的影响，我们需要进行全面的实验。

2　水压实验

我们做了 X70 钢带有预制缺口的全尺寸直缝焊管的水压实验。共进行了 520mm × 18.9mm、1020mm × 29.8mm、1220mm × 17.8mm 和 1420mm × 25.8mm 四种规格的实验。测试钢管的长度至少是钢管直径的 3 倍。为了研究焊缝对于带有尖锐表面缺陷钢管的可靠性的影响，我们确定了钢管圆周方向的五个加工缺口不同位置：与焊缝成 90°方向，距熔合线（FL）100mm 处，距熔合线 50mm 处，以及热影响区中缺口尖端正好位于熔合线处和焊缝（SW）中心线的位置。焊缝上缺口的位置都是通过测试前后的横切面来控制的。这些缺口由 V 形铣刀加工（直径 125mm，厚 2.5mm），顶角为(60 ± 5)°，并且尖部的半径为 0.1mm。缺口深长比的选择原则是，带有纵向缺陷的钢管的爆破压力计算值对应使用该管的天然气管线的最大实验压力。

该实验是在(− 20 ± 2)℃ 的温度下进行的。用液氮冷却钢管上缺口的周围区域（长 2m，宽 0.5m），这些液氮是添加到安装在钢管外上表面的隔热箱中的。为了保证管壁上的温度均匀，钢管的内表面进行隔热处理。水压实验装置如图 2 所示。测量爆破压力和裂纹尺寸。母材和焊缝的夏比冲击功、静态韧性和强度分别是依据 GOST 9454—78、BS 7448：2005（第一和第二部分）、GOST 1497—84、和 GOST 6996—66 标准确定的。表 2 显示了被测钢管的强度。静态韧性是采用(− 20 ± 2)℃ 的三点弯曲（SENB 试样[5,6]）测定的，使用的是带有板边裂纹的全壁厚试样。测量了应力强度因子的临界值（标准中的 KQ[5]）和裂纹尖端开口位移（CTOD）。SENB 试样的断裂情况和相应的曲线如图 3 所示。表 3 给出了 1220mm × 17.8mm 钢管试样的实验结果。

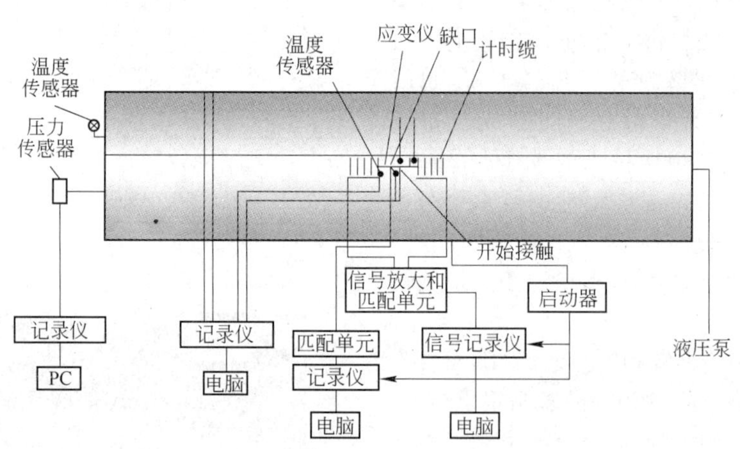

图 2　水压实验装置示意图

表 2　钢管强度

钢管尺寸 /mm × mm	抗拉强度/MPa		
	母　材	熔合线	焊　缝
530 × 17.8	640	654	652
1020 × 29.8	642	695	698
1220 × 17.8	647 ~ 668	652 ~ 657	647 ~ 661
1420 × 25.8	644	668	678

表 3　横向试样的应力强度因子和 CTOD 值

试样	KQ/MPa · $m^{-0.5}$	CTOD/mm
母材	1545	1.15
	2150	1.09
	1950	1.21
熔合线	2870	0.193
	2615	0.212
	2425	0.189

续表 3

试样	KQ/MPa · $m^{-0.5}$	CTOD/mm
焊缝	2565	0.191
	2685	0.139
	2598	0.225

实验表明，母材的 KQ 值要小于焊缝接头。差距大概在 28%。母材的 CTOD 值很大，平均值为 1.150mm，相对地，熔合线和焊缝中心线的 CTOD 值分别只有 0.198mm 和 0.185mm。

发现母材和焊缝的断裂面有着明显的区别。母材的断裂面是均匀的、典型的塑性断裂（图 3）。热影响区（熔合线）及焊缝中心线的断裂面是脆性失效。

表 4 显示了加工有尖锐表面缺陷的 530mm × 18.9mm、1220mm × 17.8mm、1020mm × 29.8mm 和 1420mm × 25.8mm 等规格钢管的 23 组水压实验结果。从图 4 可以明显看到，当缺口长度从 265mm 增长到 308mm 的时候，所有位置的缺口发生了从裂纹到断裂的转变。然而，对于 CTOD 值较低的熔合线或焊缝，则不容易发生从缺陷（裂缝）到裂纹扩展的转变。

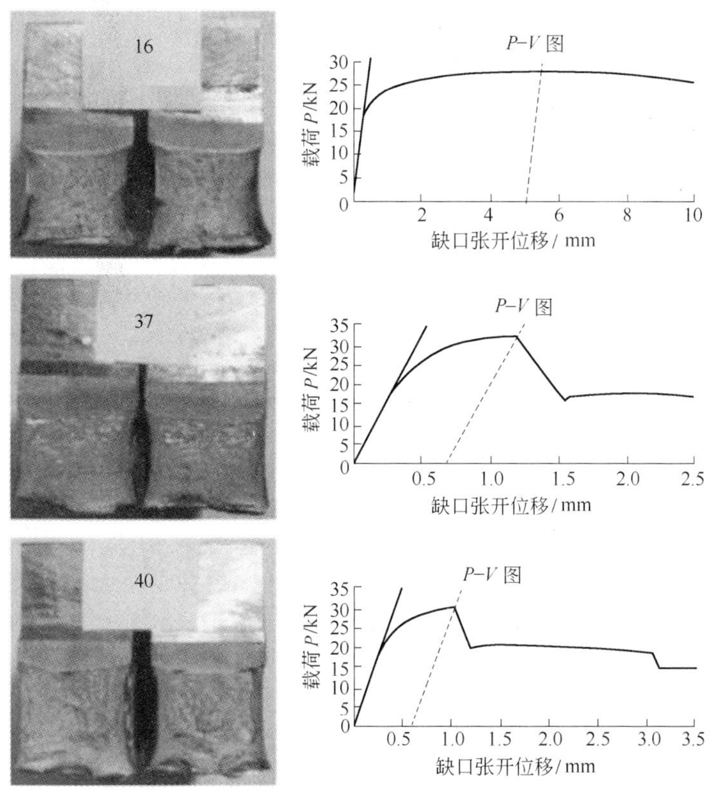

图 3 SENB 试样的断面图以及相关的载荷图

表 4 水压试验数据

序号	缺 口 位 置	壁厚/mm	缺口长度/mm	缺口深度/mm	爆破压力/MPa	裂纹全长/mm
OD = 530mm，*WT* = 18.9mm						
1	母材金属	19.0	360	14.0	18.8	360
2	熔合线	19.4	306	14.4	18.7	1167
3	焊 缝	21.0	307	16.2	18.5	690

续表 4

序号	缺口位置	壁厚/mm	缺口长度/mm	缺口深度/mm	爆破压力/MPa	裂纹全长/mm
			OD = 1020mm，WT = 29.8mm			
4	母材金属	29.8	548	20.6	17.3	633
5	熔合线	30.3	335	25.0	18.3	335
6	焊　缝	30.9	334	26.1	19.5	334
			OD = 1220mm，WT = 17.8mm			
7	母材金属	17.9	265	14.0	10.2	265
8		17.8	308	11.9	11.6	427
9		17.8	358	11.3	10.6	604
10		17.8	451	10.5	10.7	819
11	距熔合线 50mm	17.9	266	13.7	10.9	266
12		17.8	308	11.9	11.4	403
13		17.8	358	11.5	11.6	862
14	距熔合线 100mm	17.6	265	13.2	11.5	265
15		17.6	308	11.7	11.0	441
16	熔合线 L	18.4	268	14.1	10.2	268
17		18.8	308	13.0	11.4	1646
18	焊　缝	18.4	265	14.2	10.0	265
19		18.5	308	12.4	11.3	810
20		18.7	358	12.6	10.7	1857
			OD = 1020mm，WT = 29.8mm			
21	母材金属	25.8	294	21.9	12.5	280
22	熔合线	26.1	240	23.3	14.5	228
23	焊　缝	25.7	240	22.6	14.8	220

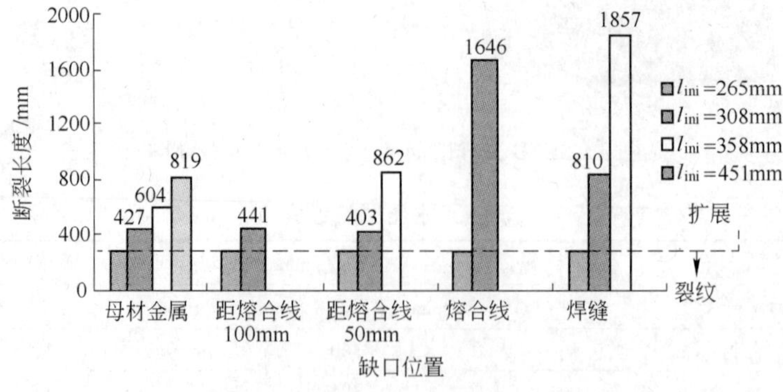

图 4　实验中的断裂长度

当在钢管熔合线和焊缝中心线上开缺口时，最长的裂纹将会出现在焊缝（图4）。如果缺口加工在焊缝中心线处，裂纹就会沿着焊缝扩展并会通向熔合线。也就是说，裂纹会到达局部脆化的区域并继续沿着熔合线扩展直到停止（图5）。如果焊缝上缺口的长度适合裂纹的扩展，那么裂纹只有在到达冷却区域的边缘时才会停止。换句话说，这是由金属温度的急剧升高造成的。

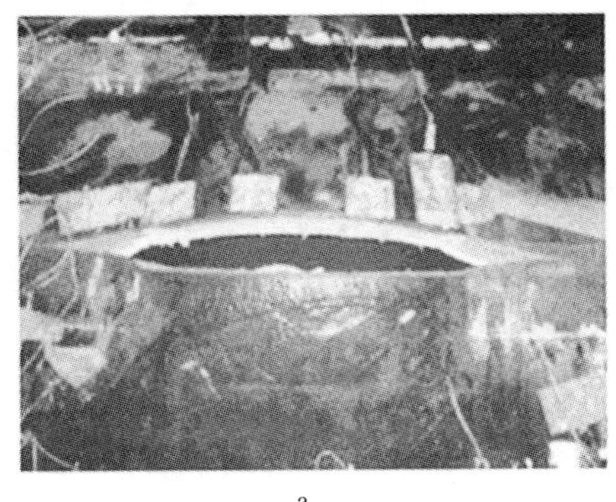
a

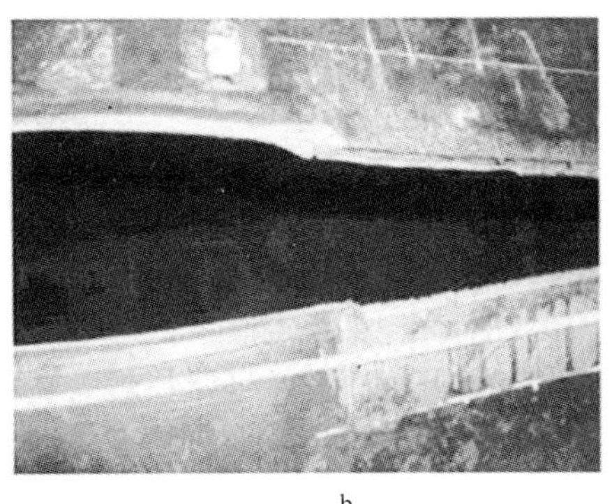
b

图5　缺口位置对钢管破裂的影响

a—母材上的缺口（$l=308\text{mm}$）；b—焊缝中心线上的缺口（$l=358\text{mm}$）

采用两种完全不同的方法对水压实验的数据进行评估。第一种是基于水压实验数据，利用已知的基于抗拉强度和修正系数的公式来计算带有缺陷的钢管的爆破压力 p（MPa）[3,4]：

$$p = \frac{2\sigma_{ss}}{\frac{D}{t} - 1} \times \frac{1 - \frac{b}{t}}{1 - \frac{b}{tM_F}} \tag{1}$$

式中，σ_{ss} 是抗拉强度，MPa；D 是钢管外径，mm；t 是钢管壁厚，mm；b 是缺陷深度，mm；M_F 是修正系数（Folias 系数[7]）。

在内压力的作用下，裂纹的边缘趋于向外，所以需要引用 M_F，在这儿对于钢管考虑[3]：

$$M_F = \sqrt{1 + 0.31(L/\sqrt{2Rt})^2} \tag{2}$$

方程（1）和方程（2）的计算表明，如果缺口的深度小于钢管壁厚的80%，那么计算出的爆破压力和实际值的差异小于10%（图6）。因此，爆破压力是受母材的抗拉强度的控制而不是韧性。

第二种方法，是基于失效机理和失效评估图（FAD），依据的是 BS 7910：2005 标准[8]。

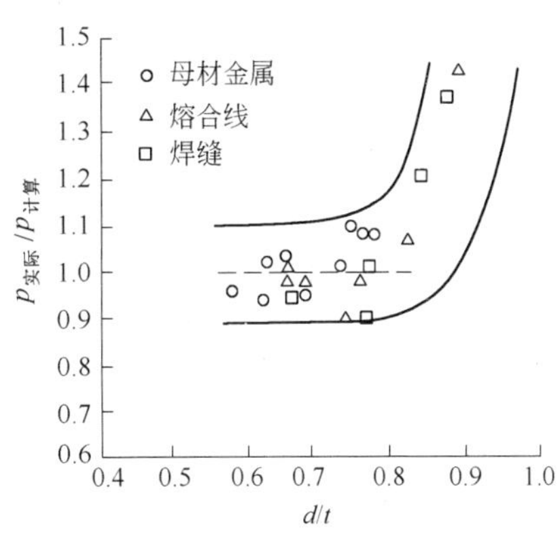

图6　从方程（1）和方程（2）给出的值测得的爆破压力偏差

FAD 图是运用下面公式绘制成的：

$$K_r = S_r\left[\frac{8}{\pi^2}\ln\sec\left(\frac{\pi}{2}S_r\right)\right]^{-0.5} \tag{3}$$

第二种方法是根据大家熟知的弹塑性断裂机理得出的，并与几个不确定有关。

为了计算正确，我们需要知道该结构的应力强度系数（K 修正）。在壳式理论中，主要考虑的是不同形状和方位的全壁厚缺陷。按照规则，表面缺陷是用半椭圆表示，其长度只是壁厚的两倍。对于给定的具体情况，需要对 K 系数进行合理修正。如果某钢管的表面缺陷的长度超过深度至少两个数量级，那么需要对 K 系数修正增加额外的工作。

实验已经表明（表 2），局部脆化区域的失效强度对应的力相对较高，与母材上的情况相差不是很大，尽管其临界塑性和断裂特性与母材金属有明显的差异。因此，如文献［3，4］中，用基于方程（3）的裂纹尖端临界开口值是不正确的。这种方法产生过低的爆破压力，这一点在实践和特定的实验中都没有得到证实。

水压试验产生了重要结果，了解了焊缝接头内局部脆化区域及其对于失效的作用。很明显，钢管的失效几乎发生在相同的内部压力下，而同缺陷的位置无关。这就意味着母材和焊缝的起裂条件某种程度上可以认为是相同的。然而，母材和焊缝的裂纹扩展长度会截然不同。

可以假设，母材和焊缝的起裂是由钢管受母材金属抗拉强度控制的整体强度决定的。这种失效的开始可能源于切口中心开始宏观塑性变形，因为局部变形较大。当缺口位于焊缝处时这也是可能的，因为失效韧性实验表明，在焊缝中脆性裂纹扩展之前存在相对较高的塑性变形。然而，母材中裂纹的扩展是延性的，或是焊缝中裂纹的扩展主要是脆性的，这些取决于缺口附近金属的延展性。

裂纹扩展是由伴随发生的塑性应变（冲击功）决定的[9]。当焊缝是脆性失效时，裂纹长度要明显高于韧性母材金属（图 4 和图 5）。显而易见，焊缝的局部脆化区域削弱了钢管阻碍裂纹扩展的结构强度。

X70 1220mm × 17.8mm 钢管的水压实验显示出裂纹临界长度在 265 ~ 308mm 之间。并且发现母材和焊缝中的任何裂纹临界长度都是不一样的。这可能是因为带有表面缺陷的钢管的特征有所不同。失效后，缺口尖端下面的金属层会转化成贯穿整个管壁的缺陷，转化的开始取决于钢管的强度特性。

这样一个缺陷形成后，裂纹扩展要求在缺陷端部有裂纹源。这要看宏观变形产生的钢管的特定性能。因为焊接软化区域的特点是强度最低，这里塑性应变集中，并且是通过延性裂纹的生长获得的。这一现象是在 1220mm × 17.8mm 钢管（熔合线缺口长度为 265mm）实验中观察到的（图 7）。在这种情况中裂纹快速终止于母材。

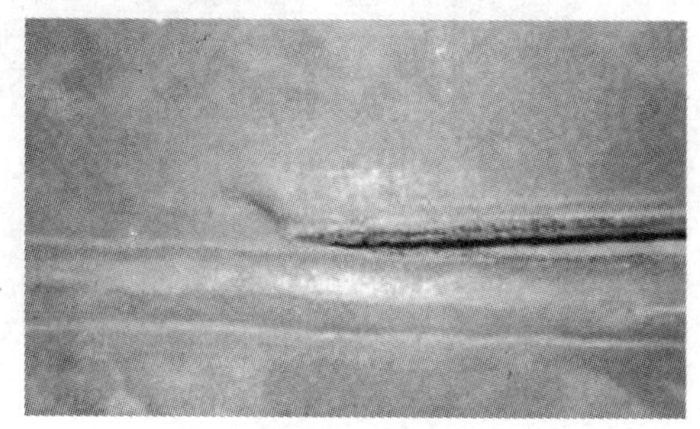

图 7　直径 1220mm、壁厚 17.8mm 钢管的止裂点

3　气压实验

钢铁和钢管加工技术的发展使得钢管母材和焊缝可以获得更好的强度和低温性能，进而提高输气干线的工作压力[10]。为开发强度高于已经广泛应用的 X70 的新钢材打下了基础。然而关于发展新一代管线所需止裂韧性值的预测方法的尝试并不能说是成功的。关于新型高压管线最重要的一个问题是发展合适的断裂控制策略以及阻止延性破裂扩展的设计。传统上这是通过选取钢管材料来实现断裂控制的，如果断裂已经开始的话，钢管材料要在要求的运行温度下能够保持延性特性并且能够抑制断裂扩展。止裂所需要的夏比冲击功是在全尺寸气压实验中发生止裂行为时实际观察到的钢管冲击功的值的基础上确定的[11~15]。

这项研究致力于分析 X70 1420mm × 21.6mm、设计输气压力 9.8MPa 的直缝焊管和螺旋焊管的全尺寸爆破实验。可以使用标准方法来对钢管在恶劣气候条件下的止裂稳定性进行评估，该标准方法的基础是测量和计算低温条件下夏比冲击功，并比较钢的力学性能试验和管段爆破试验过程中收集的其他数据。依靠微观结构，应考虑母材及焊缝的力学性能行为，并与数十年中开发的试验传统用钢的典型的延性断裂行为进行对比，这些试验传统用钢有的是铁素体-珠光体微观组织。在该测试中，三根螺旋焊管和三根直缝焊管被安装到试验段中6m起裂管的两侧。带有缓冲段的实验管线总长为165m。

表5给出了TMCP钢的化学组成。电子扫描显微镜显示出直缝焊管母材金属中带有少量珠光体、略呈带状特征的细晶FP显微结构。这种微观结构对于使用传统的控轧和加速冷却工艺轧制的钢板是典型的。螺旋焊管母材金属中的显微结构更加复杂但均一性很好。它包括精细的铁素体晶粒、针状铁素体和贝氏体。利用光学显微镜是很难分辨这些微观结构的细节的，因为所有的微观组分都很小。对于含有增加大形变奥氏体稳定性的合金元素、并且精轧后采用快速冷却的TMCP工艺处理的现代低碳钢，这种显微结构是典型的。低碳高锰有利于形成精细的微观结构，通常称为AF，因为在光学显微镜下能够看到主要是针状和条状微观组分。图8给出了母材金属的典型微观结构。

横向试样的力学性能实验表明，母材和焊缝都具有较高的强度、延展性和低温韧性。在-20℃下AF钢材的夏比冲击功比FP钢材高两倍，但两种钢材在-40℃条件下都展示出了充分的延展性。表6给出了主要的力学性能特征。

表5　实验钢的化学成分　（质量分数,%）

项　目	元素含量													
	C	Mn	Si	Nb	V	Ti	Al	N	S	P	Cr	Ni	Cu	C_{eq}	P_{cm}
直缝焊管	0.098	1.62	0.43	0.050	0.002	0.022	0.033	0.0036	0.0008	0.001	0.024	0.046	0.029	0.40	0.20
螺旋焊管	0.056	1.91	0.32	0.056	0.003	0.014	0.027	0.005	0.0005	0.009	0.17	0.013	0.012	0.43	0.17

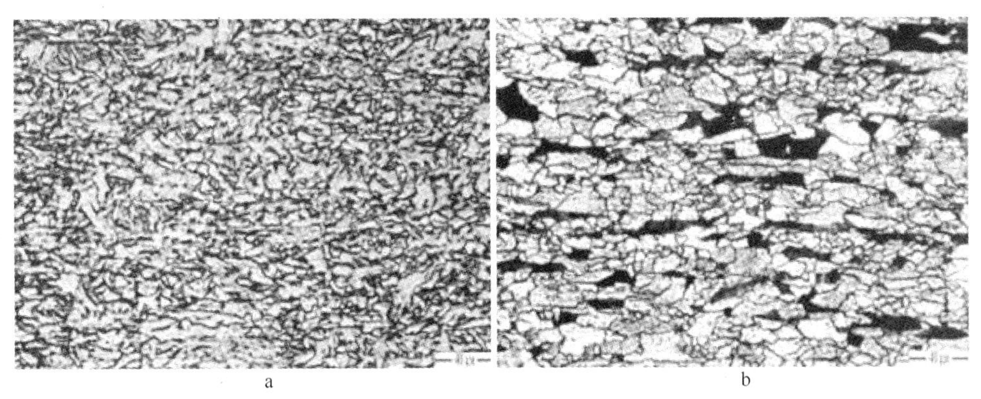

图8　螺旋焊管（a）和直缝焊管（b）母材金属的光学显微图片

表6　试验钢管的力学性能

项目	母材金属				焊　缝		
	屈服强度 /MPa	抗拉强度 /MPa	伸长率 EL_5/%	-20℃下的夏比冲击功 /J·cm^{-2}	冲击韧性/J·cm^{-2} 直缝焊管-实验温度-40℃ 螺旋焊管-实验温度-20℃（夏比）		
					中心线	熔合线（FL）	FL+2mm
直缝	527/—	653/—	20.5/—	164	(171～186)/176	(171～213)/203	—
螺旋	540/505	655/650	24/24	338	(65～90)/81	(178～200)/187	(258～326)/295

注：拉伸实验用的是压平/圆棒试样，夏比实验取的是分散/平均值。

爆炸引发的裂纹穿过环焊缝并扩展到实验钢管上。在直缝焊管这边，破裂终止于 6.5m 处。在螺旋焊管这边，破裂直线传播了 1.4m 直至螺旋焊缝处，然后偏离成螺旋型轨迹，沿着螺旋焊缝的熔合线扩展了 1.6m，接着到了热影响区附近。裂纹沿着螺旋焊缝到达了第一和第二根钢管之间的环焊缝，然后停止。靠近断口的塑性应变区域的横截面的宏观和微观结构如图 9 和图 10 所示。

断裂面的研究表明，AF 微观结构母材的圆周方向上呈现较深的塑性变形（图 9a），而且有一个较长的塑性区域。螺旋焊管的母材断裂面上没有发现分离。FP 微观结构钢则是伴随着裂纹扩展的低塑性变形（图 9b）。沿着所有裂纹传播段的断裂面上发现了多重分离。由于偏移成螺旋路线，断口附近的可见塑性区域消失了。甚至裂纹在热影响区和靠近热影响区附近的母材传播的长度上，也发现了很小的局部变形（图 9c）。断裂面是在与管壁成近 45° 角方向的平面上，所以沿焊缝的展开引发了向

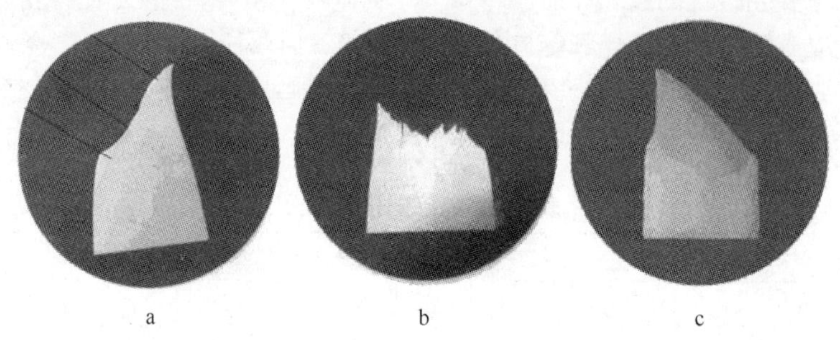

a　　b　　c

图 9　母材金属和螺旋焊缝附近区域的横截面

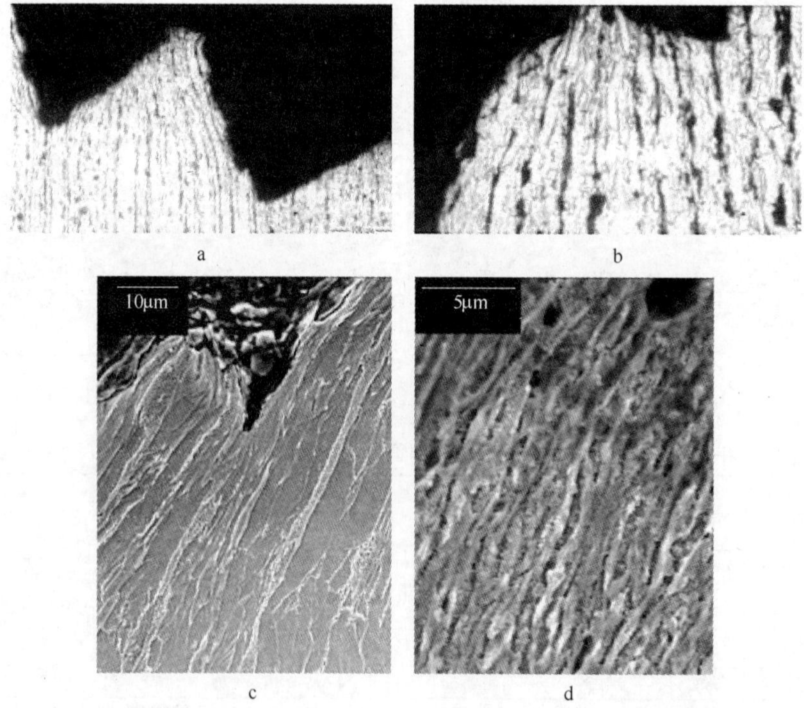

a　　b

c　　d

图 10　直缝焊管上 FP 微观结构母材断裂面（a ~ c）和螺旋焊管上 AF 微观结构的母材断裂面（d）

平面剪切破裂为主的转变。使用扫描电子显微镜观察到的断面显示出细长的波纹状，这是典型的剪切断裂。可以清楚地看到，这个区域中的微小空隙主要位于铁素体和珠光体的分界线上（图10）。可辨识空隙的总体密度（体积分数）是非常低的。一部分空隙被发现是在珠光体中，而在这里延性剪切裂纹成核则更可能是主要的过程，然后是沿着铁素体和珠光体边界线的分离。

在大应变的AF显微结构上发现了更大体积分数的孔隙，孔隙分布非常均匀。这个可能是因为破裂前产生较高的最大应变，而且其微观结构是较为均匀的，由强度、硬度和应变硬化行为几乎相等的组分组成的。

实验表明，全尺寸爆破试验中AF微观结构表现出了更大的延展性，这很好地印证了其比相同强度FP微观结构钢的夏比冲击功要高出两倍多。然而，由于在夏比实验和全尺寸止裂实验中载荷、试样厚度、裂纹传播速度是不同的，所以很有必要比较这些典型的X70微观结构裂纹扩展的特定能量。

通过钢的塑性变形产生的冲击功是根据应力硬化曲线并测量裂纹路线的管壁塑性变形量计算出来的。应变计算采用的是平面应变（$e_2=0$）方法[10]：

$$e = \ln\left(\frac{t_0}{t}\right) \tag{4}$$

式中，t_0、t 分别为初始壁厚和当前壁厚。

整体变形和局部变形的应力-应变曲线是拉伸实验的近似结果，用于计算塑性变形能：

$$S = 450 + 1415e^{0.651}\text{（用于 AF 钢）}$$
$$S = 480 + 995e^{0.516}\text{（用于 FP 钢）} \tag{5}$$

并且

$$E = 2\int_0^e S(e)V(e)\mathrm{d}e \tag{6}$$

图11显示出了AF钢和FP钢的周向应变分布。

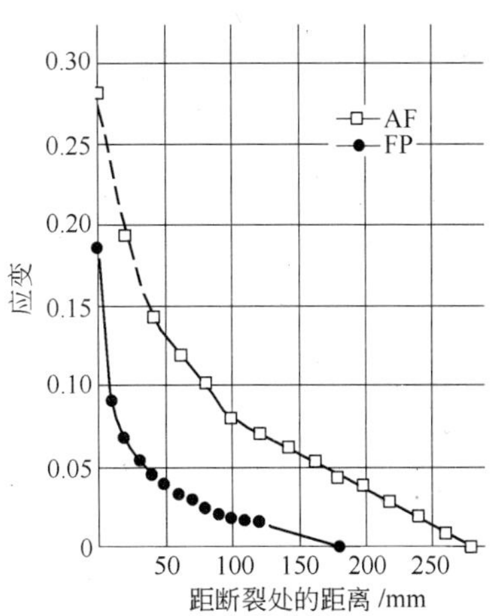

图11 在周向上的应变分布

AF显微结构应变硬化速度明显高于FP钢，但这引起了全尺寸断裂应变最大应力的更大差异。然而较高的应力加上较深的应变，及随之发生的钢材变形量的增加是由冲击吸收能的充分增长（图12）导致的。我们发现FP钢的冲击功沿裂纹长度上基本是不变的，但是它的值比AF钢要低5倍，而夏比冲击功只相差2倍。

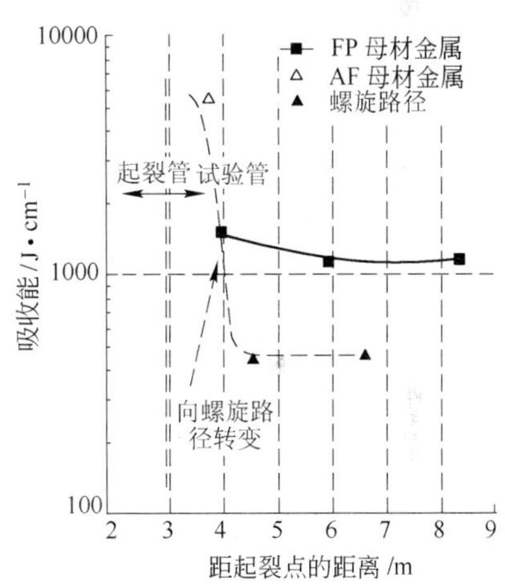

图12 被测钢管上单位裂纹长度上的冲击功

从能量平衡的观点看，虽然裂纹的总长度是增加的，但裂纹沿着螺旋焊缝偏转为螺旋路径可以认为是有利的。塑性应变的延缓和焊缝附近的应力集中可能是决定裂纹单位长度冲击吸收能的主要因素。

4 结论

尽管与母材金属相比，焊缝存在局部脆化现象，但预制缺口X70高强钢管的爆破压力依然很高并且受管体强度的控制。如此狭窄尖锐的缺陷上形成裂纹主要由母材的强度特性决定，而与缺口的位置无关。没有发现缺陷位置和局部韧性对临界长度有重要影响。不过，水压实验表明，裂纹的扩展长度是由焊缝的局部特性决定的。输气管线中扩展的裂纹，如果它始于焊缝处，那么它的终止将受到相邻直缝焊管的母材应变能控制。沿着螺旋焊缝的裂纹扩展是由于受到了该区域塑性应变的抑制并从深度减小的分布式应变转变成平面剪切。为了获得螺旋焊管在高压下更好的止裂效果，需要对焊缝进行优化设计。

致谢

作者诚挚地感谢 GAZPROM、TMK 和 Volzhsky 钢管工厂的支持。作者希望可以向 GAZPROM VNIIGAZ 和 RosNITI 的同事们表达谢意，感谢他们参加了本文相关的讨论和实验工作。

参 考 文 献

[1] I. YU. Pyshmintsev, V. N. Lozovoi, A. O. Struin. Problems and Solutions Application X80 Grade Pipes. Science and engineering of gas industry, 1 (2009), 22 ~ 29.

[2] ISO 3183: 2007/API Spec 5L Standard. Petroleum and Natural Gas Industries: Steel Pipe for Pipeline Transportation Systems. 2007.

[3] B. Fu., et al. Significance of low Toughness in the Seam Weld HAZ of a 42 Inch Diameter Grade X70 DSAW Line pipe. Proceeding OMAE 2001 Conference, MAT-3422.

[4] M. Erdelen-Peppler, et al. Can additional tests of HAZ improve the safety of pipelines operation? Science and engineering of gas industry, 1 (2009), 106-111.

[5] BS 7448: 2005 Standard: Fracture Mechanics Toughness Tests. Part 1: Method for the Determination of K1C, Crtical CTOD and Critical J Values of Metallic Materials, London: British Standards Institution, 2005.

[6] BS 7448: 2005 Standard: Fracture Mechanics Toughness Tests. Part 2: Method for the Determination of K1C, Crtical CTOD and Critical J Values of Welds in Metallic Materials, London: British Standards Institution, 2005.

[7] BS 7448: 2005 Standard:

[8] E. S. Folias. A finite line crack in a pressured cylindrical sheet. Inf. j. Fracture Mech., 1965, 104 ~ 113.

[9] BS 7910: 1999 Standard: Guide on Methods for Assessing the Acceptability of Flaws in Fusion Welded Structures. Annex G: The Assessment of Corrosion in Pipes and Pressure Vessels, London: British Standards Institution, 2005.

[10] D. Pumpyansky, et al. Crack Propagation and Arrest in X70 1420x21.6 Pipes for New Gas Transportation System. Proceedings of International Pipeline Conference 2008, Calgary, Canada, IPC2008-64474.

[11] Y. Morozov, L. Efron, S. Nastich. 2004, The Main Directions of Development of Pipe Steels and large Diameter Pipe Production in Russia. Proceedings of Int. Pipeline technology conference 2009, Oostende, Belgium, 1649-1658.

[12] J. Wolodko, M. Stephans. Applicability of Existing Models for Predicting Ductile Fracture Arrest in High Pressure Pipelines. Proceedings of IPC-2006, ASME, Calgary, P-10110.

[13] G. M. Wilkovsky, et al. Effect of grade on ductile fracture arrest criteria for gas pipelines. Proceedings of IPC-2006, ASME, Calgary, P-10350.

[14] G . Re, et al. Recommendation for arrest toughness for high strength pipeline steels. 3R international, 34 (1995) Heft 10/11 October/November.

[15] V. Pistone, G. Mannucci. fracture arrest Criteria for spiral Welded Pipes. Proceedings of the 3-th Int. Pipeline Conference, edd. R. Denis, Elsevier Scientific, 1(2000), 455-467.

[16] G Knauf. Crack Arrest an Girth Weld Acceptance for Pressure Gas Transmission Pipelines. Proceedings of Int. Conf Evaluation and Application of High Grade Linepipes in Hostile Environments, Japan, Yokohama, 2002, 475-500.

（渤海装备研究院钢管研究所　李　立　译，
中信微合金化技术中心　张永青　王文军　校）

螺旋焊管用大厚度 X80 管线钢的开发和焊接性评价

Martin Liebeherr(1), Özlem Esma Güngör(1), David Quidort(2), Denis Lèbre(3), Nenad Ilic(4)

(1) ArcelorMittal Global R&D Gent/OCAS NV, Ghent, Belgium;
(2) ArcelorMittal Flat Carbon Europe, Fos-sur-Mer, France;
(3) ArcelorMittal Fos-sur-Mer, Fos-sur-Mer, France;
(4) ArcelorMittal Bremen, Bremen, Germany

摘　要：如今，阿赛洛米塔尔钢铁集团能够按照 API-5L/ISO-3183：2007 产品规范等级 2 和巴特尔落锤冲击（BDWTT）韧性标准供应螺旋焊管用 X80 卷板，壁厚可达 20mm。产品范围向更大壁厚延伸的工作也正在进行。本文概括了阿赛洛米塔尔钢铁集团大厚度（厚度大于 18mm）X80 管线钢的开发情况，及利用商业化生产的壁厚为 21.6mm 的 X80 卷板对此钢的埋弧焊接性进行广泛评价的情况。焊接性评价证明这种钢适用于制造螺旋管，并具有非常合适的抗拉强度和冲击韧性。

关键词：阿赛洛米塔尔，X80，管线钢，大型地下卷取机，埋弧焊

1　引言

由于大口径长距离输气管线的需求不断增加，而且这些管线呈现采用更高操作压力的趋势，这就提高了采用大壁厚、高强度钢的需求。迄今为止，壁厚大于 18mm 的高强管线管一般是采用大厚度钢板，然后经过 UOE 成型和直缝埋弧焊生产的。但是由于钢板和钢管都是不连续生产，所以这种生产工艺成本很高。利用热轧卷板进行螺旋成型和埋弧焊接给出了一种成本更为合理的选择。利用热轧卷板生产螺旋管不仅生产效率高，而且也可获得可靠的钢管性能。螺旋焊管阻止延性裂纹扩展的能力至少和直缝埋弧焊管一样[1]。

由于在三家欧洲热轧带钢厂安装了大型地下卷取机，并加速开发专属冶金理念，阿赛洛米塔尔钢铁集团现在能够供应壁厚超过 20mm 的高强钢卷板[2,3]。现在正在对新钢种的焊接性进行评价，目的是保证在制管期间和钢管铺设之后的最佳力学性能。本文概括了阿赛洛米塔尔钢铁集团大厚度（厚度大于 18mm）X80 管线钢的开发情况，及利用商业化生产的壁厚为 21.6mm 的 X80 卷板材料对此钢的埋弧焊接性进行广泛评价的情况。

2　X80 钢的开发

阿赛洛米塔尔钢铁集团基于多年来获得的高强度管线钢的制造经验，开发了壁厚超过 18mm 的 X80 钢的冶金理念。其典型特征是 Nb 微合金化和低碳含量，见表 1。该钢材中需要添加少量的 Ti，是为了在板坯再加热、热轧钢带及制管时的焊接过程中控制晶粒长大。需要添加一些 Ni 和 Mo 之类的强化元素来调整强度水平，并获得具有足够韧性的合理微观组织。

使用此种化学成分工业化生产的 21.6mm 厚卷板的典型微观组织如图 1 所示。根据热轧带钢机组的工艺参数，微观组织将由多边形铁素体、准多边形铁素体和黑色的岛状组织组成（图 1a），或者主要是粒状的贝氏体铁素体而没有合并的第二相（图 1b）。由表 2 和图 2 可以看出，微观组织不同，产生的力学性能有显著差异。由工艺 1 获得的多边形铁素体组织的强度水平仅仅和 X70 钢差不多，但具有优良

的韧性，包括夏比韧脆转变温度和巴特尔落锤冲击试验性能。而且，钢管在 -10℃时的落锤冲击韧性是优异的，如图 3 所示。另外，由工艺 2 所获得的贝氏体组织具有很好的强度，但落锤冲击韧性不好。

这种合金理念和热轧工艺得到持续不断的改善，目的是扩大壁厚在 20mm 以上且韧性优越的 X80 产品销售业绩。如今，阿赛洛米塔尔钢铁集团按照 API-5L/ISO-3183 X80M 产品规范等级 2 和巴特尔落锤冲击韧性标准供应螺旋焊管用 X80 卷板，最大壁厚 20mm。在最近的一个试验中，研制了壁厚为 1in（1in = 25.4mm）、直径 48in 的螺旋焊管，其强度性能非常好（屈服强度为 573MPa，抗拉强度为 759MPa），但其韧性仍旧处于巴特尔落锤冲击韧性临界值。

表 1 阿赛洛米塔尔钢铁集团 X80 大壁厚螺旋管的卷板化学成分

w(C)/%	w(Mn)/%	w(P)/%	w(S)/%	w(Nb+V+Ti)/%	w(Mo+Ni+Cr+Cu)/%	C_{eq}	P_{cm}
<0.06	>1.6	<0.02	<0.03	<0.15	>0.6	<0.44	<0.19

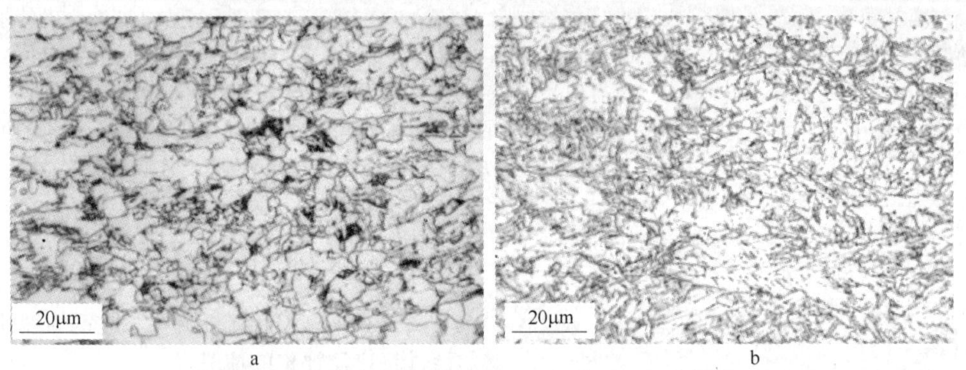

图 1 阿赛洛米塔尔钢铁集团厚度 21.6mm 的 X80 卷板不同工艺条件下的典型微观组织
（1/4 壁厚位置，硝酸酒精侵蚀）
a—工艺 1；b—工艺 2

表 2 厚度 21.6mm 的 X80 卷板（横向）在不同工艺条件下的力学性能

项 目	$R_{t0.5}$/MPa	R_m/MPa	$R_{t0.5}/R_m$	均匀伸长率/%	$FATT50_{CVN}$/℃	0℃时的DWTT(%SA)	-10℃时的DWTT(%SA)
工艺 1	556	673	0.83	10.9	-101	98(98/98)	94(91/96)
工艺 2	637	724	0.88	7.1	-72	67(46/88)	36(32/40)

注：微观组织如图 1 所示。

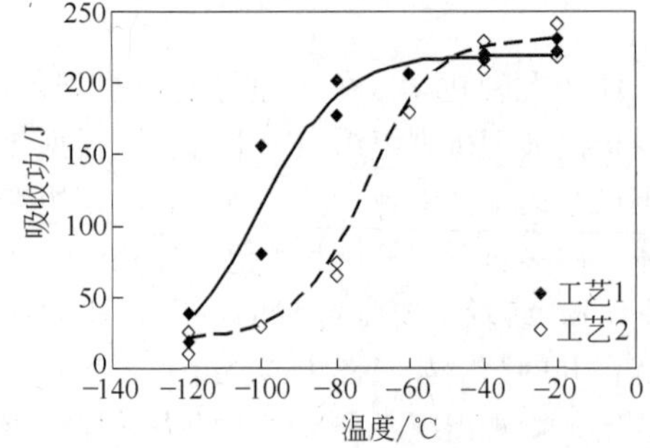

图 2 厚度 21.6mm 的 X80 卷板（横向）在不同工艺条件下的韧脆转变温度

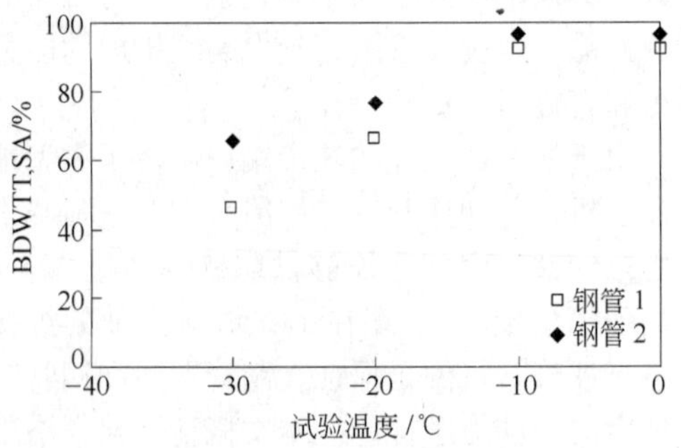

图 3 壁厚 21.6mm（横向）钢管的巴特尔落锤冲击韧性性能

3 焊接性评定

如表 1 所示，此钢的低裂纹敏感系数 P_{cm} 小于 0.25，确保了良好的焊接性，并符合 API 标准的要求。随后阐述的焊接性评定，使用的是按照 6000t 的商业订单生产的厚度 21.6mm 的 X80 热轧卷板。如图 4 所示，组织与前面提及的工艺 2 条件下的图 1b 组织类似，它由准多边形铁素体、粒状贝氏体铁素体和均匀分布的渗碳体组成，没有检测到 M-A 成分。

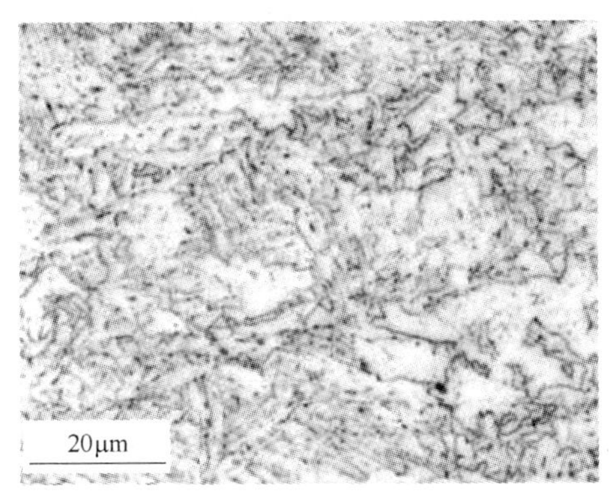

图 4 研究的厚度 21.6mm 的 X80 卷板微观组织
（1/4 壁厚，硝酸酒精侵蚀）

作为评定工作的第一步，利用卷板样品加工了圆棒试样，并通过热膨胀仪绘制了连续冷却转变（CCT）曲线，目的是显示热影响区粗晶区在不同冷却速度条件下显微组织和硬度的变化规律。而且试样在 1350℃ 的峰值温度下进行了短暂的重新奥氏体化。CCT 曲线如图 5 所示，冷却速度用从 800℃ 降到 500℃ 的冷却时间（$t_{800\sim500℃}$）表示。可以看出，此种钢的淬硬性很低。最大冷却速度下的硬度，即最大硬度为 HV320，小于 HV350，通常，HV350 被认为是避免冷裂纹产生的最大硬度值。在低的冷却速度下，即冷却时间大于 15s 时，组织内部没有再观察到马氏体，已经出现铁素体。这就意味着，对于埋弧焊而言，在这种冷却速度（15 ~ 20s 的冷却时间）下，热影响区粗晶区的组织应该主要为铁素体。

在热影响区受影响最严重的就是粗晶区，因为这个区域的组织已经完全奥氏体化并且晶粒可能发生长大，因此通常认为韧性会严重恶化。基于以上因素粗晶区被认为是焊缝的临界区。为了评定粗晶区的韧性，在 Gleeble 1500/20 热模拟试验机上通过退火试验进行了物理模拟。试样为 11mm × 11mm × 90mm 的矩形样，是在卷板表面以下 2mm 处进行取样，将此试样进行焊接热循环，其中焊接热输入为 3 ~ 4kJ/cm，此焊接热输入为典型的埋弧焊的热输入值。试样加热到 1350℃，然后分别以不同的 $t_{800\sim500℃}$ 冷却速度（35s 和 50s）下降到室温。

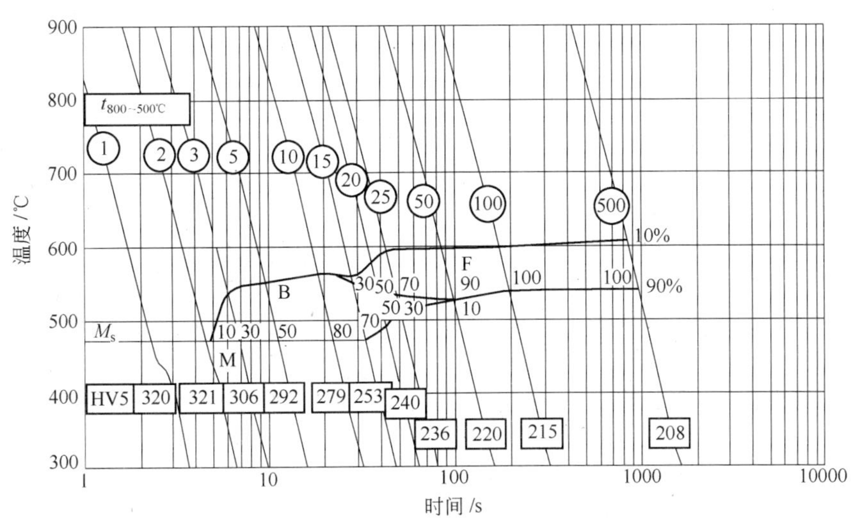

图 5 用热膨胀法形成的典型热影响区粗晶区的 CCT 曲线（峰值温度 1350℃）

粗晶区的组织主要为贝氏体和少量的 M-A 组织。尽管两种冷却时间下的平均晶粒尺寸相差不多，但冷却时间从 35s 增加到 50s 时，组织中马氏体的量有所减少，导致硬度有轻微的降低，见表 3。在所有的条件下，模拟的粗晶区组织的硬度要高于母材的硬度（HV240）。

表 3　模拟的粗晶区试样的平均晶粒尺寸、M-A 含量和平均硬度的对比

冷却时间 $t_{800\sim500℃}$/s	平均晶粒尺寸/μm	奥氏体含量（体积分数）/%	马氏体含量（体积分数）/%	平均硬度（HV0.2）
35	70	1.3	1.9	273
50	71	1.5	1.3	262

模拟的粗晶区韧性是通过 -20℃ 到 0℃ 的夏比冲击试验进行评定的，如图 6 所示。35s 的冷却时间后记录的所有冲击功都在 27J 以上。而当冷却时间为 50s 时，在 -20℃ 时的某个冲击功在 27J 以下，可能与高的焊接热输入有关。

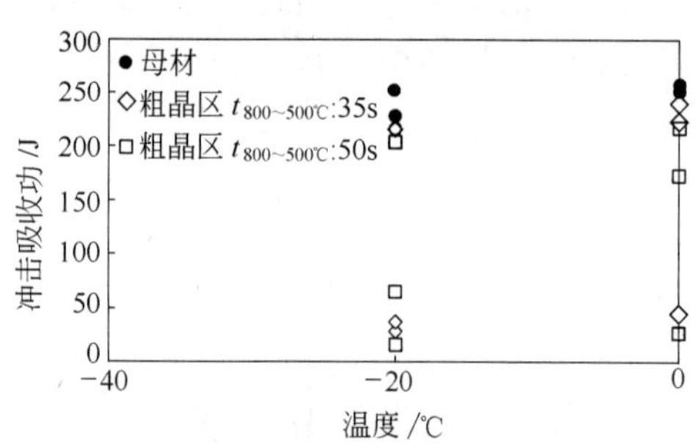

图 6　模拟粗晶区试样的夏比 V 形缺口冲击试验结果

在 -20℃ 时的冲击功低于 27J 的试验结果被认为是安全的，因为真实的焊缝及热影响区的组织与 Gleeble 热模拟的组织是十分不同的。这种情况，是由于粗晶区被人为地扩大，以至于覆盖 V 形缺口下面的全部区域。另外，在刻画真实焊接接头时，V 形缺口下的区域包含了不同的热影响区的区域。例如，在熔合线上刻槽，意味焊缝金属占了 50%，表明其韧性的重要影响。在离熔合线 2mm 的位置开缺口的话，粗晶区仅仅占了断裂面的一小部分，而热影响区的其他部分也将影响韧性的结果（通常是正面的）。

对于焊接性评定的最后部分，再次采用了厚度为 21.6mm 的全厚度卷板试样，产生了真实的埋弧焊缝。埋弧焊在内焊和外焊时都采用了直流和交流的双丝焊系统；焊接条件由表 4 列出。这些试样采用双面 V 形坡口，如图 7 所示。包含了 Ti 和 B 的实心焊丝（直径为 4mm），见表 5，采用低氢等级（EN 760：SA AB 1 67 AC H5）的铝酸盐焊剂。

表 4　焊接参数概况

位置	电线指标	极性	电流 /A	电压 /V	焊接速度 /cm · min⁻¹	焊接热输入 /kJ · cm⁻¹
内焊	1	DC	880	34	80	4.2
	2	AC	700	38		
外焊	1	DC	1000	32		4.7
	2	AC	770	40		

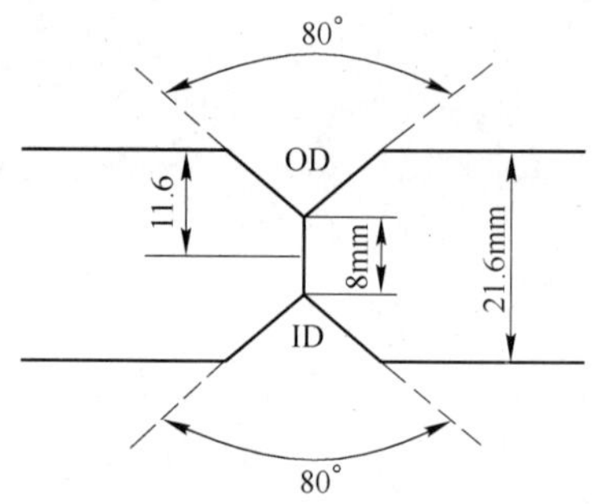

图 7　焊接接头坡口图

表 5　所用实心焊丝的化学成分（%）

名　称	C	Mn	Si	P
含　量	0.07	1.2	0.3	<0.015
名　称	S	Mo	Ti	B
含　量	<0.015	0.2	0.6	0.013

得到的焊缝和粗晶区的显微组织如图 8 所示。焊缝组织由细针状铁素体和准多边形铁素体组成。众所周知，Ti 会形成氧化物，氧化钛能够充当铁素体形成的晶内形核点。如果 B 在奥氏体中以固溶的形式存在，B 就阻碍了铁素体在晶界的形成，因此，会促使针状铁素体的形成[4]。

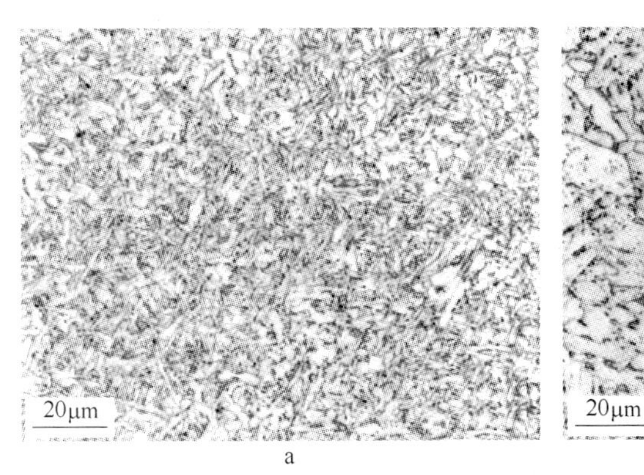

a

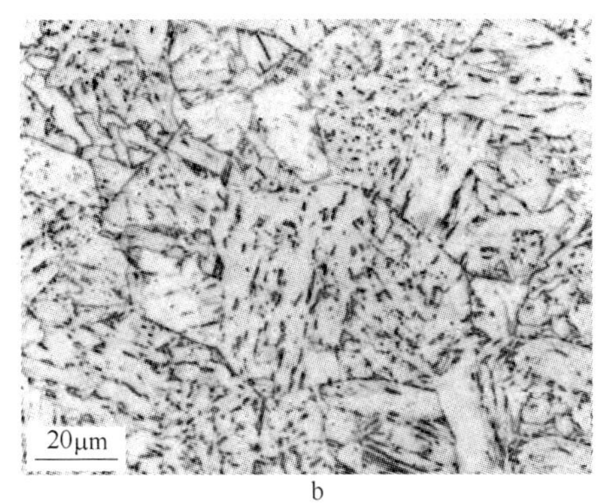

b

图8 焊缝（a）和粗晶区（b）的显微组织
（板厚1/4处用硝酸酒精侵蚀）

热影响区的显微组织由接近熔合线（粗晶区）的贝氏体铁素体向接近未受影响的母材区域（亚临界区）的准多边形铁素体和粒状铁素体的组织转变。粗晶区的显微组织由贝氏体铁素体、粒状贝氏体铁素体、少量的马氏体和残余奥氏体组成（表6）。

表6 粗晶区中M-A成分的含量

粗晶区位置	马氏体（体积分数）/%	奥氏体（体积分数）/%
1/4板厚	0	2.5
中间板厚	0.8	2.1
3/4板厚	0.03	0.9

焊接区域扫描的硬度如图9所示，显示了粗晶区得到明显的硬化，这与上面介绍的模拟粗晶区的硬度测量值完全一致，见表3。焊缝金属的硬度要低于母材。

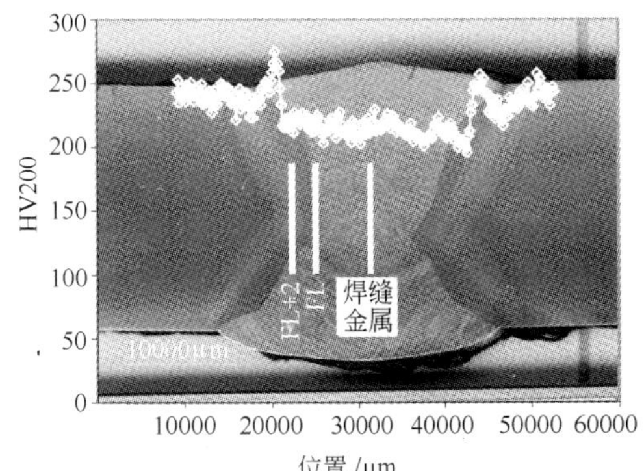

图9 焊缝横截面及第2道外焊缝硬度的宏观图片
（白线指的是夏比V形缺口冲击样的取样位置）

焊缝抗拉强度是采用API试样在横向测量的。最小强度为728MPa，缩颈和失效总是发生在母材位置。

焊缝的夏比冲击韧性是由板厚中间位置取样所测量的。缺口位置分别为焊缝、熔合线以及距熔合线2mm处。韧性结果如图10所示，是非常理想的，冲击功最大的位置是焊缝和热影响区，反之，熔合线的冲击功较小。

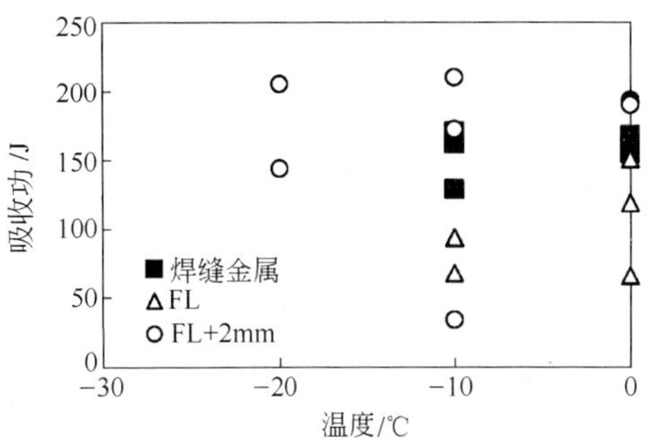

图10 不同缺口位置处的夏比冲击韧性结果
（缺口位置分别为：焊缝、熔合线和距熔合线2mm处）

通过裂纹尖端张开位移试验也对熔合线处的断裂韧性进行了确定。采用了单边缺口弯曲试样，试样尺寸接近21.6mm（B）×21.8mm（W）×270mm（L）。开缺口的深度是试样宽度的1/2，缺口位置按照BS7448：部分2确定。试验温度为−10℃。三个试验的平均值大约为

0.25mm，其中最小值为 0.1mm，如图 11 所示。该结果也被认为是理想的，因为欧洲管线研究组织（EPRG）建议：基于对弧形宽板试验和裂纹尖端开口位移试验的关联研究，对于等强或过强匹配的焊缝金属，其平均裂纹尖端开口位移为 0.15mm，最小开口位移为 0.10mm[5]。此外，缺口更深的单边缺口弯曲试样要比实际结构试样的约束条件要多。

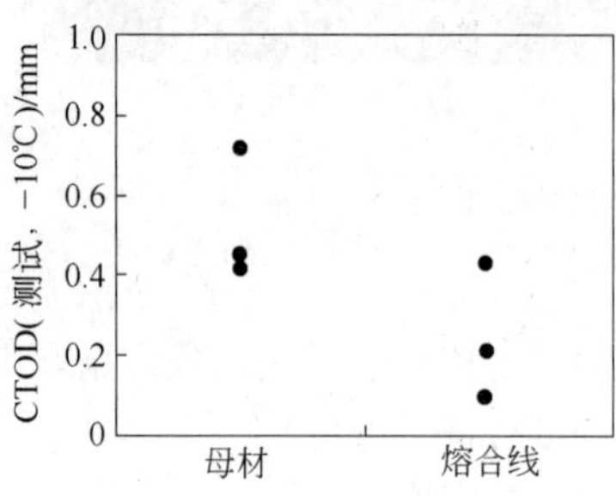

图 11　埋弧焊母材和熔合线处的裂纹尖端开口位移结果比较

4　结论

阿赛洛米塔尔钢铁集团能够按照 API-5L/ISO-3183 产品规范等级 2 和巴特尔落锤冲击韧性标准供应螺旋焊管用 X80 卷板，最大厚度可达 20mm。更大厚度的 X80 卷板的开发正在进行。

本次针对商业生产的厚度为 21.6mm 的 X80 卷板焊接性评定的研究证明，这种钢适合螺旋埋弧焊管的生产。强度和韧性都非常令人满意。

致谢

作者对法国的 Air Liquide 表示感谢，他进行了埋弧焊接试验。

参 考 文 献

[1] V. Pistone, G. Mannucci. Fracture Arrest Criteria for Spiral Welded Pipes; ed. R. Denys, Proc. Pipeline Technology 2000, Vol. 1, p. 455.

[2] M. Liebeherr, D. Ruiz Romera, B. Soenen, S. Ehlers, E. Hivert. Recent Developments of High Strength Linepipe Steels on Coil; Proc. IPC 2008, paper IPC2008-64295.

[3] M. Liebeherr, Ö. E. Güngör, R. Ottaviani, D. Lèbre, N. Ilić, D. Quidort, S. Ehlers. Production and Properties of X70 and X80 on Coil-Thickness in excess of 20mm, Proc. Pipeline Technology Conference 2009, Ostend, ed. R. Denys, paper 2009-125.

[4] H. K. D. H. Bhadeshia, L. -E. Svensson. Mathematical Modelling of Weld Phenomena, eds H. Cerjak, K. E. Easterling, Institute of Materials, London, 1993, pp. 109-182.

[5] C. Dallam, S. Huysmans, R. Denys, V. van der Mee. Design Criteria for X80 Pipe Welding: Process and Strength Effects on Weld Performance in Wide Plate Tests, Proc. Pipeline Technology Conference 2009, Ostend, ed. R. Denys, paper 2009-025.

[6] B. Fu, S. Guttormsen, D. Q. Vu, A. Nokleebye. Significance of Low Toughness in the Seam Weld HAZ of a 42-inch Diameter Grade X70 DSAW Line Pipe-Experimental Studies, 13th Biennial, PRCI/EPRG Joint Technical Meeting, New Orleans, 2001.

（渤海装备研究院钢管研究所　李国鹏　译，中信微合金化技术中心　张永青　王文军　校）

拥有一体化焊接技术支持的大厚度管线钢的生产

Hendrik Langenbach, Maik Bogatsch, Karina Wallwaey

ThyssenKrupp Steel Europe AG

Kaiser-Wilhelm-Straße 100, 47166 Duisburg, Germany

摘　要：现代管线钢需要兼有高强度、高韧性，以及优良的可焊接性。更高钢级、更大厚度的要求变得越来越重要，同时也可能要求可抵抗氢致裂纹。

在欧洲和美洲蒂森克虏伯钢厂的热轧机就可以生产满足这种日益增长需求的高钢级管线钢，在生产壁厚不超过25.4mm的传统管线钢及酸性服役条件的管线钢方面有丰富的经验，能确保产品高质量。用户的技术支持是很重要的：新建的、装备完好的焊接试验室可进行焊接相关的一些课题研究。

关键词：X70，大尺寸，美国，欧洲，焊接，HIC

1　引言

与大家的认识不同，蒂森克虏伯钢厂不仅仅是一个汽车工业的供应商，大约50年来，该钢厂供应管线管产品生产所用的热轧钢带及钢板。蒂森克虏伯钢厂具备生产常规和耐酸性服役条件的大口径直缝管和螺旋焊管用热轧带钢的能力。

本文将介绍管线钢的产品范围，以及可行的抗氢致开裂（HIC）和焊接试验等。

2　欧洲和美国的大厚度管线钢生产

过去的几年间，更大壁厚和更高强度钢材成为必然的市场要求。为了满足这种需求，蒂森克虏伯钢铁公司对杜伊斯堡 Beeckerwerth 的热轧机进行了升级改造。目前，该轧机可以生产出X80钢级甚至更高、壁厚小于25.4mm的钢。结果，韧性得到改善的大厚度管线钢的开发一度成为焦点。根据 DIN EN 10208 标准，采用允许的最大铌含量的合金理念成功研制的厚度23mm的X70钢首次证明了该轧机的制造能力。同时，改进厚度接近25.4mm的X70钢的工作仍在进行，并持续改进参数以优化结果。此外，该钢厂目前的开发活动集中在低合金理念和更高钢级。厚度为18.0mm的X80钢的首次试制满足各项要求。由于 DIN EN 10208 标准的要求，欧洲普遍限制铌含量，使高钢级、大尺寸、高韧性的管线钢的开发复杂化。

在莫比尔港新建的热轧钢厂（美国亚拉巴马州，图1），拥有430万吨碳钢的年生产能力，也配有生产大厚度管线钢的设备。加工的板坯大多数来自蒂森克虏伯在巴西新建的钢厂。成功试制了X42～X70、最大壁厚25.4mm和壁厚12.7mm、15.9mm的X80产品。甚至在博格钢管厂制管后，测试的X80钢的力学性能满足API 5L对钢卷和钢管的全部要求。当下，为了改进大厚度钢卷的韧性要求，对轧制参数进行了优化。另一个焦点是调整合金理念。

表1是欧洲和美国亚拉巴马州的所有可能生产的产品种类一览表。

表1　API 5L 管线钢产品范围

地区名称	钢级	壁厚/mm	宽度/mm
杜伊斯堡	B～X70	25.4	2030
	X80	18.0	2030
莫比尔	X42～X70	25.4	1855
	X80	15.9	1855

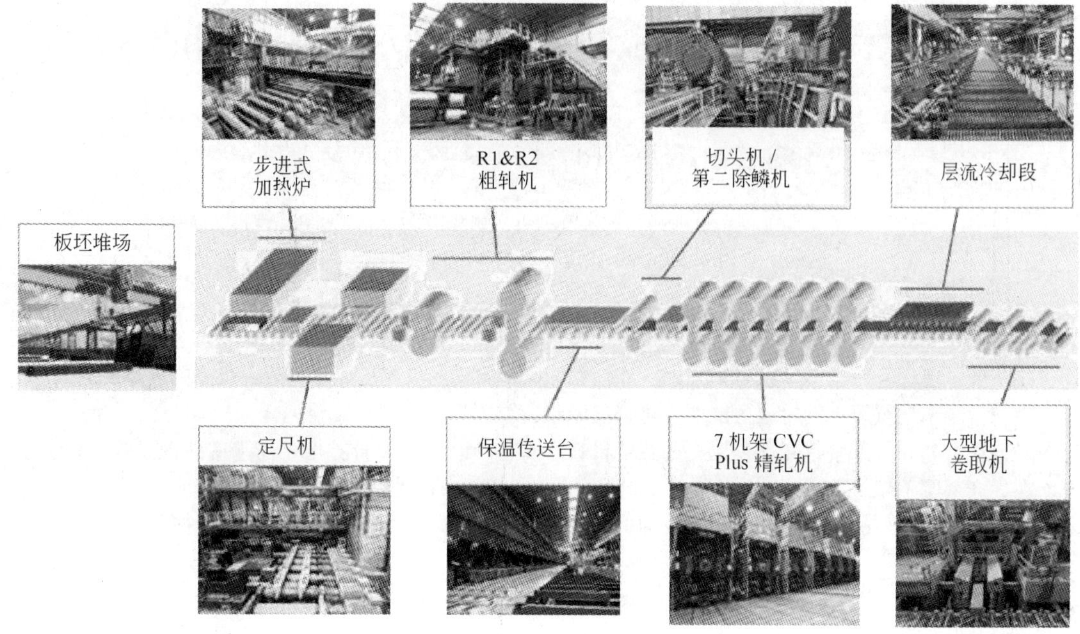

图1　莫比尔的热轧钢厂
（美国亚拉巴马州）

3　抗氢致开裂能力（HIC）试验

多年来，蒂森克虏伯钢厂一直生产用于管线钢应用的抗氢致开裂材料。杜伊斯堡厂能够生产和检测抗氢致开裂的X70钢级及以下的高品质管线钢。

为了能够提高试验能力，在过去几年内新试验室里安装了一些新的试验设备。客户的钢卷试样及钢管试样试验都可在新试验室进行测试。

图2是新建试验室里一些抗氢致开裂（HIC试验）和氢致应力腐蚀开裂试验（HSCC试验）的装置。抗氢致开裂试验依据NACE TM0284标准进行。抗氢致开裂试样的开裂评估利用一台计算机辅助的超声试验机进行。另外，杜伊斯堡试验室还能依据API 5L/ISO 3183进行氢致应力腐蚀开裂试验，包括四点弯曲试验、依据NACE TM0177中A方法进行恒定载荷试验。

4　焊接支持与经验

过去的几年里，蒂森克虏伯钢厂管线钢的开发活动得到了加强。其中一项投资是建立了焊接试验室，并于2011年7月开始开放，扩展了连接技术的领域。该试验室装备了气体和等离子切割装置和焊接设备，可以进行埋弧焊、气体保护金属焊及手工电弧焊。图3是埋弧焊接系统，它能够进行单面焊、双面焊、串列多弧焊以及窄间隙焊。

近年来，管线钢的焊接成为一个重要的课题。过去的数年里我们进行了焊接研究，获得了一定的经验，给我们的客户提供建议，对搭建新的焊接试验室起到了帮助作用。本文将对之前的一些研究进行介绍。目前，正在研制更高铌含量管线钢的焊接性——考虑欧洲标准中的限制。

4.1　焊接过程模拟[1]

对于管线钢的评估，焊缝热影响区（HAZ）的特性是非常重要的。在许多情况下，热影响区的韧性是低于母材韧性的。进行了X70管线钢的焊接及热处理模拟试验，目的是研究该模拟用于评估焊接性和最终获得韧

图 2 酸性服役钢级的试验设备

a—HIC 试验；b—HSCC 试验

图 3 埋弧焊接系统

性的充分性。利用一个 Gleeble 3500 热模拟试验机，通过快速感应加热和控冷，复制焊接过程的温度循环。试验采用的是夏比 V 形缺口坯料，并在模拟完成后精加工成试样。为了能在 Gleeble 3500 热模拟试验机上使用坯料，需要采用相应的夹持工具。图 4 是 Gleeble 3500 热模拟试验机中的夏比 V 形缺口坯料和一个坯料示意图，标明了模拟的热影响区区域，测量值大约是 12mm。

Gleeble 3500 热模拟试验机可以模拟各种温度循环。本次模拟，选择了最高温度 1350℃、冷却时间分别是 20s 和 50s（$t_{800\sim500℃}$）的两种粗晶热循环。另外，还模拟了双循环，即，最高温度 1350℃ 的第一次循环（$t_{800\sim500℃}$为 20s 和 50s）和 A_{C_1} + 20K 温度时的二次循环。

通过对 3 种不同化学成分的管线钢进行对比（表 2），获得了图 5 所示的冲击韧性平均值。

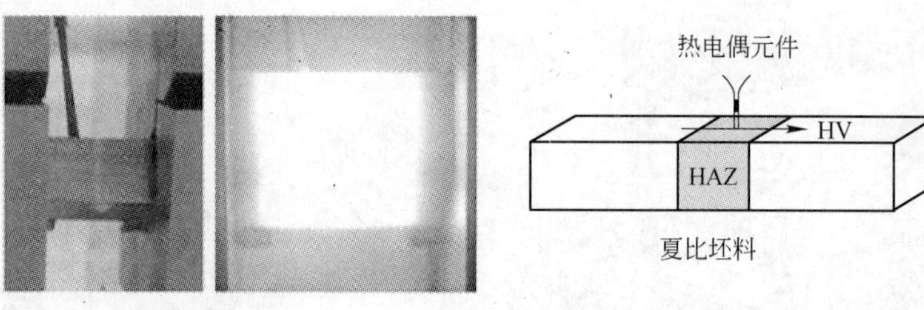

图4　Gleeble 系统中的夏比坯料及最终获得的热影响区（HAZ）

表2　用于模拟的钢的化学成分　　(%)

项　目	C	Si	Mn	P	S	其　他
合金1	0.08	0.38	1.64	0.014	0.001	Nb，V
合金2	0.08	0.39	1.57	0.015	0.001	Nb，Ti
合金3	0.06	0.26	1.77	0.018	0.003	Nb，Mo，Ni

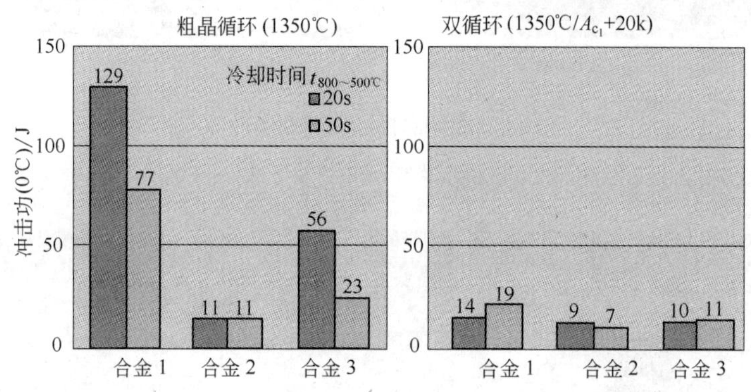

图5　冲击功（0℃）

图5显示，与粗晶热循环相比，双循环导致了极低的韧性值。这样，在评估管线钢的焊接性时粗晶热循环似乎更实用一些。不过，可以假定真实的焊缝韧性更好一些。这种假设将在今后的试验中去进一步核实。

4.2　冷裂敏感性[2]

通过不同的试验方法来评估电弧焊后冷裂敏感性，诸如 CTS 试验、Tekken 试验及 WIC 试验，蒂森克虏伯钢厂积累了一定的经验。这些试验——特别是 WIC 试验——是很复杂很费时的。可以利用碳当量，通过简单的计算对钢的冷裂敏感性进行分类。普遍采用的碳当量是国际焊接学会的 CE_{IIW}和根据 Ito-Bessyo 公式的 P_{cm}。后者更适合用来评估现代管线钢的可焊接性，因为碳的不利影响很显著。

在广泛研究冷裂敏感性的基础上，蒂森克虏伯钢厂发展了 CET 公式（式（1））。该碳当量纳入诸如 EN 1011-2、SEW 088 和 DVS 0916 等欧洲标准和国标中，作为一部分。CET 公式如下：

$$CET = w(C) + \frac{w(Mn) + w(Mo)}{10} + \frac{w(Cr) + w(Cu)}{20} + \frac{w(Ni)}{40} \quad (1)$$

对合金含量相对较高的钢，可能需要进行预热以避免电弧焊后发生冷裂纹。若干年前，蒂森克虏伯钢厂开发了一种焊接支持软件，称为 ProWeld，该软件从光盘免费获得（图6）。该程序是基于冷却时间 $t_{800\sim500℃}$ 和 CET 公式理念设计的，可用于计算各种不同的碳当量、预热温度和其他焊接参数。

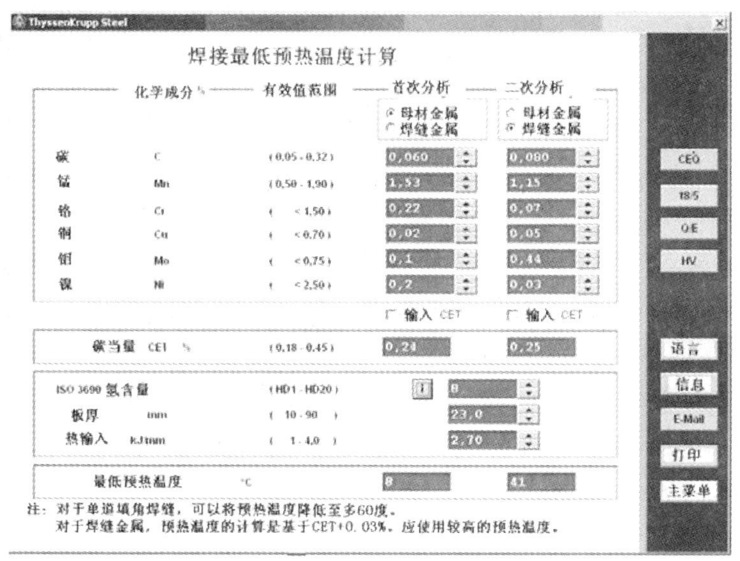

图6　PorWeld：焊接最低预热温度计算

4.3　焊材[3]

为了给 X60～X80 管线钢的埋弧焊分别推荐适宜的焊接材料，我们与主要的焊缝填充金属生产商合作，利用不同焊缝金属进行了一系列试验。为了确定焊材对焊缝金属强度的影响，将在新的实验室进行韧性及抗氢致开裂理论性试验。

4.4　当前的焊接试验

自从该新型焊接试验室开放以来，我们对高铌含量的现代合金理念进行了试验。现在正在做的一个试验是壁厚 23mm、X70 热轧卷板的埋弧焊接试验。表3是这种钢的化学成分。

表3　试验钢板的化学成分（熔炼分析）

成分	C	Si	Mn	P	S	Σ Cu，Cr，Ni，Mo	ΣNb，Ti，V
质量分数/%	0.06	0.29	1.53	0.013	0.002	<0.6	<0.1

对于该合金理念，计算的碳当量 CET 是 0.24。依据 API 5L 标准计算出来的碳当量 CE_{IIW} 和 P_{cm} 分别是 0.39 和 0.17。依据 ProWeld 软件，这种钢的埋弧焊接不需要预热。

在进行钢板的串列多弧焊时，采用了带钝边的双 V 字形焊缝坡口。焊接工艺参数依照实际的生产条件确定，选用 S2Mo（AWS A5.23：EA2）、直径 4mm 的焊条和碱性铝焊剂。第一焊道是无预热焊接，第二焊道提高了层间温度，也导致冷却时间 $t_{800\sim500℃}$ 增加。不同区域的焊接接头和金相组织如图7所示。

对焊接接头及母材的力学性能进行了考查，包括硬度、拉伸和冲击试验。硬度试验结果如图8所示。

焊接金属、热影响区、母材的硬度值处于同一个水平，并没有出现硬度峰值。焊缝及母材的抗拉强度在 640～681MPa 之间，满足 X70 钢的要求。冲击试验（夏比 V 形缺口）的完美结果如图9所示。

从这些结果看，这种钢在螺旋焊管生产过程中可以获得良好的焊接性能。针对不同合金含量和焊接参数的其他研究正在进行。

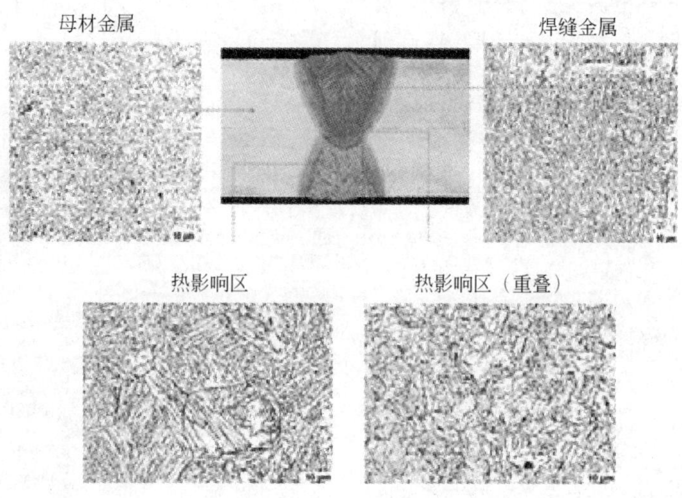

图 7　焊接接头及金相组织

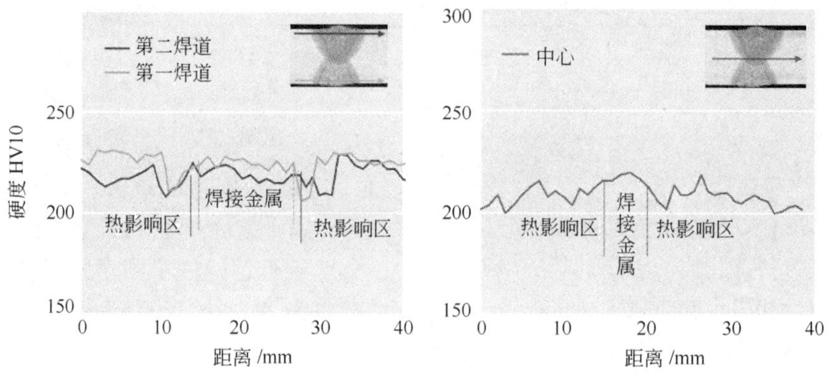

图 8　焊缝区硬度

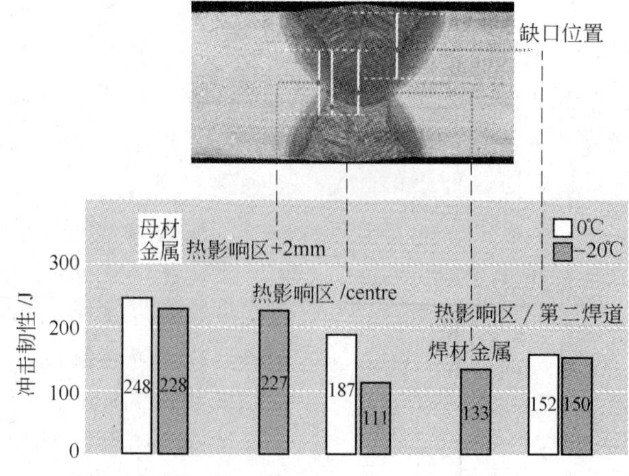

图 9　焊缝区冲击韧性（0℃和 –20℃）

5 总结

本文提供了以下信息：

（1）蒂森克虏伯钢厂生产基地的管线钢产品范围。

（2）抗氢致开裂钢试验和生产经验。

（3）新的焊接试验室。

（4）前期的焊接试验和得出的结论，如下：

1）焊接工艺的模拟分析；

2）冷裂敏感性；

3）焊材。

（5）软件 ProWeld。

（6）关于铌含量更高的新合金钢的优良焊接性的焊接试验和初步结果。

参考文献

[1] M. Bogatsch. Schweißsimulierende Wärmebehandlung von Rohrband X70. Report 09-031, ThyssenKrupp Steel, 2009.

[2] M. Bogatsch. Auswertung zum Einfluss der chemischen Zusammensetzung auf das Kaltrissverhalten von Rohrband X70. Report 09-023, ThyssenKrupp Steel, 2009.

[3] M. Bogatsch. Empfehlung von Schweißzusatzwerkstoffen für das Unterpulverschweißen von Rohrband. Report 09-010, ThyssenKrupp Steel, 2009.

（渤海装备研究院钢管研究所 范玉伟 译，中信微合金化技术中心 王厚昕 张永青 校）

低碳高铌 X80 管线钢焊接性能的研究

尚成嘉(1)，王晓香(2)，刘清友(3)，付俊岩(4)

(1) 北京科技大学；
(2) 渤海石油装备有限公司；
(3) 钢铁研究总院；
(4) 中信金属有限公司微合金技术中心

摘 要：低 C 高 Nb 的合金设计理念被应用于 X80 管线钢的开发，X80 管线钢符合西气东输二线（西二线）的要求。自从 X80 热轧卷板应用以来，其焊接性能就引起了高度的关注。近期的热模拟研究结果表明，含 Nb X80 管线钢的最佳热输入量应该低于 30kJ/cm。高 Nb 管线钢实际焊缝 CGHAZ 的组织特征表明，相比于普通 Nb 含量管线钢的析出物尺寸（≤30nm），高 Nb 含量管线钢的析出物并没有明显粗化。另外，0.09% Nb 含量钢的 HAZ 原奥氏体晶粒尺寸比 0.06% Nb 含量的小。DSAW 焊管的工业生产表明，0.09% Nb 含量的钢管焊接成功率更高，更容易得到好的性能。许多工业试验表明，只要采用恰当的焊接工艺，高 Nb X80 管线钢热影响区的力学性能特别是韧性能达到较高的水准。这为西二线的成功建成提供了有力的保证。

关键词：X80 管线钢，高 Nb 含量，焊接性能，韧性，热影响区

1 引言

中国于 2000 年开始建设西气东输一线，成功进行了 X70 钢级针状铁素体型输气钢管的开发和国产化。2003 年开始开发 X80 管线钢管。于 2005 年完成了 7.9km ϕ1016mm X80 管线示范段的建设。从 2006 年 8 月开始，开展了大规模的西气东输二线 X80 管线钢管的开发，X80 钢级热轧板卷、宽厚板和螺旋焊管、直缝埋弧焊管、感应加热弯管及管件均已开发成功，投入大批量生产，并在西气东输二线大量应用，实现了西气东输二线管材基本国产化。

在西气东输二线 X80 管线钢的开发中，首次采用了低碳高铌的微合金设计，不少人对于这种新型 X80 管线钢的可焊性存在疑虑。为此中石油制管厂与北京钢铁研究总院、北京科技大学和中信微合金技术中心组成课题组，采用试验室模拟和制管生产试验的方式，对低碳高铌 X80 管线钢的焊接性能进行了研究。研究结果和大批量工业生产的结果表明，低碳高铌 X80 管线钢的焊接性能良好，钢管的母材、焊缝和热影响区的冲击韧性达到了很高的水平，保证了西气东输二线管道顺利建成。

西二线是我国第一条引进境外天然气资源的大型管道工程。来自土库曼斯坦的天然气，通过中亚天然气管道输送到新疆霍尔果斯，再由西气东输二线输送到中国南方的广州。西气东输二线设计输气量 $300 \times 10^8 m^3/a$。主干线全长 4895km，选用 X80 钢级，钢管直径为 1219mm，壁厚为 18.4mm/22mm/26.4mm/27.5mm。西气东输西段采用 12MPa 输送压力，东段采用 10MPa 输送压力。西二线西段已于 2009 年 12 月投入运行，东段也已于 2011 年 6 月顺利投产。

在制定西气东输二线 X80 管线钢管标准初期，我们了解到北美地区 X80 管线钢开发采用了低碳高铌的新的成分设计[1]。但国内对其成分和组织对焊接性能的影响还缺乏足够的

了解。API spec5L 标准尚不允许铌含量超过 0.06%[2]。由于 CTIC-CBMM 的杰出推广工作，使国内管道界和冶金界接受了在低碳条件下铌含量可以突破 0.06% 上限的新观念[3,4]。API 5L 和 ISO 3183 标准也放松了铌含量 0.06% 的上限，改为 Nb + V + Ti 总量上限控制的原则。我国前期 HTP X80 宽厚板和热轧板卷的试验结果证明了高铌对韧性和可焊性的良好作用[5~9]；以上工作最终促成了西气东输二线钢管标准提高了铌含量的上限，在 NB + V + Ti 总量不超过 0.15% 的前提下，将铌含量上限提高到 0.11%，为低碳高铌成分设计的应用开辟了道路[10]。

西气东输二线 X80 板材和管材的开发实行严格的准入制度，经历单炉试制—检测评价— 千吨级小批量试制—新产品鉴定—扩大批量生产的程序。

初期开发试验结果表明，低碳高铌不加钼或少加钼的成分设计可以满足 X80 直缝埋弧焊管的强韧性能要求，但不能满足 X80 螺旋埋弧焊管的强度要求；在板材轧制中采用高终冷温度不能满足 X80 焊管的强度和韧性要求，特别是 DWTT 性能要求。经过中国钢铁企业的艰苦攻关和逐步优化，在低碳高铌加钛处理的成分设计基础上，通过改进成分设计，适当添加其他元素，改进轧制工艺，创新开发了具有中国特色的 X80 高韧性板材冶炼和轧制技术，既满足标准的性能要求，又比较经济。成功完成了小批量试制，并应用于大批量生产。西气东输二线钢管质量优良，特别是断裂韧性指标优异，所有炉批钢管管体的夏比冲击功超过了 300J，以至于在进行全气体爆破试验时找不到低于 200J 的管子，不得不特制一批低韧性钢管。钢管可焊性好。管线焊接经受住了冬季施工考验，单月最高线路焊接里程达 306km，焊接一次合格率达到 98.26%。西段 2747km 管线试压一次成功。

2　西气东输二线 X80 钢管焊接热模拟

鉴于对高 Nb 管线钢在焊接过程中的组织恶化和韧性损伤等问题对管线的实际应用存在质疑。以典型的 X80 高 Nb 管线钢为研究对象，采用 Glebble 热模拟以及光学、扫描显微分析，对不同焊接热输入下 X80 管线钢热影响区的组织粗化、M-A 组元以及韧性进行了研究。

为了研究低 C 高 Mn 高 Nb 钢的焊接性能以及 CGHAZ 韧性恶化的原因，利用 Gleeble 1500 实验机完成对单道次焊接中粗晶区热循环的模拟。根据实际制管焊接工艺所采用的参数，本实验采用 16kJ/cm、20kJ/cm、30kJ/cm、40kJ/cm、50kJ/cm 和 58kJ/cm 六种焊接热输入，焊接热模拟工艺曲线如图 1 所示。

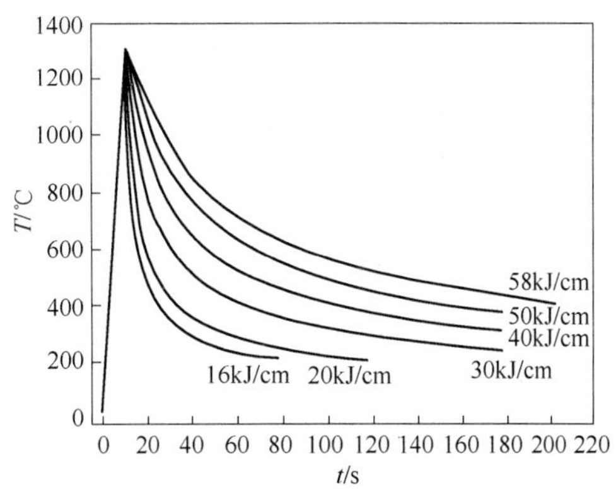

图 1　不同热输入量下的热循环曲线

焊接热模拟实验完成后，将焊接热模拟试样加工成 10mm × 10mm × 55mm 的 V 形冲击实验样，测定不同热输入条件下的热模拟试样在 -20℃ 的夏比冲击功。图 2 给出最终的冲击韧性数据，可以看出，在较低热输入条件下（16 ~ 30kJ/cm），热影响区粗晶区有较好的韧性，但值得注意的是，韧性值有先增加后减小的变化，20kJ/cm 比 16kJ/cm 的韧性要略高。随着热输入的增加，从 40 ~ 60kJ/cm，试样的冲击韧性急剧下降。

图 3 给出显微组织的扫描电镜观察结果，可以清楚看到，不同热输入下 M-A 的分布及形态，其中 M-A 表现为白色高亮的部分，但是必须区别于晶界。在线能量小于 30kJ/cm 时，组织以板条状贝氏体和针状铁素体为主；而当线能量大于 30kJ/cm 时，组织出现大块的

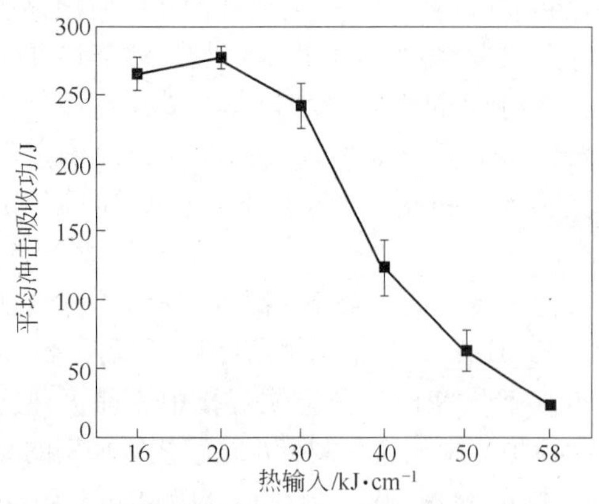

图2　不同热输入量下试样的冲击功

粒状贝氏体组织；在较大线能量输入的情况下，其 $t_{800\sim500℃}$ 时间变长，冷却速度减小，40kJ/cm 线能量输入对应的冷速只有 5℃/s，根据高 Nb 钢的静态 CCT 曲线，当冷速减小显微组织中会出现粒状贝氏体。在大线能量输入时，粒状贝氏体组织粗化较明显，而其中 M-A 相也相应粗化，这种粗大的粒状贝氏体对粗晶区韧性是十分有害的。由于热循环造成的粗晶区，虽然晶粒平均尺寸没有过大的增长，但随着热输入线能量的增加，一方面较大尺寸晶粒开始出现，另一方面也更容易在 HAZ 区相同地方造成严重的晶粒不均匀。而混晶的出现对粗晶区的韧性有很大的负作用。

高热输入（50kJ/cm）、低热输入（20kJ/cm）下，试样在 -20℃ 的平均夏比冲击功分别为 63.5 J 和 277.5J，高热输入量明显恶化了粗晶区的韧性。在低热输入量下，显微组织以板条状贝氏体为主，且 M-A 组元尺寸细小，原奥氏体晶粒大小在 30 ~ 40μm；而高热输入量下，显微组织以粒状贝氏体为主，M-A 组元粗大，成块状，原奥氏体晶粒要更为粗化。

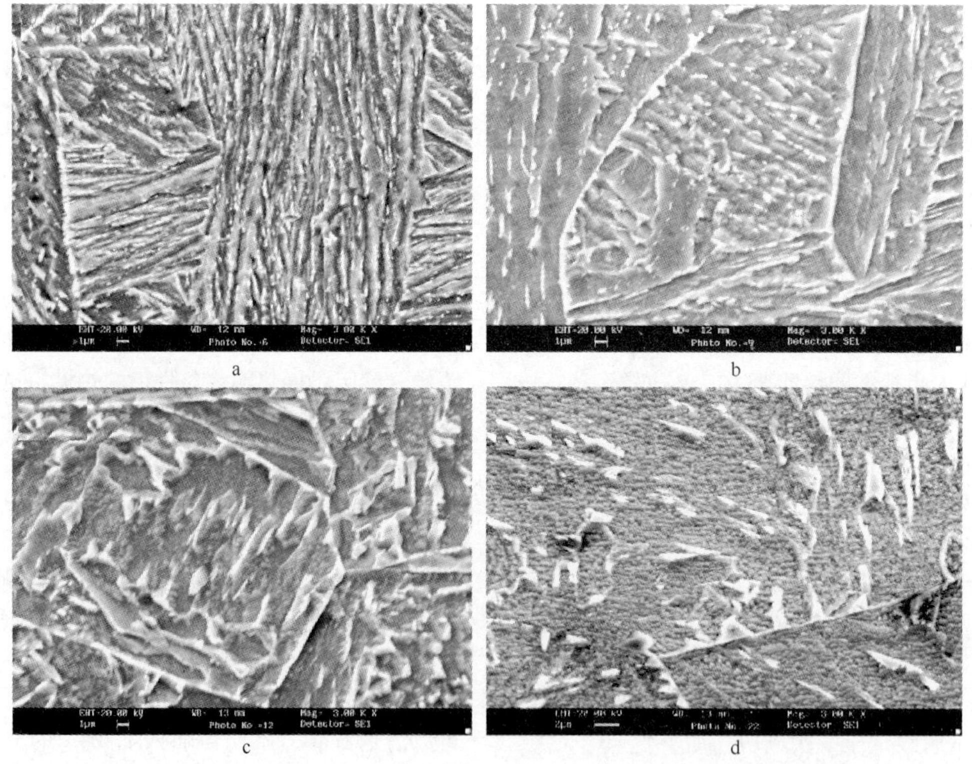

图3　不同热输入量下粗晶热影响区的显微组织

a—20kJ/cm($t_{800\sim500℃}$ = 9.5s)；b—50kJ/cm($t_{800\sim500℃}$ = 58.7s)；

c—40kJ/cm($t_{800\sim500℃}$ = 39.3s)；d—58kJ/cm($t_{800\sim500℃}$ = 80.9s)

对粗晶区范围内原奥氏体晶粒尺寸的分布进行统计，如图 4 所示，可以看到，高热输入量下，大尺寸奥氏体晶粒的比例明显增多，粗晶区原奥氏体晶粒的均匀性也严重恶化。另外 M-A 也会随线能量增加而明显粗化，使韧性恶化。

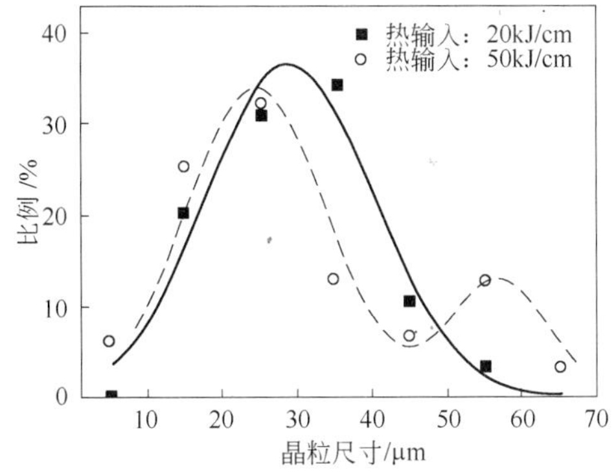

图 4　高铌 X80 管线钢不同热输入量下粗晶热影响区原奥氏体晶粒尺寸分布

为了保证 CGHAZ 的韧性，高铌 X80 管线钢的焊接线能量应该不超过 30kJ/cm。这样可以使高铌 X80 管线钢获得良好的使用性能。如果焊接线能量过大，虽然高铌管线钢粗晶区的平均晶粒尺寸粗化不明显，但晶粒的均匀性会严重恶化，另外，焊接线能量超过 40kJ/cm 时，会使高铌 X80 管线钢产生大块的粒贝组织，而 M-A 也会显著粗化。

图 5 给出了对不同热输入试样的 EBSD 面扫描结果：菊池带衬度图，其中白线表示取向差不小于 15°的晶界。其结果显示，低热输入条件下显微组织主要为板条贝氏体（图 5a），而高热输入下为粒状贝氏体（图 5b）。低热输入量条件下，原奥氏体晶粒尺寸更小，晶粒内相邻的板条为小角晶界，而板条束之间表现出大取向差，有效晶粒尺寸为板条束的宽度；而高热输入条件下，主要得到粒状贝氏体组织，粒状贝氏体组织中的贝氏体铁素体大多数情况下成相近取向，原奥氏体晶粒内大角晶界密度很低，此时，粗晶区的有效晶粒尺寸就是粗大的原奥氏体晶粒尺寸[11]。图 5a 和图 5b 中的白色组元为 EBSD 扫描的 fcc 相，可以看到高热输入下，残余奥氏体也要更加粗大。除了相变组织之间，原奥氏体晶界是大角晶界出现的另一个重要位置。一方面，更细小的原奥氏体晶粒，可以拥有更高的大角晶界密度；另一方面，奥氏体晶粒内连续冷却形成的板条贝氏体组织中也拥有更高比例的大角晶界。大角晶界的增加能更有效抑制裂纹扩展，可明显改善材料的韧性[12~14]。

不容置疑，原奥氏体晶粒的尺寸和均匀性对粗晶区韧性有着重要的影响，相变组织类型

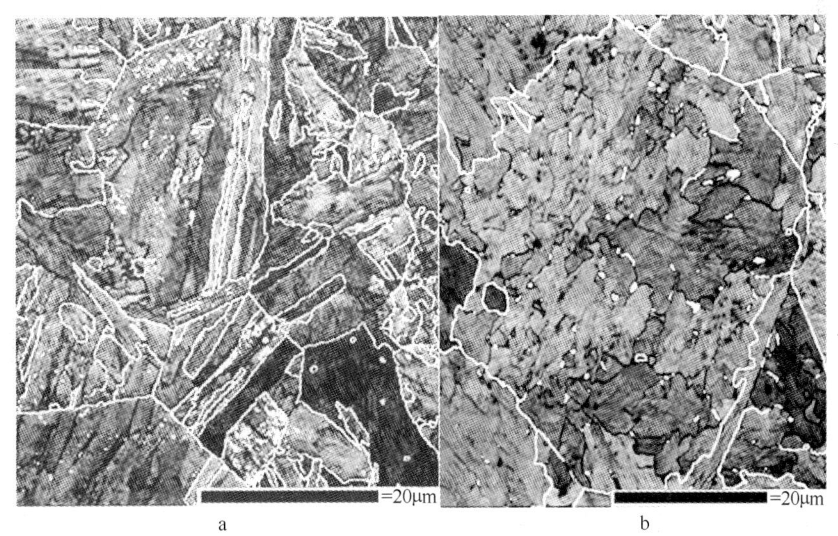

a　　b

图 5　不同热输入量下的菊池带衬度图
（白色线为≥15°的大角晶界）
a—20kJ/cm（$t_{800\sim500℃}=9.5s$）；b—50kJ/cm（$t_{800\sim500℃}=58.7s$）

以及 M-A 的形貌、分布等也是影响粗晶区韧性的主要因素，而溶质 Nb 和析出 Nb 颗粒状态同时影响着原奥氏体晶粒的粗化，以及焊接热循环中的相变过程。焊接过程是一个再加热并冷却的过程，CGHAZ 中的显微组织，是母材组织重新奥氏体化后，经过无变形的连续冷却相变产生的。高 Nb 钢在抑制原奥氏体晶粒的粗化和保持晶粒的均匀性方面，具有明显优势，这对随后的相变过程是有利的，高 Nb 的添加也更有利于中低温相变组织的产生[12]，使焊接热影响区组织和母材有较好的匹配。但对热输入量的控制仍是改善焊接热影响区粗晶区韧性的主要方面，过高热输入量会导致高 Nb 钢 CGHAZ 中产生粗大的原奥氏体晶粒，最终相变产物为粗大且取向相近（或相同）的粒状贝氏体，且 M-A 尺寸较大，成块状[15,16]，这种显微组织的恶化将导致大角晶界密度明显下降，有效晶粒尺寸粗化，韧性明显恶化。

3　实际焊接工艺、显微组织和力学性能

3.1　焊接工艺

西气东输二线 X80 钢管的主要规格及生产工艺为：

（1）SAWH 钢管：外径 1219mm，壁厚 15.3mm/18.4mm，采用 1550mm × 18.4mm 热轧板卷经开卷、矫平、铣边、三辊外控成型后，进行内外双丝埋弧焊接。所用焊材为 Mn-Mo-Ti-B 焊丝和氟碱型高韧性烧结焊剂。

（2）SAWL 钢管：外径 1219mm，壁厚 22mm/26.4mm/27.5mm，采用 X80 热轧宽厚板经 JCO 或 UO 成型后，进行连续预焊，然后进行内外双面埋弧焊接，内焊采用四丝串列埋弧焊，外焊采用四丝或五丝串列埋弧焊。所用焊材也是 Mn-Mo-Ti-B 焊丝和氟碱型高韧性烧结焊剂。焊接后的钢管进行机械扩径。

根据上述热模拟实验的结论，在焊接过程中对热输入进行了控制，使之不超过 30kJ/cm。

3.2　焊接的物理冶金

总起来讲，热影响区的晶粒尺寸在焊接熔合线附近会显著粗化，在随后的热循环中会更加粗大。然而，TiN 会在抑制晶粒长大，保证热影响区在较好韧性中起重要作用。因此需要确认管线钢中的最佳 Ti/N 比。目前钢的生产过程中可以将 N 含量控制在 $60 \times 10^{-4}\%$ 以下，那么 Ti 的加入量应该按照 Ti/N 比的要求进行优化。对实际焊接热影响区的一系列研究表明，工业生产的钢种的 Ti/N 比一般在 2.0 ~ 3.5 范围内，焊接热影响区的韧性良好，而且没有明显的证据表明 Ti/N 比会显著影响热影响区的晶粒尺寸和显微组织。因此，Ti 的加入量应该在 0.01% ~0.02% 之间。

对于管线钢的双面焊或多道焊，第二道焊缝的 HAZ 与第一道焊缝的 HAZ 相互重叠，如图 6 所示，CGHAZ 和 ICCGHAZ 是焊接热影响区中最薄弱的区域。实验分别从工业 1 号钢和 2 号钢（成分见表 1，其中 1 号钢 Nb 含量略低，2 号钢 Nb 含量高）CGHAZ 和 ICCGHAZ 两个区域取样，制备 TEM 观测用的萃取复型试样，以此考察工业高铌、中铌管线钢热影响区中析出的状态。此外，考察了不同 Nb 含量钢焊接热影响区中的原奥氏体晶粒状态。

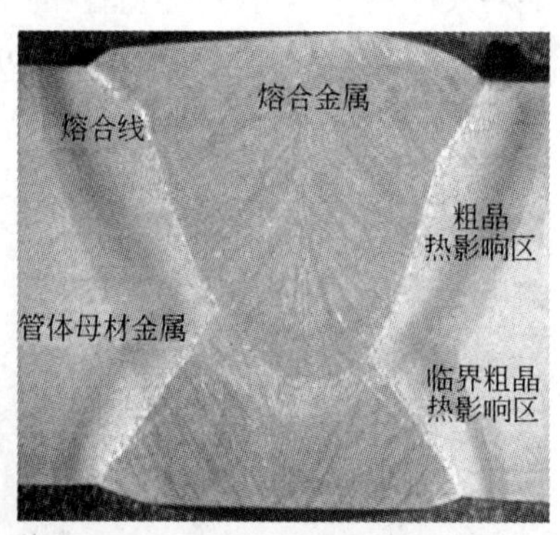

图 6　实际焊接的热影响区

表 1　X80 实验用钢的化学成分（%）

序号	C	Si	Mn	Nb	Mo	Cr + Cu + Ni 及其他元素
1	0.08	0.17	1.64	0.05	0.21	≥0.50
2	0.06	0.18	1.79	0.09	0.24	≥0.50

图 7 和图 8 分别给出，中铌、高铌含量钢焊接试样中 CGHAZ 和 ICCGHAZ 两个区域的析出物观测结果，其中包括析出颗粒的 TEM

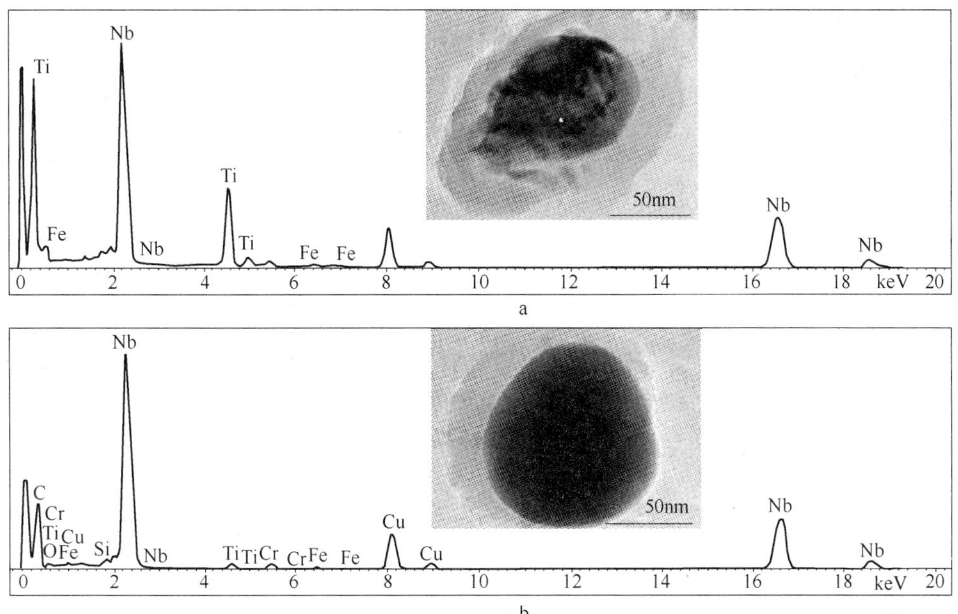

图 7　中铌管线钢热影响区中 Nb 的析出物（1 号钢）

a—CGHAZ 中 Nb 的析出物和能谱分析；b—ICCGHAZ 中 Nb 的析出物和能谱分析

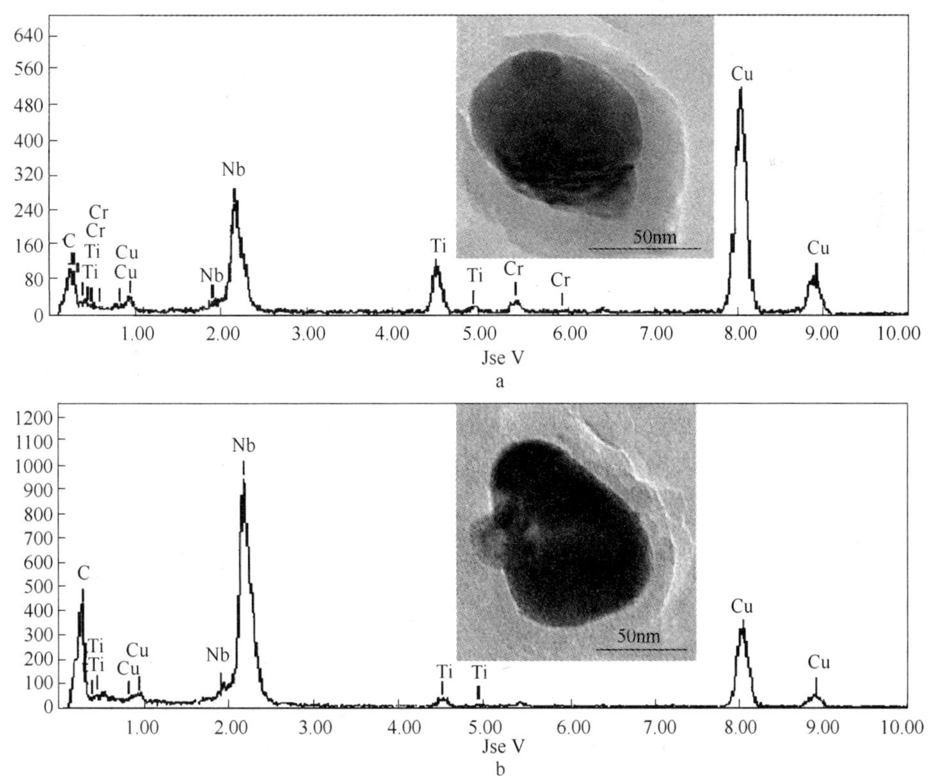

图 8　高铌管线钢热影响区中 Nb 的析出物（2 号钢）

a—CGHAZ 中 Nb 的析出物和能谱分析；b—ICCGHAZ 中 Nb 的析出物和能谱分析

形貌和能谱结果。可以看到，不同 Nb 含量条件下，两个最薄弱区域的析出物都以椭圆形颗粒为主，而且能谱分析证实，析出颗粒主要是含 Nb 的析出物。

针对 1 号钢（0.05% Nb）和 2 号钢（0.09% Nb）HAZ 中不同区域内的析出物，图 9 分别给出其尺寸分布统计结果，其中 CGHAZ 的特点是只经历过一次热循环，如图 9a 所示，对于中 Nb 含量钢，其 CGHAZ 中的析出颗粒要更为细小，并集中在不大于 20nm 的范围，而高 Nb 含量钢中析出颗粒大多在 40～50nm，但两者中都不存在过于粗大的析出颗粒，这些尺寸较小的颗粒实际上对抑制晶粒的粗化是有益的。而 ICCGHAZ 受到两次热循环的影响，显微组织和析出状态都发生变化，如图 9b 所示。在中 Nb 含量钢中，可以发现更大比重的不小于 90nm 的析出颗粒，这种粗大的析出对热影响区的韧性是有害的，而高 Nb 含量钢中并没发现粗大的析出颗粒，相反，小尺寸（≤20nm）的析出颗粒比重却有所增加。高 Nb 钢在双道焊中表现出更大的优势，大量的细小析出可以有效抑制奥氏体晶粒的粗化，双道焊的热循环过程比较复杂，而高 Nb 钢在析出颗粒尺寸分布中表现出更大的优势，可以认为，在高 Nb 钢中的形核析出位置更多，而中 Nb 钢中有限的析出形核位置，使得更多的固溶 Nb 用于析出的粗化。

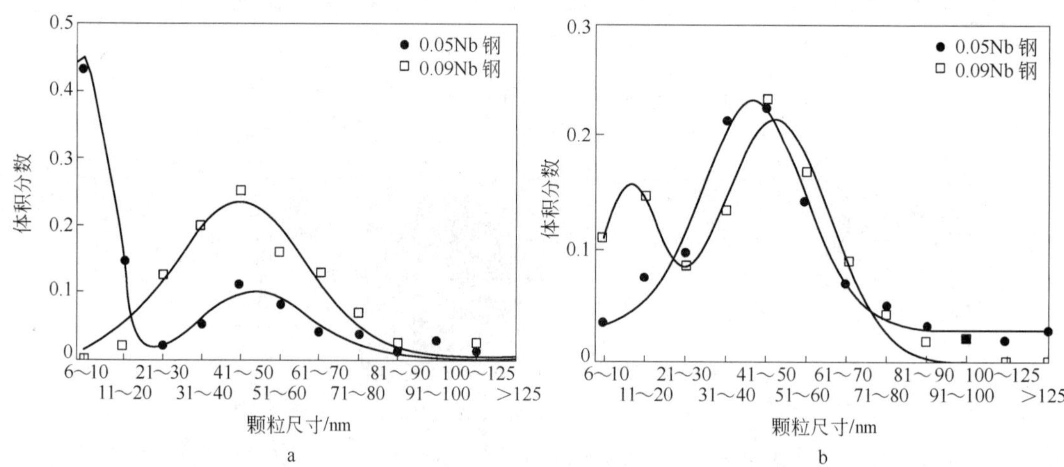

图 9　不同 Nb 含量钢 HAZ 中 Nb 析出物的尺寸分布

a—CGHAZ；b—ICCGHAZ

为了精确考察整个焊接热影响区域的原奥氏体晶粒状态，通过热浸蚀原奥氏体晶粒，勾勒出原奥氏体晶粒的晶界（图 10），可以看到，原奥氏体晶粒在 HAZ 内严重粗化，靠近熔合线附近的原奥氏体晶粒粗化程度最为严重，随着远离熔合线的距离增加，原奥氏体晶粒尺寸逐渐变小。图 10a 和图 10b 中分别标注了中 Nb 钢和高 Nb 钢 HAZ 中粗晶区的范围，可以看到，其中 1 号钢（0.05% Nb）CGHAZ 宽度在 225μm 左右，而 2 号钢（0.09% Nb）的 CGHAZ 要小于 200μm，此外，1 号钢 HAZ 中的原奥氏体晶粒粗化程度要更为严重。Nb 含量的差别应该是导致 HAZ 粗晶区奥氏体晶粒状态差异的主要原因，更高的溶质 Nb 含量能减缓晶界的迁移率[10,11]，抑制粗化，而细小的 Nb 析出，也可以钉扎晶界，更有效阻止奥氏体晶粒的长大。

3.3　螺旋埋弧焊管的力学性能

表 2 所示是某钢厂西二线 X80 热轧板卷化学成分统计，体现了低碳高铌和钛处理的成分设计思想。

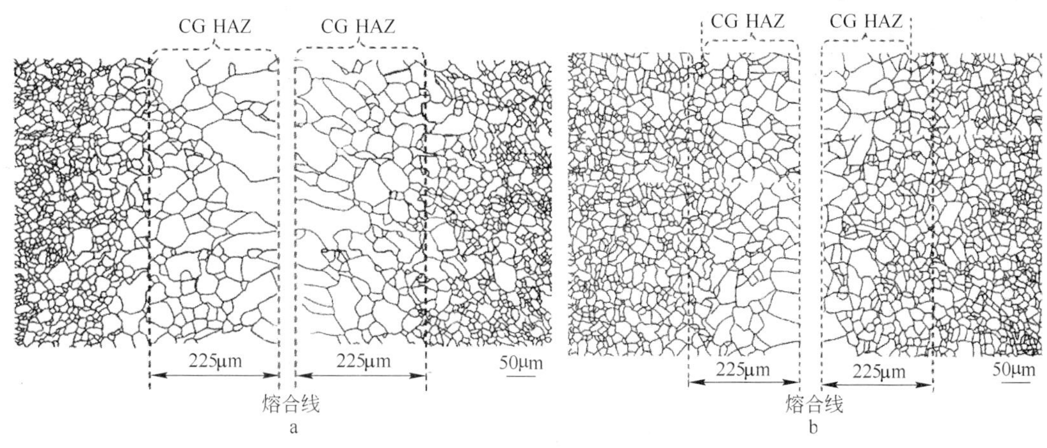

图 10 实际焊接 HAZ 中原奥氏体晶粒尺寸分布

a—中铌含量钢（0.05%）；b—高铌含量钢（0.09%）

表 2 西二线 X80 热轧板卷的典型化学成分 （%）

项目	C	Mn	Si	P	S	Nb	V	Ti	Mo	Ni	Cr	Cu	Nb + V + Ti
最大	0.06	1.88	0.24	0.01	0.002	0.10	0.02	0.02	0.27	0.26	0.25	0.25	0.13
最小	0.05	1.76	0.16	0.01	0.001	0.06	0.01	0.01	0.21	0.21	0.01	0.02	0.10
平均	0.03	1.83	0.19	0.01	0.001	0.08	0.02	0.01	0.24	0.25	0.02	0.22	0.11

华油钢管有限公司对西气东输二线螺旋焊管进行的 1455 组拉伸试验统计结果见表 3。共包括 4 个钢厂（A、B、C、D）的板卷制管生产检验的数据。所有数据均满足标准要求，屈强比平均值最高为 0.86。

华油钢管有限公司对西气东输二线螺旋焊管进行的 1297 组管体夏比冲击试验的统计结果见表 4，焊缝试验结果见表 5，热影响区试验结果见表 6，共包括 4 个钢厂（A、B、C、D）的板卷制管生产检验的数据。管体夏比冲击功平均值均在 350J，剪切面积平均值均为 100%。制管后管体夏比冲击功与板卷相比无明显变化。焊缝夏比冲击功平均值在 160J 左右。HAZ 夏比冲击功平均值在 200J 左右。均大大优于标准要求，体现了超低碳高铌钢杰出的冲击韧性和焊接性能。D 钢厂 X80 板卷制管后管体、焊缝和热影响区夏比冲击的直方图如图 11 所示，可以看出其结果符合正态分布，韧性控制良好。

表 3 四个钢厂（A、B、C、D）板卷制管的拉伸试验数据

项 目		抗拉强度 R_m/MPa	屈服强度 $R_{t0.5}$/MPa	伸长率 /%	屈强比
A 229 组	最小	651	555	21.5	0.73
	最大	789	652	29.6	0.91
	平均	708	581	25.4	0.82
B 46 组	最小	672	555	22.4	0.74
	最大	759	612	29	0.89
	平均	706	572	25.8	0.81
C 799 组	最小	647	555	19.6	0.75
	最大	794	684	30	0.94
	平均	698	592	25	0.85
D 381 组	最小	643	555	21.4	0.75
	最大	780	686	29.5	0.93
	平均	691	593	25.0	0.86
标准要求		625 ~ 825	555 ~ 690	≥16	≤0.94
管板(S)平均差值		+2	+23	-1	+3

表 4 四个钢厂（A、B、C、D）板卷制管的管体夏比冲击试验统计结果

试验温度（-10℃）	冲击功/J			剪切面积/%		
	最小	最大	平均	最小	最大	平均
A(192 组)	262	464	352	96	100	100
B(41 组)	272	441	353	100	100	100
C(715 组)	251	497	352	86	100	100
D(349 组)	215	477	343	83	100	100
标准要求	单个≥170J，平均≥220J			单个≥80%，平均≥90%		
管板平均差值	+5			+1		

表 5 四个钢厂（A、B、C、D）板卷制管的焊缝夏比冲击试验统计结果

试验温度（-10℃）	冲击功/J			剪切面积/%		
	最小	最大	平均	最小	最大	平均
A(192 组)	61	221	162	37	100	70
B(41 组)	82	221	166	42	98	71

续表 5

试验温度（-10℃）	冲击功/J			剪切面积/%		
	最小	最大	平均	最小	最大	平均
C(715 组)	66	241	167	38	100	72
D(349 组)	72	265	158	41	100	68
标准要求	单个≥60J，平均≥80J			单个≥30%，平均≥40%		

表 6 四个钢厂（A、B、C、D）板卷制管的热影响区夏比冲击试验统计结果

试验温度（-10℃）	冲击功/J			剪切面积/%		
	最小	最大	平均	最小	最大	平均
A(192 组)	90	291	205	42	100	90
B(41 组)	73	285	211	43	100	91
C(715 组)	62	295	206	38	100	90
D(349 组)	62	296	199	41	100	96
标准要求	单个≥60J，平均≥80J			单个≥30%，平均≥40%		

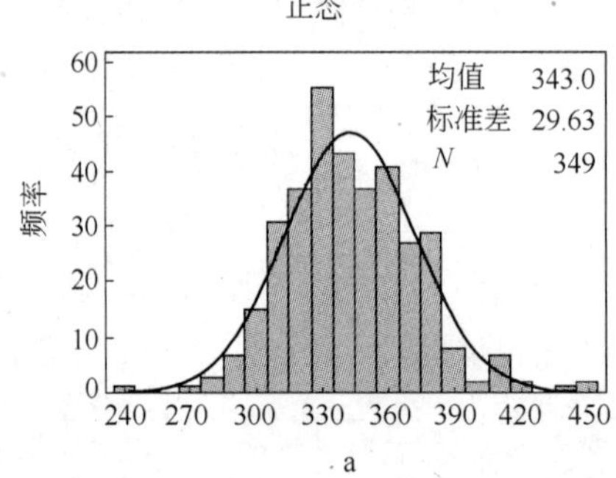

a

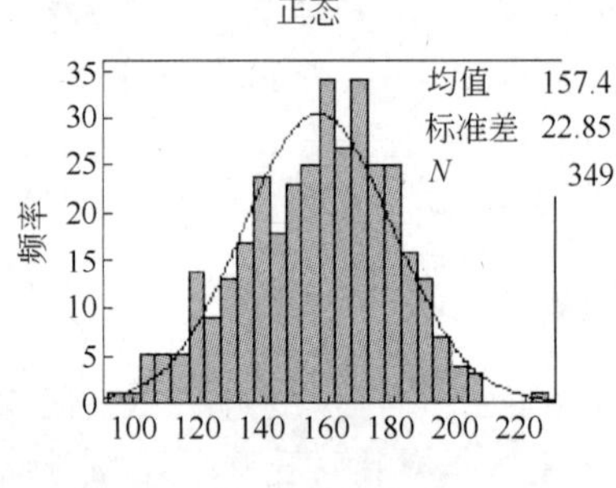

b

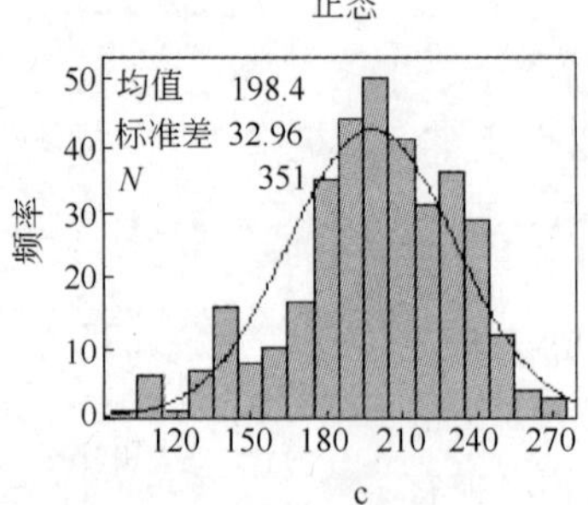

c

图 11 D 钢厂 X80 板卷制管后管体、焊缝和热影响区夏比冲击的直方图

a—管体冲击功平均直方图；b—焊缝冲击功平均的直方图；c—热区冲击功平均的直方图

华油钢管有限公司对西气东输二线螺旋焊管进行的 1561 组管体夏比冲击试验的统计结果见表 7。所有四个钢厂的 X80 板卷制管后的 DWTT 试验结果均令人十分满意。剪切面积平均值均为 100%。

表 7 西气东输二线螺旋焊管管体 DWTT 试验统计结果

组 别	剪切面积 SA/%	1	2	平均
A(192 组)	最小	78	92	89
	最大	100	100	100
	平均	100	100	100
B(304 组)	最小	92	94	93
	最大	100	100	100
	平均	100	100	100
C(716 组)	最小	96	92	94
	最大	100	100	100
	平均	100	100	100
D(349 组)	最小	100	100	100
	最大	100	100	100
	平均	100	100	100

华油钢管有限公司对西气东输二线螺旋焊管进行的 1297 组 HV10 硬度统计数据见表 8。平均硬度不超过 230HV10，最高硬度为 270HV10，低于标准规定的最大值 280HV10。

表 8 西气东输二线 X80 螺旋焊管 1297 组 HV10 硬度的统计数据

HV10	最 小	最 大	平 均
A(192 组)	191	268	228
B(41 组)	198	248	227
C(715 组)	176	270	228
D(349 组)	180	258	225

以上数据充分说明了西气东输二线 X80 螺旋焊管的力学性能优良。

3.4 直缝埋弧焊管的力学性能

西气东输二线 X80 热轧钢板几种典型化学成分见表 9。从表 9 可见西气东输二线 X80 钢板的化学成分有 Nb + Cr 和 Nb + Cr + Mo 两种；X80 热轧钢板均为低 C（0.04% ~ 0.06%）；与 X70 相比，X80 的 Mn、Nb 含量较高，但 Mo 含量较低，从而降低了合金成本。

表 9 西气东输二线 X80 热轧钢板几种典型化学成分

编号	w(C) /%	w(Mn) /%	w(Si) /%	w(P) /%	w(S) /%	w(Nb) /%	w(V) /%	w(Ti) /%	w(Mo) /%	w(Ni) /%	w(Cr) /%	w(Cu) /%	w(Nb + V + Ti)/%	P_{cm}	备注
1	0.06	1.86	0.26	0.008	0.003	0.053	0.024	0.016	0.250	0.244	0.021	0.130	0.093	0.17	22mm
2	0.06	1.71	0.20	0.005	0.003	0.088	0.002	0.010	0.001	0.176	0.294	0.196	0.100	0.18	22mm
3	0.04	1.70	0.27	0.008	0.003	0.100	0.002	0.018	0.006	0.009	0.243	0.235	0.120	0.15	22mm

Nb-Cr 和 Nb-Cr-Mo X80 钢管屈服强度、抗拉强度和屈强比对比如图 12 所示。

由图 12 可知，Nb-Cr-Mo X80 钢管比 Nb-Cr X80 钢管屈服强度平均值高 13MPa，而抗拉强度平均值高 36MPa，因此 Nb-Cr-Mo X80 钢管屈强比多在 0.92 以下，在 0.94 ~ 0.96 范围内的比 Nb-Cr X80 钢管少得多，屈强比平均值低 0.03。

Nb-Cr 和 Nb-Cr-Mo X80 钢管母材、焊缝和热影响区夏比冲击对比如图 13 所示。两种 JCOE 钢管管体夏比冲击功的数值和分布有显著差别，Nb-Cr X80 钢管夏比冲击功显著高于 Nb-Cr-Mo X80 钢管，但 Nb-Cr X80 钢管分布出现双峰；两种 JCOE 钢管焊缝夏比冲击无显著差别；Nb-Cr X80 钢管热区冲击功较高，这可能与母材夏比冲击功较高有关。

Nb-Cr 和 Nb-Cr-Mo X80 钢管母材 DWTT 性能统计对比如图 14 所示。Nb-Cr X80 钢管 DWTT 剪切面积平均值稍高于 Nb-Cr-Mo X80 钢管，但低值和高值频次均较高。这可能与前期采用 Nb-Cr 成分设计试制时还未完全掌握保证 DWTT 性能的关键技术，后期添加少量 Mo 时，已经掌握了保证 DWTT 性能的关键技术这一历史原因有关。另外，X80 直缝埋弧焊管

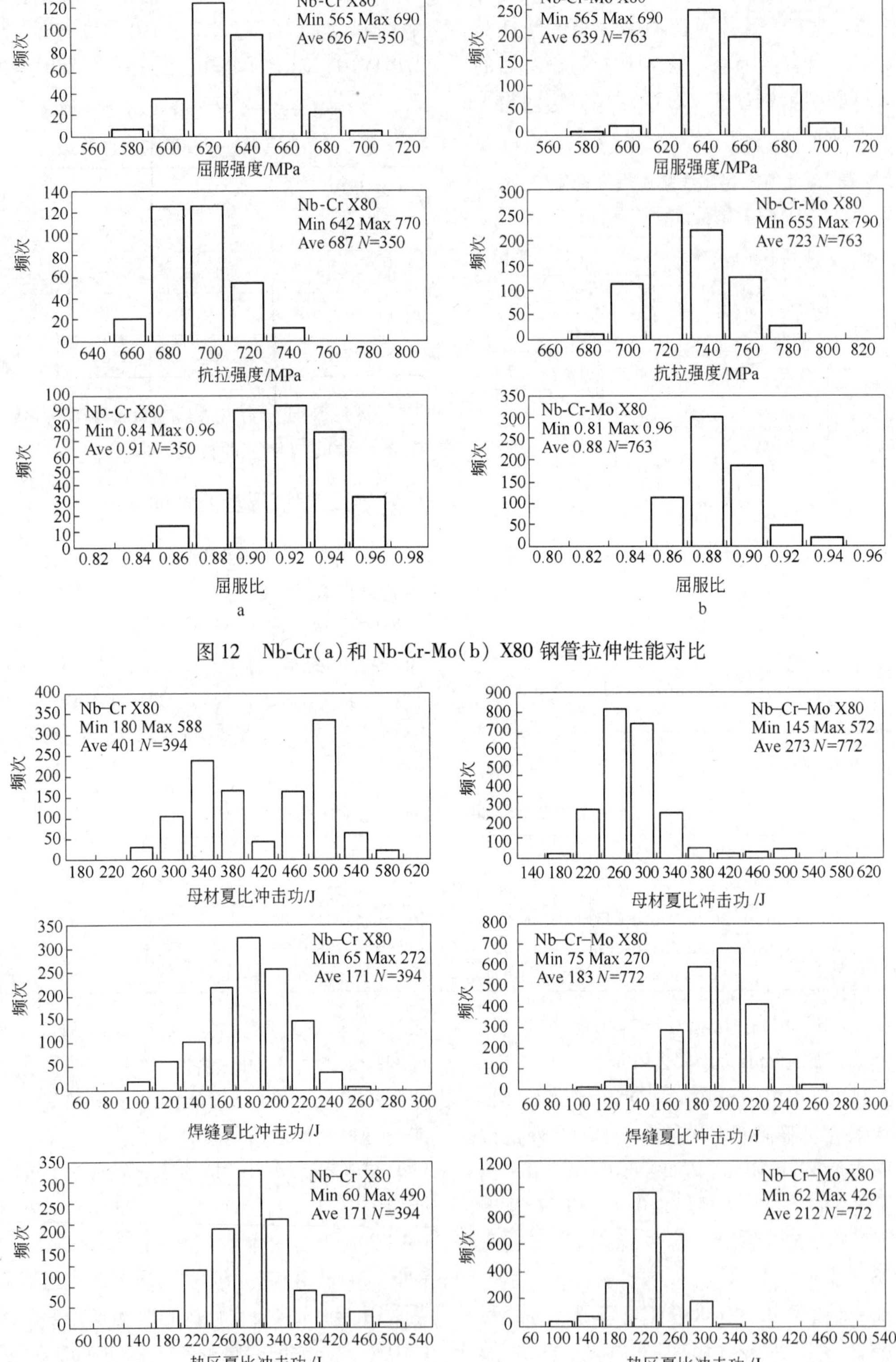

图 12　Nb-Cr(a)和 Nb-Cr-Mo(b) X80 钢管拉伸性能对比

图 13　Nb-Cr(a)和 Nb-Cr-Mo(b) X80 钢管母材、焊缝和热影响区夏比冲击对比

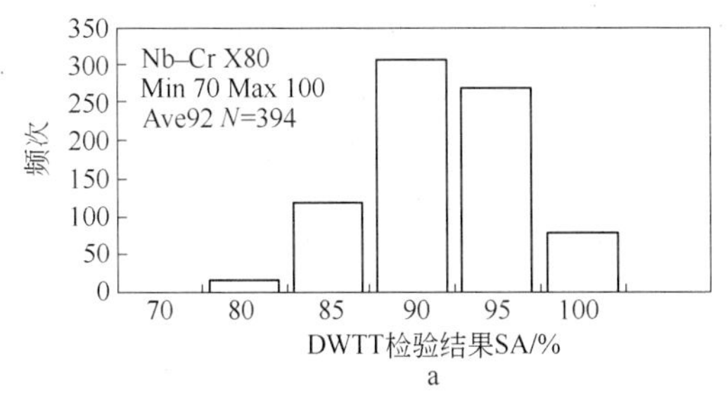

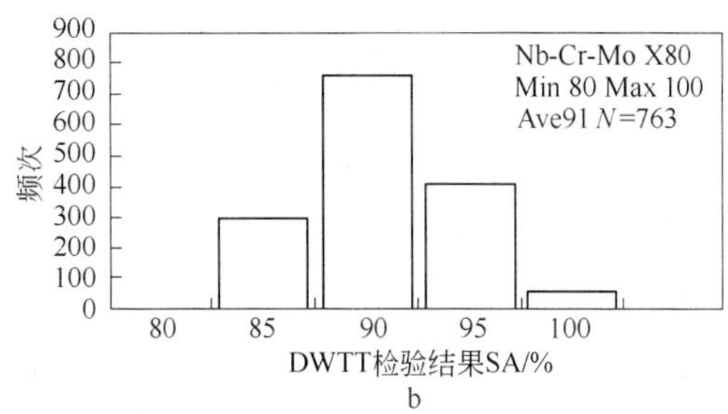

图 14 Nb-Cr(a)和 Nb-Cr-Mo(b) X80 钢管母材 DWTT 性能统计对比

的 DWTT 剪切面积值低于螺旋焊管，这可能与钢管壁厚有关，螺旋焊管壁厚较薄，可能对 DWTT 性能有利。

4 结论

根据低 C 高 Nb 管线钢焊接的研究结果，最佳的热输入量应该小于 30kJ/cm。M-A 组元的分布和尺寸主要受 $t_{800\sim500℃}$ 间的冷速影响，并可通过控制焊接工艺参数来调整。通过对实际焊接中的 Nb 的析出物进行的 TEM 研究，没有证据表明粗大的 Nb 的析出物会对 CGHAZ 和 ICCGHAZ 的性能产生显著影响。通过对比 0.06% 和 0.09% Nb 含量实际焊接样品可知，高 Nb 含量管线钢的 CGHAZ 的晶粒尺寸明显要比 0.06% Nb 含量钢的晶粒尺寸细小。

低碳高铌 X80 管线钢和钢管、管件的开发为西气东输二线 X80 钢管国产化的成功做出了突出的贡献，取得了很大成绩。统计分析表明，钢管性能优良，特别是断裂韧性和可焊性优异，为工程顺利进展提供了可靠保证。

在这一技术开发过程中，也还有一些问题需要继续进行研究。如钢管的横向屈强比偏高，特别是应变时效后的屈强比较高，有降低的必要。因此，应变时效敏感性低的钢种有待继续开发。部分钢厂 X80 管线钢的合金成本偏高，还有降低的可能和必要；更高强度的 X90 和 X100 超高强度经济型高性能管线钢还需要开发。希望在以上几方面取得突破，在下一轮 X80 及以上钢级天然气管道建设时，能够使用新一代性能价格比更好的低碳铌微合金管线钢管，把我国的管线钢事业向前推进一步。

参 考 文 献

[1] Hulka K, Brodignon P, Gray J M. Niobium Technical Report-No 1/04. CBMM. 2004. Paper presented at International Seminar the HTP Steel Project, Sao Paulo, Brazil, 2003.

[2] Stalheim D G, Barnes K R, McCutcheon D B. International symposium of Microalloyed steels for the oil and gas industry. CBMM/TMS, Brazil, 2006.

[3] 中国石油天然气股份有限公司管道建设项目部. Q/SY GJX 0125-2007 西气东输二线管道工程用 X70 直缝埋弧焊管技术条件[S]. 中国石油天然气股份有限公司企业标准，2007.

[4] 中国石油天然气股份有限公司管道建设项目部. Q/SY 101—2007 西气东输二线天然气管道工程用热轧钢板技术条件[S]. 中国石油天然气股份有限公司企业标准，2007.

[5] 缪成亮，尚成嘉，曹建平，等. HTP X80 管线钢的晶粒细化与组织控制[J]. 钢铁，2009，44：62.

[6] 崔天燮，尚成嘉，缪成亮，等. X80 热连轧管线钢的成分、工艺、组织及性能研究[J]. 钢铁，2009，44：55.

[7] Miao C L, Shang C J, Zhang G D, et al. Recrystallization and Strain Accumulation Behaviors of High Nb-bearing Line Pipe Steel in Plate and Strip Rolling. Mater Sci Eng A, 2010, 527: 4985.

[8] Miao C L, Zhang G D, Shang C J. Recystallisation and Strain Accumulation Behaviors of High Nb-bearing Line Pipe Steel in Plate and Strip Rolling. Mater Sci Forum, 2010, 654~656: 62.

[9] Miao C L, Shang C J, Zhang G D, et al. Refinement of Prior Austenite Grain in Advanced Pipeline Steel. Front. Mater. Sci. China 4, 197 (2010).

[10] 缪成亮，尚成嘉，王学敏，等. 高 Nb X80 管线钢焊接热影响区显微组织与韧性[J]. 金属学报，2010，46：541 ~546.

[11] H Kitahara, R Ueji, N Tsuji, et al. Crystallographic Features of Lath Martensite in Low-carbon Steel. Acta materialia, 54(2006), 1279 ~ 1288.

[12] Hwang B, Kim Y G, Lee S, et al. Effective Grain Size and Charpy Impact Properties of High-toughness X70 Pipeline Steels. Metall Mater Trans, 2005, 36A: 2107.

[13] Ohomori Y, Ohtani H, Kunitake T. Tempering of the Bainite and the Bainite/Martensite duplex structure in a low-carbon low-alloy steel. Metal Science, 1974, 8: 357 ~366.

[14] Naylor J P, Krahe P R. The Effect of the Bainite Packet Size on Toughness. Metall Trans, 1974, 5: 1699.

[15] Lee S, Kim B C, Lee D Y. Fracture mechanism in coarse grained HAZ of HSLA steel welds. Scr Metall, 1989, 23: 995.

[16] Li Y, Baker T N. Effect of morphology of martensite-austenite phase on fracture of weld heat affected zone in vanadium and niobium microalloyed steels. Materials Science and Technology, 2010, 26(9).

低碳高铌管线钢的焊接性能及其在 HIPERC 工程中的应用

Stephen Webster

Consultant, UK

摘　要：HIPERC 是一个欧洲的研究项目，包括了几家钢铁公司和研究机构，专门从事于研究低 C（<0.09%）、高 Nb（0.05%～0.12%）钢中合金元素和工艺对其性能的影响。进行了实验室规模的炉批、试轧制来模拟空冷、水冷板材以及热轧带钢的生产，对 C、Mn、Ni、Cu、Cr、Mo、Nb、Ti 和 B 等元素对相变特征、再结晶温度的影响进行了研究，并获得了这些钢的微观组织特征，拉伸、压缩性能和焊接性能的回归方程。三家钢铁公司试制了几个全商业化的工业炉次，轧制成板材或者卷板，并将这两种产品分别进行了制管。对所有这些产品的焊接性能进行了评价，并进行了全尺寸断裂实验。此项目表明，在一个相当宽的应用范围内，产品的强度、韧性、焊接性能都能得到很好的配合。

关键词：钢，铌，管线管，结构，性能，焊接

1　引言

HIPERC 项目由 10 家公司或者研究机构组成，它们分别是四家钢铁厂、五家大学/研究机构，以及 CBMM（欧洲），由欧洲煤炭和钢铁研究基金（ERFCS）资助，研究工作已经进行了 3 年多。本项目对高 Nb 钢中的一些基础问题进行了研究，来揭示工艺路线/成分组合与此类型钢在不同市场区域内的适用性、局限性间的关系。此项目与科鲁斯英国有限公司（现在的英国塔塔钢铁厂）的研究与开发部进行了合作，参与其中的其他钢铁厂有：德国的 Salzgitter Mannesmann Forschung GmbH 钢铁厂，芬兰的 Ruukki 钢铁厂和比利时的 ArcelorMittal（OCAS）钢铁厂。其他参与的企业有 CBMM（欧洲）荷兰公司，另外参与的高校有比利时的根特大学、斯洛文尼亚的马里博尔大学、德国亚琛北莱茵韦斯特法伦工业大学（RWTH）。参与的研究机构有：波兰的 Instytut Spawalnictwa 焊接研究所、西班牙的科研与技术研究中心（CEIT）。

主要内容涉及 Nb 合金化、低碳贝氏体钢的冶金学，以及这类钢在三个特别领域的应用。这些内容包括：

（1）确定这种钢的成分-组织-性能间的关系。

（2）确定 X60、X70 强度级别的厚壁焊管的空冷厚度上限。

（3）开发由热轧卷板制成的更薄壁厚的焊管，强度级别的目标是 X70～X100。

（4）确定其作为屈服强度 450～600MPa 级别结构钢的适用性。

（5）对每个关注的产品领域进行成本-收益分析。

（6）对欧洲规范 Euronorms（欧洲煤钢联营标准）的观点进行鉴定和适当的修改。

此项目包括 5 个主要的任务，其中 3 个围绕着全尺寸钢进行。项目包含的内容太多，无法在一篇文章中全部涉及，而项目各方面的结果已在其他地方发表[2~5]，对整个项目的总结此前也已报告过[6,7]。

基于 3 个独立的实验设计，按照目标成分

冶炼了24个炉次，并采用6种轧制制度来模拟薄厚不同的钢板和卷板。工艺参数包括在非再结晶温度以下的2和4温度轧制的压下量，终轧温度为850℃，850℃到550℃间的冷速为0.5℃/S和10℃/S，然后在550℃以下空冷，冷速为10℃/s或30℃/h。选择这些工艺参数是为了模拟无加速冷却厚板轧机的缓冷状态、有加速冷却厚板轧机的快冷状态以及热轧带钢机组的轧后冷却过程。在成分和工艺上一共有144种不同的变化。用热膨胀仪测得CCT曲线，扭转实验测得再结晶温度，用热模拟试验机模拟1250℃后两种不同冷速来检测焊接性能。微观组织用光学显微镜观察，并用EBSD统计晶粒度。对拉伸性能和冲击韧性也进行了检测。

在确定某些重要的参数时，对其进行 $P<0.1$ 的多元回归分析，此处的 P 定义为（均方回归/均方误差）。分析时用到的数据有：按照试验设计的9种元素，分别为C、Mn、Ni、Cu、Mo、Cr、Nb、Ti和B；还有工艺参数 $\log_{10}$CR1（CR1代表850℃到550℃间的冷速），$\log_{10}$CR2（CR2代表550℃到20℃间的冷速），RR（再结晶温度以下轧制的压下量）和 T_{FC}（终冷温度）。结果算法的有效性通过对其他6种钢性能的预测来进行检验。在实验室针对2炉超出了目标成分的实验室铸坯、4炉工业生产的铸坯，采用了相同的轧制工艺进行加工。这便是我们熟知的“验证炉次”。结论在文献［7］中有所总结，而所有的信息都包含在文献［1］中。

除了实验室焊接模拟，还采用了以下几种焊接工艺来制取全尺寸焊缝：埋弧焊、减压电子束焊、自激发激光焊/激光复合焊/MAG。对其中一些焊缝进行了冲击韧性测试，并对全商业化的炉次制成的部分钢管进行了弧形宽板拉伸试验。

此文侧重于本项目中进行的焊接性试验，但也包括项目完成后获得的所涉及钢的相关数据。

2　焊接热模拟-试验炉次

此部分工作由波兰的Instytut Spawalnictwa焊接研究所完成，马里博尔大学和根特大学进行了测试支持。用热循环模拟机进行了实验室级别的焊接热影响区热模拟，以研究冷速对其的影响。将试样再加热到1250℃，控制冷速将800～500℃区间冷却时间控制在8s和30s。此温度区间经历的时间定义为 $t_{800\sim500℃}$，并评估了 $t_{800\sim500℃}$ 对冲击韧性和硬度的影响[4]。对24种成分试样的母材和热模拟HAZ区的CVN冲击功和硬度值分别进行了测试。这些数据将用来确定相变转变温度以及确定硬度、相变转变温度的最终回归方程。

从各参数推导出的回归方程为：

母材硬度(HV5) = 13 + 27000B + 1020C + 50Mo + 60Mn + 50Ni

HAZ硬度(HV5) = 25 + 18000B + 1360C + 270Nb + 60Mo + 46Mn + 34Cr + 30log$CR_{8/5}$

27 J ITT,℃ = 10 − 45Ni − 40Mn − 30Cr

0.5Kv max ITT,℃ = 0.8 + 480C − 45Ni − 30Mn

对硬度的预测值与实际值的对比如图1所示，相变转变温度的预测值与实际值的对比如图2所示。

正如所预期的那样，测量的硬度值由B和C的含量所决定。由回归方程所预测的值与实际很相符，并且Nb含量对HAZ的硬度值确有影响，成为对硬度值影响程度第三的元素。然而，Nb对韧脆转变温度的影响有限。方程中所得的Nb的系数为负，说明Nb对HAZ韧性无害，但结果从统计上来看并不显著。图2中的离散性较大，但方程所预测的总趋势似乎是对的。

另外，除了这些由实验室炉次热模拟而成的HAZ试样进行的基础研究，焊接性能数据还通过厚壁管线管、螺旋焊管和结构钢相关的3种任务获取。这些数据大部分是用商业炉次工业制造的全尺寸产品经由多种工业焊接技术而获得的。

3　厚壁管线管和结构钢的焊接性能

此部分研究的主要目的是明确采用控制轧制、其后空冷工艺制造的板材所能得到的性

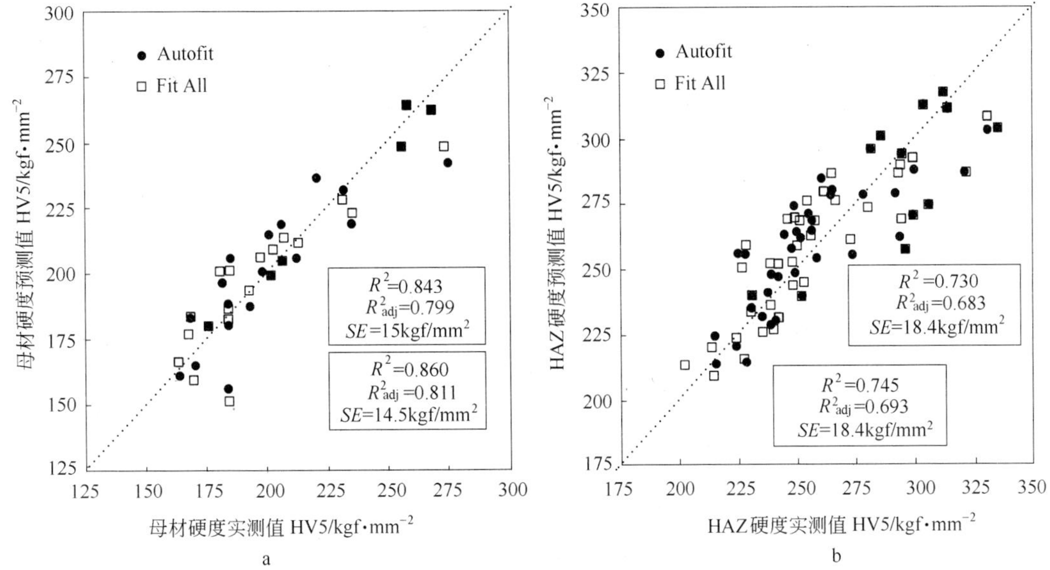

图 1 母材（a）与模拟 HAZ 硬度（b）的实测值与预测值对比
（1kgf/mm² = 9.8MPa）

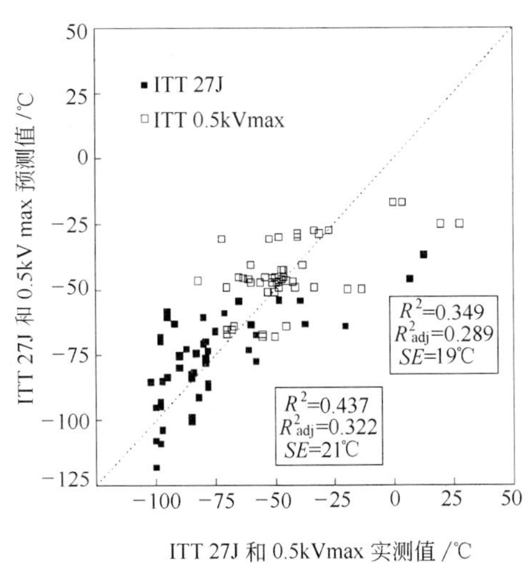

图 2 HAZ 转变温度的实测值与预测值对比

能。14.6mm、20.9mm 和 25.4mm 厚的板材在位于英国 Scunthorpe 的 Tata 钢铁板材厂轧制，并在 Hartlepool 钢管厂采用 UOE 成型方法制成钢管。14.6mm 厚的板材制管后外径为 610mm，其他板材制管后外径为 914mm。另外，采用最小的控制轧制手段生产了 20mm 和 50mm 厚的板材，目的是开发这种钢可能以更低的成本替代传统结构钢的潜力。

所有的板材都由同一炉次生产（81913），其成分见表 1。

表 1 81913 号炉次的化学成分

w(C)/%	w(Si)/%	w(Mn)/%	w(P)/%	w(S)/%	w(Al)/%	w(Nb)/%	w(V)/%	w(Cu)/%
0.053	0.18	1.59	0.013	0.0038	0.037	0.097	0.001	0.23
w(Cr)/%	w(Ni)/%	w(N)/%	w(Mo)/%	w(Ti)/%	w(Ca)/%	w(B)/%	P_{cm}	CEV
0.26	0.17	0.006	0.002	0.016	0.0013	—	0.17	0.40

母材及制管后的拉伸性能、冲击韧性及落锤撕裂性能见表 2。断后伸长率 A 所对应的板材试样标距为 200mm，管材试样的标距为 50mm。

空冷时 X70 钢管能生产的最大厚度可达 21mm，25mm 厚的性能处在达标边界。冲击韧性和 DWTT 的转变数据表明制管过程对转变温度的影响很小。作为结构钢使用的板材力学性能汇总于表 3。对拉伸性能、冲击韧性及落锤撕裂性能分别进行了检测，确定了韧脆转变温度。虽然结构钢的 DWTT 性能并不在欧洲规范 Euronorms 标准要求范围内，但能确定低级别的控制轧制对 DWTT 的影响程度是十分有益的。

表 2　工业生产板材及其制管后的力学性能

产品	t/mm	RR	FRT/℃	$R_{t0.5}$ /MPa	R_m /MPa	A/%	R_t/R	27J 转变温度/℃	0.5Kvmax 转变温度/℃	DWTT 转变温度/℃
板	14.6	3.7	775	439	533	26	0.82	-110	-90	-60
板	20.9	4.1	708	533	592	18	0.90	-100	-85	-40
板	25.4	3.1	720	479	541	18	0.89		-85	
板	25.4	3.1	715	512	581	23	0.88	-90	-75	-10
板	25.4	4.1	712	496	543	22	0.91	-140	-140	-35
管	14.6			564	579	41	0.97	-110	-90	-60
管	20.9			513	611	44	0.84	-100	-85	-45
管	25.4			478	554	51	0.86			
管	25.4			488	586	45	0.83	-90	-75	-15

表 3　81913 号炉次生产的用作结构钢的板材的力学性能

钢板厚度/mm	$R_{p0.2}$/MPa	R_m/MPa	A	R_p/R	0.5Kvmax 转变温度/℃	27J 转变温度/℃	DWTT 转变温度/℃
20	484	540	25	0.89	-90	-130	-40
50	410	521	21	0.79	-70	-110	-20

EN 10025-4：2004 标准对强度的要求取决于板厚，表 3 中 50mm 厚板材的性能符合 S420ML 要求，20mm 厚板材的性能符合 S460ML 的要求。考虑到这两种板材生产过程中低的控制轧制水平，在这条件下得到了良好的强度和韧性性能。

对部分试样按照 BS 7448 要求进行了裂纹尖端张开位移（CTOD）实验，从 25.4mm 板材取得样品的转变曲线和两个裂纹的方向如图 3 所示。对韧性最低的方向——横向来说，CTOD 的数据表明在 -50℃ 下仍能得到 0.25mm 的 CTOD 值。

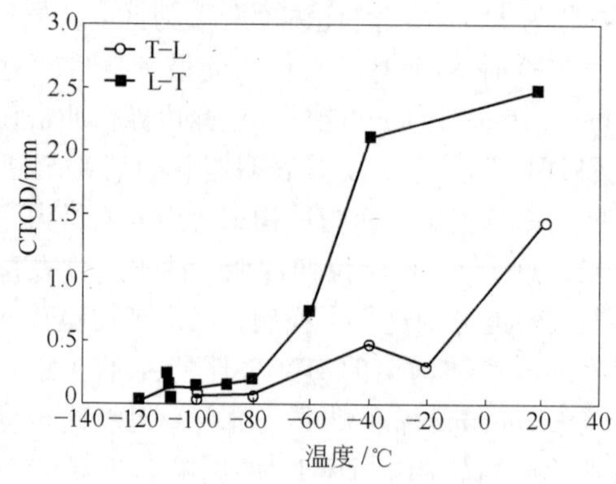

图 3　厚度 25.4mm 板材的 CTOD 转变曲线

同样，也进行了焊接热模拟实验。将试样加热到 1250℃，并在 800 ~ 500℃ 区间内采用几种不同的冷速。每种工艺在 +20℃ 和 -40℃ 下的冲击韧性及其硬度值如图 4 和图 5 所示[4,5]。+20℃ 下，$t_{800\sim500℃}$ 低于 100s 时热模拟 HAZ 的冲击韧性和母材的相近；而 -40℃ 下，$t_{800\sim500℃}$ 低于 60s 时冲击值仍能达到 100J 以上。这两种冷速都比实际焊接过程的预期冷速要慢，这说明此种钢的 HAZ 韧性值能够达到要求。

对全尺寸板材采用了以下几种焊接工艺：埋弧焊（SAW）、减压电子束焊（RPEB）、自激发激光焊/激光复合焊/MAG，并通过不同缺口位置的冲击值转变曲线来评估焊接头的性能。所得结果与传统的 S355 EMZ 和 S450 EMZ 级别的焊缝相比较，如图 6 所示。对 25.4mm 厚的管材和 50mm 厚的结构钢分别进行了对接焊，焊接方式为埋弧焊。25.4mm 厚管材的焊接道次为 5 道，热输入量为 4.5kJ/mm；50mm 厚板材的焊接道次为 21 道，热输入量为 3.5kJ/mm。两种焊接接头的宏观照片如图 6 所示。

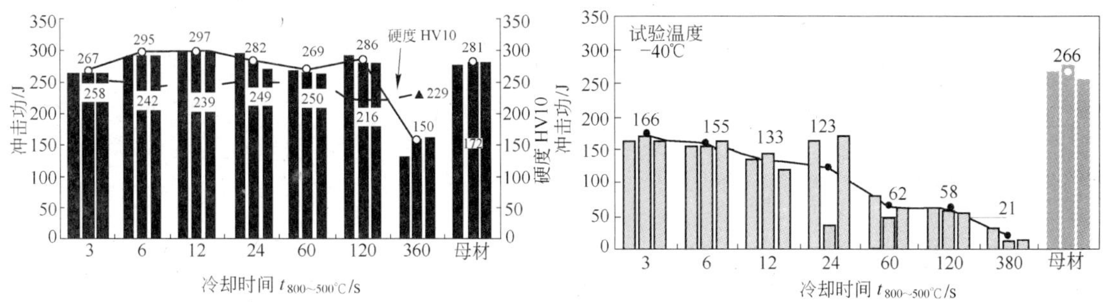

图 4 热模拟 HAZ 组织在 20℃下的冲击功和硬度分布

图 5 热模拟 HAZ 组织在 −40℃下的冲击功和硬度分布

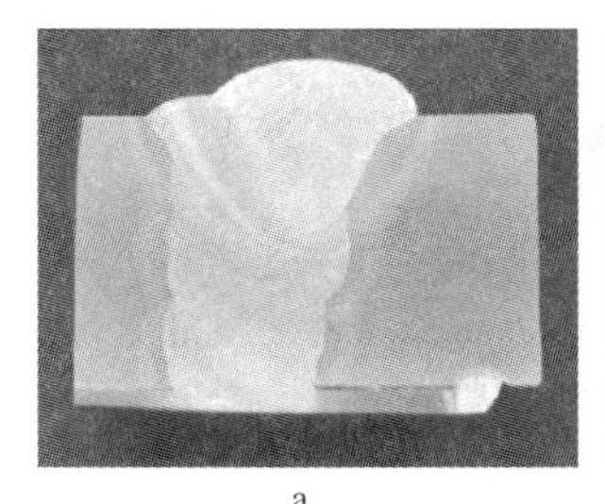
a

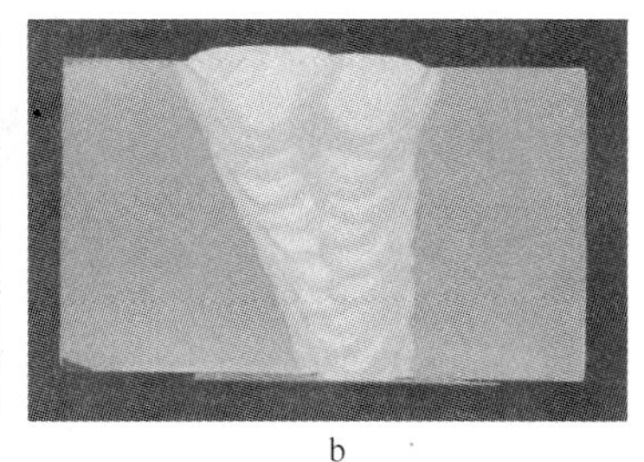
b

图 6 埋弧焊焊接接头的宏观照片

a—25.4mm 厚板；b—50mm 厚板

熔合线处和熔合线 +5mm 处的冲击韧性曲线分别如图 7a、b 所示。25.4mm 厚板材只在板材中心截取试样，但 50mm 厚板材分别在上部、中部和下部截取试样。

图 7 显示，高 Nb 钢的转变温度比传统的 S355 EMZ 和 S450 EMZ 级别钢的转变温度低。

采用减压电子束焊对 25.4mm 厚板材进行了焊接，电子枪能量为 100kW，压力为10^{-5} ~ 10^{-2}MPa。焊接接头的宏观照片如图 8 所示，性能结果如图 9 所示。同样的，也与传统的 S355 EMZ 和 S450 EMZ 级别 50mm 厚的钢板的焊接接头性能进行了比较。可以看出，含 Nb 钢的转变温度更低一些。

将 25.4mm 厚钢板加工成 9mm 厚，用于自激发激光焊的堆焊，以及激光复合焊/MAG 的对接焊。缺口的开口方式如图 10 所示。

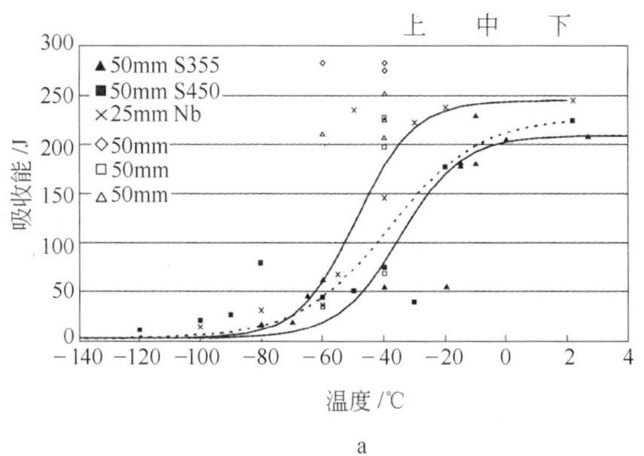

a

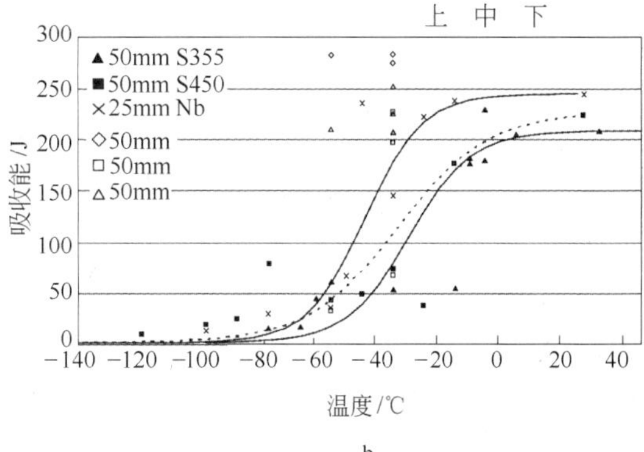

b

图 7 埋弧焊接头熔合线处（a）和埋弧焊接头热影响区（b）冲击转变曲线

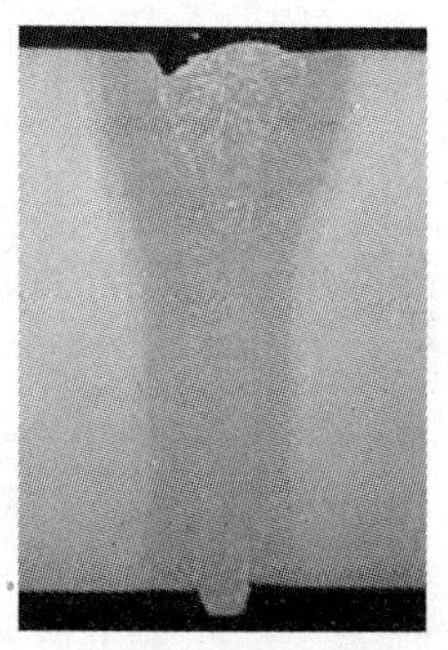

图8　25mm 厚板材的 RPEB 接头

图9　减压电子束焊接头熔合线 +0.5mm 处的冲击转变曲线

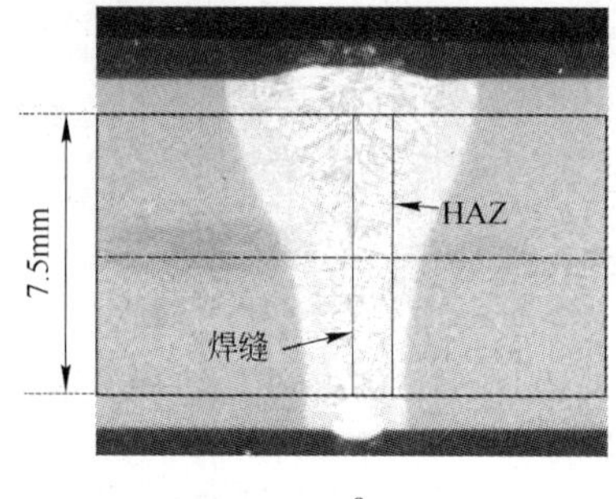

a

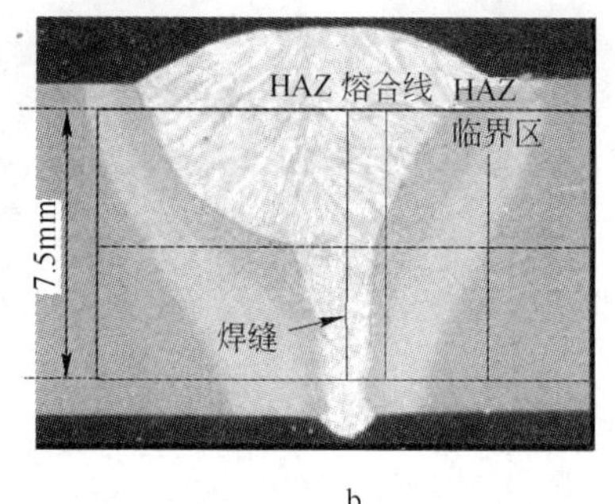

b

图10　9mm 厚激光焊和激光复合焊接头的冲击缺口位置

a—自激发激光焊；b—激光复合/MAG 焊

冲击转变曲线如图 11 和图 12 所示。自激发激光焊的结果偏低，但是激光复合焊的结果令人振奋，这种焊接方式对厚板焊接来说才是更加实用的焊接方式。焊接热模拟试样的冲击韧性数据如图 13 所示，并将其与实际焊接接头数据进行对比。可以看出，模拟试样的数据比实际焊接接头要低一些。这是一种普遍现象，也说明了在使用热模拟数据的时候一定要谨慎。

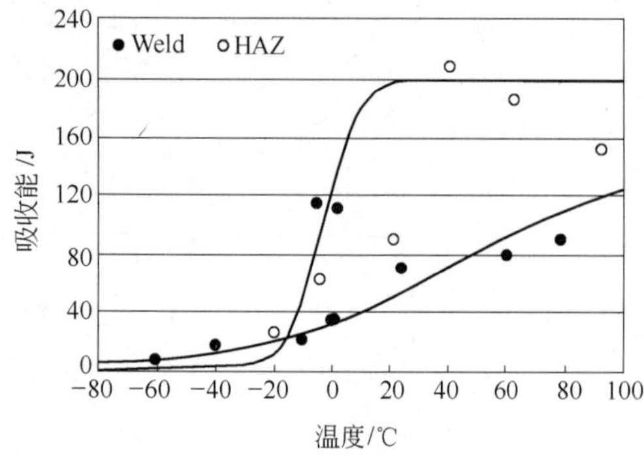

图11　自激发激光焊接头性能

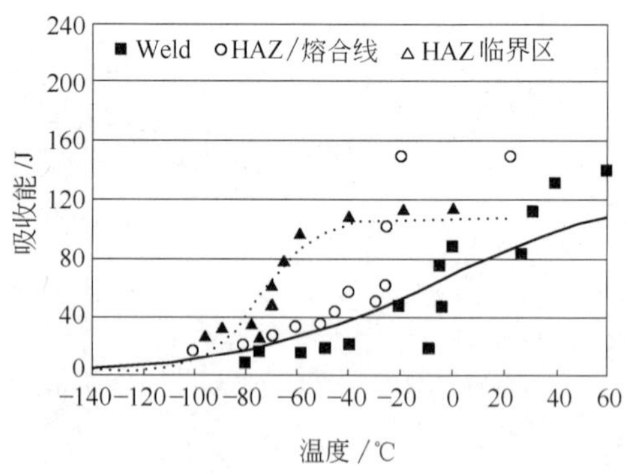

图12　激光复合焊/MAG 焊接接头性能

项目完成之后，用 20.9mm 厚的板材做了一些附加的实验，见表 2。此项工作受到了 CBMM 的资助，焊接过程由德国的 Airliquide 公司采用典型的直缝 UOE 钢管的焊接工艺焊

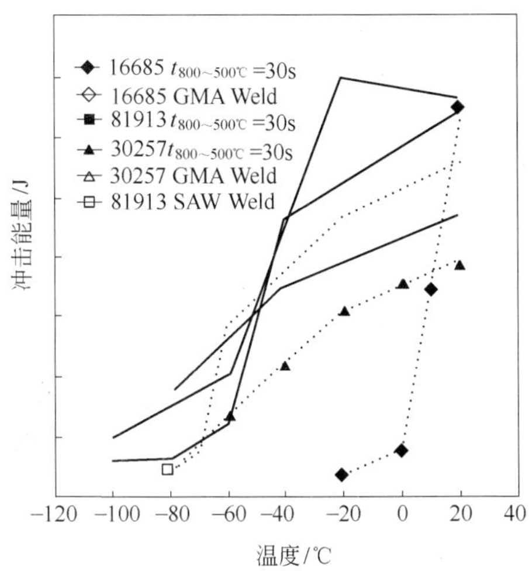

图 13 实际焊接接头与热模拟试样的冲击转变曲线的对比

接而成，采用双 V 形缺口。焊接接头的冲击试验和 CTOD 由意大利的 CSM[9] 进行。0℃ 和 -20℃ 的夏比冲击值如图 14 所示。测得的最低值在 -20℃ 熔合线处为 86J，此值高于一般可以接受的 40J 的水平。

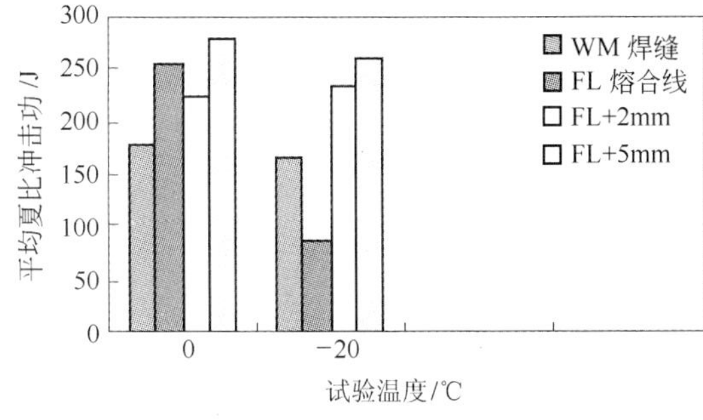

图 14 直缝焊管焊缝的平均冲击值

试验所得 CTOD 值见表 4。试验采用全尺寸的焊缝和 HAZ 单边缺口弯曲（SENB）试样，疲劳裂纹深度约 50%。试验温度分别为 0℃、-10℃和 -20℃。试验采用卸载柔度法，以便能在最终断裂前测得裂纹的扩展值。即便是在 -20℃ 情况下，CTOD 值也能达到 0.5mm，明显高于可接受的 0.25mm。

表 4 直缝焊管接头的 CTOD 值

温度/℃	CTOD/mm
0	1.74
0	1.33
0	1.08
0	0.96
-10	0.88
-10	0.64
-20	0.59
-20	0.51

4 由热轧卷板制成的钢管

此部分工作的目的是开发低 C 高 Nb X70～X80 热轧卷板制成钢管的潜力。主要目标是开发相对于铁素体-珠光体钢成本更低、力学性能可靠性更高的高性能管线钢。Ruukki 公司试制了 3 个炉次，并轧制成 14 个卷板，而 Salzgitter 试制了 2 个炉次，轧制成 12 个卷板。两个公司各出一块钢板由另外一个公司进行热轧。Ruukki 公司轧制的卷板由 Oulainen 钢管公司制成螺旋焊管，Salzgitter 公司轧制的卷板由 Salzgitter Großrohr 钢管公司制成螺旋焊管或者由 Salzgitter Mannesmann 钢管公司制成 HFI 直缝高频焊管。

所有炉次的成分见表 5。目的是在存在部分贝氏体的情况下将管线钢的强度制成不同的等级。碳含量控制在 0.05% 以下，而 Nb 含量由低到高（0.10%）依次变化，以便促进冷却过程中贝氏体的生成和提高再结晶终止温度。一个炉次中加入了 1% 的 Cr 以推迟转变温度、促进冷却过程中贝氏体的生成。另一个炉次中加入了一定量的 B，目的与加 Cr 类似。

表 5 制成热轧卷板炉次的化学成分 （%）

炉次	C	Si	Mn	P	S	Al	Nb	V	Cu	Cr
1	0.043	0.20	1.96	0.007	0.0009	0.027	0.104	0.008	0.21	1.01
2	0.033	0.22	1.82	0.005	0.0015	0.027	0.052	0.004	0.02	0.21
3	0.042	0.30	1.81	0.006	0.0024	0.036	0.056	0.009	0.21	0.21

续表 5

炉次	C	Si	Mn	P	S	Al	Nb	V	Cu	Cr
4	0.040	0.20	1.49	0.012	0.0040	0.031	0.068	0.005	0.49	0.04
5	0.050	0.32	1.75	0.009	0.0010	0.030	0.098	0.005	0.04	0.27
炉次	Ni	Ce	N	Mo	Ti	Ca	B	P_{cm}	CEV	
1	0.22	0.003	0.0075	0.000	0.014	0.0018	0.0003	0.22	0.64	
2	0.05	0.006	0.0070	0.003	0.013	0.0026	0.0003	0.14	0.38	
3	0.20	0.007	0.0061	0.001	0.013	0.0019	0.0003	0.17	0.37	
4	0.41	0.003	0.0046	0.008	0.014	0.0013	0.0019	0.16	0.35	
5	0.04		0.0070	0.070	0.020	0.0012	0.0001	0.174	0.42	

采用了一系列不同的轧制工艺，包括不同的均热温度、压下量、等温温度及卷曲温度。板材轧制成 10mm、12mm、14mm、16mm 等不同厚度。文献［5］对某卷 14mm 厚热轧卷板全部的性能及其工艺条件进行了描述，文献［1］中描述了所有的试制信息。本文只是对焊接相关的情况进行总结。

5 螺旋埋弧焊管和直缝 HFI 焊管的力学性能

典型焊接接头的宏观图片如图 15 所示。

螺旋焊管的拉伸性能见表 6。大部分焊接接头横向拉伸后断口都出现在母材上，这说明在这些情况下焊接接头处通过调整焊接工艺而实现的强度过匹配是适用的。HFI 焊管的拉伸性能数据见表 7 所示，可以看出两种 HFI 焊接接头的拉伸性能都不错，但断口出现在焊接区域。

采用各种不同焊接工艺制管后进行了大量的夏比冲击试验，表 8 和表 9 所示为其中一部分数据。

两种焊管的焊接速度各有不同。尽管 -20℃下所有开口位置上的冲击韧性都不错，但其中一个在 -40℃时的熔合线处冲击值较低。

HFI 焊管的冲击韧性情况跟螺旋焊管的类似。

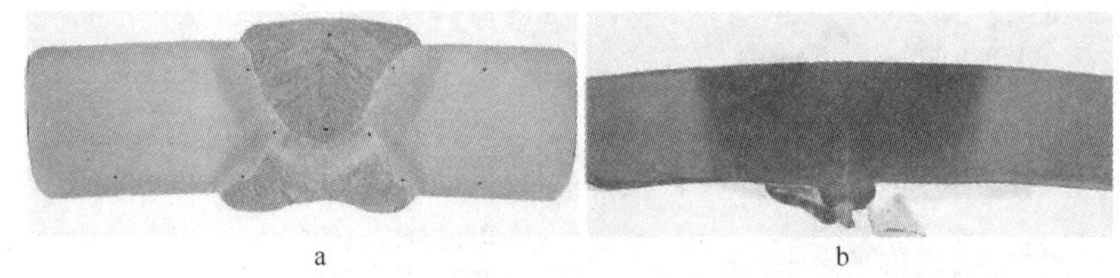

a　　　b

图 15　螺旋焊管（a）和 HFI 焊管（b）

表 6　螺旋焊管横向及全焊缝的拉伸性能

板厚/mm	钢级	焊缝横向拉伸			全焊缝金属拉伸		
		$R_{t0.5}$/MPa	R_m/MPa	断口位置	$R_{p0.2}$/MPa	R_m/MPa	A/%
10	X70	637	796	熔合线	669	823	18
10	X85	590	752	熔合线	633	784	19
16	X65	519	615	母　材	543	614	22
12	X65	526	610	母　材	553	638	25

续表 6

板厚/mm	钢级	焊缝横向拉伸			全焊缝金属拉伸		
		$R_{t0.5}$/MPa	R_m/MPa	断口位置	$R_{p0.2}$/MPa	R_m/MPa	A/%
12	X65	538	624	母　材	544	615	21
14	X65	554	650	母　材		736	22
14	X65	518	618	母　材	594	690	25
14	X65	538	639	母　材	611	708	23
14	X65	536	639	母　材	572	656	25
14	X65	538	630	母　材	589	681	24
14	X65	560	659	母　材	589	681	24
14.1	X75	568	667	焊　缝	—	—	—
14.1	X60	549	652	母　材	—	—	—
14.1	X75	645	712	母　材	—	—	—
14.1	X75	657	718	母　材	—	—	—

表 7　HFI 焊管焊缝的横向拉伸性能

板厚/mm	CT(局部)/℃	近似钢级	焊缝横向拉伸		
			$R_{p0.2}$/MPa	R_m/MPa	断口位置
11	560	X80	633	735	焊　缝
11	420	X85		754	焊　缝

表 8　螺旋焊管缝横向的夏比冲击性能（Salzgitter 公司）

t/mm	CT(局部)/℃	钢　级	缺口位置	焊缝横向韧性/J	
				-20℃	-40℃
14.1	460	X75	焊　缝	104	71
			熔合线	170	194
			FL+2mm	240	241
			FL+5mm	250	247
			母　材	302	303
14.1	480	X75	焊　缝	70	74
			熔合线	106	36
			FL+2mm	197	76
			FL+5mm	249	232
			母　材	202	187

表 9　HFI 焊管焊缝横向的夏比冲击性能（Salzgitter 公司）

t/mm	CT(局部)/℃	钢　级	缺口位置	焊缝横向韧性/J	
				-20℃	-40℃
11	560	X80	焊　缝	77	59
			FL+2mm	109	99
			母　材	161	157

6 环焊缝的宽板测试

对表 1 中所制成的螺旋焊管进行了环焊试验，板厚为 14.1mm，管外径为 1067mm。焊接工艺按照焊缝金属屈服强度相对母材纵向屈服强度过匹配 5% ~10% 来设计。钢管预开 V 形开口，开口角度为 60°，根部相隔 1mm。环焊采用气保护药芯焊丝（FCAW），焊丝采用 1.2mm 直径的 Lincoln Outershield 550-H 焊条。最大热输入量小于 2kJ/mm。钢管先从内部进行一道根焊，然后再从外侧进行 4 道次填充。整个焊缝金属由相同屈服强度的焊丝形成。

宽板测试试验由比利时的根特大学进行。试样沿轴向（纵向）用火焰切割而得，如图 16 所示。以焊缝为中心，试样的标称尺寸为 400mm 宽（弧长），1200mm 长。火切后，将钢管沿纵向的测试段加工成以焊缝为中心的 300mm 宽（弧长），900mm 长的试样，如图 17 所示。

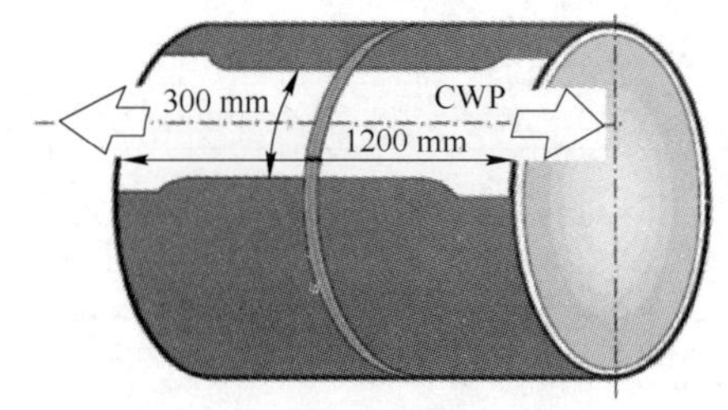

图 16 沿轴向切取带弧度的宽板拉伸试样示意图

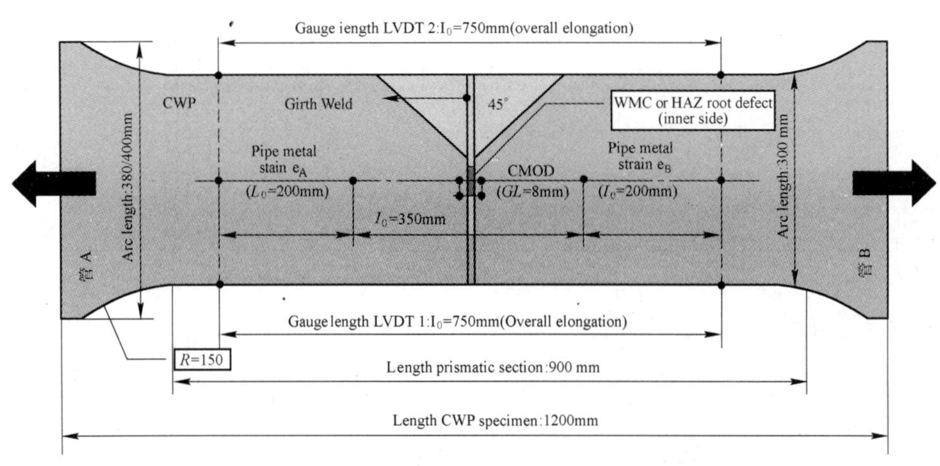

图 17 带弧度的宽板拉伸试样的尺寸及参数

除了在表面根裂纹导入的位置，管段试样不进行压平，此举为保持管子的弧度和焊缝的加强部分。在裂纹导入位置，将焊缝的多余部分加工成与管表面持平，然后用直径 63mm、厚度 0.15mm 的刀轮开一个深 3mm、长 50mm 的缺口。开缺口前将焊缝根部局部磨平抛光并用 5% 硝酸酒精侵蚀，以便保证其中两个试样的缺口开在焊缝的 HAZ 处，另外一个开在焊缝中心处。对宽板拉伸样品的评估采用总截面屈服（GSY）概念，即要求试样的远端屈服（例如纵向应变大于 0.5%）应该在焊缝断裂失效前发生[8]。

拉伸性能所用试样为沿纵向切取的全厚度（25mm 宽）棱柱形试样和直径 6mm 的全焊缝金属试样。母材及焊缝金属的拉伸性能数据（6 组数据的平均值及极值）见表 10。

表 10 拉伸性能

项目	管体				焊缝金属			
	$R_{p0.2}$/MPa	$R_{t0.5}$/MPa	R_m/MPa	Y/T 或 $R_{p0.2}/R_m$	$R_{p0.2}$/MPa	$R_{t0.5}$/MPa	R_m/MPa	Y/T 或 $R_{p0.2}/R_m$
平均值	612	612	664	0.92	658	657	741	0.89
最小值	599	598	657	0.91	649	649	728	0.88
最大值	623	623	671	0.93	668	668	754	0.90

通过对比母材和全焊缝的拉伸性能可知，焊缝金属的过匹配强度符合要求。表 11 中的分析是基于屈服强度（$R_{p0.2}$）、流变应力（屈服强度和抗拉强度的平均值）和抗拉强度（R_m）而进行的。测得的过匹配值与目标值接近。

表 11 焊缝金属的过匹配水平 （%）

项 目	$R_{p0.2}$	流变应力	R_m
平均值	7.5	9.6	11.5
最小值	4.2	6.4	8.5
最大值	9.2	11.5	13.6

开缺口后，将宽板试样两端用手工焊在试验机的重载凸耳上，其曲率与母材曲率保持一致。拉伸试样组合件水平安装在 8000kN 的试验机上，如图 18 所示。拉伸试验在 -20℃ 下进行，在实验进行前，试样用低温酒精循环冷却至少 1h。酒精在特殊设计的冷却箱内循环，冷却箱曲率与母材相同，并紧紧卡住焊接接头的两侧。

图 18 宽板试样装夹在带有冷却装置的 8000kN 拉伸试验机上

宽板试样拉伸至断裂，并用加载于焊缝、缺口处的横向应力（与宽板拉伸试验的应力类型相同）对其位移进行控制。测试过程中，分别对施加的载荷、总伸长率（跨过焊缝并以缺口为中心的标距长为 750mm）、母材的伸长率（标距长 200mm）、裂纹口部张开位移（CMOD，在根部以缺口为中心、以 8mm 长的标距进行测量）进行监测，如图 17 所示。

表 12 所示为宽板拉伸试验中记录的全截面应力、总应变、CMOD 值、远端母材应变以及最大加载时的断裂情况。缺口开在焊缝中心的试样在远端应变为 4.1% 时断裂，而缺口开在 HAZ 上的试样在远端应变分别为 3.3% 和 1.2% 时断裂，记录的 CMOD 值与应变值一致。

表 12 带弧度宽板拉伸试验数据总结

缺口位置	总失效应力/MPa	总失效应变/%	CMOD /mm	管体母材失效应变/%	宽板性能
WMC	688	4.6	3.89	4.1	GSY
HAZ/FL	670	3.6	2.24	3.3	GSY
HAZ/FL	645	1.4	1.50	1.2	GSY

以焊缝为中心的试样在拉伸过程中测得的最大载荷不稳定，试样在载荷波动中断裂。其中一个缺口开在 HAZ 的试样其最大载荷也不稳定，并伴随着不稳定断裂，而另外一个试样只在断裂初始阶段出现不稳定现象。

两个缺口开在 HAZ 处试样存在区别的原因是在人工缺口处存在焊接气孔，在图 19 中用白色箭头标出，这些气孔是由环焊过程中的修复工作造成的。灰色箭头所指为缺口附近裂纹不明显的突进，黑色箭头所指为裂纹的稳定扩展区域。

然而，在所有的三种情况下，总的远端失效(总额)应力超过了母材的屈服强度，断裂时管体的总应变都超过了 0.5%。这些现象表明，三个样品都实现了全截面屈服。这应该归功于焊缝金属的强度过匹配，从而有效保护了缺口，避免其产生变形。尽管有的样品存在焊接气孔，但环焊缝在考虑到裂纹起源和低的试验温度下，仍然有足够的缺陷容限。因此，我们可以得到结论：高 Nb X80 管线钢的 FCAW 环焊 -20℃ 下在焊缝根部存在 3mm × 50mm 环向表面缺陷的情况下仍能承受至少 3.3% 的应变。当焊缝中存在焊接气孔时，其变形极限降低到 1.2%。

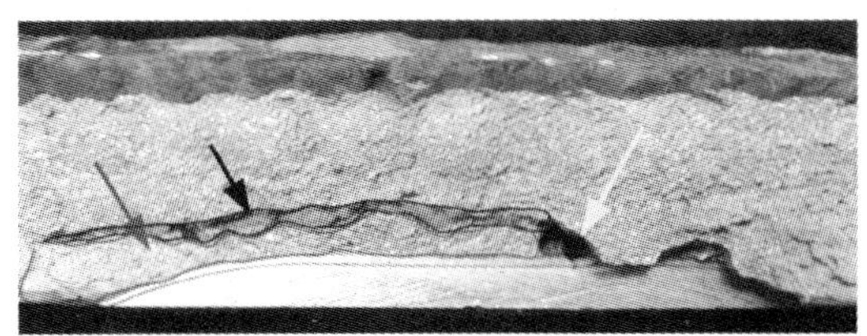

图 19 缺口开在 HAZ 处的第二个试样的断口表面

7 结论

所有的这些结果表明，项目中所用的低C高Nb成分的工业试样在熔合线和HAZ处可以得到很好的冲击韧性，与其他类型的管线钢或者结构钢相比，至少与之相当或者更好。从项目中研究的所有成分范围的钢来看，Nb元素在统计上讲并不会对热模拟HAZ的27J或者50%上台阶能转变温度产生显著的有害影响。此结果对0.05%～0.12% Nb和0.02%～0.07% C含量的钢来讲是适用的。然而，当C含量从0.09%降低到0.04%时，对HAZ粗晶区的韧性是有益的；当$t_{800\sim500℃}=30s$时，C含量降低使50%上台阶能转变温度降低了25℃。

HIPERC项目的研究表明，低C高Nb的成分设计除了能应用在UOE钢管外，还能用来制造X65～X80强度级别的螺旋焊管。夏比冲击试验和落锤撕裂试验表明，此种焊管具有良好的强度和韧性匹配[5]。钢管的环焊性能良好，即便存在焊接气孔的时候钢管样品也在宽板试验中有较好的表现。

研究还证实，低C高Nb成分设计可以在较低的控轧水平和空冷的条件下生产全尺寸的50mm厚S420ML和20mm厚S460ML钢板。HIPERC项目[1]的研究表明，欧洲标准Euronorms EN 10025-4和EN 10208-2标准应该做出改变，当C含量较低时允许高Nb含量的使用，将Nb上限提高到0.15%。另外，在低C含量情况下，建议结构钢标准EN 10025-4中允许使用更高的Mn含量。

致谢

作者对参与此项目的工作人员表示诚挚的谢意：L. Drewett，S. Bremer，M. Liebeherr，W. de Waele，A. Martin-Meisozo，J. Brózda，M. Zeman，B. Zeislmair，H. Mohrbacher，D. Porter and N. Gubeljak。本文中使用了他们的部分研究成果，正是因为他们的参与，才能使本项目成功完成。

HIPERC项目由ERFCS提供资金支持。

参考文献

[1] HIPERC：A novel，high performance，economic steel concept for linepipe and general structural use，RFCS Contract No. RFSR-CT-2005-00027，Final Report，2009，EUR 24209 EN.

[2] M. Pérez- Bahillo，B. López，A. Martín-Meizoso. Effect of rolling schedule in grain size of steels with high niobium content，X th Spanish National Congress on Materials 18-20 June，2008 in San Sebastian.

[3] M. Pérez-Bahillo. Study of Low Carbon Microalloyed Steels with High Niobium Contents，a Statistical Approach，PhD Thesis，Universidad de Navarra，2009.

[4] J. Brózda，M. Zeman. Weldability of micro-alloyed steel with higher niobium content，Biuletyn Instytutu Spawalnictwa W Gliwicach，Nr. 5/2008，Rocznik 52，ISSN 0867-853X.

[5] B. Ouaiss，J. Brózda，M. Perez-Bahillo，S. Bremer，W. de Waele. Investigations on Microstucture，Mechanical properties and Weldability of a Low Carbon Steel for High Strength Helical Linepipe，17th Biennial Joint Technical Meeting on Pipeline Research，Milan，11-15 May 2009.

[6] S. Webster，L. Drewett. The EU Project HIPERC，Niobium Bearing Structural Steels，TMS，2010，pp. 201-218.

[7] S. Webster，L. Drewett. The HIPERC Project：The Use of Nb for High Performance and Economy for Linepipe and General Structural Use，HSLA 2011，Beijing，China.

[8] R. M. Denys，W. de Waele，A. Lefevre，P. De Baets. An Engineering Approach To The Prediction Of The Tolerable Defect Size For Strain Based Design，Proc. of the Fourth Int. Conference on Pipeline Technology，Volume 1，Oostende，pp. 163-182，2004.

[9] A Di Schino，M. Guagnelli，G. Melis. Seam Weld Assessment for CBMM，Private Communication.

（北京科技大学 李学达 译，
中信微合金化技术中心 张永青 校）

西气东输二线管道工程用 X80 钢管环焊应用技术研究

赵海鸿，靳海成，黄福祥，冯　斌

（中国石油天然气管道科学研究院）

摘　要：西气东输二线干线管道工程应用钢管强度等级、管径、壁厚、设计压力、输量、输送长度和施工周期等综合技术代表了中国管道建设的最高水平。针对本工程焊接的技术难点，通过对普通 X80 钢及基于应变设计的大变形 X80 钢的焊接性、焊接材料、焊接工艺、低温焊接施工及施工技术综合研究，解决了该工程的相关难题，确保了西气东输二线管道顺利开工和按期投产。

关键词：西气东输二线，X80 钢管，焊接工艺

1　概述

2008 年 2 月，中国西气东输二线管道工程开工，西起新疆霍尔果斯，东达上海，南抵广州、香港，横跨我国 15 个省区市及特别行政区，与中国-中亚天然气管道衔接，是我国第一条引进境外天然气资源的大型管道工程，也是目前世界上最长的一条天然气管道。这条管道工程设计年输气能力为 300 亿立方米，已于 2011 年 6 月贯通送气。

西气东输二线工程全长 8704 千米，包含 1 条主干线和 8 条支干线，其中干线全长 4978 千米，8 条支干线全长约 3726 千米，配套建设了 3 座地下储气库。途经地区的地质地貌复杂多变，如沙漠、山区、水网、黄土塬、滑坡、地质沉降或地震断裂带等。

西气东输二线管道工程干线用钢管等级为 API 5L X80，外径 ϕ1219mm，以宁夏中卫为界分东、西两段，其中西段壁厚范围 18.4 ~ 33mm，设计压力为 12MPa，东段壁厚范围为 15.3 ~ 26.4mm，设计压力为 10MPa。

2　西气东输二线管道工程线路焊接技术指标

2004 年，我国在西气东输一线冀宁支线管道建设中，首次应用了 X80 钢级管线钢，管径为 1016mm，输送压力为 10MPa，铺设距离仅为 7.719km。此次铺设，为 X80 管线钢在中国管道上应用的可行性及相关配套技术的掌握奠定了基础。

在西气东输二线管道工程中，中国首次大量应用 X80 管线钢，工程开始之前，各科研、施工单位共同努力，为工程制定了一套技术标准。其中与线路焊接施工相关的标准有两项[1,2]，分别针对线路 X80 钢管焊接接头和基于应变设计的 X80 钢管焊接接头提出的性能指标要求见表 1。

表 1　X80 管线钢管环焊接头的性能指标

性　能	线路 X80 环焊接头	基于应变设计 X80 钢的环焊接头
抗拉强度/MPa	$R_m \geq 625$	$R_m \geq 625$
拉伸断裂部位要求	—	母　管
全焊缝金属拉伸	—	$610MPa \leq R_e \leq 750MPa$
夏比冲击功 (-10℃)/J	单值≥60，均值≥80	单值≥60，均值≥80
HV10 硬度	≤300	≤300

3　焊接施工难点

要完成这样一条大口径、厚壁、高压输气

管线的主体建设任务，焊接技术是制约着工程建设质量和效率的重要环节之一。西气东输二线管道工程焊接施工的难点主要体现在以下几个方面：

（1）X80 管线钢管焊接性分析与评价。X80 管线钢管的大规模应用在我国管道建设史中尚属首次，工程供管由国内外的多家钢厂和管厂共同完成。因此，对于 X80 钢管的冷裂敏感性分析和不同供货商的 X80 钢管焊接性差异评价是保证工程质量的关键环节之一。

（2）焊接工艺评定。为适应不同的人文环境、地形地貌、气候环境及承包商的施工技术能力，管道施工的焊接工艺是多种多样的，涉及的焊接材料更是种类繁多。焊接工艺评定不仅难度高，而且工作量相当大。

（3）地震断裂带地区的焊接技术。干线管道将穿越 20 余处地震烈度 8 级及以上的断裂带。在这些地区引入了应变设计理念，即在管道设计过程中考虑管道承受内压的同时也考虑管道承受土壤移动引起的变形破坏。这一方面要求采用特殊的抗大变形 X80 钢管，另一方面要求焊接接头韧性好且强度高于母材，从而使管道在承受土壤移动时由钢管而不是焊缝来抵抗变形。这对焊接材料选择和焊接工艺提出了更高的要求。

（4）低温环境条件下焊接施工。由于工期要求，本工程不可避免地要在冬季进行焊接施工，涉及保证低温环境条件下焊接质量的问题。

4 焊接技术特点

4.1 根部焊接采用低氢型焊接材料

西气东输二线管道工程建设选用的 X80 管线钢大多采用 TMCP 工艺制造，微合金化元素以 Mo 为主，加入少量的 Nb、V、Ti 等元素，以获得性能优化。由于需求量庞大，涉及到宝钢、首钢、鞍钢、沙钢等多家不同钢厂供板生产的 ϕ1219mm X80 级钢管，分析其化学成分，没有太大差异，其裂纹敏感系数 P_{cm} 差异微小，焊接性相当[4,5]。西二线 X80 管线钢典型化学成分见表 2。

表 2 西二线 X80 级管线钢的典型化学成分

（质量分数，%）

C	Si	Mn	P	S	Mo	Ni
0.046	0.22	1.85	0.010	0.002	0.09	0.23
Nb	V	Ti	Al	C_{eq}	P_{cm}	
0.090	0.007	0.013	0.031	0.45	0.18	

虽然 X80 管线钢管具有低 C 和低 P_{cm} 值，但随着母材强度级别的增加，焊接冷裂纹的倾向也必然会随之增大，为保证工程安全，采用斜 Y 形坡口开裂试验，评价 X80 钢的冷裂纹敏感性。试件采用 X80 管线钢板，厚度为 18.4mm。斜 Y 形坡口开裂试验的试验条件见表 3[4]。

表 3 斜 Y 形坡口开裂试验的试验条件

焊接材料	纤维素焊条	低氢型焊条	实芯焊丝	金属粉芯焊丝
焊接方法	SMAW	SMAW	GMAW-STT	GMAW-RMD
焊材直径/mm	4.0	3.2	1.2	1.2
焊接电流/A	85 ~ 90	95 ~ 100	基值：53 峰值：430	基值：53 峰值：430
焊接电压/V	30 ~ 32	20 ~ 22	16 ~ 18	16 ~ 18

续表 3

焊接材料	纤维素焊条	低氢型焊条	实芯焊丝	金属粉芯焊丝
焊接速度/cm · min^{-1}	10.5	8.5	21.5	22.6
送丝速度/in · min^{-1}	—	—	150	150
保护气体	—	—	100% CO_2	75% CO_2 +25% Ar
焊接环境	温度：5℃，相对湿度：50% RH			

试验使用四种不同类型的焊接材料，预热温度从 20℃ 到 150℃，焊后试样放置 48h，随后对每个试验焊道的 5 个横截面进行检查，并计算出断面裂纹率 C_s，见表 4。图 1 为斜 Y 形坡口焊缝的横截面实例。

表 4　斜 Y 形坡口开裂试验结果

预热温度/℃	20	100	150
纤维素焊条	100	12.9	2.8
低氢型焊条	0	0	0
实芯焊丝	0	0	0
金属粉芯焊丝	0	0	0

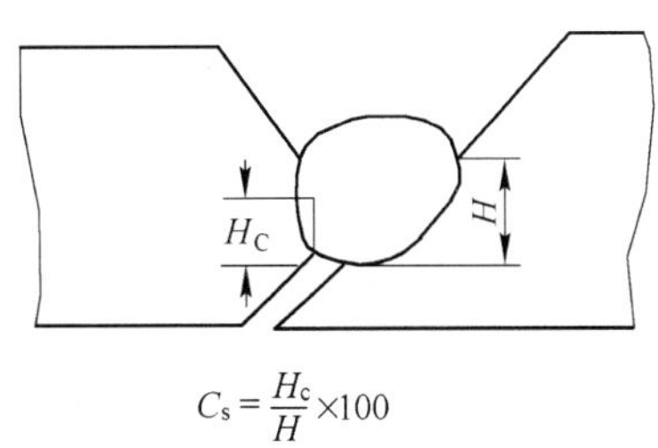

图 1　斜 Y 形坡口焊缝的横截面实例

在斜 Y 形坡口焊接裂纹试验的基础上，进行了 X80 钢焊接热模拟试验、插销冷裂纹试验等，进一步评价焊缝的抗冷裂性。综合试验结果表明，为避免根焊过程中产生冷裂纹，采用纤维素型进行根焊的预热温度应不低于 150℃，采用低氢型焊条和焊丝进行根焊的预热温度应不低于 100℃。考虑到三个因素：(1) 施工现场 150℃ 的预热温度难以保证；(2) 高预热温度，将会严重影响野外焊接施工的功效；(3) 降低焊缝中的氢含量有利于避免氢致冷裂纹，因此我们建议该工程不使用纤维素焊条根焊。

这一规定得到了业主和承包商的支持。通过积极的焊工培训，承包商逐渐适应了低氢型焊接材料根焊的方法。在西气东输二线管道的建设过程中，实心焊丝 STT 和金属粉芯焊丝 RMD 这两种半自动焊方法由于熔敷效率高，被用作主要的根焊方法。低氢型焊条根焊的效率低，只是在连头和全壁厚返修的根焊中应用。

4.2　多种多样的焊接工艺

为适应多种多样的地理环境、气候条件和人文特点，西气东输二线工程线路焊接工艺以自动焊、自保护药芯焊丝半自动焊为主。其中自动焊的施工量约为全线的 10%，自保护药芯焊丝半自动焊为 90%，表 5 为西气东输二线线路主要焊接工艺列表。图 2 为自动焊照片。图 3 为自保护药芯焊丝半自动焊照片。

表 5　西气东输二线主要焊接工艺列表

序号	焊接方式	焊 接 工 艺	根焊材料	填充/盖面焊材
1	自动焊	GMAW （内焊机根焊 + 双焊炬填充盖面）	AWS A5. 18 ER70S-G ϕ0. 9mm	AWS A5. 28 ER90S-G ϕ1. 0mm
				AWS A5. 28 ER80S-G ϕ1. 0mm
				AWS A5. 28 ER80S-Ni1 ϕ1. 0mm
2		GMAW(根焊 RMD 或 STT) + FCAW-G(单焊炬填充盖面)	AWS A5. 18 E70C-6M ϕ1. 2mm	AWS A5. 29 E101T1-GM ϕ1. 2mm
				AWS A5. 29 E91T1-K2 ϕ1. 2mm
			AWS A5. 18 E80C-Ni1 ϕ1. 2mm	AWS A5. 29 E81T1-Ni1 ϕ1. 2mm
3	半自动焊	SMAW + FCAW-S	AWS A5. 1 E7016-1 ϕ3. 2mm	AWS A 5. 29 E81T8-Ni2 ϕ2. 0mm
				AWS A5. 29 E81T8-G ϕ2. 0mm
4		GMAW + FCAW-S	AWS A 5. 18 ER70S-G ϕ1. 2mm	AWS A5. 29 E81T8-Ni2 ϕ2. 0mm
				AWS A 5. 29 E81T8-G ϕ2. 0mm
5			AWS A 5. 18 E80C-Ni1 ϕ1. 2mm	AWS A5. 29 E81T8-Ni2 ϕ2. 0mm
				AWS A5. 29 E81T8-G ϕ2. 0mm

图 2　自动焊工艺评定

图 3　半自动焊工艺评定

为了全面了解西二线 X80 管线钢的焊接性，借助热模拟试验机，测定了西二线 X80 管线钢的焊接热影响区连续冷却转变（SH-CCT）图（图4），为制定焊接工艺参数，以期获得满意的焊接接头组织性能提供了技术支持[6]。

4.3 基于应变设计的高强匹配焊接工艺

为了满足西二线地震断裂带管道设计要求，首次应用了基于应变设计的 X80 大变形钢管。为了保证现场焊接接头的安全，要求实现焊接接头的高强匹配，且拉伸试验断裂位置不能在焊接接头。由于在地震断裂带，受地形的限制，焊接只能采用焊条电弧焊和自保护或气保护半自动焊焊接。试验初期采用表6所示的焊接工艺，焊条电弧焊工艺横向拉伸试样 2/3 断裂位置为母材，1/3 为启裂于盖面焊缝热影响区和根焊焊缝热影响区并横穿焊缝金属的地方。气保护药芯焊丝半自动焊的焊接接头横向拉伸试样 1/2 断裂位置为母材，1/2 为启裂于盖面焊缝热影响区和根焊焊缝热影响区并横穿焊缝金属的地方，如图5所示。

表6 大变形钢焊接工艺

序号	焊接工艺	根焊材料	填充/盖面焊材
1	SMAW	AWS A5.1 E7016-1 ϕ3.2mm	AWS A5.5 E11018-GH4R ϕ3.2mm
			AWS A5.5 E11018M-H4 ϕ3.2mm
2	SMAW + FCAW-G	AWS A5.1 E7016-1 ϕ3.2mm	AWS A5.29 E111T1-GMH4 ϕ1.2mm
			AWS A5.29 E111T1-K3MTH4 ϕ1.2mm

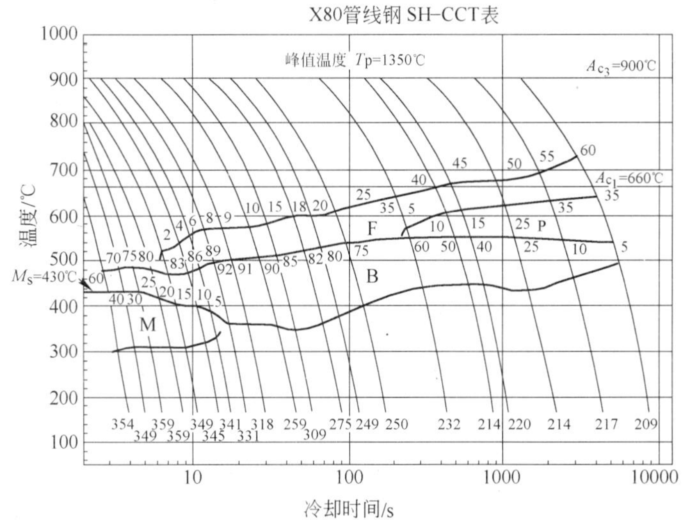

图4 X80 管 SH-CCT 曲线

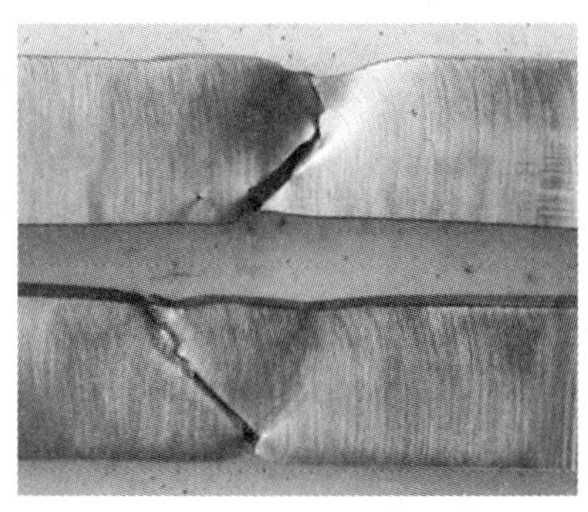

图5 焊接接头拉伸断裂在热影响区

分析认为，焊接热过程中由于焊后冷却速度低于轧制冷却期间的冷却速度，热影响区的晶粒长大，微合金元素形成的第二相质点溶解，使得热影响区（HAZ）出现软化现象，强度降低。因此，采用几何补强法（图6），通过增加盖面焊缝的宽度和余高可以改变HAZ软化带的形状和方向，并实现焊接接头的高强度匹配。图7是几何补强的焊接接头实例。

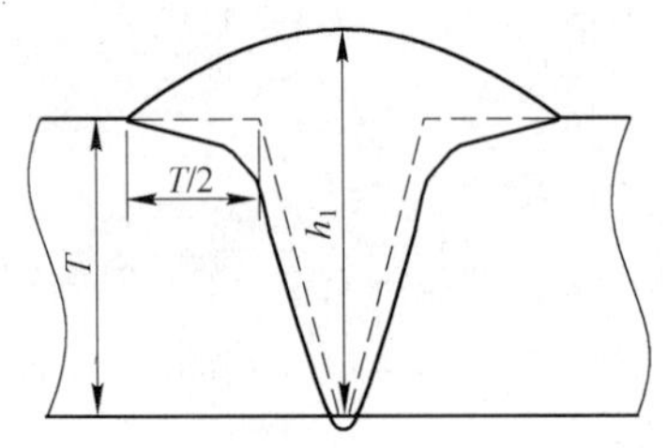

图6　几何补强焊缝设计

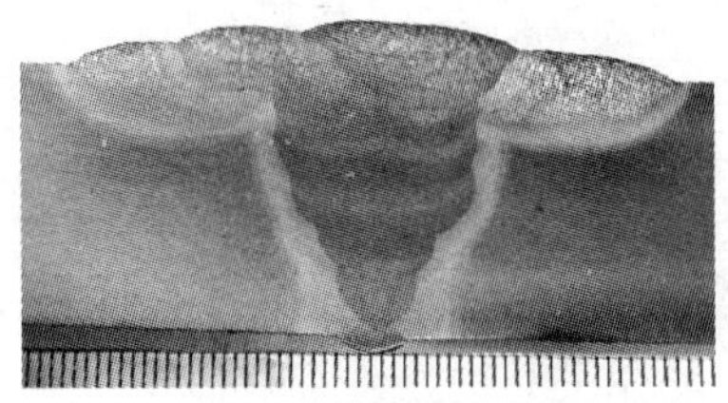

图7　几何补强实例图

4.4　低温环境焊接施工技术

西气东输二线西段途经新疆、甘肃等地区，部分地区冬季的历史极限温度达 -51.5℃。对于管道的冬季焊接施工问题，中国容规 JB/T 4709—2000 规定焊件温度不应低于 -20℃，俄罗斯干线管道建设标准 CHИП III-42-80 则规定焊接环境温度不低于 -50℃时允许进行焊接施工作业。而 API 1104、SY/T 4103、SY/T 4071 和 GB 50369 等油气管道建设标准没有规定明确的焊接环境温度。中国在以往管道建设中，施焊环境温度按 -5℃控制。

焊接环境温度低时，X80 钢管环焊缝焊接存在的主要问题有：（1）焊缝冷却速度增加，出现淬硬组织，硬度增加，冷裂纹敏感性也相应增加；（2）在拘束度很大时，焊缝冷却速度过快，易增加焊缝一次结晶的区域偏析，在较大的拉应力场作用下焊缝中心发生结晶裂纹；（3）低温环境下预热效果变差，保持焊缝层间温度相对困难；（4）严寒、冰雪天气使施工机具、焊接设备的可靠性降低；（5）焊工对寒冷的耐受力直接影响焊接合格率。

为了确保西气东输二线冬季施工质量，进行了 X80 钢管的低温模拟试验，模拟工艺见表7，根据模拟低温环境的焊接试验，焊接接头的常规力学性能、冲击韧性、焊接接头的硬度及微观组织分析表明，采取合适的施工措施可以保证焊接接头的质量，满足工程的要求。最终确定西气东输二线工程冬季焊接施工的最低温度为 -25℃，并制定了冬季施工技术方案。如焊接应在防风棚内进行，保证焊接环境温度；钢管支撑应稳定可靠，禁止强力组对；宜采用中频感应加热和火焰加热配合的预热措施，保证预热温度和层间温度；采取加热保温设施、更换低温用润滑油和燃料来保证施工机具传动、液压和电器系统正常工作；加强施工人员的劳动保护和 HSE 管理等[7]。

表7　低温模拟焊接工艺

序号	焊接方式	焊接工艺	根焊材料	填充/盖面焊材
1	自动焊	GMAW（RMD 根焊）+FCAW-G（单焊炬填充盖面）	AWS A 5.18 E70C-6M ϕ1.2mm	AWS A 5.29 E91T1-K2 ϕ1.2mm
2		GMAW（STT 根焊）+FCAW-G（单焊炬填充盖面）	AWS A 5.18 E80C-Ni1 ϕ1.2mm	AWS A 5.29 E81T1-Ni1 ϕ1.2mm
3	半自动焊	SMAW + FCAW-S	AWS A5.1 E7016-1 ϕ3.2mm	AWS A5.29 E81T8-Ni2 ϕ2.0mm

续表 7

序号	焊接方式	焊接工艺	根焊材料	填充/盖面焊材
4	半自动焊	GMAW + FCAW-S	AWS A5.18 ER70S-G ϕ1.2mm	AWS A5.29 E81T8-Ni2 ϕ2.0mm
5			AWS A5.18 E80C-Ni1 ϕ1.2mm	AWS A5.29 E81T8-Ni2 ϕ2.0mm

注：1. 以上焊接工艺均进行了 -20℃和 -30℃的低温焊接试验。

2. -20℃要求：预热温度≥120℃，层间温度≥100℃，焊后保温，加热宽度坡口两侧≥100mm。

3. -30℃要求：预热温度≥120℃，层间温度≥120℃，焊后保温，加热宽度坡口两侧≥100mm。

5 西气东输二线典型焊接工艺

西气东输二线管道工程由于跨度比较大，途经地区的地形地貌有沙漠、戈壁、黄土高原、山区、平原、水网、地震断裂带、采空区和熔岩塌陷区等。这就决定了不同的地形应采用与之相匹配的焊接工艺，例如在平原地带以自动焊为主，在山区、高原等复杂地段以半自动焊为主。

5.1 自动焊工艺

材料 X80，规格：ϕ1219mm × 18.4mm，焊接工艺：GMAW，采用内焊机根焊，双焊炬填充盖面工艺。焊接坡口形式如图 8 所示。

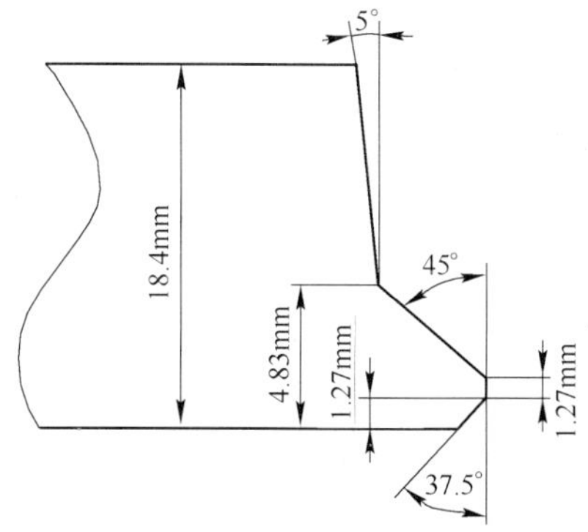

图 8 GMAW 焊接工艺坡口形式示意图

焊接工艺要求：

（1）根焊道：ER70S-G（直径 0.9mm，75% Ar + 25% CO_2）。

（2）热焊道：ER70S-G（直径 0.9mm，100% CO_2）。

（3）填充与盖面焊道：ER80S-G（直径 1.0mm，85% Ar + 15% CO_2）。

（4）预热温度：100℃。

（5）层间温度：最大 150℃。

对于这种双焊炬自动焊焊接工艺，最容易出现的焊接缺陷主要是根焊道与热焊层之间的未焊透以及层间的未熔合，如图 9a、b 所示。通过严格控制坡口加工环节、调整电流及边缘停留时间等一系列措施，获得了满意的焊接接头性能，如图 10 所示。

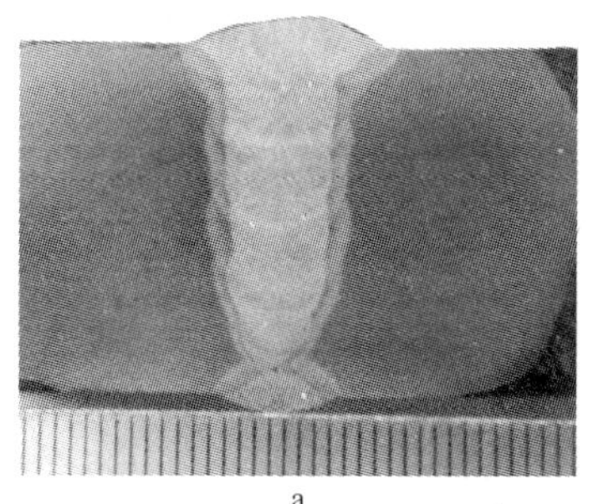

a

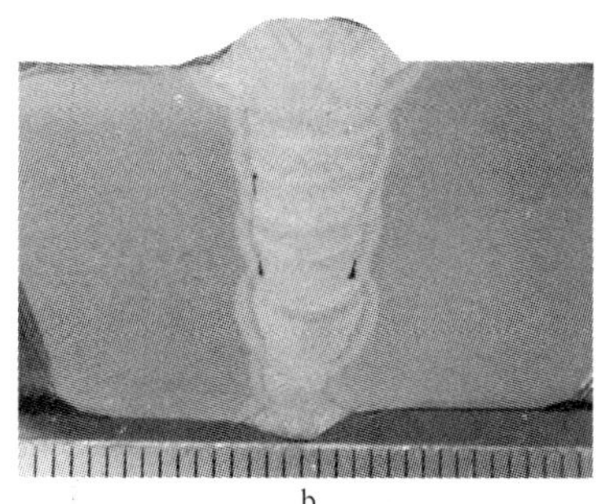

b

图 9 GMAW 焊缝易出现的缺陷

a—根部未焊透；b—层间未熔合

拉伸试验：抗拉强度在 740 ~ 790MPa 之间，且所有试样均断裂在母材。

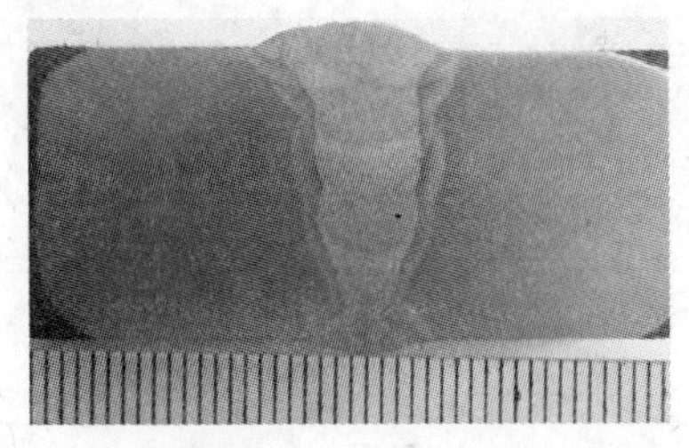

图 10 GMAW 焊缝宏观金相照片

夏比冲击试验：在 -10℃全尺寸试样条件下，焊缝中心及 HAZ 的冲击功为 152 ~ 298J，断口均呈现韧性断裂，冲击试验数据见表 8。

表 8 冲击试验数据

试样序号	试验位置	序号	冲击吸收功/J	
			单值	平均值
164-C1	焊 缝	1	190	203
		2	220	
		3	198	
164-C2	热影响区	1	152	203
		2	280	
		3	176	
164-C3	焊 缝	1	186	191
		2	174	
		3	214	
164-C4	热影响区	1	292	277
		2	280	
		3	258	

宏观金相：如图 10 所示，焊缝成形良好，无明显缺陷。

HV10 硬度试验：试验测试点是两排，分别距离焊缝内外表面 1.5mm 范围，测试数据如图 11 所示。

双焊炬自动焊焊接工艺的典型特点是高的焊接速度，完成一道壁厚 18.4mm 的工程管，仅需要填充两遍（每遍同时完成两层焊道），整口焊接仅需 1.5h。无论是焊接速度、熔敷效率及焊接材料的消耗量等，都有明显改善，自动焊机组 AUT 检测一次焊接合格率达到 94% 以上。

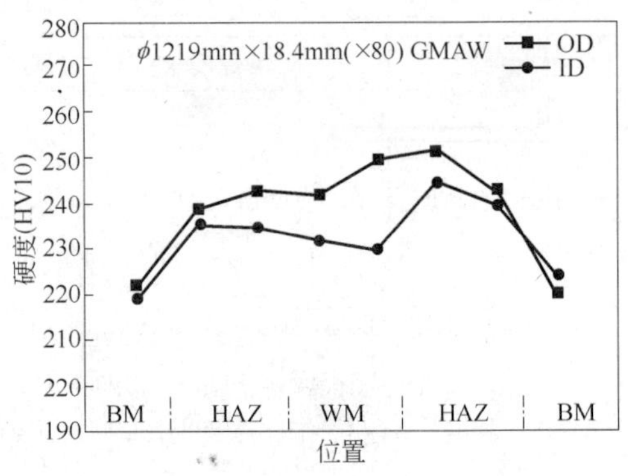

图 11 GMAW 硬度试验结果

5.2 半自动焊工艺

材料 X80，规格：ϕ1219mm × 18.4mm，焊接工艺：GMAW + FCAW，采用金属粉芯焊丝半自动根焊，自保护焊丝填充盖面焊。焊接坡口形式如图 12 所示。

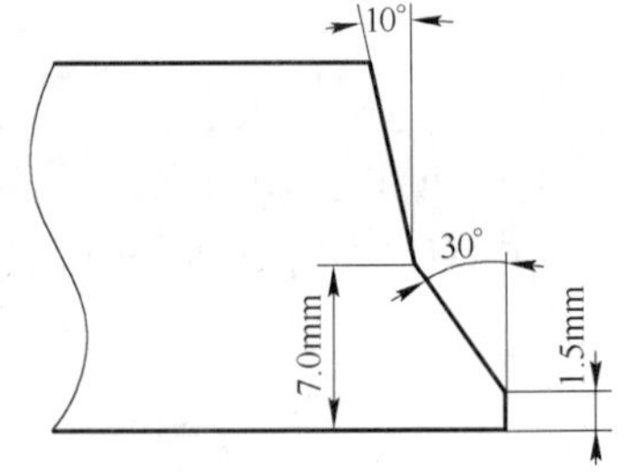

图 12 GMAW + FCAW 坡口形式

在坡口形式的设计上，采用了 30°和 10°的双 V 形坡口，使坡口体积减小，有利于减少焊接材料的填充量，降低焊工的劳动强度。焊接工艺如下：

根焊道：E80C-Ni1（直径 1.2mm，80% Ar + 20% CO_2）。

填充与盖面焊道：E81T8-Ni2J（直径 2.0mm）。

预热温度：100℃。

层间温度：最大 150℃。

对于壁厚 18.4mm 的管线要求 5 道自保护药芯焊丝填充，外加一道盖面焊，完成焊接接头的性能如下：

拉伸试验：抗拉强度在 695 ~ 710MPa 之

间，所有试样均断裂在焊缝，断口无明显缺陷，其抗拉强度均大于 X80 母管的名义抗拉强度。

夏比冲击试验：在 -10℃全尺寸试样条件下，焊缝中心及 HAZ 的冲击功为 90 ~ 252J，冲击试验数据见表 9。

表 9 GMAW + FCAW 焊接接头冲击试验结果

试件组编号	缺口位置	试验温度/℃	试件编号	冲击吸收功/J	
				单值	平均值
07175-C1	焊缝中心	-10	1	114	116
			2	116	
			3	118	
07175-C2	热影响区	-10	1	186	185
			2	172	
			3	196	
07175-C3	焊缝中心	-10	1	90	101
			2	104	
			3	108	
07175-C4	热影响区	-10	1	252	201
			2	168	
			3	184	

宏观金相：如图 13 所示，焊缝成形良好，无明显缺陷。

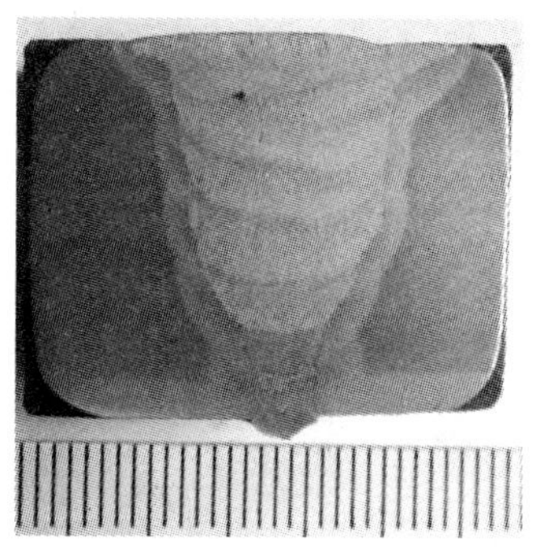

图 13 GMAW + FCAW 焊接接头宏观金相照片

HV10 硬度试验：HV10 均小于 300，测试数据如图 14 所示。

试验结果表明：半自动焊焊接接头能够满足工程规范要求，且这种工艺一直是中国管道

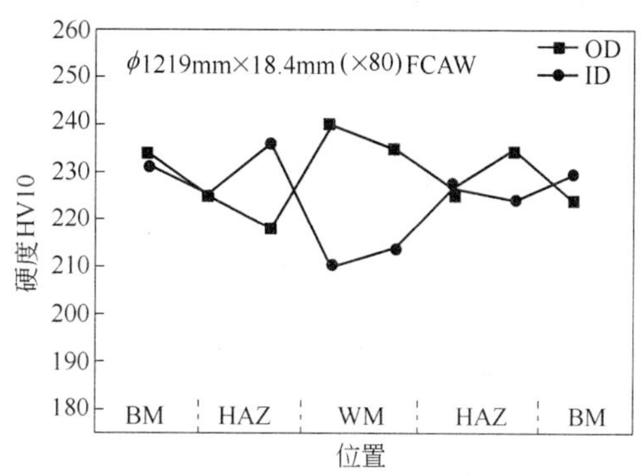

图 14 硬度试验数据图

施工队伍所熟练掌握的，对焊工的培训要求低。图 15 是西二线半自动焊机组施工图片，半自动焊机组 RT 检测一次焊接合格率可达到 96% 以上。

图 15 西二线半自动焊机组施工图片

6 结论

西气东输二线干线管道工程应用钢管强度等级、管径、壁厚、设计压力、输量、输送长度和施工周期等综合技术代表了中国管道建设的最高水平。针对本工程焊接的技术难点，通过对普通 X80 钢及基于应变设计的大变形 X80 钢的焊接性、焊接材料、焊接工艺及施工技术综合研究，解决了该工程的相关难题，确保了西气东输二线管道顺利开工和按期投产。

参考文献

[1] Q/SY GJX 0110—2007《西气东输二线管道工程线路焊接技术规范》.

[2] Q/SY GJX 0111—2007《西气东输二线管道工程基于应变设计的 X80 钢管焊接技术规范》.

[3] 隋永莉，薛振奎，杜则裕．西气东输二线管道工程的焊接技术特点．电焊机，2009(3).

[4] 杨天冰，靳海成．Nb-Cr X80 管线钢管焊接接头断裂韧性的研究．焊管，2011(5).

[5] 尹长华．Nb-Cr X80 管线钢冷裂敏感性分析．焊管，2010.

[6] 黄福祥．国产 X80 钢焊接冷裂敏感性的插销试验研究．焊接学报，2008.

[7] 尹长华．-20℃低温环境下大口径 X80 钢管的焊接．焊接技术，2009.

含铌管线钢的耐酸性

圣保罗大学理工学院进行的耐酸钢研究

Neusa Alonso-Falleiros

Av. Prof. Mello Moraes, 2463
USP (University of Sao Paulo)
Sao Paulo; SP, 05508-030, BR

摘　要：金属材料微观组织与性能的关系是生产特定材料，例如高强度低合金钢工业制造的设计基础。当前，在深海油气勘探和输送的环境中，也就是在含有氯离子、硫化物和二氧化碳的恶劣环境中，钢材需要具有耐腐蚀和防止脆化的性能。圣保罗大学理工学院冶金与材料工程系正在进行以开发耐腐蚀高强度低合金钢为目标的研究，特别是针对在潮湿硫化氢和二氧化碳环境中的应力腐蚀开裂和氢致开裂敏感性的研究。这些研究任务是巴西矿冶公司 CBMM 资助项目的一部分，该项目旨在帮助建立一个研究腐蚀、脆化和硫化氢应力腐蚀的实验室。目前，耐腐蚀性的检测试验方法、夹杂物对腐蚀行为影响的评价和 API5L X65 和 X80 级钢的氢脆行为的对比已经完成。对轧态钢板和钢管的微观组织进行了研究，在相变实验室以及冶金和材料工程系进行了实验室条件下的组织改进优化。本文介绍了电化学过程实验室的部分历史，腐蚀研究就是在该实验室内完成，同时还将展示深水石油开发用钢生产所取得的一些重要成果以及下一阶段的项目。

关键词：耐酸钢，硫化物，抗腐蚀，氢致开裂

1　引言

圣保罗大学理工学院冶金和材料工程系（PMT）对高强度低合金钢的研究和开发已进行了很多年。微观组织和性能的关系是其基础。雷纳托·罗卡·维埃拉（Renato Rocha Vieira）教授建立的一个强大研究团队从 20 世纪 70 年代就开始进行这方面的研究。从那时以来，PMT 就以此为研究思路，取得了许多与冶金工程实践密切相关的科学成果。四十多年来，PMT 不断升级实验室，为本科和研究生提供符合国家和国际评估标准的高水平学术思想的课程。实验室已获得来自联邦和州的研究机构如巴西国家科学技术发展委员会（CNPq）和圣保罗州研究支持基金会（FAPESP）的资助。

最近的一项改进是建设与电化学过程试验室（LPE/PMT）相配套的“硫化氢试验室——特殊气体测试”（$LabH_2S$），LPE/PMT 具备多通道化学工作站和其他电化学试验资源。LPE/PMT 自 1991 年开始运行，当时拥有第一台恒电位仪。$LabH_2S$ 硫化氢试验室（图 1）的建设是在 CBMM 赞助的一个研究项目下实现的，试验室于 2011 年 12 月 2 日开放。

大部分实验中使用的 H_2S 气体气味难闻，对人类健康和环境有害。为了用户和环境的安全，需要用一种特殊结构的装置对其进行处理。在试验室的规划中始终关注安全。装置特点有：一个带有流量控制的注气盘，与化学洗涤塔相连接的隔离安全舱，用于气体的净化和中和、温度可控的环境，电气安全出口，防爆照明和声光警报来检测气体泄漏。

和 PMT 的所有试验室一样，这个试验室支持教学和科研，为冶金和材料系的本科和研究生提供培训。

近年来，特别是在巴西，在环境恶劣的深海下发现了油气藏。这产生了对优质特殊微合

a

b

图1 硫化氢试验室（a）和安全气密舱（b）

金钢的需求，以用于制造油气勘探和输送阶段中采用的能够抵抗环境腐蚀的钢管和机械零件。

因此，硫化氢试验室的目标是支持油气勘探和输送金属材料的开发。作为综合性大学一部分的教学和研究机构，这些工作已在研究生（硕士、博士和博士后）层次的科研项目中开展，其成果不仅是科学技术的发展，而且要培养今后几十年所需去面对各种挑战的人才。LabH$_2$S 符合工业研究的需求，而且满足培训抗腐蚀材料领域工作者的科技培训的要求。

正在进行的研究项目有，比如，测量腐蚀抗力试验方法的研究：质量损失和采用恒电位仪的电化学测试（图2）；通过对金相抛光试样的浸泡试验，并采用扫描电镜（SEM）和能谱分析（EDS）的分析手段，评估夹杂物对腐蚀形态影响——均匀腐蚀和局部腐蚀（图3a）；根据 NACE TM0284-2003 标准对 API 5L X65 和 X80 钢管金相进行氢致开裂试验（HIC）（图3b），并采用光学显微镜和扫描电镜进行考察。总的来说，显微组织的观察旨在明确开裂和腐蚀机制。

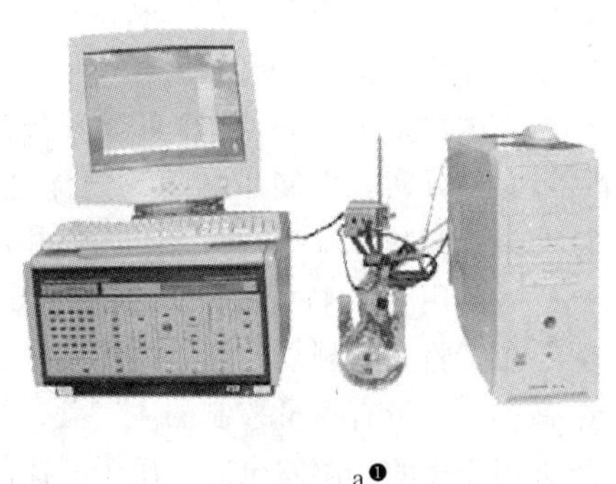
a❶

b❷

图2 电化学试验
a—恒电位仪 PAR 273A；b—电化学电池

❶照片作者：José Wilmar Calderón-Hernández，PMT，2012.

❷照片作者：Duberney Hincapié-Ladino，PMT，2012.

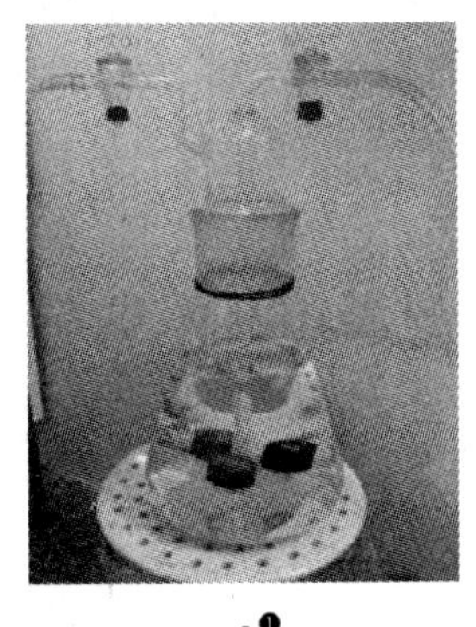

a❶

b❷

图 3　检查腐蚀形态的浸泡试验

（氢致开裂（HIC）测试根据 NACE TM0284—2003 标准进行）

2　结果

针对高强度低合金钢在含有硫化氢介质中的研究结果可以分为以下几类：

（1）耐蚀性评估的实验方法。

（2）不同化学成分和显微组织的耐腐蚀性。

（3）API 5L X80 和 API 5L X65 钢的氢致开裂。

（4）显微组织和氢致开裂的关系。

采用 LabH_2S 试验设施所获得的主要结果简要介绍如下。

2.1　耐蚀性评估的实验方法

对 API 5L X80 管线钢进行了不同介质下，含有或不含硫化氢的质量损失（图 4）和动电位测试（图 5）。质量损失测试表明，水介质中的溶解氧加速均匀腐蚀。含有或不含硫化氢的脱气水介质的腐蚀性要小得多。

动电位极化曲线没有显示出差异，表明这个试验程序不适用于确定腐蚀速率的差异。另外，极化电阻（R_p）的确定与质量损失实验的结果相吻合（图 6）。

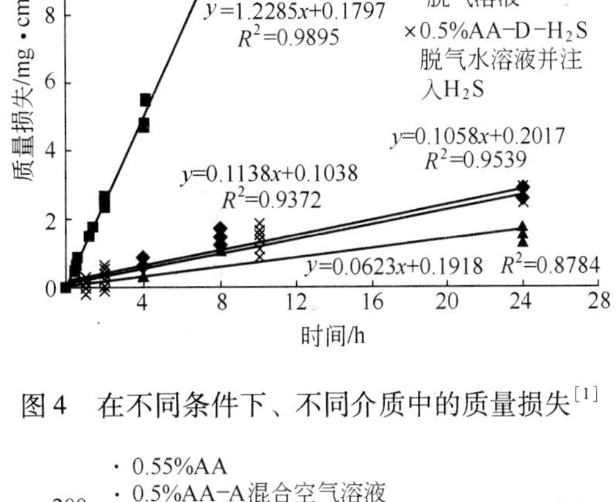

图 4　在不同条件下、不同介质中的质量损失[1]

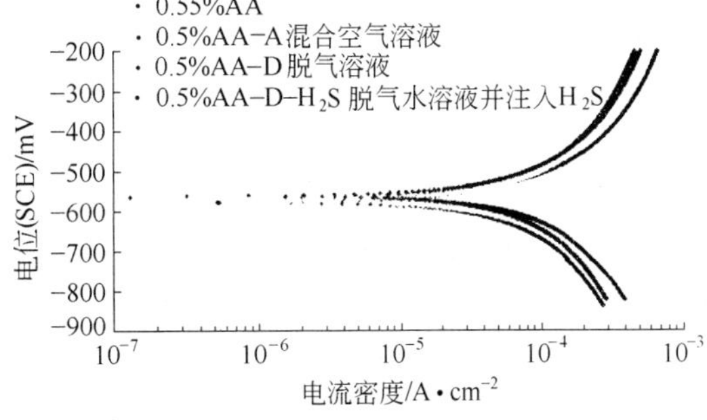

图 5　在不同条件下、不同介质中的动电位曲线[1]

❶照片作者：Henrique Strobl Costa，PMT，2010.

❷照片作者：Mariana Akemi Okamoto，PMT，2010.

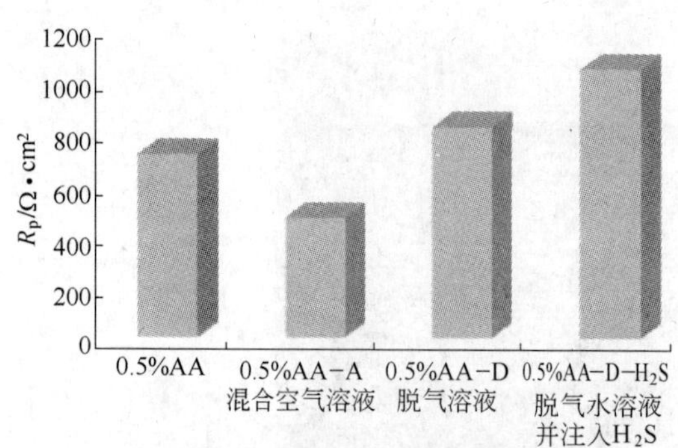

图6　在不同条件下、不同介质中的极化电阻值[1]

另一个关于 API 5L X80 钢管的研究结果[2]表明，浸泡时间从 0 到 8h，R_p 值实际上保持不变（图7）。鉴于这个结果，目前，高强度低合金钢耐腐蚀性的评价由 R_p 来确定，其浸泡时间仅为 60min，以便加快试验程序。

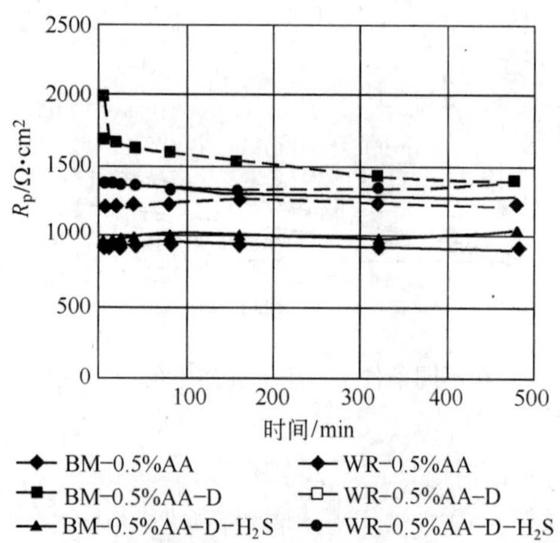

图7　API 5L X80 钢管不同部位试样在 0.5% 乙酸溶液（0.5% AA）中不同浸泡条件下的 R_p 值[2]

（BM：母材；WR：焊缝区；D：脱气；$D-H_2S$：脱气并注入 H_2S）

2.2　不同化学成分和显微组织的耐腐蚀性

极化电阻法显示酸性服役钢具有更好的耐腐蚀性（图8）[3]。在 NACE TM0284-2003A 溶液（注入 H_2S）中，采用极化电阻法对 API 5L X65 耐酸和非耐酸钢管试样进行了测试。结果表明，在两种钢的金属-夹杂物界面上呈现相似的选择性腐蚀形貌（图9 和图10）。R_p 值以及显微组织检查结果显示，耐酸钢的耐腐蚀性更好，这可能是由化学成分的差别以及不同的夹杂物密度所致的。

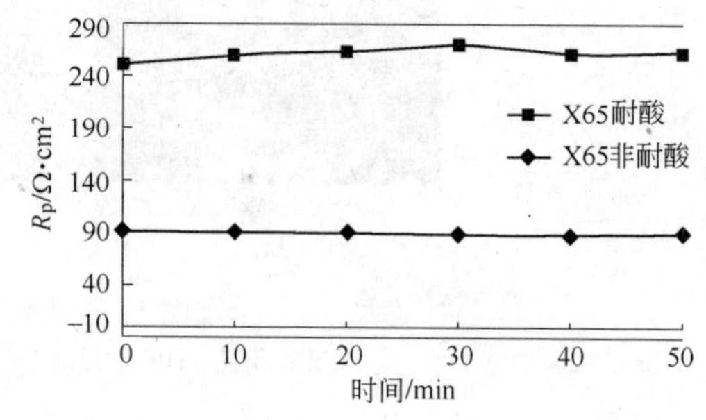

图8　耐酸和非耐酸钢管试样的极化电阻与 TM0284-2003 A 溶液中浸泡时间关系的对比[3]

2.3　API 5L X80 和 API 5L X65 管线钢的氢致开裂

对 API 5L X80 和 API 5L X65 钢管在存在硫化氢的腐蚀性环境中（NACE TM0284-2003A 溶液）的行为进行了对比[4]。结果表明 X80 钢管（图11）比 X65 钢管更容易发生氢致开裂[4]。X65 钢管没有出现任何开裂。拉长的 MnS 夹杂物是裂纹形核的地方，而其他类型的夹杂物有利于裂纹扩展。此外，圆形夹杂物也可以成为裂纹源。

2.4　显微组织和氢致开裂

对微合金钢奥氏体化和不同冷速下获得的不同显微组织对氢致开裂的影响进行了研究[5]。从钢板上取样并在淬火膨胀仪上进行热处理，然后进行氢致开裂试验（NACE TM0284-2003）。冷速慢的钢（冷速 0.5℃/s）显示出较高的氢致开裂敏感性，试样中部出现大裂纹，沿着钢板厚度中心线的偏析带扩展（图12a）。而在 10℃/s 和 40℃/s 冷速下，只在基体上发现细小裂纹和非金属夹杂物上形核的微裂纹（图12b）。

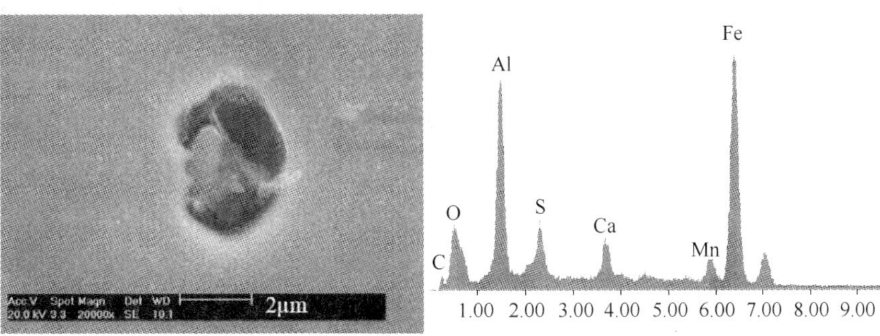

图 9　X65 耐酸钢管中的夹杂物案例

（其能谱分析显示 Al、Ca、S、Mn 和 Fe 的存在[3]）

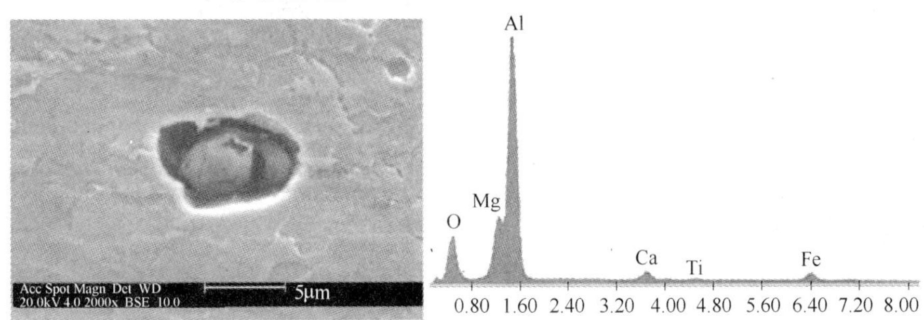

图 10　浸泡试验后 X65 非耐酸钢管中夹杂物周围的腐蚀

（其能谱分析显示 Al、Mg 和 Ca 的存在[3]）

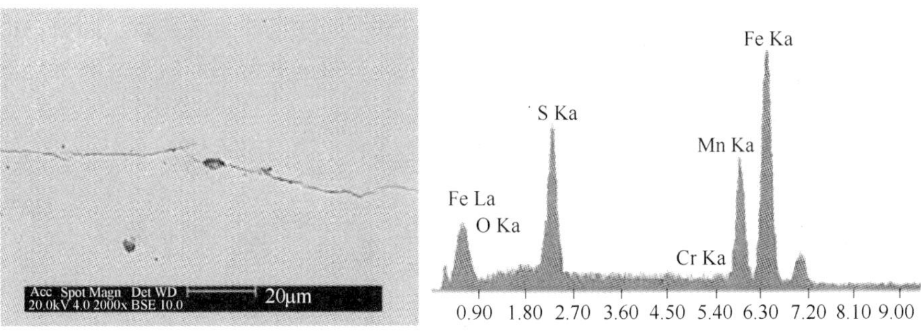

图 11　X80 钢管试样裂纹上的夹杂物[4]

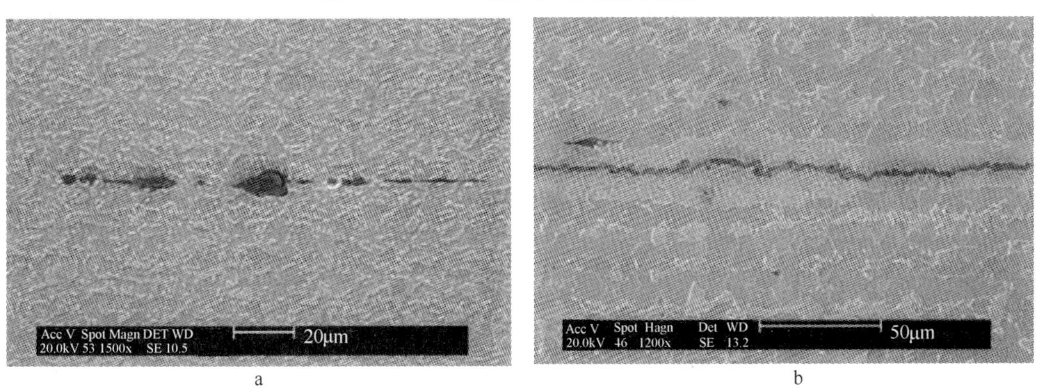

图 12　不同冷速下试样 HIC 试验后的显微组织[5]

a—0.5℃/s；b—10℃/s

API 5L X80 钢管的研究显示氢致开裂和夹杂物之间存在很强的关联[5]。在这些材料中，无论是氢致裂纹的形核还是扩展路径都是沿着夹杂物的分布发生的。

另外，API 5L X65 钢管的氢致开裂过程则与显微组元相关，没有发现其与夹杂物的关系[6]。材料显微组织为粒状和针状铁素体以及 M-A 岛（图 13），在 NACE TM0284-2003 A 和 B 溶液试验中没有发生氢致开裂，而铁素体和珠光体交替的带状组织发生了开裂（图 14）。

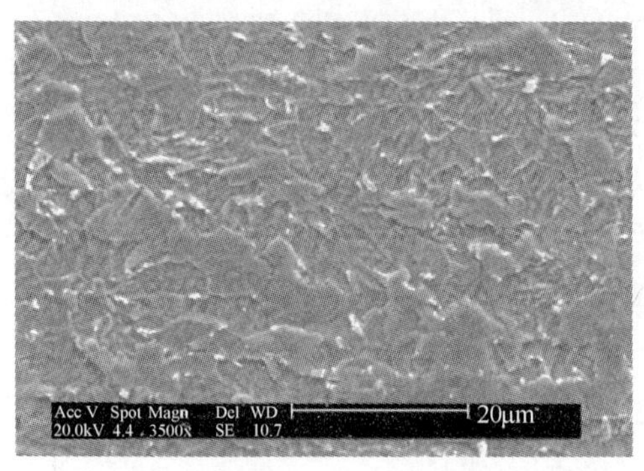

图 13　2% 硝酸浸蚀的二次电子影像显示粒状铁素体、针状铁素体和 M-A 岛[6]

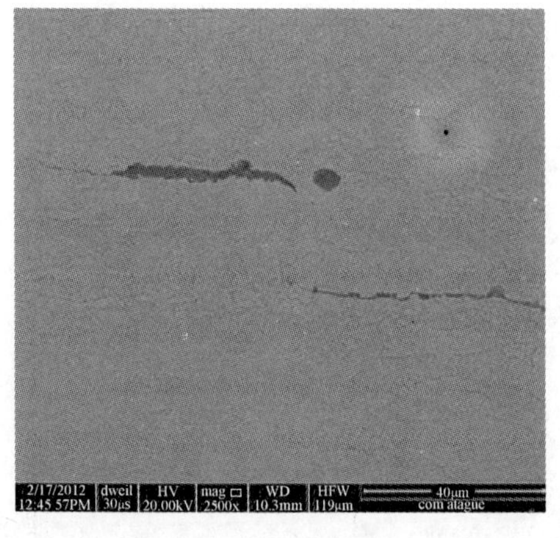

图 14　2% 硝酸浸蚀的背向散射电子影像显示裂纹在偏析带形成，铁素体和珠光体组织[6]
（NACE TM0284—2003 溶液）

3　下一阶段的研究项目

当前研究路线旨在开发能在开采、炼制和油气输送恶劣条件下服役的材料。规划项目涉及微合金化高强度低合金钢、超级马氏体不锈钢和镍基合金。要使用的材料是：

（1）API 5L X65 和 X80。

（2）高铌 API 5L X65。

（3）高铌和低锰 API 5L X65。

（4）含铌超级马氏体不锈钢：含钼、钛和铌。

（5）INCONEL 625-镍基合金衬里高强度低合金钢。

计划研究氢（H_2S）作为脆化介质的失效机制、氢致开裂、硫化物应力腐蚀开裂和耐蚀性本身。

4　结论

结论如下：

（1）圣保罗大学理工学院通过其冶金和材料工程系有能力进行耐氢致开裂和硫化物应力腐蚀开裂材料研究项目的开发。

（2）极化电阻（R_p）是确定高强度低合金钢耐腐蚀性的合适参数。即使浸泡时间达到 8h，腐蚀速率也不随浸泡时间变化。

（3）API 5L X65 耐酸钢管比非耐酸钢管具有更好的耐腐蚀性。

（4）微合金化的高强度低合金钢的腐蚀类型无显著特点，但是组织/夹杂物界面存在选择性腐蚀。

（5）API 5L X80 钢管存在氢致开裂，裂纹是在组织/夹杂物界面上形核并沿着夹杂物扩展。

（6）API 5L X65 钢管中的氢致开裂取决于显微组织：细化的铁素体组织（粒状和针状）比铁素体和珠光体带状组织具有更高的耐腐蚀性。

致谢

感谢巴西矿冶公司（CBMM）和巴西国家科学技术发展委员会（CNPq）对研究的资助。

参 考 文 献

[1] R. I. Migliaccio, et al. Aspectos da corrosão de um

aço alta resistência baixa liga em presença de sulfeto. Paper presented at the Rio Oil & Gas Expo and Conference 2010, Rio de Janeiro, RJ, 2010 (在葡萄牙).

[2] B. N. Armendro, et al. Corrosão de um tubo API 5L X80 em meio contendo sulfeto de hidrogênio. Paper presented at the 66th Congresso ABM, São Paulo, SP, 2011, 410(在葡萄牙).

[3] D. Hincapié-Ladino, et al. Inclusion behavior at the corrosion process of API 5L X65 pipes. Paper presented at the Rio Pipeline 2011 Transporting Products for a Sustainable Future, Rio de Janeiro, RJ, 2011.

[4] M. F. González-Ramírez, et al. Damages originated by hydrogen in microalloyed steel plate and pipes in agreement to API 5L X65 and X80. Paper presented at the Rio Pipeline 2011 Transporting Products for a Sustainable Future, Rio de Janeiro, RJ, 2011.

[5] M. F. González-Ramírez, H. Goldenstein. Influência das Microestruturas sobre o Trincamento Induzido por Hidrogênio de um Aço Microligado Submetido a Diferentes Taxas de Resfriamento. Report: Doutorado em andamento, PMT/USP, 2010-2011) (在葡萄牙).

[6] D. Hincapié-Ladino, N. Alonso-Falleiros. Resistência à Corrosão e ao Trincamento Induzido pelo Hidrogênio de Aços para Tubos API 5L X65. Report: Exame de Qualificação para Mestrado, PMT/USP, 2012)(在葡萄牙).

(渤海装备研究院输送装备分院 王晓香 译,
中信微合金化技术中心 张永青 校)

NACE MR0175 现在仍适用吗?

Chris Fowler 博士

Technical Director Corrosion EXOVA Group

摘　要：NACE MR0175/ISO15156 是酸性油气田开发时选择应用材料使用最多和最为认可的标准，该标准是由 NACE 于 1975 年作为一份关于硫化物应力腐蚀开裂的文献首次出版的，它已经发展成了更为综合性的 ISO 15156 标准，涵盖了湿性硫化氢可能产生的所有形式的开裂。本文对该标准进行了研究并探究了维护人员及监督委员会目前所面临的挑战。

在此，关于该标准的一些错误的概念将加以解释，同时，将重点指出会影响标准使用的关键诠释。最后，将对标准中引用的特定试验方法的相关性进行探索。

1　引言

ISO 15156/NACE MR0175[1]于 2003 年首次发布，并在 2009 年发布了第一个完整的版本，它是用于油气领域勘探和开采的标准。自发布以来，业界对该标准就产生了各种不同的看法；反面观点通常都是因为他们没有花费时间阅读和理解该标准。另外，理解该标准需要先对酸性条件腐蚀和湿硫化氢可能产生的开裂机理加以认识和了解。该标准是基于实际服役环境发展而来的文件，提供了工业所能提供的最好的知识，不应把它简单地作为一个“细目清单”，而应作为工业本身认可和接收的各种材料选择和验证的方法的工具。

2　背景

NACE MR0175 一直是而且现在仍是获得领域广泛认可的用于酸性服役环境选择材料和试验方法的标准。该标准于 1975 年首次发布，2003 年该标准得以修订，以后每年都要重新发布。20 世纪 90 年代，欧洲腐蚀联盟出版了指导性文件：1995 年的 EFC 16[2]和 1996 年的 EFC17[3]，前一个涵盖酸性服役碳钢，后一个涉及酸性服役耐腐蚀合金钢。

这样一来，虽然只有一个标准，但某种程度上文件之间存在竞争关系，20 世纪 90 年代后期决定将这三个文件合成一个，编成 ISO 标准。2003 年，ISO 15156 发布，带有 NACE MR0175 双术语。虽然该文件是一个标准，但该标准不是约定俗成的，而是为材料验证及检验方法提供了很多选项。该标准由设定的某个 ISO 维护组负责维护、复核投票，并回答相关问题和提供解释。该标准目前涵盖了所有可能由湿硫化氢产生的开裂，即硫化物应力开裂（SSC）、氢致开裂（HIC）和应力导向氢致开裂（SOHIC）。另外，还包含了电流引发的氢应力开裂（GHSC）和应力腐蚀开裂（SCC）。既然该文件是一个 ISO 标准，它包含有验收标准和试验应力水平。本文对其中一些标准和水平进行了讨论，并介绍了油田现场经验的验证理念。

3　基本规则

该标准的基本规则/假设如下：

（1）该标准仅适用于依弹性标准设计的设备。

（2）考虑的环境是无氧环境。

（3）该标准适用于上游的油气勘探和开发。

（4）用户负责确保使用正确的材料。

（5）耐腐蚀合金没有硫化氢下限。

（6）域图（见后面的部分）仅适用于碳钢和低合金钢，而且仅适用于硫化物应力开裂。

4 标准（1）

4.1 第1部分：石油天然气工业——油气开采中含H_2S环境用材料 抗腐蚀开裂材料选用通则

重点提要：

设备用户应确定服役条件是否符合ISO标准规定的使用条件。

4.2 第2部分：石油天然气工业——油气开采中含H_2S环境用材料 抗腐蚀开裂碳钢、低合金钢以及铸铁的应用腐蚀开裂机理考虑

包括HIC、SOHIC和SSC（图1，仅考虑碳钢轧制扁平材料的有关事项）。

从图2所示，pH值的概念目前已经得到认可（该图直接取自ISO 15156/NACE MR0175），可是需要注意一下特殊应用条件。当针对SSC时，图2仅适用于碳钢和低合金钢。

该域图可以允许代表性油田条件、而不是固定NACE条件下的材料验证：

区域3代表全酸性条件。

区域2代表中等酸性条件。

区域1代表弱酸性条件。

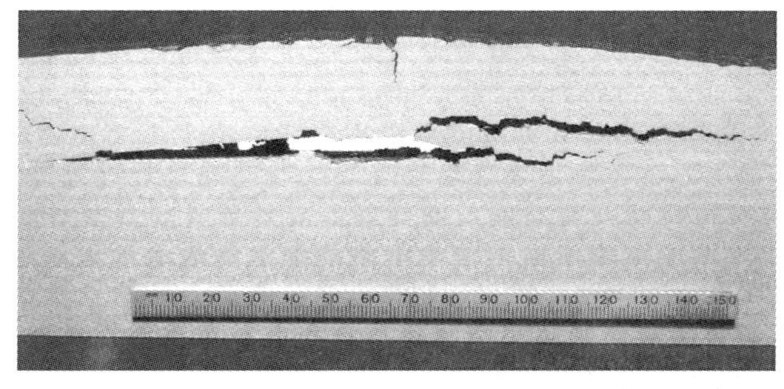

a

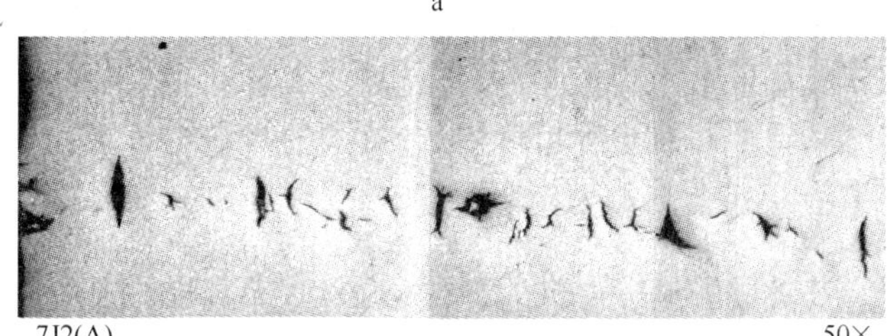

b

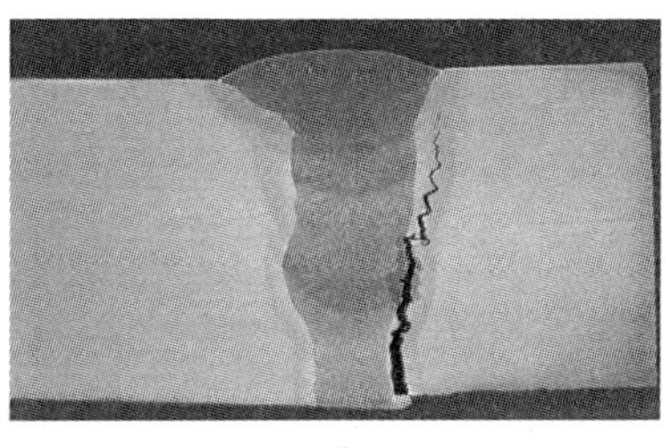

c

图1 恶劣环境酸性腐蚀区域实例

a—HIC；b—SOHIC；c—SSC

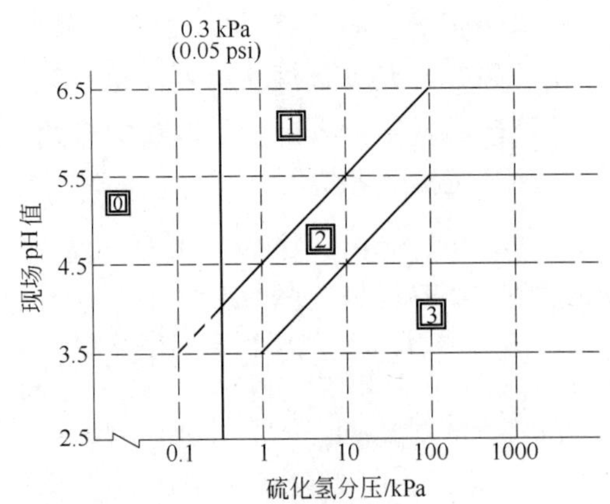

图2　SSC环境严重程度的区域划分[1]

区域0不代表该区域就可以完全免于开裂，一些高强钢在该区域仍存在开裂的敏感性。

下面介绍实验室检验验证。下面列出的试验方法可用于SSC测试：

（1）单轴拉伸。

（2）四点弯曲。

（3）双悬臂弯曲。

（4）“C”形环。

（5）买卖双方协商确定的全尺寸试件。

对于域图中所有区域的验证，载荷应最小为实际屈服强度的80%，并采用NACE TM0177的A溶液进行测试[4]。对于特殊区域（区域1或2）的验证，载荷应最小为实际屈服强度的90%。但是，焊接试样的实际屈服强度是多少呢？四点弯曲试验应遵循的试验方案又是什么呢？加载水平根据欧洲腐蚀联合会会刊16号文章确定[2]，当利用钢管或钢板加工小尺寸试样时，要考虑残余应力的损失。但是残余应力是多方向的，所以只考虑某一方向增加载荷是否正确呢？

目前没有普遍出版的四点弯曲方法，ASTM给出了均质柱状试样的加载指南，与焊接试样的大相径庭。虽然大多数管线的焊缝都是采用这种方法进行验证的。但我们的指南与文献记录之间存在差异。为了解决这一问题，组建了两个工作组，一个在欧洲腐蚀联合会（EFC），一个在美国腐蚀工程师协会（NACE），共同建立和编写四点弯曲试验方法。这两个组目前已经完成了第一稿，正在进行复审。对该项试验从加载水平到验收标准的各个方面都进行了研究。

下面列出的试验方法可以用于SOHIC测试：

（1）单轴拉伸试样（加载直至失效）。

（2）四点弯曲试样。

（3）整环试验方法OTI 95635[5]。

（4）研发中的其他试验。

作者不认为前两种方法可以确定SOHIC的敏感性，除非他们的加载是不正确的。

下面列出的试验方法可以用于HIC测试：

（5）试验方法引用的是NACE试验方法TM0284[6]。提供的其他信息是验收标准。提供了在NACE低pH值溶液和油田条件进行试验的选项。但关于油田试验，没有提及试验时间。

4.3　第3部分石油天然气工业——油气开采含H_2S环境用材料　抗开裂耐腐蚀合金（CRA）及其他合金

标准的这部分将每种类型的材料汇集在一个表格中，从而该标准表A1是第3部分的有效索引。目的是通过将合金汇集在一起使材料选择更加简便。但是这意味着许多合金有环境限制，反映该合金的最低形式。因而，目前收到了一些投票，要求增加某表中特定合金的环境限制。目前，该标准表A2——奥氏体不锈钢是讨论的焦点；特别是冷加工件的定义及其相关影响。每个表都设定了温度、氯化物水平、H_2S分压及合金组群的pH值。同时也列出了特例。本文不打算在这里对这些组群进行详细介绍。

考虑的开裂机理为：

（1）硫化物应力开裂（SSC）。

（2）应力腐蚀开裂（SCC）。

（3）电接触氢应力开裂（GHSC）。

可用的试验方法是依照碳钢和不锈钢部分，同时补充慢应变速率和间断的慢应变速率。此时应该注意，该标准第3部分测试及推选的所有材料只是作为母材进行测试的。由于过去极少使用焊接试样。这就带来了一个问题——焊接件是否应该进行测试?

该标准要求,材料的验证必须是采用材料的最终产品形式进行的——这意味包括焊缝和热区等焊接位置?

4.4 试验方法

关于碳钢部分的评论也与耐腐蚀合金(CRAs)密切相关。(不包括 HIC 和 SOHIC)。

另外,已经纳入了慢应变速率,目前尽管持续时间很短,但该方法有自身的问题。该方法中,试样是在测试环境中拉伸直至失效。在拉伸的后期,试样将发生冷加工形变硬化和/或塑性变形,因此,材料的性能实际上已经发生改变。因此,通过该方法进行验证时必须谨慎考虑,因为该失效机制有可能是服役环境过程中产生的。

有句格言说得好,如果某材料通过了 SSRT,那么它是合格的,但是如果它没有通过 SSRT,那么可以试试另外的试验方法!

5 ISO 耐酸钢标准维护委员会

ISO 和 NACE 组织成立了 ISO/NACE 协作组织来维护这些文件,并建立了代表国际油气工业的关键成员组织,该组织同时考虑平衡了美国和海外成员。这些关键组织也代表了用户、制造商、合金供应商、服务公司级顾问。成员是通过提名而不是申请的方式确定的,每个组织只能有一位会员。会员资格要进行审查,所有的成员,包括主席要进行轮流。维护委员会的目的是广开言路,广泛接受新的思想和观念,总之,该委员会既不闭门造车也不在冶金领域搞专断。单方面否决不再能够阻止投票表决。

6 STG 299 NACE 评审组

该团体的组成与维护委员会相类似,只是该团体有大约 45 个成员。所有的投票都要由该委员会进行严格审查。

7 挑战

当前,该文件的挑战如下:

(1) 冷变形对奥氏体不锈钢的影响。

(2) 奥氏体不锈钢检验试样的硬度。

(3) 17-4pH 的 H_2S 下限值。

(4) 纳入高强超级 13% Cr 钢。

(5) 选择和测试未列出材料的自由令许多用户感觉不太舒服。

(6) 试验结果较宽的有效性。

(7) 用户自发将试验结果反馈给 NACE,使行业的全体受益。

(8) 现场经验的采用。

(9) NACE、ISO 及 API 对定义和合金要求的一致性。

(10) 用户和制造商需要更多的培训。

8 现实考证

该标准是如你所想吗? 一些业内人士说它的限定性不够充分,只有有经验的腐蚀工程师才能充分应用它。是否有更高层的研究班? 是否有关于采用试验方法的工作指南? 两个工作组一年会面两次,一次在 NACE 研讨会,一次在 EUROCORR。监管者和承包商也应参加会议。

参 考 文 献

[1] BSI. Petroleum and natural gas industries-Materials for use in H_2S-containing Environments in oil and gas production-Parts 1, 2 & 3: BSI 2009, ISO 15156.

[2] European Federation of Corrosion Publications No. 16 "A working party report on: guidelines on materials requirements for carbon and low alloy steels for H_2S containing environments in oil and gas production" The Institute of Materials, London, 3rd ed. 2009.

[3] European Federation of Corrosion Publications No. 17 "A working party report on: Corrosion Resistant Alloys for Oil and Gas Production-Guidance on General Requirements and Test Methods for H_2S Service" The Institute of Materials, London,

2nd ed. 2002.

[4] NACE. Standard Test Method Laboratory Testing of Metals for Resistance to Sulfide Stress Cracking and Stress Corrosion Cracking in H_2S Environments. 1996(TM0177—96).

[5] Fowler C, Bray J. A Test Method to Determine the Susceptibility to Cracking of Linepipe Steels in Sour Service. Offshore Technology Report OTI 9563, UK Health and Safety Executive 1996.

[6] NACE. Standard Test Method Evaluation of pipeline and pressure vessel steels for resistance to hydrogen induced cracking(TM0284—11).

（渤海装备第一机械厂　曹贵贞　译，
首钢技术研究院　缪成亮　校）

一种新的应力导向氢致开裂实验方法的沿革

Chris Fowler 博士[1]，J. Malcolm Gray 博士[2]

（1）EXOVA Group，182 Halesowen Road，Netherton，Dudley，West Midlands DY2 9PL，UK；
（2）Microalloyed Steel Institute，5100 Westheimer，Houston，Texas 77056，USA

摘　要：应力导向氢致开裂（SOHIC）一直是酸性服役的大量管线和压力容器失效的重要因素。目前，NACE MR0175/ISO 15156 标准中可以通过一个独立装置对裂纹形貌进行辨识。标准的测试附件中说“可以使用开发中的其他测试方法”，现在，有了这样的一种方法！NACE 出版了一种测试方法 NACE TM0103，但目前该方法已经被撤销。本文介绍了 SOHIC 的发展历程、一种新的小尺寸短时测试方法的开发过程，以及硬度与微观组织结构之间可能存在的关系。由于有了这样一种真实的测试方法，就可以更好地研究和理解 SOHIC 的机理，将用于考虑利用 Nb 来控制屈服强度和铁素体硬度。

1　引言

SOHIC 的最初报道是在 20 世纪 80 年代早期，针对酸性服役螺旋焊管线管的鉴定试验方案中给出的[1]。当时认识到，在促进开裂机理方面，残余应力起着重要作用。通过早期的工作，开发了一种测试方法，并由英国健康安全执行委员会（HSE）以 OTI 95635[2] 发表，该方法被称为全环试验。当时，该方法是用于管线管的。（试样采用的是一段全截面管线管）。该方法出版后，人们认为压力容器板材也可能遭受 SOHIC，而这种试验方法实际上是不适用的。一些年之后，API 发起了一个项目，并由 NACE International 最终发表了一种试验方法（TM0103）[3]。该方法使用所谓的“双梁”试样。该方法后来应最初作者的要求被撤销。这样，在试验装置库中仍旧存在空白。

很多年之前，三个组织：Bodycote（现在的 EXOVA）、力学研究院（Force Institute）和英国焊接研究所（TWI）联合，试图设计并验证一种真正的 SOHIC 试验方法。7 年的研究工作之后，定义了一种既可以用于压力容器板材又可以用于管线管的方法（尽管对于周向焊接的钢管仍旧支持用全环试验）。后来，该工作由一位阿伦大学的学生继续进行，完成他的学士论文“试验发展——感谢 Ulrich Pflanz”[4]。现在有了试验方法，就可以开始开裂机理的研究了，后文中，将给出 SOHIC 失效实例，并会通过早期的试验结果介绍这种新的试验方法，也将针对后期的工作给出建议，促进对这种开裂机理的理解。这样一项研究已经开始了，首次试验结果将在奥兰多的 NACE 2013 研讨会上公布。

2　背景

至少有 12 条重要管道被报道发生了 SOHIC 模式失效，而且，文献中也有大量压力容器发生 SOHIC 的报道。文献［5］介绍了一些有文献记载失效的具体情况。图 1 是某管道 SOHIC 失效的图片。图 2 是某 SOHIC 裂纹的显微照片。

图1　螺旋焊管的失效图片

（感谢加拿大壳牌）

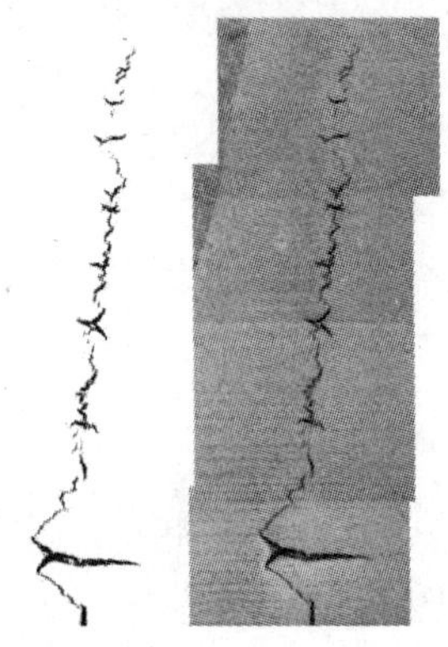

图2　SOHIC 显微图片

一般来说，裂纹出现在靠近焊缝的地方，但是德国报道了某失效居然发生在无缝管！[6] 早期的研究结果发现了残余应力的重要性，重要的不仅是它的大小，而且更重要的可能是它的方向。图3说明了残余应力对大口径管线管的影响。注意，其开口不只是重叠，而且纵向也有位移。

图3　残余应力"临界因数"

ISO 15156/NACE MR0175[7] 和 EFC 16[8] 试图考虑通过增加载荷条件来减少从钢板或钢管截取一个小试样时的残余应力损失的影响，然而，这种施加的载荷全部是同一方向，不能反映真实的应力分布状况。需要一个三轴应力模型来模拟真实的状况。因此，这些试验标准中引用的一些试验方法将不能准确地反映出材料是否容易发生 SOHIC。

除了这些观察结果，EXOVA 和某大型油气开发公司都遇到了大量的例子，当接头暴露在实验室试验的 H_2S 中时，发生了 SOHIC。图4～图6展示了这样的 SOHIC 失效。所有情况下，材料的硬度都远远低于洛式开裂硬度极限值（Rc22），而且具有很清洁的微观结构。

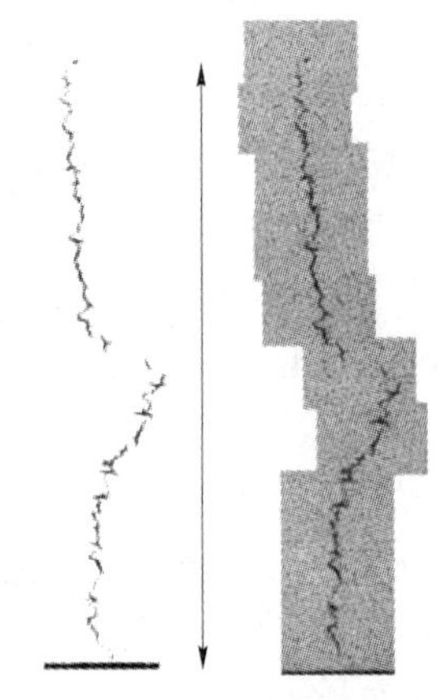

图4　"T"试件中的 SOHIC

图5　凹陷端的 SOHIC

因而，本项目的目标是：小规模尺寸试验方法、短时、定义达到/没达到的试验标准、可重复性。

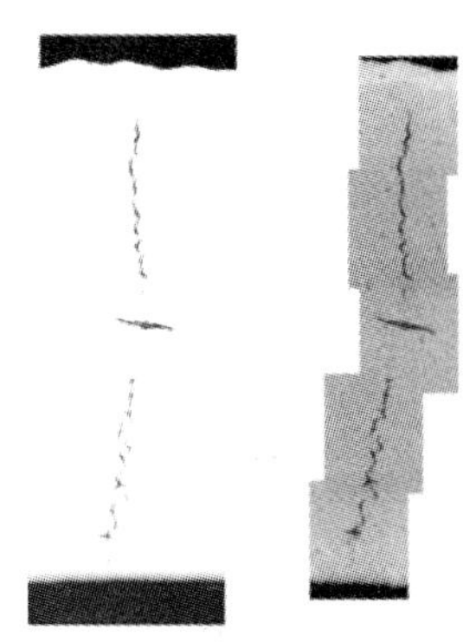

图6 变径处的SOHIC

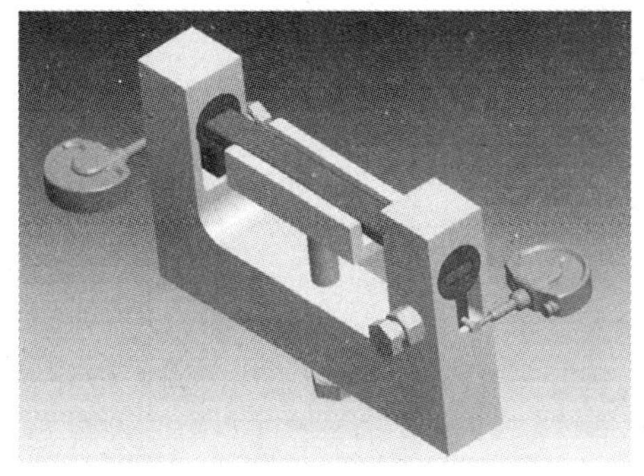

图7 新的SOHIC试验装置

3 实验

本研究工作的一开始，就认识到了管线管，特别是焊接管线管内部应力分布的复杂性。进行了一些残余应力测量，但这些测量只局限于距离表面1mm的残余水平。因此，开始尝试一种更加直接的方法。由此，提出了扭曲和弯曲概念，因为当某根螺旋管承压时，焊缝实际上是受到扭曲的，而且螺旋管中发生的大多数失效都是这样的，所以这种假设是合乎逻辑的。选用了几种碳钢材料，一些是抗SOHIC的，一些是SOHIC敏感的。总体上，选用了一个延长的四点弯曲试样，同时允许施加轻微程度的扭曲。本次工作最具挑战的一项工作是设计一个合理适用的装置。建立了几种设计方案，但都在最终获得认可之前被废弃了。具体的设计工作在Ulrich Pflanz的论文中有详尽的介绍[4]。最初的计划是对不同的材料加载形成5°、10°、15°等一系列的扭曲角度。然后，施加一个四点弯曲载荷。随着试验方案的重复进行，发现只需要少量的扭矩就可以区分材料的好坏，最后确定了2°扭曲和50% SMYS弯曲的方案。最终的装置设计如图7所示。完整的说明和尺寸将在今年后期的“试验方法”中公布。

加载稳定性试验通过全程使用应变计检测载荷和应变监控实现。

4 结果

实质上，在几种不同的材料上进行了大量的不同载荷/扭曲水平的试验。图8展示了一套典型的试验后的试样。所有试验的条件是：温度：－25℃；溶液：NACE A溶液；时间：浸泡10天。

图8 试验结果控制（2°和5°）

如图8所示，如果某材料是SOHIC敏感的，那么只需要2°的扭曲。对于没有出现裂纹的材料，使用了25°的扭曲，结果没有出现裂纹（试验后这些试样仍保持扭曲状态）。这一点从图8中可以看到，这些数据不需要太多的解释，SOHIC裂纹用肉眼就可以清晰地看到。

5 冶金方面

自20世纪70年代初，阿拉伯海湾的某BP管道事故之后，耐酸钢的冶金技术得到稳步发展。该技术发展内容在本次研讨会的单独论文中发表。

研发的重点在于将热区的硬度减低至248HV10以下，提高抗SCC能力的同时消除氢致开裂风险。目前，钢材普遍采用Nb-V、Nb-Mo或Nb-Cr合金设计，并通过低温控轧，和随后水加速冷却，即所谓的热机械控轧技术，来获得优异的强韧性组合。而优良的抗SSC和延迟开裂能力要归因于低的碳当量，尤其是低的裂纹敏感系数（P_{cm}）值。即使采用低热输入的焊接工艺，比如采用自动焊工艺进行环缝焊接时，硬度也是很低的（图9）。但是，一味地追求低碳和合金成分以期实现低热输入焊接时，则可能忽略或忽视了焊管焊缝及对接环焊缝采用高热输入的埋弧焊时的热区软化问题。对纵向焊缝，当采用多丝焊，焊接热输入可能为6.0kJ/mm或更高，对接焊的热输入可达4.0kJ/mm。对于焊缝修补，也可能遇到中等的热输入。热区发生软化的可能性如图9的数据所示。当某钢的P_{cm}在0.10～0.14之间，采用3.5kJ/mm（35kJ/cm）的热输入进行焊接时，其硬度接近本文的发生SOHIC的水平。热输入高将会导致这一问题。另外，对比图9中包含0.095% Nb（+1.57% Mn和0.27% Cr）的钢，低Nb含量且不含Cr时，将加剧软化趋势。

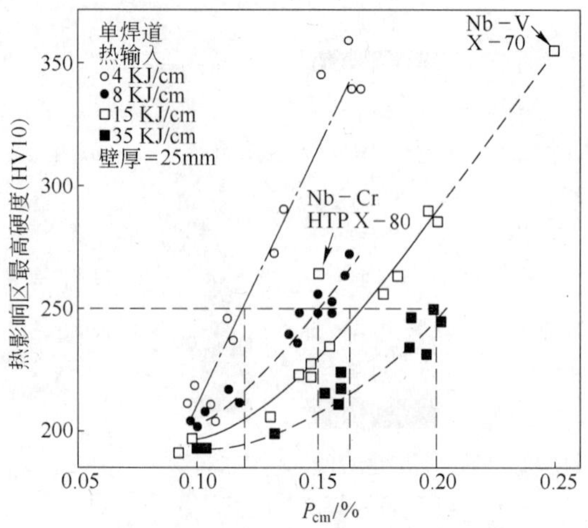

图9　碳当量(P_{cm})及热输入对X70（0.03% C-1.57% Mn-0.27% Cr-0.095% Nb）管线管热区硬度的影响

在焊接屈服强度为X80及以上的超高强钢，或是采用基于应变设计理论进行管线管安装和运行时，热区软化问题通常就凸显出来。本文目前认为，即便是如X60～X70的低强钢，如果它们得不到合理的设计来抵抗软化，也可能由于SOHIC开裂而使性能恶化。当焊接TMCP钢时，在HAZ通过热机械过程建立的力学性能基本上被破坏，并被一种微观组织所替代，这种组织依赖于奥氏体向铁素体转化的温度，并且与化学成分和冷却速率有关，如图10所示。

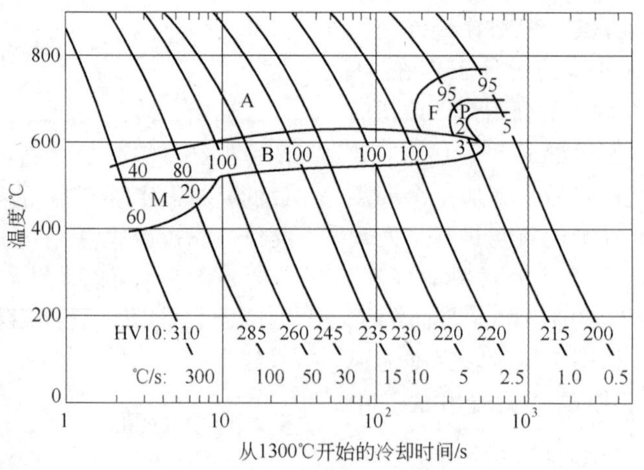

图10　模拟HTP钢（0.03% C-0.10% Nb和1.75% Mn）热区（峰值温度1350℃）的转变行为[10]

对于这种高强微合金钢，模拟热区的硬度没有降到“SOHIC 门槛值”以下，直到 800 ~ 700℃的冷却速率降到 0.40℃/s。这样的冷却速率会出现在如闪光对焊等不良的焊接方法中，如今这种焊接已经很少用或不提倡用了。然而，对正在讨论的特定的钢当采用该方法进行焊接时，则表现良好，如图 11 所示。应该认识并值得注意的是常规合金设计的 Nb-V 管线管钢在进行闪光对焊时表现较差，甚至在中等热输入条件下，热区硬度也趋于降到 190HV10 以下。某钢厂 30mm、X65 管线管双面埋弧焊缝的横向硬度（HV10）见表 1。

两种 X80 钢的焊缝横向硬度如图 12 所示，其化学成分见表 2。

因此，硬度、微观结构及残余应力之间的相互影响及对抗 SOHIC 能力的影响需要进一步的研究。

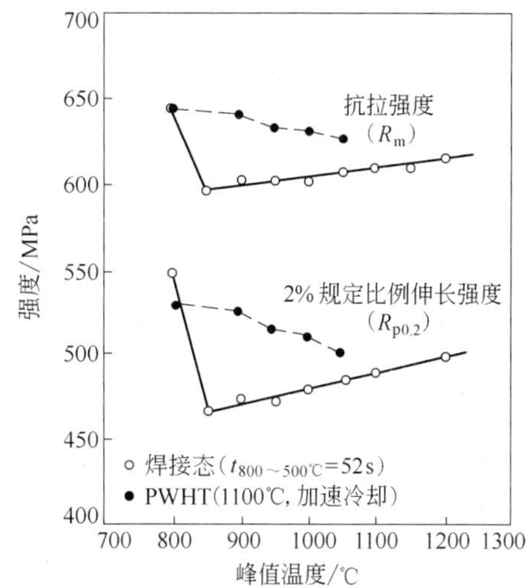

图 11　闪光对接焊工件的拉伸性能

表 1　某钢厂 30mm、X65 管线管双面埋弧焊缝的横向硬度（HV10）

位　置	管体	热　区			焊　缝			热　区			管　体
外径侧	217	177	188	191	216	211	208	191	178	165	218
中　心	196	171	174	193	212	208	215	190	170	174	197
内径侧	219	178	185	192	219	210	217	196	188	185	215

注：热输入为 6kJ/mm。

表 2　试验用 X80 钢化学成分

钢	取样	化学组成(质量分数)/%											碳当量 CE
		C	Si	Mn	P	S	Mo	Nb	V	Ti	B	Al	
A	产品	0.07	0.28	1.66	0.017	0.001	0.13	0.033	0.075			0.035	0.39
B	产品	0.05	0.21	1.89	0.011	0.001	0.25	0.044		0.025	0.0014	0.035	0.42

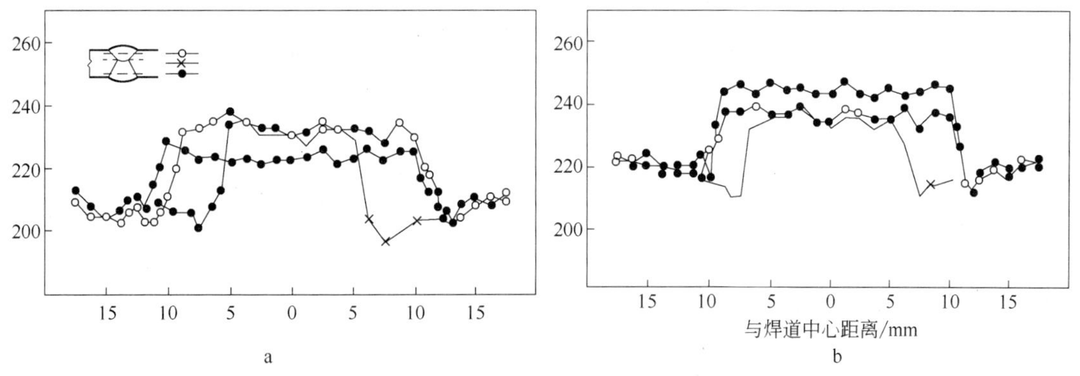

图 12　48in(外径)×0.75in 钢管焊缝的硬度分布[11]

(热输入为 4.7kJ/mm)

a—管 A；b—管 B

6 结论

结论如下：

（1）开发了一种可重复的、短时的可以用于压力容器钢或管线管钢 SOHIC 试验方法。

（2）尽管进行了室内验证，但还需要进一步进行实验室间比对试验验证，以及焊接接头试样的加载要求。

（3）毫无疑问，可以利用这种试验方法研究硬度与微观结构之间存在的某种关联。

7 后期工作

目前需要研究的参数如下：

（1）加工工艺路线的影响。

（2）微观结构的影响。

（3）硬度的影响。

（4）化学成分的影响。

（5）焊缝及热区性能的影响。

（6）充氢水平的影响。

参考文献

[1] Fowler C, Haumann W, Koch F O. Influence of residual stresses to the SSCC resistance of SAW-pipe. 3R International Vol. 25, No. 5, May 1986, pp. 255-260.

[2] Fowler C, Bray J. A Test Method to Determine the Susceptibility to Cracking of Linepipe Steels in Sour Service. Offshore Technology Report OTI 9563, UK Health and Safety Executive 1996.

[3] NACE. Standard Test Method. Laboratory Test Procedures for Evaluation of SOHIC Resistance of Plate Steels Used in Wet H_2S Service. TM0103-2003.

[4] Pflanz U. Development and verification of a new SOHIC test method. Bachelor thesis, Exova Corrosion Centre, Aalen University, 2010.

[5] Pargeter R. Susceptibility to SOHIC for Linepipe and Pressure Vessel Steels-Review of Current Knowledge. NACE Corrosion 2007, Paper No. 07115.

[6] Bruckhoff W, Geier O, Hofbauer K, Schmitt G, Steinmetz D. Rupture of a sour gas line due to Stress Oriented Orientated Hydrogen Induced Cracking-Failure analyses, experimental results and corrosion prevention. NACE Corrosion/85, Paper 389.

[7] BSI. Petroleum and natural gas industries-Materials for use in H_2S-containing Environments in oil and gas production-Part 2: Cracking-resistant carbon and low alloy steels, and the use of cast irons. BSI 2001, ISO 15156-2.

[8] European Federation of Corrosion Publications No. 16. A working party report on: guidelines on materials requirements for carbon and low alloy steels for H_2S containing environments in oil and gas production. The Institute of Materials, London, 3rd ed. 2009.

[9] N. Nozaki, T. Hashimoto, Y. Komizo, H. Nakate, J. M. Gray. Carbon-Niobium Steel Designed for Accelerated Cooling. AIME, Accelerated Cooling of Steel, Aug. 19-21, 1985.

[10] Klaus Hulka, J. M. Gray. High Temperature Processing of Line-Pipe Steels. Proceedings, International Symposium Niobium 2001. Published by TMS. pp. 587-612.

[11] Private Communication. Production Test Results of X-80 Line Pipe. NKK Report January 1983.

（渤海装备研究院输送装备分院　闵祥玲　译，
燕山大学　肖福仁　校）

海洋超深水用高韧性 API 5L X70 MS 钢管的开发

Ronaldo Silva[(1)], Marcos Souza[(2)], Luis Chad[(3)], Marcelo Teixeira[(4)]

(1) TenarisConfab, Gastão Vidigal Neto, 475, Pindamonhangaba, SP, 12414900, Brasil;
(2) TenarisConfab, Gastão Vidigal Neto, 475, Pindamonhangaba, SP, 12414900, Brasil;
(3) TenarisConfab, Gastão Vidigal Neto, 475, Pindamonhangaba, SP, 12414900, Brasil;
(4) Petrobras; Avenida Almirante Barroso, 81; Rio de Janeiro, RJ, 20031-004, Brasil

摘　要： 勘探远离巴西海岸的盐下油气资源给国家工业带来了重大挑战。一些油气田位于距里约热内卢海岸约250km、水深2500m处，并且预计其水深可达3000m，这样，鉴于目前的安装方法和为抗外部压溃而采用大壁厚钢管的重量带来相当大的负荷，钢管阻力成为一个重要的挑战。另一个重点是由于新油气田处于恶劣的环境，所以必须开发新产品，以满足严格的力学性能和耐蚀性能要求，如在含 H_2S 环境下的韧性和耐腐蚀性能。为在安全条件下生产和运输大量气体，要求使用 UOE 直缝埋弧焊工艺生产的大口径钢管，这是一种可靠的选择，并已经在一些重要的项目应用。考虑到上面所述情景和时下符合盐下输气管道要求的最大可用钢级是 X65 的事实，有必要研究和开发更高钢级的钢管，以便在不降低输气管道最终耐受能力的前提下减小壁厚。本文介绍了在含有 H_2S 环境下，对外径 20in(1in = 25.4mm)、壁厚 25.4mmAPL 5L X70 MS 钢管进行的力学性能和耐腐蚀性的评价情况。获得了非常好的夏比值和 CTOD 值（夏比冲击试验和 CTOD 试验温度最低分别为 -60℃ 和 -20℃），钢管也获得了满意的 HIC 和 SSC 试验结果。

关键词： 酸性服役，X70，海洋，韧性，钢管

1　引言

由于石油和天然气行业钢管市场的需求，材料改进变得越来越有必要，钢材及钢管产品制造商与研究发展中心一起努力，以达到更高的标准和新材料的要求。努力的主要目标是获得低温下具有高强度、高韧性并且符合 API 规范的钢材[9]。在这种世界范围的趋势下，巴西市场提出需要验证海洋用 API 5L X70MS 钢管。

除了符合 API 规范外，巴西主要的海上项目还要求符合包括 DNV-OS-F101 标准在内的一些特殊要求，主要是考虑未来将该产品应用于超深水（操作深度达 3000m）酸性服役条件的管线。为了验证这种可行性，对一种 API 5L X70MS 等级的 UOE 直缝埋弧焊钢管进行评估，目标是评价其是否符合 DNV-OS-F101 标准的酸性服役要求及用户对于环缝焊接（塑性变形循环之后更严苛的耐酸性能）的其他要求。本文给出了该管线管及两种热输入条件下环焊缝接头的力学性能、SSC 试验及 HIC 试验结果。

开发了符合 API 要求的高耐酸低合金钢，并且先前试验表明钢管材料的质量好。然而，另一个大的挑战涉及低热输入焊接的现场应用。焊接方面值得特别关注，因为该材料生产的大多数产品将应用于生产厂和油气输送，意味着这些产品需通过焊接而成为管线[7]。评价的焦点是钢管的可焊性，包括母材金属、纵向焊缝和环缝焊接，其最后一项代表现场焊接

条件。

进而，有关一些合金元素（Ni、Cr、Mo、V、Nb 等）对这些钢材的力学性能、抗 SSC 及抗 HIC 性能影响的微观组织形貌引起了工程师与研究人员之间的讨论和质疑[3~5,7~9]。

为了获得所需的性能，采用最先进的炼钢技术生产钢，例如优化了的严格的合金设计、真空除气、动态软压下等。结合热机械控制工艺加上加速冷却（TMCP + ACC）获得了更高强度、更高韧性、极好的可焊性和耐酸性能。

2　实验方案

此次开发用的钢管是在巴西圣保罗 Pindamonhangaba 市的 TenarisConfab UOE 埋弧焊管厂生产的。钢板由某国际认可的钢板厂提供。环缝焊接接头是在墨西哥维拉克斯市的 TenarisTamsa 研发中心进行的。

3　钢管性能评估

3.1　化学成分分析

表 1 给出了所生产钢管的化学成分分析获得的平均最大值和平均最小值。

表 1　母材金属化学成分分析

元素	C	Mn	S	Si	P	N	Al	Ni	Cu	B	Nb + V + Ti	Cr + Mo + V	P_{cm}
最小	0.04	1.40	0.002	0.30	0.007	0.004	0.025	0.008	0.012	0.0002	0.055	0.105	0.14
最大	0.06	1.54	0.004	0.35	0.008	0.005	0.029	0.016	0.015	0.004	0.060	0.188	0.17

该钢的化学成分满足 DNV-OS-F101 对生产双面埋弧焊 485 SFD 钢管的要求。可以看到，钢的碳和合金元素很低。进而，良好的炼钢和轧制工艺与这样的化学成分相结合使微观结构得以细化，从而钢管具有高的力学性能、好的抗 SSC 和抗 HIC 性能。

3.2　宏观组织分析

为了以 DNV OS F101 的标准要求分析纵向焊缝形貌，对管线管的一横截面经适当抛光并用合适的侵蚀剂侵蚀后制备宏观照片。

图 1 是纵向焊缝的宏观照片。这样就可以观察焊缝试样中的不同区域——焊缝金属、热影响区（HAZ）和母材金属，同样也可以发现焊缝金属中的任何缺陷。这种情况下，如果没有发现缺陷，可认为该焊缝接头是合格的。

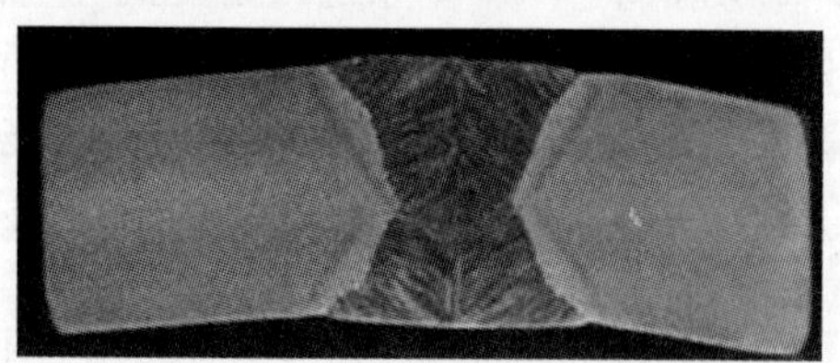

图 1　焊缝试样的宏观照片
（放大倍数：1 ×）

3.3　微观组织分析

母材金属中存在的细晶粒针状铁素体和贝氏体可使金属因好的韧性而具有高的抗破坏能力，夹杂物含量低的均匀的显微组织抑制了 HIC 的发生。图 2 显示了钢管母材和焊缝金属的显微组织。

对图 2 所示钢管焊缝金属的显微组织进行分析，焊缝的显微组织以具有良好低温韧性的针状铁素体为主。

母材金属中的细小显微组织对热影响区的显微组织有正面的影响。图 3 和图 4 显示了按照距熔合线距离和焊接过程中达到的温度获得的热影响区中的不同显微组织。

3.4　拉伸试验

为了验证该管线管的力学性能，依照 DNV-OS-F101 标准对母材金属和纵向焊缝进行拉伸试验。采用横向试样，取样位置为纵向焊缝、距焊缝 90° 和距焊缝 180°。得到的结果列于表 2。

图 2 母材（a）和焊缝金属（b）的显微组织
（放大倍数：500 ×）

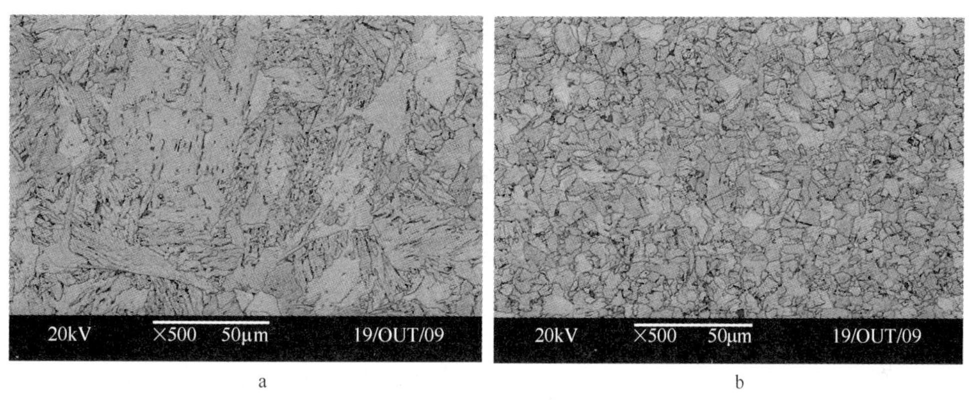

图 3 热影响区的粗晶区（a）和热影响区的细晶区（b）
（放大倍数：500 ×）

图 4 热影响区的亚临界区（a）和热影响区的临界区（b）
（放大倍数：500 ×）

表 2　母材金属的屈服强度

位　置	屈服强度/MPa	抗拉强度/MPa	屈强比	伸长率/%
焊缝 90°位置	520	614	0.85	53.5
	546	612	0.89	53.9
焊缝 180°位置	502	599	0.84	54.7
	517	620	0.83	52.8
焊　缝	—	648	—	—
	—	646	—	—

3.5　导向弯曲试验

对于导向弯曲试验，试样取自垂直纵向焊缝方向。参照 ASTM A370 进行试样（侧弯）制备。试验后在母材金属、热影响区和焊缝金属或熔合线处未见裂纹或破裂。

3.6　硬度试验

硬度试验参照 ASTM E384 标准进行。按照 ISO 3183：2007（E）标准的图（H1b）进行硬度测量。所有试样符合 DNV-OS-F101 标准要求（最大 250HV10）。图 5 显示贯穿试样的平均硬度值的变化。

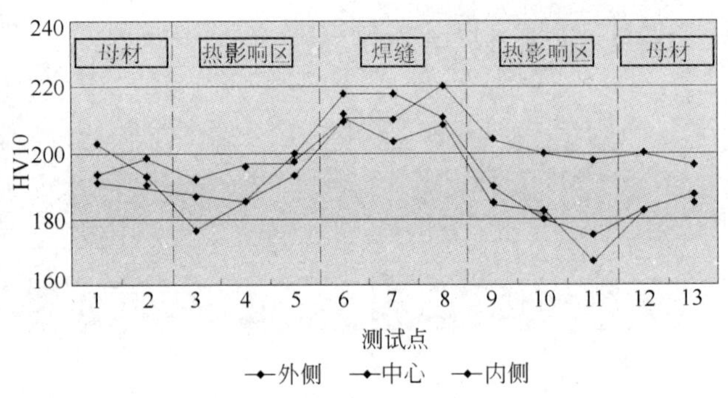

图 5　纵向焊缝接头的硬度试验结果

从上面的结果可见，所有位置（包括纵向焊缝的部分）的硬度值都可低于 250HV10（酸性服役条件的要求）。

3.7　夏比 V 形缺口试验

依照 ASTM A370 标准进行夏比 V 形缺口试验。在不同温度（23℃、0℃、－20℃、－40℃和－60℃）下进行试验，取样位置包括母材金属、熔合线、熔合线＋2mm 和熔合线＋5mm。由于试验机的载荷限制，试验采用亚尺寸试样（10mm×5.0mm×55mm）。

需要重点指出的是，每个条件下测试 5 个试样，去掉其中的最大值和最小值，这样从每个温度和位置的 5 个试验值得到 3 个试验值。夏比冲击值和断口剪切面积如图 6 和图 7 所示。

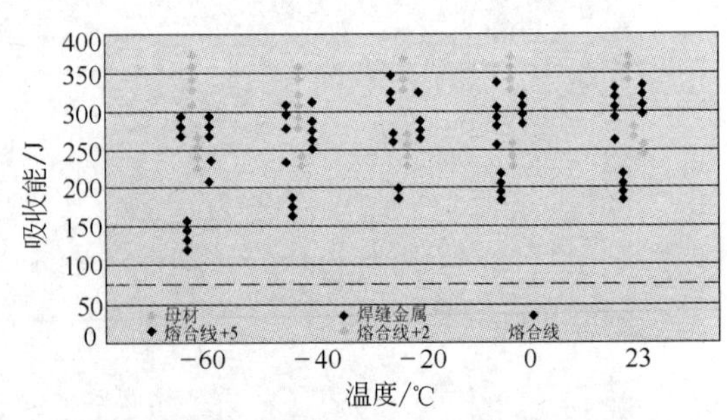

图 6　夏比 V 形缺口的试验结果

从图 6 和图 7 可以看到，焊缝具有良好的韧性（－60℃的吸收功为 136J，剪切面积超过

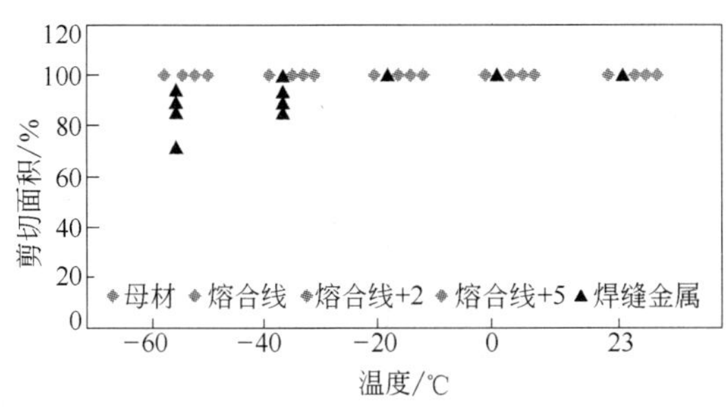

图 7 剪切面积

70%）。关于热影响区，从室温至 -60℃所有检测的热影响区位置的吸收功都大于 200J，剪切面积为 100%，呈现出极好的热影响区韧性。

按照 DNV OS F101 标准中给出的公式已将亚尺寸试样的能量值转换成全尺寸试样的能量值。

3.8 裂纹尖端张开位移——CTOD

按照 BS 7448 的第 1 部分和第 2 部分进行 CTOD 试验。试验允许对母材金属、纵向焊缝中心线和熔合线进行分析。在 0℃ 和 -20℃ 两个不同的温度进行试验。试样类型为单边缺口弯曲（SENB）试样。试验结果见图 8 和图 9。

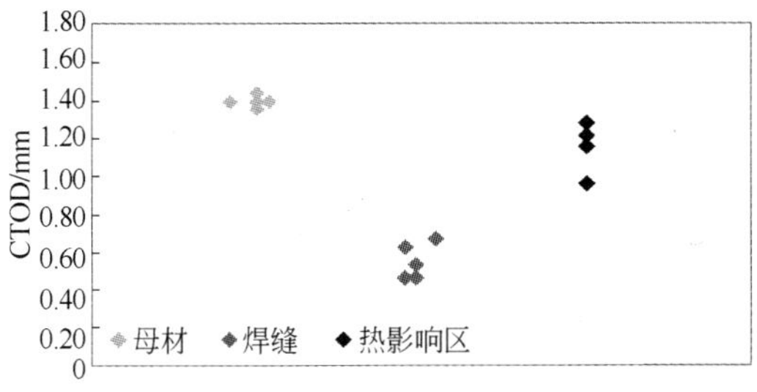

图 8 0℃的 CTOD 试验结果

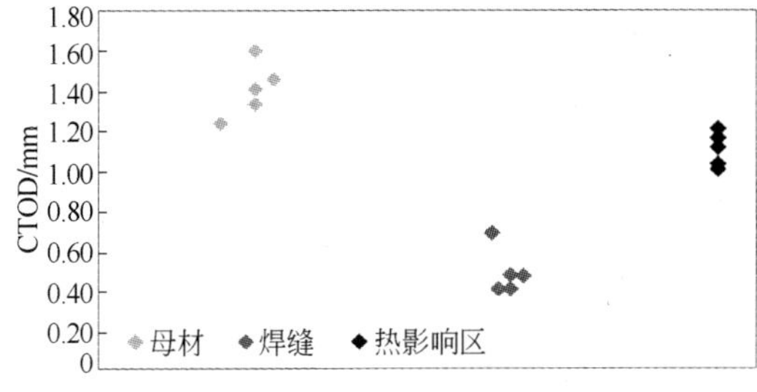

图 9 -20℃的 CTOD 试验结果

由图 8 和图 9 可见，对母材金属、纵向焊缝金属和热影响区，每个温度测试了 5 个 CTOD 试样。试验结果高于 DNV-OS-F101 规定的最小值（0.20mm），证实了夏比试验结果已经揭示的韧性行为。

3.9 硫化物应力腐蚀和氢致腐蚀试验结果

按照 NACE MR0175 和 NACE TM0284 进行氢致开裂试验（HIC）。按标准试样取自双面埋弧焊（DSAW）的管线管，采用 NACE TM0177 的 B 溶液进行试验。检查试验后的试样未见裂纹。

3.10 硫化物应力开裂（SSC）

按照 NACE MR0175 和 NACE TM0177 进行 SSC 试验，采用 NACE TM0177 标准的方法 A 的试样进行试验。试样分别取自纵向焊缝、距焊缝 90°和距焊缝 180°的位置，采用 NACE TM177 标准的 B 溶液进行试验。测试过程中未发现试样断裂，试验之后经检查确认经测试的试样未见裂纹。

4 环焊评估

为了评估该新材料在酸性服役条件下的环焊缝性能，考虑对两种热输入条件进行评估。如下文所述此部分验证的目的是评定环焊缝热影响区的性能。

4.1 焊接工艺及规范

为了确定环焊缝热影响区的特征及其性能，采用了海洋应用焊接工艺的典型焊接热输入窗口。这样，选择的两种热输入代表着实际操作中典型的最大热输入和最小热输入。

考虑到现场焊接设备的可用性，以及重点考察热输入对钢管环焊缝热影响区的影响，决定采用埋弧焊工艺生产焊缝接头。这种情况下，为使焊接接头出现不连续的风险降到最小，主要考虑接头的直边侧，结合低氢焊剂和合适的电流、电压及焊速用两根细焊丝进行焊接。选择的低热输入为 0.7 ~ 0.8kJ/mm，高热输入为1.2～1.3kJ/mm。所有焊接试验的坡口设计均采用如图10所示的API RP 2Z坡口，以适当地评价环焊热影响区的性能。

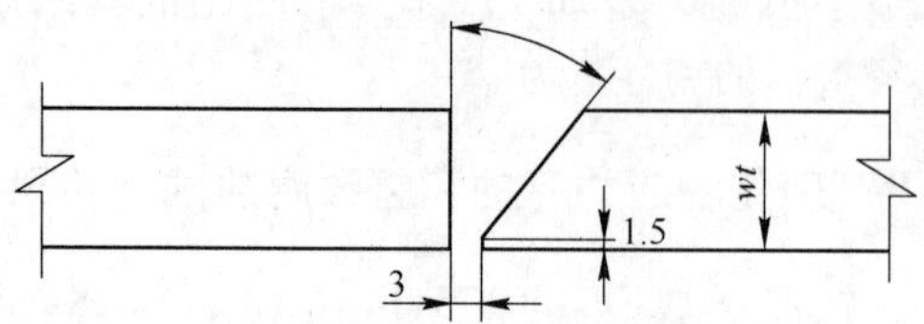

图10　坡口设计示意图

用这种坡口形式进行焊接是该部分验证中遇到的挑战：这种几何形式带来的主要问题是焊枪的可接近程度和多焊道焊接时焊道间的清洁度。操作过程中一定要谨慎以避免任何的不连续和缺陷。

4.2　力学性能评估

对两种热输入的焊接接头进行力学性能试验，以评估环焊的钢管热影响区性能。

4.3　宏观组织分析

为了分析和记录两种热输入焊接接头和金属的形貌，进行了宏观拍照。正如所预料的那样，应该注意到相对低热输入接头试样来讲高热输入接头试样的热影响区更宽一些。两个宏观图片显示两种热输入焊接接头均获得了一个具有均匀热影响区的直边侧，这样就有可能在没有焊接金属干扰的区域进行夏比V形缺口试验和CTOD试验。图11是两种热输入焊接接头的宏观图片。

a

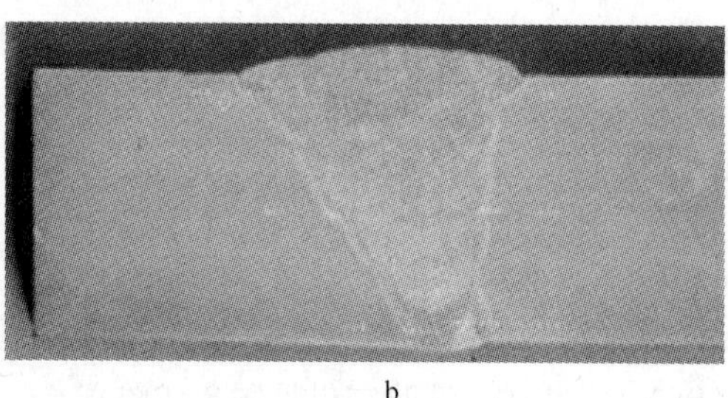

b

图11　低热输入接头的宏观截面（a）和高热输入接头的宏观截面（b）
（放大倍数：1×）

4.4　拉伸试验

在与环焊缝垂直的方向取3个拉伸试验用的试样。试样断裂均发生在母材金属处，从而可得出焊缝和热影响区的性能优于母材金属（未受热影响的材料）的结论。

4.5　导向弯曲试验

对每种热输入条件在与环焊缝垂直的方向取两个试样进行导向弯曲试验。按ASTM A 370制备试样。对焊缝金属、热影响区（尤其熔合线）和母材金属，甚至包括焊接接头的直边侧，检测是否有长度超过3.2mm裂纹或开裂。

4.6　硬度试验

对每种热输入接头按照DNV-OS-F101附录B的图（10c）进行了系列维式硬度检测。在同一焊缝环上取两个试样进行分析。两种热输入接头的试验结果列于图12和图13。

从图12可见所有母材金属和热影响区的硬度测试结果都低于250HV10（酸性服役条件）。环焊缝有些点超过该临界值，不过焊缝金属不是本次工作的重点，这可以通过焊剂/焊丝的选择进行优化。

从图13中给出的结果可以看到所有母材金属和热影响区的硬度检测结果都低于250HV10（酸性服役条件）。

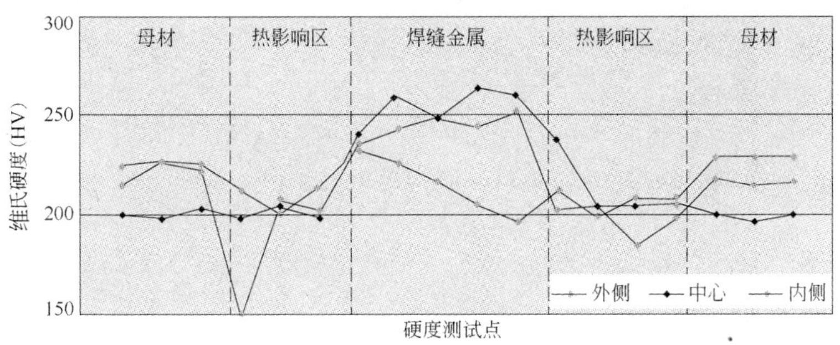

图 12　低热输入接头的硬度试验结果

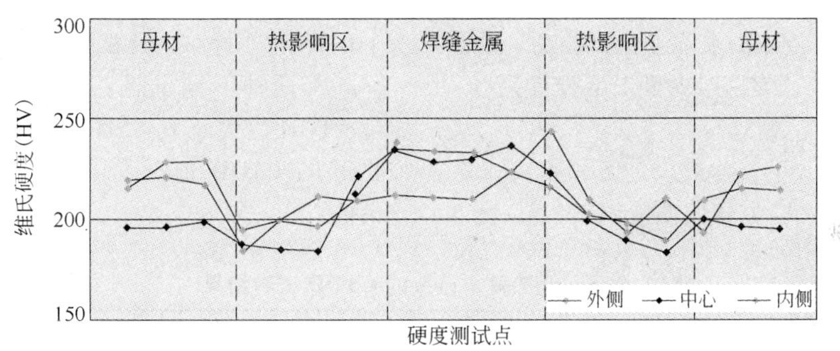

图 13　高热输入接头的硬度试验结果

4.7　夏比 V 形缺口试验

从每种热输入环焊缝接头热影响区不同区域截取夏比 V 形缺口试样，试样的缺口位置分别位于 3 个不同的区域：熔合线（FL）、熔合线 +2mm（FL +2）和熔合线 +5mm（FL +5）。每种热输入的每个区域测试 5 个试样。试验温度如下：27℃、0℃、20℃、 -40℃ 和 -60℃。

按照 DNV-OS-F101 和巴西石油公司的特殊要求，所有试验采用全尺寸试样（10mm × 10mm × 55mm）进行。获得的结果如图 14 和图 15 所示。

对于两种热输入接头及所有位置，吸收功的值都非常好（ -40℃ 的最小值为 126J)，只是在 -60℃时，缺口位于熔合线位置的试样出

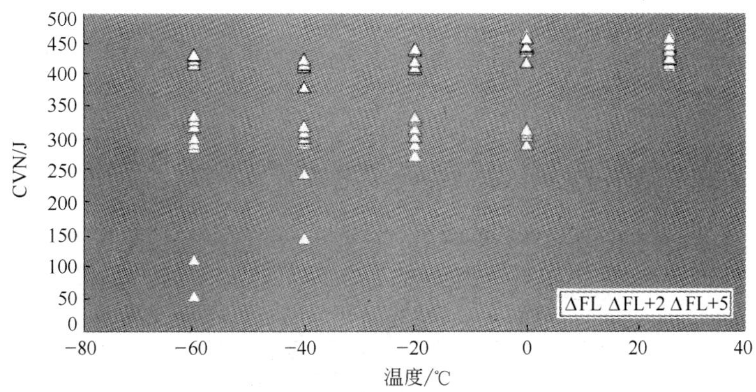

图 14　高热输入接头的夏比试验结果（X70MS）

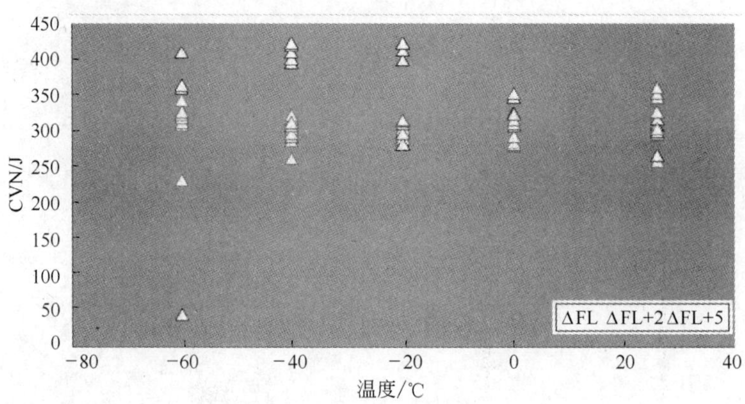

图 15　低热输入接头的夏比试验结果（X70MS）

现了吸收功小于 50J 的点。夏比试验后，通过对熔合线的检验认为这与少量未熔合有关。

4.8　CTOD 试验

每种热输入接头各取两套试样（每套 5 个试样）进行 CTOD 试验。试验采用 0℃ 和 −20℃ 两种不同的温度。规定的评价标准是 CTOD 值大于 0.15mm。表 3 和表 4 给出获得的 CTOD 值。结果都高于规定的最小值。

表 3　低热输入接头的 CTOD 试验结果

钢管和位置	温度/℃	裂纹位置	CTOD/mm	断裂	钢管和位置	温度/℃	裂纹位置	CTOD/mm	断裂
LS-3089 LHI	0	LH1	1.30	δm	LS-3092 LHI	−20	LH1	0.50	δc
		LH2	1.30	δm			LH2	0.81	δm
		LH3	1.29	δm			LH3	0.20	δc

表 4　高热输入接头的 CTOD 试验结果

钢管和位置	温度/℃	裂纹位置	CTOD/mm	断裂	钢管和位置	温度/℃	裂纹位置	CTOD/mm	断裂
LS-3049 HHI	0	HH1	0.78	δm	LS-3082 HHI	−20	HH1	0.52	δm
		HH2	1.32	δm			HH2	0.25	δc
		HH3	0.44	δm			HH3	0.24	δc

CTOD 试样尺寸是根据 BS 7448 第 2 部分确定的，采用尽可能大的厚度，为 B×2B，缺口位于熔合线，方向为 *T—T* 方向，裂纹平面取向为 NP 方向。

4.9　SSC 腐蚀试验

根据 ASTM G-39 标准，采用 NACE TM 0177 的 A 溶液和四点弯曲试样（FPBT）进行 SSC 腐蚀试验。试验时间为 720h，所施加的应力为 100% 进行母材评估时拉伸试验获得的最小屈服应力值（这里为 520MPa）。每种热输入接头采用 3 个试样进行试验。截取试样时尽量靠近管线管的内表面。获得的结果见表 5 和表 6。

表 5　低热输入接头的四点弯曲试验结果

代　号		初始值		终　值		施加应力	结　果
样　块	试样	饱和度	pH 值	饱和度	pH 值	实际屈服强度/%	
LS-3097 LHI	1	2520.44	2.65	2673.71	3.48	100	无失效
	2	2520.44	2.65	2673.71	3.48	100	无失效
	3	2520.44	2.65	2673.71	3.48	100	无失效

表 6 高热输入接头的四点弯曲试验结果

代 号		初始值		终 值		施加应力	结 果
样 块	试样	饱和度	pH 值	饱和度	pH 值	实际屈服强度/%	
LS-3096 HHI	1	2520.44	2.65	2673.71	3.48	100	无失效
	2	2520.44	2.65	2673.71	3.48	100	无失效
	3	2520.44	2.65	2673.71	3.48	100	无失效

结论为该材料的热影响区经该范围内的热输入焊接并按照标准以 100% 实际屈服强度测试后，符合按照 NACE TM 0177 标准 A 溶液检验的 SSC 性能要求。

5 结论

对 API 5L X70MS 管线管的母材、热影响区和纵向焊接接头进行了一系列管线管力学性能和抗 SSC 及抗 HIC 性能试验。结果符合 DNV-OSF-101、NACE TM 0284 和 NACE TM 0177 的严格要求，且超过了巴西石油公司提出的特殊要求。除此之外，对管线管环焊缝进行了评估，特别是热影响区采用了海洋环缝焊接常用的两种热输入。对热影响区的力学性能进行了评估，结果也满足严格的要求。环焊缝热影响区具有极好的断裂韧性和抗 SSC 性能，表明该产品有用于更高要求的可行性。

考虑到海洋安装，该研究工作计划将持续下去，以研究塑性变形和时效处理后管线管和环焊缝的行为。

6 术语

API——美国石油学会

BM——母材

CTOD——裂纹尖端张开位移

DNV——挪威船级社

FL——熔合线

FPBT——四点弯曲试验

HAZ——热影响区

HIC——氢致开裂

NACE——美国腐蚀工程师协会

OD——外径

SENB——单边缺口弯曲断裂机理试样

SENT——单边缺口拉伸断裂机理试样

SSC——硫化物应力开裂

TMCP - ACC——热机械控制工艺

UOE - SAWL——使用 U 成型、O 成型和扩径以及纵向埋弧焊的钢管加工工艺

SMYS——规定最小屈服应力

参考文献

[1] American Petroleum Institute. ANSI/API Recommended Practice 2Z-3rd Edition, December, 1998: Recommended Practice for Preproduction Qualification for Steel Plates for Offshore Structures.

[2] American Petroleum Institute. ANSI/API Specification 5L/ISO 3183: 2007-44th Edition, October 1, 2008: Petroleum and natural gas industries-Steel pipe for pipeline transportation system.

[3] Beidokti B, Koukabi A H, Dolati A. (2009) Effect of titanium addition on the microstructure and inclusion formation in submerged arc welded HSLA pipeline steel. Journal of Materials Processing Technology, vol. 209, pp. 4027-4035.

[4] Bholc S D, Ncmadc J B, Collins L, Liu C. (2005) Effect of nickel and molybdenum addition on weld metal toughness in a submerged arc welded HSLA line-pipe steel. Journal of Materials Processing Technology, vol. 173, pp. 92-100.

[5] Deshimaru S, Takahashi K, Endo S, Hasunuma J, Sakata K, Nagahama Y. (2004) Steel for Production, Transportation and Storage of Energy. JFE REPORT TECHNICAL, No. 2, pp. 55-67.

[6] Det Norske Veritas, Offshore Standard DNV-OS-F101-Submarine Pipeline Systems, October 2007.

[7] Ivani S B, De Souza L F G, Teixeira J C G, Rios P R. (2005) High-strength Steel Development

for Pipelines: A Brazilian Perspective. Metallurgical and Materials Transactions A, vol. 36A, pp. 443-454.

[8] Ki-Bong K. (2005) Development of High-Performance Steel with Excellent Weldability. Proceeding of The fifteenth International offshore and Polar engineering Conference, The International Society of Offshore and Polar Engineers.

[9] Korczac P. Influence of controlled rolling condition on microstructure and mechanical properties of low carbon micro-alloyed steels. Journal of Materials Processing Technology, vol. 157-158, p. 553-556, 2004.

[10] NACE MR 0175/ISO 15156-1: 2001: Petroleum and natural gas industries-Materials for use in H_2S containing environments in oil and gas production-part 1: General principles for selection of cracking-resistant materials.

[11] NACE MR 0175/ISO 15156-2: 2001: Petroleum and natural gas industries-Materials for use in H_2S containing environments in oil and gas production-part 2: Cracking-resistant carbon and low alloy steel, and the use of cast irons.

[12] NACE Standard TM0177—2005: Standard Method-Laboratory Testing of Metals for Resistance to Sulfide Stress Cracking and Stress Corrosion Cracking in H_2S Environments.

[13] NACE Standard TM0284—2003: Standard Test Method-Evaluation of Pipeline and Pressure Vessel Steels for Resistance to Hydrogen-Induced Cracking.

（渤海装备研究院输送装备分院　闵祥玲　译，
宝钢集团中央研究院　郑　磊　校）

采用 JCOE 工艺研制的酸性服役条件大壁厚双面直缝埋弧焊管

WCL[(1)]，T S Khatayat[(2)]，Prasanta K. Mukherjee[(2)]，Rajesh K Goyal[(2)]，J Raghu Shant[(2)]，Richard Hill[(3)]

（1）WCL；
（2）威尔斯邦有限公司；
（3）威尔斯邦技术顾问
印度古吉拉特邦威尔斯邦市 Kutch 区 Taluka-Anjar Varsamedi 村 Survey 街 665 号，370110

摘　要：石油和天然气供应需求的日益增长，使海洋及酸性服役管道的安装不断增加。由于这些地理位置的硫含量较高，管道铺设项目要求更高的抗硫化氢腐蚀性能。

威尔斯邦在开发海底耐酸厚壁钢管的成型工艺方面做出了具有挑战性的尝试，使钢管的尺寸特性进一步优化。本文阐述了在印度古吉拉特邦达何的威尔斯邦钢管工厂中，采用 JCOE 工艺制造 API 5L X65MSO/L450MSO PSL2（口径 36in❶，壁厚 42.90mm）钢管的制造过程。在制管过程中，采用了一些特殊的预防措施以改善焊缝和热影响区的低温韧性，控制钢管的生产工艺而不影响钢管的 HIC 测试结果。

为了满足用户规格书对氢致开裂（HIC）、硬度、夏比冲击功及落锤撕裂等性能的严格要求，钢板的选择需要考虑合金设计、钢的纯净度、钢板及钢管的力学性能。钢板由奥地利 Voest Alpine Grobblech GmbH 公司提供，采用 TMCP 技术轧制的钢板具有低的粗糙度：S < 0.0009%；P < 0.008%；低的微合金化设计和碳当量：(Nb + V + Ti) < 0.065%，P_{cm} < 0.15%，CE < 0.35%。厚度方向上的超细晶等轴铁素体组织对改善钢管的成型性，钢板、钢管的力学性能和抗 HIC 性能大有裨益。

JCO 成型和机械扩径工艺参数被控制在狭小范围内从而优化钢管的几何性能，例如低 D/t 比（约 21）成品管的局部及整体椭圆度。通过采用适当的焊材，对焊剂进行均匀、有效加热，并控制好焊接工艺参数和预焊之前钢管边缘的预热，使焊缝及热区硬度、焊缝金属和热区以及母材的夏比冲击功得到控制。

关键词：酸性服役，厚壁，JCOE，HIC，NACE，埋弧焊，海上

1　引言

海洋管道领域特有的严峻的环境条件促使开发了 API 5LX65MSO 大壁厚钢管。对于小管径/壁厚比（约 21）的钢管，有几个钢管制造过程产生应力并可能会影响钢管的 HIC 试验结果，钢板和钢管很难获得理想的 HIC 试验结果，因此，通过选择适当的预弯模具的曲率半径、铣边坡口角度、JCO 成型模具的曲率半径以及压制次数来控制钢管制造过程。进入连续预焊前，尽量减小钢管成型后的开口缝。本文讨论了采用 JCOE 制造技术生产管径为 36in，壁厚为 42.90mm 钢管的加工过程。显而易见，无论是钢管制造还是钢板的选择，焦点

❶1in = 25.4mm。

都放在钢管的HIC性能上，以保证钢管能承受管道铺设地点的高硫环境。奥地利Voist Alpine公司提供的钢板（厚42.90mm，宽2712mm）拥有增强的抗HIC性能、优异的冲击韧性和均匀的显微组织。选择的钢板采用贫合金设计使得微观组织中以超细晶铁素体为主。

威尔斯邦做了挑战性尝试，开发大壁厚酸性服役钢管（图1，外径36in，壁厚42.90mm，API 5L X65 MSO/L450 MSO PSL2），具有增强的抗HIC性能，焊缝及热区都具有良好的韧性。这是通过合理选择钢板的化学成分、焊接材料，严格控制从钢管生产、埋弧焊到试验方法的工艺参数来实现的。

图1　大壁厚酸性服役钢管

2　影响HIC试验的变量

2.1　环境变量

pH值、氯化物含量、温度、硫化氢浓度、溶解氧的存在和暴露时间都是重要的环境变量。Ikeda等人（1980）的研究结果表明，低pH值环境加速腐蚀和阶梯开裂（SWC）[1]。他们还证实，较高的氯化物溶解浓度增加了环境恶化程度[2]。Kowaka等人（1975）发现，温度范围为15～35℃之间的氢破坏程度最大[1]。在高于35℃环境中SWC的急剧减少归因于硫化氢的饱和浓度降低[1]。

2.2　冶金变量

铸造过程中的脱氧环节导致SWC的敏感性增强；成分类似的全镇静钢几乎总是比半镇静钢的HIC敏感性更高[1,3]。钢的HIC敏感性取决于铸件的取样部位；一般情况下，高度偏析的部分的HIC是最显著的[3]。没有发现因铸造方式包括连铸和模铸而造成抗HIC性能方面的明显差异[3]。同时还发现带状显微结构（珠光体或马氏体）促进裂纹扩展[1]。根据Taira等人（1984）的研究，需要将偏析区域的硬度限制在300HV以下以消除HIC，因为硬的“带状”贝氏体或马氏体结构容易导致氢脆和HIC[1]。关于在酸性条件下焊缝和热影响区的行为有不同的理论[3]。根据某一理论，酸性输气管道HIC失效总是位于螺旋焊缝附近但绝不是因为任何焊缝缺陷引起的[3]。但是，另一理论报道说，焊缝金属因为具有枝晶组织，且氧化物夹杂以细小的球状形式弥散分布，具有优异的抗HIC特性。

2.3　应力变量

钢的强度和SWC敏感性之间的关系还没有确定[1]。在一个较大的抗拉强度范围（300到800MPa之间）都有HIC失效的报道[1]。内应力促使微观裂纹的形成，像陷阱一样增加氢原子的吸收[3]。看来，与钢的强度相比，非金属夹杂物和异常组织结构是影响HIC敏感性更重要的因素[1]。阶梯开裂的机理涉及氢原子在内界面上的偏析，可能由于氢压的增加而导致这些界面的分离[1]。在氢鼓泡开裂尖端的塑性区发生氢脆，横向裂纹扩展并贯穿整个脆化区，许多平行的裂纹结合在一起，从而形成阶梯开裂的形貌[1,3]。SWC不仅仅出现在无应力部件，而且也出现在弹性拉伸应力下的钢中[1]。

2.4　化学变量

Inagaki等人（1978）发现在管线钢中添加Cu元素通常对抗SWC是有好处的[1]。相似的，发现添加Cr元素也对改进抗SWC性能。Nishimura等人（1977）和Parrini及Devito（1978）观察到同时添加Cr及Ni有益于降低酸性条件下的氢吸收[1]。Iino等人（1979）发现添加Co、Bi和Rh能够减少硫化氢环境下管线钢的氢吸收[1]。

3 钢板性能

钢板合金设计：钢板的化学成分（表1）对于承受海底管道油气输送时的高硫含量和严酷的环境条件是至关重要的。

奥地利奥钢联股份公司开发的先进热轧板技术（TMCP）是利用Nb微合金化开发壁厚方向超细晶铁素体的组织结构（图2）。碳元素的含量控制在很低的水平，充分发挥Nb的晶粒细化能力，而不是Nb(C,N)的析出强化作用。这样能够保持Nb含量较低而不损失强度；如果存在硫化物夹杂，Nb含量较高可能导致抗HIC性能降低，因为在钢板轧制阶段，奥氏体的变形抗力增加。添加Cr元素有利于形成准多边形铁素体组织，这类组织对沿钢板厚度方向的强度均匀性有好处。

4 钢板的拉伸、冲击及硬度性能

钢板的拉伸、冲击及硬度性能见表2。

表1 钢板化学成分 （%）

C	Si	Mn	P	S	Al	Cr	N	Ca	CE	P_{cm}	Nb+V+Ti	Al/N
0.031	0.323	1.53	0.007	0.0006	0.033	0.187	0.004	0.01	0.327	0.13	0.058	8.291

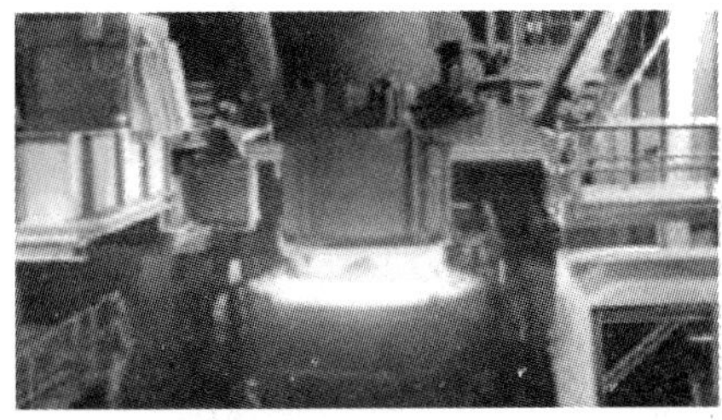
a

b

e

d

e

图2 奥钢联公司的炼钢、铸造、轧制及冷却设施

a—炼钢；b—板坯铸造；c—板材轧制；d—加速冷却；e—层流冷却

表2 钢板的拉伸、冲击及硬度性能

项目	拉伸性能（横向圆棒）				冲击韧性（横向）	硬度
统计	屈服强度(0.5%)/MPa	抗拉强度/MPa	伸长率($A_{50.8mm}$)/%	屈强比	夏比冲击（-23℃，10mm×10mm×55mm，距表面2mm)/J	厚度方向3个试样均值HV10kg
参照MPS	440~560	535~655	≥28	≤0.90	单值≥175，均值≥190	≤220
最小值	465	556	32	0.83	438	188
最大值	508	573	34	0.89	452	198
平均值	482	562	33	0.86	445	193
标准差	14	6	0.6	0.02	5	3.8
标准方差	2.9	1.1	1.7	2.0	1.1	2.0

注：1. CVN冲击断口剪切面积：单个最小值85%，平均最小值90%；

2. -10℃的落锤剪切面积（减薄横向试样）单个与平均的最小值均为100%。

图 3 显示为测量的钢板硬度。图 4 显示为钢板厚度方向的硬度变化。钢板厚度方向硬度最大变化值 11HV 10kg，波动范围很小，有益于抗 HIC 性能。

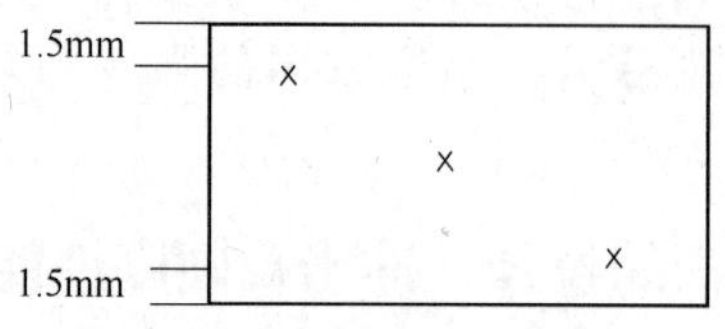

图 3　钢板硬度测量示意图

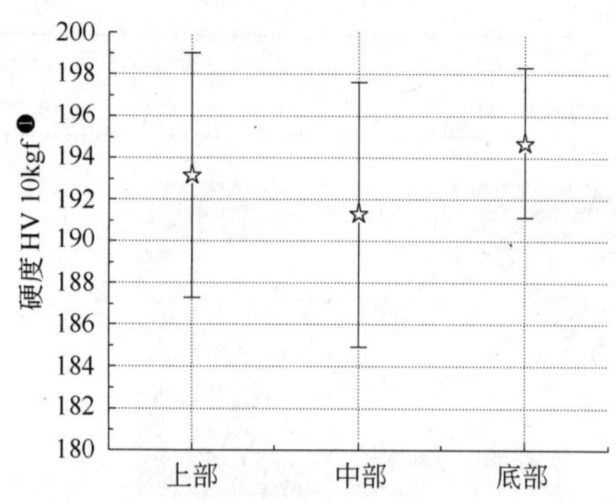

图 4　钢板厚度方向的硬度变化

5　钢板 HIC 性能

试验程序如下：在每一试验钢板的顶端切取三组试样。按 ASTM F21：65 标准要求试样去除油污。评估每组三个试样的截面且给出 CLR、CSR 及 CTR 值。按相同的距离切片(图 5)。采用 Zeiss 光学显微镜或 Leica Mef 显微镜进行拍照。

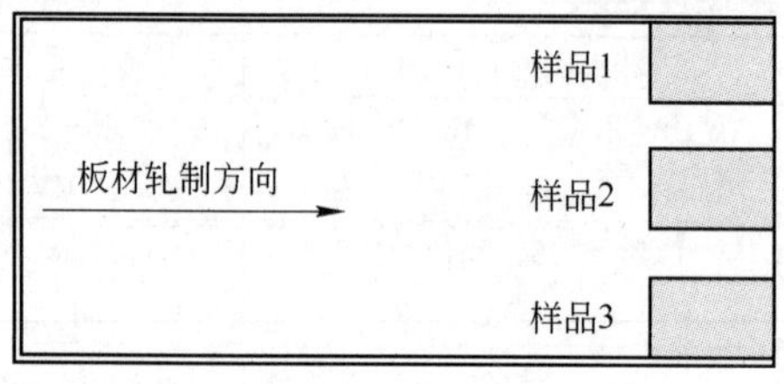

图 5　板材取样位置

试验中采用对照试样证明 HIC 开裂敏感度。完成对照试样试验后，“A”溶液中对照试样的平均裂纹长度率（CLR）应超过 20%。采用级别为 S355J2 的对照试样。表 3 提供了 HIC 试验参数的汇总信息，表 4 提供了 HIC 试验结果的汇总信息。

表 3　HIC 试验参数的汇总信息

技术参数	NACE 技术手册 0284：2003，ASTM F21：65，01-SAMSS-035：2011，沙特阿美 Form-175-010210		
编　号	1	2	3
试验溶液	溶液 A	溶液 A	溶液 A
试验温度/℃	25 ± 3	25 ± 3	25 ± 3
试验时间/h	96	96	96
溶液初始 pH 值	2.7	2.7	2.7
溶液饱和后初始 pH 值	3.2	3.2	3.2
溶液最终 pH 值	3.8	3.8	3.8
初始硫化氢浓度/%	2727×10^{-4}	2880×10^{-4}	2804×10^{-4}
硫化氢最终浓度/%	2821×10^{-4}	2608×10^{-4}	2804×10^{-4}
试样尺寸（厚×宽×长）/mm×mm×mm	30(±1)×20(±0.5)×100(±0.5)	30(±1)×20(±0.5)×100(±0.5)	30(±1)×20(±0.5)×100(±0.5)
对照试样尺寸（厚×宽×长）/mm×mm×mm	19.61×20.02×100	19.94×20.02×100	19.99×20.02×100
对照试样裂纹长度率/%	31	37	78

表 4　HIC 试验结果的汇总信息

试样号	炉号	钢板号	裂纹长度率/%	裂纹敏感率/%	裂纹厚度率/%
规范要求			≤10	≤1	≤3
1	5	5	0	0	0
2	1	1	0.30	0	0.01
3	1	1	0.54	0	0.03

❶1kgf = 9.8N。

6 制管

从钢板到钢管的生产分多个步骤进行。挑战是使大壁厚钢板变形后制管需要在轴向和径向有较小的尺寸偏差。更高的尺寸稳定性有利于得到更小的残余应力，这对酸性服役有益。图6显示的是威尔斯邦钢管制造的不同阶段，JCO过程采用35道压制次数完成钢管曲率变形过程。扩径率为0.9%~1.0%以获得小的尺寸公差。

预弯边：钢板纵向边缘由铣边机铣削使宽度方向达到精确的要求尺寸。同时，边缘被倒角形成双“V”形坡口便于焊接。第一步成形是将钢板每个板边弯曲成一定宽度的有效圆弧。图6显示为在两块合适模具之间压制钢板边部从而完成预弯边（图6d）。

JCO钢管成型：预弯后的钢板移动到下一工序JCO成型，JCO成型首先沿钢板纵向方向一侧进行步进式压制成J形状。相似的过程在另一侧重复压制成C形状。最后钢管被弯曲成O形状（图6e）。

连续预焊：在钢管JCO成型后，钢管移动到下一工序在外表面进行连续预焊闭合钢管的开口缝（图6g）。连续预焊的工艺参数见表5。

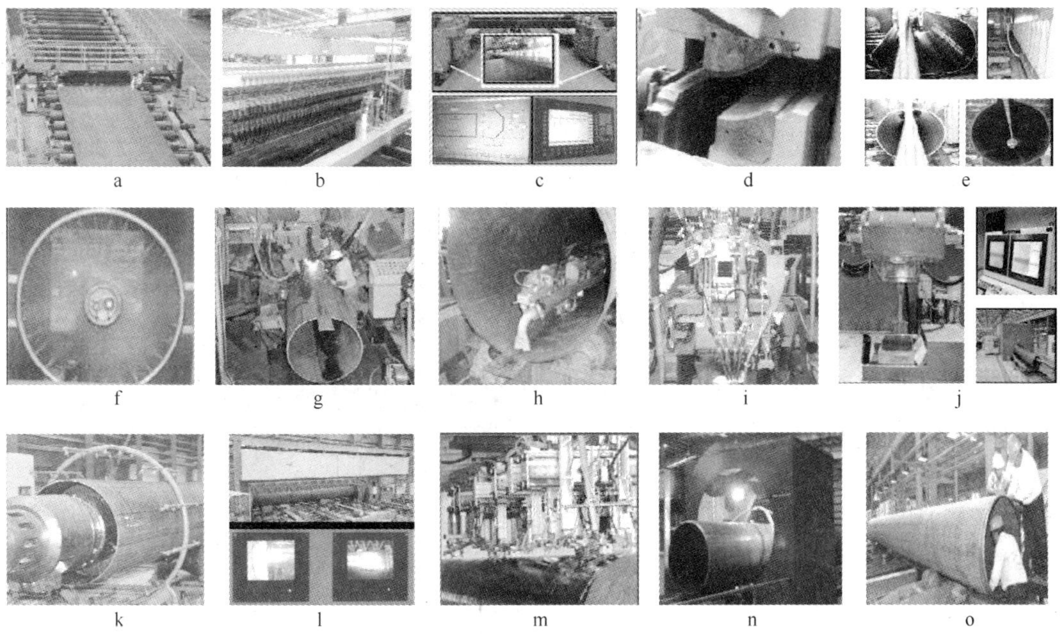

图6 从板到管制生产过程

a—钢板检查；b—钢板超声波探伤；c—铣边；d—预弯边；e—JCO成型；f—钢管冲洗；g—连续预焊；h—内焊；i—外焊；j—X射线实时成像；k—机械扩径；l—水压试验；m—焊缝超声探伤；n—坡口磁粉探伤；o—终检

表5 内、外焊接工艺参数

项 目	预 焊							
	焊 头	焊丝	电流/A	弧压/V	焊速/$m \cdot min^{-1}$	伸出长度/mm	焊丝倾角/(°)	热输入/$kJ \cdot mm^{-1}$
	DC	ER70S6	900	23.5	2.6	20	0	0.49
坡口尺寸	内 焊							
坡口角度=30°	焊头	焊丝	电流/A	弧压/V	焊速/$m \cdot min^{-1}$	伸出长度/mm	焊丝倾角/(°)	热输入/$kJ \cdot mm^{-1}$

续表 5

项　目	预　焊							
	焊　头	焊丝	电流 /A	弧压 /V	焊速 /m · min^{-1}	伸出长度 /mm	焊丝倾角 /(°)	热输入 /kJ · mm^{-1}
	DC	ER70S6	900	23.5	2.6	20	0	0.49
上坡口 = 14.9	DC	EG	1050	34	0.6	38	12	3.57
钝边 = 13.0	AC1	EG	950	37	0.6	39	0	3.52
下坡口 = 15.0	AC2	EM12K	850	38	0.6	40	15	3.23
焊　材	995N 焊剂					焊丝直径 = 22 ~ 24mm		10.32
坡口尺寸	外　焊							
坡口角度 = 30°	焊头	焊丝	电流 /A	弧压 /V	焊速 /m · min^{-1}	伸出长度 /mm	焊丝倾角 /(°)	热输入 /kJ · mm^{-1}
上坡口 = 14.9	DC	EG	1150	34	0.56	37	10	4.19
钝边 = 13.0	AC1	EG	900	36	0.56	38	0	3.47
下坡口 = 15.0	AC2	EG	800	37	0.56	39	12	3.17
焊　材	995N 焊剂					焊丝直径 = 19 ~ 21mm		10.83

内外埋弧焊：钢管埋弧焊采用林肯 995N 焊剂（F9A2）配合 EG 和 EM12K 焊丝进行，以获得最优的热输入，从而得到合适的熔深。由于钢板中没有 Mo 元素且碳当量较低，可以更好地控制微观结构，获得理想的母材和焊缝硬度差异。选择窄间隙焊缝并结合（图 7）采用预热（100℃）和焊层间温度控制（95℃），实现没有氢残留的合理焊接。内外焊接工艺参数见表 5。

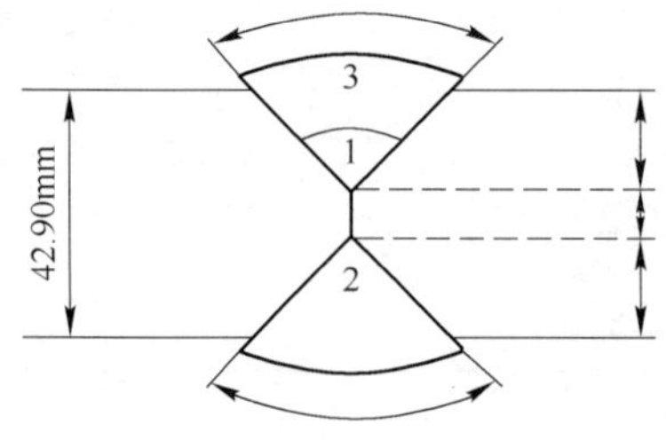

图 7　窄间隙焊接

在内外焊接后进行 X 射线实时成像（RTR）用于检查焊缝质量和不连续缺陷；不过在 RTR 焊缝检测中没有发现缺陷，如图 8 所示。

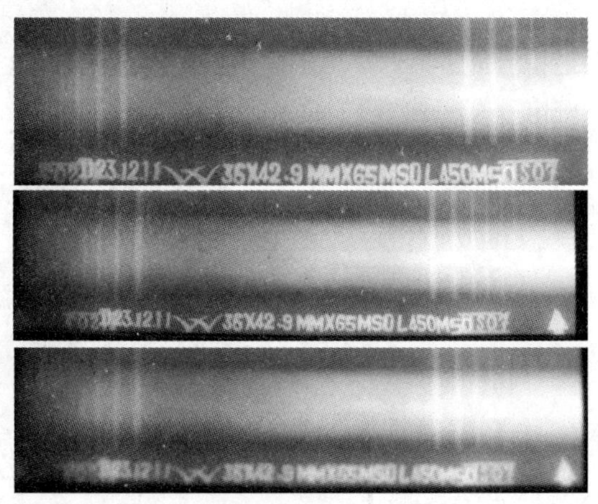

图 8　焊缝 X 射线成像图片

7　拉伸性能

表 6 给出了钢板和钢管的拉伸性能。从钢板到钢管差异系数（CoV）没有太大变化。从钢板到钢管屈服强度和抗拉强度平均值提高约 30MPa（约 6%），这是由 JCO 成型和机械扩径过程中的塑性变形造成的。伸长率的差异是因为钢板（圆棒）和钢管（矩形）采用不同试样形状。

表6 钢板和钢管的拉伸性能

项 目	钢板拉伸性能（横向圆棒）				钢管拉伸性能（横向矩形）			
统 计	屈服强度（0.5%）/MPa	抗拉强度/MPa	伸长度2in标距/%	屈强比	屈服强度（0.5%）/MPa	抗拉强度/MPa	伸长度2in标距/%	屈强比
MPS规范要求	440～560	535～655	≥28	≤0.90	450～570	535～760	≥24	≤0.93
最小值	465	556	32	0.83	495	577	55	0.84
最大值	508	573	34	0.89	535	612	62	0.91
平均值	482	562	33	0.86	518	590	59	0.88
标准差	14	6	0.6	0.02	15	11	2.5	0.02
协方差/%	2.9	1.1	1.7	2.0	2.8	2.0	4.2	2.4

表7提供了钢板和钢管的冲击韧性性能。钢板和钢管断裂试样的断口剪切面积均为100%。钢板和钢管的夏比冲击功均远高于标准要求。但是，试样尺寸不同和应变强化效应会引起冲击功变化。钢板横向在-10℃和钢管母材横向在-17℃的DWTT断口剪切面积均为100%，而技术规格书要求钢管在-17℃母材最小剪切面积单值不小于75%，平均值不小于85%（图9）。这表明裂纹扩展所需的能量是相似的，在钢管成型阶段没有产生足够的应力。

剖面硬度测量示意图如图10所示。

表7 钢板和钢管韧性指标

项 目	横向-钢板	横向-钢管
	-23℃夏比冲击功/J	-16℃夏比冲击功/J
MPS规范要求	单值≥175，平均值≥190	单值≥80，平均值≥106（全尺寸试样）
尺寸/mm×mm×mm	10×10×50	7.5×10×55
最小值	438	323
最大值	452	336
平均值	445	328
标准差	5	4
协方差/%	1.1	1.2

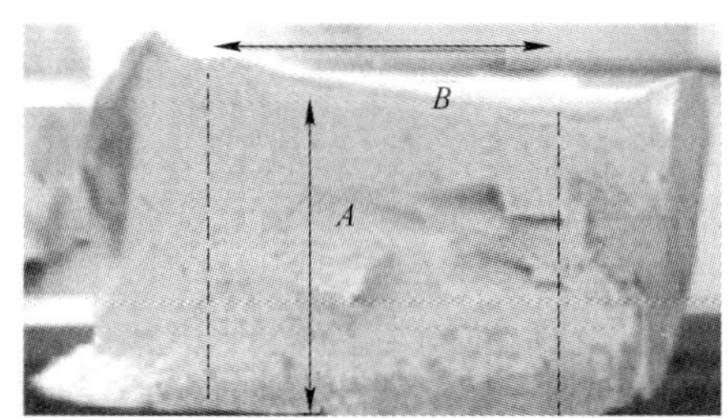

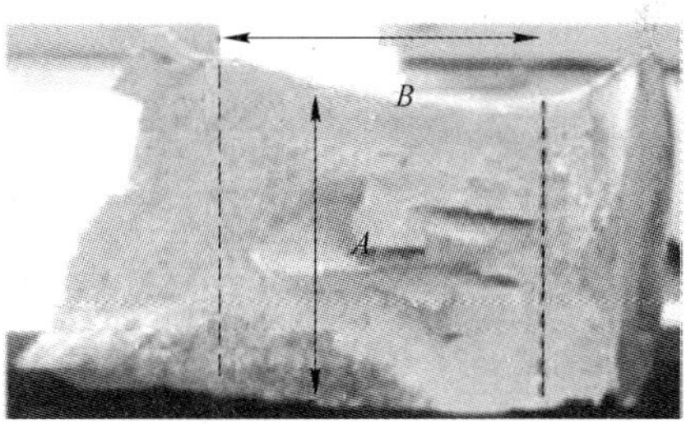

图9 钢板在-19℃温度下的DWTT剪切面积（减薄试样）

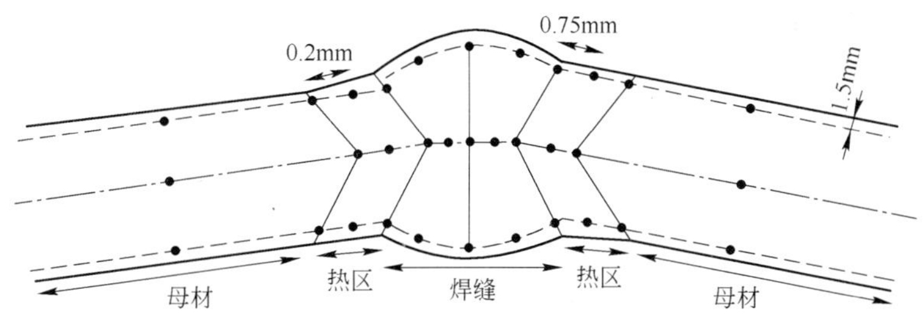

图10 硬度测量示意图

按照图 10 测量母材-焊缝-母材的硬度。从母材到热区和母材到焊缝硬度的平均变化分别约为 20HV10 和 40HV10（图 11）。硬度变化是由晶粒形态和母材的细晶多边形铁素体和焊缝的晶内针状铁素体的组织差异所致的(图 12)。最小硬度波动和焊缝中针状铁素体的存在、热区中粗晶针状铁素体板条的存在造就了良好的韧性和 HIC 试验结果。

图 13 显示为从钢板到钢管母材沿厚度方向的硬度变化。从钢板到钢管硬度的最大增大值为 3HV10。这表明制管过程中各个阶段的应力变化控制良好。

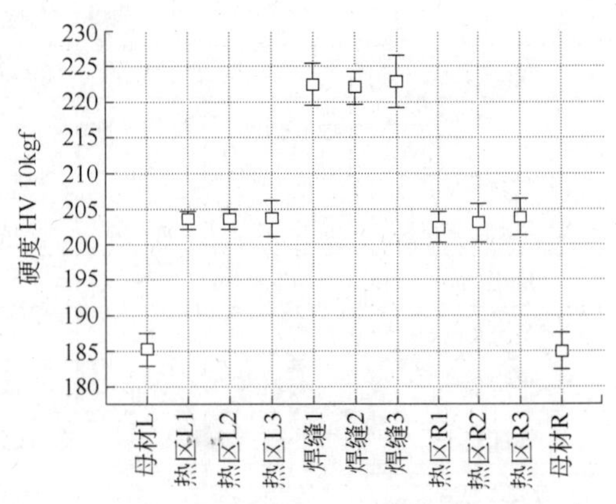

图 11　母材-热区-焊缝硬度分布

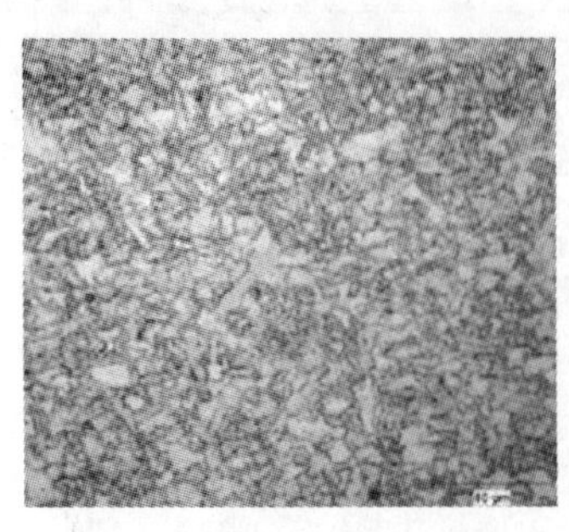

a

b

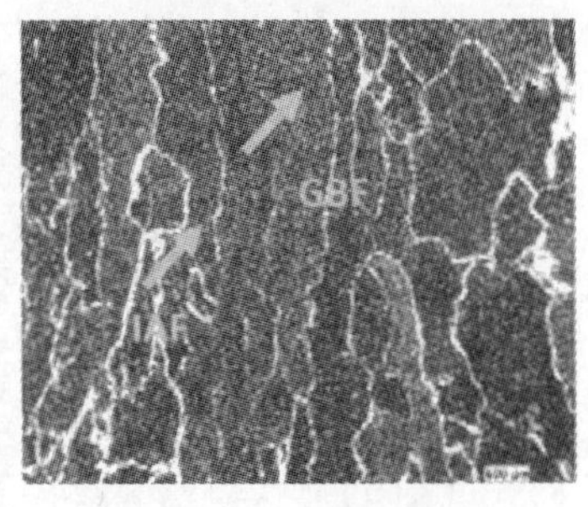

c

图 12　从母材到热区到焊缝的微观组织变化

a—母材；b—热影响区；c—焊缝

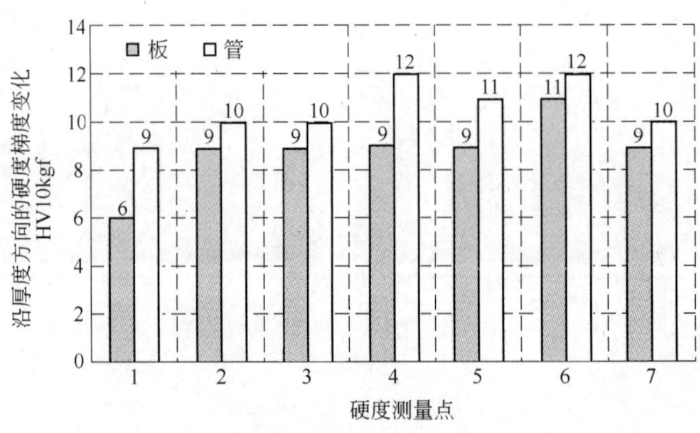

图 13　钢板和钢管（母材）壁厚方向硬度梯度图

8　冲击韧性

从母材到热区到焊缝性能变化是增加的，因为微观组织的不均匀程度也是同样在增强。热区和焊缝的冲击功值远高于规定值，因此，热区和焊缝处起裂发生 HIC 失效将会遇到更大的阻力（表 8）。

表8 钢管不同位置的夏比冲击功

项 目	母材-横向		熔合线(热区)-横向		焊缝-横向	
	夏比冲击功/J		夏比冲击功/J		夏比冲击功/J	
统 计	单个值	平均值	单个值	平均值	单个值	平均值
温度/℃	-16		-13		-13	
尺寸/mm×mm×mm	7.5×10×55		10×10×55		10×10×55	
规格书要求	单值≥80、平均值≥106(全尺寸试样)					
最小值	319	323	326	367	108	122
最大值	338	336	467	447	213	201
平均值	328	328	426	426	160	160
标准差	5	4	31	28	25	24
协方差/%	1.7	1.2	7.2	6.6	15.7	14.8

9 海底管道的微观组织特征

母材金属微观组织显示为细晶多边形铁素体而没有任何珠光体带。观测到的母材的晶粒尺寸约为ASTM 12~14级(图14)。焊缝金属显示为针状铁素体伴随钢中形成的晶界铁素体(图15和图16)。

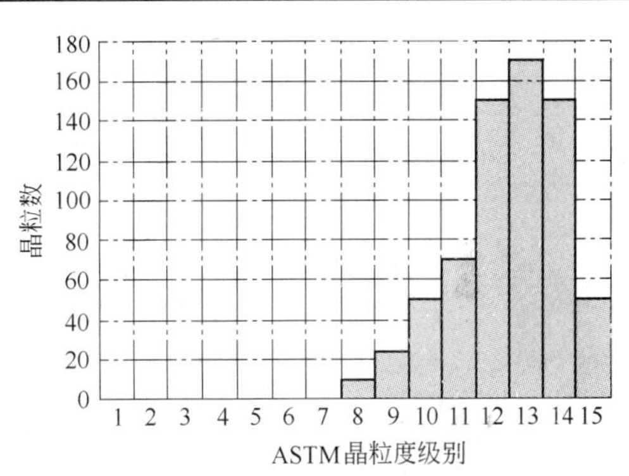

图14 晶粒度分布图

10 氢致开裂/阶梯开裂

按照规范01-SAMSS-035进行了HIC试

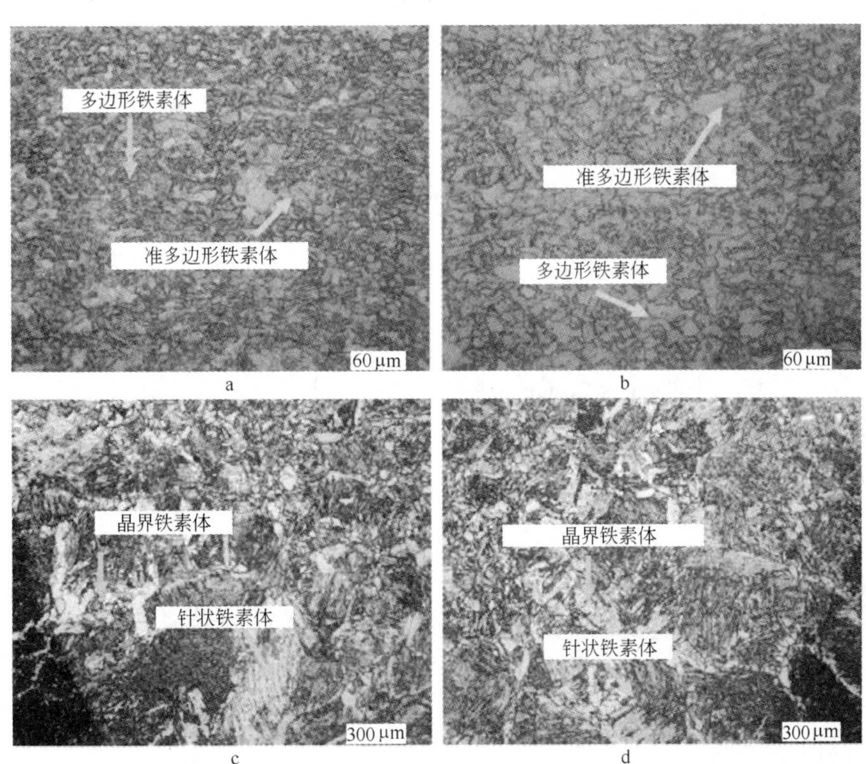

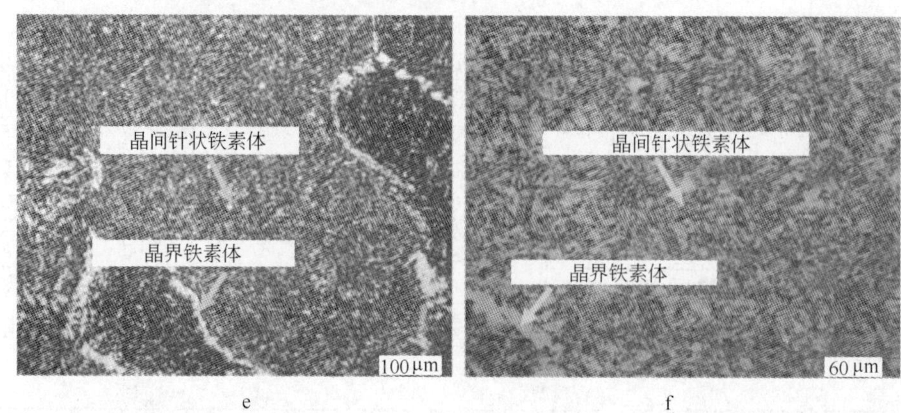

图 15　母材、热区和焊缝不同相的微观结构图

a—母材 1/4 壁厚处；b—母材中心处；c—左侧热影响区；d—右侧热影响区；e—焊缝区；f—焊缝区

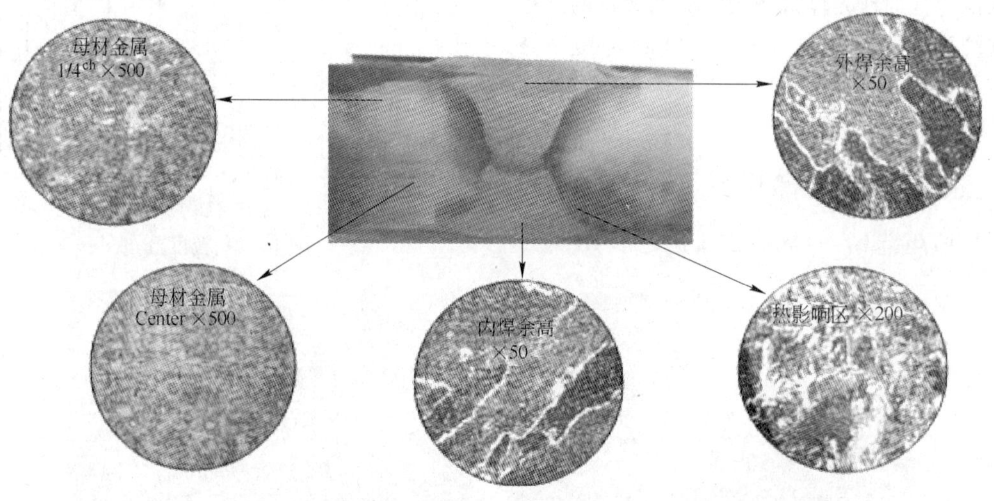

图 16　X65 钢级耐酸管母材金属和焊缝微观组织图

验，采用的是 NACE TM0284 溶液 A。试验采用标准 HIC 试样（100mm × 20mm × 壁厚），在 25℃下试验 96h（图 17）。试验溶液为含 0.5% 乙酸和 5% 氯化钠蒸馏水的硫化氢饱和溶液。溶液的初始 pH 值和最终 pH 值分别为 2.7 和 3.7。试验完成后，对每个试样的三个抛光面均进行了裂纹超声波检测。对于每个面根据公式(1) ~ (3)计算 3 个不同裂纹参数。每个试样的 CLR、CTR 和 CSR 的 HIC 敏感性值为三个面测试结果的平均值。

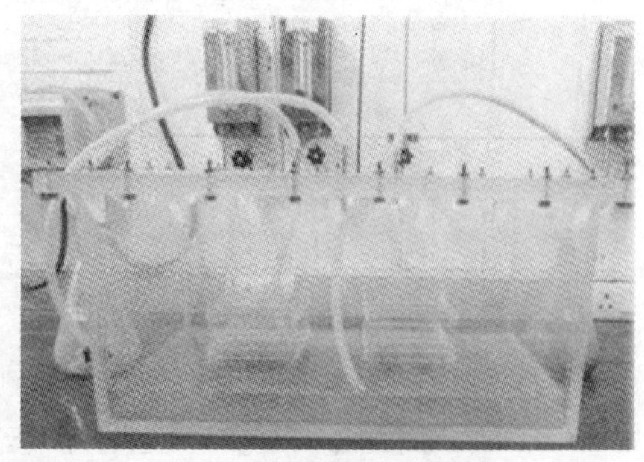

图 17　HIC/SWC 实验装置

裂纹长度率：

$$CLR = \frac{\Sigma a}{W} \times 100\% \quad (1)$$

裂纹厚度率：

$$CTR = \frac{\Sigma b}{T} \times 100\% \quad (2)$$

裂纹敏感度率：

$$CSR = \frac{\Sigma(a \times b)}{W \times T} \times 100\% \quad (3)$$

式中，a 为裂纹长度，mm；b 为裂纹厚度，mm；W 为截面宽度，mm；T 为试样厚度，mm。

钢板和钢管均进行 HIC 试验，以便分析钢管制造工艺对 HIC 试验结果的影响。但是，发现钢板和钢管的 CLR 值、CSR 值和 CTR 值均是相同的（表 9）。在试验室利用浸入式超声波探伤对试样进行进一步研究（图 18），利用 C 扫描检查 HIC 试验前后的微裂纹，如图 19 所示。在母材、热区和焊缝进行 HIC 试验，结果发现，这些地方的 HIC 试验前后结果是相似的（图 20）。

表 9　钢管 90°、180°和焊缝截面 HIC 微观试样

试验编号	位　置	CLR/%（平均）	CSR/%（平均）	CTR/%（平均）
		≤10	≤2	≤3
5	距焊缝 90°	0.00	0.00	0.00
	距焊缝 180°	0.00	0.00	0.00
	焊缝截面	0.00	0.00	0.00
1	距焊缝 90°	0.89	0.00	0.00
	距焊缝 180°	0.00	0.00	0.00
	焊缝截面	0.00	0.00	0.00
2	距焊缝 90°	0.00	0.00	0.00
	距焊缝 180°	0.00	0.00	0.00
	焊缝截面	0.40	0.00	0.00

注：CLR 为裂纹长度比值，CSR 为裂纹敏感性比值，CTR 为裂纹厚度比值。

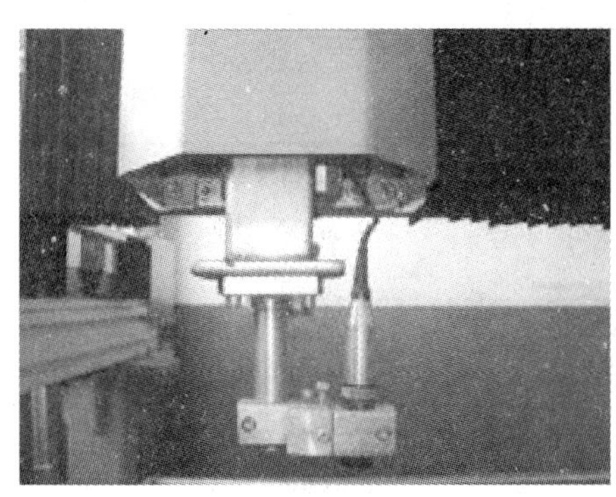

图 18　源自 GE 能量检测技术的浸入式超声波检测装置

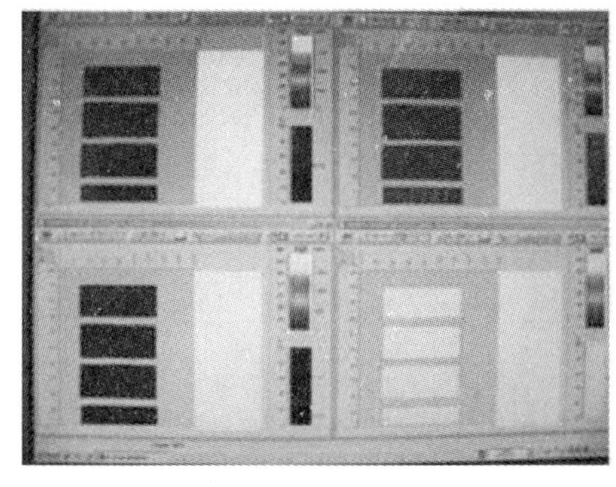

a

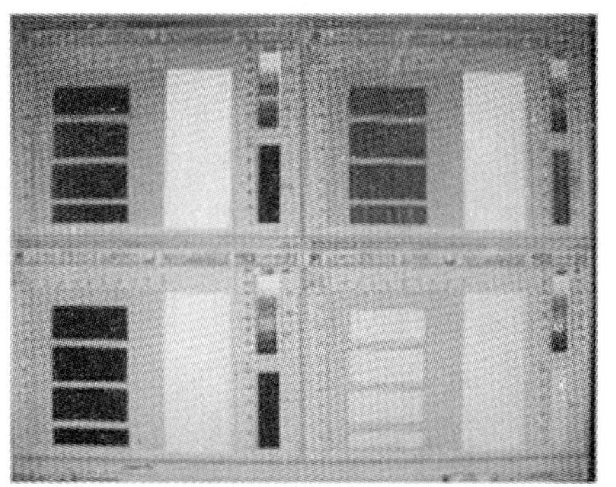

b

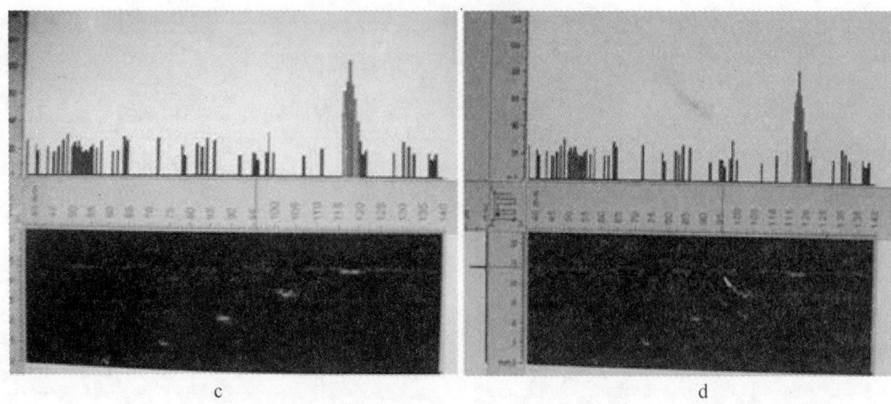

c　　d

图 19　试样在 HIC 试验前后的超声波扫描

a—HIC 前的 C 型扫描；b—HIC 后的 C 型扫描；c—HIC 前的 B 型扫描；d—HIC 后的 B 型扫描

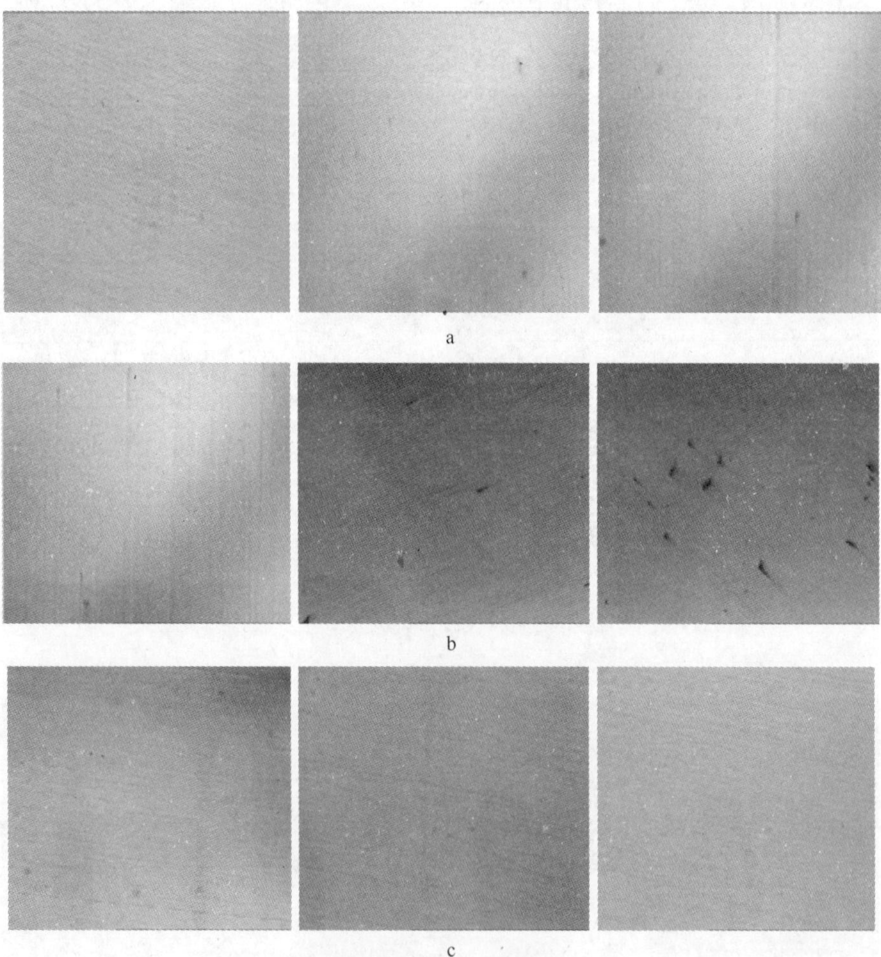

a

b

c

图 20　90°、180°和焊缝截面试样截面在 HIC 试验后的微观结构图

a—钢管距焊缝 90°位置试样的三个截面；b—钢管距焊缝 180°位置试样的三个截面；
c—钢管焊缝截面方向试样的三个截面

11 钢管几何特性

成型和扩径参数被控制在一个狭小的区间，因此观察到的钢管管端对管端的椭圆度（局部和整体）和内径的差别可以忽略不计（图21）。

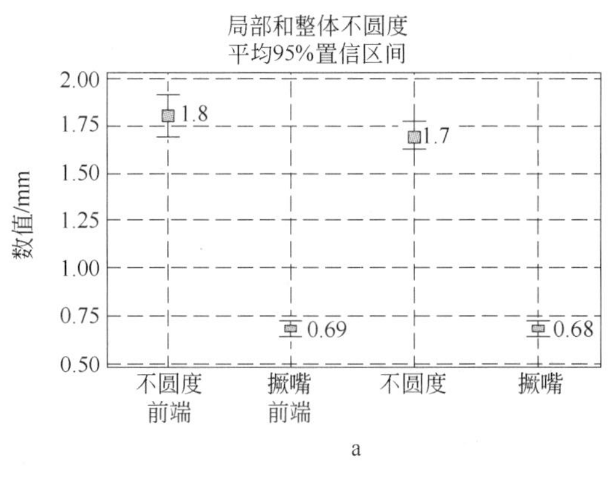

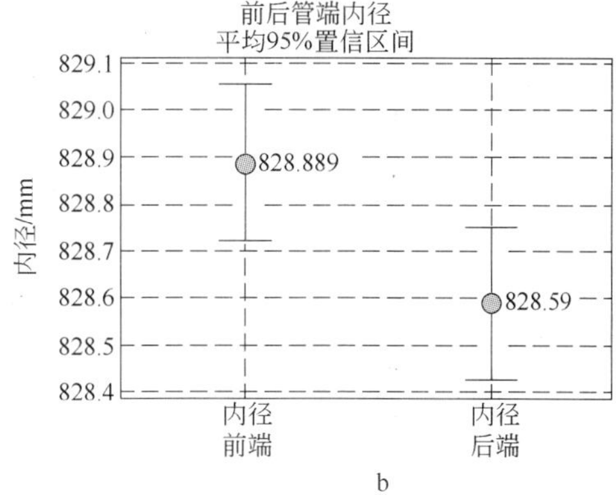

图21 钢管椭圆度（a）和内径（b）图

12 讨论和结论

（1）热轧钢板的合金设计选择和工艺路线例如TMPC＋加速冷却是获得钢板厚度方向理想的微观结构的关键。钢板的微观结构决定钢板性能及其在制管期间得到较高的、一致的HIC试验结果的行为。

（2）对于管径/壁厚比（约21）的钢板制管后力学性能会有所改变，所以选择钢板力学性能的接近的区间是非常重要的。力学性能包括强度、冲击韧性、DWTT剪切面积。回弹量越大，成品钢管的残余应力就越大。

（3）选择尺寸和种类合适的预弯边及JCO钢管成型机模具，这一点是非常重要的，以便更好地控制从预弯边、钢管JCO成型和预焊的钢管几何尺寸特性。

（4）钢管成型参数的选择很重要，例如JCO成型压制次数和扩径过程中的扩径率对于残余应力具有很重要的作用。

（5）要求选择合适的内外焊焊接板边坡口，以避免在焊接中产生裂纹，主要是焊缝中心处。

（6）钢管预热、焊接材料和焊接工艺参数例如速度、线能量和窄间隙焊缝几何尺寸的选择对提高热区和焊缝韧性、热区和焊缝硬度及HIC试验结果都是重要的决定性因素。

以上所有结果促成印度威尔斯邦公司开发了大壁厚API 5L X65MSO/L450MSO PSL2海洋酸性服役钢管。

参 考 文 献

[1] I. Chattoraj. The Effect of Hydrogen Induced Cracking on The Integrity of Steel Components. Sadhana, Vol. 20, Part 1, February 1995, 199-211.

[2] W. M. Hof, M. K. Graf, H. G. Hillenbrand, B. Hoh, P. A. Peters. New High Strength Large Diameter Pipes Steels. Journal of Materials Engineering, Vol. 9, No. 2, 1987, 191-198.

[3] Ozgur Yavas. Effect of Welding Parameters on the Susceptibility to Hydrogen Cracking in Line Pipe Steels in Sour Environments. MS Thesis, December 2006, Metallurgical and Materials Engineering, The Graduate School of Natural and Applied Sciences, Middle East Technical University.

（渤海装备巨龙钢管公司/渤海装备研究院
输送装备分院 白学伟 王 菁 译，
武钢研究院 徐进桥 校）

欧洲钢管酸性服役环境用钢管的生产经验及新进展

Christoph Kalwa, Hans-Georg Hillenbrand

EUROPIPE GmbH, Pilgerstraße 2, 45473 Mülheim an der Ruhr, Germany

摘　要：本文介绍了欧洲钢管在输送抗酸性气体用钢管的开发和供货方面的最新进展。根据市场需求，欧洲钢管综合管线钢、钢板和钢管生产的技术可行性，提供酸性服役环境材料的经验，可以追溯到30多年前。

应用高强度钢管是减少管道建设成本的一项重要措施，但基于技术方面的考虑，对于苛刻的酸性服役环境，管线钢的强度级别仅限于X65钢级。对于环境服役环境不是太严格的条件，可以采用更高强度等级的管线钢和钢管。最近的研究表明，通过改进的方法，即使在最严格的酸性服役条件下也可以应用X70和X80钢级钢管。

关键词：抗酸钢管，HIC严重程度，X65，X70，X80

1　引言

随着对天然气需求的不断增加，天然气资源勘探用管道材料面临重大挑战。对于穿越北极和地震活跃地区的输送管道，需要通过钢管的力学性能加以解决。由于勘探的天然气资源中含有相当大比例的硫化氢成分，输送管线必须采取特殊的合金设计理念，并提高钢的纯净度，才能保证钢板顺利通过HIC和SSC测试。

偏析是引起管线钢氢陷阱的主要失效因素，它会导致钢管氢致开裂（HIC）[1~4]。由于管线钢强度的合金元素大都具有产生偏析的倾向，因此在过去，用于严重酸性气体服役条件的钢管级别仅限于X65及以下。就当前的合金设计理念，对于酸性环境要求不太严重的服役条件，具有一定抗酸能力的X70、甚至X80钢也能够满足要求。现代炼钢技术和板材轧制技术的最新进展表明，已经可以生产满足严格酸性要求的X70、X80级别管线钢，即pH值为3，H_2S压力为0.1MPa的检验溶液，具有抗HIC性能。

欧洲钢管集团自1991年成立以来（前身为曼内斯曼公司），已经向客户提供抗酸性服役环境钢管。截至目前，欧洲钢管集团已供应320万吨抗酸钢管，包括应用于严重酸性条件及轻度酸性条件（表1）。

表1　欧洲钢管集团抗酸钢管的生产业绩

年份	钢管尺寸(外径×壁厚)/in①×mm	钢级	输送介质	试验溶液pH值
1981	30×27.3	X60	天然气	5
1984	28×14.3	X60	天然气	3
1985	36×20.6	X60	天然气	3
1986	30×34.0	X60	天然气	5
1987	30×30.3	X65	天然气	5
1991	36×(28.4~33.9)	X65	天然气	3
1993	42×(28.0~39.7)	X60	天然气	5
1994	32×(22.2~31.1)	X65	天然气	3
1998	24×(14.1~22.1)	X65	天然气	3
	内径40×(29.8~37.9)	X65微酸性	天然气	3/0，0.1MPa H_2S
2000	48×19.8	X60	油	3
2002	内径36×(27.2~33.1)	X65	天然气	3
	32×(22.2~28.6)	X65	天然气	3
	42×17.5	X60	油	3
	30×(20.6~27.0)	X65	油	3

续表 1

年份	钢管尺寸(外径×壁厚)/in[①]×mm	钢级	输送介质	试验溶液 pH 值
2003	28×（21.6～25.7）	X65	天然气	3
	32×（22.2～28.8）	X65	天然气	3
2004	内径 36×(27.2～29.5)	X65	天然气	3
	36×16.3	X70	天然气	5
	42×34.3	X70	天然气	5
2005	内径 48×(34.3～36.3)	X65	天然气	3
	32×20.6	X65	天然气	3
2006	42×(17.5～23.8)	X65	天然气	3
2007	32×(20.6～28.8)	X65	天然气	3
	56×(22.2～31.8)	X65	天然气	3
	32×(14.3～17.5)	X65	天然气	3
2008	32×(20.6～28.8)	X65	天然气	3
	24×29.6	X65	天然气	3
2009	48×(14.3～25.4)	X65	天然气	3
	36×(12.7～15.9)	X65	天然气	3
2010	32×(20.6～25.4)	X65	天然气	3
2011	32×20.6	X65	天然气	3

①1in＝25.4mm。

2 酸性服役钢管的生产

批量生产、供应抗酸钢管的一个关键因素是从炼钢到制管全过程所有步骤合理化控制。首先，炼钢厂提供的板坯必须尽可能地控制合金元素，以避免合金元素引起的偏析造成的氢陷阱，降低吸附的氢原子结合为氢分子 H_2 的机会。另外，低碳、低硫对改善管线钢抗酸性能具有重要的意义。

为了控制钢的化学成分，炼钢厂必须采取一切可行的工艺措施，如图 1 所示。通过对转炉前铁水、转炉炼钢过程，以及转炉后精炼控制对钢水脱硫，最终硫含量降至 0.001% 及以下。同时，采用钙处理将残余的少量硫改变为不易变形的化合物，即夹杂物变性处理技术。在连铸过程中，采用保护浇注措施使熔融金属与有害元素隔绝，实现连铸坯洁净度控制，并采用轻压下生产技术避免显著的中心线偏析[5]。

为了获得所需的力学性能，必须采用热机械控制工艺轧制（TMCP）及随后的加速冷却技术。

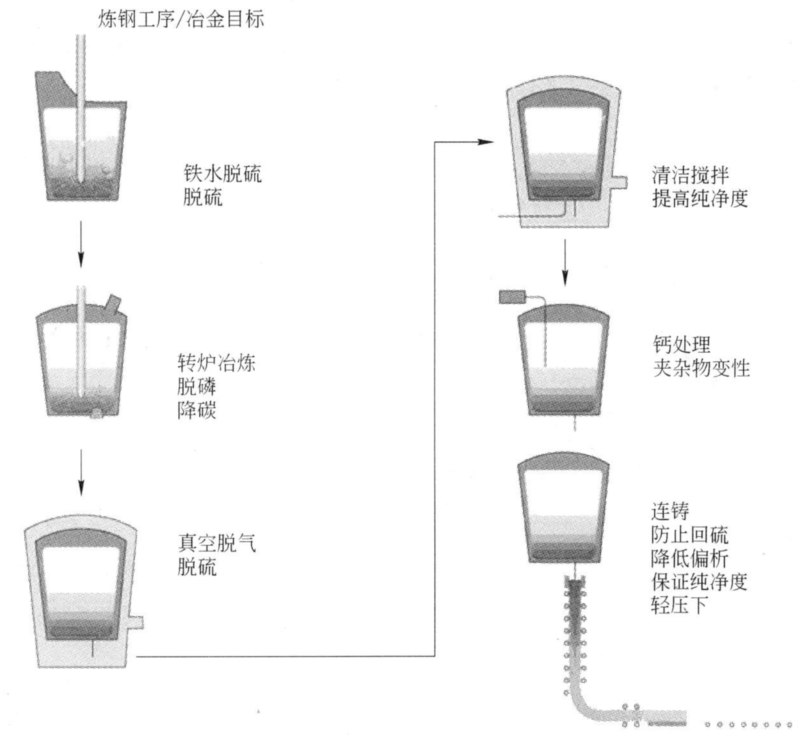

图 1 酸性服役管线钢的生产工序

最后，为了保证抗酸钢管应用效果，需要考虑管线钢的成型和焊接过程。一方面，热影响区的硬度不允许太高；另一方面，管线钢的强度太低对 SSC 测试不利。

3 工业生产结果

2006～2007 年，欧洲钢管共生产了 43 万吨抗酸性能钢管。该项目用 X65 级别钢管直径最大为 56in（1422mm），壁厚从 22.2mm 到 31.8mm；HIC 和 SSC 检测溶液分别为 NACE TM0284 A 溶液[6]和 NACE TM0177[7]（pH3，0.1MPa H_2S）。欧洲钢管需要在 13 个月内完成该订单所需钢管的生产及相应的性能测试，极具挑战性。表 2 总结归纳了 X65 管线钢的化学成分和力学性能。如表 2～表 4 所示，该项目用 X65 钢采用 Nb-Ti 微合金化设计理念，碳含量规定不能高于 0.05%，且 31.8mm 厚壁钢中需要添加一定量的 Ni 和 Cu 元素。

表 2 430000t、管径 56in、壁厚 22.2～31.8mmX65 管线钢的化学分析

（质量分数，%）

壁厚/mm	C	Mn	P	S
22.2	<0.05	<1.46	<0.015	<0.0015
31.8	<0.05	<1.48	<0.015	<0.0011

其他元素	碳当量 CE(IIW)	低裂纹敏感性 P_{cm}
Nb、Ti	<0.33	<0.15
Cu、Ni Nb、Ti	<0.33	<0.15

表 3 430000t、管径 56in、壁厚 22.2～31.8mmX65 管线钢的力学性能检验结果

力 学 性 能	壁厚 22.2mm	壁厚 31.8mm
屈服强度(均值)/MPa	485	485
抗拉强度(均值)/MPa	575	577
屈强比(均值)Y/T	0.85	0.84
伸长率(均值)/%	44	53
-10℃落锤撕裂试验剪切面积(均值),%SA	94	81

续表 3

力 学 性 能	壁厚 22.2mm	壁厚 31.8mm
-30℃夏比 V 形缺口冲击功(均值)CVN		
母材/J	438	434
熔合线/J	408	364
焊缝金属/J	207	128

表 4 430000t、管径 56in、壁厚 22.2～31.8mmX65 管线钢的耐酸性能检验结果

测试要求			母材和焊缝测试结果	
测试溶液	验收标准		壁厚 22.2mm	壁厚 31.8mm
pH3，H_2S 分压为 0.1MPa	CLR	≤15%	<5.3%	<4.8%
	CTR	≤5%	<1.2%	<1.5%
	CSR	≤1.5%	<0.6%	<0.7%

生产试验结果表明，即使工业生产如此大批量的钢管，其力学性能和耐腐蚀性也完全能满足安全的要求。欧洲钢管可以根据用户要求供应壁厚和管径范围很宽的 X65 级别抗酸管线钢。2008 年，欧洲钢管中标提供 20000t 壁厚为 29.6mm、管径为 610mm 的 X65 级别抗酸管线钢，该批量抗酸管线钢力学性能和 A 溶液腐蚀试验性能均满足规定的技术条件要求。

4 抗酸性能的测试要求

在含 H_2S 的酸性环境中使用碳钢，需要采用一套设计标准非常严格的测试条件，根据综合性能测试结果，考虑选用管线钢材料的强度级别。很长时间以来，X70 或 X80 级别管线钢被认为不能应用于酸性环境中，因为该强度级别管线钢在标准规定的 HIC 检验溶液中进行测试时产生失效。根据实践经验，适用于酸性服役环境中的钢管，必须通过规定 pH 值和 H_2S 分压条件下测试，且需在相近的测试溶液中留出一定的安全余量（图 2）。NACE MR0175/ISO 15156-2 表明[8,9]，根据 pH-p(H_2S)图的严重程度分区定义实际的使用环境（图 3），并提出相应的措施。早期的出版物[10]表明，SSC 测试严重性区域的界线不能转移为 HIC 测试。结果表明，这些线在很大程度上依赖于钢管的强度级别和过程。

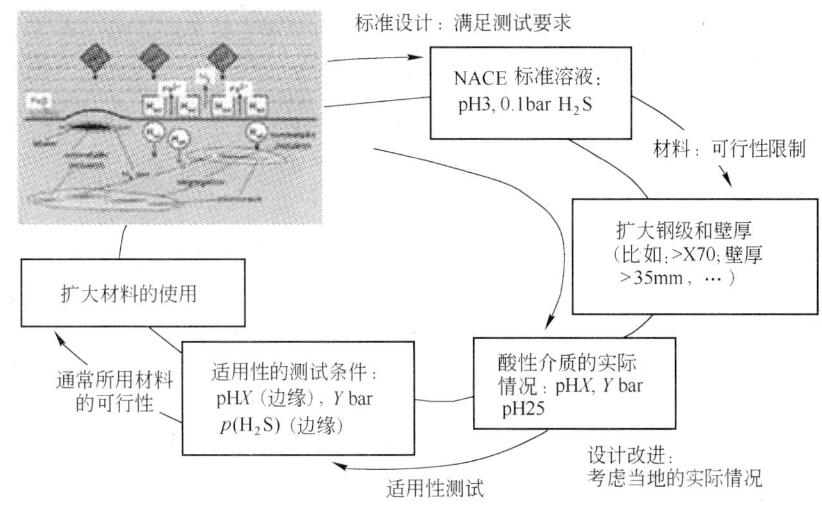

图 2　酸性条件下的适用性试验

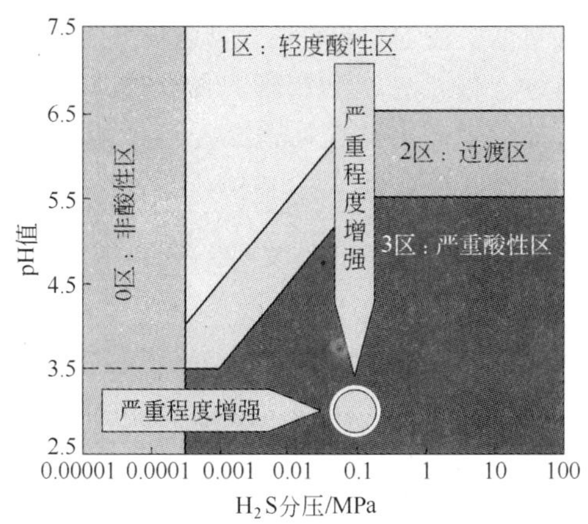

图 3　按照 NACE MR 0175/ISO 15156-2[8,9]
建立的严重程度分区

欧洲钢管已经开始根据不同条件对 X80 进行 HIC 检测。将试样暴露于溶液中，浸泡 4d 后观测试样 HIC 的腐蚀程度，其特征用裂纹面积率（CAR）来表示。如果 CAR 值低于 1%，表明该 X80 管线钢完全具备抗 HIC 的性能；如果 CAR 数值高于 10%，则表明该试样不具备抗 HIC 性能。在图 4 中根据 ISO 15156-2 中的严重性分区图的边界线，腐蚀强弱的结果被表示出来。由图 4 可以发现，在酸性气体条件下，该 X80 钢可以使用，没有氢致开裂风险。在给定的酸性气体条件下，X80 管线钢通过测试，显著地扩大了钢铁材料的选择范围。

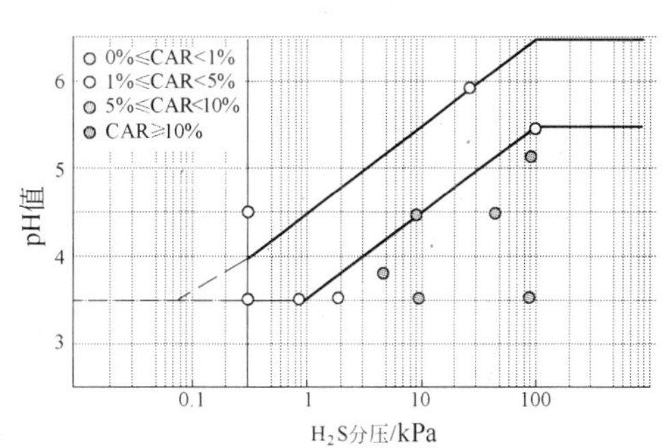

图 4　特定酸性条件下的 X80 测试结果

5　X70 和 X80 级别耐酸管线钢的开发和研究

随着市场对更高级别抗酸管线钢的需求，欧洲钢管下一步的工作计划是开发适用于严格酸性介质环境下的 X70 和 X80 级别管线钢。按照认证程序，必须考虑抗酸管线钢母材和环焊缝的性能评估，因此欧洲钢管生产了一些 X70、X80 管线钢。欧洲钢管工作重点是开发力学性能和抗酸性能优良、规格尺寸为 20in（外径）×19. 8mm 钢管。该批钢管的试验结果见表 5 ~ 表 7。

表 5　外径 20in、壁厚 19.8mm 的 X70、X80 的化学分析结果

（质量分数,%）

壁厚	C	Mn	P	S
X70	<0.05	<1.5	<0.015	<0.0010
X80	<0.05	<1.5	<0.015	<0.0010

其他元素	碳当量 CE(IIW)	碳当量 P_{cm}
Cu、Ni Nb、Ti	<0.34	<0.15
Cu、Ni Mo、Nb、Ti	<0.37	<0.17

表 6　外径 30in、壁厚 19.8mm 的 X70、X80 的力学性能检验结果

力 学 性 能	X70	X80
屈服强度/MPa	500	590
抗拉强度/MPa	585	692
屈强比 Y/T	0.84	0.86
伸长率/%	45	36
-20℃落锤撕裂试验剪切面积,%SA	平均 100	平均 97.5
-30℃夏比 V 形缺口冲击功（CVN）		
母材/J	平均 337	平均 319
熔合线/J	平均 251	平均 105
焊缝/J	平均 209	平均 219

表 7　外径 30in、壁厚 19.8mm 的 X70、X80 的耐酸性能检验结果

规范要求		钢管试验结果 母材和焊缝	
试验条件	合格标准		
pH=3		X70	X80
	CLR≤15%	CLR<3%	CLR<6%
0.1MPa H_2S	CTR≤5%	CTR<0%	CTR<0%
	CSR≤2%	CSR<0%	CSR<0%

由表 3 可见，欧洲钢管最新开发的 X70、X80 级别抗酸钢管符合输送酸性气体介质要求，以及必须的力学性能要求。此外，对于大口径钢管腐蚀试验，通常需要采用 4 点弯曲检测方法进行 SSC 试验。试验结果表明，X70、X80 钢管试样没有出现氢致裂纹，即使在 pH3-0.1MPa H_2S 的重酸溶液中，仍然具备良好的抗 SSC 性能。

欧洲钢管开发的 X70、X80 抗酸管线钢焊接性能良好，环焊缝焊接热输入量范围很宽（从约 1.0 ~ 3.0kJ/mm）。无论是耐腐蚀性方面，还是力学性能方面，欧洲钢管开发的 X70、X80 抗酸管线钢都是非常成功的。

6　结论

本文研究表明，根据文中介绍的针对酸性服役环境的可靠的设计理念，欧洲钢管开发的抗酸管线钢足以满足市场需求。欧洲钢管开发的 X65 级别抗酸钢管已经实现了商业化生产，并获得了大量的生产订单，完全可以满足最严苛的酸性服役环境条件。根据实际的酸性服役环境条件适用的抗酸检验方法，能够保证为特殊服役环境开发的不同级别管线钢满足使用要求，尤其是原严格酸性服役环境不能应用的高钢级抗酸管线钢变为可能。通过将当前最先进的炼钢、板材轧制和制管一体化技术结合起来，能够生产出输送严格酸性气体的 X70 和 X80 高强度管线钢。

参 考 文 献

[1] Felipe Paredes, W. W. Mize. Unusual Pipeline Failure Traced to Hydrogen Blisters. *Oil and Gas Journal* 53 (1954), December, pp. 99-101.

[2] Winfried Dahl, Hans Stoffels, Helmut Hengstenberg und Carl Düren, Untersuchungen über die Schädigung von Stählen unter Einfluß von feuchtem Schwefelwasserstoff, *Stahl und Eisen* 87 (1967), No. 3, pp. 125-36.

[3] Friedrich K., Naumann, Ferdinand Spies. Examination of a Blistered and Cracked Natural Gas Line. *Praktische Metallographie* 10 (1973), No. 8, pp. 475 ~ 480.

[4] Corrosion Control in Petroleum Production. *NACE TPC Publication* No. 5, 1979, p 18. (supersedes 1rst version of 1958).

[5] A. Liessem, V. Schwinn, J. P. Jansen, R. K. Pöpperling. Concepts and Production Results of Heavy Wall Linepipe in Grades up to X70 for Sour service . 4th International Pipeline Confer-

ence, 2002.

[6] Evaluation of Pipeline and Pressure Vessel Steels for Resistance to Hydrogen-Iinduced Cracking. NACE Standard TM 0284.

[7] Laboratory Testing of Metals for Resistance to Sulfide Stress Cracking and Stress Corrosion Cracking in H_2S Environments. NACE Standard TM 0177.

[8] ISO 15156-2 "Petroleum and natural gas industries-Materials for use in H_2S containing environments in oil and gas production-Part 2: Cracking-resistant carbon and low alloy steels, and the use of cast irons", ISO, 2003.

[9] Material Requirements Sulfide Stress Resistant Metallic Material for Oil Field Equipment. NACE Standard MR 0175.

[10] J. Kittel, J. W. Martin, T. Cassagne, C. Bosch. Hydrogen Induced Cracking (HIC)-Laboratory Testing Assessment of Low Alloyed Steel Linepipe. NACE Corrosion Confernce & Expo 2008.

(渤海装备华油钢管公司 李 涛 译，
中信微合金化技术中心 张永青 校)

安赛乐-米塔尔拉萨罗卡德纳斯(墨西哥)生产酸性服役用管线钢管用板坯的工艺和质量控制

J Nieto[(1)], T Elías[(1)], G López[(1)], G Campos[(1)], F López[(1)], A K De[(2)]

(1) ArcelorMittal Lázaro Cárdenas, 26113 Lazaro Cardenas, Michoacan, Mexico;
(2) ArcelorMittal Global R&D, 3001 E Columbus Dr, E Chicago, IN 46312, USA

摘　要：用于输送酸性原油或天然气的 API 级别管线钢的需求正在持续提高。此外，近期的几个管道项目提出了比 API 标准更严格的技术标准。酸性服役用钢管的成功生产在很大程度上取决于初始板坯的内部质量，要求保证板坯优异的纯净度（非金属夹杂物）、尽可能少的中心偏析和组织疏松。此外，板坯内溶入氢气的含量应该尽可能低以有效防止钢带中的氢脆以及最终产品的氢致开裂（HIC）。为迎接酸性服役用板坯制造的挑战，安赛乐-米塔尔拉萨罗卡德纳斯（AMLC）在墨西哥的工厂已经成功开发了关键的炼钢与连铸技术。为了生产超纯净、溶入氢含量尽可能低的整体完好的板坯，该工厂引入了关键工艺控制和有效的炼钢与连铸技术。AMLC 已成功大批量生产酸性服役用板坯，并供给全球各地的用户以生产抗 HIC 的板带和钢管。各种最终产品所具备的优异的抗 HIC 性能已被报道，这证明 AMLC 具有酸性服役用钢坯的生产能力。本文讨论了 AMLC 一些突出的炼钢和铸坯工艺特点，并给出了一些最终产品的抗 HIC 试验结果。

关键词：中心偏析，轻压下，HIC，管线钢管

1　引言

随着对酸性原油/天然气田开发的重视与日俱增，全球酸性服役用管线钢的需求也在随之增长。与非酸性服役石油和天然气用钢不同，用于酸性原油/天然气输送的管线钢需要严格控制内部质量以抵抗氢致开裂。氢对管线钢的危害既可能来自服役环境也可能来自钢材的内部即冶金方面[1]。为保证良好的抗氢致开裂性能，管线钢应尽可能减少可导致氢原子偏聚的微观和宏观组织的不连续性，同时尽可能地减少钢中溶解氢的含量。内部缺陷通常包括：(1) 中心偏析；(2) 缩孔；(3) 夹杂-基体界面[2~4]。

中心偏析主要是由诸如碳、锰、硫、磷和氧等易偏析元素[5]造成的，并致使成品心部难以相变的部分逐步地引发氢致开裂[4,6]。中心偏析也是连铸板坯中心缩松的主因[5]。这些缩松会使在炼钢过程中溶解在钢中的氢存留其中而不容易析出。当氢累积过多时，缩松将很难在热轧过程中消除，并且会产生内部高压导致轧制成品的延迟开裂[4]。有效的成分设计和连铸工艺控制是避免酸性服役用板坯出现中心偏析和缩孔的关键。

非金属夹杂物的控制可能是生产抗 HIC 钢过程中最需要考虑的问题。如氧化物、硫化物这类非金属夹杂物需通过严格的炼钢和连铸工艺控制将其降到最少。存在于钢液中的氧化物和硫化物也必须通过炼钢工艺控制使之细化且球化。只要球形夹杂物足够细小而大多处于晶粒内就不会在晶界引起氢压力的危害[3]。长条状的 MnS 夹杂物会造成基体内的应力集中，并在界面处形成微孔而吸引氢原子[1,4,6]。因此，硫含量需要保持在非常低的水平（$10 \times 10^{-4}\%$ 或更低）并通过 Ca 处理改变 MnS 夹杂物的形状。

炼钢和连铸过程产生的溶解氢需采用智能工艺控制来尽可能地降低，另外通过板坯缓冷使氢从板坯中扩散出去。据报道，对于有效抗 HIC 的厚规格管线钢板，其最终的氢含量最好能达到 $2\times10^{-4}\%$ 甚至更低[4]。

下面的章节将介绍 AMLC 钢厂为生产用于输送管道和海上储存压力容器的抗 HIC 板坯所采用的先进的炼钢、连铸工艺。

2 AMLC 墨西哥的抗 HIC 板坯生产技术

2.1 炼钢

为生产特殊用途的优质板坯，AMLC 进行了关键技术设施建设。图 1 给出了主要的炼钢和连铸部分的工艺流程图[7]。基于北美、欧洲和亚洲的钢板、钢卷及钢管制造商的需求，自 2011 年 9 月以来，AMLC 就开始着手生产酸性服役用板坯，如 API X52、X65。大批量的 API X52 ~ X65 级板坯已生产出来并用于钢板、热轧板卷的生产以及随后的 ERW 与 LSAW 钢管的制造。表 1 给出了酸性服役用板坯的典型化学成分。

表 1 酸性服役用板坯的典型化学成分

（质量分数，%）

钢级	C 最大	Mn 最大	P 最大	S 最大	Si 最大	Al
API X52	0.02 ~ 0.04	1.00	0.012	0.001	0.25	0.025 ~ 0.045
API X65	0.04 ~ 0.06	1.35	0.012	0.001	0.15	0.025 ~ 0.045

钢级	Ti 最大	Nb 最大	N	Ca/S	其他
API X52	0.02	0.05	0.003 ~ 0.006	2 ~ 4	Ni
API X65	0.02	0.07	0.003 ~ 0.006	2 ~ 4	Cr、Cu、Mo、V

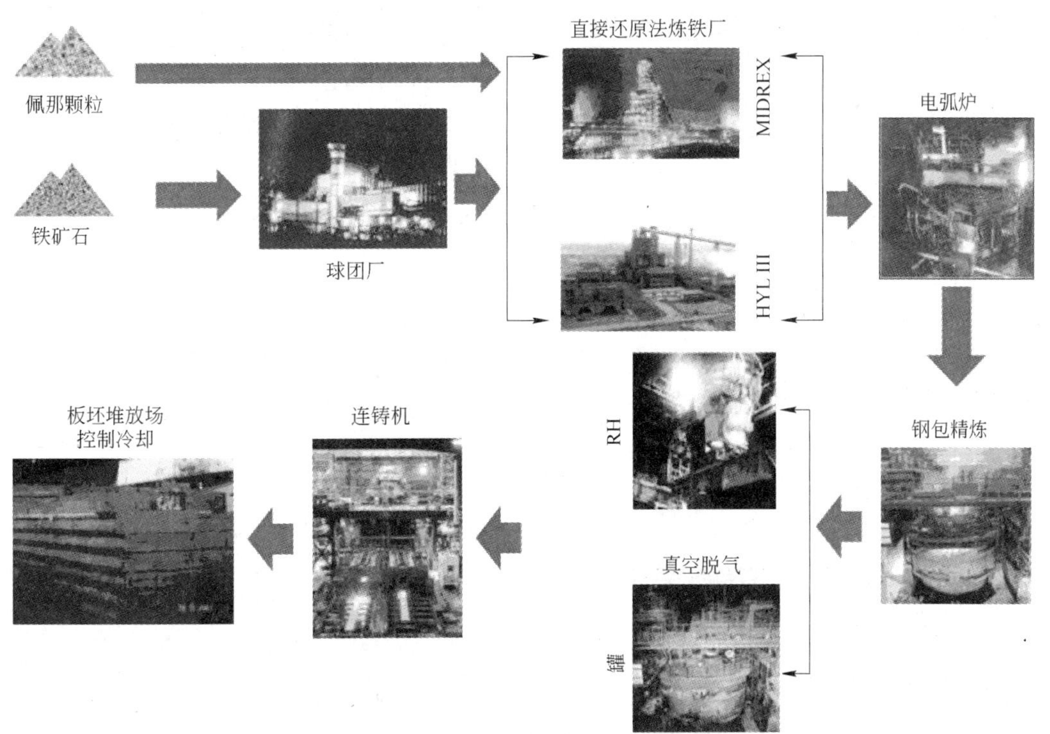

图 1 在 AMLC 用于生产抗 HIC 板坯的炼钢、连铸工艺流程

AMLC 的炼钢工艺流程为：电弧炉（EAF）-钢包炉（LF）-RH 真空脱气（VD）-连铸（CC）。AMLC 使用 100% 直接还原铁（DRI，通过 MIDREX 和 HYL-Ⅲ工艺生产）作为其电弧炉炼钢的主要含铁原料。DRI 的使用确保了无杂质元素的带入，从而保证了钢水的高纯净度[7]。在钢包炉（LF）工序，首先要进行吹氩，同时加入铁合金和铝粉，其后是加入石灰用于造渣和控硫。最后，当氧的活性降到最低时，采用钢包芯线在氩气保护下对钢水进行钙处理。该处理方法有助于形成细小的球状 Ca-铝酸盐和形状改变的 Ca 或 Ca-Mn 硫化物，且有益于夹杂物上浮。Ca/S 保持在 2～4 之间就能够保证有效的夹杂物形态控制和 Ca 对 MnS 的合金强化。

钢包炉处理并确保成分得到控制后，钢水进入 RH 真空脱气装置以控制氮和氢。尽管 AMLC 可以选择使用 RH 或罐式脱气装置，但是根据前期的研究，RH 脱气装置能更快更好地去除钢水中的氢，如图 2 所示。这可能是因为与罐式脱气装置相比，在特定的时间内采用 RH 脱气装置会有更多的钢液处于真空中。罐式脱气也是一个缓慢的过程并且要求更严格的温度控制，这对于酸性服役用板坯的连铸是不利的，因为连铸过程中要严格控制过热度。

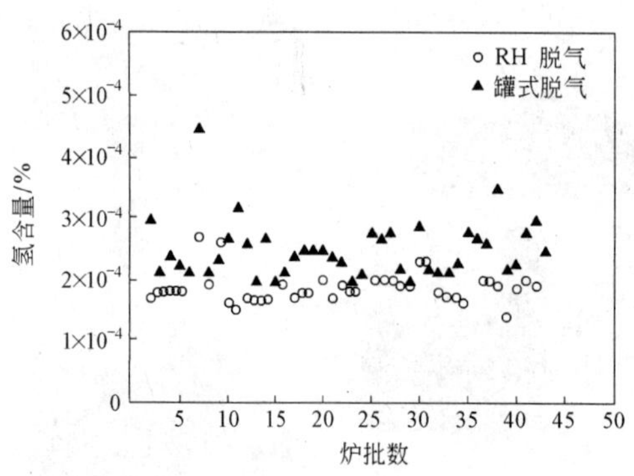

图 2 RH 与罐式脱气装置在管线钢脱气过程中氢析出对比

2.2 连铸：偏析控制

连铸时在钢包和中间包之间的接缝处使用氩封长水口隔离空气及氢。为减少浇铸过程氢的吸入量，对中间包（40t）进行预热（>900℃）处理并采用浸入式水口（SEN）。中间包的设计也进行了改进以促进夹杂物的上浮和减少凝壳的形成从而保证钢坯的纯净度。

对于酸性服役用板坯连铸目前一个重要的目标就是尽可能降低中心偏析。由于碳和锰的含量较低（表 1），中心宏观偏析并不像缩孔那样令人担心。因此连铸过程必须严格控制以消除缩孔，相应控制手段为采用低的中间包过热度（<25℃）和利用特定的机械方式以实现板坯凝固时精确同步收缩以减少中心开裂和偏析[5,8]。

铸坯凝固点的定位及铸坯收缩的矫正由动态凝固控制[8]（DSC）模型®支持的轻压下技术自动完成。轻压下的速度为 0.2～0.8mm/m。一般，总的轻压下量为 3～6mm。轻压下区域的整体辊被分节辊所替代，这减小了辊子上的应力和辊子的挠曲从而减少了铸坯流的鼓胀，而铸坯流的鼓胀是引起中心偏析的主要原因之一。连珠过程采用了一个 14 点的矫直段来减小固液界面的张力。这样，就减小了矫直力且反过来为这一段提供了额外的轻压力，使得凝固收缩得到了更好的控制，从而内部质量更加优异[8,9]。

2.3 连铸后板坯的处理

图 3 给出了在中间包取样测得的氢含量。分布图表明，大部分炉批的氢含量小于 $3\times10^{-4}\%$。与 RH 炉（图 2）后立即取样测得的氢含量相比，中间包的氢含量略有上升。基于

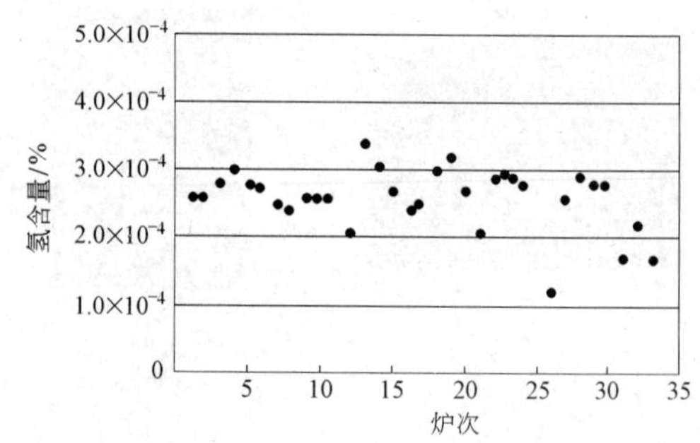

图 3 管线钢炉批的中间包取样测得的氢含量

连铸时钢水中的氢含量会上升这一事实，需采取措施以确保干燥的结晶器和保护渣、预热的中间包和浸入式水口的使用。此外，连铸后酸性服役用板坯放入特定的控制冷却区进行缓慢冷却以进一步使溶解氢扩散出去。

AMLC 的这一缓冷区采用 2m 高的隔热墙与其他的区域进行隔离。每六个热的板坯为一组放置在一个隔热坯上，顶部覆盖以另一个隔热坯，如图 4 所示。这些板坯堆周围环绕以其他钢种的板坯。通过这一措施，板坯的冷却速率可以降到 5 ~ 6℃/h，这能够有效地扩散出板坯中心的部分溶解氢。

图 4 用于氢析出的板坯控制缓冷

3 结果

3.1 板坯低倍组织与完整性

连铸坯的规格通常为（250mm × 1610mm）~（1900mm × 4000mm）。板坯的内部质量通过使用 30% 的盐酸进行横向及纵向断面低倍检验。中心质量采用曼内斯曼板坯内部质量评级系统进行评估[10]。图 5 给出了典型的管线钢板坯横截面（垂直于连铸方向）及纵截面（平行于连铸方向）的低倍腐蚀照片，照片表明，没有明显的缩孔、黑斑或中心偏析，曼内斯曼的评级结果为 1 级或更好。此外

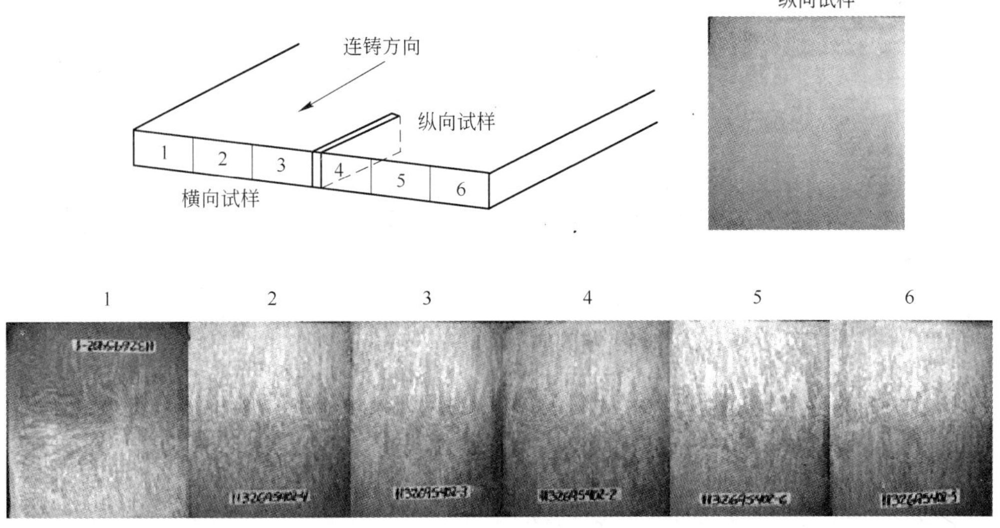

图 5 整个板坯宽度的低倍腐蚀照片

（显示从表面到中心的柱状晶，没有中心缩松及偏析）

还可以看到柱状晶几乎延伸至板坯的中心，并且在板坯的中心没有等轴晶区。完好的内部低倍组织表明轻压下控制非常有效。

成分偏析通过化学分析法进行了进一步的检验，在低倍腐蚀的板坯断面上沿厚度方向每隔5mm钻取试样进行化学分析。板坯内部质量的完好则通过对低倍腐蚀板坯进行全长度超声检测以验证。对板坯的整体超声波扫描没有发现任何内部不均匀性缺陷，从而验证了图5中的低倍照片所显示的内部质量的完好。低倍腐蚀板坯沿整个厚度在不同位置取样的化学分析结果如图6所示，板坯中心没有显示出明显的偏析。

3.2 成分控制

图7显示，能够达到X65级抗HIC性能的炉批的P、S、H和N的控制水平。大多数炉批的S(≤0.001%)、P(≤0.012%)以及气态元素含量很低，这对于保证管线钢的抗HIC性能和韧性非常重要。低的S和P含量也保证了连铸坯中心的纯净度。100% DRI的使用以及严格的钢包炉冶金过程控制促进了酸性服役钢用板坯高纯净度的实现。

C	Si	Mn	P	S
0.057	0.240	1.320	0.010	0.0005
0.056	0.250	1.310	0.010	0.0005
0.057	0.250	1.300	0.010	0.0006
0.058	0.256	1.290	0.010	0.0005
0.056	0.246	1.290	0.009	0.0004
0.055	0.249	1.330	0.010	0.0006
0.053	0.244	1.320	0.009	0.0007
0.054	0.248	1.320	0.009	0.0009
0.057	0.253	1.300	0.009	0.0008
0.056	0.254	1.300	0.009	0.0008

图6　低倍浸蚀的X65钢级板坯沿整个厚度上在不同位置取样的化学分析结果（质量分数,%）

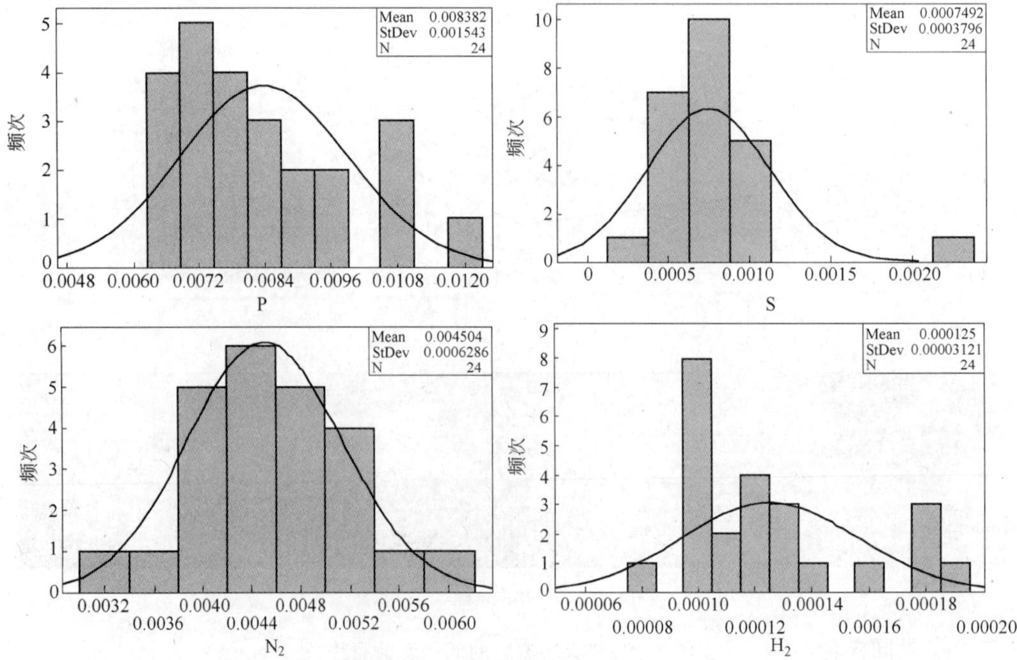

图7　AMLC特定商业订单的一些X65级抗HIC炉批达到的成分控制水平（P、S、H和N）

3.3 客户终端的板坯加工

在终端用户处，板坯被加工成6.25mm厚的热轧板卷和厚度达20mm的钢板。热轧板卷和钢板又分别被进一步加工成ERW和LSAW钢管。虽然钢板和钢管加工的细节属于另外一个领域，但是以下结果值得注意：

（1）同板坯中心的显微组织一样，钢板中心的显微组织没有显示存在任何明显的成分偏析，如图8所示。

（2）对钢板的微观组织也进行了非金属夹杂物检验，结果表明夹杂物的形状和大小控制良好。由酸性服役板坯制成的热轧产品的典型显微组织如图9所示，图9显示氧-硫化物夹杂呈球状且氧化物夹杂物尺寸细小。

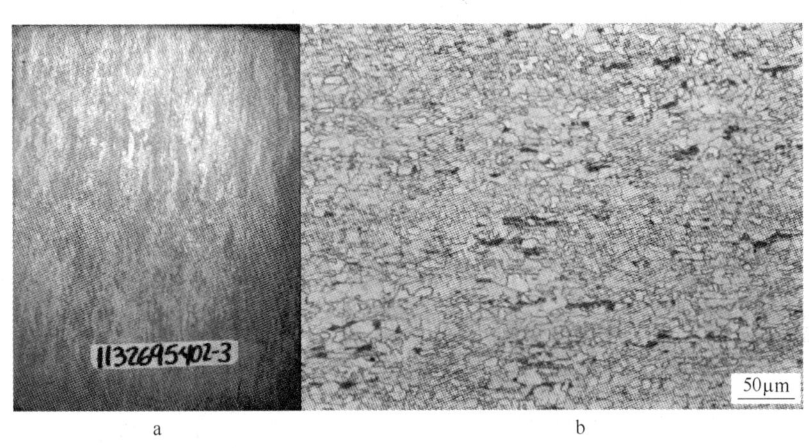

图8 X65钢级抗HIC钢

a—板坯中心；b—成品钢管中心显微组织没有显示出中心偏析

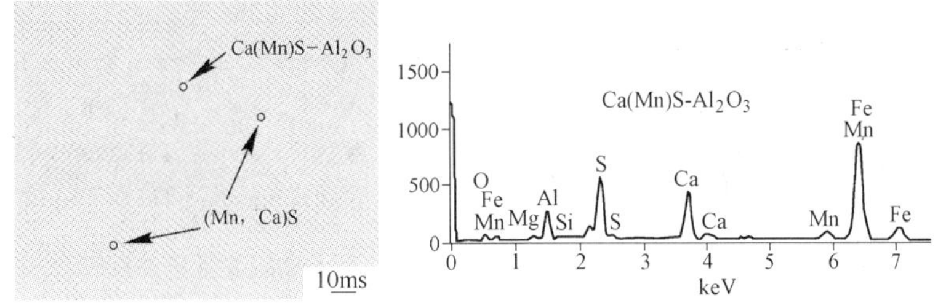

图9 管线钢级别炉批的典型夹杂物含量

（Ca处理后硫化物形状得到有效控制）

3.4 HIC与SSCC试验结果

对由热轧板卷和钢板制成的API X52和X65级钢管按照NACE标准（TM 0284—2003）采用A溶液[11]进行抗HIC试验，所有试样的CLR与CTR试验结果均为0%。薄壁和壁厚达20mm的钢管的SSCC检验（TM 0177—1996）[12]结果同样合格。

对钢管进行的抗HIC和SSCC性能检验的成功表明，AMLC生产具有优异抗氢致开裂性能的酸性服役用板坯的工艺和质量控制是有效的。

4 结论

为生产酸性服役用管线钢管和海洋项目用板坯，AMLC墨西哥工厂对其炼钢及连铸部分进行了关键的技术改进。通过有效的工艺和质量控制措施的实施，结合自主开发的热板坯控制冷却系统，实现了为客户大批量生产具有优异抗 HIC 性能的管线钢板坯的能力。板坯的低倍腐蚀检验和超声检测结果表明其适用于制造抗 HIC 热轧板卷或钢板的优异内部质量。用户采用试制的各种级别管线钢板坯生产出了热轧板卷、钢板以及钢管。在线超声波检测表明，热轧后的厚度达 20mm 的 API X65 级钢板没有出现内部开裂。按照 NACE TM 0284 标准采用 A 溶液对 6mm 厚的热轧板卷、20mm 厚钢板以及钢管的样品进行的抗 HIC 检验，结果表明 CLR、CTR 和 CSR 均为 0%，这进一步表明了 AMLC 生产的板坯内部质量的优异以及其生产酸性服役用板坯所用的连铸后缓冷工艺和质量控制的有效性。

致谢

作者真诚地感谢 AMLC 的 Jose Fernandez（COO）与 Santiago Neaves（CTO）在整个开发过程中的宝贵支持和连续鼓励，并允许发表这篇文章。作者也向安赛乐-米塔尔（美国）全球研发机构的杰出技术支持表示感谢。与安赛乐-米塔尔全球研发机构（E Chicago）的 Murali Manohar 与 Dan Kruse 的技术讨论也非常有帮助，也在此表示感谢。

参 考 文 献

[1] C. G. Interrante. Current Solutions to Hydrogen Problems in Steel, ed. C. G. Interrante and G. M. Pressoure,（ASM, OH, 1982）, 3.

[2] Sour Gas Resistant Pipe Steel, Niobium Information, 18/01.

[3] G. M. Pressouyre. Hydrogen Problems in Steels, Proc of the First International Conference, ed C G Interrante and G M Pressoure, （ASM, OHIO, 1982）, 18.

[4] Y. Tomita, T. Kikutake, K. Nagahiro, K. Okamoto, H Nakao. Hydrogen Problems in Steels, Proc of the First International Conference, ed C G Interrante and G M Pressoure, （ASM, OHIO, 1982）, 63.

[5] A. Ghosh, Sadhana, 26,（2001）, 5.

[6] D. G. Stalheim, B. Hoh. Proceedings of IPC 2010, 8th International Pipeline Conference, September-October 2010, Alberta, Canada.

[7] H. T. Tsai, R. Torres. Third International Conference on Continuous Casting of Steel in Developing Countries, Beijing, 2004, 39, Iron and Steel, 54.

[8] J. Nieto, T. Elias, J. C. D. Pureco, B. Emling, D. Humes, J. Lauglin. Proceedings of 4th Congress of National Steelmaking Conference, AIST Mexico, Monterrey, October（2010）.

[9] D. M. Humes. Iron and Steel Technology, July（2008）, 29.

[10] Mannesmann Rating System for Internal Defects in CC Slabs：April（2001）, PTS, Germany.

[11] NACE Standard TM 0284—03, 2003.

[12] NACE Standard TM 0177—96, 1996.

（渤海装备华油钢管公司　孙　宏　译，
武钢研究院　徐进桥　校）

酸性服役 UOE 管线管的冶金设计

Yasuhiro Shinohara(1), Takuya Hara(2)

(1) Kimitsu R&D Laboratory, Nippon Steel Corporation 1, Kimitsu, Kimitsu, Chiba 299-1141, Japan;
(2) Steel Research Laboratories, Nippon Steel Corporation 20-1, Shintomi, Futtsu, Chiba 293-8511, Japan

摘　要：本文回顾了我们对于酸性服役 UOE 管的冶金设计。传输含有潮湿的 H_2S 气体的石油和天然气的管线钢管经常遭到氢腐蚀导致的开裂（HIC）。HIC 的发生可通过钢中夹杂物的最大尺寸和中心偏析带的最大硬度来预测。预测模型表明，通过减少被拉长的夹杂物长度和中心偏析带硬度来抑制 HIC 发生，在此基础上，新日铁在过去的二十年里生产出了抗酸的 API X65 钢级的 UOE 钢管，最近又开发出酸性服役的更大壁厚的 X65 钢级和更高强度的 X70 的 UOE 钢管。

关键词：UOE 管线钢，酸性环境，氢致开裂

1　引言

近来由于含有 H_2S 的石油和天然气井的开发，要求管线钢在腐蚀性环境中要能抵抗由氢造成的开裂。图 1 显示在酸性环境中裂纹的典型形态[1]，裂纹形态取决于所用钢管的强度。氢致开裂（HIC）发生在没有外加应力的腐蚀环境中，而硫化物应力开裂（SSC）发生在有外加应力的酸性环境中。图 1 裂纹（b）到（d）都是通常在管线钢中发现的裂纹。裂纹（a）出现在高钢级的石油专用管材（OCTG）。1972 年在波斯湾的一次海底管线事故后，HIC 开始走到抗酸管线钢的发展前沿[2]。新日铁就 HIC 发生的环境和材料因素方面进行了大量的研究，研制出了高强度抗酸管线钢。本文首先配图说明了 HIC 的机理，其次解释了我们的冶金设计和制造技术，最后介绍了抗酸的 UOE 钢管的批量生产。

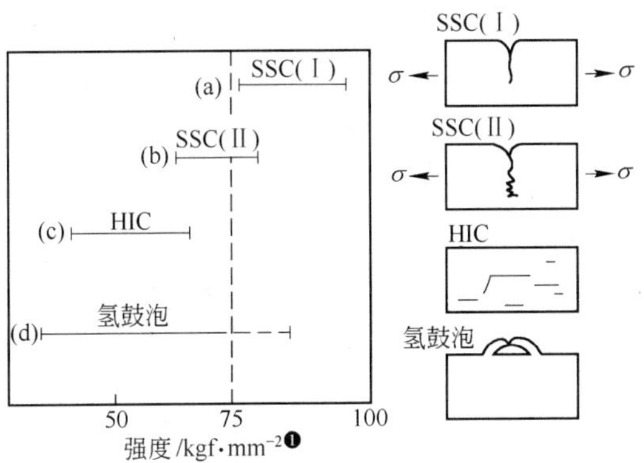

图 1　在酸性环境中氢致开裂的典型形状[1]

❶$1kgf/mm^2 = 9.8MPa$。

2　在酸环境中 HIC 的机理

HIC 过程包含几个步骤：（1）氢侵入到钢中；（2）氢原子在析出区被捕获，因内部氢气压力产生裂纹；（3）裂纹扩展。图 2 详细解释了每一个步骤。

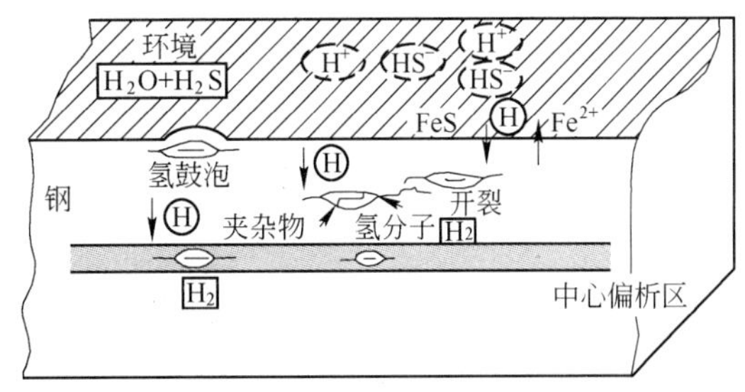

图 2　在酸性环境中氢致开裂的机理

2.1　氢侵入到钢中

当 H_2S 溶解到水中时，形成了氢离子 H^+，溶液逐渐地成酸性。在酸性溶液里，氢

离子在材料表面变成了氢原子（$2H^+ + 2e^- \rightarrow 2H$）。由于 Tafel 和 Volmer 反应被毒性物质诸如 H_2S 延迟，氢原子很容易就侵入了钢中。如上所述，钢中的氢浓度［H_{Fe}］依赖环境因素，比如 H_2S 的分压 p_{H_2S} 和试验溶液里的 pH 值。图 3 给出了 p_{H_2S} 和 pH 值对钢中氢的渗透性影响，［Per_{Fe}］与［H_{Fe}］是一致的[3]。氢的渗透性随 H_2S 分压的提高或者 pH 值的降低而升高。一位学者推荐用下面的等式来预测不同的酸环境中的［Per_{Fe}］[3]。

$$[Per_{Fe}] = 7.1 + 0.96(1.4\log p_{H_2S} - 0.51\text{pH}) \quad (1)$$

式中，$1 \times 10^{-3}\ \text{MPa} \leqslant p_{H_2S} \leqslant 0.1\text{MPa}$，pH 值≤5.0。

$$[Per_{Fe}] = 3.3 + 0.75(0.3\log p_{H_2S} - 0.51\text{pH}) \quad (2)$$

式中，$1 \times 10^{-5}\ \text{MPa} \leqslant p_{H_2S} \leqslant 1 \times 10^{-3}\ \text{MPa}$，pH 值≤5.0。

2.2　HIC 的启裂和扩展

HIC 在中等厚度的钢板或钢管的中心偏析带处被拉长的非金属夹杂物或者粗大析出物形核启裂的现象如图 4 所示[3]。这就是因为从钢表面渗入的氢原子在这些夹杂物周围被捕获并随后形成氢分子。氢分子产生的内部压力导致裂纹的形成。根据 Galfalo 公式和 Sievert 公式，内表面里的夹杂物和基体之间的氢气压力和氢气浓度之间的关系，HIC 启裂时的临界氢渗透率［Per_{crit}］与夹杂物尺寸 a_{crit} 之间理论上应满足学者给出的如下关系式[3]：

$$\log[Per_{crit}] = C - 1/4\log(a_{crit}) \quad (3)$$

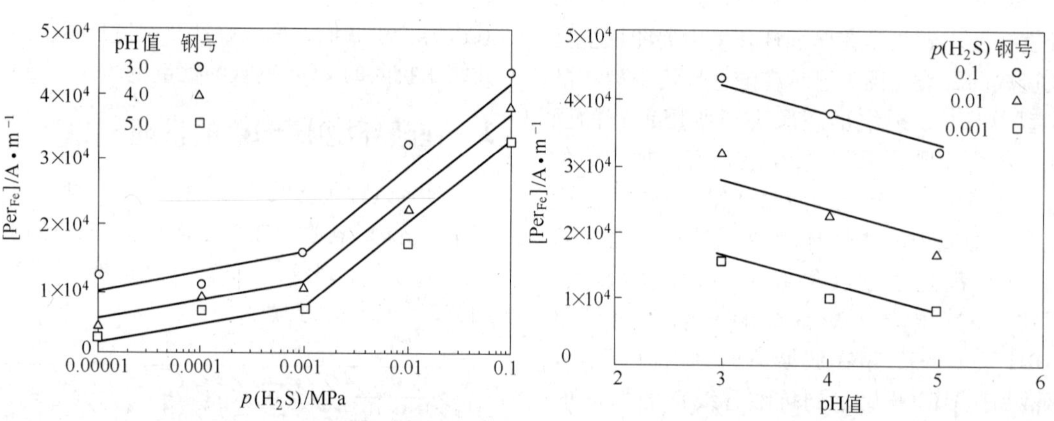

图 3　$p(H_2S)$ 和 pH 值对［Per_{Fe}］的影响[3]

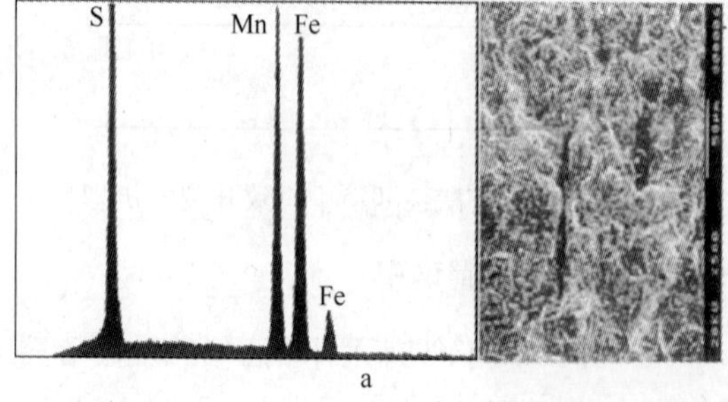

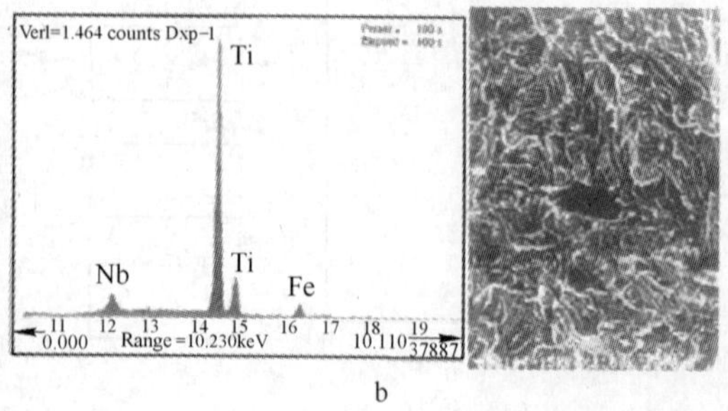

a　　b

图 4　在 HIC 表面扫描的电子微观照片和 EDX 分析结果[3]

a—拉长的夹杂物；b—粗大析出物

图 5 给出了 API X65 钢级钢管或钢板 $[Per_{crit}]$ 和夹杂物最大长度之间的关系。随夹杂物的最大长度减少，临界氢渗透率提高。常数 C 可用来表示氢脆抗力。而与氢脆抗力相关的最重要的材料因素是硬度。常数 C 和 HIC 周围中心偏析带的最大硬度 HV_{max} 之间具有很好的相关性，如图 6 所示，其关系可用下式表示[3]：

$$C = 1.7 - 0.0030HV_{max} \quad (R^2 = 0.80) \tag{4}$$

式中，R 为相关系数。

因此，$[Per_{crit}]$、HV_{max} 和 a_{crit} 之间的关系可由下式表示[3]：

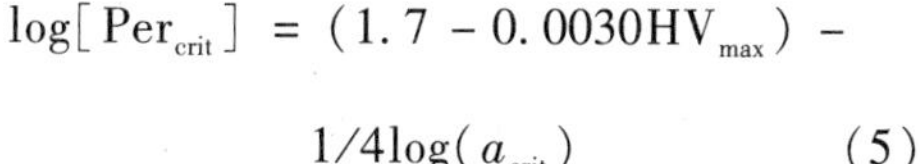

$$\log[Per_{crit}] = (1.7 - 0.0030HV_{max}) - 1/4\log(a_{crit}) \tag{5}$$

当由材料因子 HV_{max} 和 a_{crit} 决定的 $[Per_{crit}]$ 大于由环境因子 $p(H_2S)$ 和 pH 值决定的 $[Per_{Fe}]$ 时，就不会发生 HIC。由公式（5）可知，测试出试验钢的中心偏析带处的最大硬度值和夹杂物的最大长度值，就可以预测出 HIC 能否发生。

HIC 沿着中心偏析带扩展。当 HIC 到硬度较低的非中心偏析带处时，HIC 停止扩展，如图 7 所示。图 8 表明钢的中部厚度处最大硬度应控制在 HV250 以下[7]。

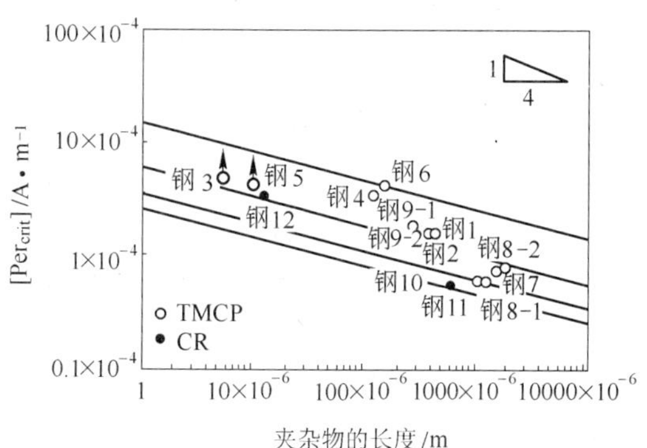

图 5　钢中 $[Per_{Fe}]$ 与夹杂物最大长度之间的关系[3]

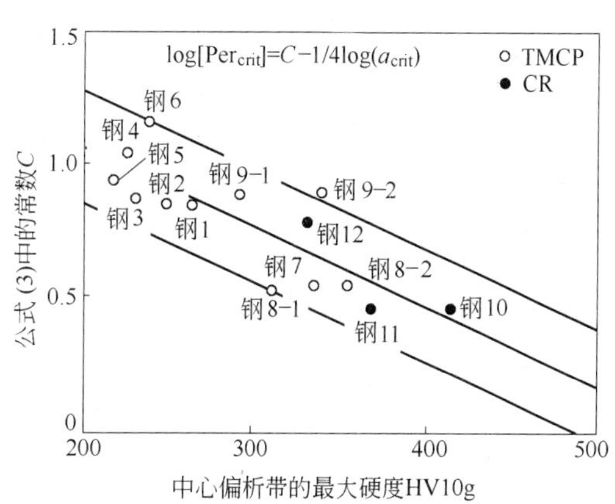

图 6　公式（3）中的常数与 HIC 周围最大硬度之间的关系[3]

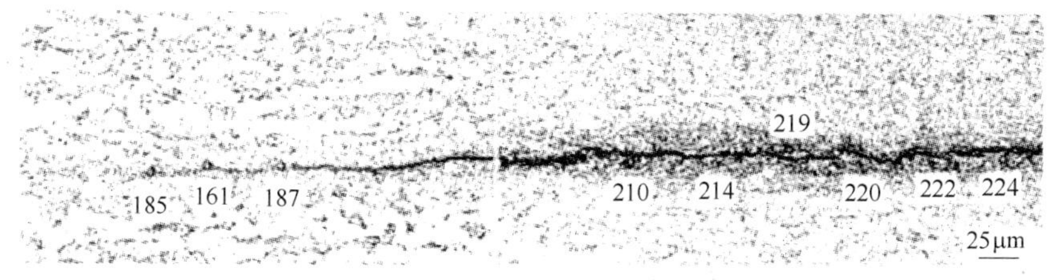

图 7　HIC 横断面的光学显微照片

3　HIC 测试方法的标准化

HIC 测试方法标准化是由 1943 年在美国成立的美国防腐工程师协会（NACE）在 1974 年提出的[4]。这个腐蚀测试方法自 1974 年以来已被修订过好几次，最新的版本于 2011 年修订完成[5]。测试方法中有两个规定的测试环境：NACE TM0284 方法 A（$p(H_2S)$ 是 0.1MPa，pH 值在 2.7～4.0 之间）；NACE TM0284 方法 B（$p(H_2S)$ 是 0.1MPa，pH 值在 4.8～5.3 之

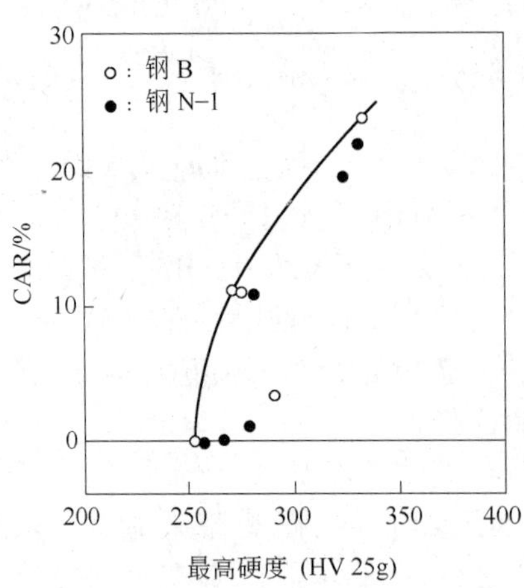

图 8　最高硬度和 CAR 之间的关系[7]

间）。测试用的试样尺寸为 20mm（宽）× 100mm（长）。试样浸入到测试溶液 A 或 B 中 96h 后，计算裂纹百分比以用来评估钢的抗 HIC 性能，如图 9 所示[4]。裂纹长度比（CLR）通常用来对抗酸管线钢进行分类，一般要求裂纹长度比（CLR）在规定溶液里要小于 10% 或 15%[6]。裂纹面积比（CAR）是通过超声检测（UST）来计算的，也是用于评价抗 HIC 的性能的。

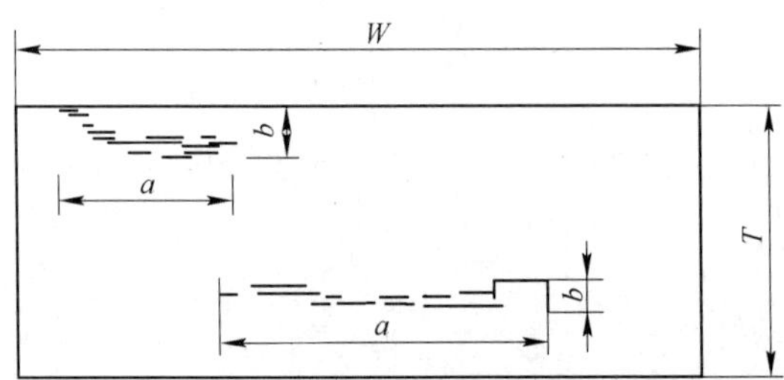

图 9　HIC 测试结果的评估方法[3]

裂纹敏感率：

$$CSR = \frac{\Sigma(a \times b)}{W \times T} \times 100\%$$

裂纹长度率：

$$CLR = \frac{\Sigma a}{W} \times 100\%$$

裂纹厚度率：

$$CTR = \frac{\Sigma b}{T} \times 100\%$$

式中，a 为裂纹长度；b 为裂纹厚度；W 为截面宽度；T 为试样厚度。

4　酸性介质下钢的冶金设计理念和管线钢的制造技术

如上所述，HIC 启裂和扩展是由氢气、非金属夹杂物和坚硬的微观结构相互作用的结果。影响 HIC 因素的控制方法（表 1）介绍如下。HIC 的发生是由于氢原子侵入到钢中在钢表面产生了腐蚀。为了防止 HIC 发生，有效的办法就是阻止腐蚀。在 NACE TM0284 方法 B（pH 值为 4.8 ~ 5.3）中，添加 0.2% 的铜，由于在钢的表面上形成富铜膜，可有效地防止 HIC 的发生[8]。相反地，在 NACE TM0284 方法 A（pH 值为 2.7 ~ 4.0）中，添加铜对预防氢侵入钢是没有作用的[8]。其他，如镍和铬，在 pH 值为 4 的溶液中能够预防氢的侵入[9]。但是铜、镍和铬这些元素在 NACE TM0284 方法 A 溶液中没有效果[9]。也就是说，在一个 pH 值很低的环境下（pH 值小于 4.0），通过添加合金元素不可能完全抑制 HIC。因此，研究其他的冶金技术来预防 HIC 是非常重要的。

表 1　影响 HIC 的因素和控制方法

序号	因　素	控制方法
1	扩散氢	添加特殊的成分（Ni，Cu，Cr）
2	非金属夹杂物	通过降低 O 和 S 含量降低夹杂物的数量
		通过 Ca 处理控制硫的形状
3	钢板的中心偏析带的硬组织	减少 C、Mn 和 P 含量
		通过轻压下提高钢板中心偏析带的性能
		热轧之后加速冷却

4.1　减少粗大的夹杂物

降低硫含量和钙处理对减少夹杂物如 MnS 的伸长是非常有效的。钙含量与硫含量比率若大于2.0，可以完全控制硫化物的形状[10]。但是，当硫含量比较高时，会生成 Ca-O-S 夹杂，进而也会导致 HIC 的发生。超低硫钢的产生是通过控制熔渣成分接近在 $CaO-Al_2O_3-SiO_2$ 三元平衡图中 CaO 沉淀的成分，以及通过在二次精炼过程中提高熔渣中的硫含量与钢水中的硫含量比率[11]。因此为防止 HIC 的发生，就必须同时控制 Ca、O、S 的含量。为了评估对硫控制的有效性，ESSP（有效的硫形态控制参数）可由［O］、［Ca］、［S］含量共同表达[12]。图10给出了被伸长的 MnS 和 ESSP 之间的关系。当 ESSP 大于1.2时，MnS 的形状就会被完全控制，钢中就不出现被拉大的 MnS。

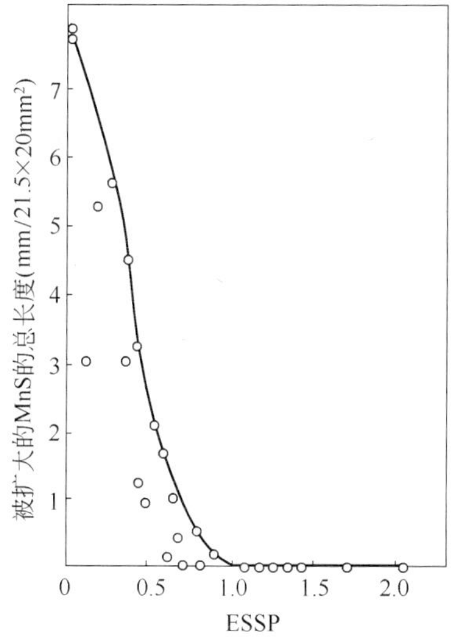

图10　被扩大的 MnS 的总长度和 ESSP 之间的关系（ESSP = [Ca](1 - 124[O])/1.25[S]）[12]

目前，S≤10ppm，P≤100ppm 和 O≤25ppm 的高纯净钢的生产已经成为可能。

4.2　抑制硬组织结构

脆、硬的微观组织主要是由于钢板的心部中心偏析所产生的。如上所述，这样的微观组织，HIC 能很容易地产生扩展。中心偏析受未凝固的钢水量和凝固组织的影响。钢水量受钢板的热胀冷缩的影响。低速的连铸和缩短的辊间距降低了钢水静压力，强冷却提高了固体状态的壳硬度，这都使得辊子之间的凸胀程度减少。在最后的固化阶段，应用轻压下技术以补偿冷缩量。关于凝固组织，在心部形成等轴晶体是很重要的，但是，半宏观偏析能发生在等晶体结构中。因为半宏观偏析尺寸是很大的，能在钢中产生一个硬微观组织，引起 HIC 发生和扩展。所以特别用一个轻压下技术来避免半宏观偏析发生。通过优化安装在连铸机上的分离辊的压下量，能够改善铸坯的中心偏析[13]。

控轧的加速冷却也是一种抑制硬微观结构的有效方法。加速冷却使得中心偏析带碳的分布和非中心偏析带同样均匀，从而减少了中心偏析带中马氏体和上贝氏体硬质相数量，并使之分布更加细小、均匀，如图11所示[7]。

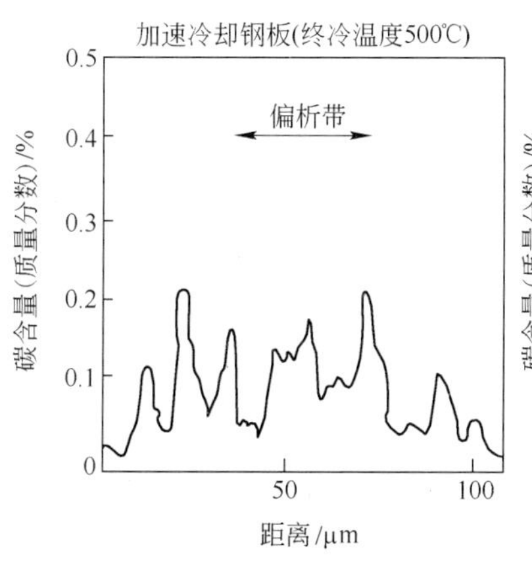

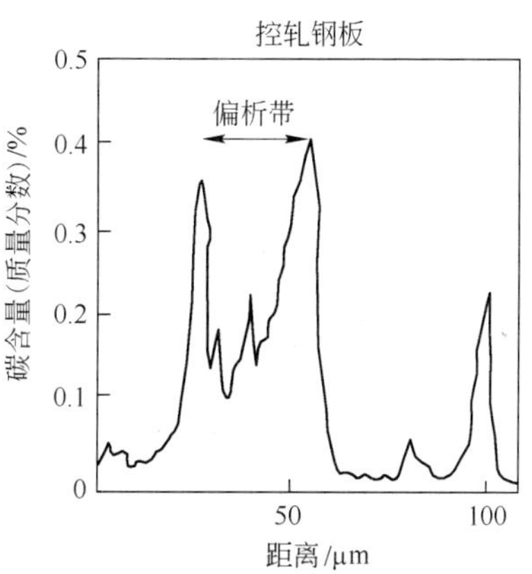

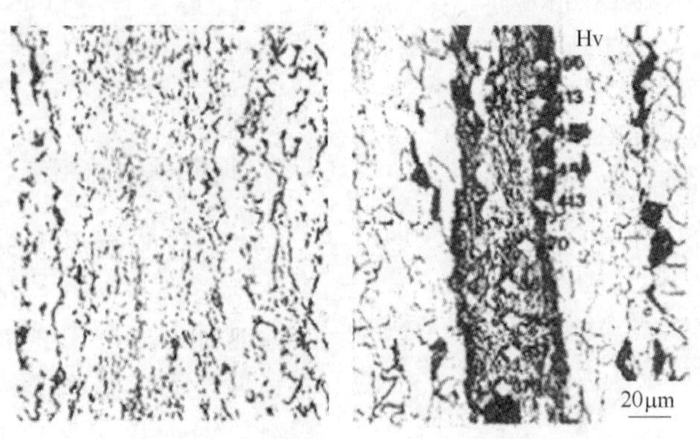

图 11　碳浓度在厚度中间部位偏析带的分布[7]

图 12 给出了轧制后冷却速度对心部位 CAR 和最大硬度的影响[7]。当冷却速度低于 10℃/s 时，心部最大硬度明显升高，并发生 HIC。这是因为由于碳扩散到心部偏聚形成的含有硬质相的带状组织没有消失。

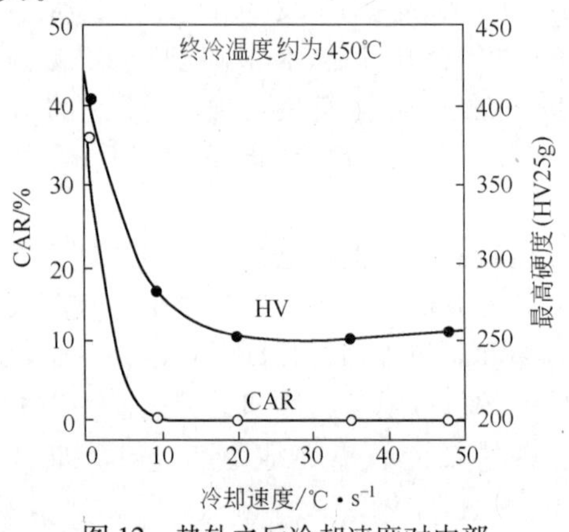

图 12　热轧之后冷却速度对中部厚度处 CAR 的影响[7]

加速冷却的开始温度也对心部的最大硬度有影响。图 13 给出了加速冷却的开始温度和计算的相变点 A_{r_3} 对 CAR 的影响[7]。当开冷温度大于 A_{r_3} 点时，HIC 起裂被抑制住。相反，当开冷温度小于 A_{r_3} 点时，心部出现了有硬质相的带状组织。

钢的抗 HIC 性能和力学性能都还会受到加速冷却时的终冷温度的影响，如图 14 所示[7]。当控制获得最佳的终冷温度时，能够改善抗 HIC 性能。在这个范围的上限和下限都会生成富含碳的硬脆马氏体，恶化钢的抗 HIC 性能。

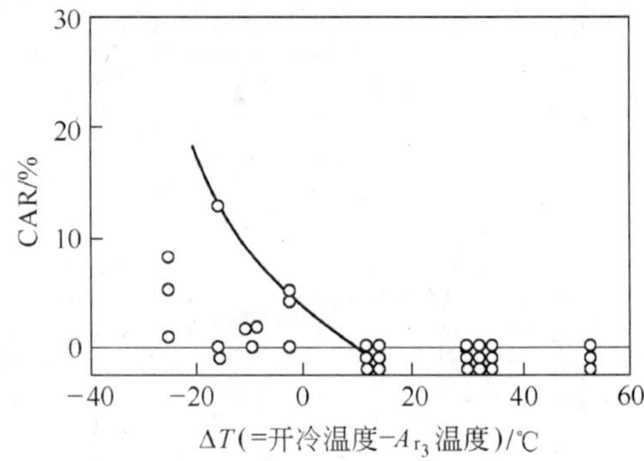

图 13　开冷温度和 A_{r_3} 点之间的差异对 CAR 和最高硬度的影响

因此，轧后的加速冷却工艺能显著提高抗 HIC 性能。而冷却速度及开冷和终冷温度应该明确规定。

5　结论

新日铁公司一直对 HIC 机理进行广泛的研究，建立了一套准确预测 HIC 发生的模型，开发出高强度抗酸性 UOE 管线钢管。已研制成功 API X70 钢级 UOE 抗酸性管，以及壁厚 X65 钢级的 UOE 抗酸管。新日铁公司已生产 X70 的抗酸性的 UOE 管线钢管 100000t。

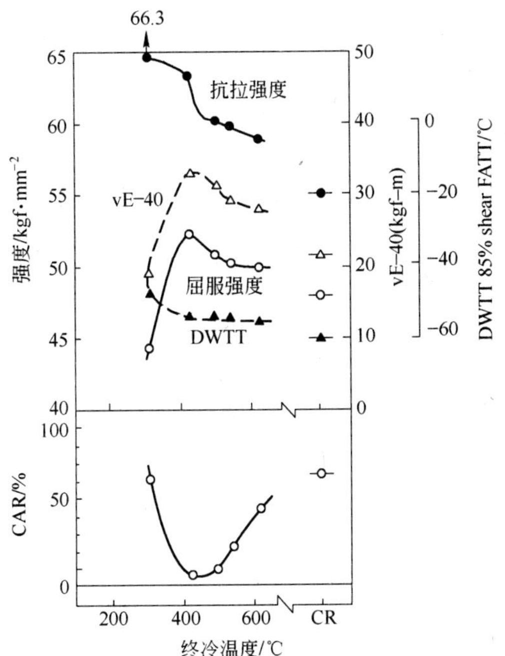

图 14 终冷温度对抗 HIC 性能和力学性能的影响[7]

参 考 文 献

[1] T. Murata. 78, 79th Nishiyama Memorial Lecture (International Steel Institute of Japan (ISIJ), 1981), 227.

[2] R. R. Irving, Iron Age, 24(1974), 43.

[3] T. Hara, H. Asahi, H. Ogawa. Conditions of Hydrogen-induced Corrosion Occurrence of X65 Grade Line Pipe Steels in Sour Environments. Corrosion, 60(12)(2004), 1113-1121.

[4] NACE Standard TM 0248(Houston, TX: NACE, 1974).

[5] NACE Standard TM 0248—2011 (Houston, TX: NACE, 2011).

[6] NACE Standard MR 0284—2003 (Houston, TX: NACE, 2003).

[7] H. Tamehiro, et al. Effect of Accelerated Cooling after Controlled Rolling on the Hydrogen Induced Cracking Resistance of Line Pipe Steel. Transactions ISIJ, 25(1985), 982 ~ 988.

[8] T. Murata, et al. Corrosion 77(NACE, 1977).

[9] M. Iino, et al. 1st Int. Conf. on Current Solutions to Hydrogen Problems in Steels.

[10] K. Ushijima, et al. The Technology of Continuous Casting for the Application. Int. Conf. on HSLA Steels Technology and application (Materials Park, OH: ASM International), 403.

[11] J. Ogura, et al. Tetsu-to-Hagane, 73 (1987), S181.

[12] H. Nakasugi, et al. Nippon Steel Technical Report, 14(1979), 66.

[13] S. Ogibayashi, et al. Control of Center Segregation in Continuous Cast Slab for Sour Gas Service Line Pipe Steels. 7th Japan-Germany Seminar (Dusseldorf, Germany: Federal Republic of Germany, 1987), 309.

（渤海装备第一机械厂　范玉伟　译，
燕山大学　肖福仁　校）

标准及非标准氢致开裂环境下 UOE 管线管材料的合金设计

C. Stallybrass，T. Haase，J. Konrad，C. Bosch，A. Kulgemeyer

萨尔茨基特 · 曼内斯曼公司 200，德国，杜伊斯堡，47259

摘　要：过去的几十年里高强度管线钢的需求稳步增长，为从偏远地区向消费市场大规模输送天然气提供了最经济的选择。早在 20 世纪 80 年代初期，萨尔茨基特 · 曼内斯曼公司开始研发高强度厚规格钢板，此后高强度厚规格钢板产品性能稳步提升，比如在韧性和可焊性方面。随着日益恶劣环境下的气源的开发，对管线钢力学性能的要求越来越受到重视。同时市场对高强度抗 HIC 管线材料的需求也明显地越来越迫切。

含硫化氢天然气在运输过程中会导致材料吸氢从而发生破坏，主要有两种不同的腐蚀机制。氢致开裂（HIC）是在没有任何外部应力的情况下产生的，而硫化物应力腐蚀开裂（SSC）是在存在临界拉应力的情况下产生的。尽管两种腐蚀机制都是由溶解氢所致的，但是他们之间没有直接的联系。本文介绍了为了生产大口径抗 HIC 管线管材料而必须考虑的成分设计和生产工艺。由于这些限制因素的存在，抗 HIC 钢管的生产通常仅能够达到 NACE TM 0284 标准条件的 X65 钢级以下。在萨尔茨基特-曼内斯曼公司对使用强度高于 X65 级管材的抗 HIC 的能力极限进行了研究，以便评估这些材料在特定试验条件下❶，即在较高的 pH 值和较低的 H_2S 分压下使用的可能性。并对所调查材料的测试结果，按照 ISO 15156-2 的 SSC 严重性分区进行了对比。

关键词：合金设计，低合金钢，HIC，酸性服役，有针对性的，大口径钢管

1　引言

用于输送含水 H_2S 介质的管道面临着突发严重开裂的危险。在含水分和 H_2S 的酸性环境下，材料的阳极溶解产生的氢原子会扩散到钢材中。这会导致不同形式的开裂，例如氢致开裂（HIC）、硫化物应力腐蚀开裂（SSC）或者应力导向氢致开裂（SOHIC）[1,2]。如果水蒸气在温度比较低的管壁上凝结的时候，甚至会在输送介质的温度高于露点温度的时候产生触发这些腐蚀机制所需要的水。由于会发生这些突发的、不可预见的腐蚀机制，在酸性服役条件下就有必要采用抗 HIC 的管线钢。

至于 HIC，由于氢原子在钢中的杂质、缺陷或显微组织的不规则处聚集，重新结合成气态氢分子而产生的内压产生了应力[3~5]，导致了典型的平行于轧制面的阶梯形开裂。另外，SSC 首先是一种表面现象，它需要外力和/或残余应力，导致形成与试样表面垂直的穿晶裂纹。为了获得抗 HIC 的能力，必须将导致裂纹启裂和扩展的因素降到最低。无论是在炼钢或者其后的凝固过程产生的夹杂物，都是导致 HIC 萌生的理想场所。而由于微观偏析造成的显微组织的不均匀性促使裂纹发生扩展，这种不均匀性在一定程度上受合金设计和生产参数的影响。

❶该术语采用 ISO 15156-2 的定义。

根据 NACE TM 0284—2011[6] 或者 EFC 16[7] 来测定 HIC 抗力的标准化实验室测试提供了对材料敏感性的相关测量方法，这些方法建立在重度酸性实验条件之上。成功通过实验的材料在预期的应用条件下是合格的。这种实验的目的不是复制服役条件，而是旨在提供一个能在短时间内非常严酷的条件下测定 HIC 敏感性的可复制的实验条件。在试验中没有通过的材料，可能在现场条件下仍然是适用的，因为现场条件通常没有标准试验溶液那样苛刻。由于可以采用更高的工作压力，高于 X65 钢级的管线有着良好的市场前景。因此，世界各国都在努力去适应考虑了实际服役条件的 HIC 试验评估方法。

ISO 15156-2[8] 通过对不同的酸性服役条件严重性进行定义，为 SSC 测试提供了一种 FFP（有针对性的）方法。SSC 的分区不能直接应用于 HIC 测试，因为这两种腐蚀机制的失效模式不同。为了给 HIC 测试提供一种相似的方式，需要对严重性分区进行重新定义。为建立酸性服役的限制条件，本文展示了采用 X65 和 X70 大口径管材在系统改变 pH 值和 H_2S 分压条件下的 HIC 实验结果。

2 合金设计

已经证明，抗 HIC 性取决于启裂源和使其扩展因素的减少[9]。氧化物夹杂被认为是与 HIC 启裂源相关的，通过改进炼钢和连铸工艺技术，这种影响已经被降低到最小程度[10,11]。通过脱硫防止拉长的硫化锰夹杂物的形成，通过钙处理[9,12]进行夹杂物形态控制以及保持低的磷含量[13]，这些有效作用都已经被证明。然而，要保证抗 HIC 性能，单靠严格控制这些工艺步骤是远远不够的，尤其是在强度水平超过 X65 的情况下。合金设计本身对酸性服役性能起重要作用。接下来本文将说明合金设计在从凝固到轧制的工艺步骤中对 HIC 因素的影响。

钢的凝固是一个导致合金元素分布不均匀的过程。这反过来会影响最终产品的显微组织。相应元素的成分或者偏析的变化程度取决于其在固相和液相的溶解度，及其通过扩散而重新分布的可能性。由于在体心立方晶格的 δ-铁素体中的扩散速度显著高于在面心立方晶格的 γ-奥氏体中的扩散速度，δ-铁素体的大范围稳定性有助于固相状态下各元素的重新分布。如图 1 所示，随着碳含量的下降，δ-铁素体的稳定范围增加。

如果某元素在固相中的溶解度低，那么将会富集在液相中。这种富集会达到一个很高的水平，以至于在凝固完成之前会形成其他一些初始的相组织。以 TiN 为例，在图 1[14] 的 Fe-0.025Ti-0.005N-C 等值线中给出了 TiN 的初始组织相。这些初始析出物对于抗 HIC 性能上有不利的影响，如果它们达到临界尺寸，同样

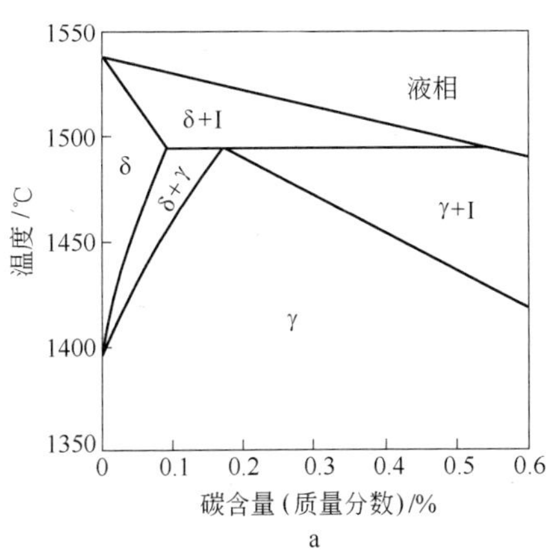

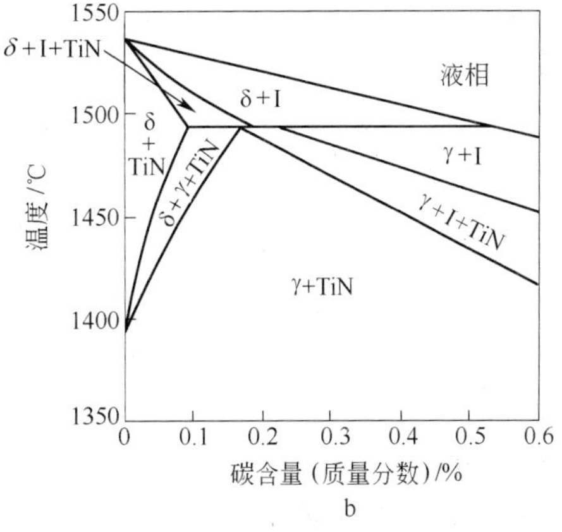

图 1 铁碳平衡相图（a）以及采用 Thermo-Calc 软件结合 TCFE5 数据库计算的 Fe-0.025Ti-0.005N-C 在 1350～1550℃温度区间的等值线（b）[14]

也会成为一个启裂源。

TiN 初始析出物的实验证据如图 2 所示，以电子探针微区分析（EPMA）图显示 X65 厚板中心线附近锰和钛的分布。在文献［15, 18］也报告了关于碳氮化铌 Nb(C,N)的初始析出物的类似结果。

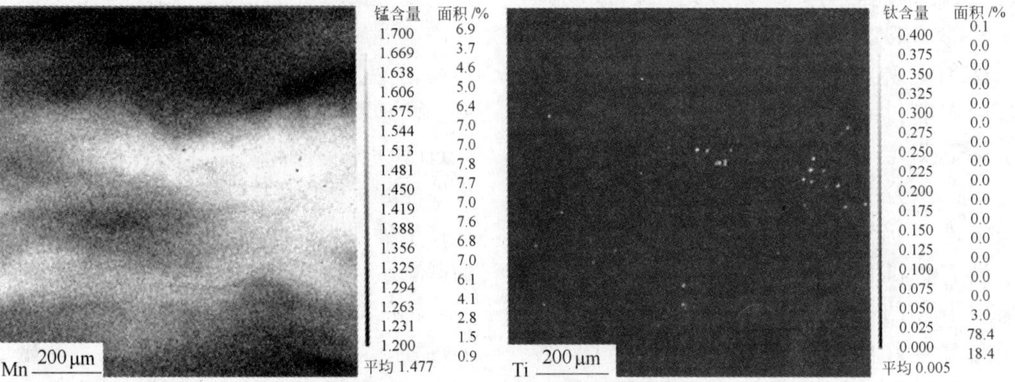

图 2 在 X65 厚板中心线偏析区的 Mn 和 Ti 含量的变化[14]
（采用电子探针微区分析法测量，步长 2μm）

观察到的偏析通常在两种长度范围内。随着铸坯外壳的凝固，枝晶开始朝铸坯的液芯延伸，同时也往侧面延伸。枝晶间液体的体积分数随着温度的降低和固相状态下具有低溶解度的元素的累积而下降。随着凝固过程继续进行，由于次生枝晶叉的侧向生长，枝晶两侧的液体逐渐同枝晶前部的液体分离开来，这些液体之间的元素就不能发生重新分布了。相对于后来的液相来说，前述液相的浓缩程度较低，更早凝固并形成显微偏析。枝晶前方的液体最后固化，并且富含低溶解度元素，沿铸坯中心线形成宏观偏析。

实验研究表明，碳含量的降低可以减少在显微偏析和中心线的锰富集[16,17]。对显微偏析的这一有利影响是由于在 δ-铁素体范围内锰元素的重新分布。针对碳含量对中心线内最大锰含量与额定锰含量比率的影响，采用电子探针微区分析方法进行了测定，如图 3 所示。该图说明了当碳含量低于 0.04% 的时候，这个比率可以保持在 1.5。进一步减小该比率并不会带来明显的改善，并且会导致强度水平的降低。另外，当碳含量增加到 0.05% 以上时，为了达到同样的中心线锰含量水平，就必须靠降低锰含量来实现平衡。

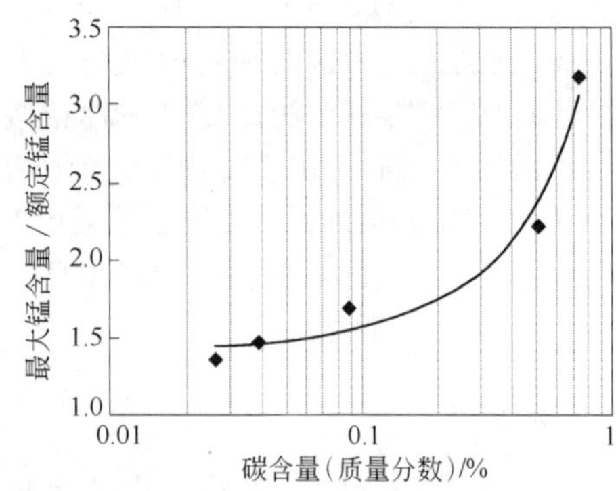

图 3 低合金钢中心线偏析中碳含量和锰富集之间的关系[8]

对于非酸性服役钢的铸坯材料采用火花发射光谱仪测定了距中心线不同距离的元素含量，观察到了类似的趋势[15,17]，如图 4 所示。钢的化学成分（质量分数）为 Fe-0.066% C-0.26% Si-1.26% Mn-0.011% P-0.001% S-0.02% Al-0.29% Cu-0.04% V-0.03% Nb。由于在这种情况下的测定分析结果是以整数值表示的，直径是几个毫米，而厚度大约为 0.1mm 的范围内，其峰值自然而然地低于采用电子探针微区分析的测定结果，后者是在直径仅为几微米的范围内的分析测定值。图 4 中显示出碳、锰、磷和铌在中心线上显著富集。采用火花发射光谱分析仪观测到的碳和铌的富集仅仅表示碳氮化铌 Nb(C,N) 的固溶温度从 1050℃提高到 1180℃。然而，在中心线部位的电子探针微区分析测定结果表明，铌的含量（质量分数）达到 0.5% 以上。如此高的铌含量水平表明了初始碳氮化物的形成，这些碳氮化物能够成为 HIC 的启裂源。此外，发现当碳含量降低到 0.04% 以下时，中心线部位的铌含量显著降低[15]，也就是能够将初始碳氮化铌 Nb(C,N) 的形成降低到最小程度。因为连铸状态对中心线偏析的形成起着至关重要的作用，所以每个钢厂都必须确定所能容忍的限度。

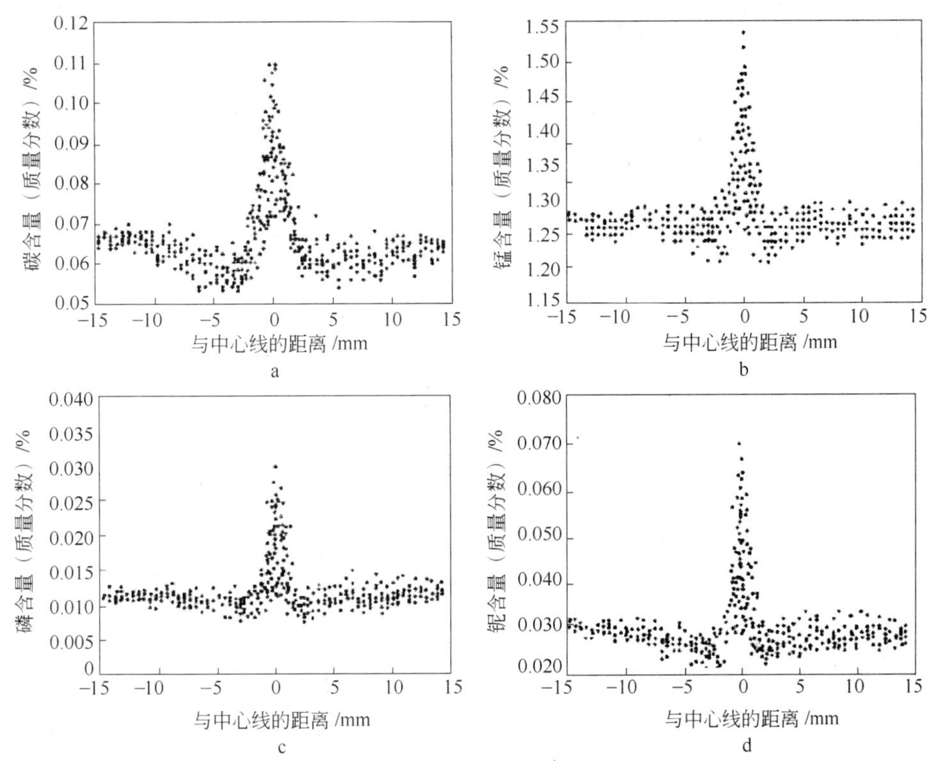

图 4 采用火花发射光谱法测定的 C(a)、Mn(b)、P(c)和 Nb(d)在连铸坯材料中心线附近的分布情况[15,17]

现代热力学建模工具能够描述在给定成分和冷却条件下微观偏析的形成。例如采用相场模拟获得的低合金钢凝固初期在枝晶和枝晶间液体的锰富集，如图 5 所示。不幸的是基于物理模型的宏观偏析预测是更复杂的，因为其形成和形态在很大程度上取决于连铸过程的状态。但是，这一领域的模型发展还是有前途的。

生产厚规格管线钢板的下一步是 TMCP 轧制。板坯再加热的目的是使微合金化元素均匀分布，这样在轧制过程中可以形成碳氮化物析出。热力学模型可以用于选择合适的加热温度。对化学成分为 Fe-0.04% C-0.3% Si-1.4% Mn-0.03% Al-VNb 模型的平衡计算的结果显示在图 6 中。在这种情况下，碳化铌（NbC）的固溶温度大约是 1020℃。

虽然再加热的目的是使碳化铌固溶，但必须避免温度过高，以防止会对力学性能有不利影响的奥氏体晶粒长大。然而再加热时间不足以完全消除偏析的影响。

在 TMCP 轧制期间，碳化铌析出物使再结晶温度显著延迟至 950℃以下。在此范围内的

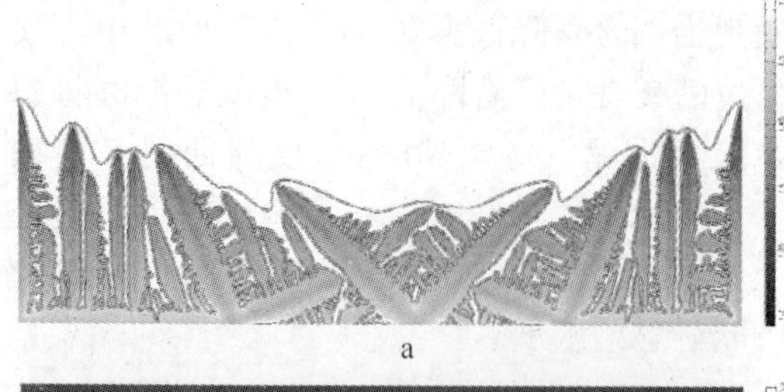
a

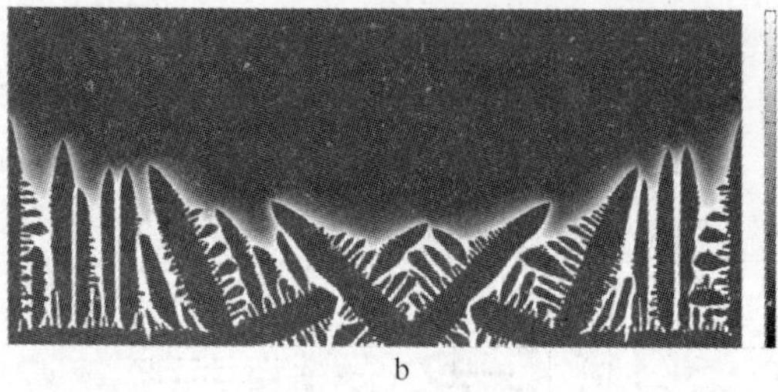
b

图5　采用相场模拟获得的低合金钢凝固期在枝晶（a）和枝晶间液体（b）中锰的分布

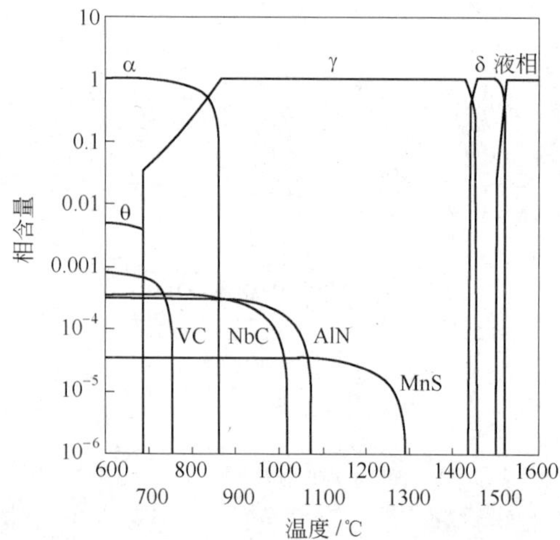

图6　一种典型化学成分的相含量与温度的关系

变形使奥氏体晶粒拉长（压扁）和强化，并且为冷却期间的相变形成高密度的形核点。其结果是获得晶粒的典型尺寸在 10 μm 以下，而且具有优异的强度和低温韧性的匹配。空冷的典型产物是铁素体-珠光体显微组织，而加速冷却会得到以贝氏体为主的显微组织和更细小的晶粒尺寸。

由于碳在铁素体中的溶解度比在奥氏体中低大约两个数量级，在 γ + α 温度区间空冷时，碳会不断向奥氏体重新分配。宏观偏析导致锰的局部富集，又使得这些富集区的转变温度（A_{r_3}）降低，例如珠光体岛，这些区域由于锰含量的升高，奥氏体最后发生相变。这种情况在中心线位置更加突出，因为此处的锰富集程度最高。如果中心线偏析非常严重，就会形成贝氏体或马氏体组织，使中心线部位的硬度升高，从而促进氢致开裂的扩展。0.05%以下的低碳含量使珠光体的体积分量降低，提高了钢板组织的均匀性，降低了中心线部位偏析的严重程度。

另外，加速冷却减少了相变期间碳重新分配的时间，对显微组织的均匀性有积极作用。这种对 HIC 行为的有益作用已在文献［18］中报告。研究发现，为了获得最佳效果，加速冷却应在 A_{r_3} 温度之上开始进行，并且冷速应大于 15K/s。采用这种策略可以使采用空冷不能满足要求的材料达到抗 HIC 的要求。这就表明，如果在厚板生产中应用加速冷却，可以放松对碳和锰的限制。

3　适用性试验

根据 NACE TM 0284—2011，标准的 HIC 试验通常采用高纯的硫化氢气体。而适用性试验条件则是固定的硫化氢分压，代表性气体为瓶装或预混合在氮气或二氧化碳气体中的硫化氢气体，可以和纯硫化氢气体以同样的方式从市场购买。其缺点是试验室必须从商家提前订购所需的气体成分，由于气体需要长时间的混合过程，交货时间可能要在几周之后。瓶装预混合气体有一个有效期，超过期限不能使用。存储能力的限制和安全事项使问题进一步复杂化。此外，不同的混合气体有各自的试验条件要求。

为了克服这些困难，萨尔茨基特·曼内斯曼公司开发出一种在试验期间采用纯净气体的就地混合方法[19]。这需要在独立于本底和出口压力以及温度下控制气体流量。采用商用的质量-流量控制装置可以实现这一要求。如图7所示，这种就地气体混合装置的组成包括两套质量-流量控制器以及一个位于试验容器上方的湍流混合区。这个装置可以使硫化氢在氮气或二氧化碳中的分压最高达到 0.05MPa，并且通过频繁测量硫化氢在测试溶液中的浓度，验证其可以正确的工作。这种方法提高了评估给定材料在多种条件下抗 HIC 能力的灵活性。下面给出采用这种装置对易发生 HIC 材料进行系列测试的一个案例。

图 7　与测试容器相联的测试气体就地混合装置

HIC 试验依据 NACE TM0284—2011 进行，采用标准试样，试样取自对硫化氢敏感的 X70 钢制成的钢管，钢管外径为 914mm，壁厚为 43.2mm。材料为非酸性服役管线钢，其成分为 Fe-0.05% C-0.3% Si-1.55% Mn-<0.02% P-<0.002% S-Cu，Ni-0.04% Nb + V + Ti。从上述参数可知，该材料是对 HIC 敏感的。此外，这种钢是在标准的非酸性服役条件下生产的。

试验条件的范围是硫化氢在二氧化碳中的分压从 0.002 ~ 0.01MPa，NACE TM0284—2011 标准状态下 0.1MPa 的硫化氢在初始状态下的 pH 值为 2.7。采用 EFC 16 附录 A 和 NACE TM0284 A 两种试验溶液。试样经过超声波探伤并在选定区域进行金相检验。图 8 显示了不同试验条件下测定的裂纹面积率(CAR)。图中显示这种材料可以承受硫化氢分压接近 0.01MPa 的试验条件。

对 HIC 敏感的 X65 材料的类似试验结果如图 9 所示，试样取自外径 1016mm、壁厚 22.23mm 的钢管[20]。该试验气体为瓶装预混合气体，试验采用硫化氢在二氧化碳中不同的分压。钢的化学成分为 Fe-0.09% C-0.3% Si-1.58% Mn-<0.02% P-<0.002% S-0.06% Nb + V + Ti。图 9 中可见该材料可以承受接近 0.01MPa 硫化氢分压的试验条件。试样的超声波检测结果表明，将硫化氢分压从 0.1MPa 减少到 0.01MPa 时，在靠近表面的 HIC 面积率有所降低。然而，在 0.01MPa 的硫化氢分压下测试的试样仍然显示裂纹发生在中心线部位，如图 10 所示。这表明了尽量降低中心线偏析的重要性。

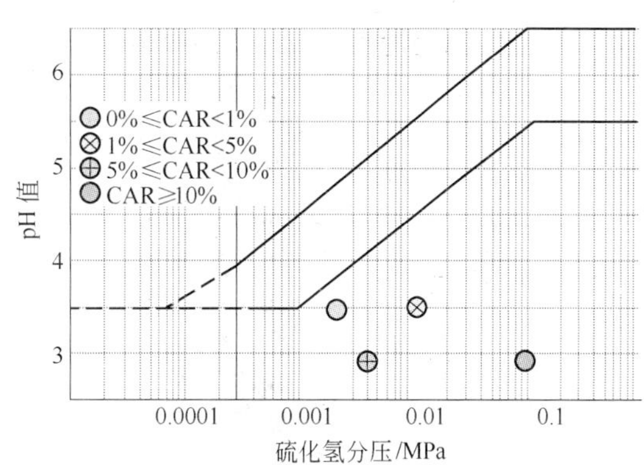

图 8　非酸性服役 X70 钢的 HIC 严重程度分区与 SSC 严重程度分区的对比

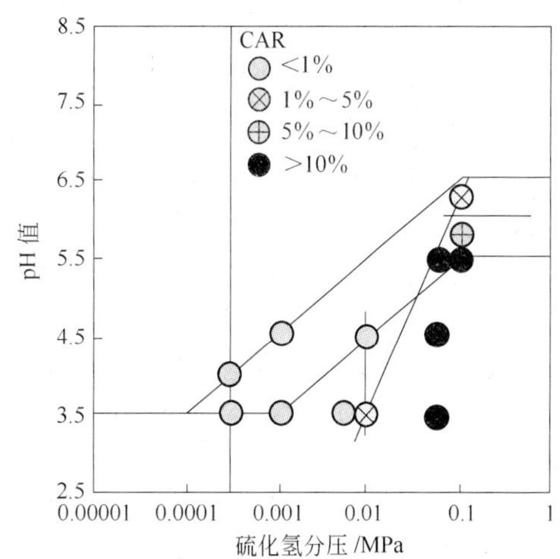

图 9　非酸性服役 X65 钢母材的 HIC 严重程度分区与 SSC 严重程度分区的对比

4　结语

氢致开裂取决于促使裂纹萌生和扩展的各种因素。结果表明，钢的粗糙度和夹杂物形状

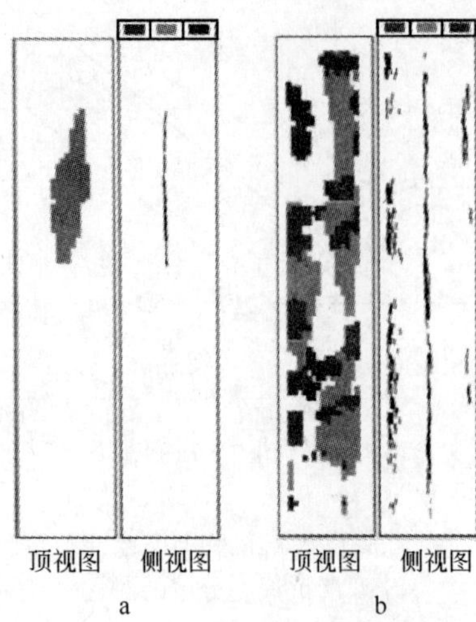

图10　非酸性服役 X65 钢不同角度超声波检测的典型结果

a—EFC 16-溶液，硫化氢分压 0.01MPa，pH 值 3.5；
b—NACE TM0284—2011 A 溶液，硫化氢分压 0.1MPa，pH 值 2.7（初始）

控制本身并不能完全保证抗 HIC 能力。抗 HIC 的合金化概念必须适应强度水平高于 X65 的管线钢。然而，提高碳和锰含量的可能性是有限的，因为两者均强烈影响偏析行为。在连铸期间有在铸坯中心线形成初始碳氮化物颗粒的风险。微合金化元素的许用水平取决于最大限度降低中心线偏析可能性。因此，严格控制连铸参数是保证抗 HIC 能力的条件。

研究表明，冷却工艺对获得均匀的微观组织、防止 HIC 扩展具有很强的影响。不论生产中应用何种冷却方法，所建立的合金化概念都确保了偏析程度的最小化，防止 HIC 的发生。加速冷却可以降低碳分布的局部不均匀性，并且发现其对 HIC 测试结果具有有益的影响。这使得能够使用超出当今界限的合金设计。

介绍了涉及 pH 值和硫化氢分压的试验条件对两种 HIC 敏感材料试验结果的影响。将试验结果分为不同的抗 HIC 能力组别，以便于能够类似于 ISO 15156-2 对 SSC 严重程度分区定义那样，对 HIC 的严重程度进行分区。发现了对于这两种材料，其非酸性和微酸性区间之间的 HIC 门槛值与 SSC 相比，转移到硫化氢分压较高的分区。虽然这两种材料均在 NACE TM0284 标准条件下的 HIC 测试中失效，但结果表明，在现实的现场条件下，这些材料都是适用的。

参考文献

[1] Dahl W, et al. Untersuchungen über die Schäigung von Stälen unter Einflußvon feuchtem Schwefelwasserstoff. Stahl und Eisen, 87(1967), 125.

[2] Pöperling R, et al. Results of Full Scale Testing and Laboratory Tests of Line Pipe Steels (Paper presented at CORROSION '91, NACE International Houston/TX, USA, 1991), paper 16.

[3] Pöperling R, Schwenk W, Venkateswarlu J. Arten und Formen der wasserstoffinduzierten Rißbildung an Stälen. VDI-Berichte, Nr. 365(1980), 49.

[4] Schwenk W, Pöperling R. Large pipes for sour gas operations-Selection of suitable steels, manufacture and test methods. 3R International, 19 (1980), 571.

[5] Iino M. The Extension of Hydrogen Blister-Crack Array in Linepipe Steels. Met. Trans. A, 9A(1978), 1581.

[6] NACE TM 0284—2011. Evaluation of Pipeline and Pressure Vessel Steels for Resistance to Hydrogen-Induced Cracking. NACE International, Houston/Tx, USA(2003).

[7] EFC Publication No. 16, third edition: "Guidelines on Materials Requirements for Carbon and Low Alloy Steels for H_2S Containing Environments in Oil and Gas Production", European Federation of Corrosion (2009).

[8] ISO 15156-2. Petroleum and natural gas industries-Materials for use in H_2S-containing environments in oil and gas production-Part 2: Cracking-resistant carbon and low alloy steels and the use of cast irons. ISO(2009).

[9] Herbsleb G, Pöperling R, Schwenk W. Occurrence and Prevention of Hydrogen Induced Stepwise Cracking and Stress Corrosion Cracking of Low Alloy Pipeline Steels. Paper presented at Corrosion 37, 1981, 247.

[10] Jacobi H, Wünnenberg K. Improving Oxide Cleanness on Basis of MIDAS Method. Paper presented at Clean Steel 6, Balatonfüred/Hungary, 2002, 195.

[11] Fuchs A, et al. Bestimmung des makroskopischen Reinheitsgrades an Strangußbrammen durch eine Off-line-Ultraschallprüfung. Stahl und Eisen, 113(1993), 51.

[12] Iino M, et al. Linepipe Resistant to Hydrogen. Paper presented at AIME/SFM Int. Conf. HSLA Steels-Experiences in Applications, Versailles, France, 1979.

[13] Takeuchi I, et al. Development of High Strength Line Pipe for Sour Service and full Ring Evaluation in Sour Environment (Paper presented at the 23rd International conference on offshore mechanics and Arctic engineering, Paper no. OMAE2004-51028 2004), 653.

[14] Schneider A, et al. Formation of primary TiN precipitates during solidification of microalloyed steels-Scheil versus DICTRA simulations. Int. J. Mat. Res, 99(2008), 674.

[15] Jacobi H. Qualitäsentwicklung bei sauergasbestädigen Großohrstälen-Vermeidung der Mittenseigerung sowie der Ausscheidung von Mangansulfid und primäem Niobcarbonitrid. Habilitation thesis (TU Clausthal, Clausthal-Zellerfeld, order No. SE 95 11 357,VDEh 5.4555 = B = ,1991).

[16] Jacobi H, Wünnenberg K. Solidification structure and micro-segregation of unidirectionally solidified steels. steel research, 70(1999), 362.

[17] Jacobi H. Investigation of Centreline Segregation and Centreline Porosity in CC-Slabs. steel research, 74(2003), 667.

[18] Tamehiro H, et al. Effect of Accelerated Cooling after Controlled Rolling on the Hydrogen Induced Cracking Resistance of Line Pipe Steel. Trans. ISIJ, 25(1985), 982.

[19] Bosch C, et al. HIC Performance of Heavy Wall Large-Diameter Pipes for Sour Service Applications under Fit-for-Service Conditions. Paper presented at CORROSION 2010, NACE International, Houston/Tx, USA,2010, paper 280.

[20] Bosch C, Jansen J P, Herrmann T. Fit-for-Purpose HIC Assessment of Large-Diameter Pipes for Sour Service Application. Paper presented at CORROSION 2006, NACE International, Houston/Tx, USA, 2006, paper 124.

（渤海装备巨龙钢管公司　丁成庆　王晓香　译，
首钢技术研究院　牛　涛　校）

高强厚壁酸性服役管线管的材料设计

Nobuyuki Ishikawa(1), Shigeru Endo(1), Ryuji Muraoka(2), Shinichi Kakihara(2), Joe Kondo(3)

(1) 钢材研究实验室，JFE 钢铁公司，福山，日本；
(2) 西日厂，JFE 钢铁公司，福山，日本；
(3) 板材业务规划部，JFE 钢铁公司，东京，日本

摘　要：用于输送酸性气体的管线管母材的最首要指标是抗腐蚀开裂性能。从目前看，酸性服役管线管的运用已经延伸到深水以及寒冷地区，这就要求管材具备更高的韧性和/或更大的壁厚以及更高的强度。X60 及以上高强度管线管所用的钢板通过控轧以及加速冷却工艺生产，管线钢的力学性能和钢板的轧制参数有很大的关系，特别是轧制后在加速冷却过程中应用更高的冷却速率，可以使管材（即使是厚壁管材）获得更高的强度和优异的韧性。本文首先总结了在酸性气体服役条件下，控制高强度管线钢抗腐蚀开裂性能和力学性能的设计理念，并对通过控轧和加速冷却来平衡腐蚀开裂性能和韧性的最佳工艺参数进行了研究。

为了满足高强管材的市场需求，通过先进的钢板制造工艺开发了 NACE 酸性服役环境下的 X70 管线管。在加速冷却后，应用在线热处理工艺使微细碳化物发生析出强化。通过这个新工艺，钢板在板厚方向获得了无马-奥（M-A）组元的均匀显微组织。结果表明，铁素体-贝氏体 X70 钢通过析出强化具有极高的抗 HIC 性能。本文介绍了这种新开发的钢的力学性能和微观组织特征。

关键词：耐酸钢，氢致开裂，TMCP，在线热处理过程，冷却速率，韧性，析出强化

1　引言

用于酸性气体输送的管材需要具备良好的抗腐蚀开裂性能，并且随着酸性管的应用地区正在朝深水或寒冷的偏远地区扩展，要求管材具有更高的韧性和/或更大的壁厚以及更高的强度。为了提高抗腐蚀开裂性能，耐酸管线钢的炼钢和轧制过程中通常应用许多生产工艺。为防止出现 HIC，一项基本措施是控制钢中的 MnS 等夹杂物的形成。因此，通常需要将钢中硫含量控制在较低水平并进行钙处理，以促使球状 CaS 的形成，而防止钢中形成细长条的 MnS[1,2]。另一项基本措施是减少中心偏析。这是由于中心偏析区域通常硬度较高，易于导致 HIC 的发生。为了这个目的，需要限制引起中心偏析的元素，如 C、P、Mn 和其他合金元素。服役于酸性环境的管线钢通常应用上述工艺来生产。对于 X60 及以上钢级，为了在合金化学成分较少的情况下获得高强度，控轧后的加速冷却工艺是必要的，同时，还需要精确控制酸性管线钢的轧制工艺[3,4]。然而，随着钢管壁厚增加以及更高的韧性要求，即使采取上述工艺措施，酸性管线钢的性能也难以达到要求。

钢板轧制技术的最新发展显著提高了钢的力学性能，特别是如果轧制后在加速冷却工艺中应用更高的冷却速率，即使是厚板也可以获得更高的强度和优异的韧性。本文着重介绍了钢板轧制工艺对高强度酸性管线钢的抗酸性和力学性能的影响，并总结了合金元素和显微组

织对应用最新开发的钢板制造工艺生产的钢板的抗酸性的影响。

虽然高强度的管线管的使用可以降低管线建设的总成本，但目前除了处于试生产阶段的X70酸性服役管线管，市场上应用的抗酸管线主要限制在X65钢级。晶粒细小的低碳贝氏体组织对于平衡高强度和高韧性而言是一个极佳的选择，然而，这种组织在平衡高强度和抗裂性方面却潜力有限，因为随着钢强度的增加，裂纹的敏感性也会增加。高钢级管线钢具有较高的合金成分，这势必增加马-奥组元等强度较高的第二相形成的可能性，由于HIC易于沿第二相扩展，导致HIC敏感性增加[3]。为了开发X65以上钢级的酸性服役管线管，需要精简合金成分来防止M-A形成，从而得到均匀的显微组织。此外，还开发了一种先进的TMCP工艺，即在加速冷却后，立即应用在线热处理工艺（HOP™）。这种工艺通过NbC等细小碳化物的析出强化来获得高强度，主要是，加入合金成分较少，而常规的TMCP工艺主要是利用相变强化机制来实现较高强度的。这种新工艺可以使整张板在厚度方向获得不含M-A的均匀显微组织。本文讨论了通过该工艺制造的钢材的冶金特性、力学和微观组织特性，并对工厂试生产的X70酸性服役管线管的检验结果进行了介绍。

2 显微组织对抗裂性的影响

2.1 非金属夹杂物的影响

如何防止裂纹出现是在酸性环境中提高抗裂性的一个主要问题。MnS夹杂物是引发HIC的最主要诱因。图1a所示为钢的典型的HIC断裂面，该钢中含0.0018% S，没有添加Ca。细长的MnS夹杂物是引发HIC的诱因，因此，作为基本措施之一，在酸性环境中所使用的钢材，必须降低其硫含量。因为炼钢技术的进步，硫含量（质量分数）可降低到0.0008%(8ppm)以下的相当低的水平。通常应用Ca处理来防止细长的MnS夹杂形成，以控制形成球形硫化物，然而，为了保证抗裂性，Ca含量要适当[1,8]。图1b所示为低硫含量并经过Ca处理的钢的断裂面，可以从断裂表面上看到氧化钙夹杂物。如果Ca的相对含量比S的相对含量高，钢中过量的钙会形成氧化物，也可引发HIC。文献［1，5，9］介绍了几种有效的Ca含量代表性的参数，Ca含量需要小心地控制在一个较小范围内，例如，3 < [Ca]/[S] < 8，其中的[Ca]和[S]指的是Ca和S的质量分数。

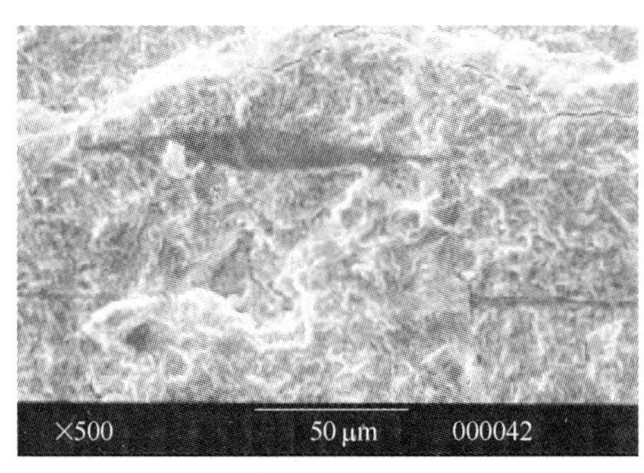

a

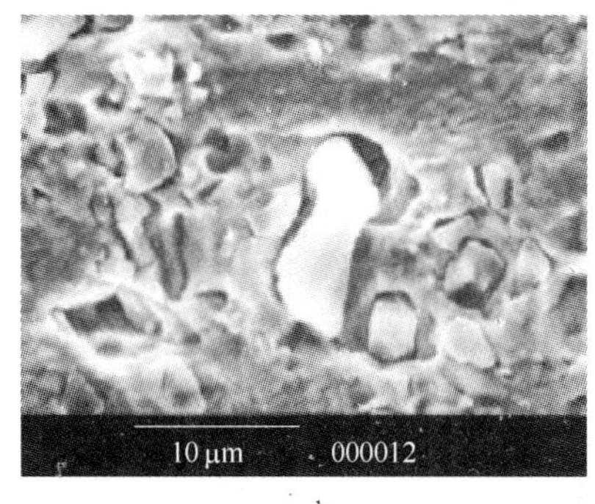

b

图1 典型HIC断面

a—0.0018% S钢；b—0.0003% S-0.0027Ca钢

2.2 中心偏析的影响

通过适当地控制S和Ca的含量，虽然可以降低作为裂纹诱因的非金属夹杂物的数量，但是钢中不可能完全消除这些夹杂物，如果裂纹扩展易于发生，HIC就不能避免。即使对于连铸板坯生产的钢板，中心偏析也难以完全消除，从而引起中心线在 HIC 试验中开裂。通过采用控冷后加速冷却工艺，可以获得贝氏体组织，而非铁素体-珠光体组织，这可以在很大程度上防止中心线开裂[3,10]。然而，高强钢的中心偏析会导致不同的具有高硬度的微观组织出现。图 2 所示为中心线开裂的钢（0.05% C-1.5% Mn-0.0005% S-Ca 处理）的 SEM 显微照片。这种钢的显微组织基本上是贝氏体，可以在中心区域看到下贝氏体或 M-A 组元。这些硬度较高的显微组织是由于 Mn 和 C 等合金元素偏析的结果，并且裂纹易于沿着这些硬度较高的显微组织扩展。Mn 和 C 是易于引发中心线偏析的元素，还会增加厚度中心区域的硬度[11]，最终导致 HIC 试验中的中心线开裂。

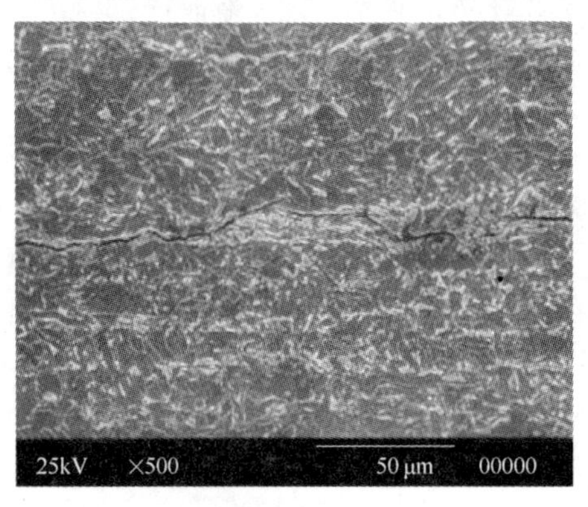

图 2　中心偏析区域裂纹

图 3 所示为经过低 S-Ca 处理的钢材，在 Mn 含量不同时，中间厚度和 1/4 厚度区域的最大硬度。显微硬度通过负载 0.098N 的维氏硬度测试方法测定。钢材 Mn 含量为 1.2% 时，中间厚度和 1/4 厚度区域硬度几乎相同；钢材 Mn 含量为 1.5%，中间厚度部位的硬度相当高，大约为 HV300，而 1/4 厚度部位硬度为 HV250 以下。在 100% H_2S 环境中，开裂的临界最大硬度 HV 示于图 3[12] 中，表明了 1.5% Mn 含量的钢材，板厚的中间区域对 HIC 高度敏感。与此相反，可以通过降低低 C-低 S-Ca 处理钢中的 Mn 含量，来防止钢的中心线开裂。

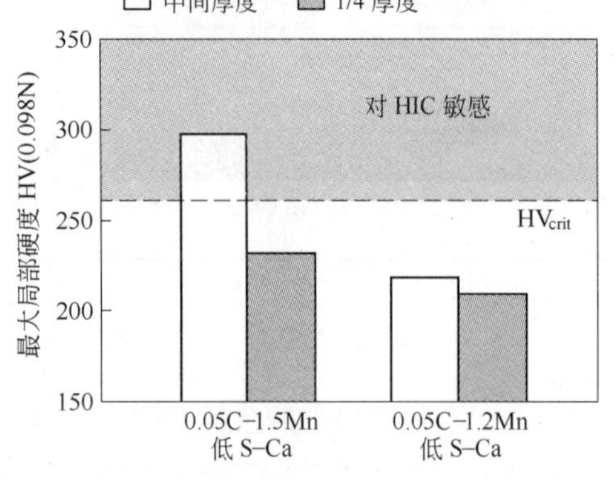

图 3　锰含量对最大局部硬度的影响

2.3　加速冷却条件的影响

最近抗酸管线所用的钢板一般通过控轧和加速冷却工艺生产。与铁素体-珠光体组织相比，细微的贝氏体组织更能提高抗裂性，然而，通过控轧和加速冷却工艺获得的钢的显微组织对钢板轧制条件和冷却条件非常敏感，从而导致钢的抗裂性波动。对 X65 钢级管线管在不同冷却条件下获得的显微组织对抗裂性的影响进行了研究。表 1 所示为所使用钢的化学组分。正如前面所讨论，钢材中的硫含量非常低，并进行了钙处理，碳和锰的含量也比较低。通过控轧和加速冷却工艺生产了钢板。通过改变加速冷却的开冷温度，以获得不同的微观组织，而终轧温度和其他条件几乎是相同的。图 4 所示为 X65 酸性服役管线管在钢板轧制中不同的开冷温度对应的微观组织。当开冷温度接近相变温度 A_{r_3} 时，获得的显微组织几乎完全是贝氏体，如图 4a 所示。另外，当开冷温度为 A_{r_3} 温度以下时，获得的是铁素体-贝氏体组织或铁素体-珠光体组织，如图 4b 和图 4c 所示。图 6 所示为 X65 级管线管在不同的开冷温度下的 HIC 试验结果。在 HIC 试验中，开冷温度低的管线管 CLR 高。若开冷温度低于 A_{r_3} 温度，将形成多边形铁素体，这会导致合金元素集中在奥氏体相，最终转变成合金含量及硬度较高的贝氏体相。然后，加速冷却之后得到铁素体和贝氏体组织。在这种情况下，铁素体和贝氏体相的硬度差异性变大，裂纹容易沿相边界扩展。另外，当开冷温度为 A_{r_3} 温度附近或以上，几乎没有发现裂纹，因此，改善抗开裂性需要获得均匀的贝氏体组织，并且为获得高强度酸性服役管线管，在加速冷却工艺中应小心控制开冷温度。

$$C_{eq} = w(C) + \frac{1}{6}w(Mn) + \frac{w(Cu) + w(Ni)}{15} + \frac{w(Cr) + w(Mo) + w(V)}{5}$$

$$P_{cm} = w(C) + \frac{w(Si)}{30} + \frac{w(Mn)}{20} + \frac{w(Cu)}{20} + \frac{w(Ni)}{60} + \frac{w(Cr)}{20} + \frac{w(Mo)}{15} + \frac{w(V)}{20} = 5B$$

表 1 X65 钢级管线管的化学成分

w(C)/%	w(Si)/%	w(Mn)/%	w(P)/%	w(S)/%	w(Nb)/%	w(Ca)/%	其 他	碳当量	P_{cm}	A_{r_3}
0.05	0.20	1.23	0.006	0.006	0.04	0.0018	Cu、Ni、V、Ti	0.30	0.13	772

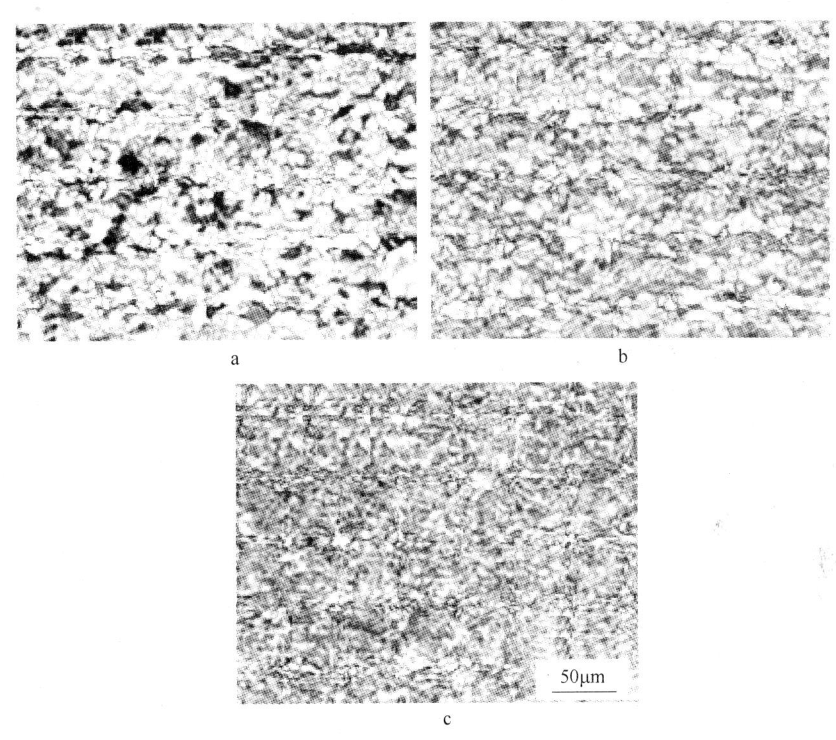

图 4 X65 管线管在不同加速冷却温度下的显微组织

a—760℃；b—730℃；c—690℃

3 通过加速冷却提高韧性

3.1 冷却速率对显微组织的影响

细化晶粒是用于改善钢的韧性和强度平衡的最有效措施。从奥氏体温度快速冷却，冷却速率可以强烈影响贝氏体显微组织的转变。利用实验室设备，对冷却速率对管线钢（0.05% C-1.3% Mn-Nb-V）的显微组织以及对应强度和韧性的影响进行了研究。通过控制冷却水量将冷却速率从 1 ~ 50℃/s 之间调节。热轧板的厚度为 20mm。图 5 所示为加速冷却板的抗拉强度和断裂韧性之间的关系。断裂韧性由夏比冲击试验的断口形貌转变温度（FATT）来评价。用高于 20℃/s 的冷却速率生产的钢板，与较低冷却速率（大约 10℃/s）生产的钢板相比，具有更高的强度和更低的 FATT，其强韧性匹配优于后者。

图 6 所示为冷却速率对铁素体或贝氏体的晶粒度的影响。晶粒度通过在 SEM 显微照片下的晶粒截断长度来测量。用冷却速率为 10℃/s 和 30℃/s 得到的钢板的典型的 SEM 显微照片示于图 7。在所有冷却速率范围内的研究，随冷却速率的增加，晶粒尺寸变细，与报告数据[13,14]相同。然而，在获得均匀的贝氏体组织的冷却速率范围内，约超过 20℃/s 时，与较低的冷却速率范围相比，冷却速率的影响变小。

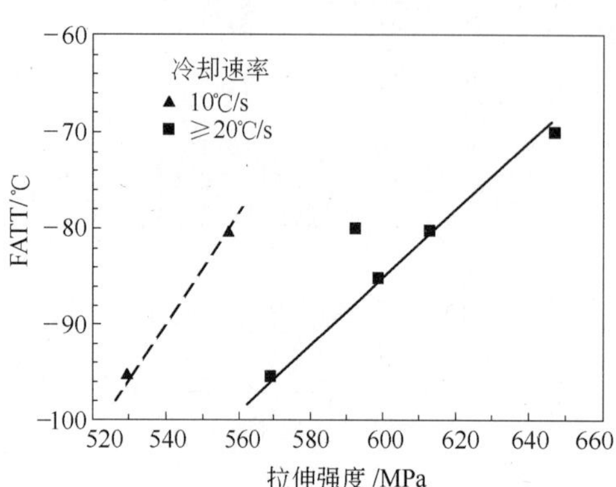

图 5　加速冷却时不同冷却速率下，钢板的抗拉强度和断裂韧性之间的关系

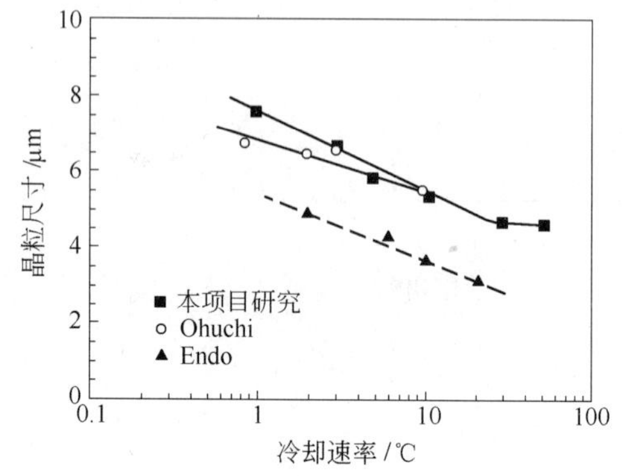

图 6　冷却速率对晶粒度的影响

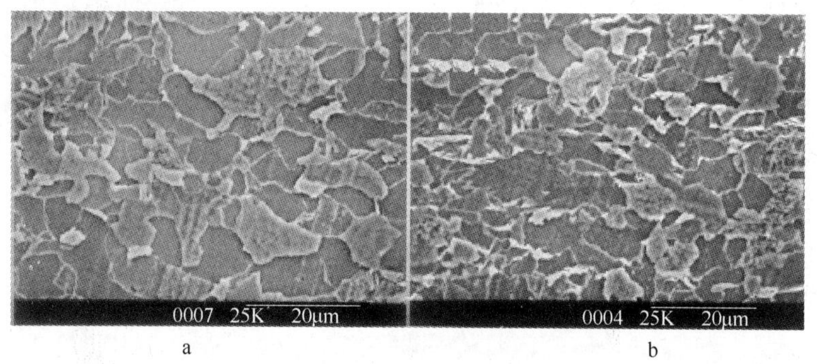

图 7　钢板冷却速率为 10℃/s(a) 和 30℃/s(b) 得到的 SEM 显微照片

3.2　轧制条件和 DWTT 性能

正如在 3.1 节所证明，良好的晶粒度和均匀的贝氏体组织可以通过加速冷却过程中更高的冷却速率来获得。通过更高的冷却速率，DWTT 性能也可以改善。图 8 显示了 X65 钢级、壁厚 22.6/25.2mm 两种酸性服役管线管，在不同的冷却速率下的 DWTT 剪切面积转变曲线。合金含量较低的钢管，采用了加速冷却中更高的冷却速率从而获得相同的强度水平，通过夏比冲击试验测得的断裂韧性也基本相同，如图 6 所示。通过更高的冷却速率获得的管线管显示了较低的转变温度，除了加速冷却过程，管线钢的韧性还受到轧制条件的显著影响。图 9 所示为控轧过程中的压下量对 DWTT 剪切面积转变温度的影响。转变温度随着控制轧制压下量的增加而降低，这个趋势通常导致厚壁管在实施加速冷却时，在常规冷却速率下很难获得较高的韧性。然而，DWTT 韧性可以通过在加速冷却过程中更高的冷却速率来提高，并且即使对厚壁管也可以获得更高的韧性，如图 9 所示，52mm 厚壁钢管的转变温度可以达到 -30℃。用不同轧制条件下的钢板生产的高强度酸性服役管线管研究了终轧温度对

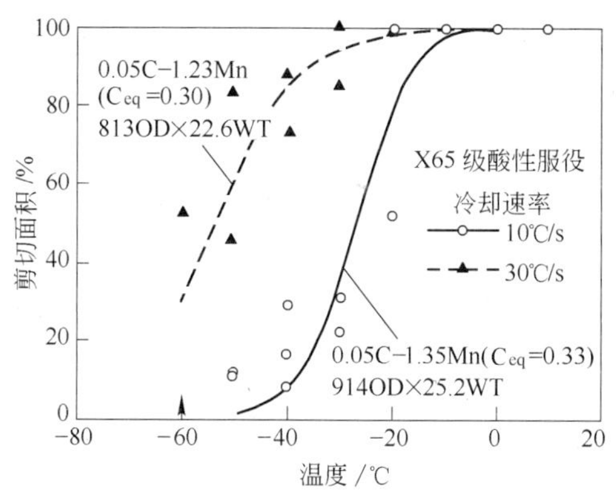

图 8　X65 钢级管线管在加速冷却过程中，冷却速率下的 DWTT 剪切面积转变曲线

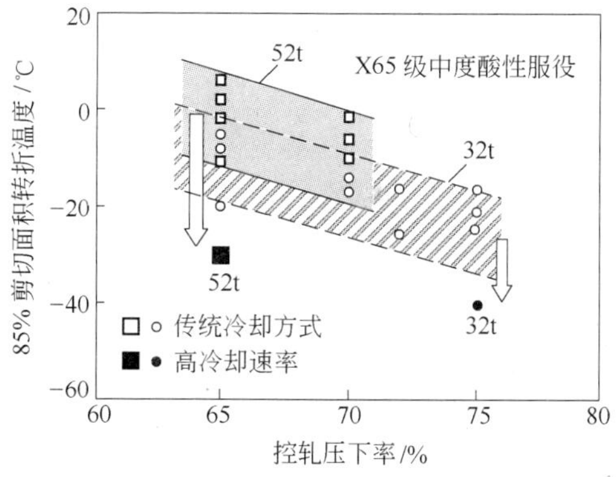

图 9　DWTT 剪切面积转变温度与控轧压下率之间的关系

DWTT 性能的影响。图 10 是 DWTT 转变温度与终轧温度之间的关系图。通过较低的终轧温度可以提高 DWTT 韧性，然而较低的终轧温度会导致加速冷却时开冷温度较低，导致抗裂

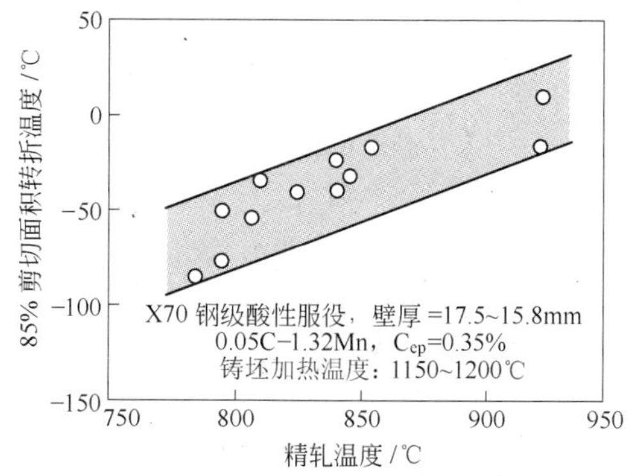

图 10　DWTT 转变温度与终轧温度之间的关系图

性变差，如图 5 所示，因此，为平衡韧性和抗裂性，终轧温度需要慎重选择。

4　利用在线热处理工艺的酸性管线钢板制造技术

4.1　应用在线热处理工艺的新 TMCP 工艺理念

为了生产高强度与高性能管线钢，开发出了在线热处理工艺（HOP）[15]。通过结合加速冷却和随后的热处理可以实现新的冶金控制，而这利用常规的 TMCP 工艺是无法实现的。图 11 所示为钢板 HOP 制造时的温度分布与常规 TMCP 工艺对比的一个样例。过程描述如下：钢板控轧完成后，从铁素体相变开始温度（A_{r_3}）以上加速冷却到贝氏体相变的温度范围内，立即进行热处理。这个过程中钢的冶金行为是：

（1）在用更高的冷却速率加速冷却期间，贝氏体发生转变，到终冷温度时仍存在未转变的奥氏体，可利用贝氏体相变时的不完全转化现象。

（2）加速冷却后的热处理过程中，从未完全转变的奥氏体向铁素体发生转变的同时，在奥氏体/铁素体交界处，有纳米尺寸的碳化物析出。

（3）显微组织通过回火变得更均匀，并在热处理过程中，在贝氏体相中形成微细的碳化物。

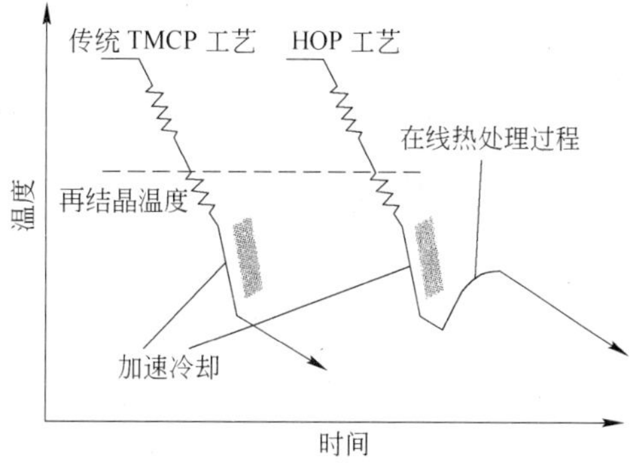

图 11　钢板生产过程中的温度分布图

该新工艺的目的是利用析出强化，这对采

用常规的 TMCP 工艺生产，即不经过离线回火或缓慢冷却的钢，难以在高生产率下实现。

通过在线热处理工艺（HOP™）生产的钢板特性如下：（1）在钢板的厚度方向硬度分布均匀；（2）钢板的力学性能离散较小；（3）细小的碳化物析出强化；（4）马-奥组元（马氏体-奥氏体组元）减少。这些冶金特征非常适合酸性环境下服役的高强度钢，将在 4.2 节中介绍冶金和力学特性的详细信息。

4.2　通过在线热处理工艺（HOP™）生产的钢的力学和冶金性能

实验室电炉中投入准备的钢板（0.05C-1.25Mn-0.1Mo-0.04Nb-0.045V），然后，钢板用实验室设备（轧机、水冷却和加热装置）进行轧制，应用在线热处理工艺（HOP™）和常规的 TMCP 工艺生产钢板。在实验室轧制中，从 820～500℃进行加速冷却（ACC）。在常规的 TMCP 工艺中，钢板在 ACC 后通过空冷至室温，而在 HOP 工艺中，在 ACC 后紧接着进行热处理。加热温度在 650℃。实验室钢板完成生产后，从板厚的中间部分取圆棒试样。对用于显微组织分析的试样进行打磨，并用 3% 的硝酸和两阶段电蚀刻，然后通过光学显微镜和扫描电镜（SEM）对钢的显微组织进行观察。用 SEM 主要观察马氏体-奥氏体组元（M-A）。通过透射电子显微镜（TEM），对析出物的形态也进行了研究。从板厚的中间部分取薄膜试样，通过能量色散 X 射线谱法（EDS）对析出物的化学组分以及形态进行分析。

通过常规的 TMCP 和 HOP 工艺生产的钢板，经 3% 硝酸蚀刻，得到的光学显微照片和扫描电镜显微照片分别如图 12 和图 13 所示。常规 TMCP 工艺生产的钢板由贝氏体铁素体和第二相组成，如渗碳体或 M-A，还可观察到沿晶界渗出的第二相。而在 HOP 工艺生产的钢中，可观察到贝氏体铁素体、多边形铁素体和第二相。沿晶界观察到的第二相和常规的 TMCP 钢相同，然而，HOP 工艺钢的第二相比常规的 TMCP 钢要好。为了区分渗碳体和 M-A 相变，两种钢均进行两阶段电蚀刻。在图 14，由于渗碳体容易被电蚀刻，第二相只有 M-A 可以看见。HOP 工艺生产的钢中，没有观察到 M-A，这意味着在图 13 中沿晶界观察到的第二相是渗碳体；而在常规的 TMCP 钢中观察到 M-A。因此，认为在常规的 TMCP 钢中的第二相是由渗碳体和 M-A 组成。

这些钢的拉伸试验结果见表 2。虽然这两种钢的化学成分是相同的，但 HOP 工艺生产的钢的抗拉强度、屈服强度分别高于常规的 TMCP 钢大约 50MPa 和 80MPa，HOP 钢的屈强比较高。

表 2　钢的拉伸性能

工　艺	屈服强度/MPa	抗拉强度/MPa	屈强比/%
HOP	608	660	92
传统 TMCP	525	611	86

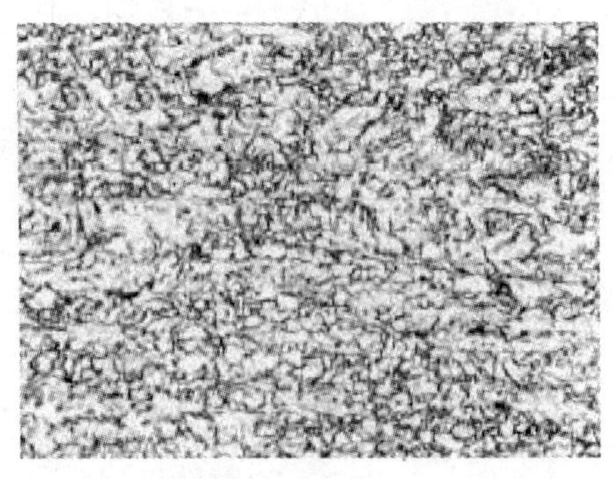

a

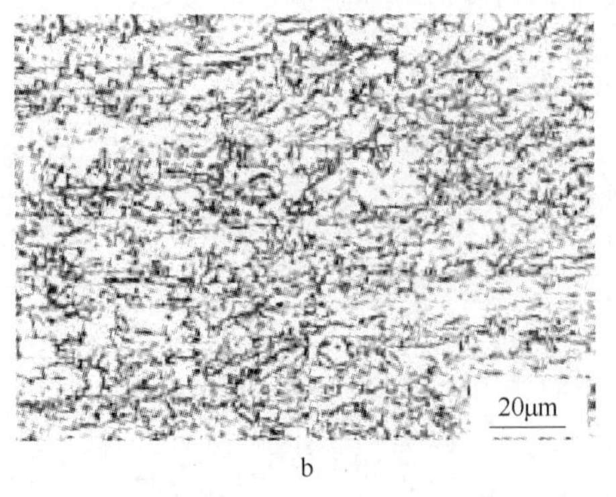

b

图 12　钢经 3% 硝酸蚀刻后的显微照片

a—HOP 工艺；b—传统 TMCP 工艺

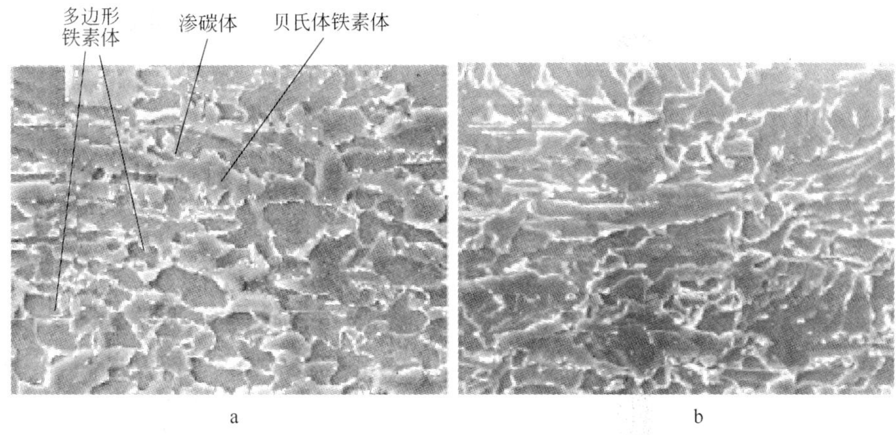

a　　b

图 13　钢经 3% 硝酸蚀刻后的 SEM 显微照片

a—HOP 工艺；b—传统 TMCP 工艺

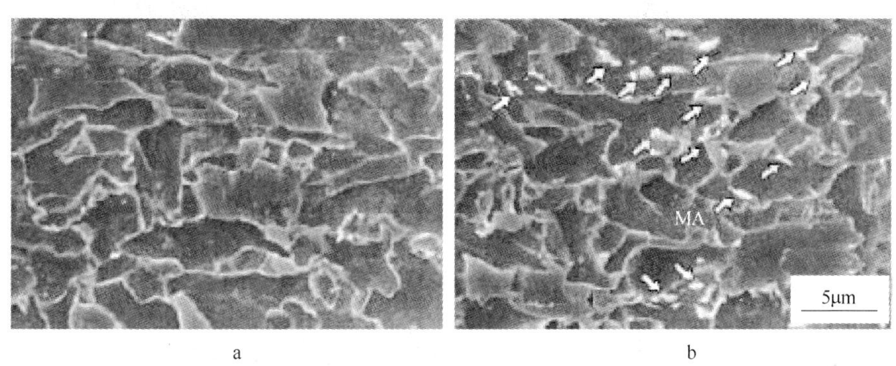

a　　b

图 14　两阶段电蚀刻的钢的 SEM 显微照片

a—HOP 工艺；b—传统 TMCP 工艺

图 15 所示为 HOP 工艺和传统的 TMCP 工艺生产的钢的 TEM 显微照片。HOP 工艺生产的钢中生成大量的碳化物，直径为 5nm 或更小。观察到了两种析出形态（随机析出和成行析出）。在钢的新 TMCP 工艺中可观察到析出物的 EDS 光谱，如图 16 所示。作者认为微

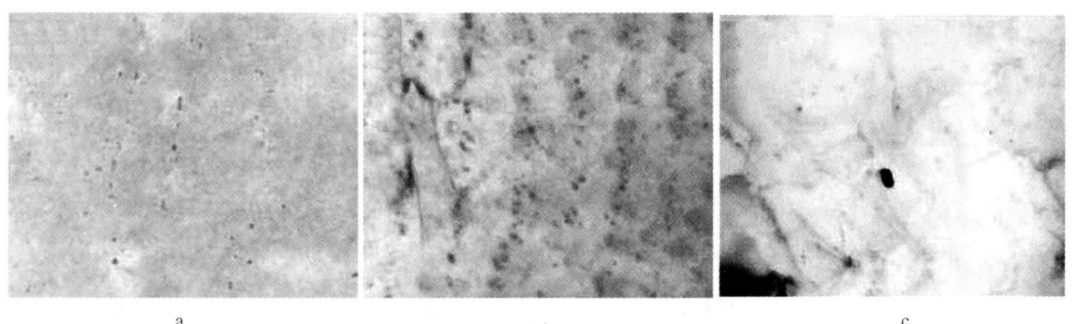

a　　b　　c

图 15　钢的 TEM 显微照片

a，b—HOP 工艺；c—传统型

细的析出物是成分复杂的碳化物，由 Nb、Ti、V 和 Mo 组成。而在常规的 TMCP 钢中，几乎没有形成微细的析出物，只能观察到大颗粒的铌、钛的碳氮化物，它们在板坯的再加热过程中没有溶解。

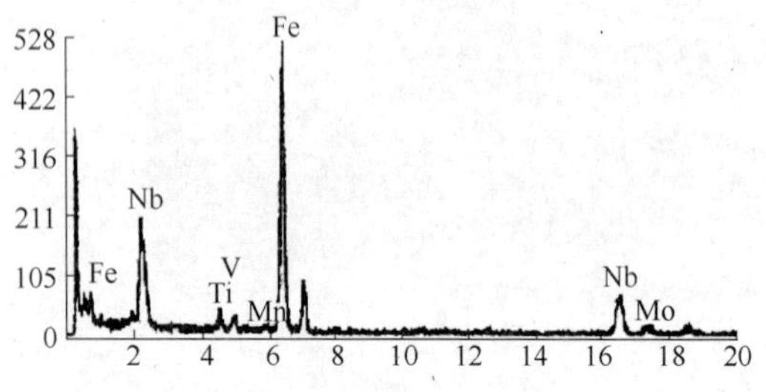

图 16　沉淀物的 EDS 光谱

5　X70 级酸性服役管线管的试制结果

进行了浓酸环境服役条件下 X70 管线管的试制，化学成分见表 3，应用在线热处理工艺（HOP）生产 19mm 厚的钢板。图 17 显示了由 HOP 工艺生产的 X70 级抗酸管线钢沿板宽的硬度分布，图示为表面和 1/4 厚度部分的硬度。结果显示表面和 1/4 厚度部分的硬度几乎是相同的，而且在板宽方向的硬度分布非常均匀，这是因为在 HOP 加热过程温度分布均匀，从而获得了均匀的显微组织，并且减少了钢板内部强度和韧性等材料特性的分散度。

表 3　X70 试制酸性服役管线管的化学组成

钢级	化学组分(最大)/%						
	C	Si	Mn	P	S	其他元素	P_{cm}
X70	0.05	0.28	1.13	0.014	0.0005	Mo、Ni、Cr、Nb、Ca	0.14

$$P_{cm}=w(\mathrm{C})+\frac{w(\mathrm{Si})}{30}+\frac{w(\mathrm{Mn})}{20}+\frac{w(\mathrm{Cu})}{20}+\frac{w(\mathrm{Ni})}{60}+\frac{w(\mathrm{Cr})}{20}+\frac{w(\mathrm{Mo})}{15}+\frac{w(\mathrm{V})}{10}+5w(\mathrm{B})$$

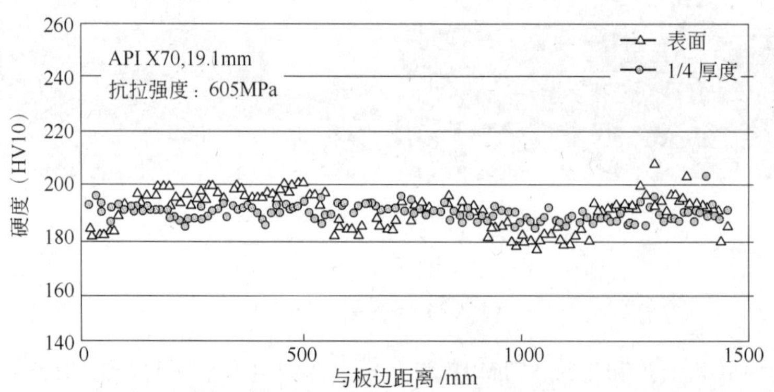

图 17　X70 级抗酸管线钢沿板宽方向的硬度分布

图 18 展示了试制的 X70 级钢板的 SEM 显微组织。显微组织由贝氏体铁素体、多边形铁素体和渗碳体组成，没有观察到 M-A。TEM 的观察结果可看到大量的析出物，它们是纳米尺寸的碳化物，如图 19 所示。这证实，即使在 HOP 工艺轧制生产中，也可以充分利用析出强化。然后，通过 UOE 工艺试制了直径为 914.4mm 的钢管。试制的 X70 管线管的力学性能和抗 HIC 性能示于表 4 中。所试制钢管的强度达到了 X70 钢级的强度水平，并在 NACE 酸性环境中表现出优异的抗 HIC 性能。

HOP 工艺已应用到 X60 级到 X70 级酸性服役管线管的批量生产。图 20 显示了钢管圆度参数与外形尺寸之间的关系，圆度参数通过统计不同的管线工程用钢管的椭圆度数据获得，较低的圆度参数值意味着更好的钢管外形，也就是说椭圆度较低。随着 $D/t^{0.6}$ 值的增加，钢管的圆度劣化，但是，应用 HOP 工艺可使钢管的圆度得到改善。通过 HOP 工艺可以在板厚方向以及板宽方向获得均匀的材料性能，从而改善钢管成型的均匀性，最终获得优异的圆度参数，如图 20 所示。

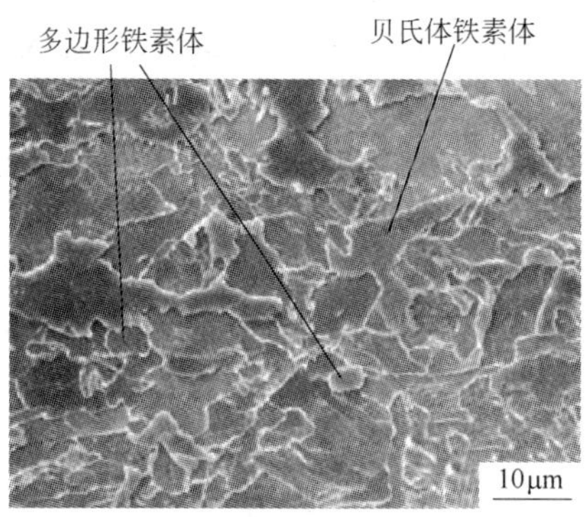

图 18 HOP 工艺生产的 X70 耐酸管线管的 SEM 显微照片

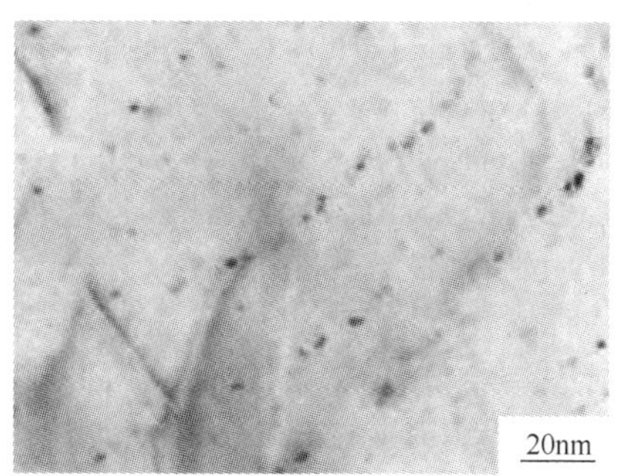

图 19 HOP 工艺生产的耐酸管线管的 TEM 显微照片

表 4 HOP 工艺生产的 X70 耐酸管试制结果

钢级	管号	拉伸性能①				冲击性能	DWTT	HIC②	
		屈服强度/MPa	拉伸强度/MPa	伸长率/%	屈强比/%	夏比冲击功(−10℃)/J	剪切面积(0℃)/%	CLR/%	
								90℃	180℃
X70	1	531	613	23	87	373	100	0, 0, 0	0, 0, 0
	2	523	600	22	87	343	100	0, 0, 0	0, 0, 0

①ISO 标准矩形试样，拉伸方向为横向；
②NACE TM0284 标准-A 溶液要求。

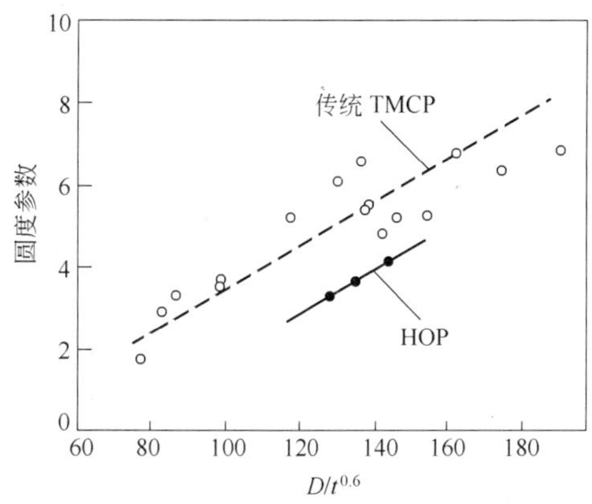

图 20 不同工艺制造的管线管的圆度参数与 $D/t^{0.6}$之间的关系

6 结论

本文研究了化学成分和钢板的轧制条件对近来开发的高强度酸性服役钢管抗裂性和力学性能的影响。改善厚壁钢的抗裂性和韧性的关键控制点是：（1）降低 S 含量和添加适当的 Ca 含量；（2）降低终轧温度，防止在开始加速冷却之前形成铁素体，以平衡 DWTT 的韧性和抗裂性；（3）在加速冷却过程中，通过更高的冷却速率在厚度方向得到晶粒细小的贝氏体显微组织。

通过采用高冷却速率生产出超高韧性的酸性服役 X70 钢级管线管，在线热处理工艺也在酸性服役 X70 级管线管的生产中得到了应用。研究结果证明了通过 HOP™ 工艺防止 M-A 组元生成，同时促进微细的纳米级析出物形成的可行性，保证材料在板厚和板宽方向性能均匀。开展了浓酸环境服役条件下 X70 钢级管线管的试生产。在 NACE 酸性腐蚀环境中，试验管有足够的强度、韧性和优异的抗 HIC 能力。

参考文献

[1] Taira T, Tsukada K, Kobayashi Y, Tanimura M, Inagaki H, Seki N(1981), “HIC and SSC Resistance of Line Pipes for Sour Gas Service-Development of Line Pipes for Sour Gas Service-part

1-," Nippon Kokan Technical Report Overseas, No. 31, pp. 1-13.

[2] Jones B L, Gray J M(1993), "Linepipe Development Toward Improved Hydrogen-Induced Cracking Resistance," Proceedings of 12th International Conference of Offshore Mechanics and Arctic Engineering, Vol. Ⅴ, pp. 329-36.

[3] Tamehiro H, Takeda T, Yamada N, Matsuda S, Yamamoto K(1984),"Effect of Accelerated-Cooling on the HIC Resistance of Controlled-Rolling High-Strength Line Pipe Steel," Seitetsu Kenkyu, Vol. 316, pp. 26-33.

[4] Endo S, Doi M, Ume K, Kakihara S, Nagae M (1997),"Microstructure and Strength Dependency of Occurance of HIC in Linepipe Steels," Proceedings of 38th MWSP Conference, ISS, Vol. XXXⅣ, pp. 535-541.

[5] Amano K, Kawabata F, Kudo J, Hatomura T, Kawauchi Y(1990),"High Strength Steel Line Pipe with Improved Resistance to Sulfide Stress Corrosion Cracking for Offshore Use," Proceedings of 9th International Conference on Offshore Mechanics and Arctic Engineering, Vol. Ⅴ, pp. 21-26.

[6] Jang Y Y, Jong S W(2002), "Mechanical Properties and HIC Resistance od API X70 Grade C-Mn-Cu-Ni-Mo Linepipe Steel," Proceedings of Pipe Dreamers Conference, Yokohama, pp. 441-456.

[7] Takeuchi I, Kushida T, Okaguchi S, Yamamoto A, Murata M(2004), "Development of High Strength Line Pipe for Sour Service and Full Ring Evaluation in Sour Environment," Proc. of 23rd International Conference on Offshore Mechanics and Arctic Engineering, Paper No. OMAE2004-51028.

[8] Perez T E, Quintanilla H, Rey E (1998), "Effect of Ca/S Ratio on HIC Resistance of Seamless Line Pipes," Corrosion 98, Paper No. 121.

[9] Nakasugi H, Sugimura S, Matsuda H, Murata T (1979),"Development of New Linepipe Steels for Sour Service," Nippon Steel Technical Report, Vol. 297, pp. 72-83.

[10] Kushida T, Kudo T, Komizo Y, Hashimoto T, Nakatsuka Y(1988),"Line Pipe by Accelerated Controlled Cooling Process for Sour Service," The Sumitomo Search, No. 37, pp. 83-92.

[11] Okaguchi S, Kushida T, Fukuda Y(1990), "Development of High-Strength Sour-Gas Service Line Pipe for North Sea Use," Proceedings of Pipeline Technology Conference, Part A, pp. 7.21-7.28.

[12] Inohara Y, Ishikawa N, Endo S(2003), "Recent Development in High Strength Linepipes for Sour Environment," Proc. 13th Int. Offshore and Polar Engineering Conference, Paper No. 2003-Sympo-05.

[13] Ohuchi C, Ohkita T, Yamamoto S(1981), "The Effect of Interrupted Accelerated Cooling after Controlled Rolling on the Mechanical Properties of Steels," Tetsu-to-Hagane, Vol. 67, pp. 969-978.

[14] Endo S, Nagae M, Suga M(1990), "Characteristics of Low Ceq Steel Plate Manufactured by Accelerated Cooling Process," Mechanical Working and Steel Processing Proceedings, pp. 453-460.

[15] Fujibayashi A, Omata K(2005),"JFE Steel's Advanced Manufacturing Technologies for High Performance Steel Plates," JFE Technical Review, No. 5, pp. 11-15.

（渤海装备第一机械厂/渤海装备研究院输送装备分院　徐　斌　孙灵丽　译，石油管工程技术研究院　吉玲康　校）

酸性服役高强度管线钢近期发展状况

H. G. Jung，W. K. Kim，K. K. Park，K. B. Kang

浦项钢铁公司技术研发试验室

Geodong-dong，Nam-gu Pohang 790-785 Gyungbuk，Republic of Korea

摘　要：浦项钢铁公司正在尝试生产优质酸性服役管线钢，开发高强度酸性服役管线钢。几次试验采用多种工艺参数来提高高强度管线钢的力学性能和抗 HIC/SSC 的性能。试验的结果表明，用 API X80 热轧钢带卷制的 ERW 钢管进行的实验结果表明，*t/D* 比率的增加使得管材的氢致开裂敏感系数增加。钢管成型过程使得位错密度增加，位错密度增加又导致氢扩散量增加。本文总结了钢管成型对高强度管线钢耐酸性能的影响。

1　引言

众所周知，近年来新开发的钻探井中，含有 H_2S 钻探井与常规的钻探井相比数量大大增加。这是由于过去几十年里低硫油井已被大量开发。为了满足全球未来的石油和天然气需求，必须开发更多的酸性油气井，以及页岩气和水合物等非常规油气井。在美国，15%～25%的天然气可能含有 H_2S，而在全世界，这个含量可能更高一些，能达到30%[1]。

当管线钢暴露在 H_2S 气体中时，由于氢会引起氢致开裂（HIC）和硫化物应力腐蚀（SSC），管材具有高度的耐酸性就显得非常重要。HIC 和 SCC 都属于氢导致的材料退化现象。HIC 在不施加应力的条件下就可发生，而 SCC 要在有外应力或内应力或者是在应变条件下才发生，并且沿着与拉应力垂直的方向扩展。在硫化物侵蚀过程中产生的氢原子被钢表面吸收，扩散到钢中。在钢的内部，氢原子会扩散到有很高的三轴拉应力或者有各种缺陷的部位，夹杂物、析出物、位错等缺陷会导致氢原子的聚集，最终降低了钢的性能[2]。HIC 一般被界定为在无外加应力时的平行于钢的轧制方向的开裂。有时候，当裂缝贯通壁厚方向时，HIC 被称为阶梯状开裂[3]。HIC 主要与钢中的 MnS 或者周围存在孔洞的串条状氧化物夹杂物密切相关。夹杂物与基体界面处通常会导致氢原子的聚集，形成的氢压力导致裂纹产生并扩展，这就是 HIC 开裂的机理。SSC 可以分成Ⅰ型和Ⅱ型。特别是Ⅰ型 SSC 被称为应力导向的 HIC（SOHIC），这是因为形成的 HIC 裂纹平行于外加应力方向[4]。Ⅰ型 SSC 的产生可以分成两个阶段：第一阶段是形成与外应力平行的 HIC 裂纹。在第二阶段，这些 HIC 裂纹在与外加应力垂直的方向上互相连接。Ⅱ型 SSC 被认定为典型氢脆产生的开裂现象。进入金属之后，氢原子扩散到了具有高三轴应力场的部位，或者某些能够捕获氢的微观结构中，最终降低了金属的韧性。被捕获在钢中的氢原子降低了三轴应力场等部位铁原子和第二相之间的结合强度，最终引起钢的脆化。最后的失效以准解理断裂方式发生在垂直于外加应力方向。通常要求钢中最大维氏硬度不大于 248 来预防Ⅱ型 SSC 的发生[3,4]。

浦项钢铁公司正在努力开发适用于酸性服役条件的优质 API 钢以及高强抗酸性的材料。

为了将 MnS 对 HIC 和 SSC 危害性降到最小，要求将钢中硫含量严格控制在小于 $10 \times 10^{-4}\%$，要控制好钢的粗糙度和偏析程度以避免产生 HIC 和 SSC 裂纹。最近浦项钢铁公司用大量的工艺参数进行了几组试验，希望能够提高高强度管线钢的力学性能和抗 HIC/SSC 的能力。为了研究钢管成型过程对热轧钢卷和钢板性能的影响，对钢管成型之后的性能进行了评估。

2 酸性服役高强度管线钢的性能

对酸性服役高强度管线热轧板卷进行了工厂试制。高强度管线钢的化学成分见表 1，其中的硫含量和磷含量非常低。三种钢卷的厚度不尽相同。表 2 列出了这三种钢卷在钢管卷制前的力学性能和抗 HIC/SSC 性能，结果表明它们的强度符合 X80 钢级要求。这些钢卷在 -5℃时都有高于 300J 的 CVN（夏比冲击功）值，即使在 -60℃时钢卷的高 CVN 值也未发生改变。钢卷的硬度在 500kgf(1kgf = 9.8N)压力下测定，测得的硬度值都小于酸性服役要求的极限值——248HV。HIC 测试依据 NACE TM0284 A 法进行，检验时间持续 96h。所有钢卷的 CAR（裂纹面积比率）值是 0%。SSC 测试是依据 ASTM G39 标准里 4 点弯曲试验法进行的，检验时间持续 720h。4 点弯曲焊缝试样在测试期间没有发生失效。测试之后在钢表面没有发现裂纹。

表 1 酸性介质下的高强度热轧板卷的化学成分 (%)

C	Mn	Si	P + S	Cu + Ni	Ca	Nb + Ti + V	其 他
≤0.07	≤1.8	≤0.5	≤0.005	≤0.8	>0.002	≤0.2	Cr、Mo

表 2 三种钢卷的力学性能和抗 HIC/SSC 性能

钢卷号	厚度 /mm	屈服强度 /MPa	抗拉强度 /MPa	屈强比	伸长率 /%	CVN (-5℃)/J	硬度 (HV)	HIC (CAR/%)	SSC (4 点)
HR12	12	582	633	92	35	341	196	0	无开裂
HR16	16	563	625	90	39	498	191	0	无开裂
HR18	18	561	653	86	40	485	189	0	无开裂

图 1 显示 12mm 厚钢板的典型微观组织。总体来看，微观组织是由均匀的铁素体构成的。但是图 1b 中的 FE-SEM 放大照片显示，钢板主要是由多边形铁素体（PF）与少量的针状铁素体（AF）以及粒状贝氏体（GB）组成。

三种钢卷在管厂被卷制成直径为 20in（1in = 25.4mm）的 ERW 钢管。并对每一根钢

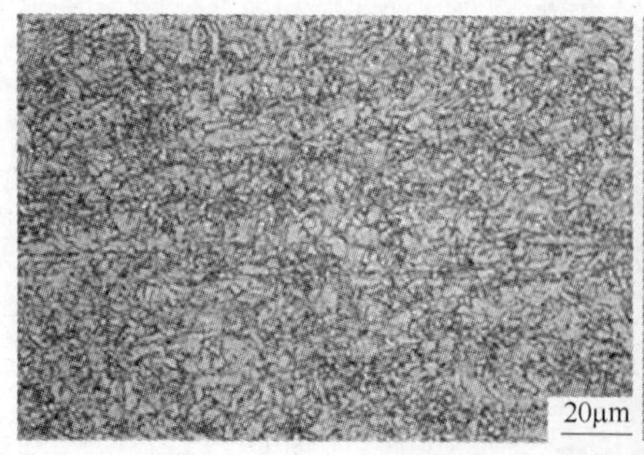

a

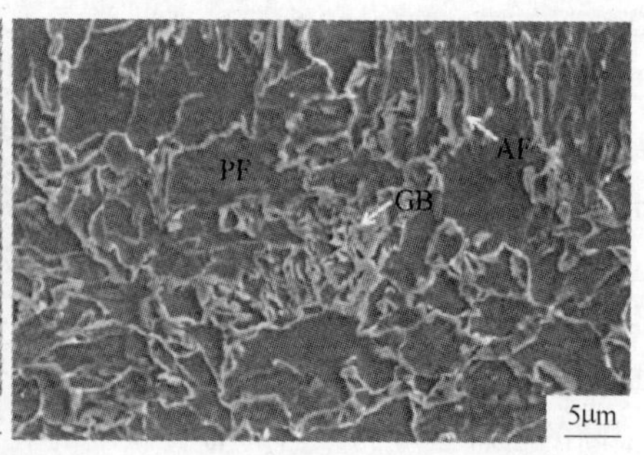

b

图 1 12mm 厚钢板的典型微观结构

a—低倍；b—高倍

管的力学性能都进行了评估，以研究钢板和成型后的钢管性能之间的关系。钢板和钢管的试样分别从钢卷的尾部以及钢管的180°位置截取（假定焊缝为0°）。图2显示 t/D 比率对屈服强度的影响。

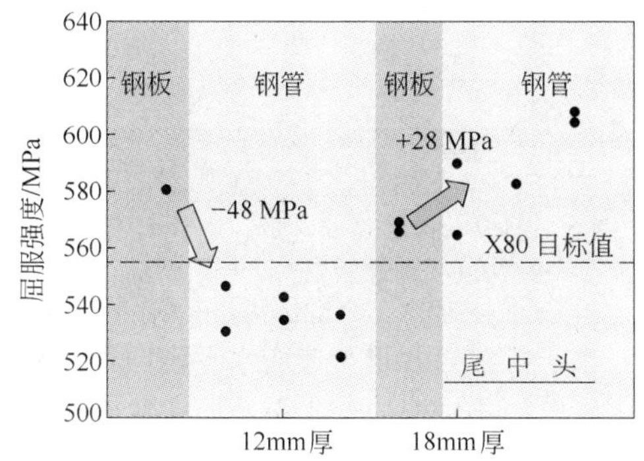

图2 12mm和18mm钢板和钢管的屈服强度

对于12mm厚钢管（$t/D=0.0236$），其屈服强度与钢板的相比下降了50MPa。但是，对于18mm厚的钢管（$t/D=0.0354$），其屈服强度与钢板的相比提高了30MPa。屈服强度的变化表明钢管卷制后屈服强度的提高或下降与钢管的 t/D 比率密切相关。也就是说，18mm厚钢管有更高的 t/D 比率，ERW管成型之后，形变硬化会导致钢管的屈服强度提高。相反地，12mm厚钢管有较低的 t/D 比率，ERW管成型之后，包辛格效应会导致钢管的屈服强度下降。12mm和18mm厚钢管的焊缝处的屈服强度都大于560MPa。

图3显示16mm厚钢板和钢管的屈服强度。与12mm和18mm厚的钢管不一样的是，16mm厚钢管（$t/d=0.0315$）成型之后在180°位置的屈服强度变化是很小的。这说明，这种厚度16mm的钢管，其 t/D 处于中等水平，在ERW成型之后屈服强度基本保持不变。屈服强度不变应该是包辛格效应和形变硬化对钢管的屈服强度共同作用的结果。

但是，图3所显示的16mm厚钢管在90°和180°位置的屈服强度是不同的。更确切地说，钢管180°位置比90°位置的屈服强度高。这意味着，ERW管180°位置比90°位置有更

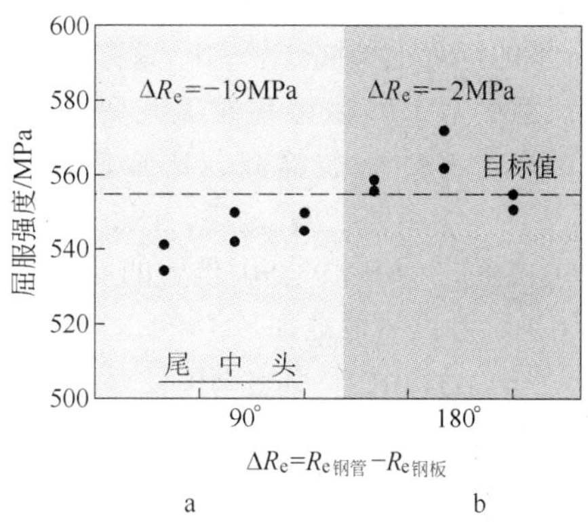

图3 16mm厚钢板和钢管的屈服强度

a—钢板；b—钢管

大的应变量，所以在形变硬化的作用下屈服强度升高。

钢板和钢管的抗拉强度几乎是相同的。钢卷和钢管的抗拉强度均满足X80钢级625MPa的要求。所有钢管的焊缝处的抗拉强度都在620MPa以上。

至于韧性，图4表明所有板卷与钢管的CVN值几乎是一样的。钢管长度方向的CVN值类似于抗拉强度的情况，均未有什么变化。钢卷和钢管的高CVN值甚至在−60℃时都没有发生改变。焊缝处的CVN值与母材相当。

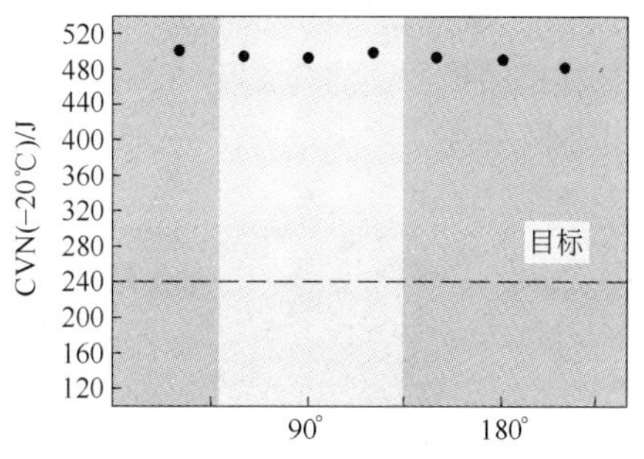

图4 16mm厚钢板和钢管在−20℃时的CVN值

3 钢管成型对耐酸性能的影响

图5显示钢板和钢管按照NACE TM0284方法A进行的HIC试验的测试结果[5]。对于12mm厚的试样，超声波探测仪探测钢板和钢管时都没有发现HIC缺陷。在18mm厚的钢板

上探测也没有 HIC 缺陷。与之形成对照的是，18mm 厚的钢管上检测到了 HIC 缺陷，这说明钢管成型后对 HIC 敏感性发生改变。在 180°位置时平均 CAR（裂缝面积比）值是 2.46，90°位置时是 0.61。也就是说，图 5 所示的钢管 180°位置的 CAR 值是 90°位置的 4 倍。基于 HIC 结果，可以清楚地知道 18mm 厚的钢管与 12mm 厚的钢管相比，其对 HIC 更敏感。

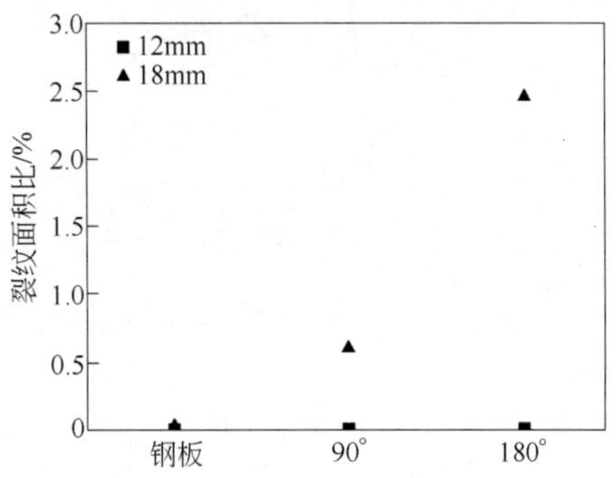

图 5　HIV 测试后钢板和钢管的裂缝面积比平均值

HIC 测试之后，钢中吸收的扩散氢含量用修正的 JIS Z3113 方法来测量，结果如图 6 所示。18mm 厚的钢板中扩散氢含量比 12mm 厚的钢板的要高，钢管中的扩散氢的含量比钢板中的高，这与钢管成型过程中的塑性变形有关。钢管沿圆周方向的扩散氢含量不同，12mm 和 18mm 厚钢管的试样结果表明，180°位置试样里的扩散氢的含量比 90°位置时试样里的扩散氢要高。

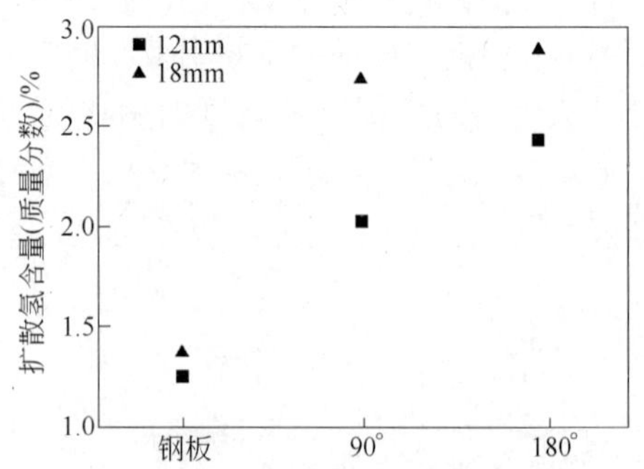

图 6　钢板中扩散氢的含量、钢管 HIC 测试之后 90°和 180°位置的扩散氢含量

由于扩散氢含量与应变水平密切相关，因此钢管壁厚不同时应变水平不同，从而导致试验结果不同。Okatsu 等人在钢管成型过程中弯曲应变的研究中指出，在用钢板卷制钢管过程中，提高了 t/D 比率会导致应变量增加[6]。12mm 厚钢管 t/D 比率是 0.024，18mm 厚钢管 t/D 比率是 0.035。尽管定量地测量屈曲应变非常困难，试验结果依然表明，对于 18mm 厚的钢管而言，由于应变水平以及 t/D 比率较高，因此扩散氢的含量会更高一些，所以对 HIC 更敏感一些。

为了研究钢板与钢管 CAR 结果不同的原因，对 EBSD（电子背向散射衍射）微观组织照片进行了深入分析。图 7 显示了 18mm 厚的钢板和钢管取向平均位错图，从图中可以看出钢管成型之后，位错密度提高了。

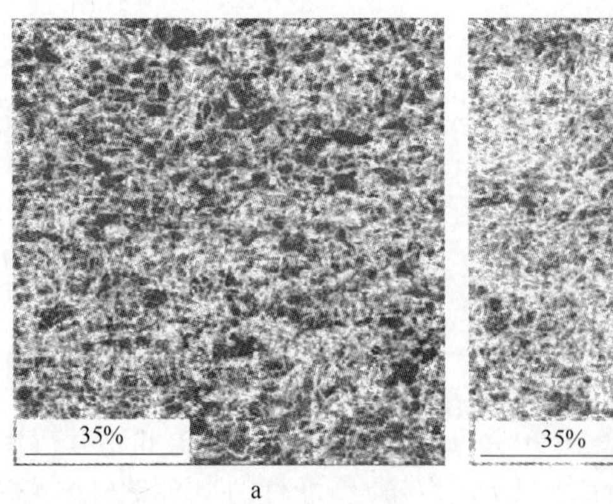

图 7　18mm 厚的钢板和钢管 EBSD 结果显示——钢板和钢管的取向平均位错图

a—钢板；b—钢管

钢管中更高的扩散氢含量可以从氢渗透测试中得到证实，也可通过甘油方法检测出来。表 3 显示用改进的 Devanathan Stachurski 实验装置进行氢渗透测试后计算出的有效扩散率、渗入率、表观溶度等扩散参数[7]。

表 3 三种 X80 钢卷制成的钢板和钢管的氢扩散参数

氢参数	12mm 厚			18mm 厚		
	钢板	钢管 90°	钢管 180°	钢板	钢管 90°	钢管 180°
D_{app}($\times 10^{-9} m^2/s$)	0.56	0.32	0.25	0.56	0.32	0.23
$J_{ss}L$($\times 10^{-8}$ mol/ms)	2.20	2.28	2.43	2.16	2.24	2.21
C_{app}($\times 10 mol/m^3$)	3.93	7.03	9.81	3.88	6.93	9.53

注：D_{app}为有效扩散率，$J_{ss}L$ 为渗入率，C_{app}为表观溶度。

很明显，HIC 的敏感性与表观氢溶度（C_{app}）密切相关，而表观氢溶度又极大地依赖钢板的应变水平。当 t/D 比率提高时，应变水平也提高，所以 HIC 在 18mm 厚的钢管中比在 12mm 厚的钢管中更显著。另外，钢中串条状夹杂物和单个夹杂物的尺寸也影响 HIC 的敏感性，结果表明，从 18mm 厚钢板中检测出的粗大的夹杂物比 12mm 厚钢板的更多一些。氢扩散数据也清晰地表明 180°圆周方向的应变水平比 90°方向要高许多。

4 结论

结论如下：

（1）浦项钢铁公司成功试制了酸性服役高强度管线热轧钢板。生产的热轧钢卷的强度和硬度能够满足 API X80 钢级要求。抗酸性能也非常优异，HIC 和 4 点弯曲试样没有观察到任何裂纹。

（2）钢管成型后屈服强度的变化与钢管的外形尺寸密切相关。t/D 比率较低时，包辛格效应导致钢管的屈服强度比钢板的屈服强度低。另外，对于 t/D 比率较高的钢管而言，由于成型过程中形变强化的影响比包辛格效应的影响大，因此屈服强度提高。

（3）钢管成型之后的抗 HIC 性能与钢管的外形尺寸密切相关。当 t/D 比率提高时，HIC 的敏感性随着应变水平的提高而提高。产生这种现象的原因是钢管成型后氢渗透量的增加。氢渗透率的测试结果可清晰表明，当应变水平提高时，有效扩散系数（D_{eff}）有所下降，而表观氢溶度却有所提高。

参 考 文 献

[1] EPA (Environmental Protection Agency). Report to Congress on Hydrogen Sulfide Emissions. p. 1-3.

[2] M Kimura, Y Miyata, Y Yamane, T Toyooka, Y Nakano, F Murase(1999), Corrosion (NACE) 55, 756.

[3] NACE committee (2003). Review of Published Literature on Wet H_2S Cracking of Steels through 1989, NACE International, Houston, Texas.

[4] Pargeter R J (2007). NACE Corrosion/2007, March 11-15, Nashville, Tennessee, USA, Paper 07115.

[5] NACE standard TM0284 (2005). "Evaluation of Pipeline and Pressure Vessel Steels for Resistance to Hydrogen Induced Cracking" (Houston, TX: NACE International).

[6] M Okatsu, N Shikanai, J Kondo, JFE GIHO 17 (2007), pp. 20-25.

[7] M A V Davanahan, Z Stachruski: Journal of Electrochemical Society. Vol. 111, p. 619(1964).

（渤海装备第一机械厂 范玉伟 译，
石油管工程技术研究院 吉玲康 校）

低锰酸性服役管线钢

J. Malcolm Gray

美国微合金钢研究所

5100 Westheimer, Ste. 540, Houston, Texas 77056, USA

摘　要：自从英国石油公司（BP）在阿拉伯阿布扎比 Umshaif 海湾的服役管线发生重大失效事故后，四十多年来，管线钢技术和冶金学取得了很大进展。这条管线采用经过严格轧钢控制的 X65 管线钢，其硫含量仅为 0.005%，在当时被认为已经是很低的，但主要失效原因来自于钢中含有大量的拉长的 MnS 链状夹杂物。为此采取的解决措施包括将锰含量降低到小于 1.20%，开发了夹杂物形状控制技术，以及避免低温终轧。随着时间的推移，为人熟知的“BP 溶液”（现在 TM 0284 标准的 B 溶液）被更严格的 NACE 溶液所取代，并且新一轮管线钢和冶金技术获得了不断开发和应用，具体如：降低碳含量小于 0.06%，硫含量降低到不超过 0.0020%，钢的粗糙度得到明显改善，普遍采用了铬和铜合金化设计。此外控制珠光体带和磷偏析相结合，改善连铸工艺，使钢具有高度耐氢致开裂。最近，开发出超低锰含量（<0.30%）的钢，这种钢更加适应残余的硫含量和连铸机的性能以及其他制造参数的变化范围。本文简要地总结了超低锰这一理念的冶金基础，并给出了最近以来的研究成果。

1　引言

根据文献资料报告，世界范围内因硫化物应力腐蚀和氢致阶梯型开裂所造成的严重的失效可以追溯到 1954 年，详见表 1。根据作者 20 世纪 80 年代后期所进行的 DOT 统计，美国的管线问题和造成的损失与其他地方相比不是太严重，详见表 2[1]。然而，在过去的四十年间，在加拿大、沙特阿拉伯、卡塔尔和阿拉伯海湾的管线都发生了值得关注的失效，详见表 3[1]。

表 1　严重氢致失效的案例

序号	地点	工　厂	材料（钢）	使用状态和环境	运行时间	
					开始	失效
1	美国	酸性原油炼油厂压力容器（酸性汽油）	低碳钢，屈服 28kg/mm^2，抗拉 42kg/mm^2，C 0.24-Si 0.06-Mo 0.58-P 0.009-S 0.028-Al 0.008	飞利浦石油公司 鼓泡容器试样：超过 50 H_2S+H_2O，低工作压力	不详	不详
2	日本	重油脱硫装置，冷凝器壳体	低碳钢（SB42），C 0.18-Si 0.30-Mn 0.80-P <0.030-S <0.030	H_2S+H_2O 38℃ 工作压力 48kg/cm^2	1971 年 5 月	1973 年 6 月
3	日本	脱硫装置	低碳钢（SB42） 低合金钢（Cr 1.25，Mo 0.5）	H_2S+H_2O <50℃ 工作压力 32kg/cm^2	1966 年 4 月	1968 年 8 月
4	日本	脱硫装置	低碳钢（SB42）C 0.17-Si 0.26-Mn 0.78-P 0.015-S 0.018-Cu 0.09	H_2S+H_2O（冷凝） 工作压力 17～33kg/cm^2	1964 年 4 月	1965 年 9 月

续表 1

序号	地点	工　厂	材料(钢)	使用状态和环境	运行时间	
					开始	失效
5	日本	脱硫装置	低碳钢(SB42)	25 ~ 110℃,工作压力 33kg/cm^2	1961 年 11 月	1967 年 8 月
6	美国	炼油厂容器	碳钢	壳牌石油 H_2S,CO_2,NH_3,H_2O	不详	1954
7	美国	管线(bakerdom 收集)	API5LX52(21in① ×0.271 SAW) 1.75 ~ 1.95 冷作	El Paso 天然气公司 天然气,CO_2 15%,H_2S 1%	1954	1954
8	法国	管　线	API 5L X42 ERW 管 退火及矫直	H_2S≤0.95% CH_2 80% ~85% CO_2 8.7%,工作压力 45.5kg/cm^2	1964 年 1 月	1961 年 1 月
9	意大利	炼油厂	低碳钢 C 0.12-Si 0.26-Mn 0.47-P 0.017-S 0.018	H_2S10%,H_2S 5%,汽油	不详	不详
10	阿拉伯	陆上酸性气体管线	API5LS X42 热轧卷板螺旋焊	H_2S 3.4%(体积分数),CO_2 8.8%(体积分数),CH_4	1974	1974

①1in = 25.4mm。

表 2　1970 ~ 1986 年期间美国酸性服役管线失效 DOT 统计表

公　司	铺设年份	管型	外径/in	壁厚/in	屈服强度/ksi	钢级	失效压力/psig	设计压力/psig	地点	损失/S
Panhadle Eastern	1930	双面埋弧	22	0.344	30	不详	397	500	德州 Hutchinson 公司	27500
Phillips	不详	高频直缝	10	0.105	35	不详	25	390	德州 Midland	5000
Collet Systems	1985	无缝	3	0.300	35	API5L B	1000	2552	德州 Washington	不详
Phillips (原 El Paso)	1971	高频直缝	18	0.188	35	API5L B	90	175	德州 Ector 公司	11500
Columbia	1960	高频直缝	16	0.281	52	API5L X52	745	825	纽约州 Schuyler	30000
Trunkline	1959	高频直缝	10.75	0.365	35	API5L B	280	970	德州 Galveson	102000

表 3　酸性服役管线失效汇总表

失效年份	名　称	业 主	管 型	钢级	直径/in	失效机制	原　因	其　他
1972	Umshaif (海湾地区)	BP	双面埋弧 壁厚 0.5in	X65	30	HIC	拉长的 MnS 夹杂物 低硫钢(0.004% ~ 0.01%) 深度轧制	首次现代管线的失效，开始 BP 溶液 HIC 试验

续表 3

失效年份	名　称	业 主	管 型	钢级	直径/in	失效机制	原　因	其　他
1978	Stolberg line（阿尔伯塔）	Aquitane	双面埋弧	不详	不详	HIC 及 SSC $35000\times10^{-4}\%$	半镇静钢含有线状硅酸盐夹杂和高硫（0.025% ~0.030%）	Aquitane 重新编写规范，要求采用全镇静钢，以及硫含量不超过 0.004%
1978/80	沙特输气管线	Aramco	双面埋弧	X52	多种直径	HIC，$H_2S(20000\sim50000)\times10^{-4}\%$	拉长的 MnS 夹杂物	在对所有供货商的筛选中引入 HIC 试验
1979	Waterton（阿尔伯塔）	加拿大壳牌	双面埋弧	不详	不详	HIC 及 SSC	半镇静钢含有线状硅酸盐夹杂和过量杂质 S 0.030，P 0.025 及硅酸盐	引入 HIC 试验，硫含量不超过 0.004%，以及显微硬度不超过 238HV0.5
1981.7	Grizzly 支线（不列颠哥伦比亚）	West Coast Transmission	双面埋弧螺旋焊管，壁厚 0.375in	X52	20	焊缝和热影响区 H_2S $275000\times10^{-4}\%$ CO_2 $136500\times10^{-4}\%$	SSC 硬度 HV420（43HRC） HIC，高量线性硫化物 半镇静钢	重新编写 CSA 标准 Z245.2，引入酸性服役试验，修改 West Coast 标准，硫不超过 0.004% 以及硬度不超过 HV238
1981	Cherry Creek（Williston，ND）	Aminoil	高频直缝	不详	10	SSC H_2S $54000\times10^{-4}\%$	焊缝未退火，高硬度	制造缺陷，不符合 API5L 规范
1981	Das Island，卡塔尔	卡塔尔石油公司	双面埋弧壁厚 0.625in	X60	24	应力诱导 HIC/SSC	热影响区高硬度	

最重大的失效事件也许是 1972 年发生的铺设在阿布扎比 Umshaif 海湾的 BP 管线失效。这条管线所用的材料在那时被认为是顶尖技术的低硫、低碳管线钢。严重的阶梯型开裂导致管线在服役不到一个月即告失效。对开裂机理的研究催生了 BP 或“Cotton”试验（由已故的 Harry Cotton 发布）。这种试验在 1984 年由 NACE 标准化为 TM0284 标准[2]，在 1987 年第一次被更新［TM0284(87)］，并且此后进一步修改。作为这种试验方法的一部分，试验溶液的 pH 值从 5.2 降低到 2.8（NACE TM0177(90)[3]溶液），以便适应现代高耐蚀性钢的筛查。另外，已经删除了允许压平试样的规定[4]。

2　耐腐蚀钢的开发

在过去的 40 年间，由于要求适合于非常苛刻服役环境用管线钢管的使用要求，推动炼钢和轧制技术取得了飞速进步。为了找出抵抗含有 CO_2 和 H_2S 等腐蚀介质环境的应对措施，如图 1 所示，它是酸性气体中 H_2S 浓度和服役压力的函数。图 2 给出了更完整的分级应对措施[1]。

降低硬度是防止硫化物应力开裂（SSC）的第一道防线。在更高的 H_2S 浓度下，我们就进入到氢致阶梯开裂区，如图 1 所示。工业

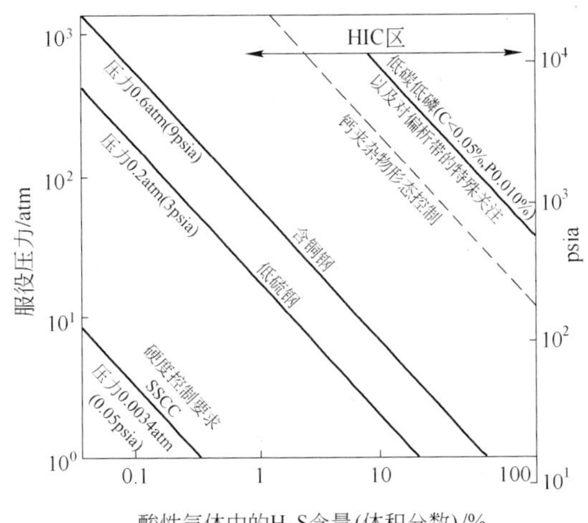

图1 根据硫化氢含量和服役压力确定应对硫化氢腐蚀的冶金学方法

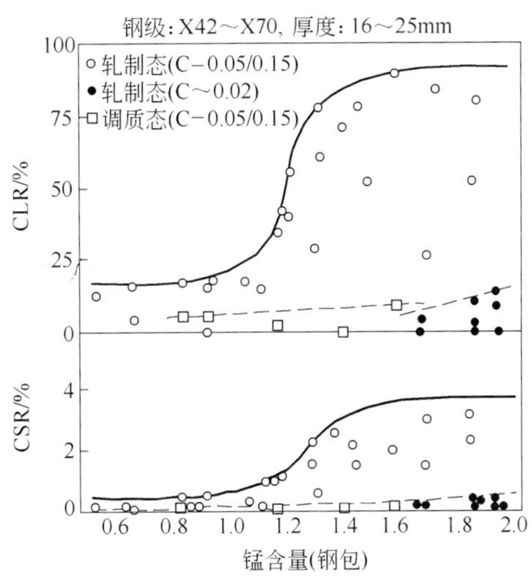

图3 锰对氢致裂纹(HIC)敏感性的影响[5]

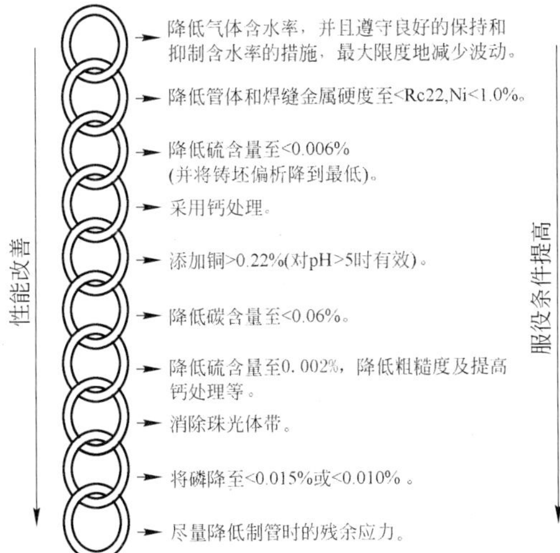

图2 酸性服役管线钢管的分级应对措施[1]

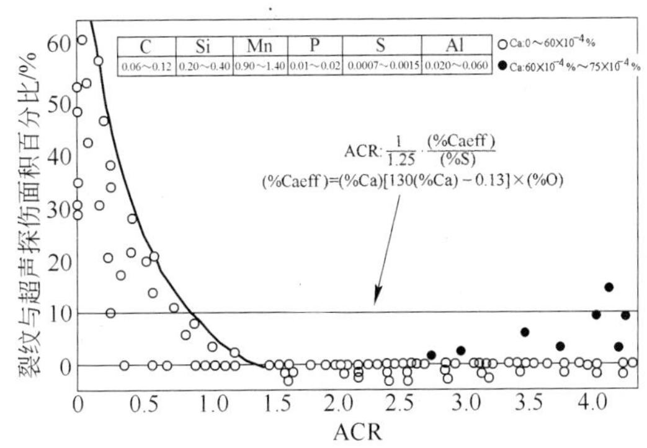

图4 裂纹面积与超声波探伤面积百分比与ACR（形态控制指数）的关系[6]
（采用NACE溶液）

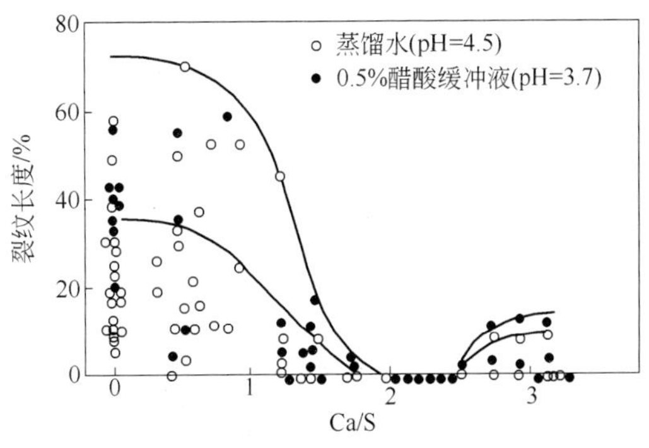

图5 钙硫比（Ca/S）与裂纹长度率的关系[7]

上的惯例是在中度酸性环境（pH值为5.2的B溶液试验条件）时将硫含量降低到低于0.005%的水平，当规定采用A溶液试验时，将硫含量降低到小于0.0020%。此外，采用夹杂物形状控制元素如钙、稀土和锆来防止形成拉长的硫化锰夹杂物。同时通常将锰含量减少到1.20%以下，以减少中心线偏析，如图3[5]所示，尤其是在采用老式的连铸机时。

图4和图5说明了钙处理对改善抗HIC性能的效果。

另一种改善抗HIC性能的措施是采用铜

和/或铬合金化，这种方法能够形成一个缓冲表面防护层，从而减少了氢原子的渗入。这些元素对于pH值大于4.6的中度酸性环境最为有效，通常用于当规定采用pH值为5.2的B溶液时。然而，作者认为，当要求采用A溶液试验时（pH值=2.8~3.2）也应考虑采用铜合金化，因为服役状态时的pH值水平处于一个范围，且远高于此，铜可以在条件变化时起到有益的作用。

图6所示结果表明，采用铜和铬匹配的合金设计，可以显著降低氢的渗透率。

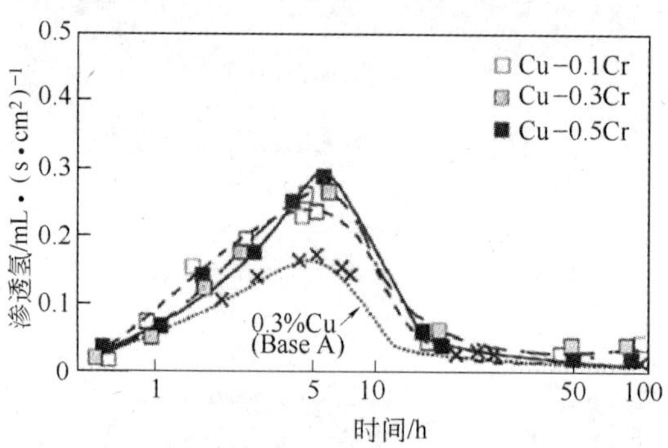

图6　铬对含铜钢在TM0284 B溶液（pH值为5.2）中氢渗透率的影响[6]

当采用铜合金化时，应当避免添加钼，因其会破坏（抑制）铜在钢表面形成的缓冲表面层的作用。

现代酸性服役管线钢的碳含量通常控制在0.06%以下，磷含量小于0.015%甚至0.010%，这就减少了珠光体带的形成，使中心线偏析倾向降低到最低程度。因此，典型的或传统的X60酸性服役管线钢产品可能具有如表4所示的化学成分。

表4　X60酸性服役管线钢的典型化学成分

（质量分数，%）

C	Mn	Si	S	P
0.04	1.15	0.18	0.0015	0.013
Nb	Cu	Cr	Al	Ca
0.04	0.28	0.27	0.03	0.0018

3　低锰管线钢的设计理念

采用低锰合金设计理念开发的管线钢在1999年11月30日的美国专利（专利号：5993570）中已有详细描述[8]。新的钢的锰含量通常远低于0.45%。这项技术的诞生是由于需要在配备老式的非标准连铸机的生产线上生产耐酸钢，或者以高铸造速度（>4m/min）在薄板坯连铸机上生产耐酸钢。此外，已发现这种钢在残留钙不足时对于残余硫有更宽的容限，在这种情况下采用低锰设计开发的管线钢具有良好的抗HIC性能。

表现出这种特性的原因如下：

（1）降低Mn∶S比，硫化锰的延展性降低，使出现在中心线偏析区的硫化锰夹杂物不会被拉长，从而减少了对夹杂物形态控制完全依赖钙处理的情况。

（2）梅耶尔（Meyer）等人指出[9]，锰含量极低时（<0.3%），在钢中存在钛（0.020%~0.080%）的情况下，硫化锰不稳定。相反，形成的钛硫化物或二硫化碳都是硬质和难熔的，并且在热轧过程中能保持其球状形态不变（图7）。

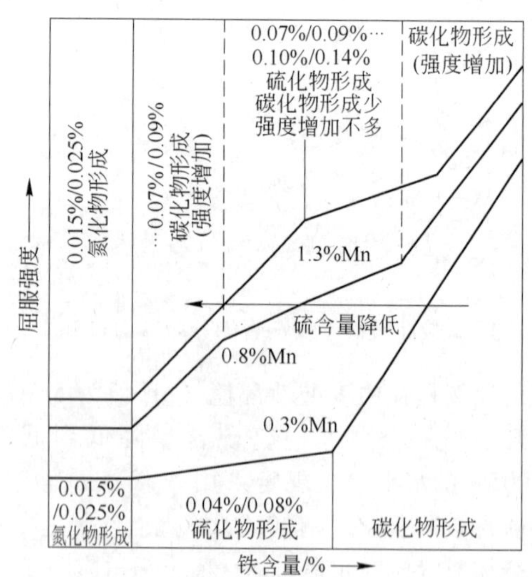

图7　钛含量和屈服强度与锰含量的相关性以及析出相的强化作用[9]

由于转变温度的升高，低锰钢的屈服强度会有所降低，但这可以通过添加范围在

0.20%～0.65%的铬和稍高的铌（0.065%～0.095%）加以补偿。添加这两种元素有助于降低γ→α转变温度，而铌为高温奥氏体轧制（HTP理念）提供了极好的响应。这部分是由于低锰含量降低了NbC的溶解度，从而提高了非再结晶温度Tnr的缘故[10,11]。

图8显示了锰含量极低的钢的屈服强度[8]可以使小口径ERW管线管轻而易举地达到API X65级的力学性能要求。表4表明钢的韧性是非常优良的，这是由于在从中温到高温的轧制期间获得了晶粒极细小的微观组织。

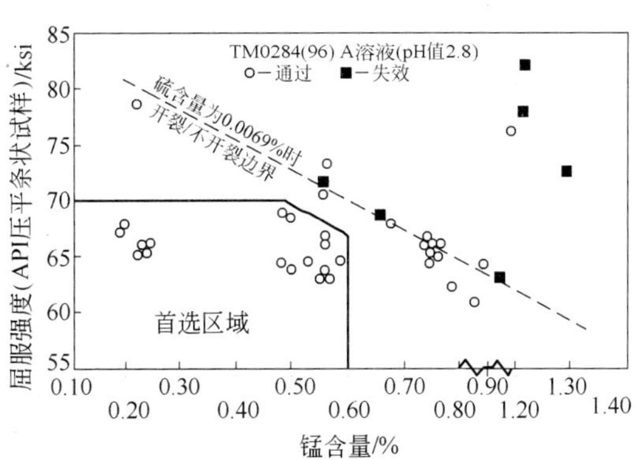

图8 氢致开裂与钢管屈服强度和锰含量的关系[8]

低锰钢对于奥氏体加工处理的响应在Subramanian等人发布的杰出论文中有详细介绍。图9显示了某些结果。

进一步采用铜和镍合金化增加的屈服强度数据见图10和表5～表7[11]。可以看到，这些元素对维持后壁管线钢的强化效果非常明显。

在非常低的锰含量下，锰的偏析趋势大大降低，如图11所示。由于这种钢凝固在α铁素体区，那里的溶质扩散率很高，其他元素如铬和铜的偏析可能也会减少，从而使不可避免的碳和磷在铸坯中心线的偏析降低到最小程度。

目前巴西矿冶公司CBMM正在进行试验铸坯的生产，其化学成分见表8。

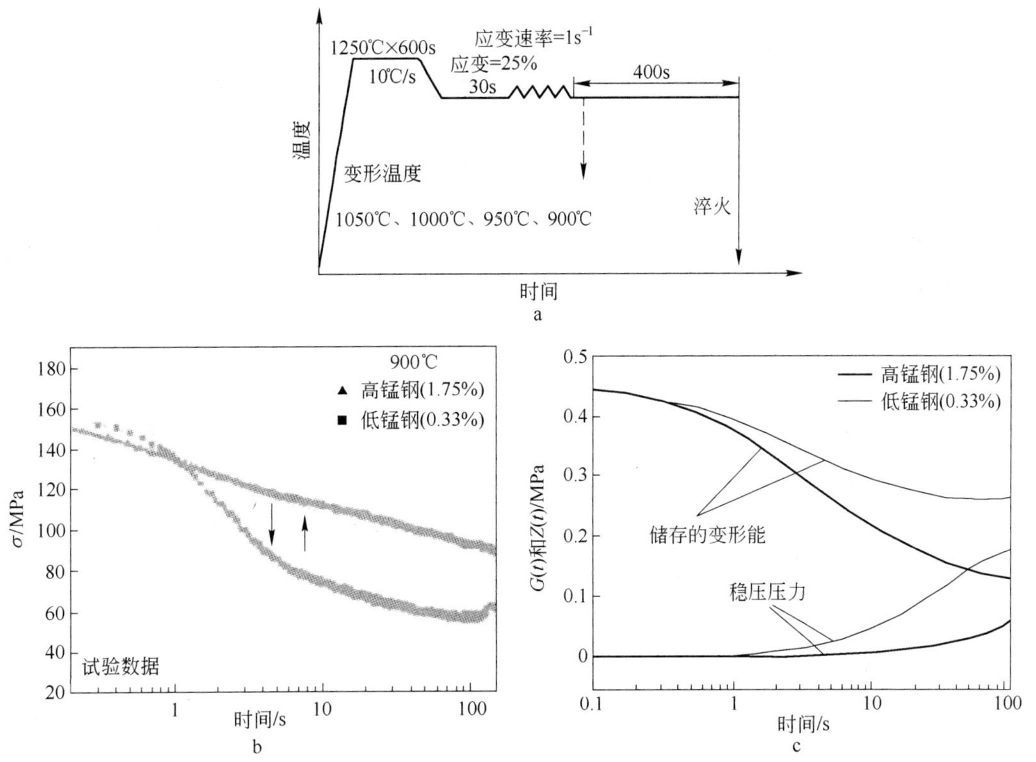

图9 不同锰含量的高铌钢（质量分数为0.09%）在900℃应力松弛试验工业试验结果

a—应力松弛试验的试验过程；b—高锰钢和低锰钢的应力松弛曲线；c—采用Zurob模型[10,11]生成的储存的变形能量和稳压压力的演化曲线

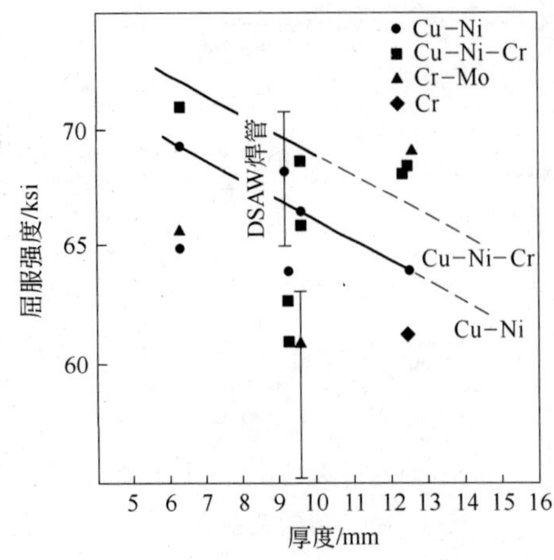

图 10　各种合金化组合下不同厚度钢带的屈服强度

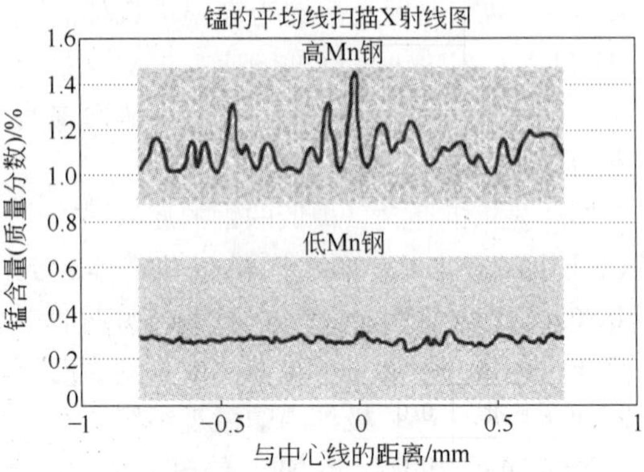

图 11　低锰钢与高锰钢的偏析对比[12,13]

表 5a　熔炼分析的化学成分　　(%)

钢	C	Mn	P	S	Nb	Si	Ti	Cu	Ni	Mo	Cr	V	Al	B	Ca	N
A	0.046	0.230	0.005	0.004	0.054	0.210	0.013	0.250	0.030	0.000	0.020	0.007	0.063	0.000	0.002	0.004
B	0.032	0.220	0.006	0.004	0.052	0.020	0.021	0.250	0.130	0.011	0.020	0.007	0.039	0.000	0.000	0.004
C	0.045	0.190	0.005	0.004	0.048	0.160	0.011	0.000	0.010	0.024	0.020	0.007	0.047	0.000	0.001	0.005
D'	0.052	0.220	0.007	0.004	0.051	0.200	0.020	0.250	0.130	0.023	0.020	0.007	0.044	0.000	0.000	0.004

表 5b　9.8mm 厚度带钢的夏比冲击试验结果

钢种	平均能量(ft-lbs)2/3 尺寸						平均剪切面积/%					
	32 ℉	0 ℉	−20 ℉	−40 ℉	−60 ℉	−80 ℉	32 ℉	0 ℉	−20 ℉	−40 ℉	−60 ℉	−80 ℉
A	158	128	142	101	108	76	100	100	100	84	86	67
B	182	81	184	184	181	177	100	100	100	100	100	100
C	161	144	130	118	92	9	100	100	100	100	76	8
D	151	133	129	130	69	67	100	100	100	92	46	40

表 6　壁厚 11.8mm ERW 焊管生产数据

表 6a　化学成分

卷号	C	Mn	P	S	Nb	Si	Ti	Cu	Ni	Mo	Cr	V	Al	B	Ca	N
1	0.032	0.220	0.006	0.004	0.052	0.200	0.021	0.250	0.130	0.010	0.020	0.007	0.039	0.000	0.000	0.004

表 6b　强度和冲击性能

卷号	热处理后钢管				夏比冲击性能											
	屈服强度/ksi		抗拉强度/ksi		平均能量（ft-lbs）						平均剪切面积/%					
	环状试样	条状试样	管体	焊缝	32 ℉	0 ℉	−20 ℉	−40 ℉	−60 ℉	−80 ℉	32 ℉	0 ℉	−20 ℉	−40 ℉	−60 ℉	−80 ℉
1	—	66.0	71.5	72.0	182	181	184	184	181	177	100	100	100	100	100	100

表 6c　DWTT 性能

卷　号	DWTT 试验						转折温度/℉			
	剪切面积/%						夏比		DWTT	
	32 ℉	0 ℉	-20 ℉	-40 ℉	-60 ℉	-80 ℉	50%	85%	50%	85%
1	100	100	100	100	100	28	< -80	< -80	-75	-65

表 7　厚度 12.7mm 和 14.27mm 带钢的生产数据结果

表 7a　钢的化学成分　　（质量分数,%）

钢　种	C	Mn	Si	S	P	Al	Cr	Nb	V	其他	CE
1 号试验炉批	0.040	0.290	0.170	0.0024	0.013	0.040	0.400	0.086	0.001	Cu + Ni + Ti + Ca	0.198
2 号试验炉批	0.035	0.240	0.175	0.0016	0.012	0.034	0.410	0.084	0.052		0.198
传统炉批	0.042	0.900	0.230	0.0012	0.012	0.035	0.015	0.058	0.030		0.229

表 7b　力学性能

钢　种	厚度 /mm	屈服强度 /MPa	抗拉强度 /MPa	伸长率 /%	屈强比	硬度 HV10	0℃夏比冲击能量/J				DWTT SA%
							1	2	3	平均	
1 号试验炉批	12.70	432	481	39	0.898	189	238	232	227	232	>95
2 号试验炉批	14.27	448	498	34	0.899	192	216	224	218	219	>95
传统炉批	14.27	449	500	35	0.898	194	240	237	260	246	>95

表 7c　采用 ANSI-NACE TM0284 A 溶液的 HIC 试验结果

钢　种	厚度/mm	HIC 试验结果			评　价
		CTR	CLR	CSR	
1 号试验炉批	12.70	0.00	0.00	0.00	满　意
2 号试验炉批	14.27	0.00	0.00	0.00	满　意
传统炉批	14.27	0.00	0.00	0.00	满　意

表 8　试验铸坯的化学成分

项目	C	Mn	S	P	Nb	Ti	Cr	Cu	Ni	Ca	Al	N
最大值	0.055	0.30	0.003	0.015	0.095	0.015	0.55	0.32	0.20	0.0025	0.035	0.008
目标值	0.045	0.25	0.0015	痕迹	0.085	0.011	0.45	0.29	0.15	0.0015	0.025	痕迹
最小值	0.035	0.20	—	—	0.075	0.007	0.40	0.26	0.12	0.0010	0.020	—

这些试验铸坯将分发给几个轧钢厂进行轧制，进行制管以及后续采用 HIC、SOHIC 和 SSC 试验方法的评价试验，也生产锰含量稍高一些的铸坯用于热轧钢板制造。

4　结论

自从 1972 年 BP 公司在阿拉伯阿布扎比 Umshaif 海湾的管线不幸失效之后，酸性服役管线钢取得了明显的进步。

酸性管线钢中碳、锰、硫、磷的含量已经大幅降低，且通过采用较高的精轧温度，改善了钢的热轧工艺。耐酸管线钢通常采用钙处理以实现夹杂物的形态控制，并且经常采用 0.24% ~0.30% 的铜进行合金化。直到最近，锰的典型添加量约为 0.90% ~1.20%，但是采用 0.20% ~0.45% 的极低锰含量可以进一步改善抗 HIC 性能。这种钢已被证明更能容忍更高的残余硫含量（0.003% ~0.005%），且允许更宽的钙处理状态。

另外，降低锰含量等于减少了 MnS 的延展性以及促进形成球状碳硫化钛微粒的热力学潜能的缘故。

参考文献

[1] J. Malcolm Gray. Full-Scale Testing of Linepipe for Severe H_2S Service. NACE Canadian Regional Western Conference, Anchorage, Alaska February 19-22, 1996.

[2] TM0284 (87) NACE Standard. Test Method for Evaluation of Pipeline Steels for Resistance to Stepwise Cracking.

[3] ANSI-NACE Standard TM0177(90). Test Method for Resistance to Sulfide Stress Cracking at Ambient Temperatures.

[4] ANSI NACE Standard TM0284—2011. Test Method Evaluation of Pipeline and Pressure Vessel Steels for Resistance to Hydrogen Induced (Stepwise) Cracking.

[5] T. Taira, et al. HIC and SSC Resistance of Line Pipes for Sour Gas Service. NKK Technical Report (Overseas) Nov 31 1981.

[6] J. Malcolm Gray. Private Communication Sumitomo Metal Industries circa 1987.

[7] Yamada K, et al. Influence of Metallurgical Factors on HIC of High Strength ERW Line Pipe for Sour Gas Service. Proc. HSLA Steels Technology & Applications ASM, Philadelphia, PA Oct. 1983, pp 835-842.

[8] John Malcolm Gray. Linepipe and Structural Steel Produced by High Speed Continuous Casting. United States Patent 5, 993, 570 Nov. 30, 1999.

[9] L. Meyer, G. Arncken, U. Schrape, F. Heisterkamp. Stahl and Eisen 96(1976), p. 833-840.

[10] Cheng-Liang MIAO, et al. Studies on Softening Kinetics of Niobium Microalloyed Steel, Using the Stress Relaxtion Technique. Frontiers of Materials Science. China 2010 4(2): 197-201.

[11] Sundaresa Subramanian, Hatem Zurob, et al. Studies on Softening Kinetics of Low Manganese Steel Microalloyed with Niobium for High Strength Sour Service. Proc. AIST International Symposium on Recent Developments in Plate Steels Winter Park, CO USA 19-22 June 2011, pp 365-374.

[12] James Geoffrey Williams. Linepipe Steel International Patent Application WO 2006/086853-A1.

[13] James Geoffrey Williams. New Alloy Design Perspectives for High Strength Steels. Third International Conference on Thermomechanical Processing of Steels. Padua Italy, September 2008.

（渤海装备研究院输送装备分院　王晓香　译，
中信微合金化技术中心　张永青　校）

冶金工业出版社部分图书推荐

书　名	定价(元)
铌微合金化高性能结构钢	88.00
现代含铌不锈钢	45.00
铌·高温应用	49.00
铌·科学与技术	149.00
超细晶钢——钢的组织细化理论与控制技术	188.00
新材料概论	89.00
材料加工新技术与新工艺	26.00
合金相与相变	37.00
2004年材料科学与工程新进展(上、下)	238.00
电子衍射物理教程	49.80
Ni-Ti形状记忆合金在生物医学领域的应用	33.00
金属固态相变教程	30.00
金刚石薄膜沉积制备工艺与应用	20.00
金属凝固过程中的晶体生长与控制	25.00
复合材料液态挤压	25.00
陶瓷材料的强韧化	29.50
超磁致伸缩材料制备与器件设计	20.00
Ti/Fe复合材料的自蔓延高温合成工艺及应用	16.00
有序金属间化合物结构材料物理金属学基础	28.00
超强永磁体——稀土铁系永磁材料(第2版)	56.00
材料的结构	49.00
薄膜材料制备原理技术及应用(第2版)	28.00
陶瓷腐蚀	25.00
金属材料学	32.00
金属学原理(第2版)	53.00
材料评价的分析电子显微方法	38.00
材料评价的高分辨电子显微方法	68.00
X射线衍射技术及设备	45.00
首届留日中国学者21世纪材料科学技术研讨会论文集	79.00
金属塑性加工有限元模拟技术与应用	35.00
金属挤压理论与技术	25.00
材料腐蚀与防护	25.00
金属材料的海洋腐蚀与防护	29.00
模具钢手册	50.00
陶瓷基复合材料导论(第2版)	23.00
超大规模集成电路衬底材料性能及加工测试技术工程	39.50
金属的高温腐蚀	35.00
耐磨高锰钢	45.00
现代材料表面技术科学	99.00